高等职业教育电气自动化专业“双证课程”培养方案规划教材
The Projected Teaching Materials of “Double-Certificate Curriculum” Training for Electrical Automation Discipline in Higher Vocational Education

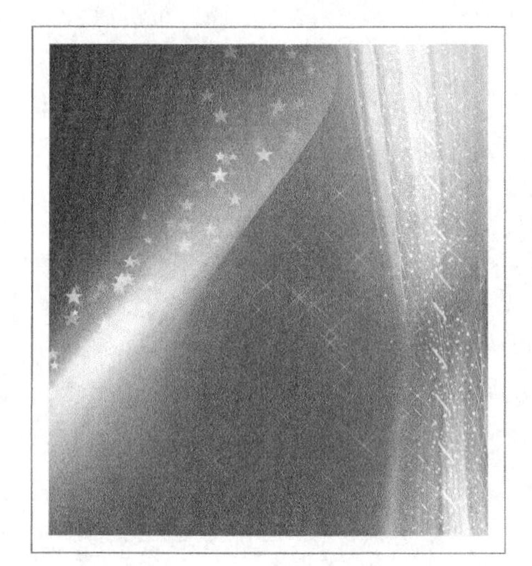

电气工程制图

郭建尊 杨琳 主编

Electrical Engineering Drawing

人民邮电出版社
北京

图书在版编目（CIP）数据

电气工程制图 / 郭建尊，杨琳主编. -- 北京 : 人民邮电出版社，2011.3(2023.7重印)
高等职业教育电气自动化专业“双证课程”培养方案规划教材
ISBN 978-7-115-23745-3

Ⅰ. ①电… Ⅱ. ①郭… ②杨… Ⅲ. ①电气工程—工程制图—高等学校：技术学校—教材 Ⅳ. ①TM02

中国版本图书馆CIP数据核字(2010)第187673号

内 容 提 要

本书根据高等职业教育电气工程制图课程教学计划与教学大纲，贯彻最新《机械制图》、《技术制图》、《电气制图》国家标准规定编写而成。主要内容包括制图的基本知识与技能、正投影法与三视图、轴测图、组合体、机件的基本表示法、零件图、装配图、电气工程制图、计算机绘图——AutoCAD2008 和 Altium Designer 软件的应用。

本书可作为高等职业技术院校电气类专业的机械制图与电气制图教材。

也可作为成人高校、本科院校的二级职业技术学院和民办高校相关课程教材。

◆ 主　　编　郭建尊　杨　琳
责任编辑　潘新文
◆ 人民邮电出版社出版发行　　北京市丰台区成寿寺路 11 号
邮编　100164　　电子邮件　315@ptpress.com.cn
网址　http://www.ptpress.com.cn
固安县铭成印刷有限公司印刷
◆ 开本：787×1092　1/16
印张：20.5　　　　2011 年 3 月第 1 版
字数：512 千字　　　　2023 年 7 月河北第 19 次印刷

ISBN 978-7-115-23745-3

定价：36.00 元

读者服务热线：(010)81055256　印装质量热线：(010)81055316
反盗版热线：(010)81055315

前　言

本书根据高等职业教育电气工程制图课程教学计划与教学大纲，由在高等职业教育教学一线上具有多年教学经验及多年工厂实践经验的双师型教师，在充分调研和汲取众多高职高专院校教学改革经验和成果的基础上编写而成。本书具有以下主要特点。

1. 贯彻《技术制图》、《机械制图》、《电气制图》最新国家标准及有关规定（如 GB/T 131—2006、GB/T 1182—2008 产品几何技术规范（GPS）、GB/T 4728.2 ~ 4728.13 − 2005 ~ 2008 电气制图用图形符号、GB/T 7159 电气技术中文字符号通用规则等最新标准)，采用较新版本的 AutoCAD2008、Altium Designer 绘图软件，突出了教材内容的先进性。

2. 努力贯彻国家关于职业资格证书与学历并重、职业资格证书与国家就业制度相衔接的精神，力求教材内容符合《制图员》、《CAD 认证》、《电子设备》、《无线电调试》、《无线电设备机械装校》、《家用电子产品维修》和《电子元件器件检验》等国家职业标准的知识与技能的要求。

3. 贯彻先进的教学理念，突出职业教育特色。根据电类专业毕业生所从事职业的实际需要，对教材内容的深度、难度做了较大程度的调整。全书以能力为主线，本着“读图为主，读画结合，强化应用，培养技能”的原则，精心安排重要知识点和技能点的结构和顺序，突出了“以例代理、简明扼要、通俗易懂、图文并茂”的编写风格。

4. 本书注重手工绘制草图和计算机绘图能力的综合培养，介绍了 AutoCAD 和 Altium Designer 软件的应用，以利于培养学生的综合图样处理能力和动手绘图能力。

5. 提供教辅资源开发，力求为教师教学和学生自学提供更多的方便。本书除配有习题集外，另有完整的电子课件（包括上述的最新国家标准）供相关教师和读者使用，读者可到人民邮电出版社教学服务与资源网 http://www.ptpedu.com.cn 下载。

本书由郭建尊、杨琳主编，崔尚英、孙卫锋任副主编，王金花主审。参加编写工作的还有吕继霞、侯茜、夏景攀老师。在本书的编写过程中，我们得到了有关院校老师和企业技术人员的大力支持与帮助，在此一并表示衷心的感谢！

由于编者水平有限，编写时间仓促，书中难免存在错误和不足之处，敬请广大读者批评指正。

编者

2010 年 6 月

目 录

第1章 制图的基本知识与技能

【知识目标】

1. 掌握国家标准对图纸幅面及格式，比例的含义，字体的规格与写法等规定；
2. 掌握常用图线的形式和主要用途；
3. 掌握标注尺寸的基本规则。

【能力目标】

1. 熟练运用绘图工具绘制符合国家标准要求的平面图形；
2. 掌握徒手绘图技巧。

1.1 常用手工绘图工具、仪器的使用

正确熟练地使用绘图工具，是工程技术人员必备的技能之一，也是保证绘图质量、提高手工绘图速度的一个重要方面。最常用的绘图工具及其使用方法如表1-1所示。

表1-1 绘图工具及仪器的使用方法

名称	图例	使用方法说明
铅笔	0.6~0.8　6~8　25~30　1~1.5 （a）磨成矩形 6~8　25~30 （b）磨成锥形	绘图铅笔的铅芯有软硬之分，用标号"B"、"HB"或"H"表示。HB表示铅芯中等软硬程度，B前的数字越大，表示铅芯愈软，绘出的图线颜色越深；H前的数字越大，表示铅芯愈硬，绘出的图线颜色越浅。

续表

名称	图例	使用方法说明
铅笔	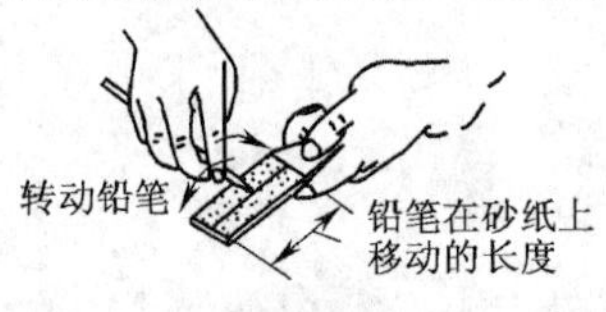 转动铅笔 铅笔在砂纸上移动的长度 （c）铅笔的磨法	画粗实线常用B或2B铅笔；画细线和写字时，常用H或HB铅笔；画底稿时常用2H铅笔。铅笔的削法如左图所示
图板及丁字尺	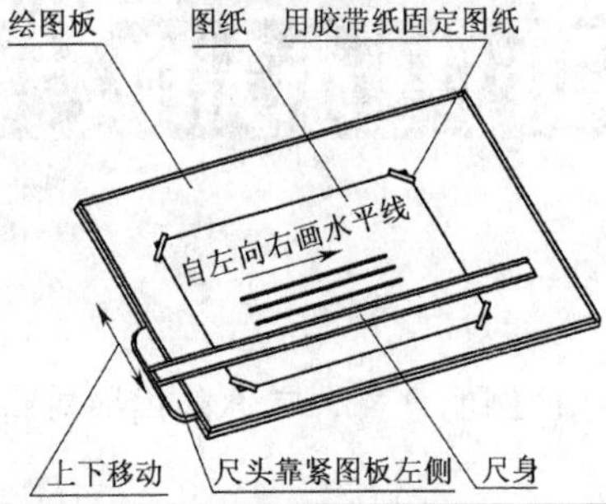 绘图板 图纸 用胶带纸固定图纸 自左向右画水平线 上下移动 尺头靠紧图板左侧 尺身	图板用于铺放图纸，表面平整光洁，左、右侧工作边应平直。 丁字尺由尺头和尺身组成。尺身的工作边一侧有刻度，便于画线时度量。使用时，将尺头内侧贴紧图板的左侧工作边上下移动，沿尺身上边可画出一系列水平线，如左图所示
三角板	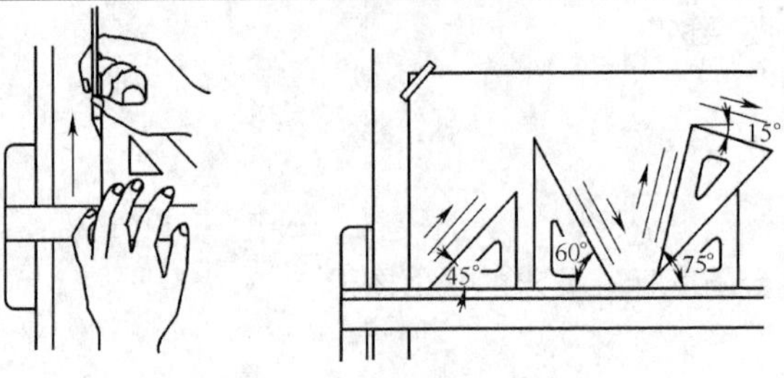 15° 60° 45° 75° 三角板与丁字尺的配合使用 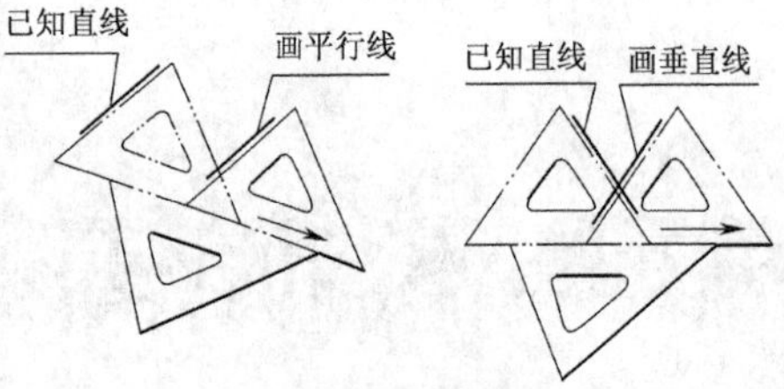 已知直线 画平行线 已知直线 画垂直线 两块三角板的配合使用	三角板由45°和30°～60°各一块组成一副。三角板与丁字尺配合使用，可画出垂直线（自下而上画出）和与水平方向成15°整倍数的斜线。 两块三角板配合使用，可画出已知直线的平行线或垂直线
圆规	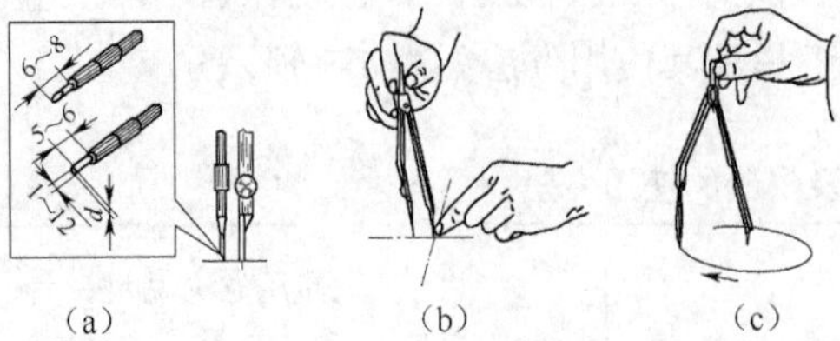 6～8 5～6 1～2 （a） （b） （c）	圆规是画圆及圆弧的工具。使用前应先调整好针脚，使针尖（带台阶端）稍长于铅芯，如左图（a）所示。画图时，先将圆规两腿分开至所需的半径尺寸，借左手食指把针尖放在圆心位置，应尽量使针尖和铅芯同时与图面垂直，按顺时针方向均匀用力一次画成，如左图（b）和（c）所示
分规	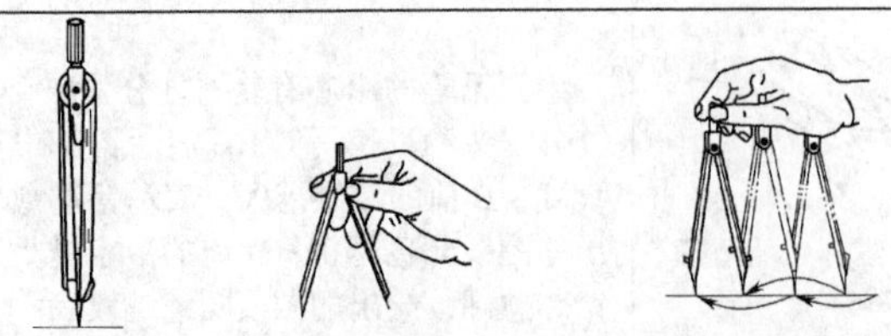 （a）分规 （b）调节分规的手法 （c）用分规等分线段	分规是量取尺寸和等分线段的工具。当分规两腿合拢时针尖应平齐，如左图（a）所示。调节分规的手法及使用方法，如左图（b）和（c）所示

续表

名称	图例	使用方法说明
曲线板	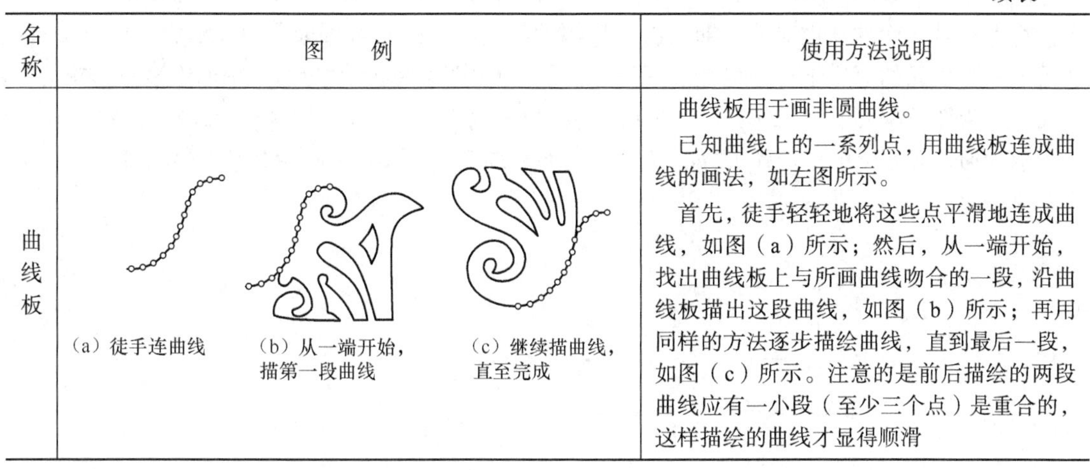 （a）徒手连曲线　（b）从一端开始，描第一段曲线　（c）继续描曲线，直至完成	曲线板用于画非圆曲线。 已知曲线上的一系列点，用曲线板连成曲线的画法，如左图所示。 首先，徒手轻轻地将这些点平滑地连成曲线，如图（a）所示；然后，从一端开始，找出曲线板上与所画曲线吻合的一段，沿曲线板描出这段曲线，如图（b）所示；再用同样的方法逐步描绘曲线，直到最后一段，如图（c）所示。注意的是前后描绘的两段曲线应有一小段（至少三个点）是重合的，这样描绘的曲线才显得顺滑

除了以上介绍的绘图仪器、工具外，手工绘图时还要用到擦图片、橡皮、小刀、砂纸、量角器、小刷、胶带纸等。

1.2 制图的基本规定

工程图样是指导现代生产和建设的重要技术文件，为了便于生产和技术交流，国家质量技术监督局发布实施了《技术制图》和《机械制图》等一系列图家标准。“GB/T”为推荐性国家标准代号，一般简称国标，后跟标准的顺序号及发布年号。它是有关各行业必须共同遵守的基本规定，是绘图和读图的基本准则。学习制图课必须严格遵守国家标准，树立标准化的概念。

1.2.1 图纸幅面和格式（GB/T 14689—1993）

1. 图纸幅面

由图纸的长边和短边尺寸所确定的图纸大小为图纸幅面。为了合理利用图纸，便于装订、保管，国标规定了 5 种基本图纸幅面，分别是 A0、A1、A2、A3、A4，具体的规格尺寸见表 1-2。绘制图样时，应优先采用表 1-2 所规定的 5 种基本幅面。

表 1-2　　图纸基本幅面及图框尺寸　　（mm）

幅面代号		A0	A1	A2	A3	A4
$B \times L$		841 × 1 189	594 × 841	420 × 594	297 × 420	210 × 297
边框	a	25				
	c	10			5	
	e	20		10		

从表 1-2 中看出，A0 幅面面积为 $1m^2$，各幅面的长短边之比为 $\sqrt{2}$。基本幅面的尺寸关系是：将上一号幅面的长边对裁，即为次一号幅面的大小。必要时可选用加长幅面，加长幅面尺寸是由基本幅面的短边乘整数倍增加后得出。图 1-1 中粗实线所示为基本幅面（第一选择）；细实线所示为加长幅面（第二选择），如 A3×3(420×891)、A3×4、A4×3、A4×4、A4×5；虚线所示为加长幅面（第三选择），如 A0×2(1 189×1 682)，A1×4(841×2 378)等。

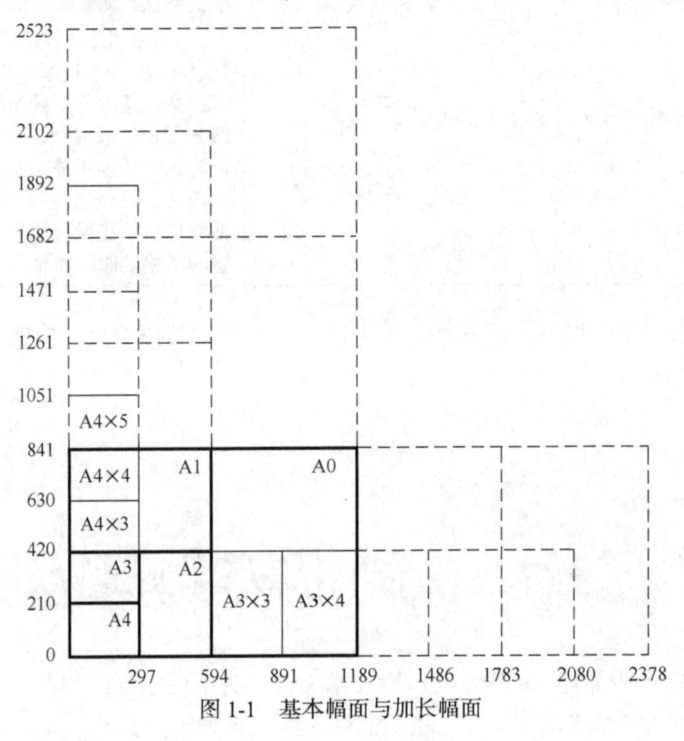

图 1-1　基本幅面与加长幅面

2. 图框格式

图纸可以横放或竖放，无论图纸是否需要装订，每一张图样都需要用粗实线绘制图框线。需要装订的图样，按图 1-2 所示绘出图框格式，边框有 a（装订边） 和 c 两种尺寸。不需要装订的图样，其边框只有一种 e 尺寸，如图 1-3 所示。a、c、e 的具体尺寸见表 1-2。装订时，一

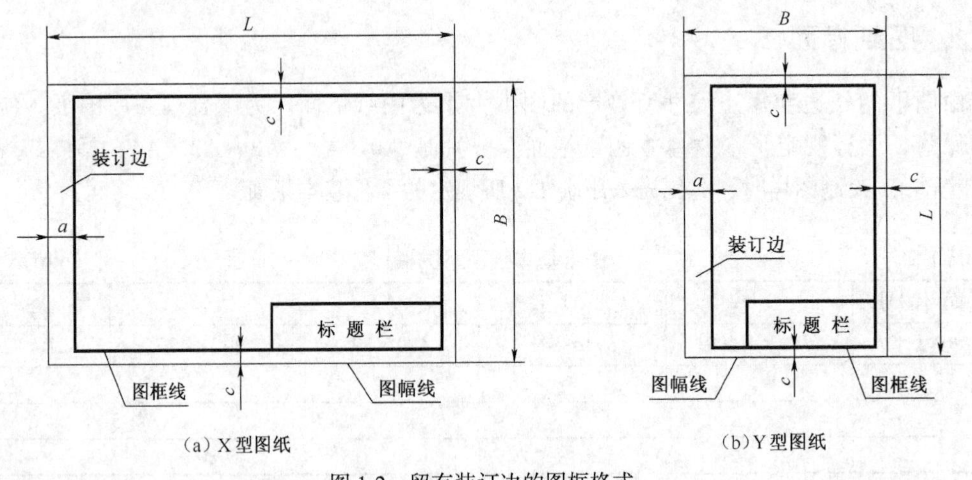

图 1-2　留有装订边的图框格式

般采用 A4 幅面竖装（Y 型放置）或 A3 幅面横装（X 型放置）。加长幅面的图框尺寸，按所选用的基本幅面大一号的图框尺寸确定。例如 A2×3 的图框尺寸按 A1 的图框尺寸确定，即 e=20，而 A3×4 的图框尺寸按 A2 的图框尺寸确定，即 c=10。

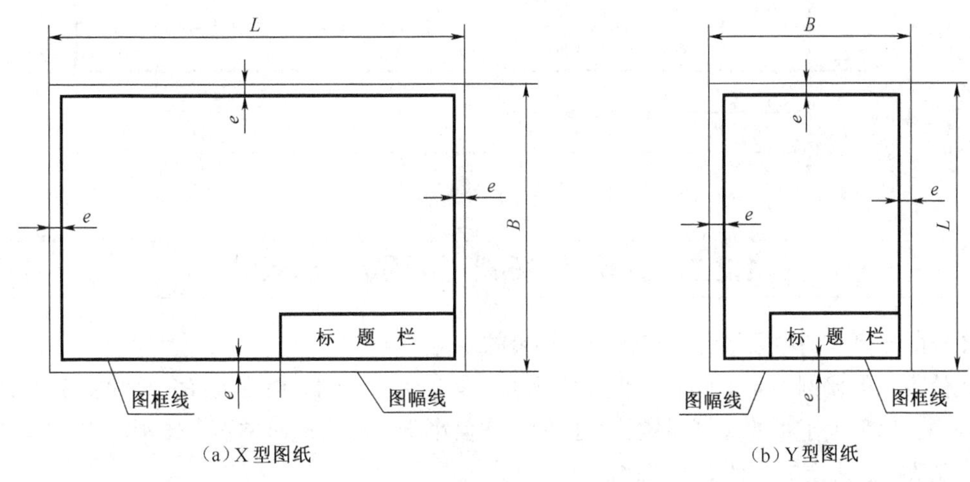

（a）X 型图纸　　（b）Y 型图纸

图 1-3　不留装订边的图框格式

3. 标题栏

每张图样都必须绘制标题栏。标题栏应位于图框右下角，位置如图 1-2 或图 1-3 所示的方式配置，标题栏中的文字方向为看图方向。

国家标准《技术制图　标题栏》（GB10609.1—1989）对标题栏的内容、格式与尺寸作了规定，如图 1-4 所示。

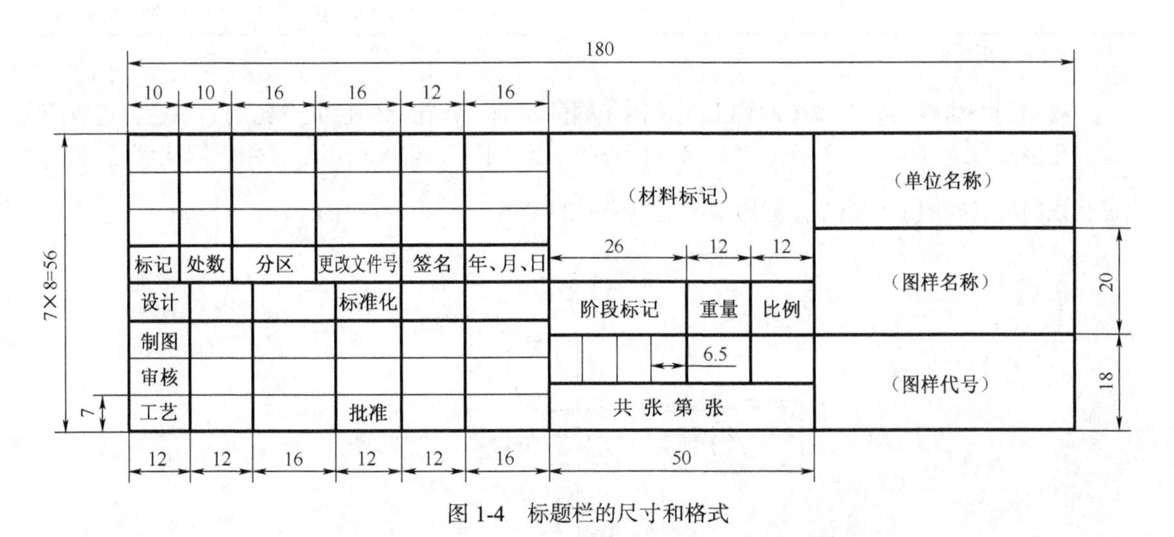

图 1-4　标题栏的尺寸和格式

为了学习方便，在学校制图作业中，标题栏建议采用图 1-5 所示的格式。

标题栏的外框线一律用粗实线绘制，其右边与底边均与图框线重合；标题栏中的分格线均用细实线绘制。建议标题栏内的图名和校名用 7 号字，其余用 5 号字。

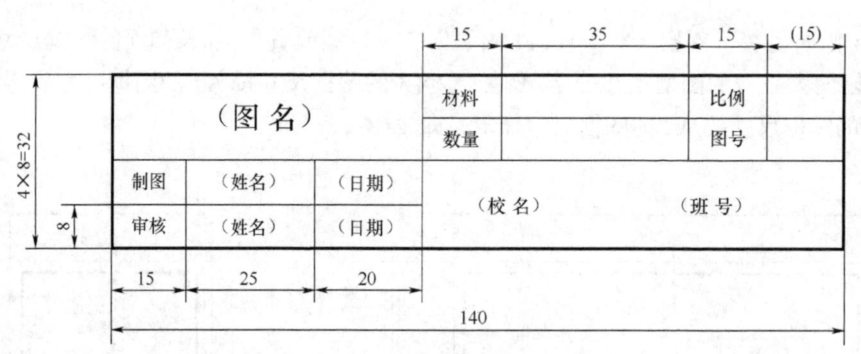

图 1-5　制图作业中推荐使用的标题栏格式

1.2.2　比例（GB/T 14690—1993）

图样的比例是图中图形与其实物相应要素的线性尺寸之比。

比值为 1 的比例，即 1∶1，叫做原值比例，是常用的比例。根据机件大小和复杂程度可放大或缩小，比值大于 1 的比例叫做放大比例，比值小于 1 的比例叫做缩小比例。绘制图样时，一般应从表 1-3 规定的系列中选取比例。

表 1-3　　绘图的比例

种　类	优先选用比例	允许选用比例
原值比例	1∶1	
放大比例	2∶1　5∶1 1×10^n∶1　2×10^n∶1 5×10^n∶1	2.5∶1　4∶1 2.5×10^n∶1　4×10^n∶1
缩小比例	1∶2　1∶5 1∶1×10^n　1∶2×10^n 1∶5×10^n	1∶1.5　1∶2.5　1∶3　1∶4 1∶6　1∶1.5×10^n　1∶2.5×10^n 1∶3×10^n　1∶4×10^n　1∶6×10^n

注：n 为正整数

绘制同一机件的各个视图原则上应采用相同的比例，并在标题栏的“比例”一栏中进行填写。比例符号应以“∶”表示，如 1∶1、1∶500、20∶1 等。当某个图形采用不同比例绘制时，可在该图形名称的下方或右方标出该图形所采用的比例，如图 1-6 中的 $\frac{A}{2:1}$。

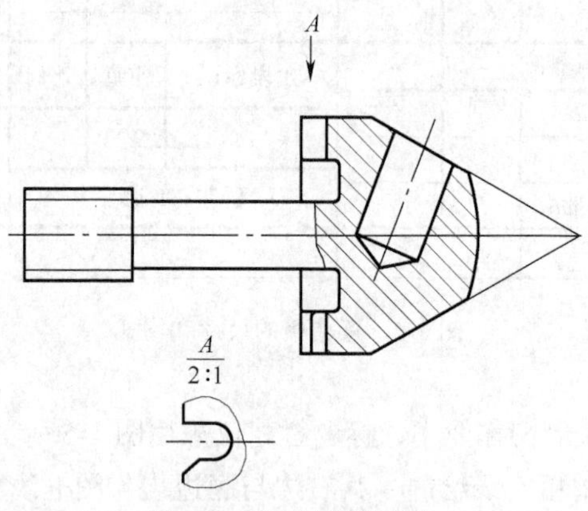

图 1-6　特殊比例的标注

图样不论放大或缩小，图形上所注尺寸数字必须是实物的实际大小，如图 1-7 所示。

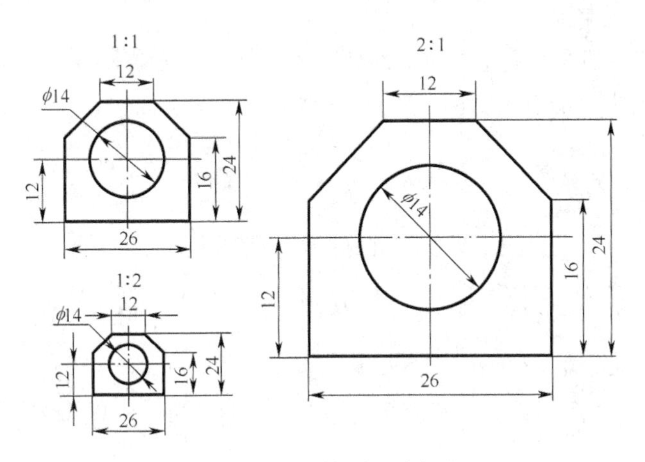

图 1-7　不同比例的尺寸标注

1.2.3　字体（GB/T 14691—1993）

1. 基本要求

（1）在图样上和技术文件中书写的汉字、数字和字母，要尽量做到“字体工整、笔画清楚、间隔均匀、排列整齐”。

（2）字体高度（用 h 表示）的公称尺寸系列为 1.8mm、2.5mm、3.5mm、5mm、7mm、10mm、14mm、20mm，如需要书写更大的字，其字体高度按 $\sqrt{2}$ 比率递增。字体高度表示字体的号数。

2. 汉字

汉字应写成长仿宋体，并应采用国家正式公布的简化字，汉字的高度 h 不应小于 3.5mm，其字宽一般为 $h/\sqrt{2}$。

书写长仿宋体的要领是：横平竖直、注意起落、结构匀称、填满方格。

仿宋体汉字示例如图 1-8 所示。

字体端正　笔画清楚　排列整齐　间隔均匀

装配时作斜度深沉最大小球厚直网纹均布水平镀抛光研

视图向旋转前后表面展开基准高宽两端中心孔锥销键材

图 1-8　汉字的书写

3. 字母和数字

字母和数字分 A 型和 B 型两种，A 型字体的笔画宽度为字高的 1/14，B 型字体的笔画宽度为字高的 1/10。

字母和数字可写成斜体或直体，斜体字字头向右倾斜，与水平线成 75°。在同一张图样上，只允许选用一种形式的字体。

用作指数、分数、极限偏差、注脚等的数字及字母，一般应采用小一号的字体书写；字母、数字及其他符号混合书写的应用示例，如图 1-9 所示。

ABCDEFGHIJKLMNOPQRSTUVWXYZ
abcdefghijklmnopqrstuvwxyz
12345678910 I II III IV V VI VII VIII IX X
R3 2×45° M24-6H Φ60H7 Φ30g6
$\Phi 20^{+0.021}_{0}$ $\Phi 25^{-0.007}_{-0.020}$ Q235 HT200

图 1-9 B 型斜体字母、数字书写示例

1.2.4 图样中的图线（GB/T 17450—1998、GB/T 4457.4—2002）

1. 图线的种类和用途

国家标准《技术制图》规定了 15 种基本线型和若干种基本线型的变形。国家标准《机械制图》规定的 9 种线型和主要用途如表 1-4 所示。为了叙述方便，通常，本书将细虚线、细点画线、细双点画线分别简称为虚线、点画线、双点画线。

表 1-4 图线的名称、形式、宽度及其用途

图线名称	图线形式	图线宽度	图线主要应用举例
粗实线	d	d 0.13 ~ 2mm	1. 可见轮廓线； 2. 可见过渡线
细实线		d/2	1. 尺寸线； 2. 尺寸界线； 3. 剖面线； 4. 重合断面的轮廓线； 5. 指引线
波浪线		d/2	1. 断裂处的边界线； 2. 视图与剖视图的分界线
细虚线	≈1 2～6	d/2	1. 不可见轮廓线； 2. 不可见过渡线
细双折线		d/2	断裂处的边界线
细点画线	10～25 2～3	d/2	1. 轴线； 2. 对称中心线； 3. 圆的中心线； 4. 齿轮分度线

续表

图线名称	图线型式	图线宽度	图线主要应用举例
粗点画线	10～25　2～3	d	有特殊要求的线或表面的表示线
细双点画线	10～25　3～4	$d/2$	1. 可动零件的极限位置的轮廓线； 2. 相邻辅助零件的轮廓线； 3. 剖切平面之前的零件结构状况
粗虚线	— — — — — — — — — —	d	允许表面处理的表示线

注：虚线中的“画”和“短间隔”，点画线和双点画线中的“长画”、“点”和“短间隔”的长度，国标中有明确规定。表中所注的相应尺寸，仅作为手工画图时的参考。

机械图样中的线型采用粗、细两种线宽，粗线的宽度 d 应按图的大小和复杂程度，在 0.5～2 mm 之间选取，细线的宽度约为 $d/2$。画图时，根据图形的大小和复杂程度，图线宽度推荐系列为 0.13mm、0.18mm、0.25mm、0.35mm、0.5mm、0.7mm、1mm、1.4mm、2mm。在 A3 图幅中，粗线宽度一般采用 0.5mm 或 0.7mm。

图线的主要应用举例如图 1-10 所示。

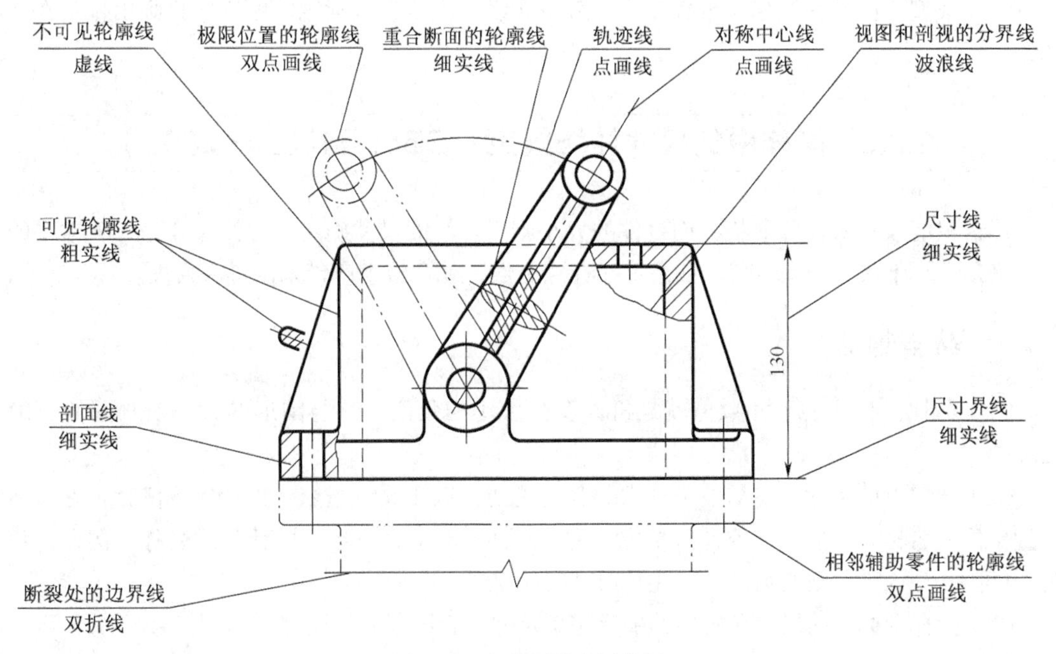

图 1-10　各种图线应用举例

2. 图线的画法及应注意的问题

（1）同一图样中，同一类型的图线宽度应一致。虚线、点画线及双点画线中画的长度和间隔应各自均匀一致。

（2）点画线和双点画线中的点是极短的一横，不要画成小圆点，且点与画应一起绘制，首末两端应是长画而不是点，如图 1-11 所示。

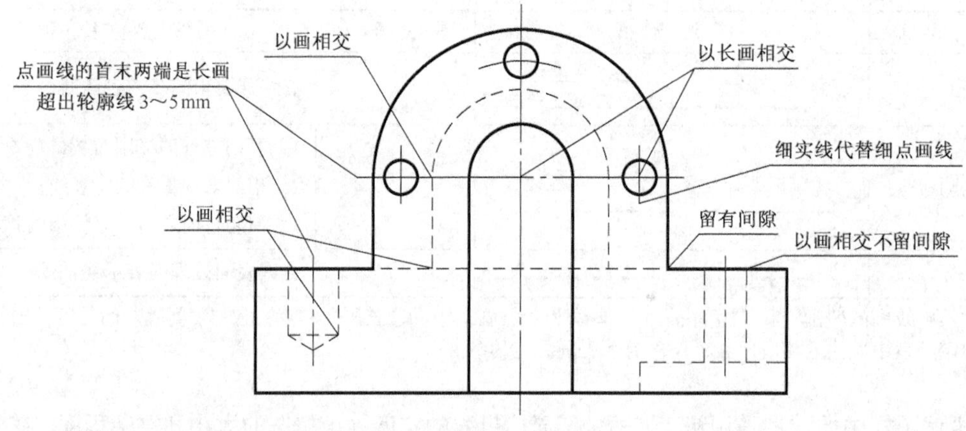

图 1-11　图线的正确绘制

（3）在较小的图形上绘制点画线和双点画线有困难时，可用细实线代替，如图 1-11 所示。

（4）当虚线、点画线与其他图线相交时，应以线段相交，当虚线在粗实线的延长线上时，应留有间隙，以表示两种不同线型的分界。如图 1-11 所示。

（5）线型不同的图线相互重叠时，一般按实线、虚线、点画线的顺序，只画出排序在前的图线。

1.2.5　图样中的尺寸注法规定（GB/T 4458.4—2003）

图形只能表达机件的形状，而机件的大小则由标注的尺寸确定。标注尺寸是一项重要的工作，必须认真细致、一丝不苟。如果尺寸标注有误，就会给生产带来困难和损失。

1. 基本规则

（1）图样上标注的尺寸数值就是机件实际大小的数值，它与图形的大小及画图的准确度无关。

（2）图样上的尺寸（包括技术要求和其他说明）以 mm（毫米）为计量单位时，不需标注计量单位或名称。若应用其他计量单位时，必须注明相应计量单位的代号或名称，例如，角度为 30 度 10 分 5 秒，则在图样上应注写成“30° 10′5″”。

（3）图样上标注的尺寸是机件的最后完工尺寸，否则要另加说明。

（4）机件的每个尺寸，一般只在反映该结构最清楚的图形上标注一次。

2. 尺寸的组成

图样上标注的尺寸，一般由尺寸界线、尺寸线（包括终端形式）和尺寸数字 3 部分组成，如图 1-12 所示。

（1）尺寸界线。用来表示所标尺寸的范围。

尺寸界线用细实线绘制，从图形中的轮廓线、轴线或对称中心线引出，并超出尺寸线末端 2～3mm，如图 1-12 所示。也可直接用轮廓线、轴线或对称中心线代替尺寸界限。

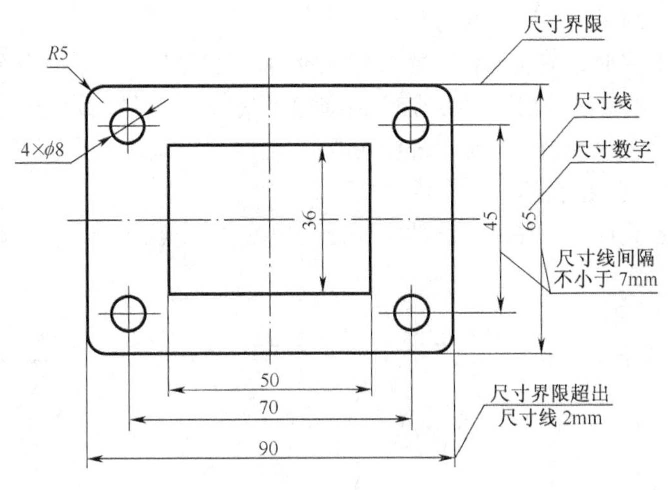

图 1-12　尺寸的组成

尺寸界线一般与尺寸线垂直，必要时才允许倾斜，但两尺寸界线仍应相互平行；在光滑过渡处标注尺寸时，必须用细实线将轮廓线延长，从它们的交点处引出尺寸界线，如图 1-13 所示。

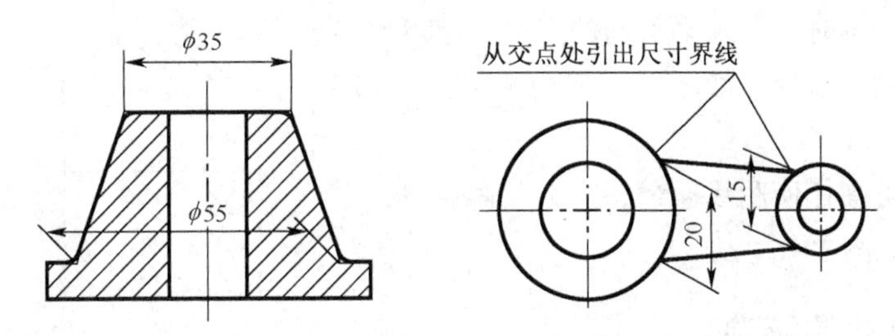

图 1-13　倾斜引出的尺寸界限

（2）尺寸线。尺寸线用来表示所标尺寸的方向。

尺寸线用细实线绘制，必须单独画出，不能与其他图线重合或画在其延长线上。标注线性尺寸时，尺寸线必须与所标注的线段平行，当有几条相互平行的尺寸线时，各尺寸线的间距要均匀，间隔为 7～10mm，应大尺寸在外，小尺寸在里，尽量避免尺寸线与尺寸界限交叉。在圆或圆弧上标注直径或半径时，尺寸线一般应通过圆心或使延长线通过圆心。

尺寸线的终端可以有箭头或 45° 细斜线两种形式，如图 1-14 所示。箭头适应各种类型的图样，同一张图样只能采用一种尺寸线终端形式。一般机械图样的尺寸线终端画箭头，如图 1-14（a）所示；土建图样的尺寸线终端画 45° 细斜线，如图 1-14（b）所示。

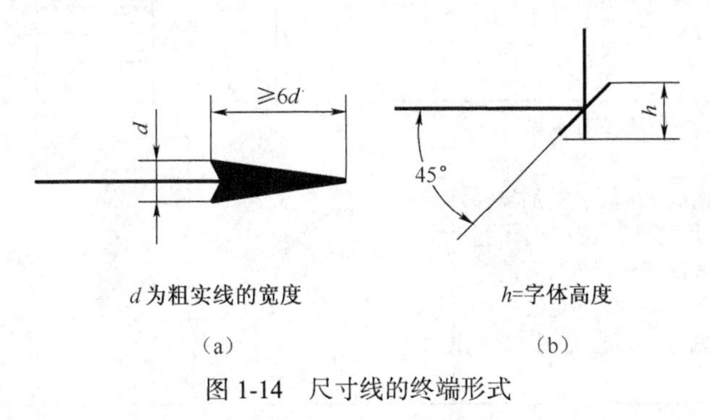

d 为粗实线的宽度　　h=字体高度

（a）　　（b）

图 1-14　尺寸线的终端形式

（3）尺寸数字。用于表示尺寸度量大小。

注写线性尺寸数字时，应注意数字的书写方向，一般按图 1-15（a）所示的方向注写，即水平尺寸字头朝上，数字注写在尺寸线的上方；垂直尺寸字头朝左，数字注写在尺寸线的左方；倾斜尺寸字头保持朝上的趋势，并尽量避免在图示 30° 范围内标注倾斜尺寸，当无法避免时，可按图 1-15（b）所示引出标注。

线性尺寸数字也允许注写在尺寸线的中断处，如图 1-15（c）中所示，在同一图样上，数字的注法应一致。

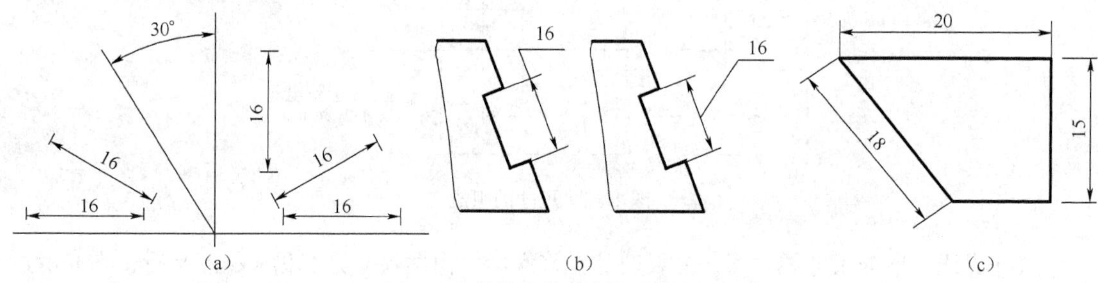

图 1-15　线性尺寸数字的注写方向

在不致引起误解时，非水平方向的尺寸数字可水平地注写在尺寸线的中断处，如图 1-15（c）中尺寸 18 和 15 所示。

尺寸数字不可被任何图线通过，当无法避免时，必须将图线断开，如图 1-16 所示。

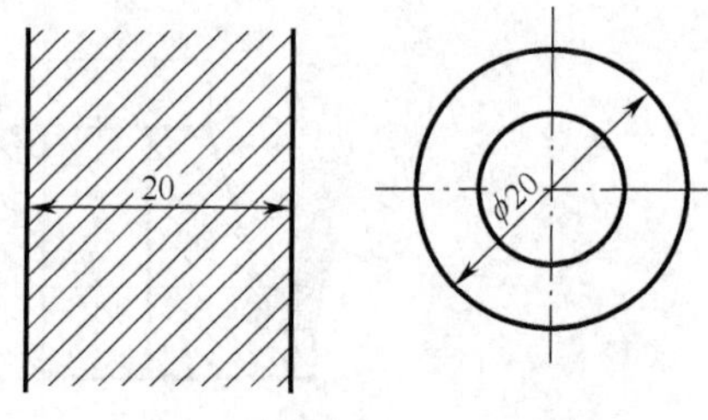

图 1-16　尺寸数字不允许任何图线通过

3. 常用尺寸的标注

常用尺寸标注举例如表 1-5 所示。

表 1-5　常用尺寸标注举例

项目	说　明	图　例
圆	圆、大于半圆或跨过中心线两边的同心圆弧的尺寸应注直径。 标注直径时，应在数字前加直径符号“ϕ”，尺寸线应通过圆心，尺寸线终端用箭头；多个相同规格的圆，可用“数量×直径”在一个圆上标注，如 4×ϕ8	φ40　φ40 φ30　φ20 φ40 4×φ8 EQS　φ40　φ20　φ40
圆弧	小于或等于半圆的圆弧尺寸一般标注半径。 标注半径时，应在数字前加半径符号“*R*”，尺寸线从圆心引出指向圆弧，终端是箭头；当圆弧的半径过大或在图纸范围内无法标注出其圆心位置时，可按右图（b）、（c）标注	R16　10 R100　R65 （a）　（b）　（c）

续表

项目	说　　明	图　　例
球面	标注球直径或半径尺寸时，应在符号“ϕ”或“R”前再加注球面符号“S”，如右图（a）所示。 在不致引起误解时，也可允许省略符号“S”，如右图（b）所示	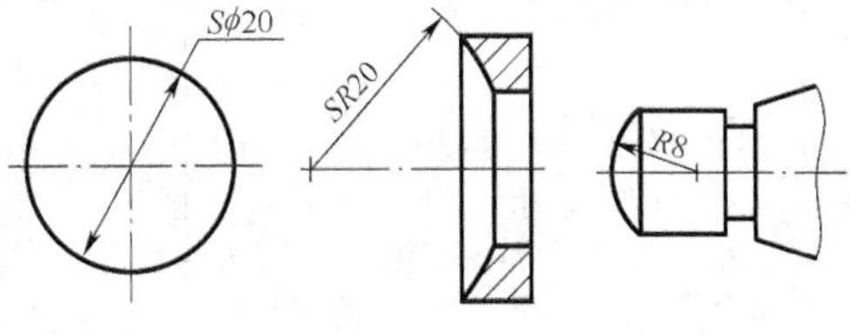
弦长和弧长	弦长及弧长的尺寸界线应平行于该弦的垂直平分线。当弧度较大时，可沿径向引出。弦长的尺寸线应与该弦平行。弧长的尺寸线用圆弧，尺寸数字上方或前面应加注符号“⌒”	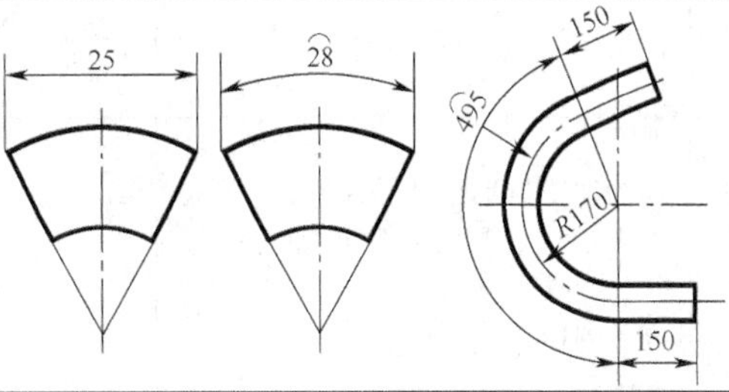
角度	角度的尺寸界线应沿径向引出。尺寸线应以该角的顶点为圆心画圆弧，尺寸线终端画箭头。 角度的数字一律写成水平方向，一般应注写在尺寸线的中断处，必要时可写在尺寸的上方、外面或引出标注	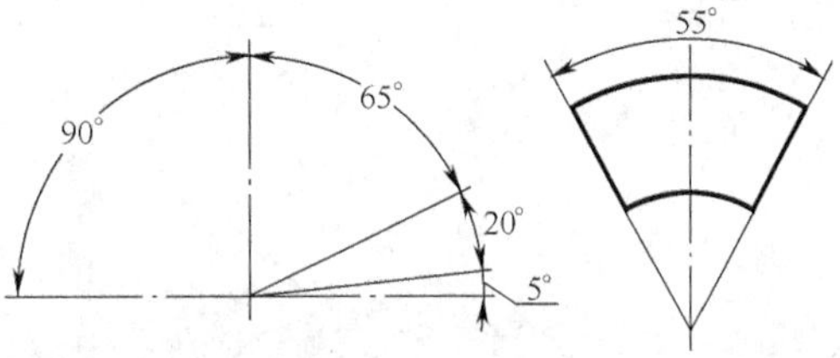
狭小尺寸	在没有足够的位置画箭头或写数字时，可按右图形式标注	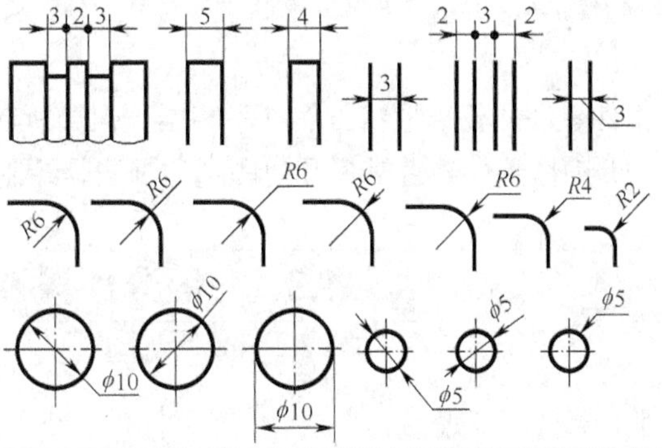
板的厚度	标注薄板零件的厚度尺寸时，可在尺寸数字前加注符号“δ”	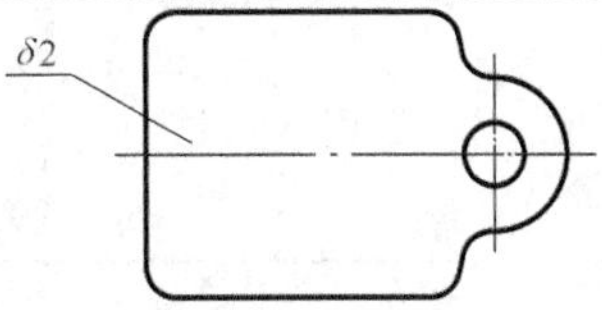
对称图形	当图形具有对称中心线时，分布在对称中心线两边的相同结构，可仅标注其中一边的尺寸如右图（a）所示； 当对称图形只画出一半或略大于一半时，尺寸线应略超过对称中心线或断裂处的边界线，并且只在有尺寸界线的一端画出箭头，如右图（b）所示	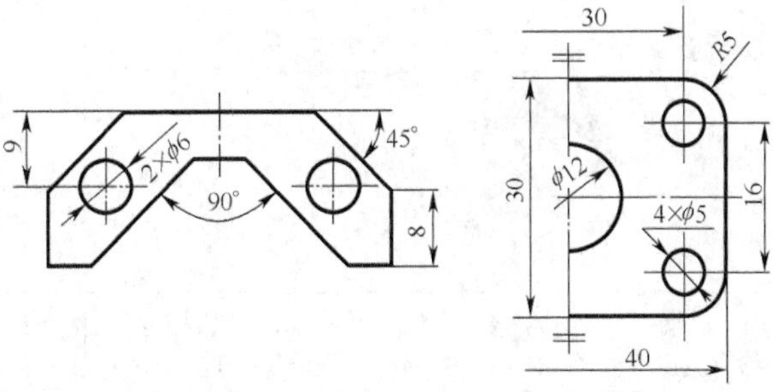

续表

项目	说　明	图　例
均匀分布孔	均匀分布的相同要素（如孔）的尺寸可按右图标注。当孔的定位和分布情况在图形中已明确时，可省略其定位尺寸和“均布”两字，均布用符号表示为 EQS	15°　6×ϕ5 EQS　8×ϕ5
正方形结构	标注正方形结构的尺寸时，可在正方形边长尺寸数字前加注符号“□”，或用“*B*×*B*”代替（*B* 为正方形的边长）	□14　14×14

1.3 几何作图

机件零件的轮廓形状虽然各不相同，但分析起来，都是由直线、圆弧和其他一些非圆曲线组成的几何图形。熟练掌握几何图形的画法是绘制图样必备的基本技能之一。

1.3.1 等分线段及正多边形画法

1. 等分线段

用平行线法将已知线段 *AB* 分成五等分的作图方法，如表 1-6 所示。

表 1-6　　等分线段的作图步骤

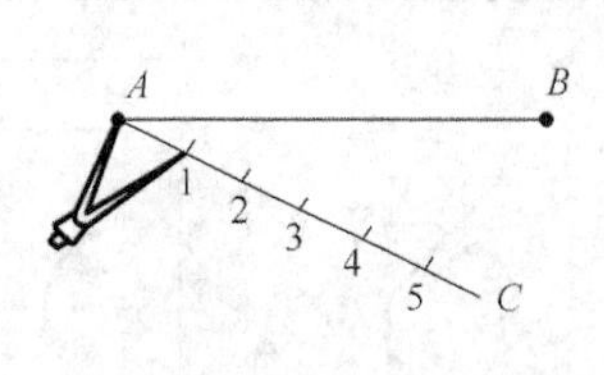	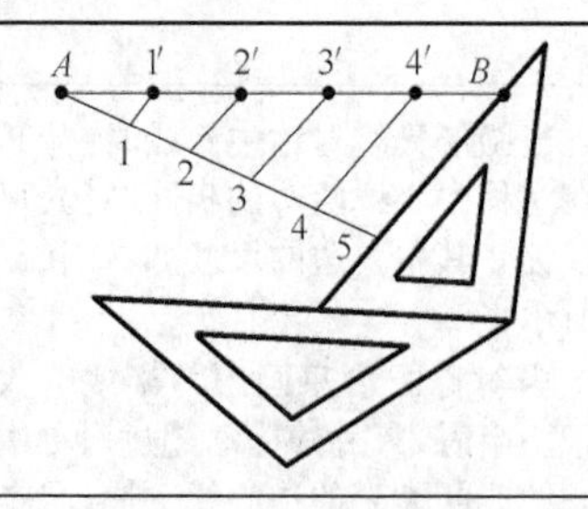
1. 过端点 *A* 任作一射线 *AC*，用分规以任意相等的距离在 *AC* 上量得 1、2、3、4、5 各个等分点	2. 连接 5、*B*，过 1、2、3、4 等分点做 5*B* 的平行线，与 *AB* 相交即得等分点 1′、2′、3′、4′

2. 等分圆周及正多边形的画法

等分圆周及正多边形的画法如表 1-7 所示。

表 1-7　　正多边形的画法

<table>
<tr><td>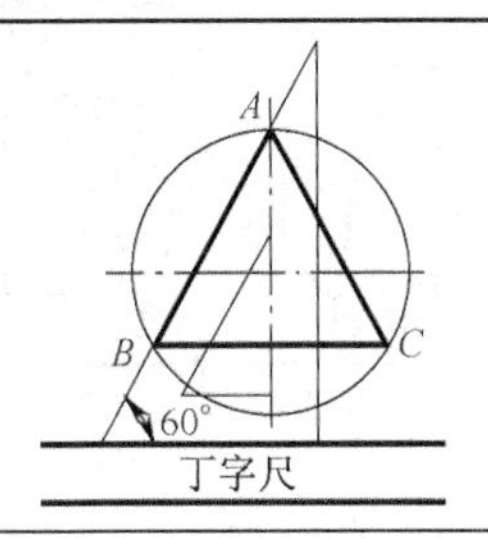
</td><td>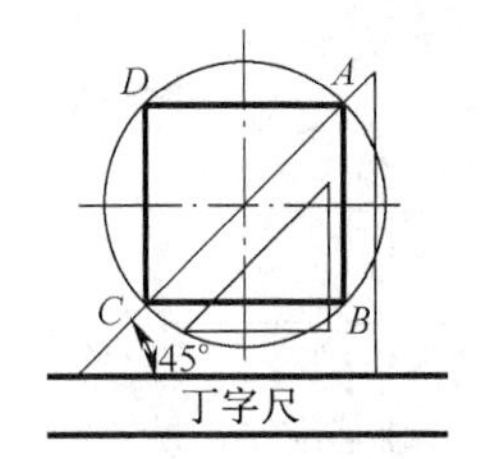
</td><td>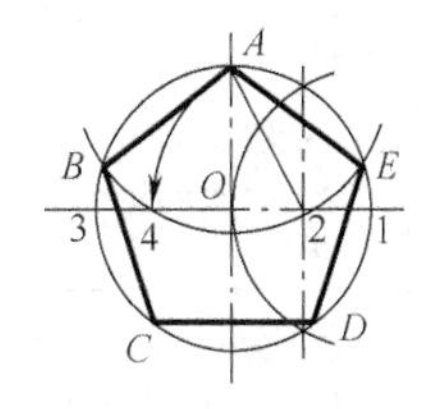
</td></tr>
<tr><td>等边三角形
用 60° 三角板的斜边过顶点 A 画线，与外接圆交于 B，过 B 点画水平线交外接圆于 C，连接三边即成</td><td>正方形
用 45°三角板的斜边过圆心画线，与外接圆交于 A、C 两点，分别过 A、C 作水平线交外接圆于 D、B 两点，连接四边即成</td><td>正五边形
1. 找到半径 $O1$ 的中点 2；
2. 以 2 为圆心、$2A$ 为半径画弧交 $O3$ 于 4；
3. 以 $A4$ 为边长，用它在外接圆上截取得到顶点 B、C、D、E、A，连接完成</td></tr>
<tr><td>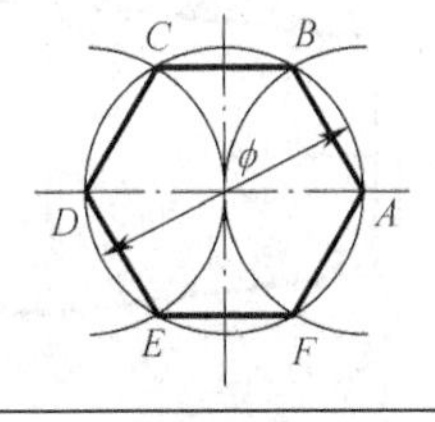
</td><td colspan="2">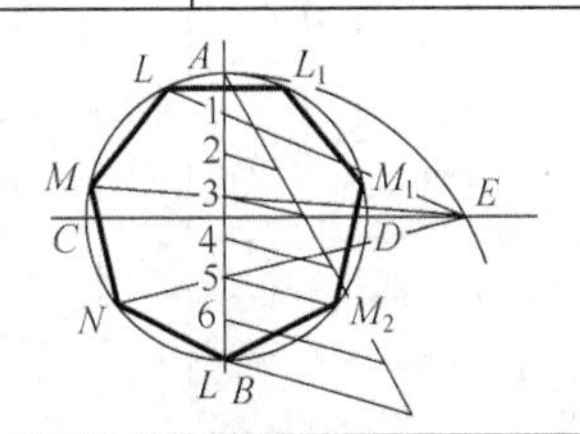
</td></tr>
<tr><td>正六边形
因边长等于外接圆半径，可分别以 A、D 为圆心以 $\phi/2$ 为半径画弧交于 B、C、E、F 四点，与 A、D 共为六顶点，连边完成</td><td colspan="2">正七边形（正 n 边形）
1. 分直径 AB 为七等分（n 等分）；
2. 以 B 为圆心、AB 为半径圆弧交直径 CD 的延长线于 E 点；
3. 过 E 点分别与直径 AB 上的奇数分点（或偶数分点）相连并延长，与外接圆交于 L、M、N，作出对称点 L_1、M_1、N_1；
4. 依次连接 L、M、N、B、L_1、M_1、N_1，完成正七边形（正 n 边形）</td></tr>
</table>

1.3.2 斜度与锥度

1. 斜度

斜度是指一直线（或一平面）对另一直线（或平面）的倾斜程度。斜度大小用该两直线（或两平面）夹角的正切值来度量，并把比值转化成 $1:n$ 的形式。斜度的画法及标注如表 1-8 所示。

2. 锥度

锥度是指正圆锥体的底圆直径与其高度之比。若为圆锥台则为两底圆直径之差的绝对值与锥台高度之比。同样将比值转化成 $1:n$ 的形式，如表 1-8 所示。

表 1-8　　斜度与锥度的表示符号、标注及作图

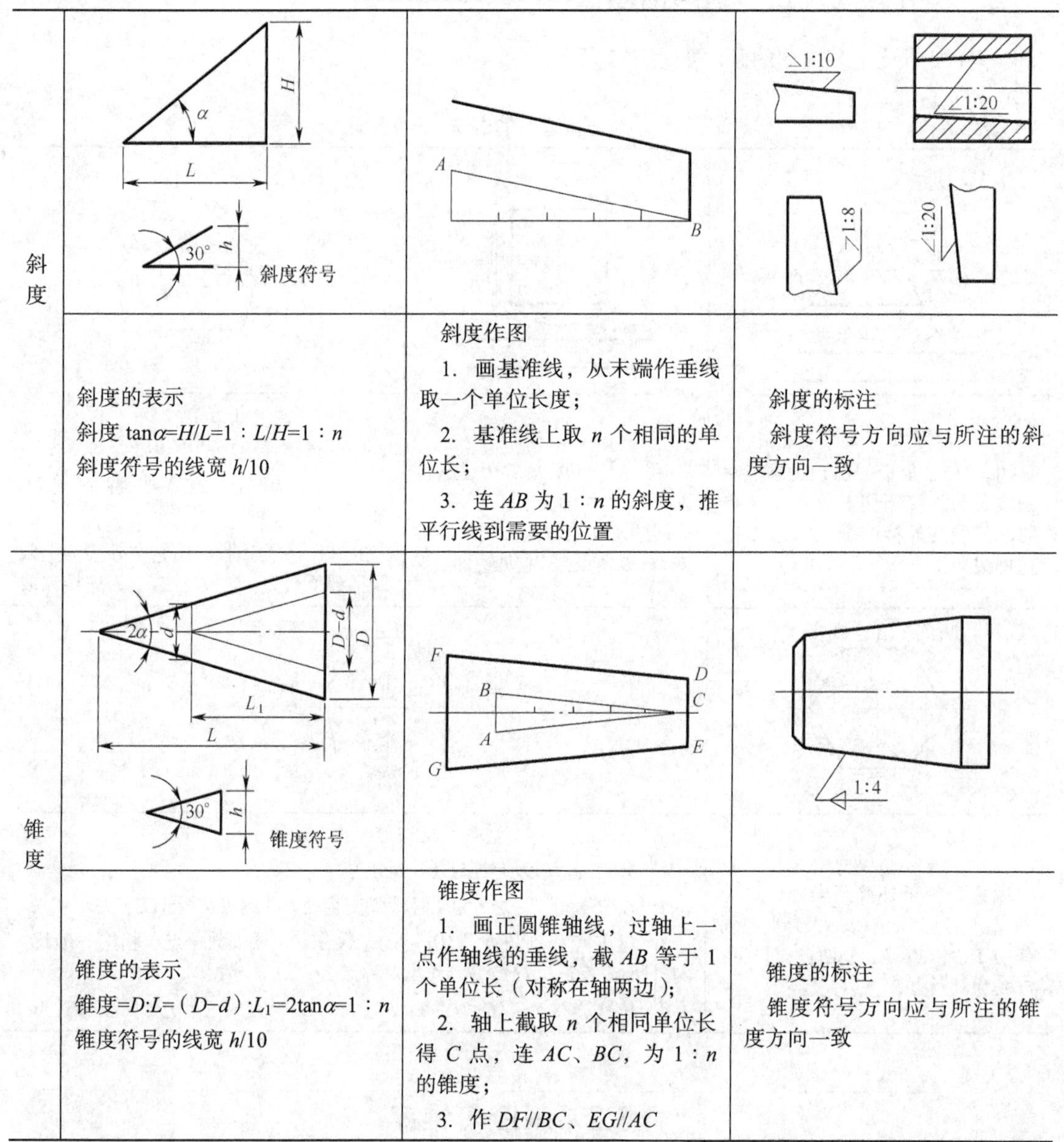

斜度	斜度的表示 斜度 $\tan\alpha=H/L=1:L/H=1:n$ 斜度符号的线宽 $h/10$	斜度作图 1. 画基准线，从末端作垂线取一个单位长度； 2. 基准线上取 n 个相同的单位长； 3. 连 AB 为 $1:n$ 的斜度，推平行线到需要的位置	斜度的标注 斜度符号方向应与所注的斜度方向一致
锥度	锥度的表示 锥度$=D:L=(D-d):L_1=2\tan\alpha=1:n$ 锥度符号的线宽 $h/10$	锥度作图 1. 画正圆锥轴线，过轴上一点作轴线的垂线，截 AB 等于 1 个单位长（对称在轴两边）； 2. 轴上截取 n 个相同单位长得 C 点，连 AC、BC，为 $1:n$ 的锥度； 3. 作 $DF//BC$、$EG//AC$	锥度的标注 锥度符号方向应与所注的锥度方向一致

1.3.3　圆弧连接

圆弧连接是指用一已知半径的圆弧光滑地连接相邻的两条已知线段（直线或圆弧）的作图过程。图 1-17（a）所示为印制板导电板图形，在绘制导电板图形时，相邻的线段都是通过圆弧连接的。从图 1-17（b）印制板的局部放大图中看出，用 $R8$ 连接两直线、用 $R15$ 连接了一直线和一圆弧、用 $R12$ 和 $R10$ 连接了两圆弧等。

圆弧连接的实质是圆弧与直线相切或圆弧与圆弧相切，因此，圆弧连接的关键是准确地求出连接圆弧的圆心和连接圆弧与已知线段的切点。作图时可按照“找圆心”→“找切点”→“连

接”的步骤完成绘图。

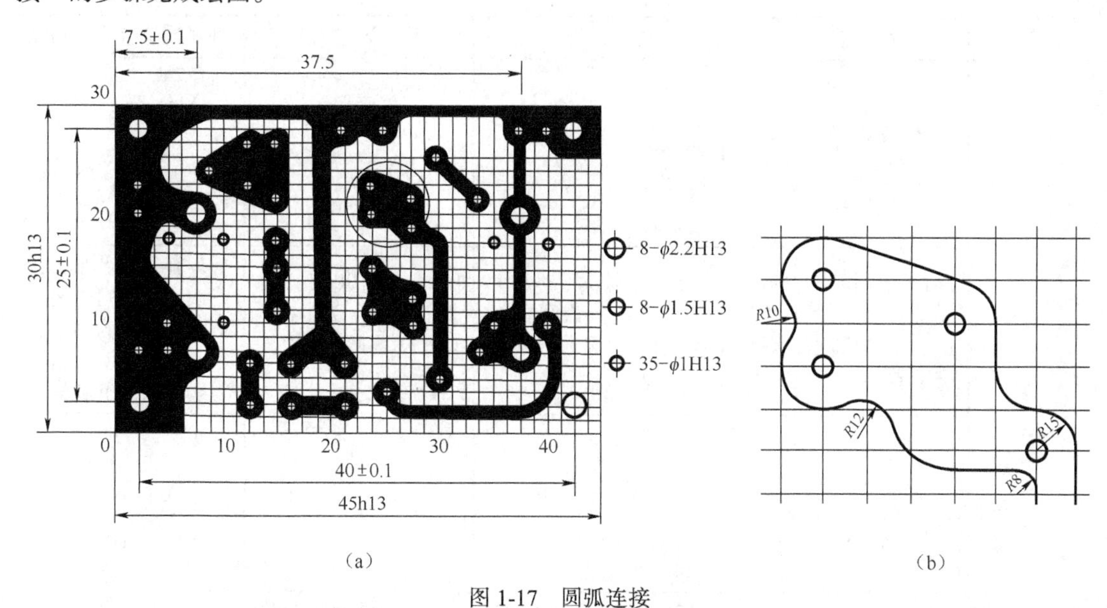

图 1-17　圆弧连接

常见圆弧连接的基本形式有“用圆弧连接两已知直线”、“用圆弧连接两已知圆弧”、“用圆弧连接一已知直线和一已知圆弧”3 种，如图 1-17 所示。

各种作图方法如表 1-9 和表 1-10 所示。

表 1-9　　圆弧连接两已知直线

类　别	用圆弧连接钝角或锐角的两边	用圆弧连接直角的两边
图例		
作图步骤	1. 作与已知角两边分别相距为 R 的平行线，交点 O 即为连接弧的圆心； 2. 自 O 点分别向已知角两边作垂线，垂足 M、N 即为切点； 3. 以 O 为圆心，R 为半径在两切点 M、N 之间画连接圆弧即为所求	1. 以角顶为圆心，R 为半径画弧，交直角边于 M、N； 2. 以 M、N 为圆心，R 为半径画弧，相交得连接弧圆心 O； 3. 以 O 为圆心，R 为半径在 M、N 间画连接圆弧即为所求

表 1-10　　圆弧连接的画法

名　称	外　连　接	内　连　接	混　合　连　接	圆弧连接直线与圆弧
已知条件	以已知半径 R 的连接弧画弧，与两圆外切	以已知半径 R 的连接弧画弧，与两圆内切	以已知半径 R 的连接弧画弧，与 O_1 圆外切，与 O_2 圆内切	用半径 R 的圆弧与直线 I 和 O_1 圆相外切

续表

名　称	外 连 接	内 连 接	混 合 连 接	圆弧连接直线与圆弧
	1. 分别以（R+R_1）及（R+R_2）为半径，O_1、O_2 为圆心，画弧交于 O	1. 分别以（R−R_1）及（R−R_2）为半径，O_1、O_2 为圆心，画弧交于 O	1. 分别以（R_1+R）及（R_2−R）为半径，O_1、O_2 为圆心，画弧交于 O	1. 作直线Ⅱ平行于直线Ⅰ（其间距离为 R），以 O_1 为圆心，R_1+R 为半径画弧与直线Ⅱ相交于 O
作图步骤				
	2. 连接 OO_1、OO_2 交 O_1 圆于 A，交 O_2 圆于 B，A、B 即为切点	2. 连接 OO_1、OO_2 并延长分别交圆 O_1 圆 O_2 于 A、B 两点，A、B 即为切点	2. 连接 OO_1 交圆 O_2 于 A，连接 OO_2 并延长交圆 O_2 于 B，A、B 即为切点	2. 作 OA 垂直于直线Ⅰ，连接 OO_1 交圆 O_2 于 B，A、B 即为切点
	3. 以 O 为圆心，R 为半径画弧，连接圆 O_1、圆 O_2 于 A、B 即完成作图	3. 以 O 为圆心，R 为半径画弧，连接圆 O_1、圆 O_2 于 A、B 即完成作图	3. 以 O 为圆心，R 为半径画弧，连接圆 O_1、圆 O_2 于 A、B 即完成作图	3. 以 O 为圆心，R 为半径画弧，连接直线Ⅰ和圆弧 O_1 于 A、B 即为所求

1.3.4　椭圆的画法

椭圆的画法有很多种，工程上常用近似法绘制椭圆，这里仅介绍常用的“四心法”。已知椭圆的长轴和短轴，用“四心法”绘制椭圆的步骤如表 1-11 所示。

表 1-11　　“四心法”画椭圆

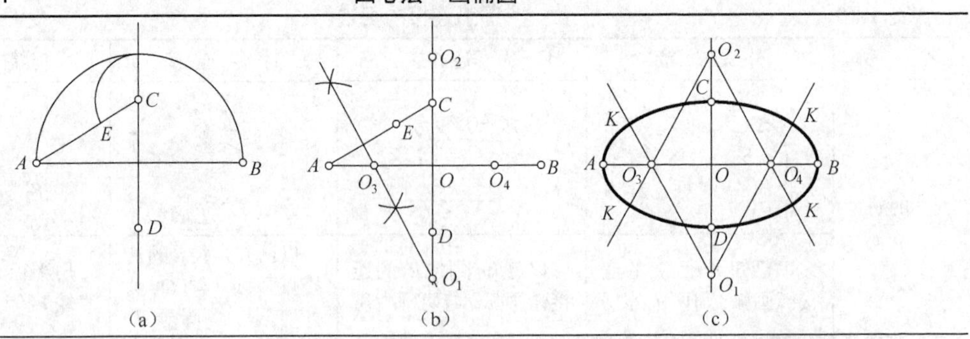

(a)　(b)　(c)

续表

1. 画出长轴 AB、短轴 CD，连长轴与短轴的端点 A、C，以 C 为圆心，长半轴与短半轴之差为半径画弧交 AC 于 E 点，如图（a）所示	2. 作 AE 的中垂线与长、短轴交于 O_3、O_1 点；并作出其对称点 O_4、O_2，如图（b）所示	3. 分别以 O_1、O_2 为圆心，O_1C 为半径画大弧，以 O_3、O_4 为圆心，O_3A 为半径画小弧（大小弧的切点 k 在相应的连心线上），即得椭圆，如图（c）所示

1.4 平面图形的尺寸分析与画法

1.4.1 分析平面图形的尺寸与线段

平面图形都是由若干线段（直线或曲线）连接而成的，要正确绘制一个图形，首先必须对平面图形进行尺寸分析和线段分析，弄清哪些线段尺寸齐全，可以直接画出来，哪些线段尺寸不全，通过什么方法才能画出来。下面以图 1-18 为例说明平面图形的分析方法和画图步骤。

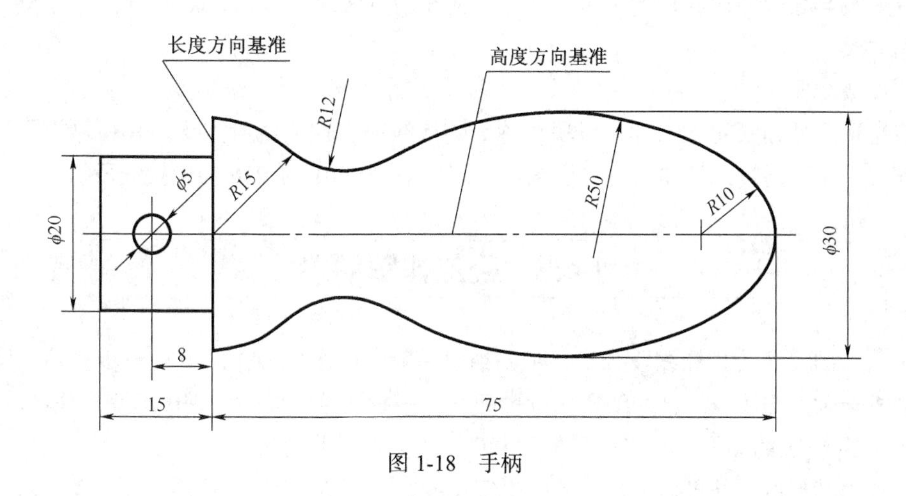

图 1-18 手柄

1. 尺寸分析

在平面图形中，一般包括两类尺寸，即定形尺寸和定位尺寸。在标注尺寸和进行尺寸分析时，首先应确定基准。

（1）尺寸基准

基准是标注尺寸的起点。平面图形由水平和垂直两个方向的坐标系确定，基准也就有这两个方向的基准。常选择图形的轴线、中心线、对称线或较长的轮廓直线作为尺寸基准。图 1-18 所示手柄图形的尺寸基准是水平轴线和较长的铅垂轮廓线。

（2）定形尺寸

用以确定图形中各组成部分形状大小的尺寸称为定形尺寸，如线段长度、圆及圆弧的直径或半径、角度的大小等尺寸。图 1-18 中的 15、ϕ20、ϕ5、$R$15、$R$12、$R$50、$R$10、ϕ30 等均为定形尺寸。

（3）定位尺寸

用以确定图形中各组成部分之间或基准之间相对位置的尺寸称为定位尺寸。图 1-18 中的 8 就是确定ϕ5 小圆位置的定位尺寸。

分析尺寸时常会见到同一尺寸既有定形尺寸的作用，又有定位尺寸的作用，如图 1-18 中，75 既是决定手柄长度的尺寸，又是 $R$10 圆弧的定位尺寸。

2. 线段分析

线段在图形中根据所给定的定形尺寸和定位尺寸是否齐全，可分为以下 3 类。

（1）已知线段

定形尺寸和定位尺寸标注齐全的线段，称为已知线段。作图时根据所给定形和定位尺寸可以直接画出。图 1-18 中的左端由 ϕ20 及 15 组成的矩形框，圆 ϕ5、弧 $R$15 和弧 $R$10 都是已知线段。

（2）中间线段

具有定形尺寸和不齐全的定位尺寸的线段，称为中间线段。中间线段不能直接画出，必须借助于其一端与相邻线段相切的关系，通过几何作图方法才能作出，图 1-18 所示手柄中的 $R$50 弧为中间线段。

（3）连接线段

只有定形尺寸而无定位尺寸的线段，称为连接线段。这类线段需要在其相邻线段作出后，再根据连接关系，通过几何作图的方法画出。图 1-18 手柄中的 $R$20 为连接线段。

1.4.2 确定作图顺序

通过以上的尺寸分析和线段分析，可归纳出一般平面图形的作图方法与步骤是：尺寸分析→线段分析→画基准线→画已知线段→画中间线段→画连接线段→清理图面完成作图。

如图 1-18 所示的图形，在以上分析的基础上，其画图步骤如下。

（1）先画基准线，并根据定位尺寸画出定位线，如图 1-19（a）所示。

（2）画已知线段。在长度基准线左侧画出 ϕ5、ϕ20，在右侧画出 $R$15 和 $R$10，如图 1-19（b）所示。

（3）画中间线段 $R$50。先作一组与 ϕ30 定位线相距为 50 的平行线 L；以 $R$10 为圆心、（$R$50 −$R$10）为半径画弧与 L 线相交，交点即为 $R$50 的圆心；再继续找到切点并画弧连接，如图 1-19（c）所示。

（4）画连接线段 $R$12。分别以 $R$15 圆心和 $R$50 圆心为圆心，以（$R$15+$R$12）和（$R$50+$R$12）为半径画弧交于一点，该点即为 $R$12 的圆心；再继续找切点并画弧连接，如图 1-19（d）所示。

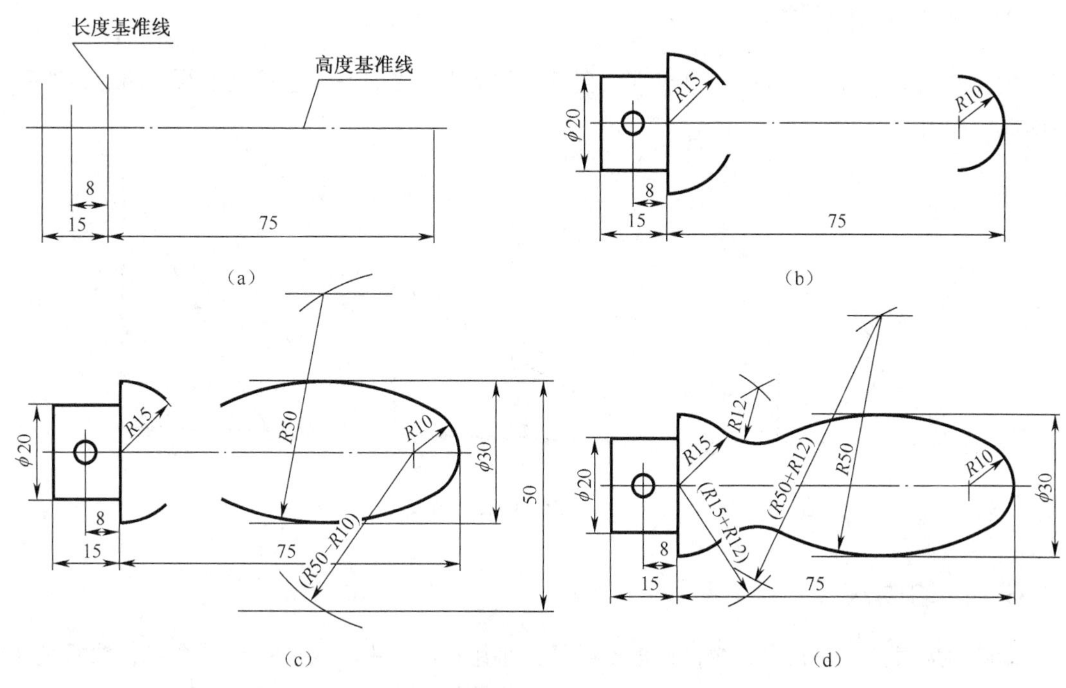

图 1-19　手柄的画图步骤

（5）擦去不要的线段，按线型要求描深，标注尺寸，完成全图，如图 1-18 所示。

1.4.3　徒手绘图技能

徒手画的图又叫草图。它是以目测估计实物的形状、尺寸大小，不借助绘图工具徒手绘制的图样。在设计、仿制或修理机器时，经常需要绘制草图。草图是工程技术人员交谈、记录、创作、构思的有力工具。徒手绘图是工程技术人员必备的一种基本技能。

草图不是潦草之图，草图中的线条也要粗细分明，长短大致符合比例，线型符合国家标准。

1. 直线的画法

画直线时，可先标出直线的两个端点，然后执笔悬空沿直线方向比划一下，掌握好方向后再落笔画线，运笔时目视笔尖和直线终点，匀速运笔。

画水平线时，应自左至右画出；画垂直线时，应自上而下运笔，如图 1-20 所示。为了运笔方便，可将图纸斜放。

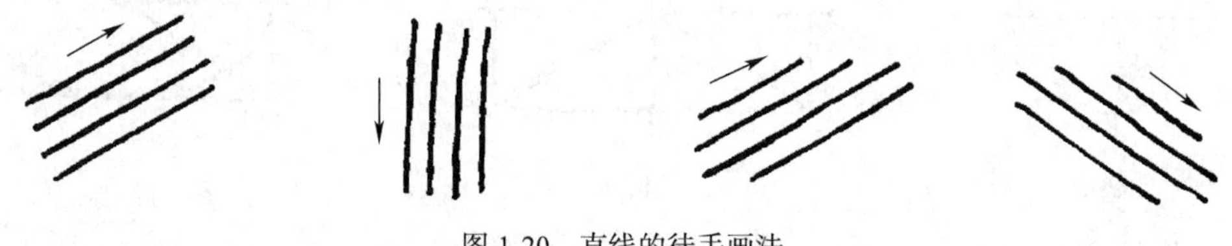

图 1-20　直线的徒手画法

2. 常用角度画法

画 45°、30°、60° 等角度，可根据两直角边的比例关系，在两直角边上写出两点，然后连接而成，如图 1-21 所示。

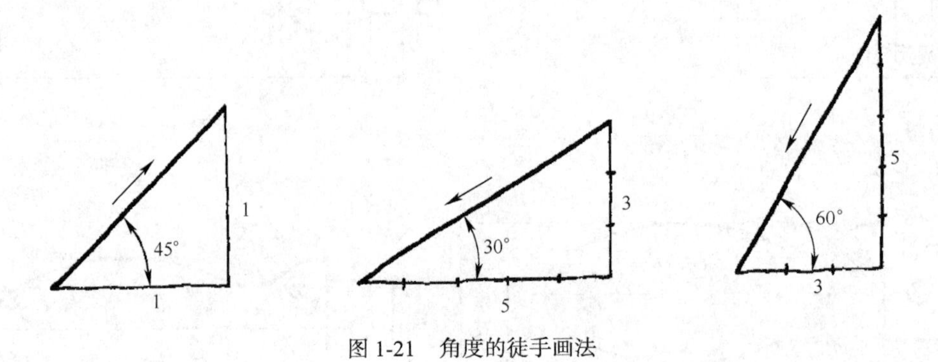

图 1-21　角度的徒手画法

3. 圆的画法

画圆时应过圆心先画中心线，再根据半径大小用目测在中心线上定出 4 个点，然后过这 4 个点画圆，如图 1-22（a）所示。对较大的圆，可过圆心加画 45° 斜线，按半径目测定出 8 个点，然后过这 8 个点画圆，如图 1-22（b）所示。

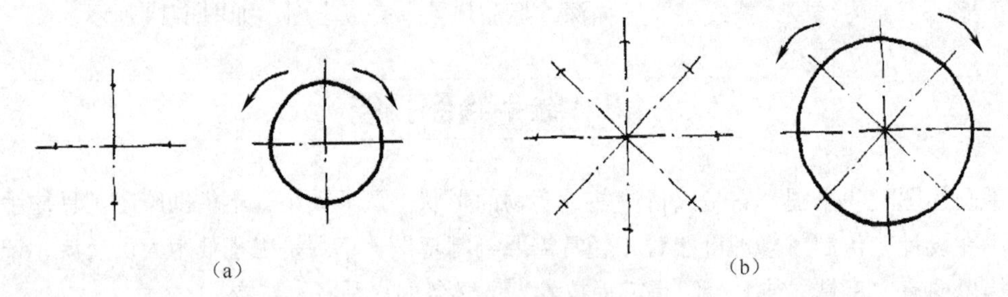

图 1-22　圆的徒手画法

4. 椭圆的画法

（1）画椭圆时，先画出椭圆的长、短轴，并定出长、短轴的端点，如图 1-23（a）所示。

（2）画椭圆的外切矩形，将矩形的对角线六等分，如图 1-23（b）所示。

（3）过长、短轴端点和对角线靠外等分点画出椭圆，如图 1-23（c）所示。

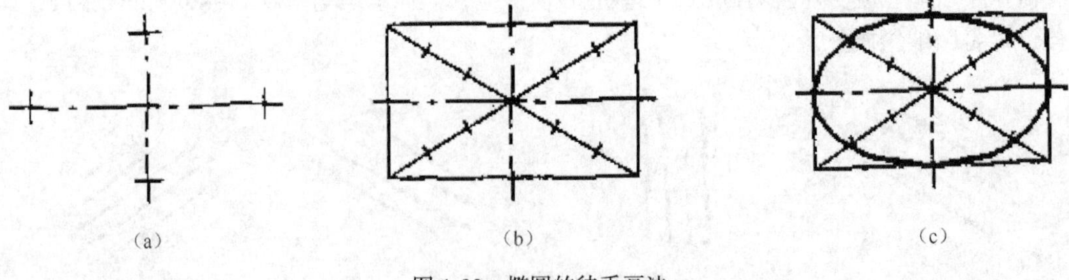

图 1-23　椭圆的徒手画法

5. 平面图形的画法

尺寸较复杂的平面图形，要分析图形的尺寸关系，目测尺寸尽可能准。初学徒手画图，可在方格纸上进行，可以利用方格纸上的线条确定大圆的中心线和主要轮廓线，图形各部分之间的比例可按方格纸上的格数来确定。为了方便徒手绘图时转动图纸，提高绘图速度，草图的图纸一般不固定。

图 1-24 所示为徒手在方格纸上画平面图形的示例。

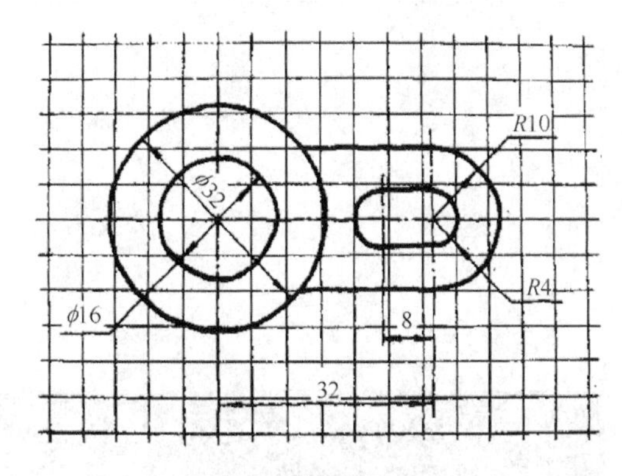

图 1-24 徒手画平面图

第2章 正投影法与三视图

【知识目标】

1. 掌握正投影的基本性质，理解三视图的形成原理和投影规律；
2. 掌握点、直线、平面的投影规律和投影图特征；
3. 掌握基本几何体的投影图特征、画图方法和尺寸标注要求。

【能力目标】

1. 能熟练绘制和识读简单物体的三视图；
2. 能在物体的三视图上，分析和判断出物体上点、直线、平面的空间位置。

机械图样中表达物体形状的图形是按正投影法绘制的，正投影法是绘制和阅读机械图样的理论基础，所以掌握正投影法理论，是培养空间思维能力、提高绘图和读图能力的关键。本章将介绍正投影法的有关知识及其应用。

2.1 投影法与三视图的形成

2.1.1 投影法的基本知识

1. 投影法的概念

物体被灯光或日光照射时，在地面或墙壁上就会出现物体的影子，如图2-1所示。但物体的影子只能概括地反映出物体某个方面的外轮廓形状，而不能反映出物体上各表面间的界限以及物体内部的和后面被挡住部分的形状。人们在长期的生产实践中，根据影子的启示，科学地总结出假想光线（称为投射线）能通过物体，将其内外所有边界轮廓向一个平面（称投影面）投射，从而在这个平面上得到一个由线条组成的平面图形（称投影或投影图）来表达物体形状，如图 2-2 所示。上述将物体进行投射并在投影面上得到图形的方法称为投影法。

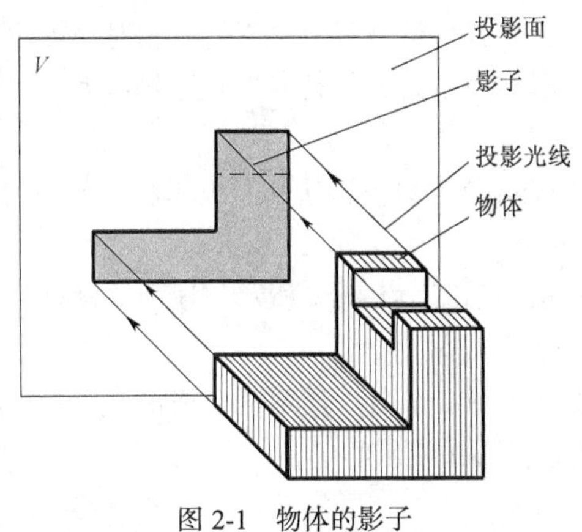

图 2-1　物体的影子

图 2-2　物体的投影

投射线、物体、投影面是构成投影的三要素。

2. 投影法的分类

由于投射线、物体和投影面之间的相互关系不同，因而产生了不同的投影法。工程上常用的投影法有中心投影法和平行投影法两种。

（1）中心投影法

投影线都是从一点发出的投影方法称为中心投影法，如图 2-3（a）所示。用这种方法所得到的投影，称为中心投影。

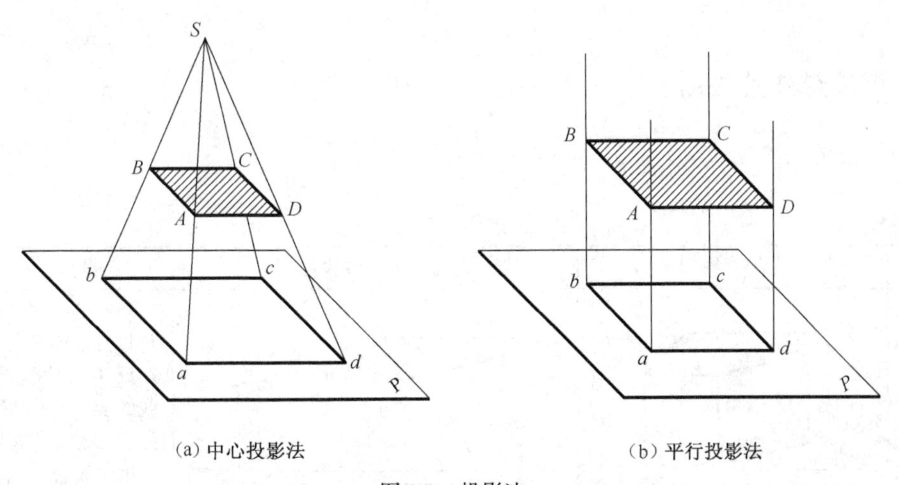

(a) 中心投影法　　(b) 平行投影法

图 2-3　投影法

根据中心投影法得到的投影称为透视图。

透视图与人肉眼观察物体的习惯相符，具有较强的立体感，常用于产品外形展示。

在中心投影法中，如改变物体或投影中心的位置，则物体投影的大小将发生变化。由于它不能反映物体的真实形状和大小，度量性较差，因而在机械图样中一般不采用。

（2）平行投影法

投影线相互平行的投影法称为平行投影法，如图 2-3（b）所示。用平行投影法得到的投影，称为平行投影。

平行投影的大小与物体和投影面之间的距离无关，其投影形状只取决于物体相对投影面的摆放位置，度量性好。例如，在图 2-3（b）中当四边形与投影面 *P* 平行时，其形状和大小在该投影面上的投影完全相同。

在平行投影法中，按投射线是否垂直于投影面，又可分为斜投影法和正投影法，如图 2-4 所示。

斜投影法——投影线与投影面相倾斜的平行投影法，如图 2-4（a）所示。根据斜投影法所得到的图形，称为斜投影或斜投影图。

正投影法——投影线垂直于投影面的平行投影法，如图 2-4（b）所示。根据正投影法所得到的投影称为正投影或正投影图。机械图样主要是用正投影法绘制的。

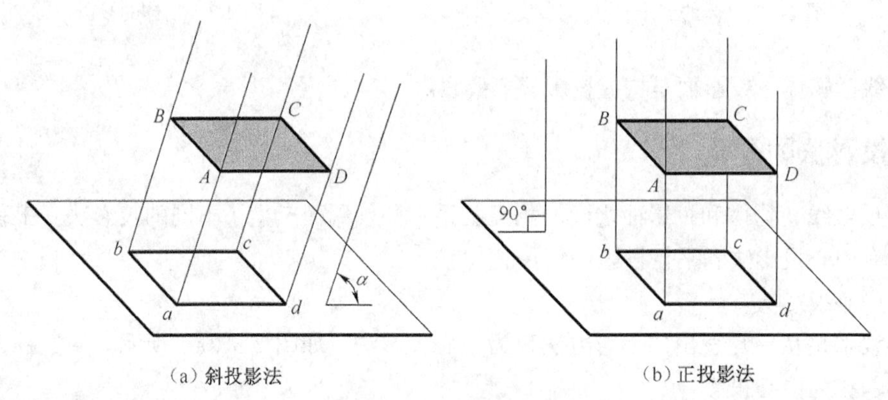

（a）斜投影法　　（b）正投影法

图 2-4　平行投影法

3. 正投影法的性质

正投影法的性质见表 2-1。

表 2-1　正投影法的性质

性质	物体上的直线和平面	直线和平面的投影图	投 影 特 性
显实性			当平面图形（或直线）与投影 o 面平行时，其投影反映平面的实形（或直线的实长）的性质，称为显实性（又称实形性）。 即：平面平行投影面，该面投影实形现； 直线平行投影面，该面投影实长显

续表

性质	物体上的直线和平面	直线和平面的投影图	投 影 特 性
积聚性			当平面图形（或直线）与投影面垂直时，其投影积聚成直线（或积聚成点）的性质，称为积聚性。 即：平面垂直投影面，该面投影聚成线； 直线垂直投影面，该面投影聚成点
类似性			当平面图形（或直线）与投影面倾斜时，其投影与空间图形类似，但面积缩小（直线的投影仍然是线段，但长度缩短）的性质，称为类似性。 即：平面倾斜投影面，投影类似往小变； 直线倾斜投影面，该面投影长变短

2.1.2　物体的三视图

制图标准规定：将机件用正投影法向投影面进行投射所得的图形称为视图（在实际绘图时，通常用人的视线模拟正投影线，按人—物体—投影面的关系，将物体向投影面进行投射，从而在投影面上得到物体的投影，视图的名称由此而来，如图 2-5（a）所示）。

因空间物体有 3 个方向的尺寸，物体的一个视图只能表达物体一个方向的形状，反映出两个方向的尺寸，所以只用一个视图不能完整、确切地表达出物体的形状。图 2-5（b）所示为两个形状不同的物体，但它们向 *V* 平面进行投影所得的视图是相同的。为了确切、完整地表达出物体的全部形状，必须从物体的不同方向进行投影，工程上常用 3 个视图来表达物体的形状。

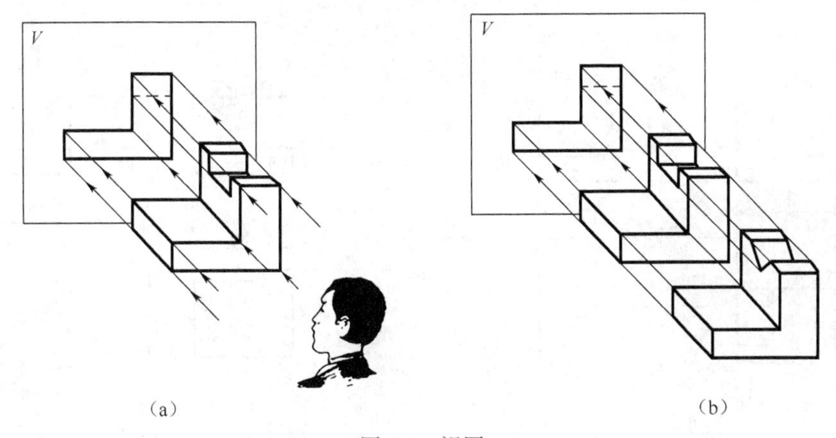

（a）　　（b）

图 2-5　视图

1. 三视图的形成

根据投影的三要素（投射线、物体、投影面）可知，要得到物体的 3 个视图，就必须有 3 个投影面。

（1）三投影面体系的建立

在空间设立 3 个相互垂直的投影面，如图 2-6 所示，分别为正立投影面，简称正面，用 *V* 表示；水平投影面，简称水平面，用 *H* 表示；侧立投影面，简称侧面，用 *W* 表示。

相邻两个投影面之间的交线，称为投影轴，分另用 *OX*、*OY*、*OZ* 表示，简称 *X* 轴、*Y* 轴、*Z* 轴，三轴汇交于一点 *O*，称为原点。

三轴中 *X* 轴表示左右长度尺寸；*Y* 轴表示前后宽度尺寸；*Z* 轴表示上下高度尺寸。

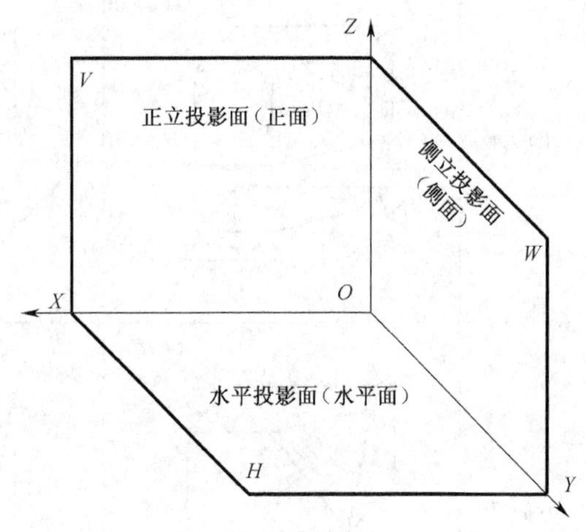

图 2-6 三投影体系的建立

（2）三视图的形成及名称

将物体置于三投影面系中，使物体各主要表面平行或垂直于其中的某一投影面（这样可使这些表面在所平行的投影面上的投影反映实形，在所垂直的投影面上的投影成为简单易画的直线或圆）并保持不动，然后将物体分别向各个投影面进行正投影，这样就在 3 个投影面上分别得到了 3 个视图，如图 2-7（a）所示。3 个视图的名称如下。

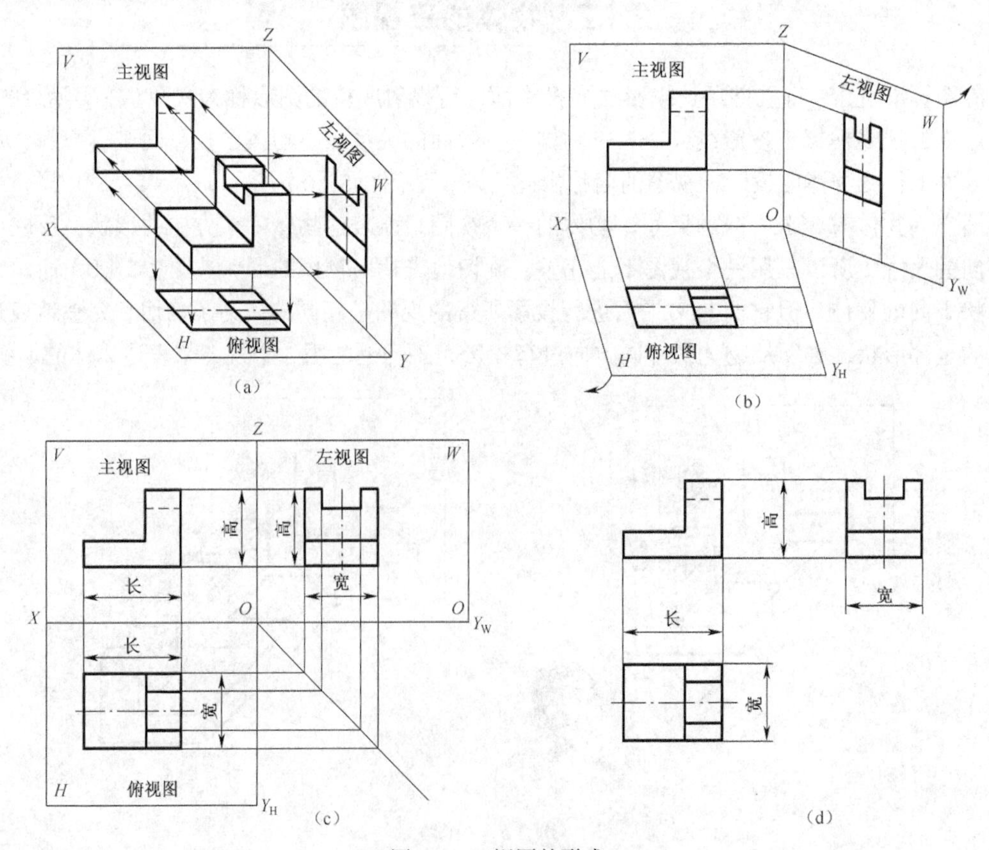

图 2-7 三视图的形成

主视图——从前向后投射，在 V 面上所得的投影；

俯视图——从上向下投射，在 H 面上所得的投影；

左视图——从左向右投射，在 W 面上所得的投影。

为了使三个视图能画在同一张图纸上，国家标准规定将三投影面展开至同一平面上：V 面保持不动，H 面绕 OX 轴向下旋转 90° 与 V 面重合，W 面绕 OZ 轴向右旋转 90° 与 V 面重合，如图 2-7（b）所示。这样三个视图就展平到同一平面上了，如图 2-7（c）所示。

由于三视图是表达物体形状的，与投影面之间的距离无关，因此与视图无关的投影边框不需要画出，如图 2-7（d）所示。

2. 三视图的投影规律

由于三视图是由同一物体向固定的三投影面投射得来，所以三视图之间及三视图与空间物体之间必然存在着联系。

（1）位置关系

三投影面展开后，三视图之间的位置就自然确定了。

在绘制三视图时，应按此规定配置。按规定配置的三视图，不需要标注其名称，如图 2-7（d）所示。

（2）方位关系

物体在空间具有左右、上下、前后 6 个方位，如图 2-8（a）所示。当物体的投射方向确定后，视图与物体的空间方位之间的对应关系也就确定了。如图 2-8（b）所示，主视图反映左右、上下关系，前后重叠；左视图反映前后、上下关系，左右重叠；俯视图反映左右、前后关系，上下重叠。

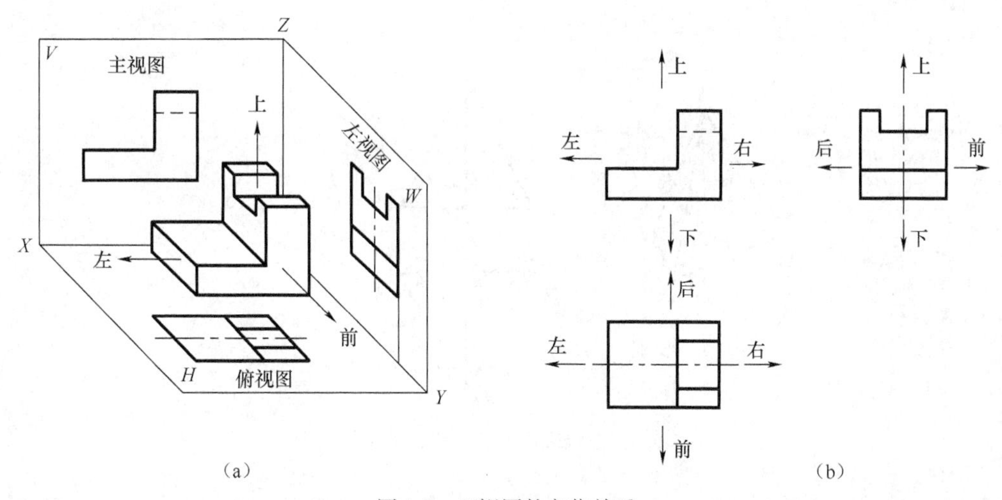

图 2-8　三视图的方位关系

根据上述方位关系，就可以在视图上分析物体上各部分的相对位置了。所以，理解三视图所反映的空间方位关系，对判断组成物体各部分之间的相对位置是十分重要的。

（3）尺寸关系（投影规律）

物体都有长、宽、高 3 个方向的尺寸。设物体的左右方向尺寸为长，上下方向尺寸为高，前后方向尺寸为宽。

根据物体和视图之间的方位关系可知，主视图和左视图共同反映了物体的上下方位，即共同反映了物体高度方向的尺寸；主视图和俯视图共同反映了物体的左右方位，即共同反映了物体长度方向的尺寸；俯视图和左视图共同反映了物体的前后方位，即共同反映了物体宽度的尺寸。由此得出了三视图之间的尺寸关系，如图 2-7（d）所示，即：

主、俯视图长对正；

主、左视图高平齐；

俯、左视图宽相等。

三视图之间的“长对正、高平齐、宽相等”的尺寸关系，又称为三视图的投影规律，是三视图的基本投影规则，这个规则不仅适应于整个物体的总尺寸，对物体的局部尺寸同样适应，画图、读图时都应严格遵循和应用。

2.2 物体上点、直线、平面的投影

任何立体都是由点、直线、面等几何元素所组成。图 2-9 所示三棱锥的表面由三角形 *SAB*、*SBC*、*SAC*、*ABC* 共 4 个平面所围成；两相邻平面有交线（称为棱线）*SA*、*SB*、*SC* 等 6 条，6 条交线（棱线）汇交于 *A*、*B*、*C*、*S* 四个点。显然画三棱锥的三视图，实质上是画这些点、线、面的投影。因此，掌握点、线、平面的投影及投影规律是正确、迅速画立体投影的基础。

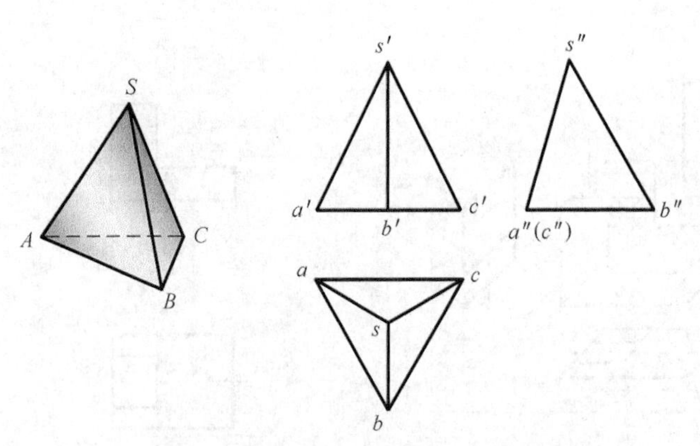

图 2-9　三棱锥表面上点、线、平面的投影

2.2.1　物体上点的投影

如图 2-10（a）所示，将形体上空间点 *A* 分别向 *H*、*V* 和 *W*3 个投影面作垂线（投射线），其垂足 *a*、*a'* 和 *a*" 即为点 *A* 在 3 个投影面上的投影。

规定：空间点使用大写拉丁字母表示，例如 *A*、*B*、*C* 等；点的水平投影用相应的小写字母表示，例如 *a*、*b*、*c* 等；正面投影用相应的小写字母加一撇表示，例如 *a'*、*b'*、*c'*等；点的侧面投影用相应的小写字母加两撇表示，例如 a''、b''、c''。

将投影面展开，得到如图 2-10（b）所示结果，为讨论问题方便，只取出形体上 A 点的三面投影进行讨论，如图 2-10（c）所示。

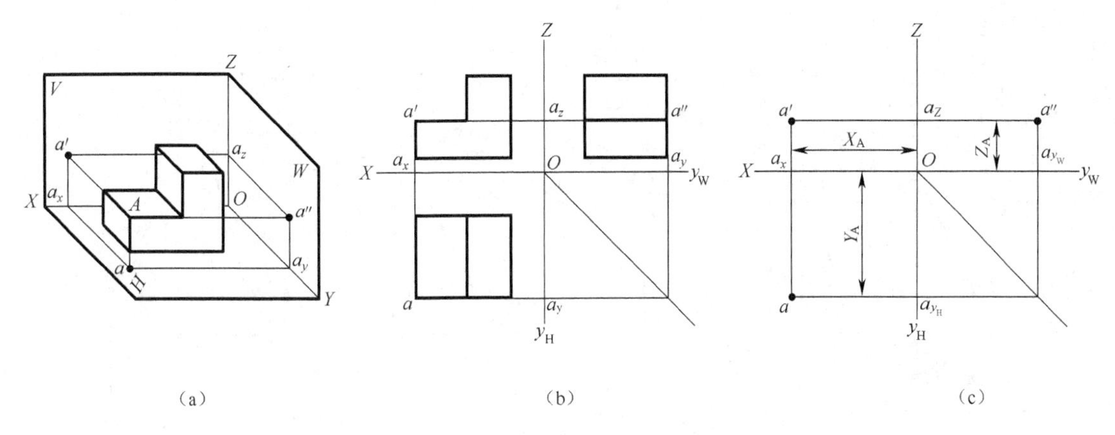

图 2-10　立体上点的三面投影

由图 2-10（a）看出，Aa、Aa'、Aa''三条投射线构成 3 个互相垂直平面，与 3 个投影面相交出 6 条交线 $a'a_z$、$a'a_x$、aa_y、aa_x 、$a''a_z$、$a''a_y$，并组成一个长方体线框，A 点在长方体线框的一个角点上。如把三投影面体系看作空间直角坐标系，则 H、V、W 面为坐标面，OX、OY、OZ 为坐标轴，点 O 为坐标原点。从图中的长方体线框可知，空间点 A 到 3 个投影面的距离可用其直角坐标 A（x_A、y_A、z_A）表示，且与其三面投影 a、a'、a''的关系如下：

点的水平投影 a 由 a_xO、a_yO，即点 A 的 x_A、y_A 两坐标决定；

点的正面投影 a'由 a_xO、a_zO，即点 A 的 x_A、z_A 两坐标决定；

点的侧面投影 a''由 a_yO、a_zO，即点 A 的 y_A、z_A 两坐标决定。

根据点在三投影面体系中的投影分析，得出点在三投影面体系中的投影规律，如图 2-10（c）所示。

（1）点的正面投影和水平投影的连线垂直 OX 轴，且正面投影到 OZ 的距离与水平投影到 OY 的距离相等，都反映了空间点的 X 坐标，即 $aa' \perp OX$ 轴，$aa_y=a'a_z=x_A$，也表示空间点到 W 面的距离。

（2）点的正面投影和侧面投影的连线垂直 OZ 轴，正面投影到 OX 的距离与侧面投影到 OY 的距离相等，都反映了空间点的 Z 坐标，即 $a'a'' \perp OZ$ 轴，$a'a_x=a''a_y=z_A$，也表示空间点到 V 面的距离。

（3）点的水平投影到 OX 轴的距离和点的侧面投影到 OZ 轴的距离相等，都反映了空间点的 Y 坐标，即 $aa_x=a''a_z=y_A$，也表示空间点到 V面的距离。

点的投影规律和三视图的投影规律是一致的，即点的投影规律仍然符合“长对正（$aa' \perp OX$)、高平齐（$a'a'' \perp OZ$)、宽相等（$aa_x=a''a_z=y_A$”）的对正关系。

2.2.2 物体上直线的投影

根据“两点可确定一直线”的几何定理，作直线的投影时，可作出直线上任意两点（一般取直线段的两端点）的投影，然后将这两点的同面投影相连，即得到直线的三面投影。

如图 2-11（a）所示，将三棱锥上 SA 棱线的两点 S、A 分别向投影面投影，得 H 面投影 s、a，V 面投影 s'、a'，W 面投影 s''、a''；然后将两点的同面投影连接起来，即得到直线的 H 面投影 sa、V 面投影 $s'a'$ 和 W 面投影 $s''a''$，如图 2-11（b）所示。可见，作直线的投影图，归根结底还是求点的投影。

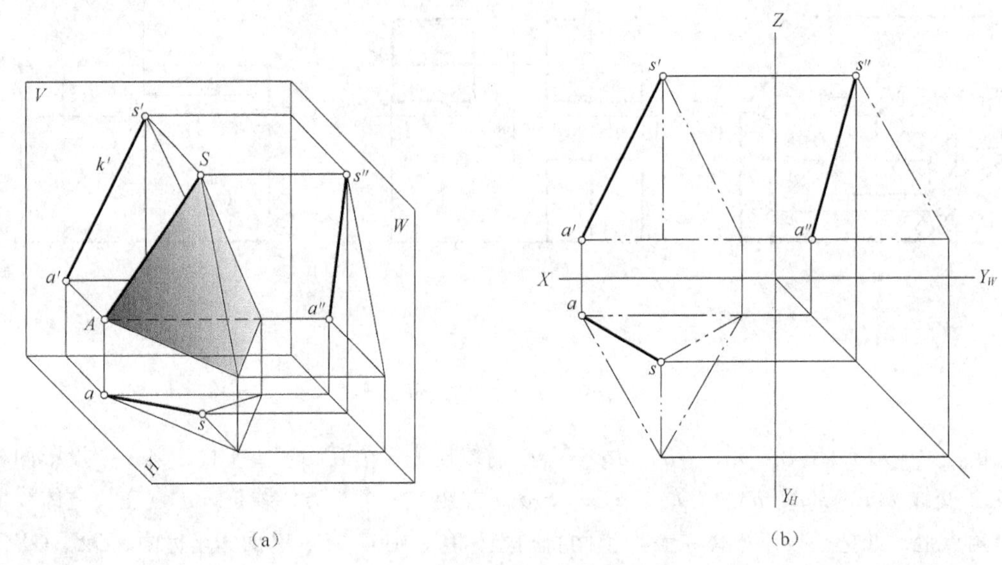

（a）　　　（b）

图 2-11　直线的三面投影

直线在三投影面体系中有 3 种位置：投影面垂直线、投影面平行线、一般位置直线。投影面垂直线和投影面平行线又称为特殊位置直线。

1. 投影面垂直线

垂直于一个投影面并与另外两个投影面平行的空间直线，称为投影面的垂直线。垂直于 H 面的称为铅垂线；垂直于 V 面的称为正垂线；垂直于 W 面的称为侧垂线。

3 种投影面垂直线的投影特性见表 2-2。

表 2-2　　投影面垂直线的投影特性

名　称	铅垂线（$\perp H$）	正垂线（$\perp V$）	侧垂线（$\perp W$）
直观图	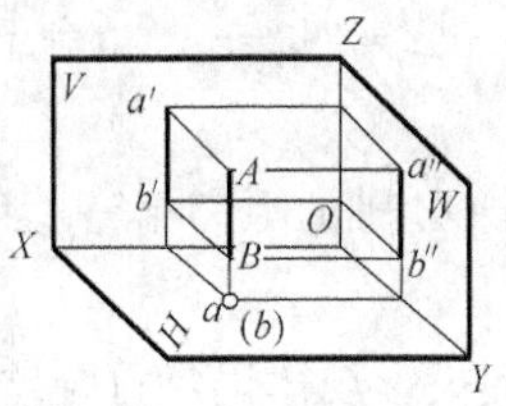	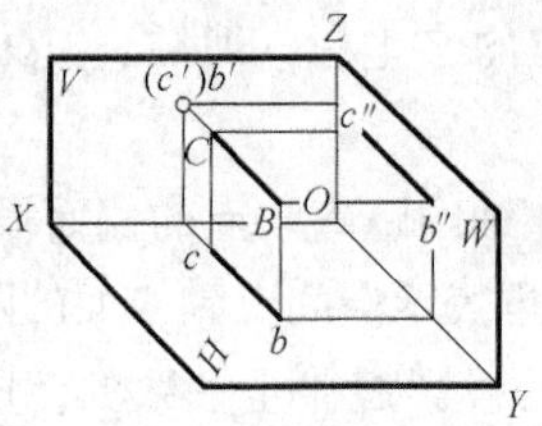	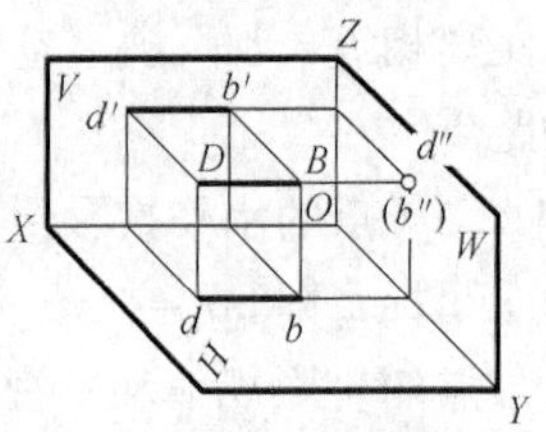
投影图	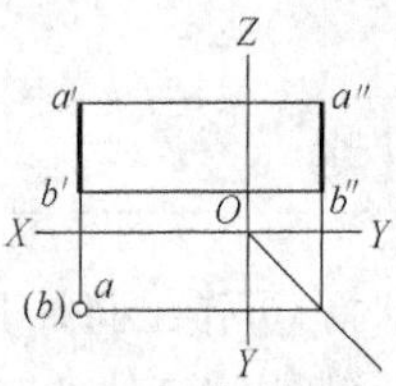	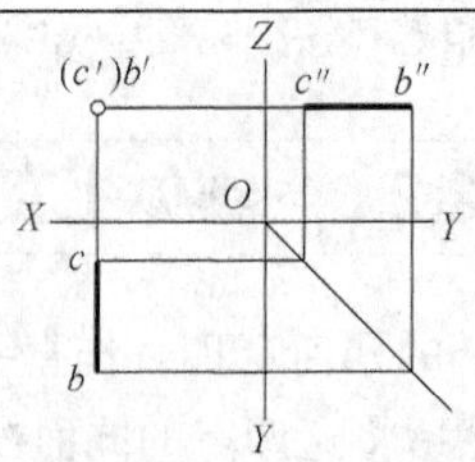	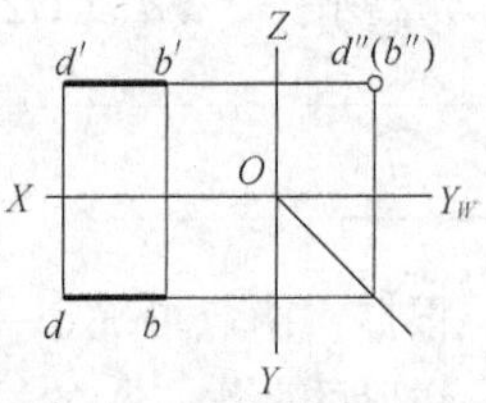

续表

名　　称	铅垂线（⊥H）	正垂线（⊥V）	侧垂线（⊥W）
实例	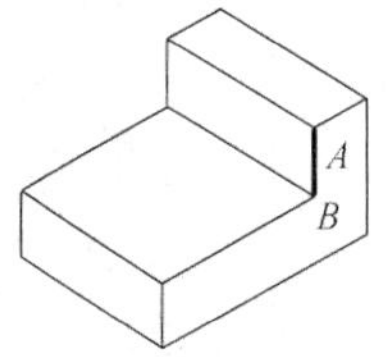	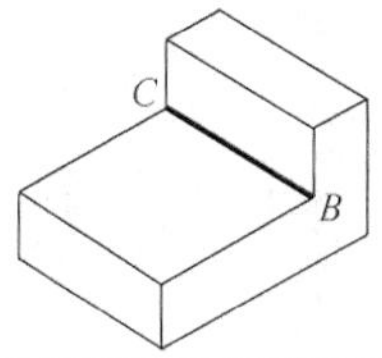	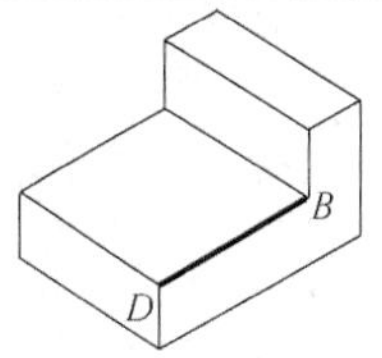
投影特性	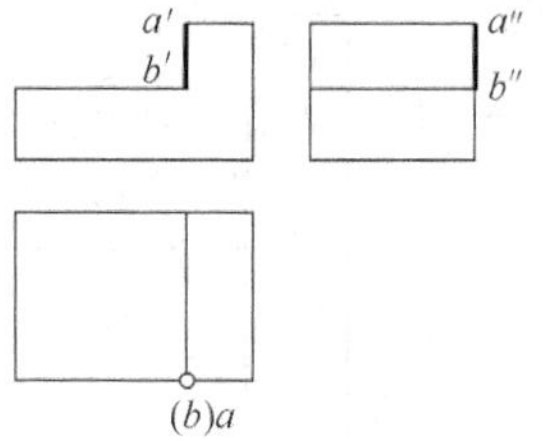 1. a（b）积聚为一点； 2. $a'b'$⊥OX；$a''b''$⊥OY； 3. $a'b'=a''b''=AB$	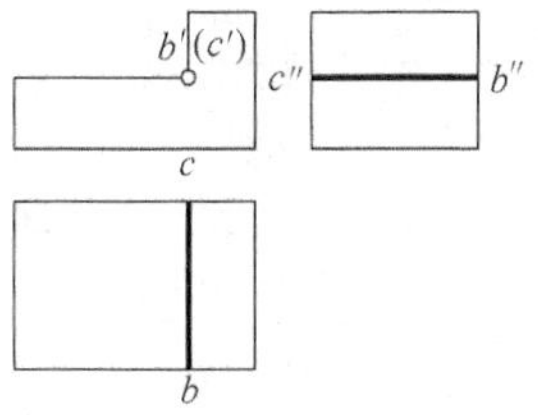 1. b'（c'）积聚为一点； 2. bc⊥OX；$b''c''$⊥OZ； 3. $bc=b''c''=BC$	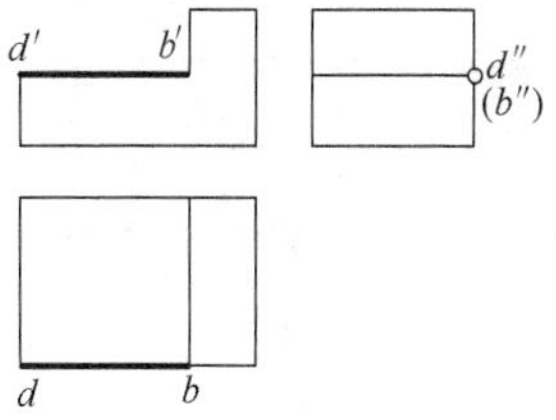 1. $d''(b'')$积聚为一点； 2. $d'b'$⊥OZ；db⊥OY； 3. $d'b'=db=DB$

投影特性：在所垂直的投影面上的投影积聚成一点，在另外两投影面上的投影反映空间直线的实长，且与空间直线所垂直的投影面的两轴垂直。

2. 投影面平行线

平行于一个投影面并与另外两投影面倾斜的空间直线，称为投影面的平行线。平行于 H 面，且与 V、W 面倾斜的直线，称为水平线；平行于 V 面，且与 H、W 面倾斜的直线，称为正平线；平行于 W 面，且与 V、H 面倾斜的直线，称为侧平线。

三种投影面平行线的投影特性见表 2-3。

表 2-3　投影面平行线的投影特性

名　　称	水平线（//H）	正平线（//V）	侧平线（//W）
直观图	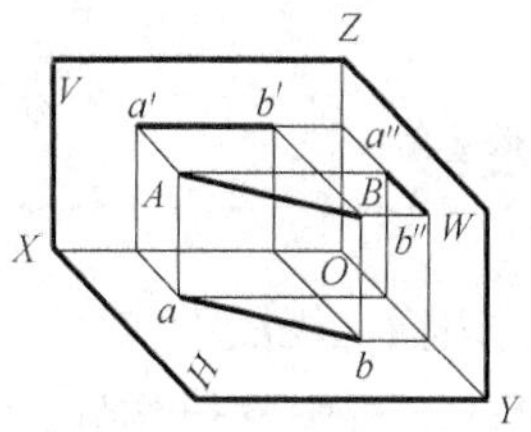	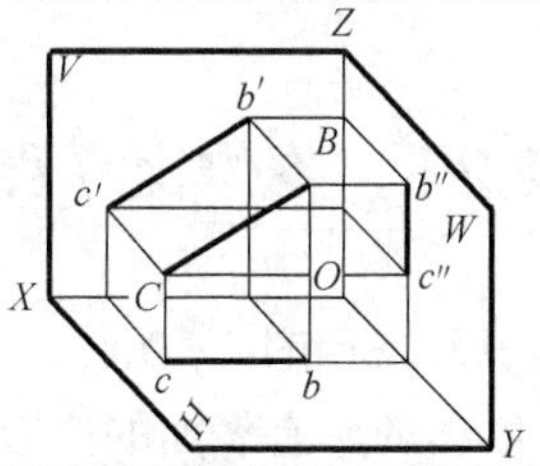	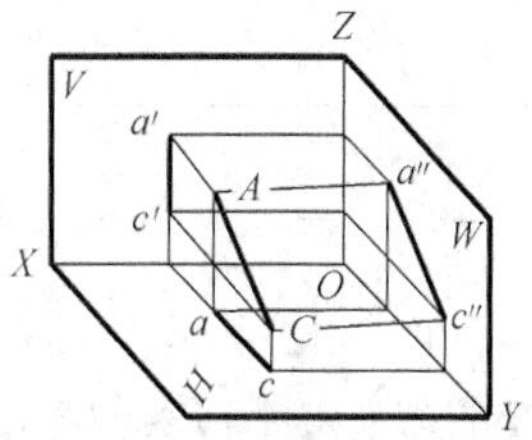
投影图	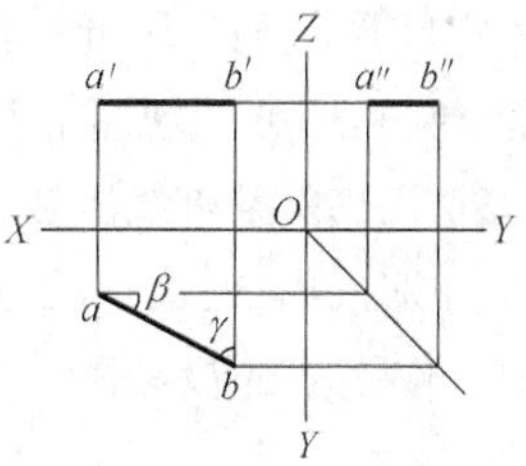	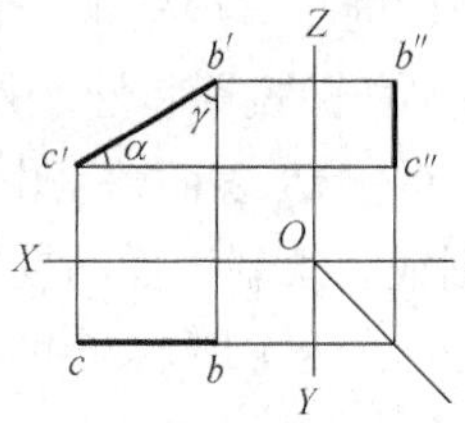	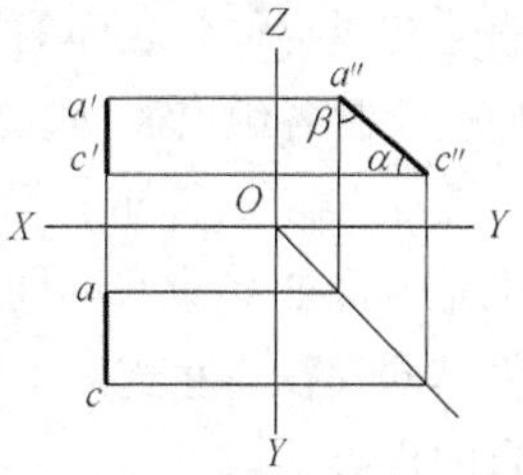

续表

名　　称	水平线（//H）	正平线（//V）	侧平线（//W）
实例	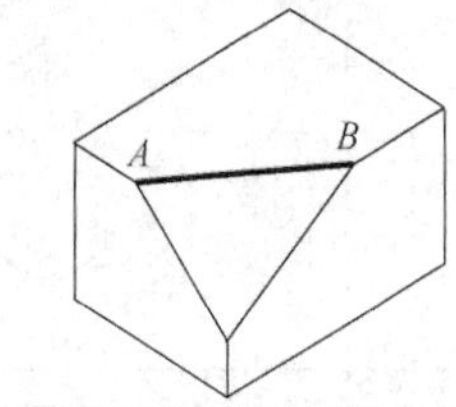 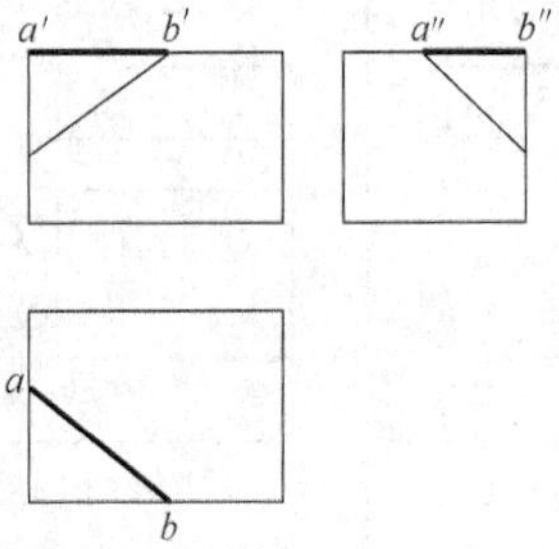	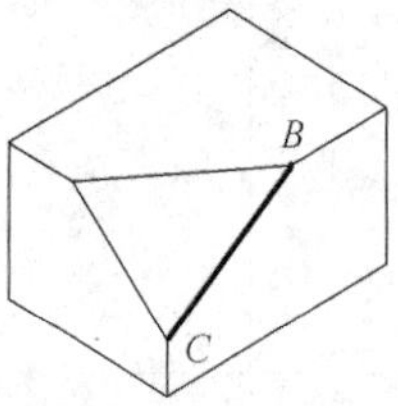 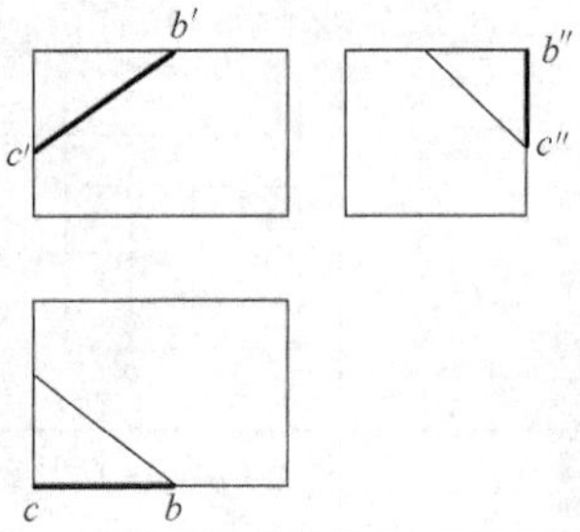	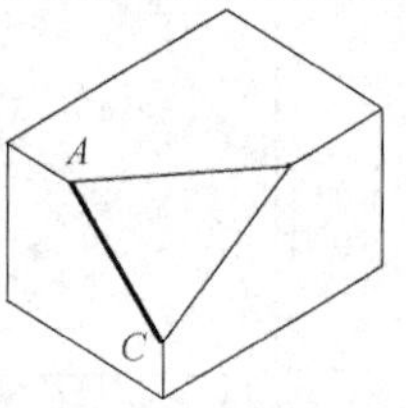 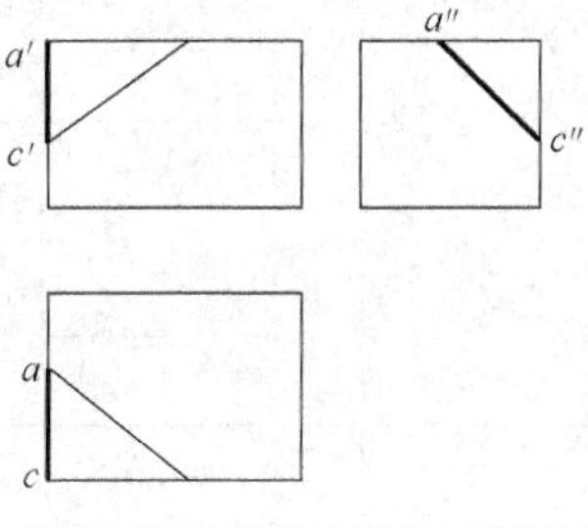
投影特性	1. $a'b'$//OX；$a''b''$//OY，且均不反映实长； 2. ab=AB； 3. β、γ反映真实倾角	1. cb//OX；$c''b''$//OZ，且均不反映实长； 2. $c'b'$=CB； 3. α、γ反映真实倾角	1. ac//OY；$a'c'$//OZ，且均不反映实长； 2. $a''c''$=AC； 3. α、β反映真实倾角

投影特性：在所平行的投影面上的投影为反映空间直线实长的线段，该线段与投影轴的夹角为空间直线与其他两个投影面相应的夹角；其他两个面的投影为比空间直线缩短的线段，且分别平行于空间直线所平行的投影面上的两根投影轴。

规定：空间直线（或平面）对 H 面的倾角用 α 表示，对 V 面的倾角用 β 表示，对 W 面的倾角用 γ 表示。

3. 一般位置直线

空间直线对 3 个投影面都倾斜，称为一般位置直线。一般位置直线的三面投影均与投影轴倾斜，其投影不反映空间直线的实长，也不反映该直线与投影面的实际倾角，如图 2-11（b）所示。

2.2.3　物体上平面的投影

如图 2-12 所示为三棱锥的表面分析和其三视图，物体的表面在视图中或是一个线框、或是一条直线，每个视图都是组成该物体的所有表面的投影集合，三视图就是遵循三面投影规律通过表达构成物体各表面的形状、彼此的相对位置来反映物体空间形状的。因此，绘制三视图其实质是绘制各组成面的投影。了解平面的投影特性，是正确绘制和理解三视图的基础。

图 2-12（a）、（b）所示三棱锥的 SAB 表面，是由 SA、SB、$AB$3 条直线围成，该面的投影图也是由这 3 条直线的同面投影围成。绘制该面的投影只需分别求出 S、A、$B$3 点的投影，然后将其同面投影相连即可，如图 2-12（c）所示。由此可知，作平面的投影图，其实质仍然是求点的投影。

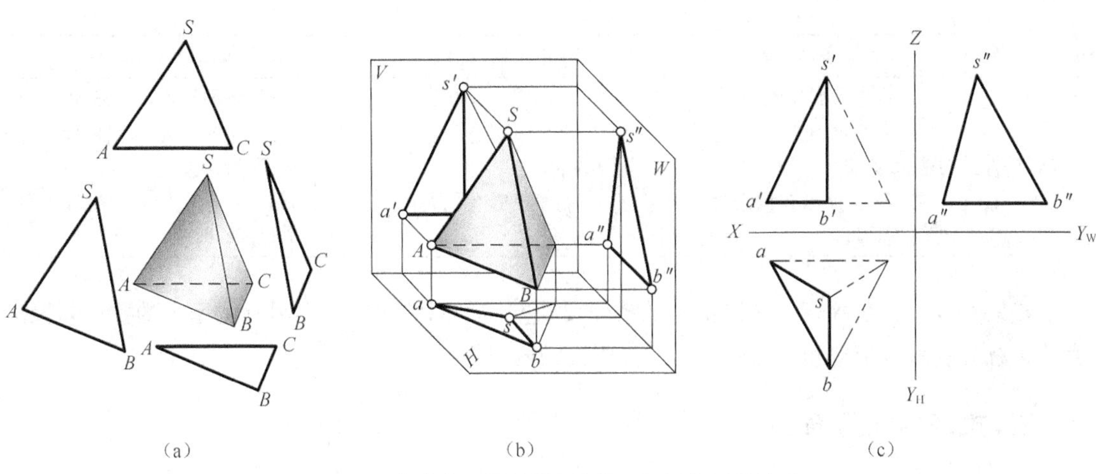

图 2-12　物体表面的投影和物体三视图作图的关系

平面在三面投影体系中有 3 种位置：投影面平行面、投影面垂直面和一般位置面。投影面平行面和投影面垂直面又称为特殊位置面。

1. 投影面平行面

平行于一个投影面与另外两个投影面垂直的空间平面，称为投影面的平行面。平行于 *H* 面的平面称为水平面；平行于 *V* 面的平面称为正平面；平行于 *W* 面的平面称为侧平面。3 种投影面平行面的投影特性见表 2-4。

表 2-4　　投影面平行面的投影特性

名　称	水平面（∥*H*）	正平面（∥*V*）	侧平面（∥*W*）
直观图			
投影图			
实例			

续表

名　　称	水平面（$/\!/H$）	正平面（$/\!/V$）	侧平面（$/\!/W$）
投影特性	1. 水平投影反映实形； 2. 正面投影有积聚性，且平行 OX 轴； 3. 侧面投影有积聚性，且平行 OY 轴	1. 正面投影反映实形； 2. 水平投影有积聚性，且平行 OX 轴； 3. 侧面投影有积聚性，且平行于 OZ 轴	1. 侧面投影反映实形； 2. 水平投影有积聚性，且平行 OY 轴； 3. 正面投影有积聚性，且平行 OZ 轴

投影特性：在所平行的投影面上的投影反映空间平面的实形；在另外两面上的投影积聚成直线，且分别平行于空间平面所平行的投影面的两根投影轴。

2. 投影面垂直面

垂直于一个投影面与另外两个投影面倾斜的空间平面，称为投影面的垂直面。垂直于 H 面与 V、W 面倾斜，称为铅垂面；垂直于 V 面与 H、W 面倾斜，称为正垂面；垂直于 W 面与 H、V 面倾斜，称为侧垂面。3 种投影面垂直面的投影特性见表 2-5。

表 2-5　投影面垂直面的投影特性

名　　称	铅垂面（$\perp H$）	正垂面（$\perp V$）	侧垂面（$\perp W$）
直观图	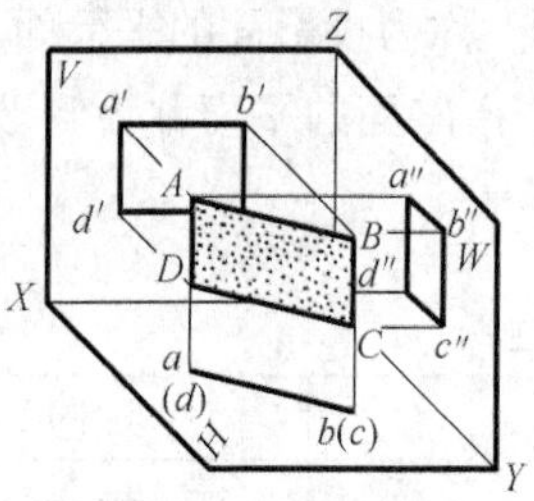	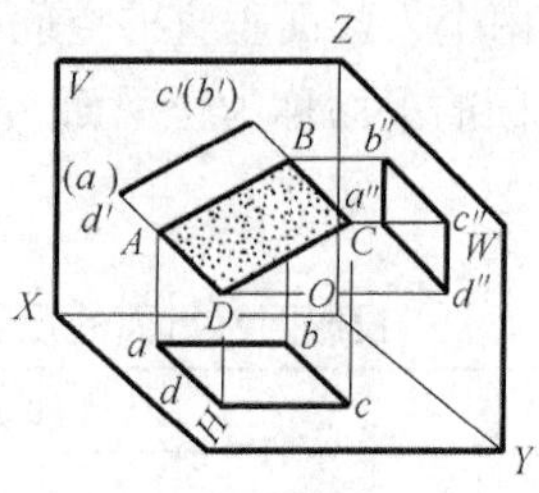	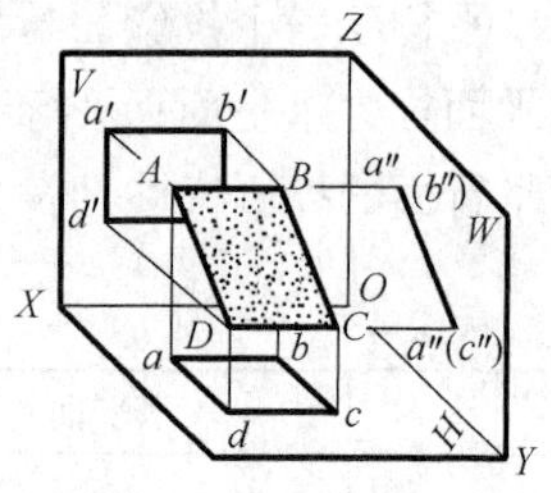
投影图	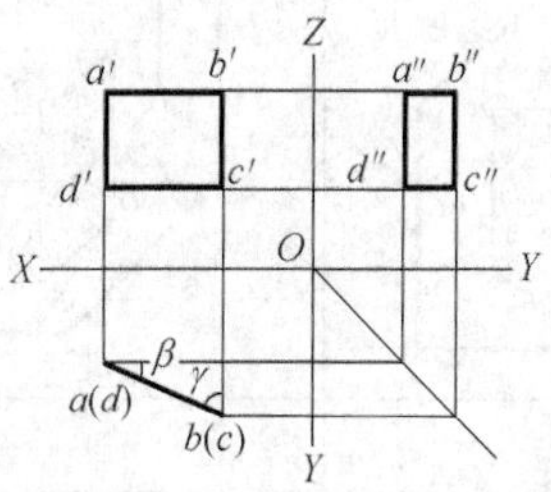	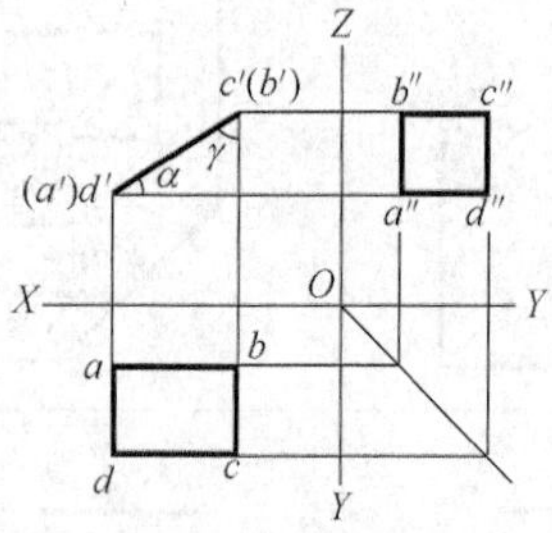	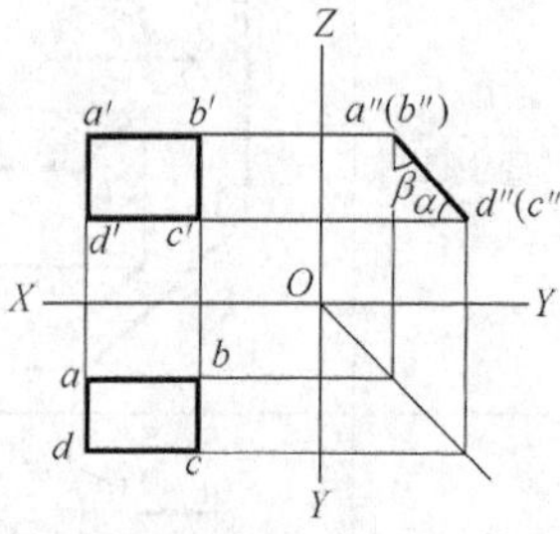
实例	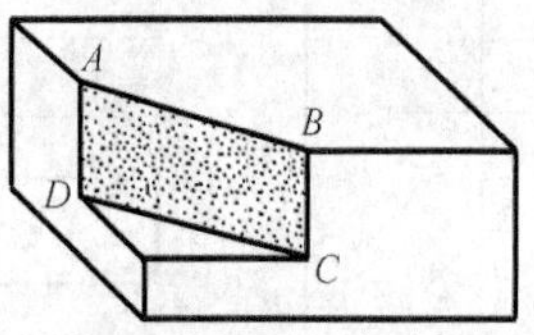	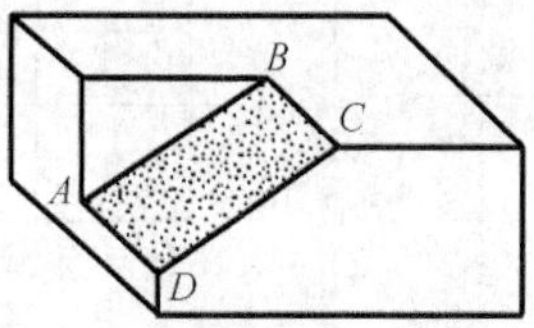	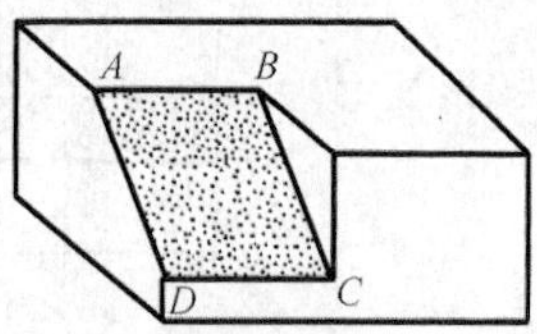
投影特性	1. 水平投影有积聚性，且与 OX 轴的夹角反映 β 角，与 OY 轴的夹角反映 γ 角； 2. 正面投影和侧面投影均为类似形	1. 正面投影有积聚性，且与 OX 轴的夹角反映 α 角，与 OZ 轴的夹角反映 γ 角； 2. 水平投影和侧面投影均为类似形	1. 侧面投影有积聚性，且与 OY 轴的夹角反映 α 角，与 OZ 轴的夹角反映 β 角； 2. 正面投影和水平投影均为类似形

投影特性：在所垂直的投影面上的投影积聚为与投影轴倾斜的直线，与两投影轴的夹角反映空间平面对其他两平面的夹角；其他两平面的投影为与空间平面相类似的图形。

3. 一般位置平面

对 3 个投影面都倾斜的空间平面，称为一般位置平面。其投影特性为：在 3 个投影面上的投影均是与空间平面相类似的图形，如图 2-12（c）所示。

【例】分析正三棱锥各棱面和底面与投影面的相对位置图 2-13 所示。

（1）底面 *ABC*。*V* 面和 *W* 面投影积聚为水平线，分别平行于 *OX* 轴和 OY_W 轴，可确定底面 *ABC* 是水平面，水平投影反映实形，如图 2-13（a）所示；

（2）棱面 *SAB*。该面在 3 个投影面上的投影都没有积聚性，均为棱面 *SAB* 的类似形，可判断棱面 *SAB* 是一般位置平面，如图 2-13（b）所示；

（3）棱面 *SAC*。从 *W* 面投影中的重影点 *a*″（*c*″）可知，棱面 *SAC* 的一边 *AC* 是侧垂线。由几何定理，一个平面上的任意一条直线垂直于另一面，则两平面互相垂直。因此，可确定棱面 *SAC* 是侧垂面，*W* 面投影积聚成直线，*V*、*H* 面投影均为棱面 *SAC* 的类似形，如图 2-13（c）所示。

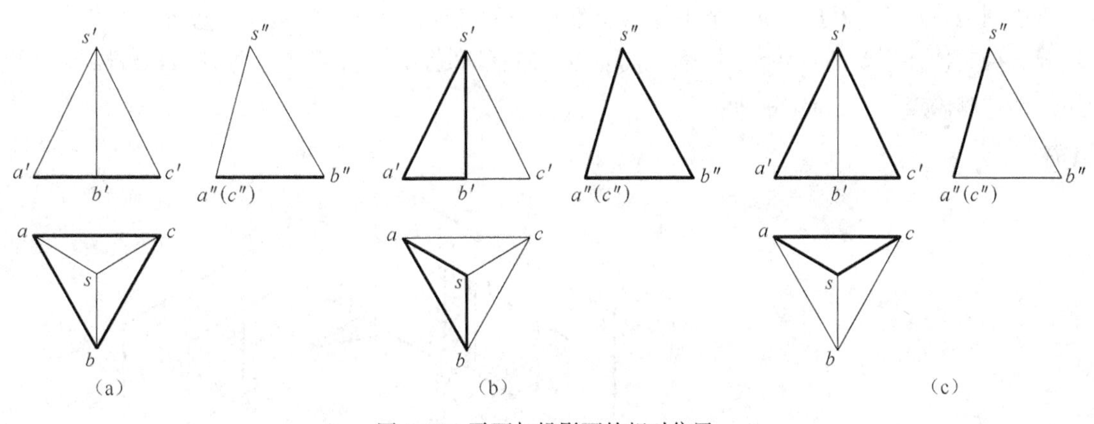

图 2-13　平面与投影面的相对位置

2.3 基本几何体的投影

任何物体均可以看成由若干基本体组合而成。常见的基本立体棱柱、棱锥、圆柱、圆锥、圆球和圆环等，如图 2-14 所示。

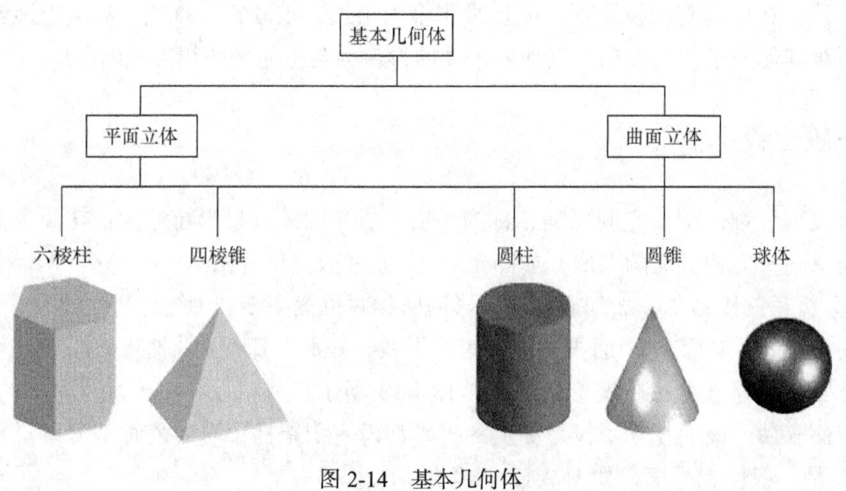

图 2-14 基本几何体

2.3.1 六 棱 柱

1. 形体分析

由图 2-15（a）看出，正六棱柱的顶面和底面是全等且互相平行的正六边形，这两个多边形起着确定棱柱形状的主要作用，称为特征面（特征面是几个边，我们就称其为几棱柱）；其矩形侧面、侧棱垂直于顶面和底面。

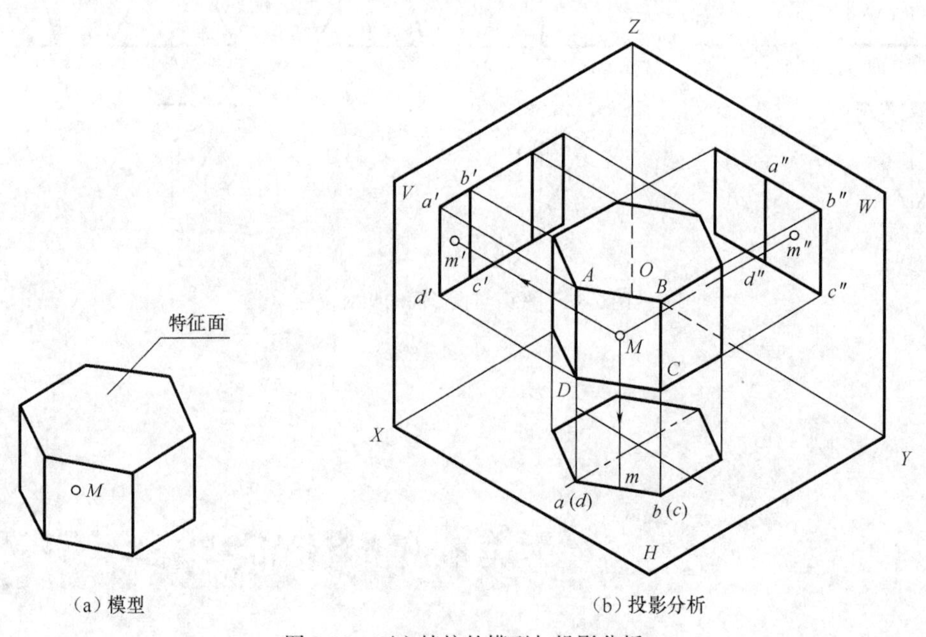

（a）模型 （b）投影分析

图 2-15 正六棱柱的模型与投影分析

2. 投影分析

棱柱一般取端面与某投影面平行，且尽量使其较多侧面与投影面处于垂直或平行的位置进行投影，以方便作图。

从图 2-15（b）所示的投影直观图可知，正六棱柱的顶面、底面是水平面，其水平投影反映正六边形的实形，正面、侧面投影有积聚性；前后两侧面为正平面，正面投影反映实形，水平和侧面投影有积聚性；其余和侧面为铅垂面，水平投影有积聚性，正面和侧面投影均为矩形。

3. 画三视图、表面求点、标注尺寸

绘制各种棱柱的三视图时，应先画端面的三面投影。画端面投影时，要先画端面反映实形的投影。画六棱柱三视图、标注尺寸、表面求点的作图步骤见表 2-6。

表 2-6　绘制六棱柱三视图的步骤

图例		棱柱高度
方法与步骤	1. 绘制视图基准线 以六棱柱外接圆的轴线为基准线，并画出作图辅助线（与水平倾斜 45°斜线）	2. 绘制端面的投影 先绘制反映端面实形的投影（水平投影），再按投影规律、棱柱高度绘制端面的其他两面投影
图例	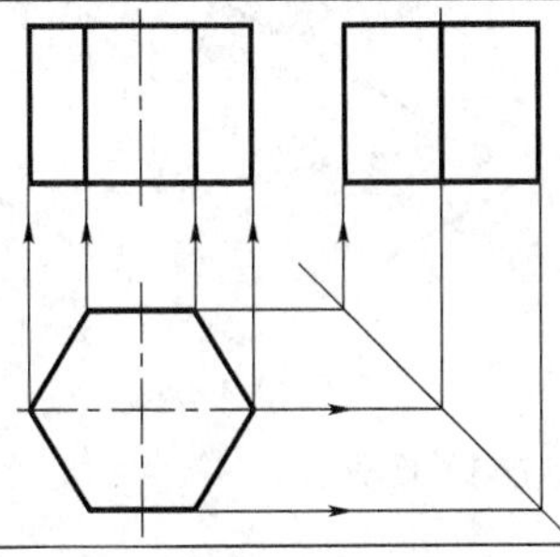	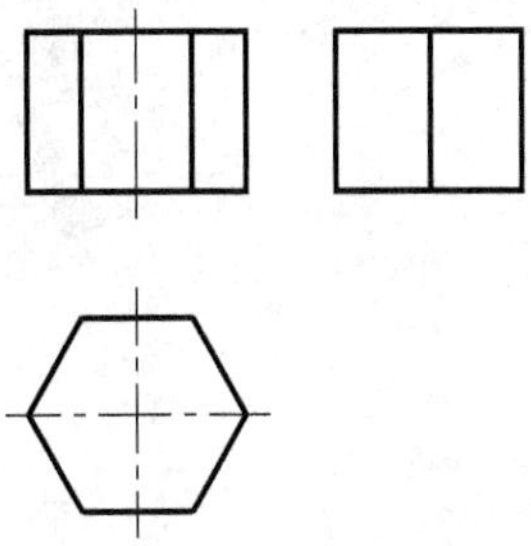
方法与步骤	3. 绘制棱柱的侧面投影 从俯视图六边形各拐点，按投影规律向主、左视图引线（因侧面是由棱线围成，所以作棱线的投影就是作侧面的投影）	4. 去掉多余作图线，按规定线型描深图线，完成六棱柱三视图的绘制
图例	m'　m''　m	20　$\phi 28$　(25)

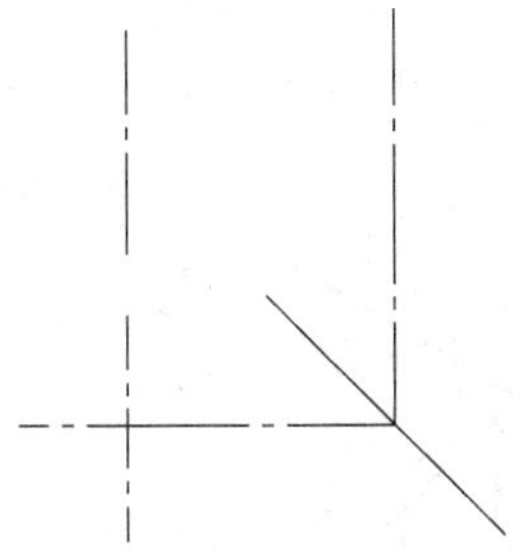

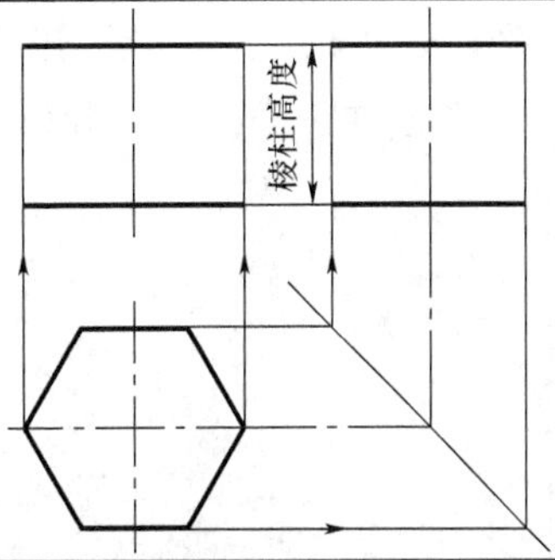

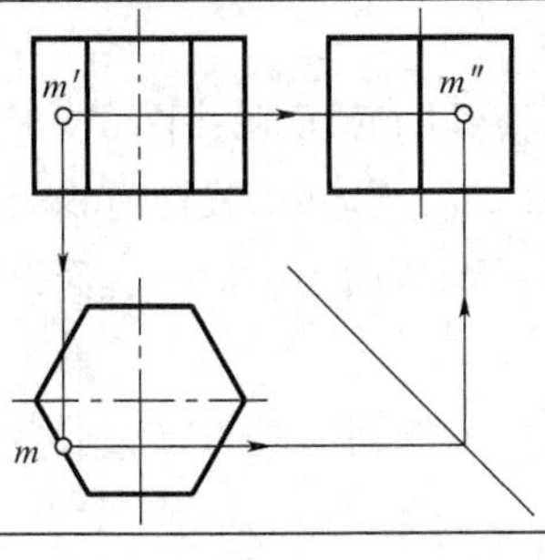

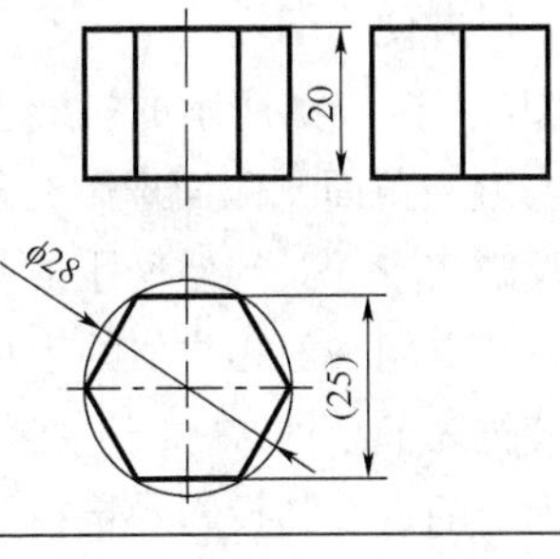

续表

方法与步骤	5. 求点 *M* 的三面投影 因 *M* 点所在侧面在水平投影上积聚成线，该面上所有几何元素（线、点）一定同时积聚在该线上。因此，可利用面的积聚性先求出点的水平投影，再根据投影规律求出侧面投影	6. 标注尺寸 标出确定底面大小的尺寸（正棱柱可标注端面多边形外接圆的尺寸或确定端面多边形面积的尺寸，括号内尺寸属多余、参考尺寸，可不标注）和棱柱的高度尺寸

2.3.2 三 棱 锥

1. 形体分析

由图 2-16（a）看出，正三棱锥的底面是正三边形，这个多边形起着确定棱锥形状的主要作用，称为特征面（特征面是几个边，我们就称其为几棱锥）；其侧面是由 3 个共顶三角形围成。

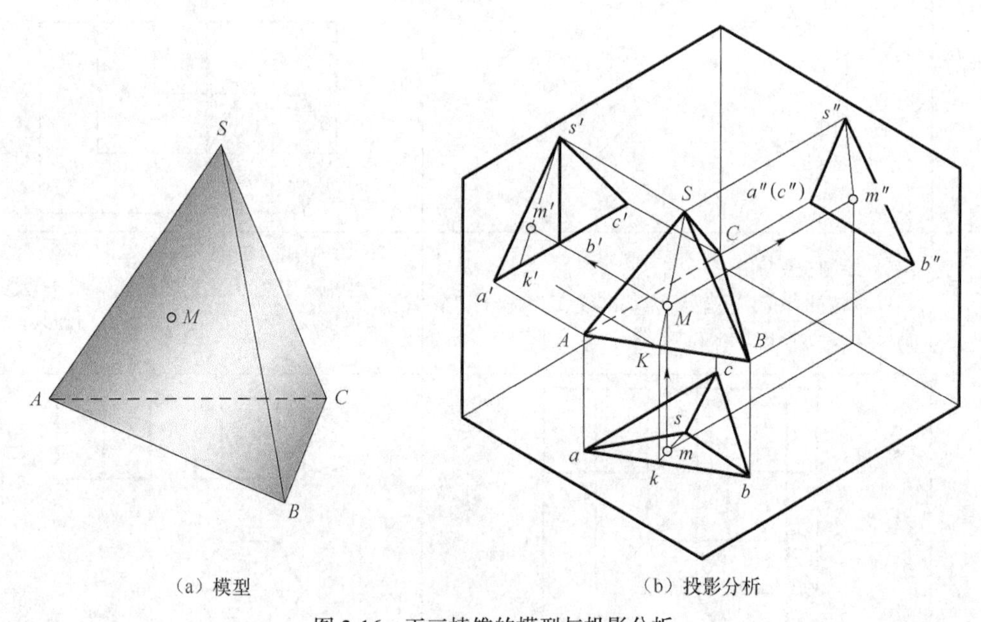

（a）模型　　（b）投影分析

图 2-16　正三棱锥的模型与投影分析

2. 投影分析

棱锥一般取底面与某投影面平行，且尽量使其较多侧面与投影面处于垂直或平行的位置进行投影，以方便作图。

从图 2-16（b）所示的投影直观图可知，正三棱锥的底面是水平面，其水平投影反映正三边形的实形，正面、侧面投影有积聚性；后面为侧垂面，其侧面投影有积聚性，正面、水平面投影不反映实形，是与空间平面相类似的三角形；另两侧面为一般位置面，三面投影均不反映实形，是与空间平面相类似的三角形。

在棱锥表面上的 *M* 位于左侧面上，可通过在该面上作辅助线的方法求得其余两投影（定理：属于平面上的点，其投影一定在属于该面的直线上）。

3. 画三视图、标注尺寸、表面求点

画棱锥投影时，一般先画底面的各个投影，然后确定锥顶的各面投影，同时将它与底面各顶点的同名投影相连接，即可完成其投影。绘制三棱锥三视图、标注尺寸、表面求点的步骤见表 2-7。

表 2-7　　绘制三棱锥三视图的方法与步骤

图例	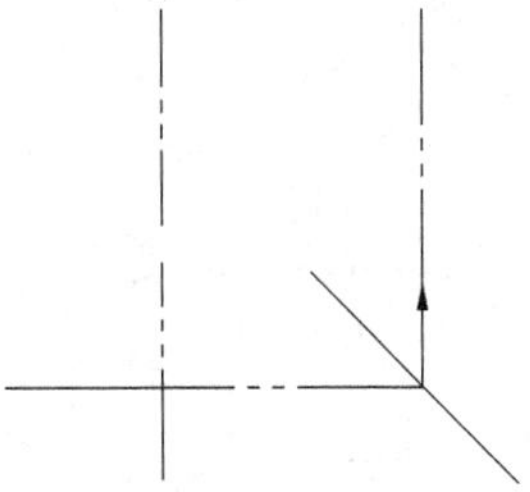	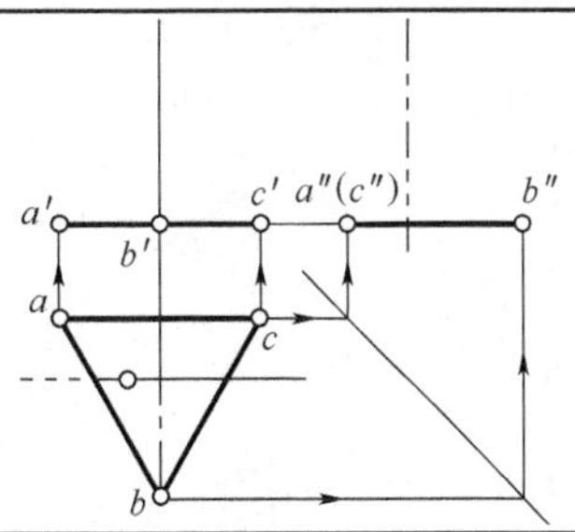
方法与步骤	1. 绘制视图基准线 以三棱锥底面外接圆柱的轴线为基准线，并画出作图辅助线（与水平倾斜 45°斜线）	2. 绘制底面的投影 先绘制反映底面实形的投影（水平投影），再按投影规律绘制端面的其他两面投影
图例	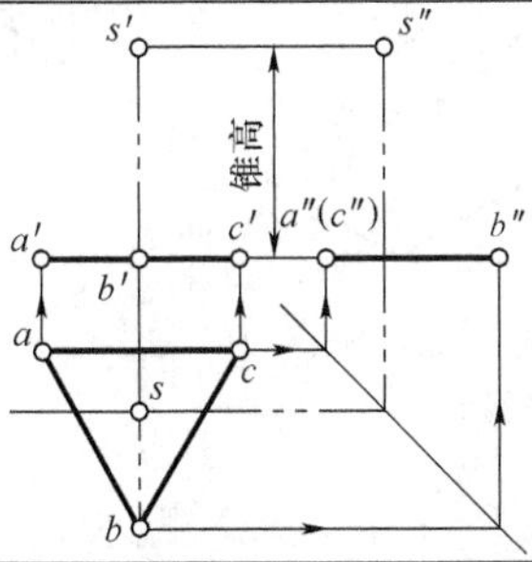	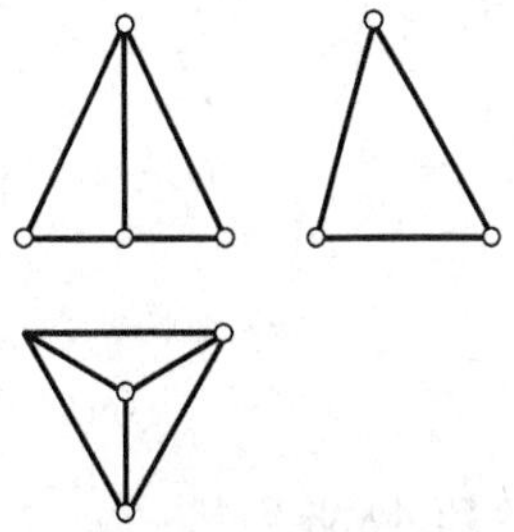
方法与步骤	3. 绘制锥顶点的投影 顶点的俯视图在底面外接圆的圆心上，顶点的主、左视图可根据锥高尺寸按投影规律画出	4. 绘制棱线的投影 将顶点与底面各拐点的同面投影相连，即得各棱线的投影。去掉多余作图线，按规定线型描深图线，完成三棱锥三视图的绘制
图例	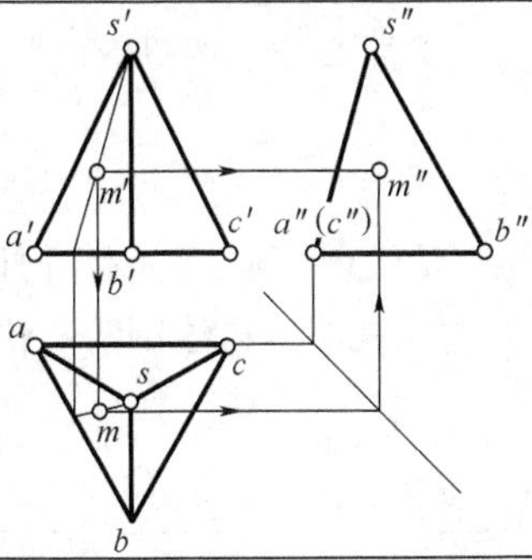	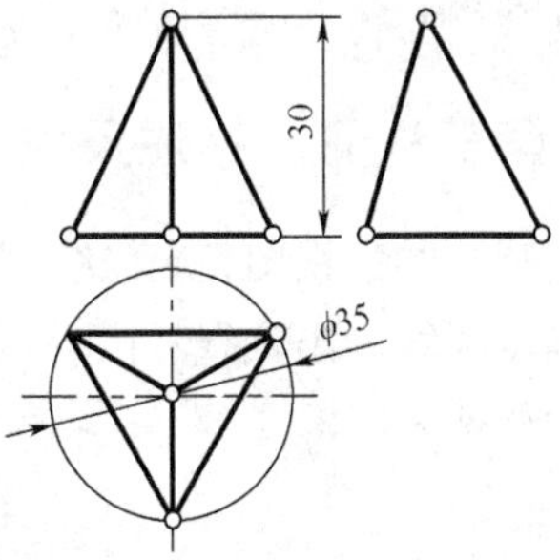
方法与步骤	5. 求点 *M* 的三面投影 因 *M* 点所在侧面 *ABS* 是一般位置面，各面投影没有聚积性，不能利用面的积聚性直接求出。可用辅助线法求得，在点已知的主视图上，过点 *M* 作一辅助线，先求出辅助线的水平投影，则点的水平投影一定在该线的水平投影上，然后按投影规律求出点的侧面投影	6. 标注尺寸 标出确定底面大小的尺寸（正棱锥可标注底面多边形外接圆的尺寸）和高度尺寸。底面不是正多边形时，可标注几个能确定底面多边形面积的尺寸和棱锥的高度尺寸

2.3.3 圆　　柱

1. 形体分析

圆柱体的表面是由圆柱面和上、下底面所组成。圆柱面可以看成是由一直母线绕与它平行的轴线回转而成，如图 2-17（a）所示。因此，圆柱面上的素线都是平行于轴线的直线。

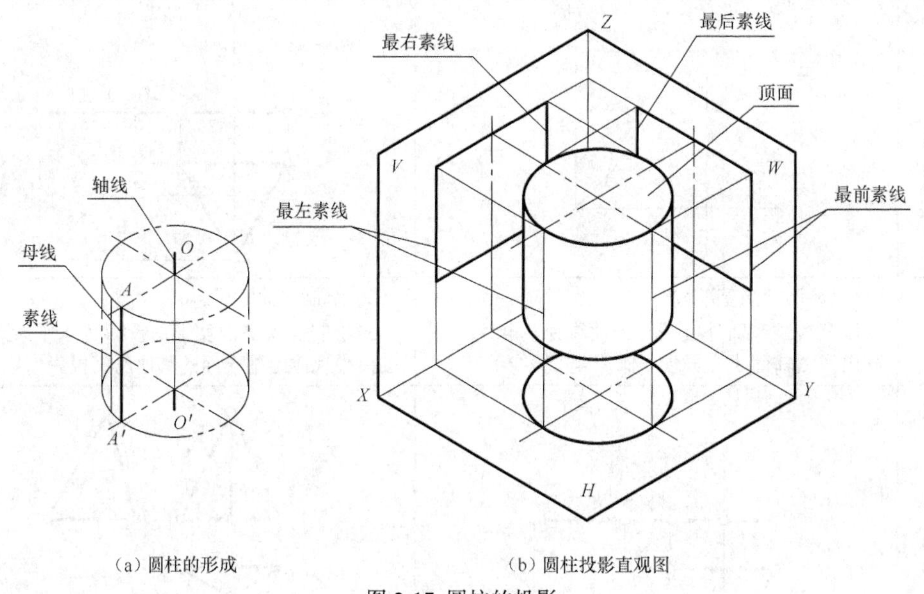

（a）圆柱的形成　　（b）圆柱投影直观图

图 2-17 圆柱的投影

2. 投影分析

画圆柱三视图时，一般取其轴线垂直于某一投影面进行投影。

从图 2-17（b）可以看出，圆柱的水平投影是圆，是上下底圆面的水平投影，也是圆柱面的积聚性投影；正面投影和侧面投影这两个矩形的 4 条线段，分别是圆柱的上、下底面和圆柱面对正面和侧面转向轮廓线（最左、最右素线和最前、最后素线）的投影。

3. 画三视图、标注尺寸

绘制圆柱的三视图，应先绘制轴线、圆的中心线（要注意的是，绘制任何回转体的视图时，必须用细点画线画出轴线和圆的对称中心线）和端面的三视图，再绘制转向轮廓线的投影，具体作图步骤见表 2-8。

表 2-8　　圆柱三视图的画图步骤

图例		高	19 φ30

续表

方法与步骤	1. 绘制圆柱轴线的三面投影 先绘制水平投影圆的中心线、圆柱轴线的正面投影，根据对正关系绘制轴线的侧面投影	2. 绘制圆柱两端面的三面投影 先绘制端面反映实形的水平投影，再根据对正关系、圆柱高度尺寸绘制其他两投影	3. 绘制转向轮廓线的投影 （1）绘制主视图上的最左、最右素线和左视图上的最前、最后素线的投影。按规定线型描深图线，完成作图。 （2）标注尺寸 标注圆柱端面的直径尺寸(一般标在非圆视图上)和高度尺寸

4. 圆柱表面上求点

圆柱表面上点的投影，均可利用圆柱面投影的积聚性来作图。

已知圆柱面上两点 I 和 II 的正面投影 1′和 2′，如图 2-18 所示，求作另两投影的步骤如下。

（1）分析点所在圆柱面的部位。I 点在圆柱的左前表面，II 点在圆柱的右前表面，如图 2-18（a）所示；

（2）利用圆柱面的积聚性特点，求出点的水平投影，再根据投影规律求出侧面投影；

（3）判断可见性。II 点在圆柱右前面，在左视图上为不可见（不可见点用加括号表示），如图 2-18（b）所示。

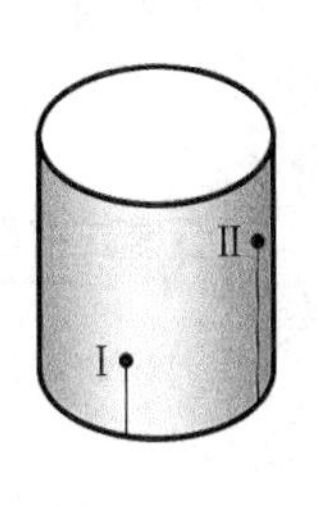

（a）直观图

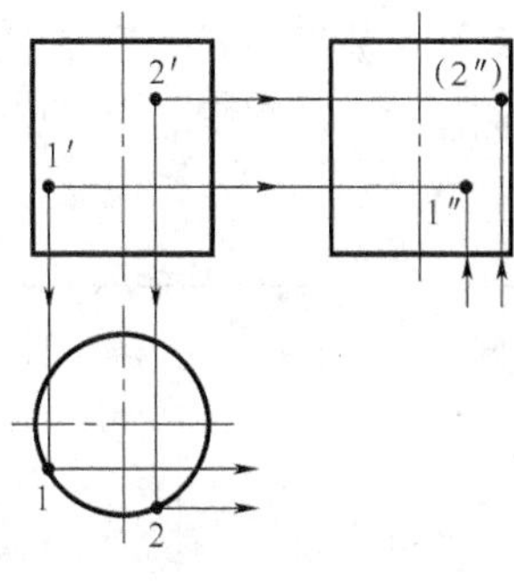

（b）投影图

图 2-18 圆柱表面上点的投影

2.3.4 圆 锥

1. 形体分析

圆锥表面由圆锥面和底圆组成。圆锥面是一直母线绕与它相交的轴线回转而成，如图 2-19（a）所示。

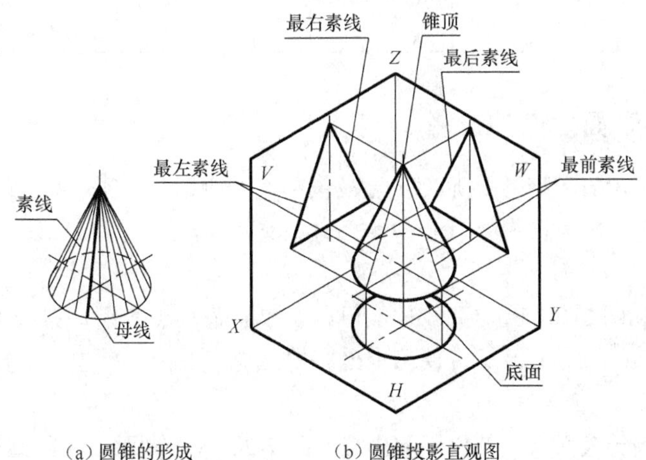

（a）圆锥的形成　　（b）圆锥投影直观图

图 2-19 圆锥的投影

2. 投影分析

如图 2-19（b）所示为一轴线垂直于水平面的圆锥，底面为水平面，因此它的水平投影反映实形（圆），其正面和侧面投影均积聚成一直线。对圆锥面要分别画出决定其投影范围的外形轮廓线，其中最左素线、最右素线为圆锥面的 *V* 面投影可见和不可见的分界线，即前半圆锥面的 *V* 面投影可见，后半圆锥面的 *V* 面投影不可见；在侧面投影中，最前素线、最后素线是圆锥面的 *W* 面投影可见和不可见的分界线，即左半圆锥面的 *W* 面投影可见，右半圆锥面的 *W* 面投影不可见。

3. 画圆锥的三视图，并标注尺寸

作图时，先画出轴线和对称中心线的各面投影，然后画出底面圆的三面投影及锥顶的投影，最后分别画出其外形轮廓线（最左、最右和最前、最后素线），即完成圆锥的各个投影，作图、标注尺寸的步骤见表 2-9。

表 2-9　　圆锥三视图的绘图步骤

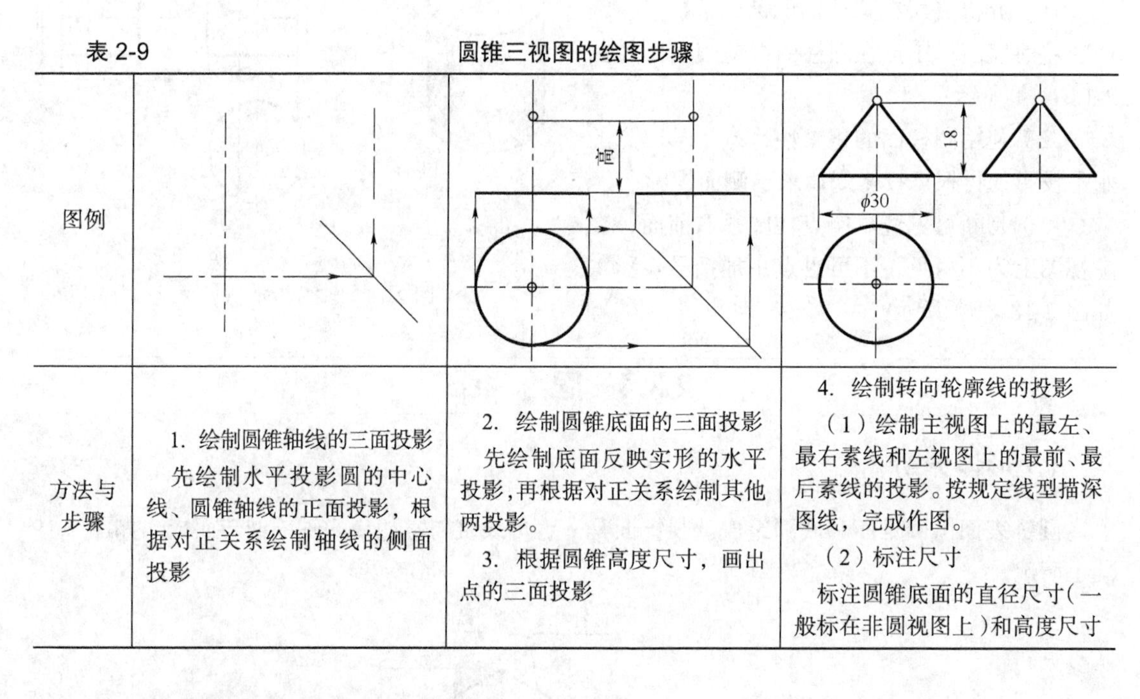

图例			
方法与步骤	1. 绘制圆锥轴线的三面投影 先绘制水平投影圆的中心线、圆锥轴线的正面投影，根据对正关系绘制轴线的侧面投影	2. 绘制圆锥底面的三面投影 先绘制底面反映实形的水平投影，再根据对正关系绘制其他两投影。 3. 根据圆锥高度尺寸，画出点的三面投影	4. 绘制转向轮廓线的投影 （1）绘制主视图上的最左、最右素线和左视图上的最前、最后素线的投影。按规定线型描深图线，完成作图。 （2）标注尺寸 标注圆锥底面的直径尺寸（一般标在非圆视图上）和高度尺寸

4. 求作圆锥表面上点的投影

由于圆锥面投影没有积聚性，所以求点 *M* 的另两个投影，必须过圆锥面上点 *M* 引辅助线，然后在辅助线的投影上确定点 *M* 的投影，作图方法有两种。

（1）辅助线法

如图 2-20（a）和图 2-20（b）所示，过锥顶点 *S* 和锥面上点 *M* 引一素线 *SA*（*s′a′*、*sa*、*s″a″*），则 *m*、*m″*必分别在 *sa*、*s″a″*上，由 *m′*便可求出 *m* 和 *m″*。

（2）辅助圆法

用辅助圆法求圆锥表面上点的投影的作图如图 2-20（c）所示，在圆锥表面上过点 *M* 作一辅助圆（垂直于圆锥轴线的圆），则点 *M* 各投影必在该圆的同面投影上。

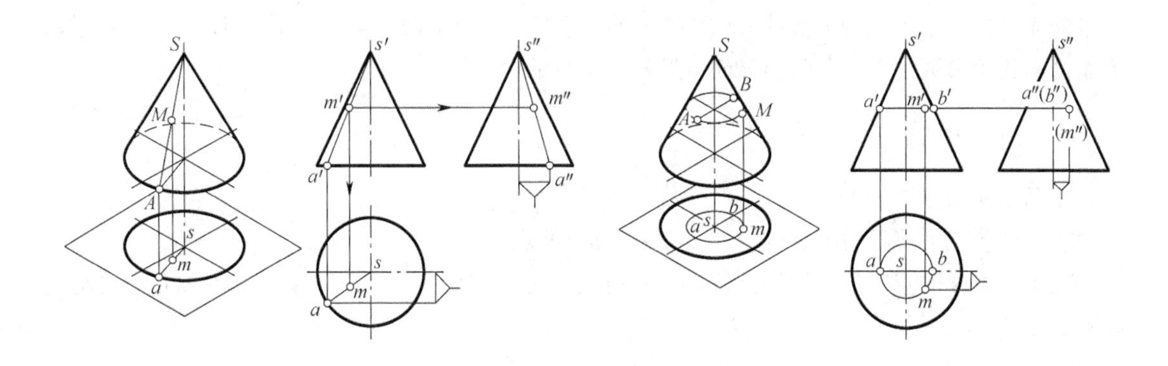

（a）素线法直观图（b）素线法投影图（c）围圆法直观图（d）围圆法投影图

图 2-20 圆锥表面上的点

如图 2-20（d）所示，过 m'点作圆锥轴线的垂线，交圆锥左、右轮廓线于 a'、b'，得辅助圆的 V 面投影。作辅助圆的 H 面投影（以 s 为圆心，$a'b'$为直径画圆）。由 m'求得 m，因 m'是可见的，所以 m 在前半圆锥面上；再由 m'和 m 求得 m''。由于 M 点在右半圆锥面上，所以 m''是不可见的。

2.3.5 圆 球

1. 形体分析

圆球面是由一个圆作母线，以其直径为轴线旋转而成。

2. 投影分析

圆球从任何方向投影都是与圆球直径相等的圆，因此三面视图都是等径的圆，并且是球面上平行于相应投影面的 3 个不同位置的最大轮廓圆，如图 2-21 所示。正面投影的轮廓圆是前、

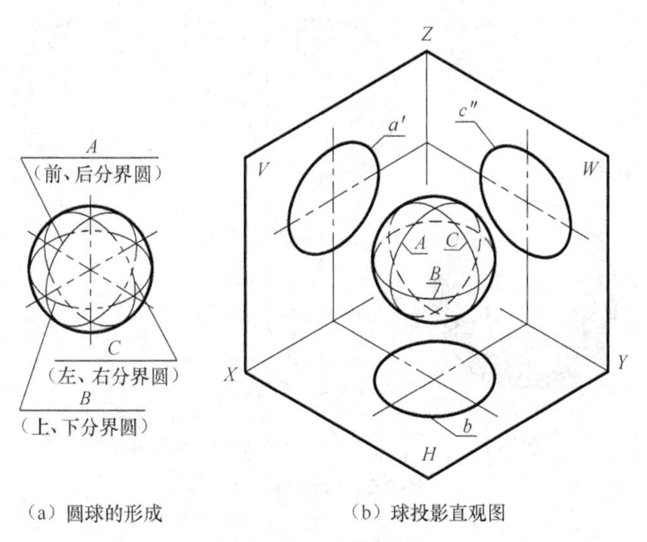

（a）圆球的形成（b）球投影直观图

图 2-21 球的投影

后半球面可见与不可见的分界线；水平投影的轮廓圆是上、下两半球面可见与不可见的分界线；侧面投影的轮廓圆是左、右两半球面可见与不可见的分界线。

3. 画三视图、标注尺寸

作图步骤如图 2-22 所示。

（1）绘制三个视图的中心线，如图 2-28（a）所示；

（2）根据球的直径尺寸绘制三视图，并标注尺寸（球面直径尺寸前要加注球面符号“S”），如图 2-22（b）所示。

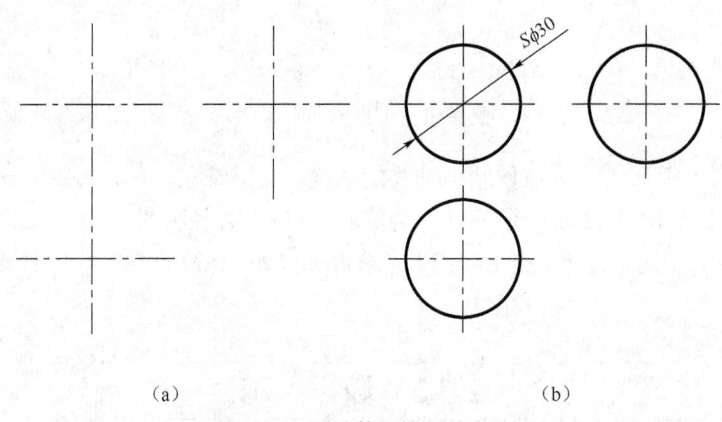

图 2-22　画球体三视图的步骤

4. 球表面上取点

图 2-23 表示已知球面上点 M 的正面投影 m'，求其余两投影的方法。

由于圆球面投影没有积聚性，且在圆球面也不能引直线，但它可作辅助圆，因此，在圆球面上求点，可通过过已知点在球面上作平行于投影面的辅助圆的方法求得点，如图 2-23（a）所示。

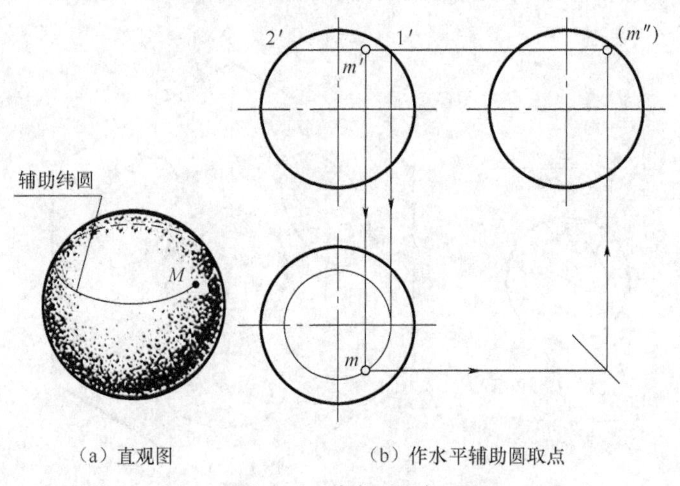

（a）直观图　　（b）作水平辅助圆取点

图 2-23　球表面取点

从点 m' 位置和可见性，判断点 M 在上右半球的前面，过球面上点 M 作平行于 H 面的辅助圆，所以点的投影必在辅助圆的同面投影上。

作图时，过点 m'作水平辅助圆的正面积聚性投影 $1'2'$（也是辅助圆的直径），然后作该圆的水平投影，由点 m'求得点 m（它在前半球范围内），再由点 m'、m 求得 m''，如图 2-23（b）所示。

由于点 M 所在圆球面的水平投影可见和侧面投影不可见，所以点 m 可见、m''不可见。

同样，也可按图 2-24 所示方法，在球面上作平行于 W 面的辅助图，其投影结果均相同。

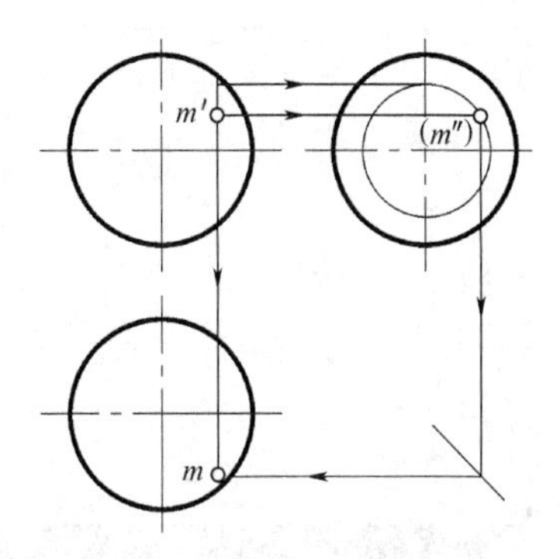

图 2-24　作侧平面的辅助圆求点

第3章 轴测图

【知识目标】

1. 了解轴测投影的基本概念、轴测投影的特性和常用轴测图的种类；
2. 掌握正等轴测图和斜二轴测图的基本参数和画图方法；
3. 掌握圆的正等轴测图的画图方法。

【能力目标】

1. 能根据简单物体的三视图，绘制出物体的轴测图。
2. 能根据组合体的轴测图，画出组合体的三视图。

用正投影法绘制的三视图，能准确表达物体的形状，但缺乏立体感，如图 3-1（a）所示。为了帮助看图，工程上常采用轴测图为辅助图样，如图 3-1（b）所示，它能在一个投影面上同时反映出物体的长、宽、高 3 个方向的尺度，具有较强的立体感。在制图教学中，轴测图是发展空间构思能力的手段之一，通过画轴测图可帮助想象物体的形状，培养空间想象能力，为读组合体视图打下基础。

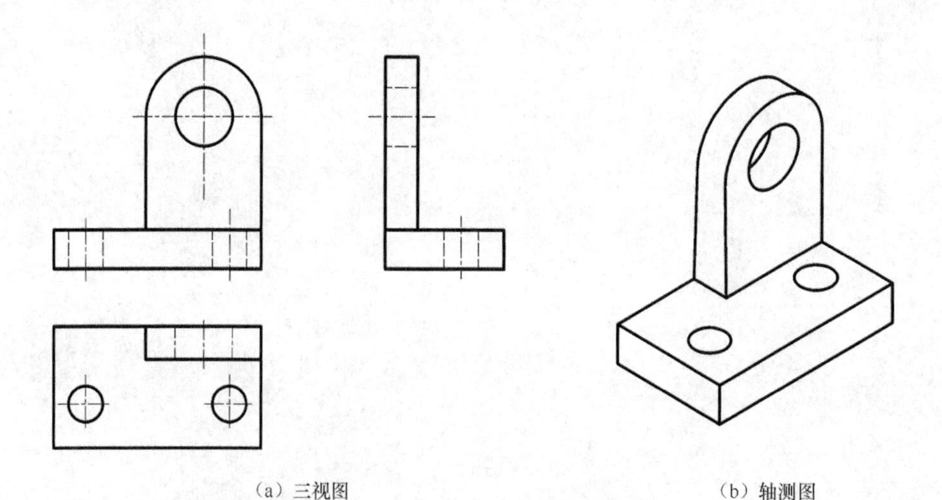

（a）三视图　　（b）轴测图

图 3-1　三面投影图与轴测投影图

3.1 轴测图的基本知识

3.1.1 轴测图的基本概念

1. 轴测图

将物体连同其直角坐标系，沿不平行于任一坐标面的方向，用平行投影法将其投射在单一投影面上所得的具有立体感的图形，称为轴测投影或轴测图。该投影面（P）称为轴测投影面，如图 3-2 所示。

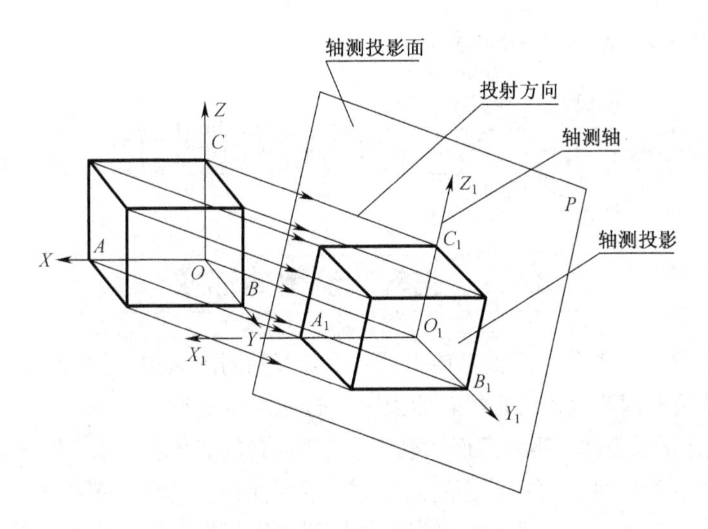

图 3-2　轴测图的形成

2. 轴测轴

空间直角坐标系中的三根坐标轴 OX、OY、OZ 在轴测投影面上的投影 O_1X_1、O_1Y_1、O_1Z_1，称为轴测轴。

3. 轴间角

两根轴测轴之间的夹角称为轴间角。

4. 轴向伸缩系数

轴测轴上的单位长度与相应直角坐标轴的单位长度的比值称为轴向伸缩系数。O_1X_1、O_1Y_1 和 O_1Z_1 的轴向伸缩系数分别用 p_1、q_1、r_1 表示。

3.1.2 轴测图的分类

根据投射方向与轴测投影面的相对位置，轴测图分为两类，投射方向与轴测投影面垂直所得的轴测图称为正轴测图；投射方向与轴测投影面倾斜所得的轴测图称为斜轴测图。

3.1.3 轴测图的基本性质

因为轴测图也是平行投影图，因此，它具有平行投影的一般性质。

（1）物体上互相平行的直线段，它们的轴测投影仍互相平行。

（2）平行于坐标轴的直线段，它的轴测投影仍平行于相应的轴测轴，且同一轴向所有线段的轴向伸缩系数相同。

画轴测图时，凡物体上与轴测轴平行的线段的尺寸可以沿轴向直接量取。所谓“轴测”就是指沿轴向进行测量的意思。

3.2 正等轴测图

3.2.1 正等轴测图的形成

将形体放置成使它的 3 个坐标轴与轴测投影面具有相同的夹角，然后用正投影的方法向轴测投影面投影，就可得到该形体的正等轴测投影，简称正等测图。

图 3-3（a）所示的长方体，取其后面 3 根棱线为其内在的直角坐标轴，然后绕 Z 轴旋转 45°，成为图 3-3（b）所示的位置；再向前倾斜到长方体的对角线垂直于投影面 P，成为图 3-3（c）所示的位置。在此位置上长方体的 3 个坐标轴与轴测投影面有相同的夹角，然后向轴测投影面 P 进行正投影，所得轴测图即为此正方体的正等测图。

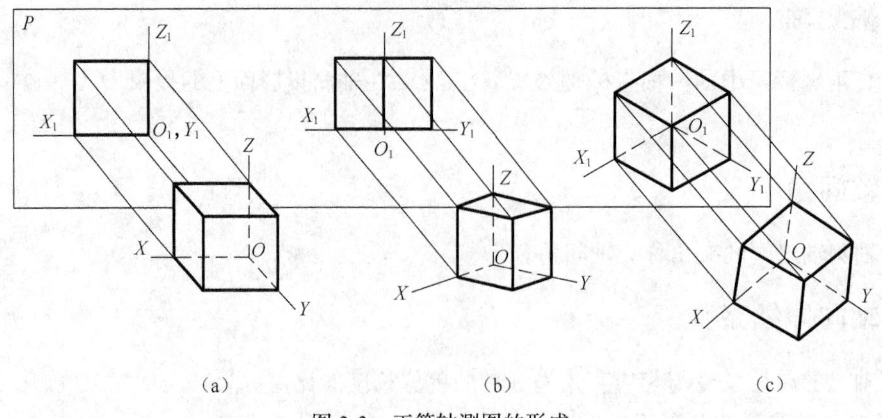

图 3-3 正等轴测图的形成

3.2.2 正等轴测图的参数

1. 轴间角

正等轴测图中的三个轴间角均为 120°，其中 Z_1 轴画成铅垂方向，如图 3-4 所示。

2. 轴向伸缩系数

轴向伸缩系数 $p=q=r\approx0.82$，为作图方便，通常采用简化的轴向伸缩系数 $p=q=r=1$，即与轴测轴平行的线段，作图时按实际长度直接量取，此时正等测图比原投影放大了 $1/0.82\approx1.22$ 倍，但形状不变。

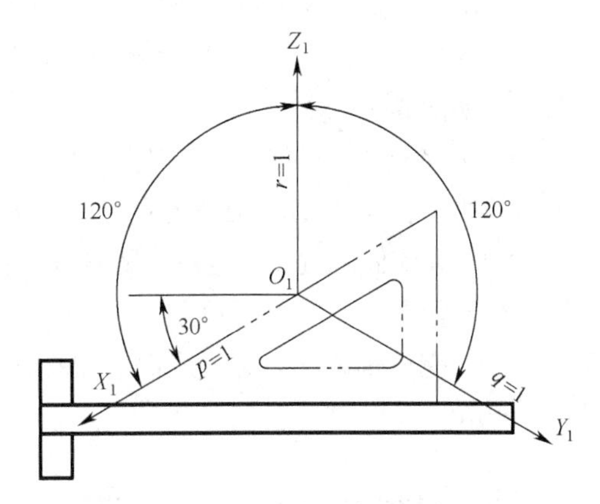

图 3-4 正等测图的轴向伸缩系数和轴间角

3.2.3 正等轴测图的画法

根据物体的形状特点，画轴测图有坐标法、切割法、叠加法 3 种方法。其中坐标法是基础，这些方法也适用于其他轴测图。

1. 坐标法

根据点的坐标作出点的轴测图的方法，称为坐标定点法（坐标法）。它是绘制轴测图的基本方法。它不仅可以绘制点的轴测图，而且还可以绘制各种物体的轴测图。

画平面立体的轴测图时，首先应确定坐标原点和空间直角坐标轴，并画出轴测轴；然后根据各顶点的坐标，画出其轴测投影；最后依次连线，完成整个平面立体的轴测图。

【例 3-1】画出图 3-5（a）所示的正六棱柱的正等测图。

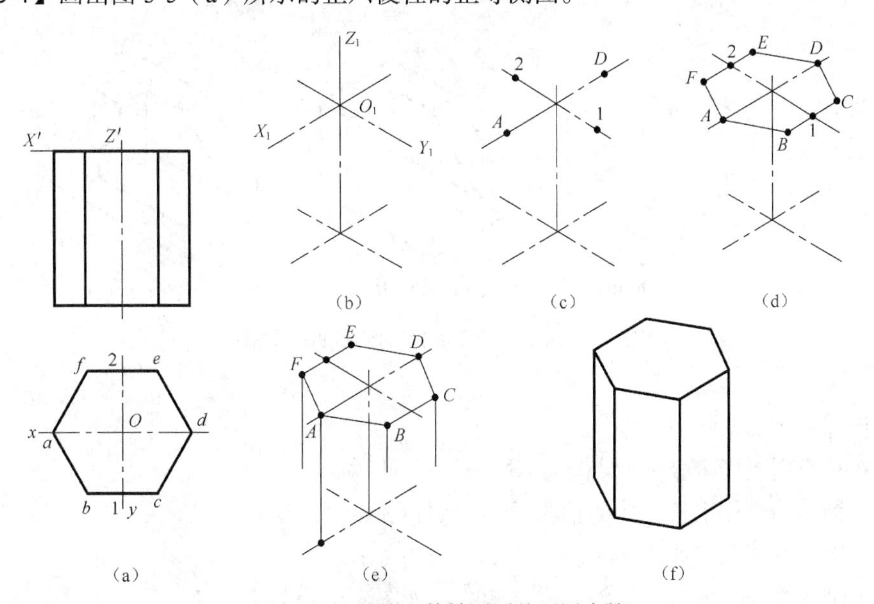

图 3-5 六棱柱正等轴测图的画图步骤

作图步骤如下。

（1）建立坐标系。画轴测轴，将顶面中心取在坐标原点 O_1，取顶面对称中心线为轴测轴 O_1X_1、O_1Y_1，如图 3-5（b）所示。

（2）顶面取点。在 O_1X_1 上截取六边形对角线长度，得 A、D 两点，在 O_1Y_1 轴上截取 1、2 两点，如图 3-5（c）所示。

（3）完成顶面轴测图。分别过两点 1、2 作平行线 $BC/\!/EF/\!/O_1X_1$ 轴，使 $BC=EF$ 且等于六边形的边长，连接 $ABCDEF$ 各点，得六棱柱顶面的正等测图，如图 3-5（d）所示。

（4）画底面轴测图。过顶面的各顶点向下作平行于 O_1Z_1 轴的各条棱线，使其长度等于六棱柱的高，如图 3-5（e）所示。

（5）完成轴测图。画出底面，去掉多余线，加深整理后得到六棱柱的正等测图，如图 3-5（f）所示。

2. 切割法

画切割体的轴测图，可以先画出完整的简单形体的轴测图，然后按其结构特点逐个地切去多余的部分，进而完成切割体的轴测图，这种绘制轴测图的方法称为切割法。

【例 3-2】已知物体的三面投影图如图 3-6（a）所示，求作正等轴测图。

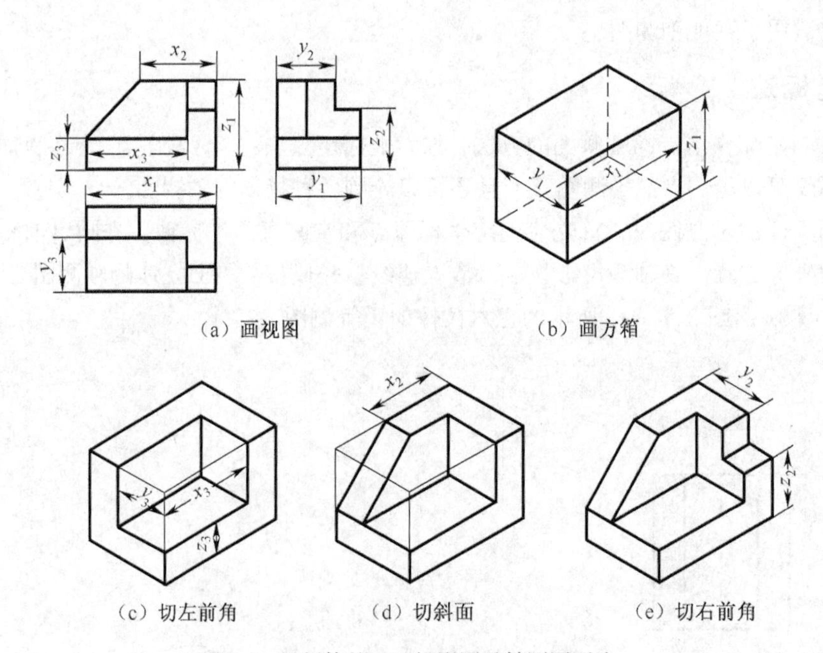

图 3-6　切割体的三面投影图及轴测图画法

作图步骤如下。

（1）在投影图上确定坐标原点，如图 3-6（a）所示。

（2）画轴测轴，作出长方体的轴测投影，如图 3-6（b）所示。

（3）依次进行切割，如图 3-6（c）、（d）、（e）所示。

（4）清理，检查，加深，加深完成轴测图，如图 3-6（e）所示。

3. 叠加法

画叠加立体的轴测图，可先将物体分解成若干个简单的立体，然后按其相对位置逐个地画出各简单立体的轴测图，进而完成整体的轴测图，这种方法称为叠加法。

【例 3-3】已知物体的三面投影图如图 3-7（a）所示，求作正等轴测图。

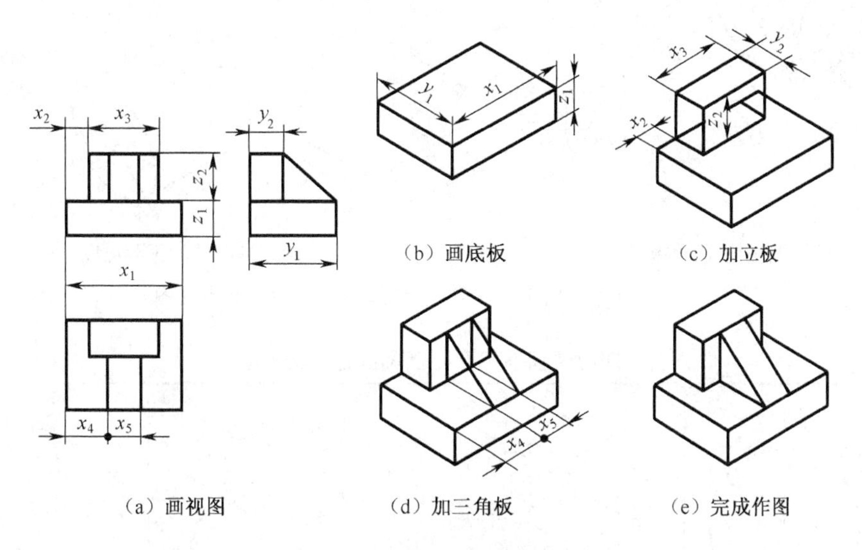

图 3-7　叠加体的轴测图的画法

作图步骤如下。

（1）形状分析，此叠加体可分为底板、竖板和三角板 3 部分。

（2）确定坐标系，在投影图上确定原点，如图 3-7（a）所示。

（3）画出轴测轴，以轴测轴为基准先画出底板的轴测图，如图 3-7（b）所示。

（4）然后在底板上定出竖板、三角板的轴测图，如图 3-7（c）、（d）所示。

（5）判断哪些是共面及不可见的线，清理，检查，加深完成轴测图，如图 3-7（e）所示。

3.2.4　圆和曲面立体的正等轴测图的画法

1. 圆的正等轴测图

在平面立体的正等测图中，平行于坐标面的正四边形变成了菱形（平行四边形），如果在正四边形内有一个圆与其相切，显然圆随四边形的变化变成了椭圆，如图 3-8（a）所示。由此可确定出，轴线分别垂直于 3 个坐标面的圆柱的轴测图的方向，如图 3-8（b）所示。

平行于坐标面的圆的正等测图都是椭圆，虽椭圆的方向不同，但画法相同。各椭圆的长轴都在外切菱形的长对角线上，短轴在短对角线上，即长轴垂直于相应的轴测轴，短轴与相应的轴测轴平行。

椭圆通常采用近似画法，水平面上圆的正等轴测图的近似画法如表 3-1 所示。

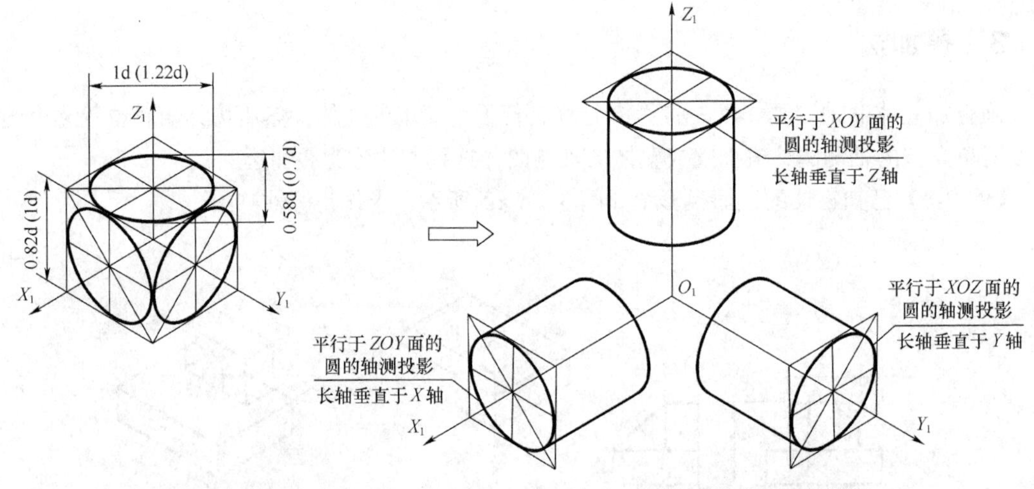

（a）不同方向圆的正等测图　　　　（b）不同方向圆柱的正等测图

图 3-8　平行 3 个不同坐标面圆及圆柱的正等测图

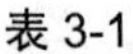
表 3-1　　　　四心法画平行于 H 面圆的正等轴测图

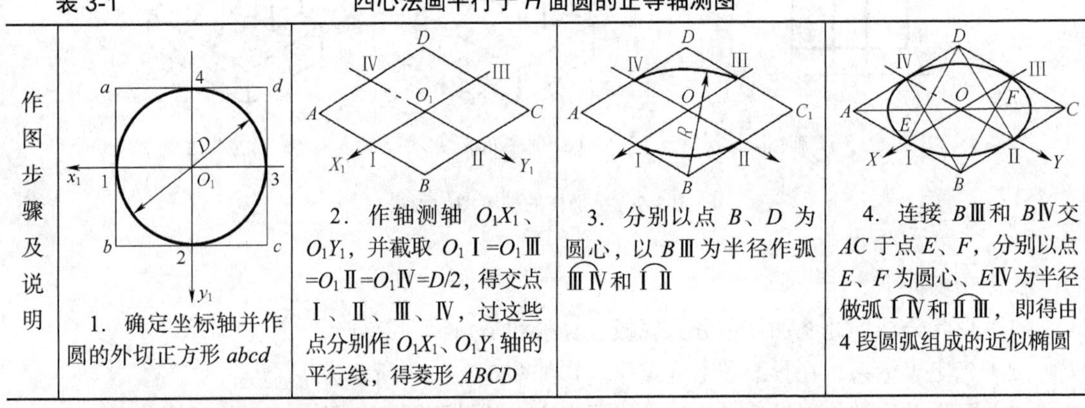

作图步骤及说明	1. 确定坐标轴并作圆的外切正方形 $abcd$	2. 作轴测轴 O_1X_1、O_1Y_1，并截取 O_1Ⅰ$=O_1$Ⅲ$=O_1$Ⅱ$=O_1$Ⅳ$=D/2$，得交点Ⅰ、Ⅱ、Ⅲ、Ⅳ，过这些点分别作 O_1X_1、O_1Y_1 轴的平行线，得菱形 $ABCD$	3. 分别以点 B、D 为圆心，以 BⅢ为半径作弧 $\frown$ⅢⅣ和 $\frown$ⅠⅡ	4. 连接 BⅢ和 BⅣ交 AC 于点 E、F，分别以点 E、F 为圆心、EⅣ为半径做弧 $\frown$ⅠⅣ和 $\frown$ⅡⅢ，即得由 4 段圆弧组成的近似椭圆

2. 圆柱的正等轴测图画法

画圆柱的正等轴测图，应首先绘制圆柱两端面圆的正等轴测图，然后再做两椭圆的公切线，如表 3-2 所示。

表 3-2　　　　圆柱正等轴测图的作图步骤

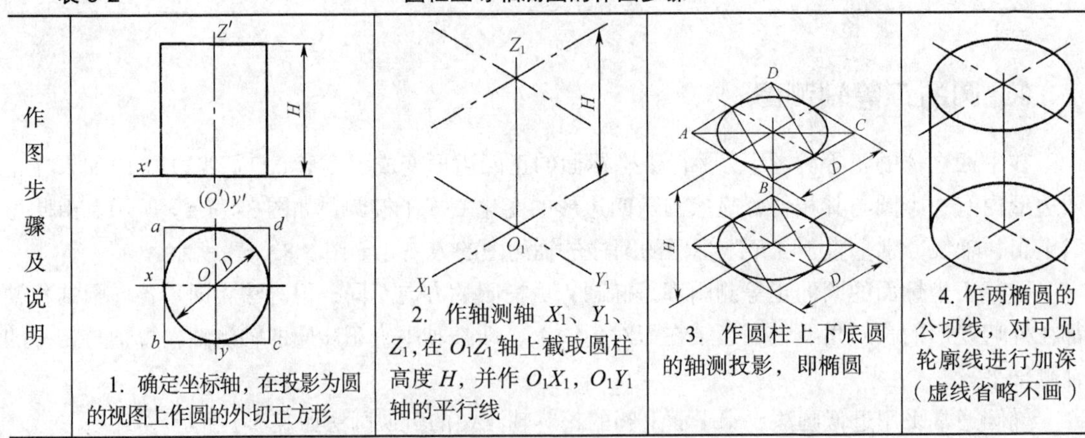

作图步骤及说明	1. 确定坐标轴，在投影为圆的视图上作圆的外切正方形	2. 作轴测轴 X_1、Y_1、Z_1，在 O_1Z_1 轴上截取圆柱高度 H，并作 O_1X_1，O_1Y_1 轴的平行线	3. 作圆柱上下底圆的轴测投影，即椭圆	4. 作两椭圆的公切线，对可见轮廓线进行加深（虚线省略不画）

3. 圆角（1/4 圆）的正等轴测图画法

圆角的正等轴测图如表 3-3 所示。

表 3-3　　圆角的正等测图画法

作图步骤及说明			
作图步骤及说明	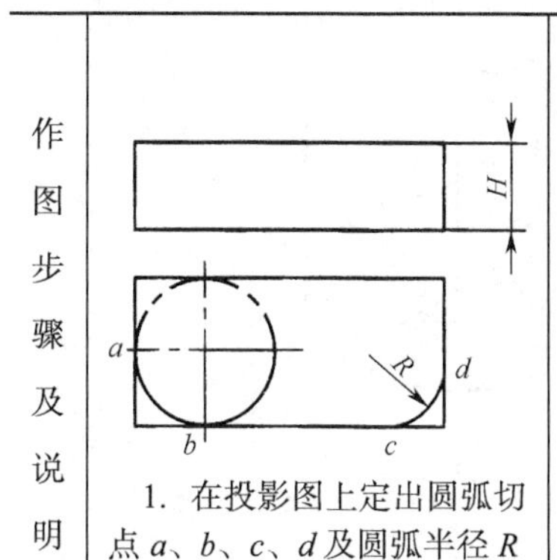 1. 在投影图上定出圆弧切点 a、b、c、d 及圆弧半径 R	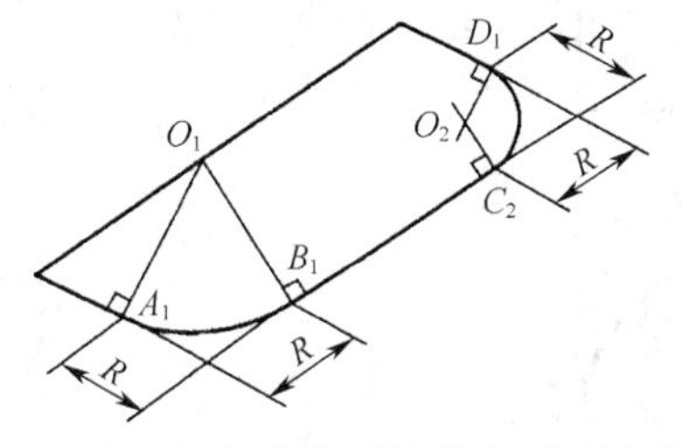 2. 先画长方形的正等测图。在对应的两边上分别截取 R，得点 A_1、B_1 及点 C_1、D_1，过这四点分别作该边的垂线交于 O_1、O_2 点，分别以 O_1、O_2 点为圆心，以 O_1A_1、O_2D_1 为半径画弧 $\overset{\frown}{A_1B_1}$ 、$\overset{\frown}{C_1D_1}$	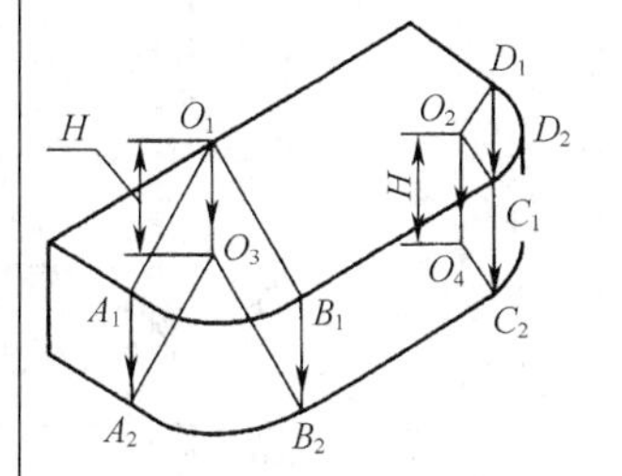 3. 按板的高度 H 平移圆心和切点，画圆弧 $\overset{\frown}{A_2B_2}$ 、$\overset{\frown}{C_2D_2}$ ，做 $\overset{\frown}{C_1D_1}$ 和 $\overset{\frown}{C_2D_2}$ 的公切线及其他轮廓线

4. 圆台的正等轴测图

画圆台的正等轴测图，首先绘制两端圆的正等轴测图，然后再作两椭圆的公切线，如图 3-9 所示。

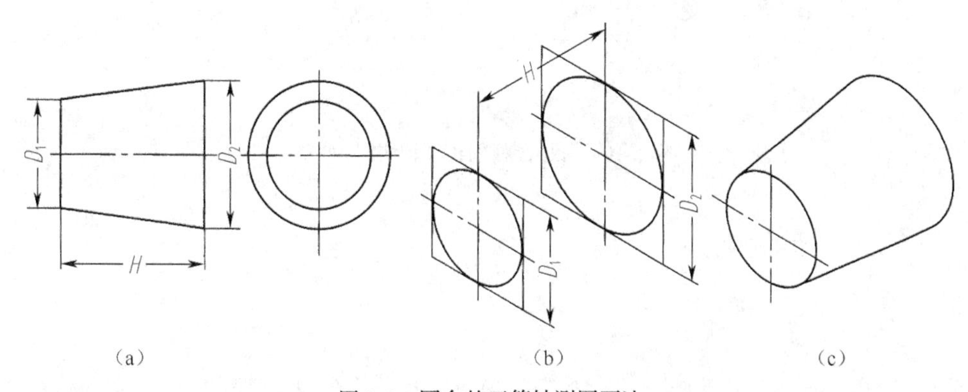

图 3-9　圆台的正等轴测图画法

【例 3-4】画出如图 3-10（a）所示的立体的正等测图。

作图步骤如下。

（1）确定坐标系，如图 3-10（a）所示。

（2）画圆柱的轴测图，如图 3-10（b）所示。

（3）用坐标法确定 A、B、C、D、E、F 在轴测图中的位置，如图 3-10（c）所示。

（4）完成全图，如图 3-10（d）所示。

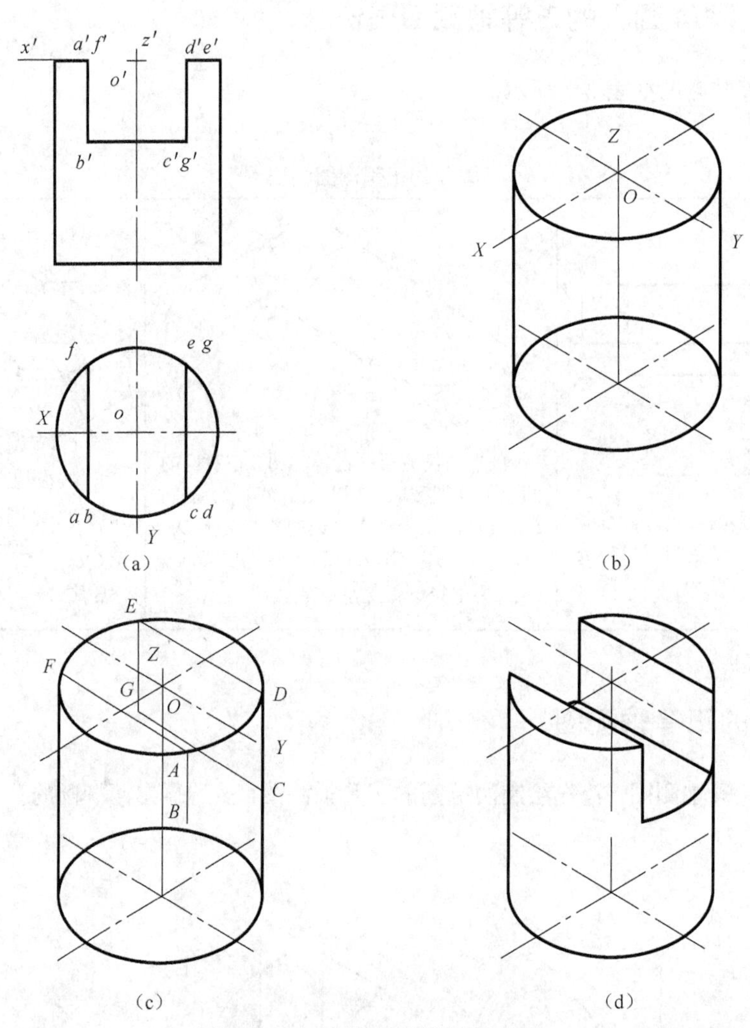

图 3-10　开槽圆柱的正等轴测图画法

3.3 斜二轴测图

3.3.1　斜二等轴测图的形成过程

如图 3-11 所示，将凸块置于一空间坐标中，使凸块的某一坐标面（如 *XOZ* 坐标面）与轴测投影面平行，用斜投影法在轴测投影面上所得的轴测投影，就是凸块的斜二轴测图，简称斜二测。

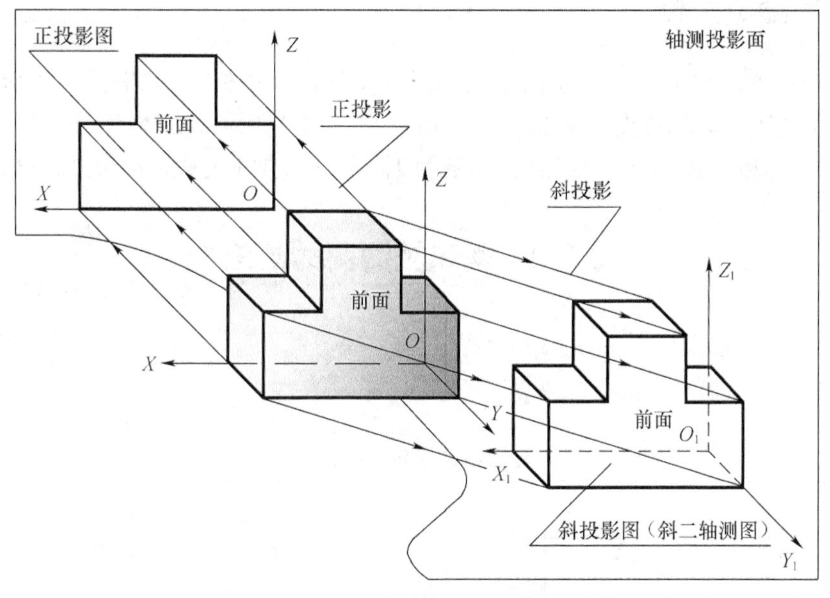

图 3-11　斜二测图的形成

由以上可知，斜二轴测图是物体在斜投影下形成的一种单面投影图，它具有平行投影的特性。因此，绘图方法与绘制正等测图的方法基本相同，其区别在于它们各自的轴间角和轴向缩短系数不同。

3.3.2　斜二等轴测图的参数设置

1. 轴间角

斜二测图的轴间角分别是$\angle X_1O_1Y_1=\angle Y_1O_1Z_1=135°$（即 O_1Y_1 轴与水平成 45°），$\angle X_1O_1Z_1=90°$。如图 3-12（a）所示。

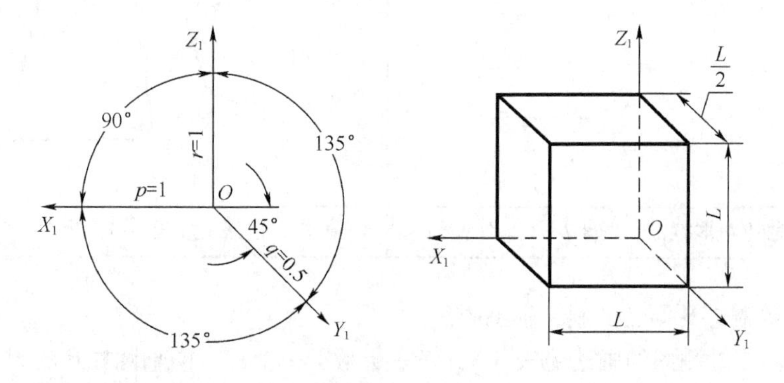

（a）斜二测图的轴间角及轴向缩短系数　（b）长方体的斜二测图

图 3-12　斜二测图的参数

2. 轴向缩短系数

在斜二测图中，空间 XOZ 面与轴测投影面平行，因此，物体上凡是平行于 XOZ 坐标面（即正投影面）的表面，其轴测投影反映实形，如图 3-12（b）所示长方体的前表面。由此得出，斜二测图在 O_1X_1 和 O_1Z_1 轴上的轴向缩短系数为 1。在 O_1Y_1 轴上的轴向缩短系数取 0.5。

3.3.3 斜二轴测图的画法

【例 3-5】绘制正四棱锥台的斜二轴测图

正四棱锥台斜二轴测图的画法见表 3-4。

表 3-4 正四棱锥台斜二测画法

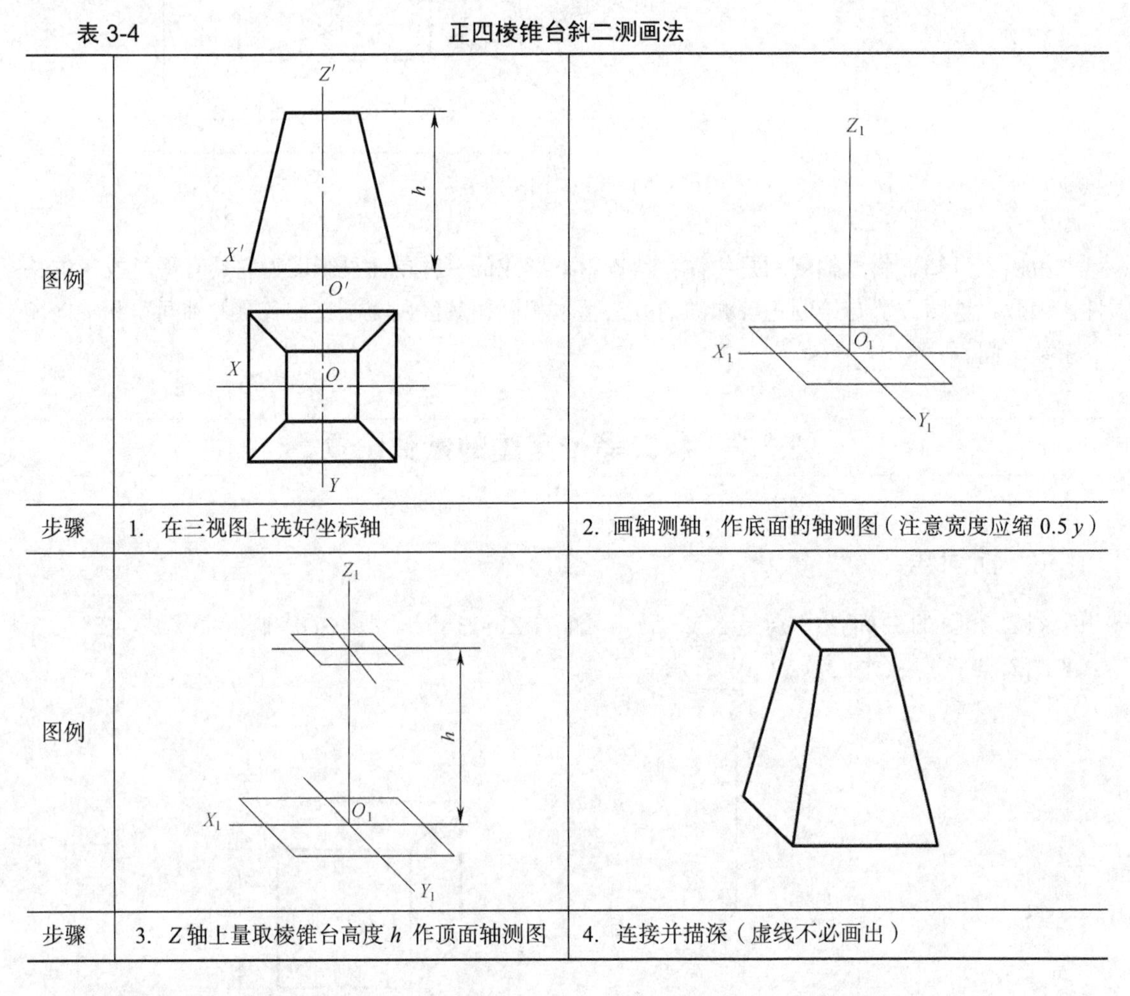

图例	（图）	（图）
步骤	1. 在三视图上选好坐标轴	2. 画轴测轴，作底面的轴测图（注意宽度应缩 0.5 y）
图例	（图）	（图）
步骤	3. Z 轴上量取棱锥台高度 h 作顶面轴测图	4. 连接并描深（虚线不必画出）

【例 3-6】绘制穿孔圆台的斜二轴测图。

穿孔圆台斜二轴测图的画法见表 3-5。表中所示了一个具有同轴圆柱孔的圆台，圆台的前、后端面及孔口都是圆，因此将前、后端面平行于正平面放置，作图很方便。由于物体上平行于正平面的平面，在斜二测图上都能反映实形，所以当物体上有较多的圆或曲线平行于正平面时，采用斜二测作图比较方便。

表 3-5　　穿孔圆台的斜二测图

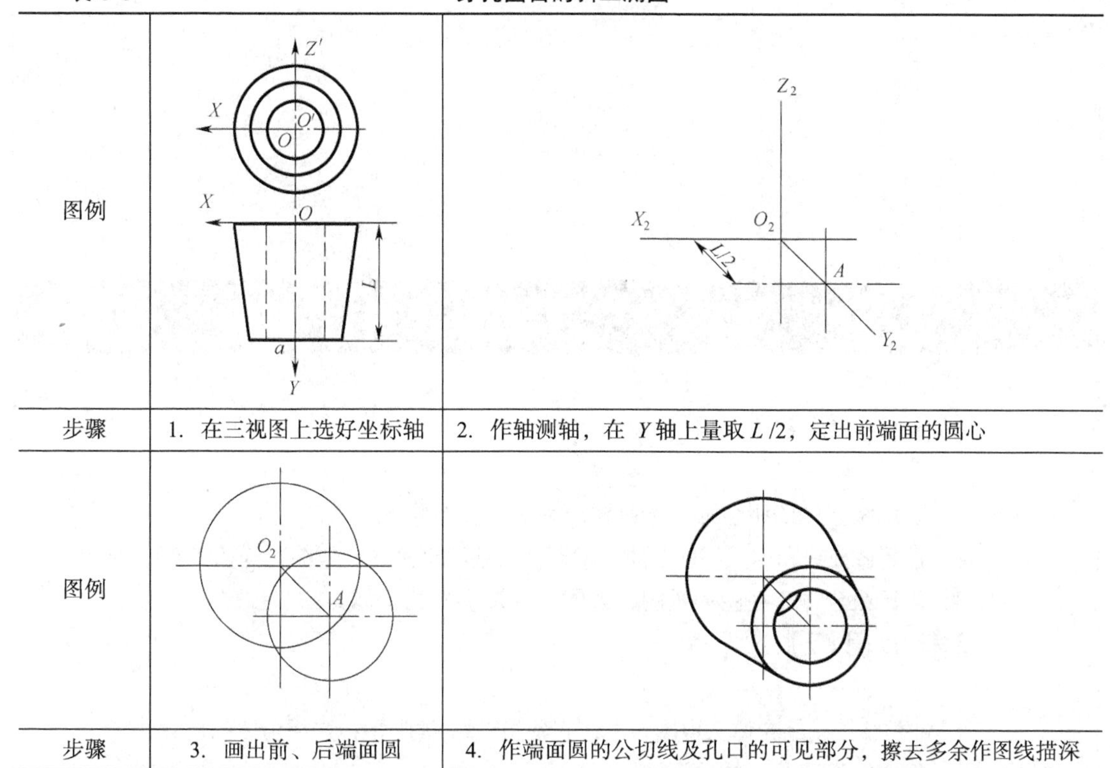

图例		
步骤	1. 在三视图上选好坐标轴	2. 作轴测轴，在 Y 轴上量取 $L/2$，定出前端面的圆心
图例		
步骤	3. 画出前、后端面圆	4. 作端面圆的公切线及孔口的可见部分，擦去多余作图线描深

第4章 组合体三视图

【知识目标】

1. 理解组合体的组合形式和画法，熟悉形体分析法；
2. 理解截交线和相贯线的性质，掌握截交线和相贯线的作图方法和步骤；
3. 掌握组合体三视图的画图、读图、标注尺寸的基本方法和步骤。

【能力目标】

1. 能熟练绘制组合体三视图，并能正确、完整、清晰地标注组合体的尺寸；
2. 能熟练识读组合体的视图。

从形体的几何角度看，机器零件大多数是由简单的基本形体（棱柱、棱锥、圆柱、圆锥、球和环等）叠加在一起，或者把一个基本形体经过几次切割，或既叠加又切割而形成的。把这些经叠加、切割等形成的几何体称为组合体，如图4-1所示。

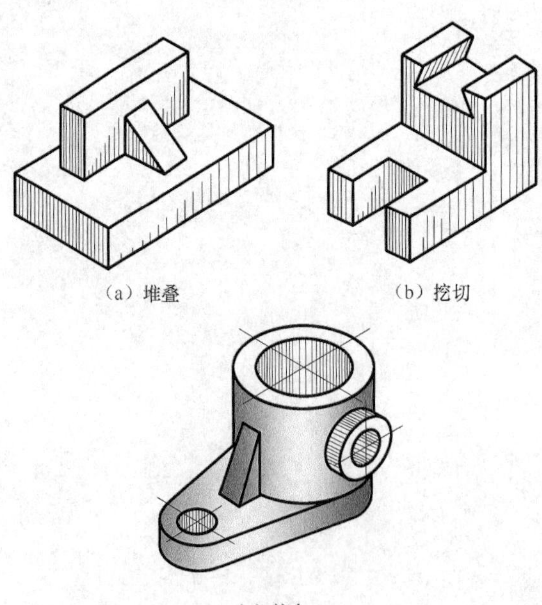

（a）堆叠　（b）挖切

（c）综合

图4-1　组合体

4.1 组合体的构成

4.1.1 组合体的构成及形体分析

1. 组合体的构成

组合体按其构成形式，可分为叠加类、切割类和综合类组合体 3 种形式。

由几个基本几何体叠加而成的组合体，称为叠加类组合体，如图 4-1（a）所示。

在一个基本几何体的基础上切去某些形体而形成的组合体，称为切割类组合体，如图 4-1（b）所示。

即有叠加，又有切割的组合体称为综合类组合体，如图 4-1（c）所示。

2. 形体分析

在读、画组合体的视图时，通常按照组合体的结构特点和各组成部分的相对位置，将其划分为若干个简单形体，并分析各简单形体的形状、组合形式、相对位置，然后组合起来画出视图或想象出其形状，这种分析方法叫形体分析法。

形体分析法是画图和读图的基本方法之一。图 4-2（a）所示支座可分解为由大圆柱筒、底板、肋板和小圆柱筒等组成，如图 4-2（b）所示。

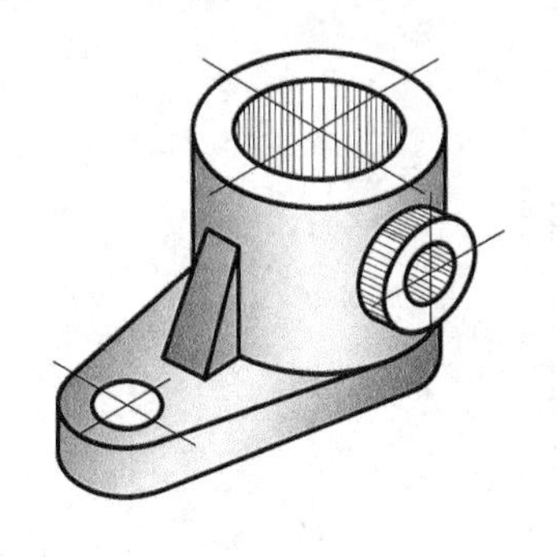

（a）直观图

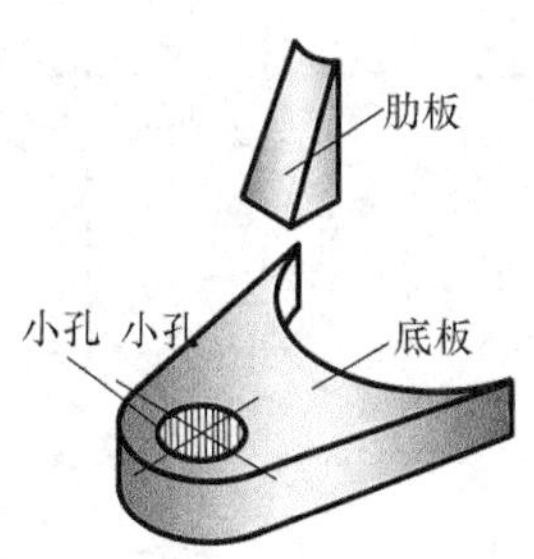

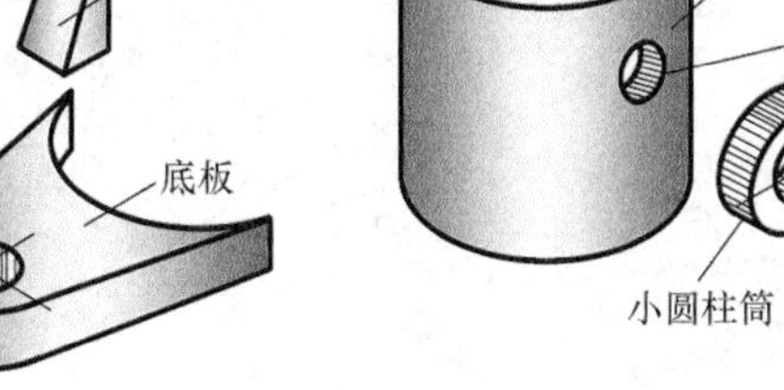

（b）分解图

图 4-2　支座的形体分析

4.1.2 组合体表面间的连接关系

组合体中的各基本几何体表面之间有平齐、不平齐、相切和相交 4 种表现形式。

1. 两表面平齐

当两形体的两表面平齐时，两个表面形成了一个新的面，它们之间不存在分界线，视图上不应用线隔开，如图 4-3（a）所示。

2. 两表面不平齐

当两个形体互相叠加且两平面相交或错开时，两平面间一定存在着分界线，在视图中必须画出该分界线，如图 4-3（b）、（c）所示。

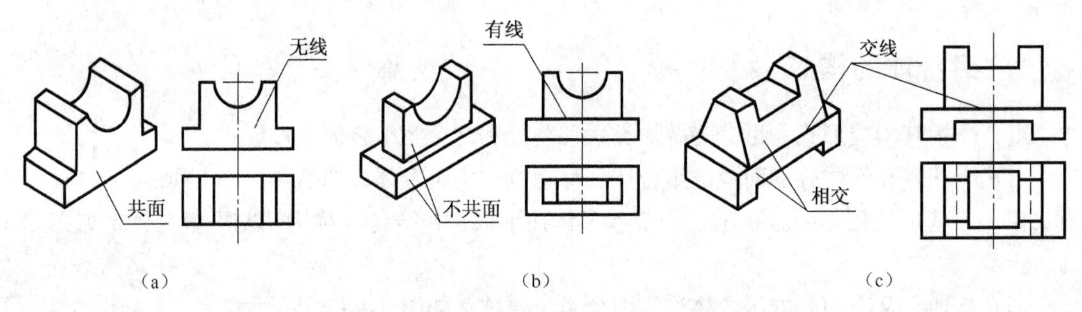

图 4-3　两表面平齐、不平齐（错开、相交）

3. 表面相切

如果两形体叠加且表面相切，在相切处两表面是光滑过渡的，故该处不应画出分界线，如图 4-4 所示。

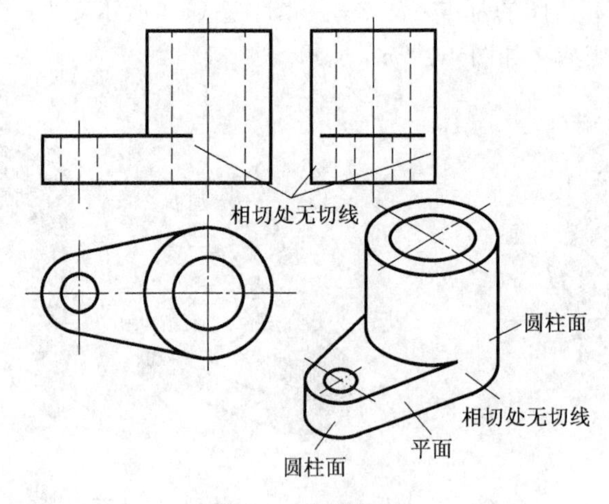

图 4-4　表面相切

4. 表面相交

当两形体的平面和曲面或两曲面相交时，它们之间一定存在着交线，其交线要画出，如图 4-5 所示。

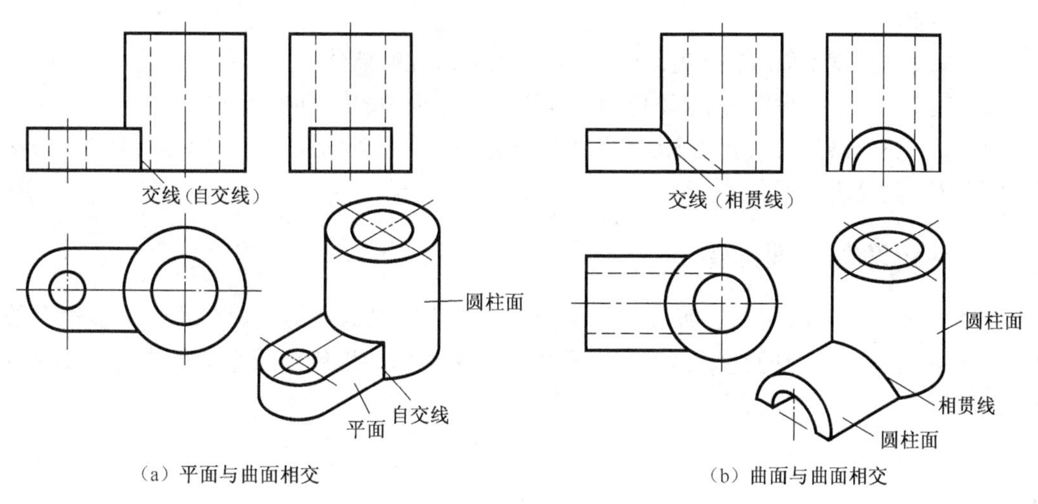

（a）平面与曲面相交　　（b）曲面与曲面相交

图 4-5　表面相交

4.2 截交线与相贯线

4.2.1　截交线的画法

在生产实际中，常常见到一些物体是在基本形体的基础上被平面切割以后形成的。用来切割物体的平面称为截平面，截平面与物体表面的交线称为截交线，由截交线所围成的平面称为截断面，如图 4-6 所示。绘制截断体视图的关键是绘制出截断面的投影，即绘制出围成截断面的截交线的投影。

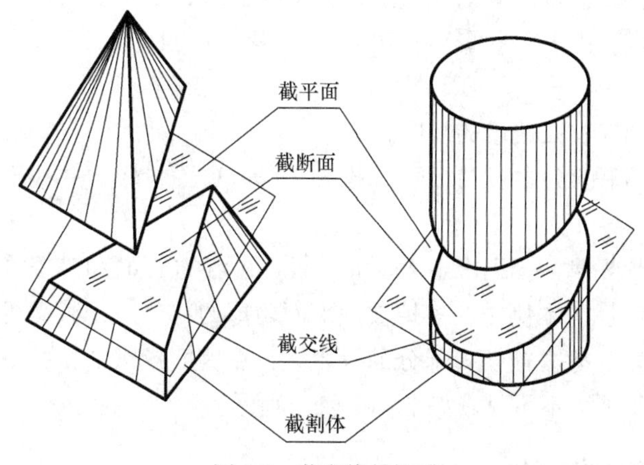

图 4-6　截交线的性质

截交线的形状和大小取决于被截物体的形状和截平面与物体的相对位置，但任何截交线都具有如下性质。

（1）截交线是截平面与物体表面的共有线，是共有点的集合；

（2）截交线是一个封闭的平面图形（平面折线，平面曲线或两者的组合）。

因此，求截交线的实质就是求出截平面与物体表面一系列的共有点，求作共有点的方法应用前面介绍的物体表面求点法。

1. 平面切割平面形体

平面立体被截平面切割后所得的截交线，是由直线段组成的平面多边形，多边形的各边是形体表面与截平面的交线，而多边形的顶点是形体的棱线与截平面的交点，如图 4-7 所示。

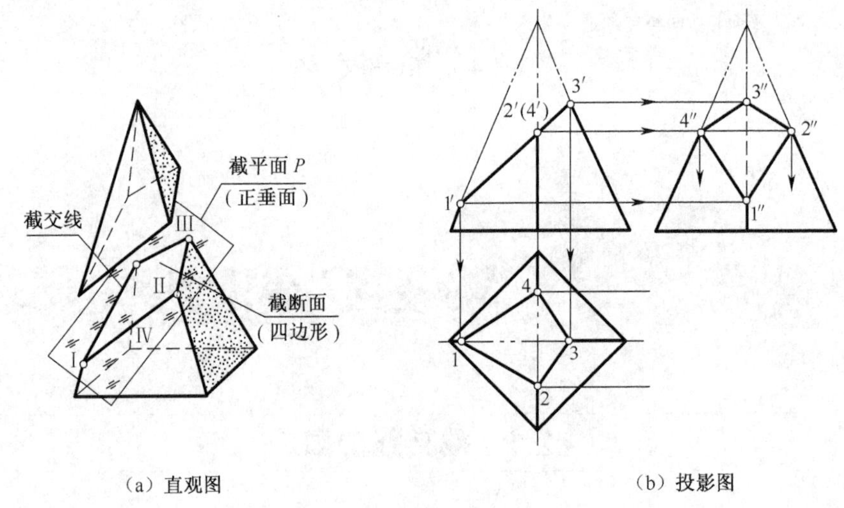

图 4-7 切割四棱锥

【例 4-1】求作图 4-7 所示四棱锥被正垂面 P 切割后的三视图。

分析：由图 4-7（a）可知，截断面为四边形，四边形的顶点是四棱锥四条棱线与截平面 P 的交点，即 4 个顶点在四棱锥的 4 条棱线上；由于截平面 P 是正垂面，故截断面的 V 面投影积聚为直线，可直接确定，由 V 面投影可求出 H 面与 W 面的投影。

作图步骤如下。

（1）画出未切割前完整四棱锥的投影；

（2）画出截断面有积聚性的投影（已知投影），即 V 面投影，并找出Ⅰ、Ⅱ、Ⅲ、Ⅳ点的正面投影 1′、2′、3′、4′；

（3）根据点的投影规律，分别求出Ⅰ、Ⅱ、Ⅲ、Ⅳ点的 H 面和 W 面的投影；

（4）判断点的可见性（本例中，去掉被截平面切掉的部分后，截交线的 3 个投影均可见），并顺次连接各同面投影，擦去被切掉部分的投影线，在侧面投影中，由于Ⅰ点以上的棱线被切去，故右棱线自Ⅲ点以下为不可见，如图 4-7（b）所示。

2. 平面切割回转形体

平面截回转形体所形成的截交线一般是封闭的平面曲线，特殊情况是直线。截交线上的任一点都可看作是截平面与回转面素线（直线或曲线）的交点。因此，作图时可用回转体表面求点法（素线法或纬线法）求出截交线上一系列的点，依次光滑连接即得截交线的投影。

在截交线上处于截断面的最高、最低、最前、最后、最左、最右位置的点称为特殊点。这些点一般处在回转体的转向轮廓线上，它限定了截交线的最大范围，也是截交线在某个投影面上投影时可见性的分界点。作图时，要先求出所有特殊点的投影。

（1）平面切割圆柱

截平面与圆柱轴线的相对位置不同，其截交线有 3 种不同的形状，见表 4-1。

表 4-1　　平面与圆柱相交

	截平面与轴线垂直	截平面与轴线平行	截平面与轴线倾斜
立体图	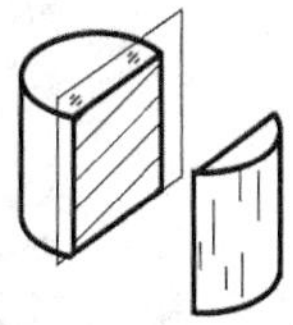	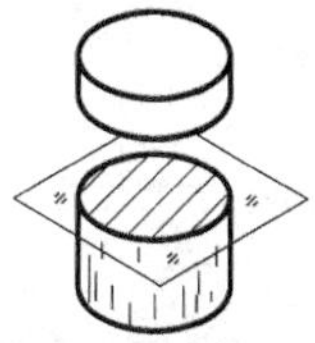	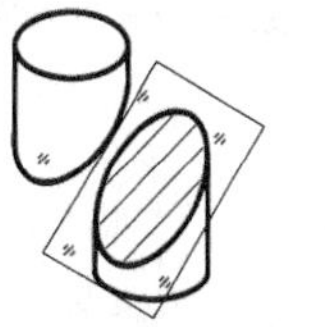
投影图	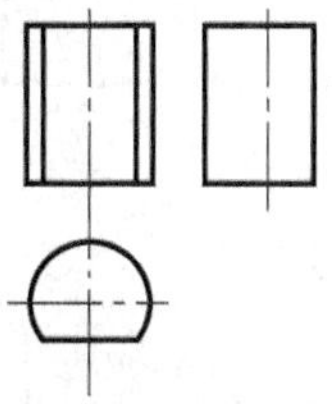	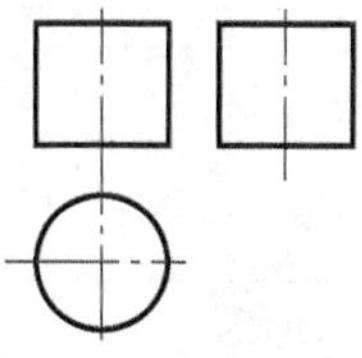	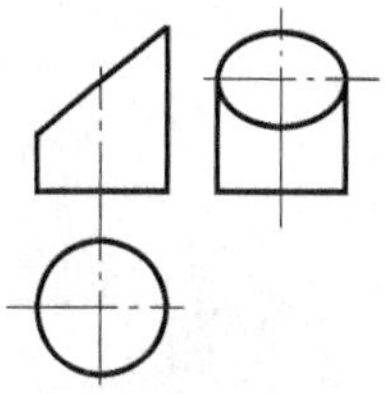
	截交线为直线	截交线为圆	截交线为椭圆

【例 4-2】求作图 4-8（a）所示圆柱切割后的三视图。

分析：由图可知，截断面为椭圆，截交线是椭圆曲线；由截交线的性质可知，该椭圆曲线是圆柱面和截断面的共有线，因此，它具有圆柱面的投影特性，即 H 面投影与圆柱面的积聚性投影圆相重合，它同时又具有正垂面的投影特性，即 V 面投影积聚成直线，W 面上的投影仍是椭圆类似形，需求出一系列共有点作出。

由于 V 面投影和 H 面投影是已知的，可应用点的投影规律求出点的侧面投影，作图步骤如下。

① 画圆柱的完整视图，作截交线的已知投影，求特殊点。

如图 4-8（b）所示，首先画出圆柱未切割前的完整投影，再画出截交线有积聚性的投影（正面投影），并找出椭圆的 4 个特殊位置点（提示：4 个特殊点是圆柱的 4 条转向轮廓线与截平面的交点，即最低点 A、最高点 B、最前点 C、最后点 D，也是椭圆长、短轴的端点）的正面投影和水平投影，最后根据点的投影规律，求出特殊点的侧面投影。

② 求一般点。

在截交线的已知投影上的适当位置确定几个一般点（如俯视图上的 e、f、g、h 点），按投影规律或表面取点法作出点的其余投影（如正面投影 e'、f'、g'、h'和侧面投影 e''、f''、g''、h''），如图 4-8（c）所示。

③ 判断点的可见性，并光滑连接各点的侧面投影，如图 4-8（d）所示。

④ 擦去被切掉部分的轮廓线，描深可见轮廓线，完成作图，如图 4-8（e）所示。

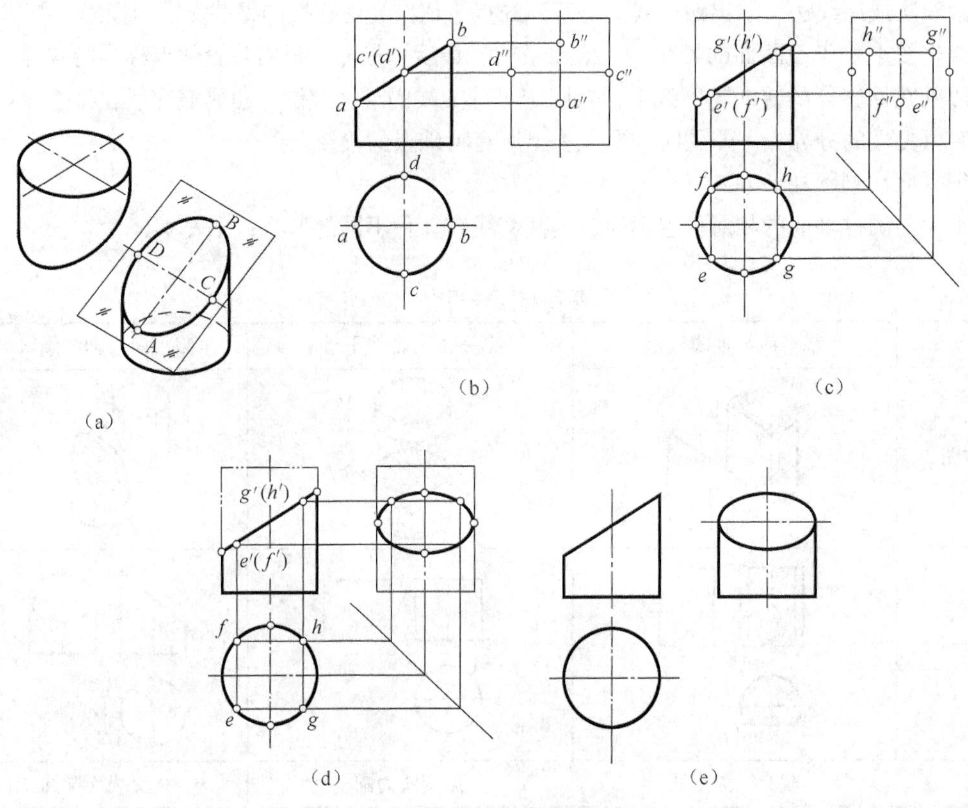

图 4-8　平面切割圆柱

【例 4-3】画图 4-9 所示轴块的三视图。

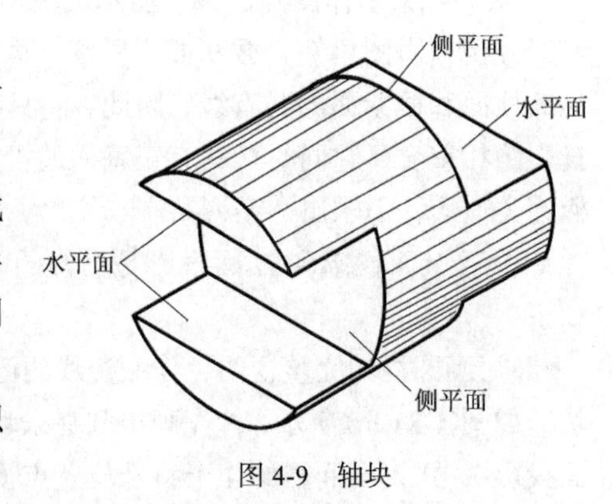

图 4-9　轴块

分析：该切割体左端中间开一通槽，右端上、下对称各切去一块，其截平面分别为水平面和侧平面；水平面平行于圆柱轴线，与圆柱面的交线为直线，截断面为矩形，矩形的 V、W 面投影积聚成直线；矩形的 H 面投影反映实形，其宽度由 W 面投影量取；侧平面垂直于圆柱轴线，与圆柱面的交线为圆的一部分，其 W 面投影与圆柱面的投影重影，V、H 面的投影积聚成直线。

作图步骤如下。

① 画完整圆柱的三视图，如图 4-10（a）所示；

② 画左端通槽和右端上下切口的 V、W 面投影（即画切口有积聚性的投影），如图 4-10（b）所示；

③ 按投影关系完成左右端的 H 面投影，如图 4-10（c）所示；

④ 擦去被切掉部分的轮廓线，描深，完成作图，如图 4-10（d）所示。

（2）平面切割圆锥

平面与圆锥体表面的交线有 5 种情况，如表 4-2 所示。

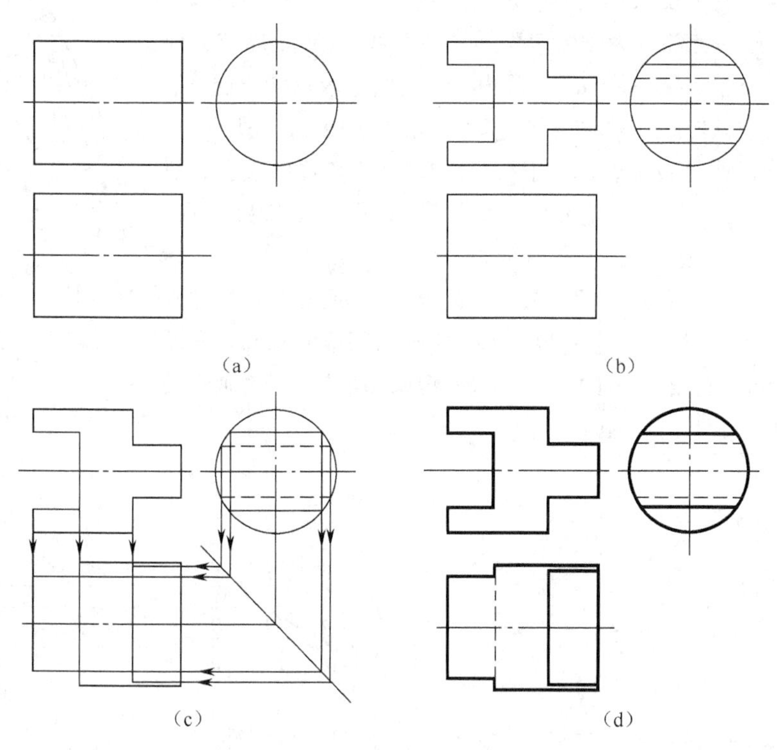

图 4-10　轴块三视图的画图步骤

表 4-2　　圆锥的截交线

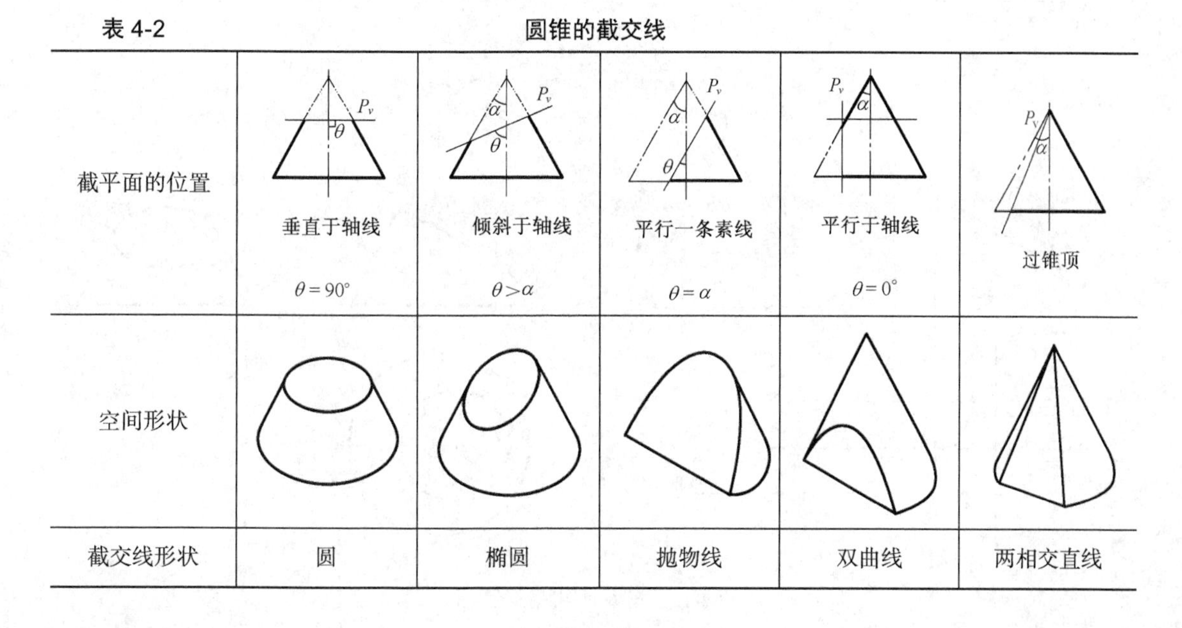

截平面的位置	垂直于轴线 $\theta=90°$	倾斜于轴线 $\theta>\alpha$	平行一条素线 $\theta=\alpha$	平行于轴线 $\theta=0°$	过锥顶
空间形状					
截交线形状	圆	椭圆	抛物线	双曲线	两相交直线

【例 4-4】 求作图 4-11 所示正垂面切割圆锥的截交线。

作图步骤如下。

① 作完整圆锥的投影，并作截断面有积聚性的投影（截断面在 V 面上的投影积聚成直线），如图 4-12（a）所示。

② 求特殊点。在截交线的已知投影（V 面投影）上，标出特殊点的投影位置（本例的特殊点为圆锥表面转向轮廓线上 A、B、E、F4 点和截断面椭圆短轴 C、D 两端点），并用圆锥表面上求点的方法，按照投影规律，求出特殊点的 H、W 面的投影，如图 4-12（b）所示。

③ 求一般点。为了较准确地求出截交线在 H、W 面的投影，可在截交线已知的正面投影上，特殊点中间的稀疏处作一般点Ⅰ、Ⅱ，并求出其余两投影，如图 4-12（c）所示。

④ 依次连接求得的各点，即得截交线的 H、W 面投影；擦去圆锥被切掉部分轮廓线（注意：在左视图上，椭圆与圆锥的侧面转向轮廓线切于 e″、f ″点，在此两点上端的转向轮廓线被切掉，不再画出），描深，完成作图，如图 4-12（d）所示。

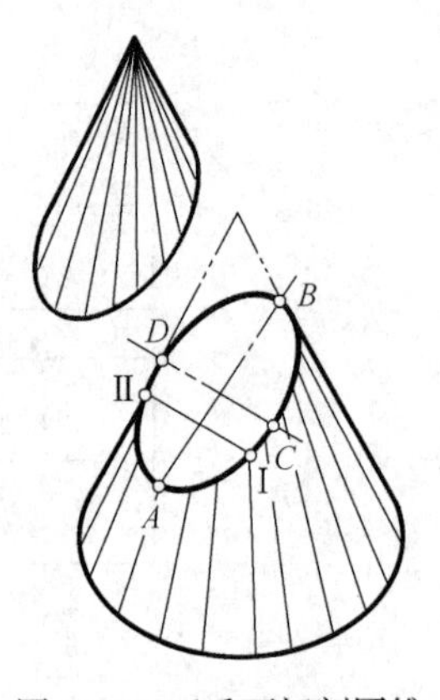

图 4-11　正垂面切割圆锥

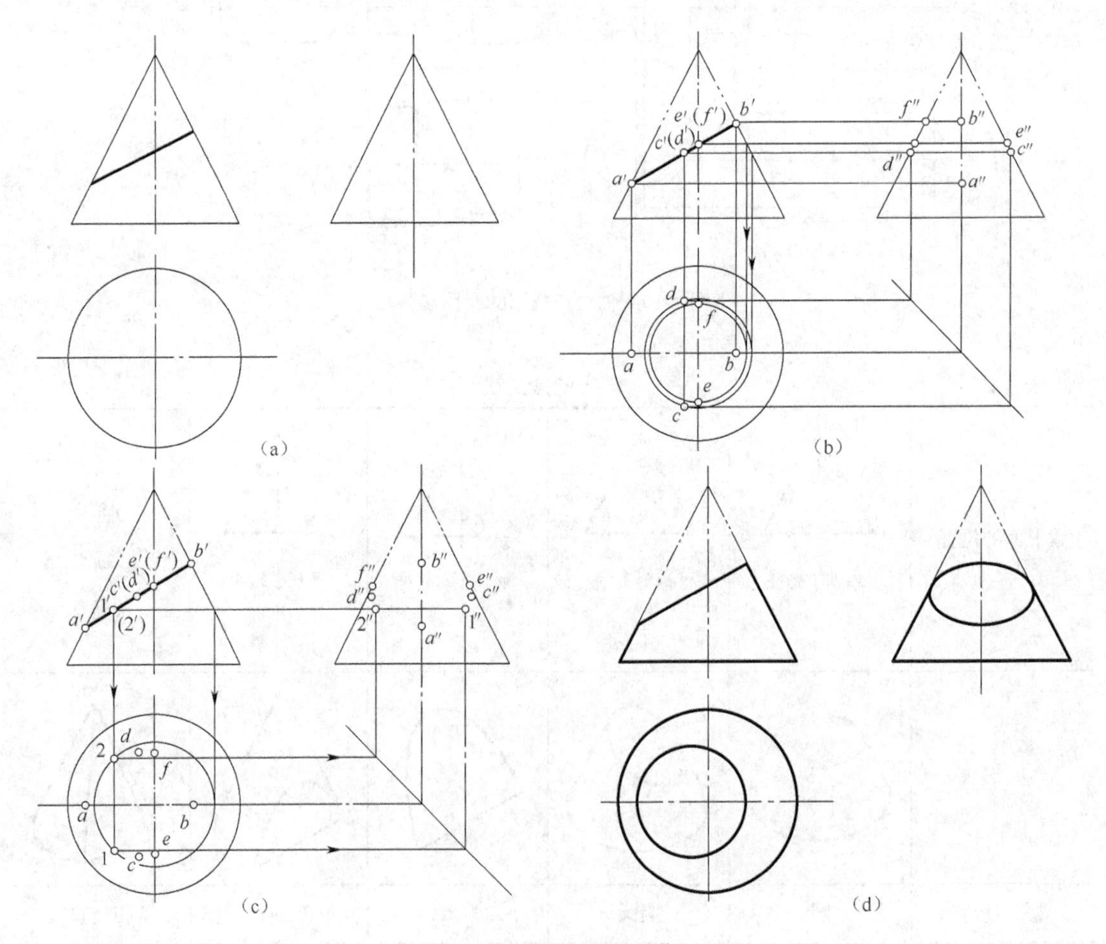

图 4-12　正垂面切圆锥的作图

（3）平面切割球

平面截切球，不论平面与圆球的相对位置如何，截交线均为圆。圆的大小取决于截平面与球心的距离。当截平面平行于投影面时，其交线在该投影面上的投影反映实形。图 4-13 所示列出了 3 种投影面平行面截切球所得交线圆的投影画法。

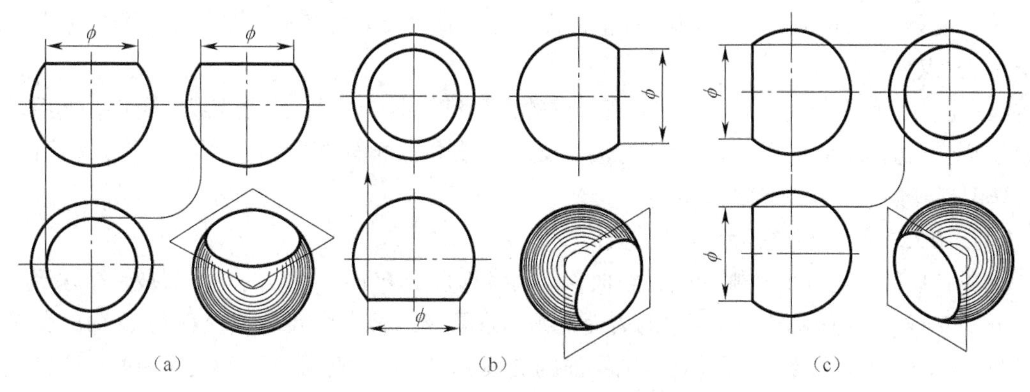

（a）　　（b）　　（c）

图 4-13　投影面平行面截切球

【例 4-5】求作图 4-14（a）所示半球切槽的俯视图和左视图。

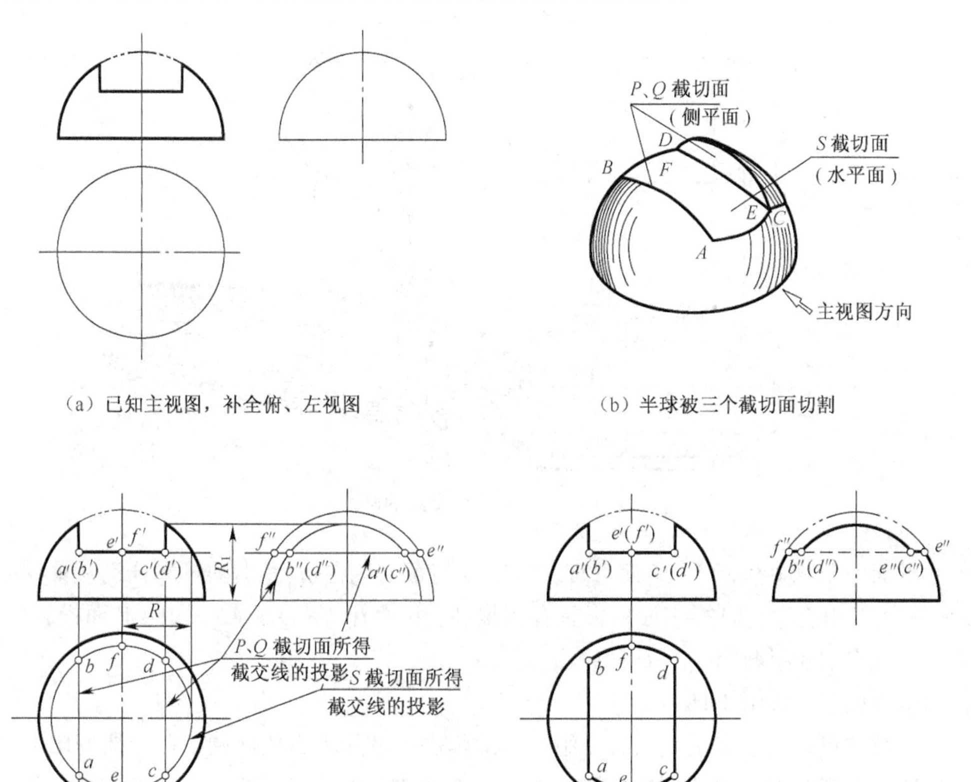

（a）已知主视图，补全俯、左视图

（b）半球被三个截切面切割

（c）分别作出各截切面所产生的完整截交线的投影，确定各组截交线的分界点

（d）以各分界点为准，擦去多余线条，判断截断面的可见性，描深图线，完成作图

图 4-14　画半球切槽的三视图

分析：该半球由两个侧平面 P、Q 和一个水平面 S 切割，如图 4-14（b）所示。它们与球相交得到的截交线都是圆弧，由 P、Q 切割产生的截交线（圆弧）在 W 面上反映实形，在 H、V 面的投影积聚成直线；由 S 面切割产生的截交线（圆弧）在 H 面上反映实形，在 V、W 面上积聚成直线。

各截切面所形成的截交线（圆弧）相交于 A、B、C、$D$4 点，此 4 点是各组截交线的交点，也是各组截交线的分界点，也是球表面上的点，是三面共点。球表面上平行于侧面的最大圆截断于 E、F 点。

作图思路：首先分别作出各截切面所形成的完整截交线，求得各组截交线的交点；然后以交点为分界点，擦掉多余线条（未切到部分的截交线），分析截断面的可见性，描深图线，完成作图。

作图步骤如图 4-14（c）、（d）所示。

【例 4-6】求作图 4-15 所示顶针的表面交线。

分析：顶针由同轴的圆锥和圆柱组成，其轴线垂直于 W 面。在它的左上部被一个水平面 P 和一个正垂面 Q 切去一部分，在它的表面上共出现了 3 组截交线和一条 P 面与 Q 面的交线。由于截平面 P 平行于轴线，所以它与圆锥面的交线为双曲线，与圆柱面的交线为两条直素线。因截平面 Q 与圆柱轴线斜交，所以它与圆柱面的交线为一段椭圆曲线。

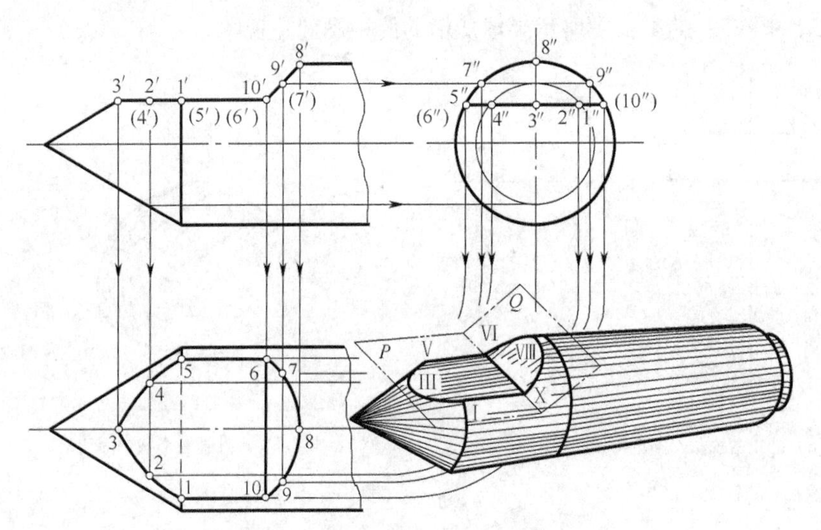

图 4-15　顶针表面交线的画法

因截平面 P 和圆柱面都与 W 面垂直，所以 3 组截交线在 W 面上的投影分别积聚在截平面 P 和圆柱面的投影上，它们的 V 面投影具有积聚性，积聚在 P、Q 两截平面的 V 面投影（直线）上，因此，只需求 3 组截交线的 H 面投影。

作图步骤如下（如图 4-15 所示）。

（1）求特殊点。由于截交线共有 3 组，因此作图时应先求出相邻两组截交线的结合点，图中Ⅰ、Ⅴ两点在圆锥面与圆柱面的分界线上，是双曲线和平行两素线的结合点。Ⅵ、Ⅹ是平行两素线与椭圆曲线的结合点，位于 P、Q 两截平面的交线上。Ⅲ点是双曲线的顶点，它位于圆锥面对 V 面的转向轮廓线上。Ⅷ点是椭圆曲线上的最右点，它位于圆柱面对 V 面的转向轮廓线上。上述各点均为特殊点。

（2）求一般点。利用在圆锥面上作辅助圆的方法，求一般点Ⅱ、Ⅳ（2、4、2″、4″），利用圆柱面在 W 面上积聚性投影，求一般点Ⅶ、Ⅸ（7、9、7″、9″）。

（3）在俯视图中，把 1、2、3、4、5 顺序连接得双曲线的 H 面投影；把 6、7、8、9、10 顺序连接得椭圆曲线的 H 面投影；1-10 和 5-6 分别为直线，此即为圆柱面上平行两素线的 H 面投影；6-10 为 P、Q 两截平面交线的 H 面投影；由于被 P、Q 两个截平面所截，其交线为两个封闭的线框。

除截交线之外，尚应注意圆锥面与圆柱面分界线在 H 面的投影画法。

4.2.2 相贯线的画法

两相交的形体称为相贯体，其表面交线称为相贯线，如图 4-16 中箭头所指处。由于相交两形体的几何形状或其相对位置不同，则相贯线的形状也各不相同，但都具有下列性质。

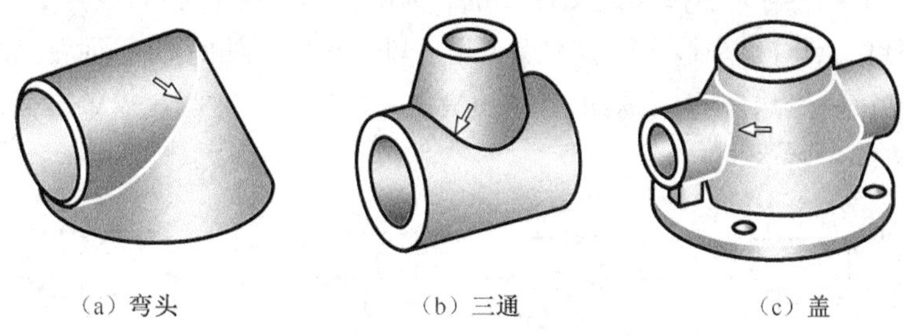

（a）弯头　（b）三通　（c）盖

图 4-16　相贯线的实例

（1）相贯线是相交两立体表面的共有线，也是两立体表面的分界线；相贯线上的点是两立体表面的共有点。

（2）由于立体具有一定的范围，所以相贯线一般是封闭的空间曲线，特殊情况下是平面曲线或直线。

根据相贯线是相交两立体表面的共有线这一性质，相贯线的画法也和画截交线一样，可归结为求作相交立体表面上一系列共有点的问题。

1. 两圆柱相贯

两回转体相交，如果其中有一个是轴线垂直于投影面的圆柱，则相贯线在该投影面上的投影就积聚在圆柱面有积聚性的投影上。于是求圆柱和另一回转体的相贯线的投影，可看作是已知另一回转体表面上的线的一个投影而求其余两投影的问题。

【例 4-7】求作图 4-17（a）所示轴线垂直相交两圆柱的相贯线。

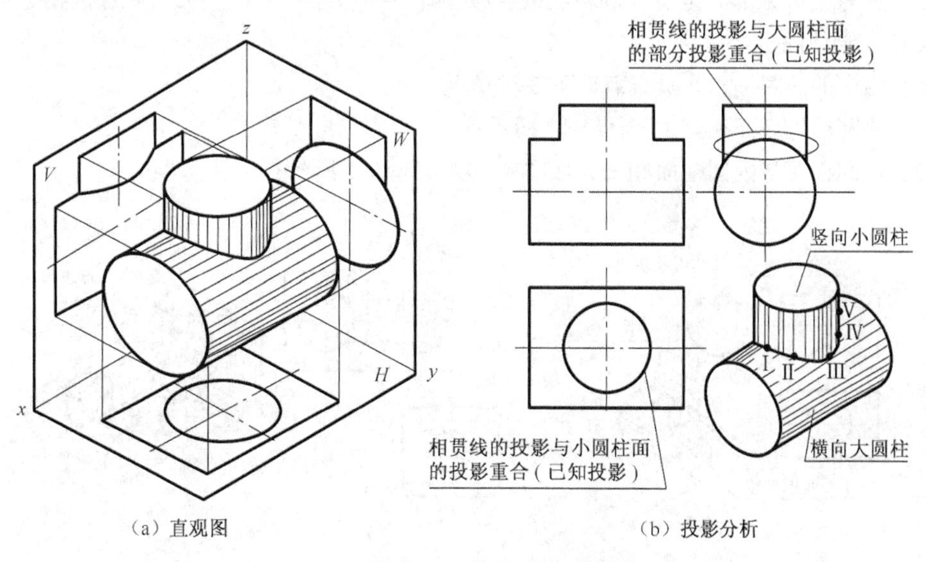

（a）直观图　（b）投影分析

图 4-17　轴线正交两圆柱的投影分析

分析：由图看出，横、竖的大、小两圆柱的轴线分别垂直于 W 面和 H 面，相贯线的 H 面投影积聚在小圆柱面投影的圆周上，相贯线的 W 面投影积聚在大圆柱面投影的圆周的一段圆弧上，如图 4-17（b）所示，因此，根据已知相贯线的两个投影，可作出它的 V 面投影。

作图步骤如下。

（1）求特殊点。特殊点处在一圆柱面的转向线与另一圆柱表面相交点的位置。Ⅰ、Ⅴ点是小圆柱面对 V 面转向线与大圆柱面的交点（也是大圆柱面对 V 面转向线与小圆柱面的交点），是相贯线的最高点，同时也是最左、最右点；Ⅲ、Ⅶ点是小圆柱面对 W 面转向线与大圆柱面的交点，是相贯线的最低点，同时也是相贯线的最前、最后点。它们在投影图上可直接作投影线求得，如图 4-18（a）所示。

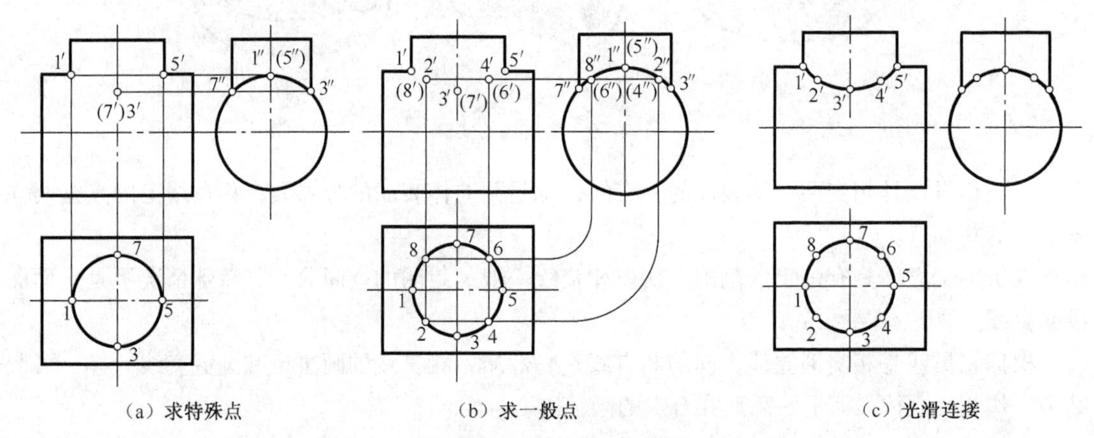

图 4-18　轴线垂直相交两圆柱相贯线的画图步骤

（2）求一般点。先在俯视图中的小圆上适当地确定若干一般点的投影，如图中的Ⅱ、Ⅳ、Ⅵ、Ⅷ等点，再按投影规律，作出 W 面的投影 2″、（4″）、（6″）、8″和 V 面的投影 2′、4′、（6′）、（8′）点，如图 4-18（b）所示。

（3）判断可见性及光滑连接。由于该相贯线前后两部分对称，且形状相同，所以在 V 面上的投影可见与不可见部分重合，画粗实线，按 1′ —2′ —3′ —4′ —5′ 顺序光滑连接起来，如图 4-18（c）所示。

垂直相交的两圆柱，相贯线有以下 3 种情况。

（1）两圆柱外表面相交，如图 4-17 所示；

（2）外圆柱面与内圆柱面相交，如图 4-19（a）、（c）所示；

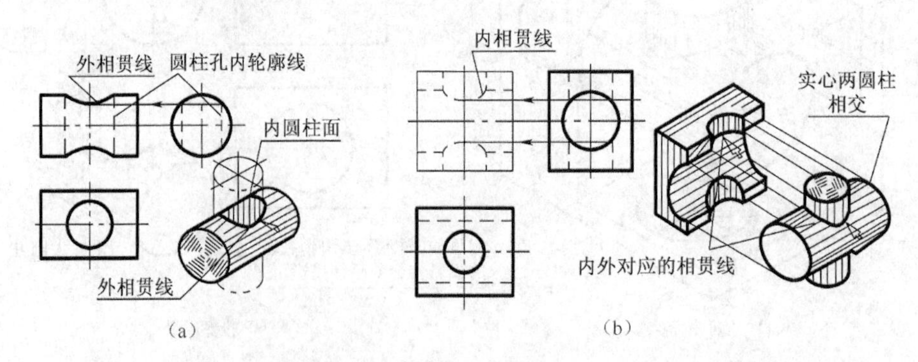

图 4-19　两圆柱内外表面、两内表面相交

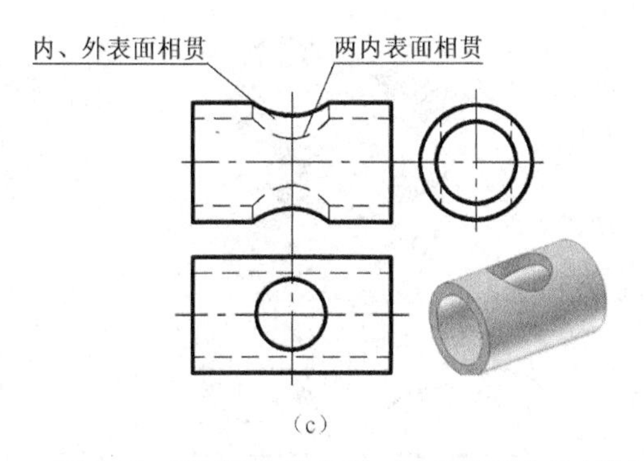

（c）

图 4-19　两圆柱内外表面、两内表面相交（续）

（3）两圆柱内表面相交，如图 4-19（b）、（c）所示。

垂直相交两圆柱相贯线的形状，与两圆柱的直径大小有关，如图 4-20 所示。

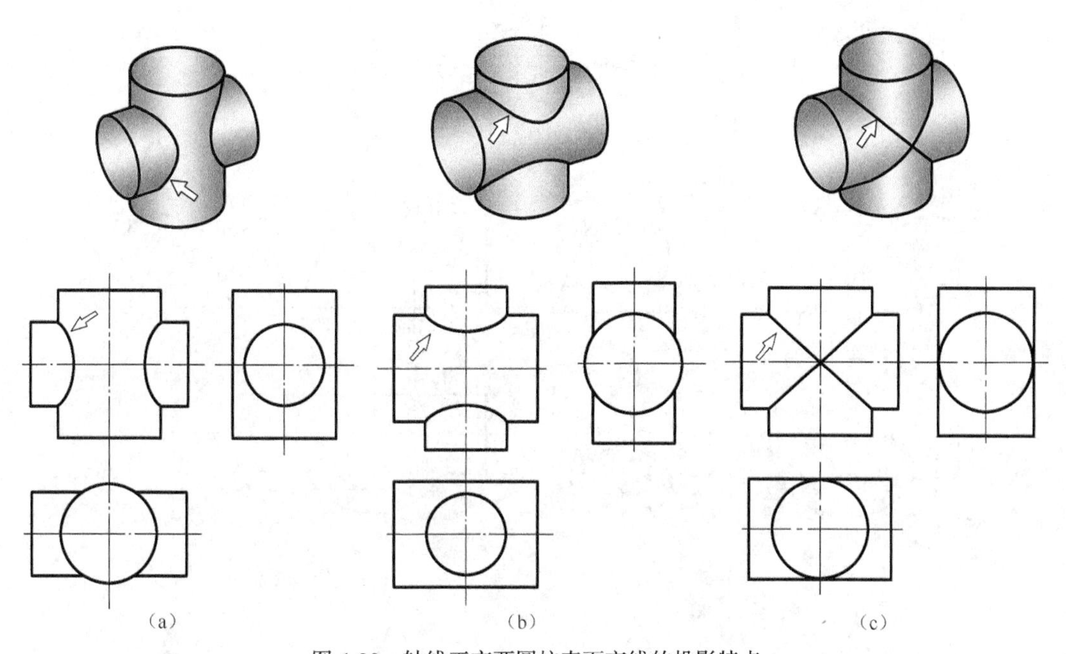

（a）　（b）　（c）

图 4-20　轴线正交两圆柱表面交线的投影特点

2. 圆柱与圆锥相贯

圆柱与圆锥垂直相贯，其相贯线的形状与两者直径的大小有关，如图 4-21 所示。

【例 4-8】求作如图 4-22（a）所示圆柱与圆锥轴线正交相贯线。

分析：如图 4-22（a）所示，圆柱全部穿入左半圆锥，相贯线为封闭的空间曲线。圆柱的轴线垂直于 *W* 面，相贯线在 *W* 面的投影积聚在圆柱的投影圆上，为已知投影；由于圆锥面的 3 个投影皆没有积聚性，所以相贯线的其余两面投影均需求作。因相贯线是圆锥与圆柱表面的共有线，因此可根据相贯线的 *W* 面投影，利用在圆锥表面上取点的方法（素线法、辅助圆法）求出相贯线上各点的 *H*、*V* 面的投影。

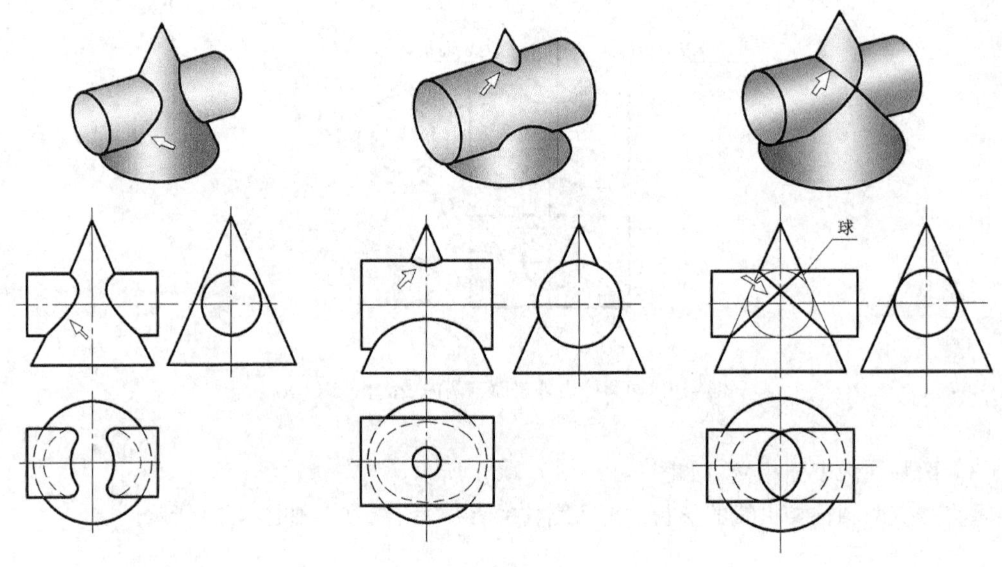

（a）圆柱贯入圆锥　（b）圆锥贯入圆柱　（c）圆柱与圆锥互贯

图 4-21　圆柱与圆锥正交相贯线的投影特点

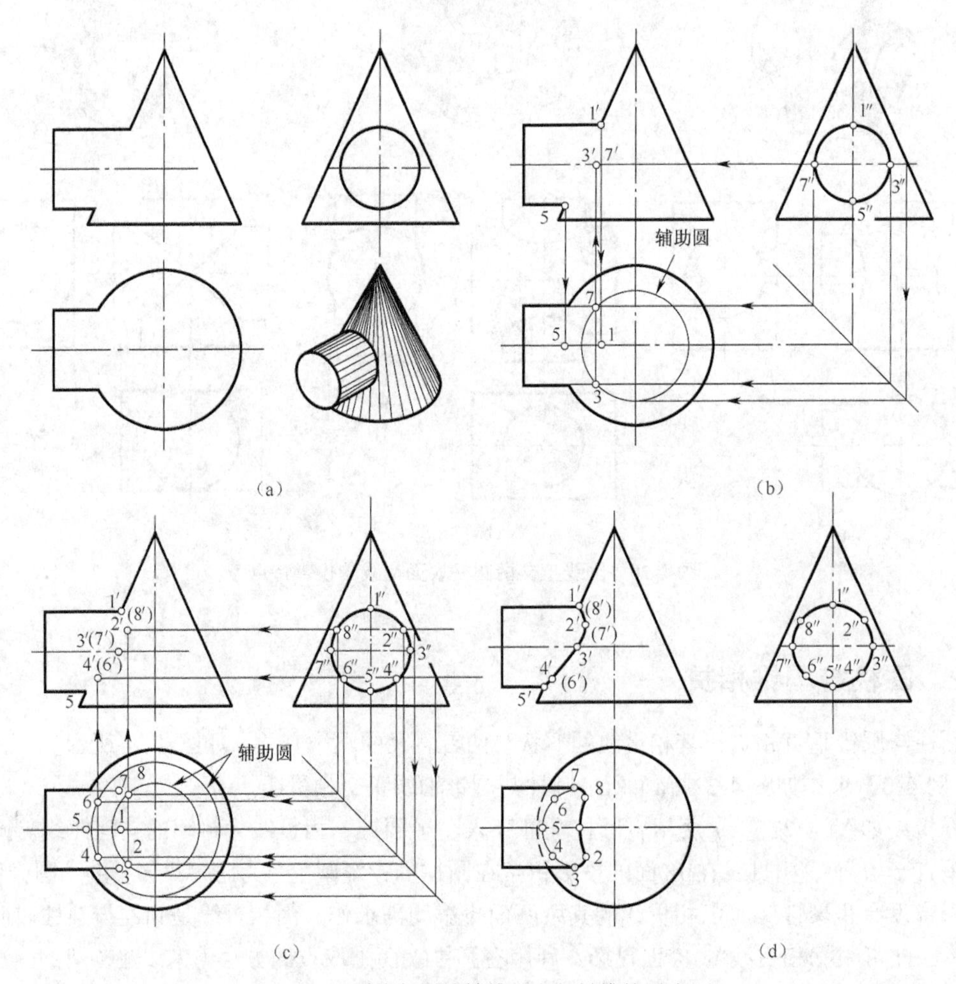

图 4-22　圆柱与圆锥轴线正交相贯线的画法

作图步骤如下。

（1）求特殊点。由于圆柱轴线和圆锥轴线相交，且处在同一平行于 *V* 面的平面上，因此圆柱对 *V* 面的两条转向轮廓线与圆锥左边对 *V* 面的转向轮廓线相交，其交点Ⅰ、Ⅴ即是相贯线上的最高点和最低点的 *V* 面投影 1′ 、5′ 。由 1′ 、5′ 向 *H* 面引投影线与水平中心线相交得 1、5 点。相贯线的最前点Ⅲ和最后点Ⅶ处在圆柱对水平面的转向轮廓线上，过 3″、7″在圆锥面上作辅助水平圆，在 *H* 面上辅助水平圆与圆柱两条转向线相交得 3、7 点，此两点即为俯视图中相贯线可见与不可见的分界点。根据投影规律，在主视图上求得 3′ 、7′ 点，如图 4-22（b）所示。

（2）求一般点。在相贯线已知的 *W* 面投影圆周上，取若干一般点的投影如 2″、4″、6″、8″，分别过这些点在圆锥面上作辅助圆，可求得点的水平投影 2、4、6、8；根据投影规律，求得正面投影 2′、4′、6′、8′，如图 4-22（c）所示。

（3）判断可见性及光滑连接。由于该相贯线前后对称，因此 *V* 面投影中实线、虚线重合，画粗实线，即将可见点 1′ 、2′ 、3′ 、4′ 、5′ 用粗实线光滑连接；在 *H* 面投影中，其上半个圆柱面可见，下半个圆柱面不可见，3、7 点为可见与不可见的分界点，所以 3—2—8—1—7 线段用粗实线光滑连接，3—4—5—6—7 线段用虚线光滑连接，如图 4-22（d）所示。

3. 两回转体相交的特例

两回转体的相交线一般为空间曲线，但当处于下列情况时，其相贯线为平面曲线或直线。

（1）等直径两圆柱体轴线正交，其相交线为椭圆，如表 4-3（a）、（b）所示。

（2）两相交的圆柱体轴线平行，其相交线为平行于轴线的两直线，如表 4-3（c）所示。

表 4-3　两回转体相交的特例

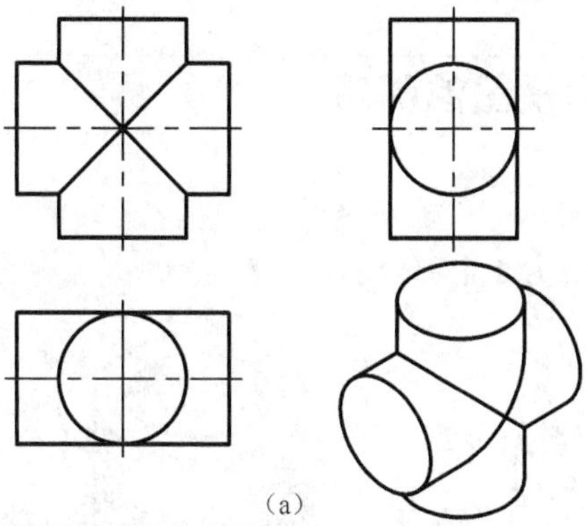

(a)

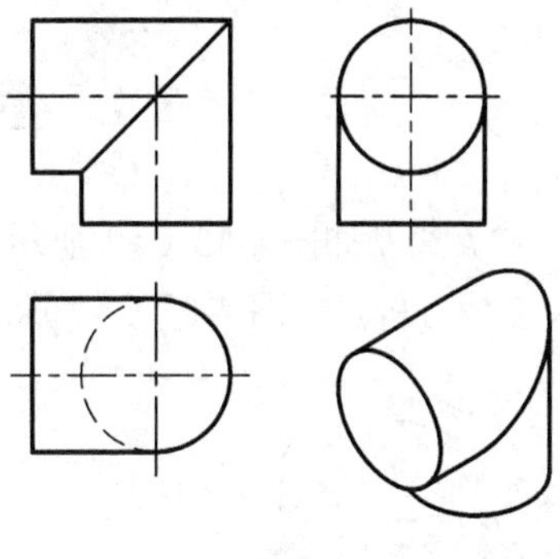

(b)

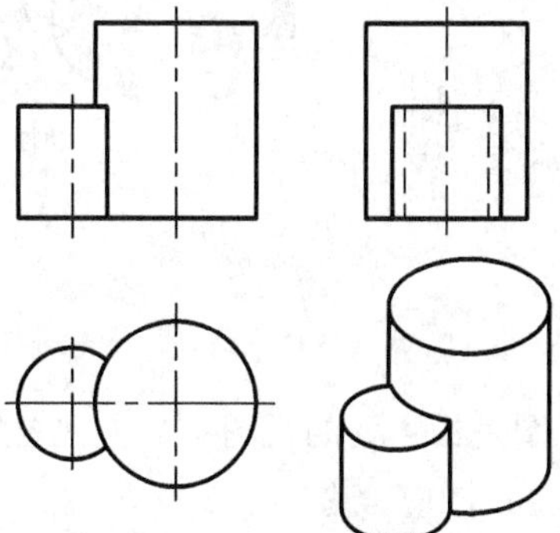

(c)

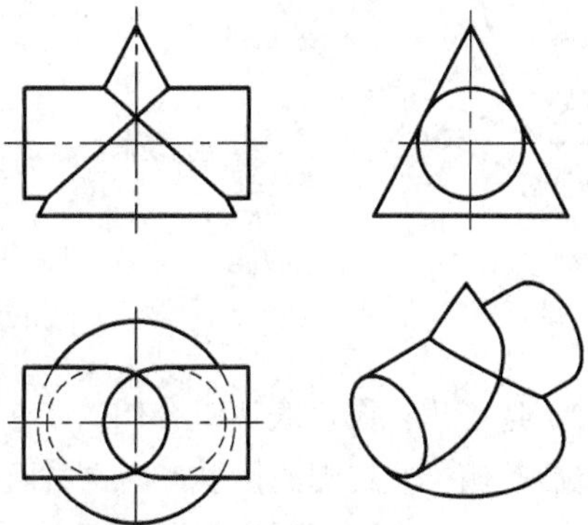

(d)

续表

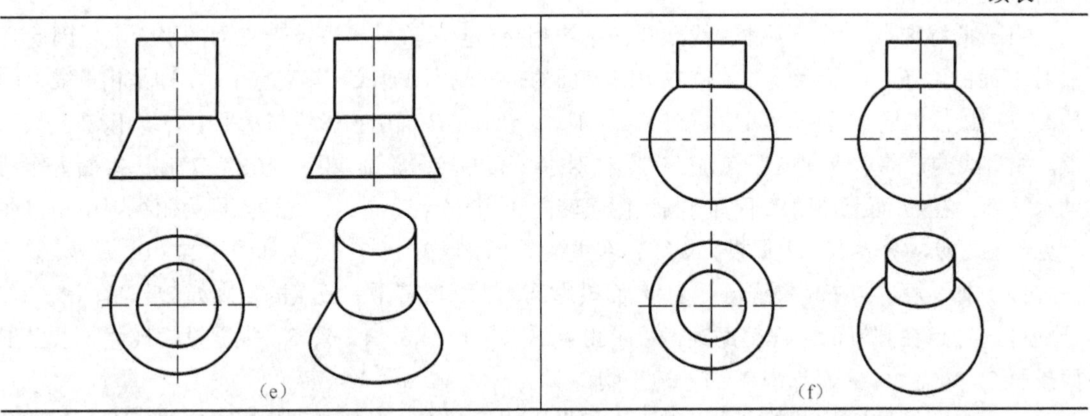

（3）外切于同一球面的圆锥体与圆柱体相交，其相贯线为椭圆，如表 4-3（d）所示。

（4）两回转体具有公共轴线时，其表面的相贯线为圆，如表 4-3（e）、（f）所示。

4.3 组合体视图的画法

画组合体的三视图，一般按“形体分析→选择主视图→确定比例、选定图幅及布置视图 →具体作图”等步骤进行。

4.3.1 叠加式组合体视图的画法

【例 4-9】绘制如图 4-23（a）所示支座的三视图。

（1）形体分析。如图 4-23（b）所示，把支座分解为 4 个部分。

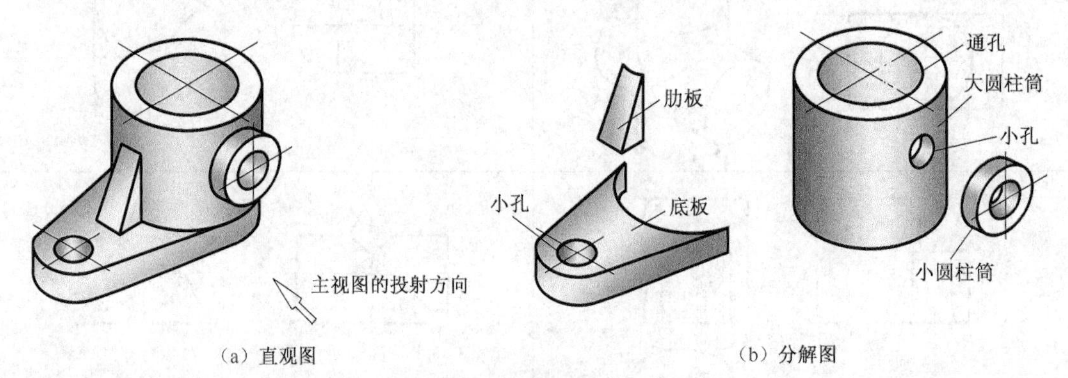

图 4-23 支座的形体分析

（2）选择主视图。表达组合体的 3 个视图中，主视图是最主要的视图，当主视图的投射方向确定后，俯、左视图的投射方向也就随之确定。选择主视图应考虑以下 3 点。

① 反映组合体的形体特征（称形体特征原则），把反映组合体各部分形状和相对位置信息

量较多的一面作为主视图的投射方向；

② 符合组合体的自然安放位置，使组合体的表面对投影面尽可能多地处于平行或垂直位置；

③ 尽量减少其他视图的虚线。

如图 4-23（a）所示，选择箭头所指方向为主视图的投射方向符合以上 3 点要求。

（3）确定比例、选定图幅及布置视图。

① 根据组合体的大小和复杂程度，选择符合标准规定的比例，一般选用 1∶1 的比例。

② 按选定的比例，根据组合体的长、宽、高计算出 3 个视图所占的面积，并考虑标注尺寸以及视图之间、视图与图框之间的间距，选用合适的标准图幅，并布置各视图。

（4）具体绘图。叠加类组合体的视图应按“加法”进行绘图，即按组合体的组合顺序，逐个画出各组成部分的视图，最后完成全图。表 4-4 给出了支座三视图的具体作图过程。

表 4-4 支座的画图步骤

图例	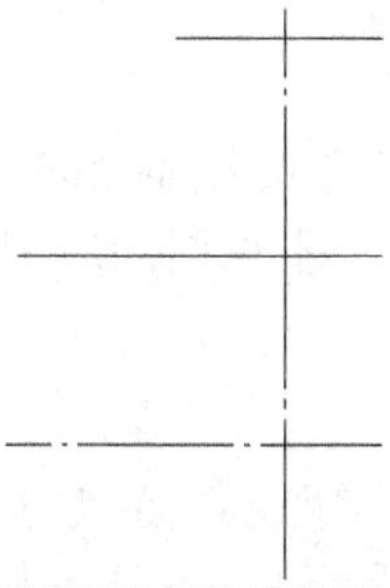	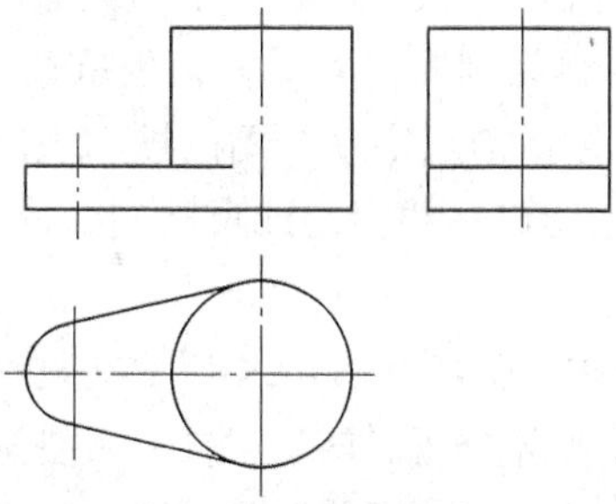
说明	1. 布置各视图的位置，画各视图的定位线	2. 画底板及大圆筒外圆柱面的投影（先画圆筒，再画底板）
图例	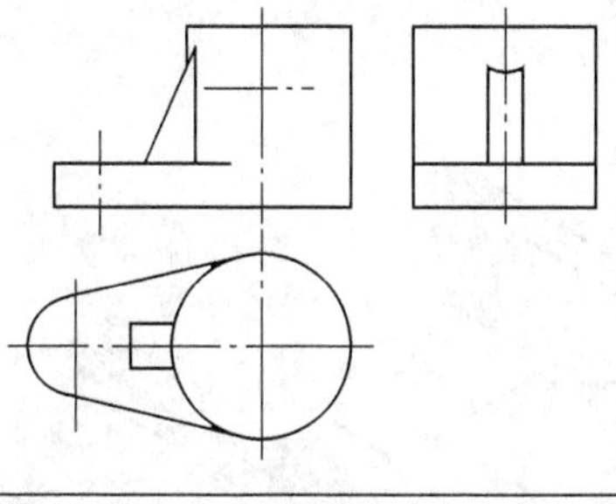	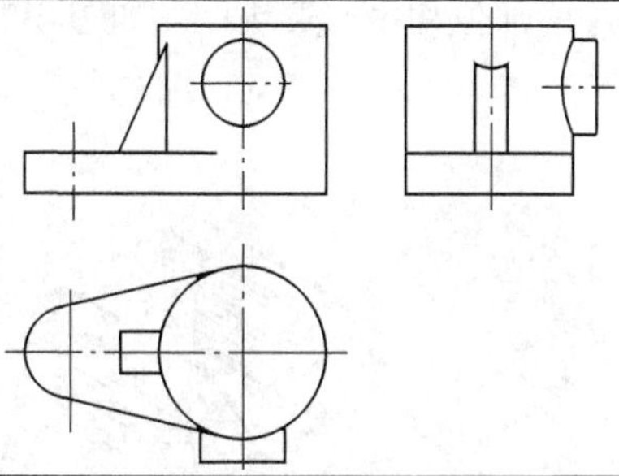
说明	3. 画肋板及与大圆筒外圆柱面交线的投影（先画肋板的俯视图，再画主视图，后画左视图）	4. 画小圆筒及与大圆柱筒外表面的相贯线的投影（先画小圆筒的主视图，后画左、俯视图及相贯线的投影）
图例	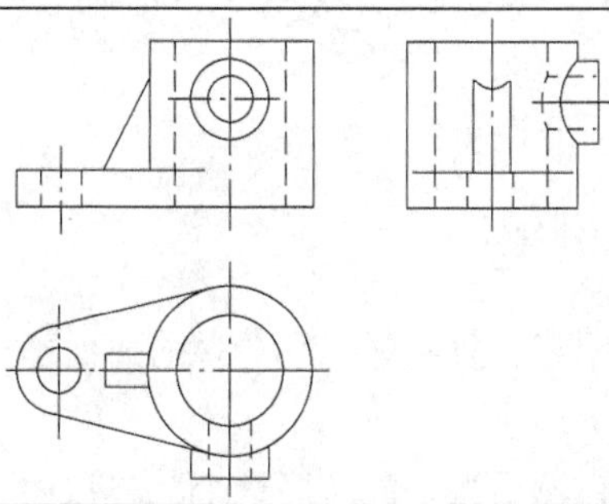	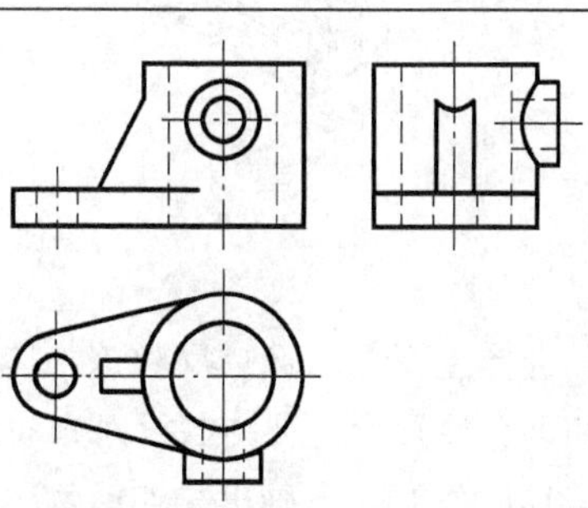
说明	5. 逐个画出各孔及与各孔交线的投影	6. 校核后描深全图

画图时应注意以下几点。

① 按形体分析法逐个画出每一个基本体的三视图，应从特征视图开始，把同一基本体的3个视图联系起来作图，不要孤立地完成组合体的一个视图后再画它的另一个视图。

② 画图顺序应先主（主要部分）后次（次要部分）；先实（可见部分）后虚（不可见部分）；先轮廓，后细节；先积聚性投影，后其他投影。

③ 应从整体概念出发，处理各形体之间表面连接关系和各部分衔接处图线的变化。

④ 为便于修改图形，保证图面质量，应先用细线条画底稿，经核对修改无误后，再按所选择的标准图线宽度，分别描深各种图线。

4.3.2 切割类组合体视图的画法

切割类组合体的视图应按"减法"进行绘制，即先画出未切前物体的完整视图，然后按切割顺序逐个减去被切掉的部分，其基本画图步骤如下。

（1）画切割前完整基本体的视图。

（2）按切割顺序逐个画出被切去部分的视图。画图时，应先画被切割部分的特征视图（即截断面或切口有积聚性或反映实形的投影），再根据投影规律，3个视图同时配合，画其他视图。

【例4-10】绘制图4-24所示支架的三视图。

（1）形体分析。该支架在未切割前是一长方体，如图4-24（a）所示。在长方体的基础上，依次用侧垂面切去了前后各一块三角块Ⅰ，用一水平面和正垂面在左上角切去一块梯形块Ⅱ，用两个正平面和一个侧平面在左下方中间部位切去一长方体Ⅲ，用两个侧垂面和一个水平面在右上方中间部位切去梯形块Ⅳ，如图4-24（b）所示。

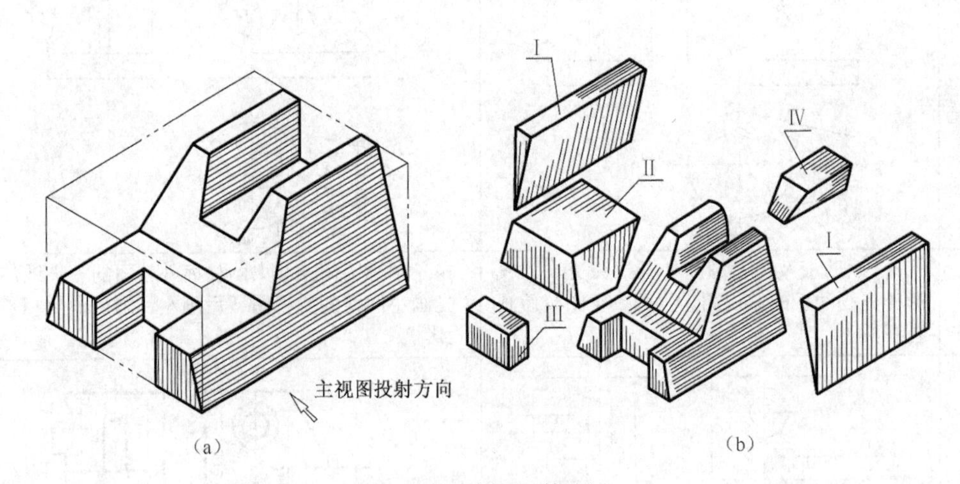

图4-24 支架的形体分析

（2）选择主视图。选择反映该物体形状特征最明显，且物体上尽量多的面处于投影面的平行位置和垂直位置为主视图的投射方向，如图4-24（a）所示。

（3）具体作图。先画出未切前物体的完整视图，然后按切割顺序逐个减去被切掉的部分，具体作图过程如图4-25所示。

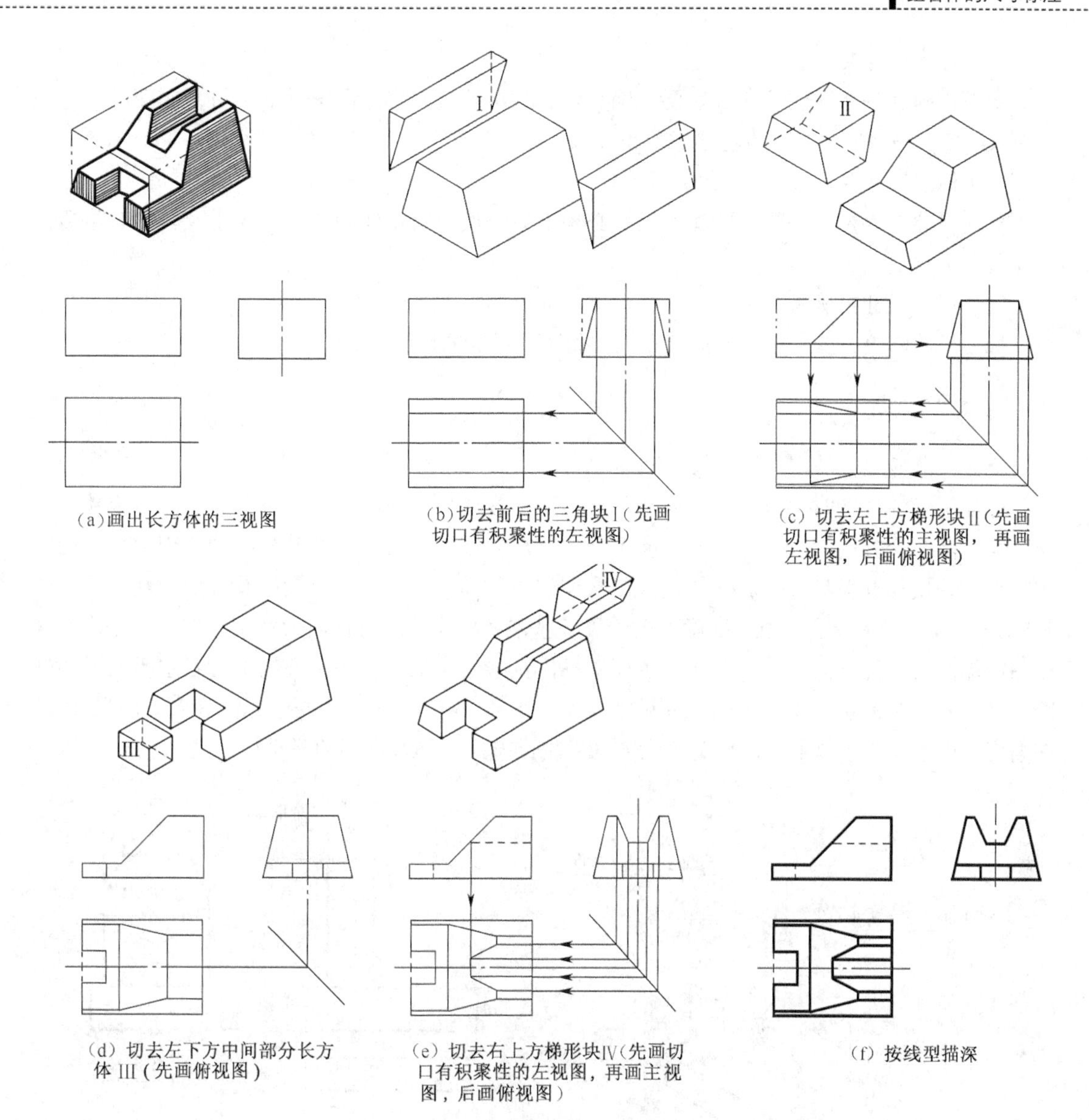

（a）画出长方体的三视图

（b）切去前后的三角块Ⅰ（先画切口有积聚性的左视图）

（c）切去左上方梯形块Ⅱ（先画切口有积聚性的主视图，再画左视图，后画俯视图）

（d）切去左下方中间部分长方体Ⅲ（先画俯视图）

（e）切去右上方梯形块Ⅳ（先画切口有积聚性的左视图，再画主视图，后画俯视图）

（f）按线型描深

图 4-25　支架的画图步骤

4.4 组合体的尺寸标注

4.4.1　标注尺寸的基本要求

1. 基本要求

标注组合体的尺寸必须做到正确、完整、清晰。

（1）标注尺寸要正确

所谓正确就是所注的尺寸数值要正确无误，注法要严格遵守国家标准《机械制图　尺寸注法》（GB/T 4458.4—2003）的基本规则和方法。

（2）标注尺寸要完整

标注尺寸要完整，是要求所注的尺寸必须能完全确定组合体的形状、大小及其相对位置，不遗漏、不重复。

（3）标注尺寸要清晰

标注尺寸清晰，就是尺寸要恰当布局，便于查找和看图。

2. 尺寸基准

标注或测量尺寸的起点称为尺寸基准。

标注组合体尺寸时，应先选择尺寸基准，以便标注各形体间的相对位置尺寸。组合体具有长、宽、高 3 个方向的尺寸，每个方向上都要有尺寸基准。选择尺寸基准必须体现组合体的结构特点，并使尺寸度量方便。一般选择组合体的对称面、底面、重要端面及轴线为基准。如图 4-26（a）所示，选择了底面为高度方向的尺寸基准，形体前后对称面为宽度方向尺寸基准，底板的右端面为长度方向的尺寸基准。为便于标注某些定位尺寸，每个方向上常有主要基准和辅助基准，主要基准和辅助基准间要有尺寸联系。图 4-26（b）所示为便于标注高度方向尺寸 6，在高度方向上又将形体的顶面作为高度方向的辅助基准，两基准间的联系尺寸是 76。

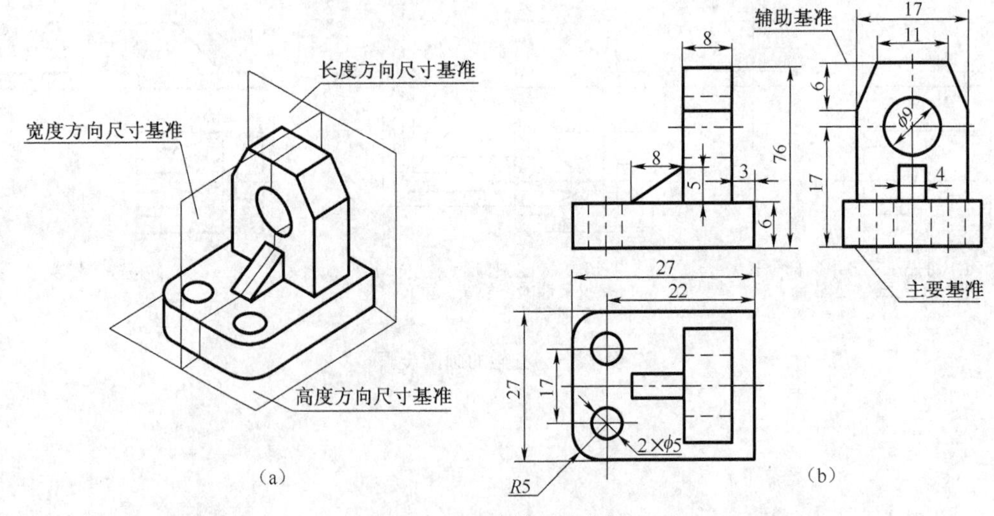

图 4-26　组合体尺寸分析

3. 尺寸种类

组合体是由若干基本几何体按一定的位置和方式组合而成，因此在视图上除了要决定基本几何体的大小外，还需要解决它们之间的相对位置和组合体本身的总体尺寸。所以，组合体的尺寸包括下列 3 种。

（1）定形尺寸。表示各基本几何体大小（长、宽、高）的尺寸；

（2）定位尺寸。表示各基本几何体之间相对位置（上下、左右、前后）的尺寸；

（3）总体尺寸。表示组合体总长、总宽、总高的尺寸。

4.4.2 标注组合体尺寸的方法和步骤

现以图 4-27（a）所示支座为例，说明标注组合体尺寸的方法和步骤。

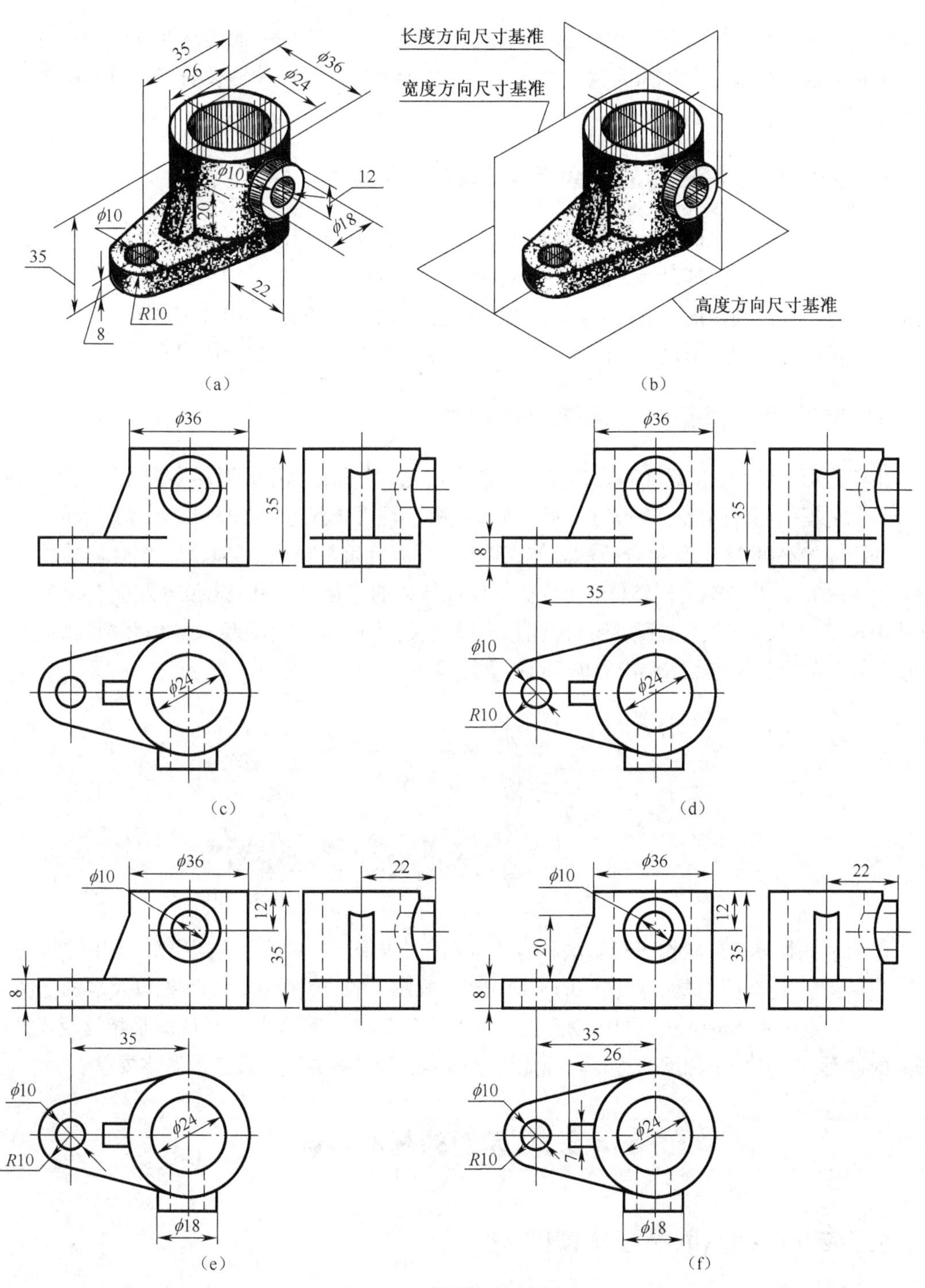

图 4-27 支座的尺寸标注

1. 对组合体进行形体分析

可按图 4-23（b）所示进行形体分析。

2. 选定尺寸基准

按组合体的长、宽、高 3 个方向依次选定主要基准。支座底平面为高度方向尺寸的主要基准，圆筒与底板的前后对称面为宽度方向尺寸的主要基准，过圆筒轴线的侧平面为长度方向尺寸的主要基准，如图 4-27（b）所示。

3. 分别标出各形体的定位尺寸和定形尺寸

（1）标注圆筒的定形尺寸ϕ36、ϕ24、35，如图 4-27（c）所示；
（2）标注底板的定形尺寸 8、$R$10、ϕ10 及定位尺寸 35，如图 4-27（d）所示；
（3）标注前凸圆筒的定形尺寸ϕ18、ϕ10 和定位尺寸 12、22，如图 4-27（e）所示；
（4）标注肋板的定形尺寸 20、7 和定位尺寸 26，如图 4-27（d）所示。

4. 进行尺寸调整，并标注总体尺寸

由于定形尺寸、定位尺寸和总体尺寸有兼作情况，或具有规律分布的多个相同基本形体时，都应避免重复标注，因此，要进行检查、调整，并标注总体尺寸，如图 4-27（f）所示。

如圆筒的高度 35 兼作组合体的总体高度尺寸，不能重复标注总体尺寸。组合体的总长度为（35+10+18），因其两端是回转体，要优先标注回转体的半径 $R$10 和直径ϕ36 及中心距 35，总体尺寸由这 3 个尺寸而定，就不能再标注总体尺寸了。同理，总体宽度尺寸由竖圆筒的直径ϕ36 和前凸圆筒的定位尺寸 22 确定，也不能再重复标注。

4.5 读组合体视图

画图是把物体的形状按正投影法和有关规则用平面图形（视图）表达出来，即由物到图（由空间到平面）。而读图则是根据所画的平面图形（视图）中的图线和封闭线框以及视图之间的对应关系，想象出物体的形状，即由物到图（由平面到空间）。所以画图与读图是相辅相成、互相联系的过程，又是一个相反的过程。因此应掌握读图的基本方法和读图的基本要领。

4.5.1 读图的基本知识

1. 应几个视图联系起来读图

“只看一图不全面，三图合看整体现”。一般情况下，仅由一个或者两个视图往往不能唯一

地表达物体的形状，如图 4-28 所示 4 组视图，其形状各异，它们的俯视图均相同；如图 4-29（a）、（b）所示，主视图和左视图相同，但它们的俯视图不同，所以表达的物体形状也不同；图 4-29（c）、（d）所示主视图和俯视相同，左视图不同，则表达的物体形状也不一样。由此可见，读图时必须将几个视图联系起来分析、构思，才能想象出物体的形状。

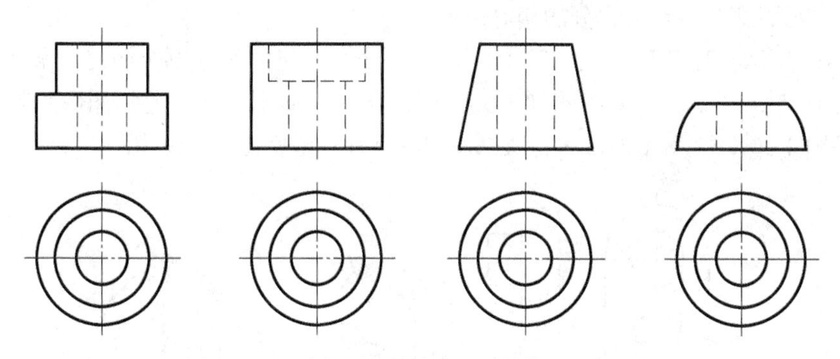

图 4-28　一个视图不能确定唯一物体的形状示例

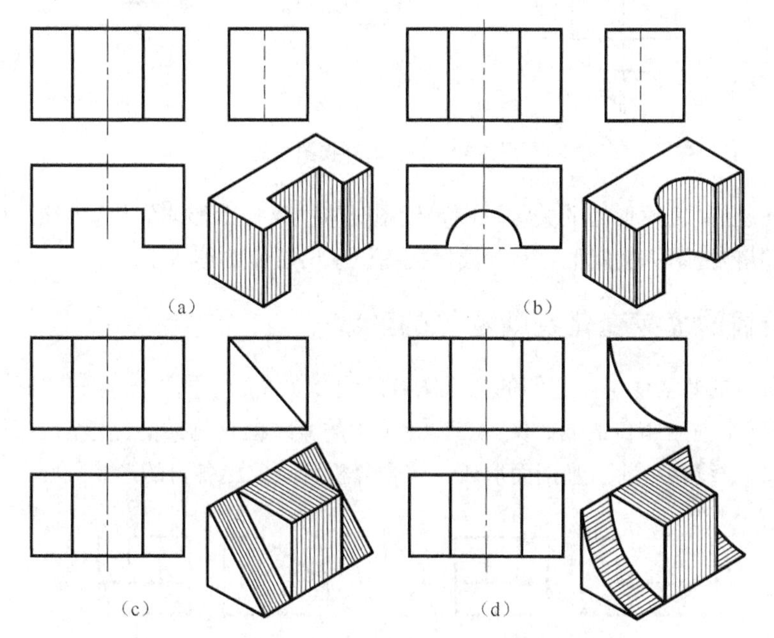

图 4-29　只用两个视图不能确定唯一的物体形状示例

2. 抓特征视图，想形状

抓特征视图，就是抓物体的形状特征视图和位置特征视图。

（1）形状特征视图

所谓形状特征就是最能表达物体形状的那个视图。如图 4-29（a）、（b）所示，由其主视图和左视图可以想象出多种物体形状，只有配合俯视图，才能确定唯一物体的形状。如果由俯视图和主视图组合而去掉左视图或由俯视图和左视图组合而去掉主视图，物体形状都是确定的，所以俯视图是确定物体形状不可缺少的、最能反映物体形状的视图，即特征视图。

由于组成组合体的各基本体的形状特征不一定集中在一个投射方向，反映各基本体的特征视图也不可能集中在同一个视图上，所以读图时，只要注意抓住各组成部分的特征视图，就能很容易想象出各组成部分的形状，从而就不难想象出组合体的整体形状。

（2）位置特征

反映组合体的各组成部分相对位置关系最明显的视图，即是特征视图。读图时，应以位置特征视图为基础，想象各组成部分的相对位置。

如图 4-30 所示，若只看主、俯视图，形体Ⅰ、Ⅱ两块基本形体哪个凸出，哪个是凹进，无法确定，可能是图 4-30（a）或图 4-30（b）所示的形状。如果将主、左视图联系起来看，就可唯一判定是图 4-30（c）所示的形状，所以左视图就是“位置特征”视图。

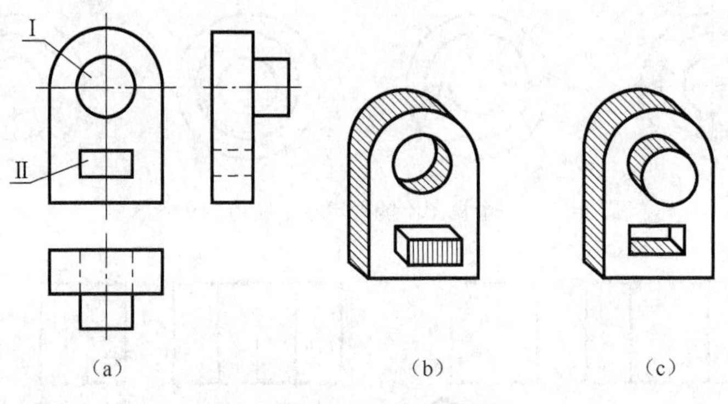

图 4-30　位置特征视图举例

可见特征视图是表达形体的关键视图，读图时应注意找出形体的位置特征视图和形状特征视图，再联系其他视图，就能很容易地读懂视图想象出形体的形状了。

3. 利用线的虚实变化判断物体的形状

图 4-30 所示的两物体中，它们的主视图有虚线和实线的不同，图 4-31（a）中的两个实线线框，说明是两个前后错位的面，图 4-31（b）中的实线框是物体的完整前表面，其虚线是该面后边的结构，虚线是由前面遮挡而形成，综合分析可想象出各自的形状。

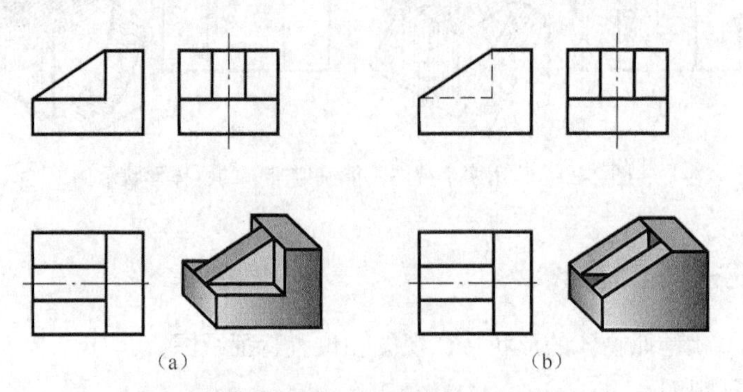

图 4-31　利用虚实线的变化规律判断物体形状

4.5.2　用形体分析法看图

用形体分析法看图，就是根据形体视图的特点，抓住形体特征明显的视图（一般为主视图），结合其他视图，按封闭线框划分为几个部分，想象出各部分的基本形状、相对位置和组合形式，再综合起来想象出形体的整体形状。

现以图 4-31 所示轴承座的三视图为例，说明用形体分析看图的方法与步骤。

（1）抓住主视看大致，综观全图分部分。

从主视图看起，联系其他视图，可将主视图划分为 4 个封闭线框Ⅰ、Ⅱ、Ⅲ、Ⅳ，如图 4-32（a）所示。

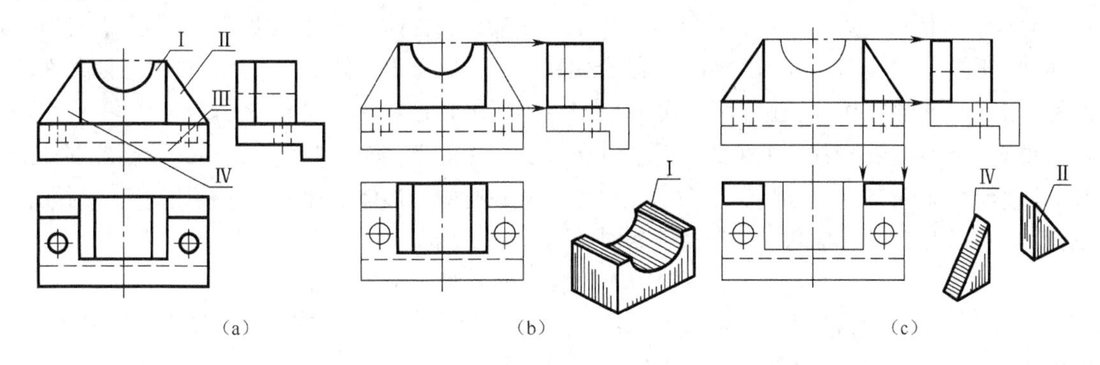

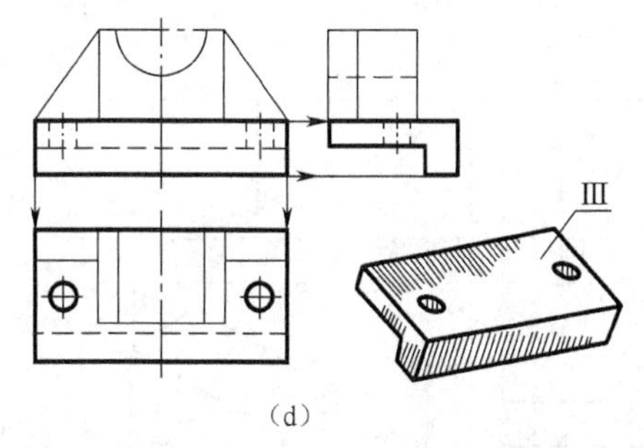

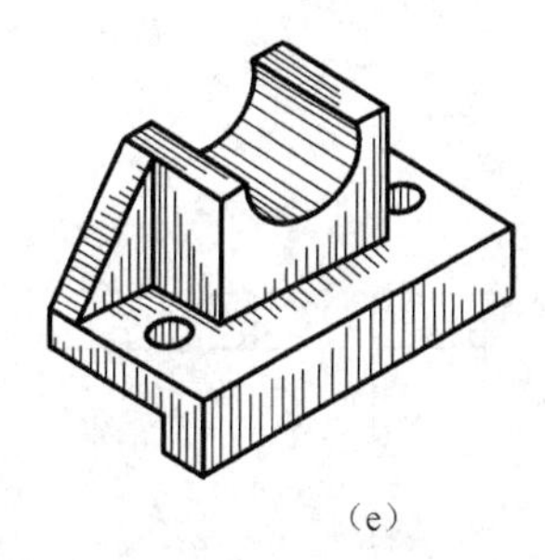

图 4-32　轴承座的三视图

（2）对投影找关系，抓特征想像形状。

根据视图之间的对正关系，找出每部分在其余两视图中的投影线框，找出每部分的特征视图，看懂各部分形状。

Ⅰ部分的特征视图为主视图，其形状如图 4-32（b）所示；

Ⅱ和Ⅳ部分的特征视图为主视图，其形状如图 4-32（c）所示；

Ⅲ部分的特征视图在左视图上，其形状如图 4-32（d）所示。

（3）根据方位定位置，综合起来想像整体。

分别读懂各部分的形状后，根据三视图方位关系，想像出它们的整体形状。

形体Ⅲ在下，形体Ⅰ在其上面中部；形体Ⅱ、Ⅳ在Ⅲ上面，并分部在Ⅰ两侧，四形体后表面平齐，如图 4-32（e）所示。

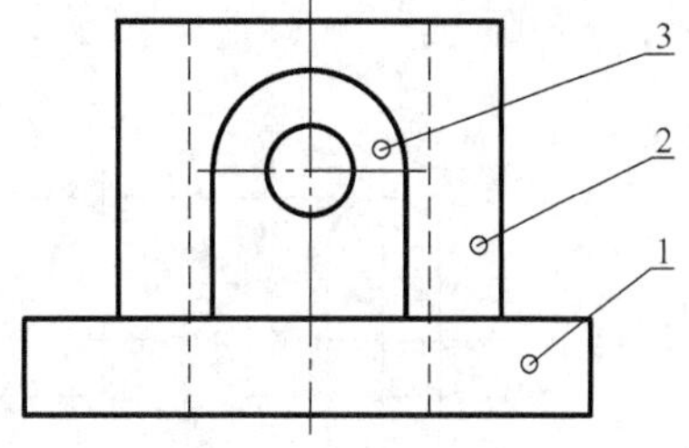

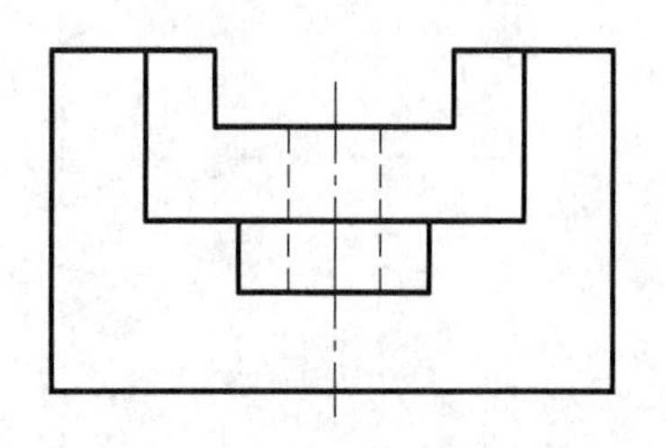

图 4-33　支架的形体分析

【例 4-11】图 4-33 所示为一支架的主、俯视图，想象出支架的整体形状，并画它的左视图。

方法步骤如下。

（1）读懂支架的主、俯视图，想象出支座的整体形状。

如图 4-33 所示，由主视图入手，结合其俯视图，将支架分为 3 个部分，在主视图中用 1、2、3 标出。先分析每一部分的大概形状和各部分之间的相对位置关系。线框 1 和线框 2 均为矩形，对应的其他投影也为矩形，可断定形体 1 和 2 都是长方体。而且，通过主视图可以看出，形体 2 在形体 1 的上方，左右对称，再结合俯视图，可以看出形体 2 与形体 1 的后表面共面。线框 3 对应于俯视图中的投影为一小矩形，可以判断出它是一块半圆形搭子。经过进一步判断可以得知，形体 3 在形体 1 的上方，而且在形体 2 的正前方，左右对称。最后，分析各部分的细节。形体 1 和形体 2 叠加后，在后方正中位置开一通槽，形体 2 和形体 3 叠加后钻一通孔。到此为止，支架的整体形状就已形成，如图 4-34（d）所示。

（2）在上一步分析的基础上，逐个补画出各个组成部分的左视图。

补图时，也如看图的顺序，即先画出各个部分的大概，再画细节部分的投影。具体步骤如下。

① 画出形体 1（长方体），如图 4-34（a）所示；

② 根据相互位置关系，画出形体 2（长方体），如图 4-34（b）所示；

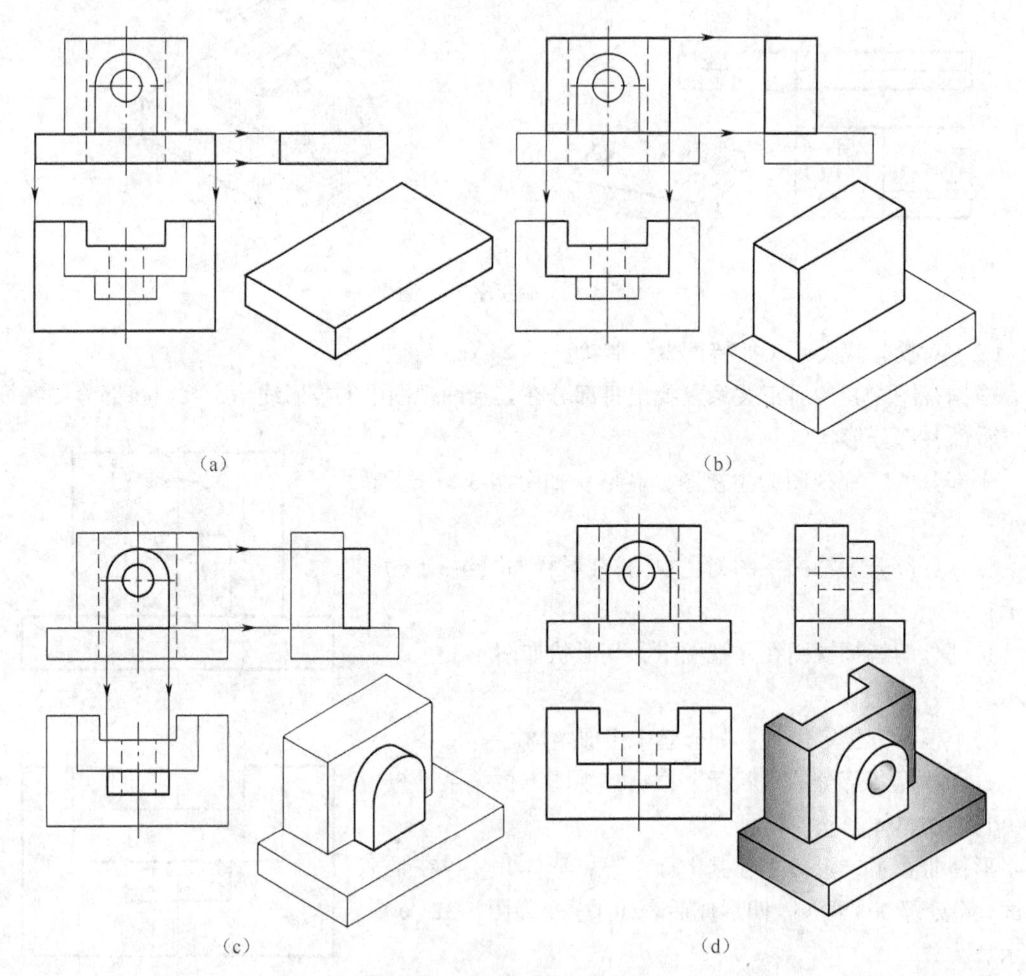

图 4-34　补画支架的三视图

③ 画出形体 3，如图 4-34（c）所示；

④ 画出细节（槽和孔），如图 4-34（d）所示，检查描深，完成全图。

4.5.3 用线面分析法看图

在阅读比较复杂组合体的视图时，通常在运用形体分析法的基础上，对不易看懂的局部，还要结合线面的投影分析。

线面分析法就是把组合体视为由若干个面（平面或曲面）围成，根据面的投影特性逐个分析其对投影面的相对位置、空间形状及与相邻面之间的位置，从而想象出组合体的形状。

对不规则形体或形体上由于切割而产生的截断面及截交线的投影，难以用形体分析法划分想象形状时，可用线面分析法。

看懂如图 4-35（a）所示切割体三视图的方法与步骤如下。

对切割体类形体，可以通过“先整后切”的思维方式进行读图。即在视图上先补齐基本体所缺的图线，想象出形体未切前的完整形状，然后应用线面分析法，通过分析截断面（切口）的投影，确定各截切面的位置，按形体的切割顺序，逐步想象出形体的整体形状。

（1）形体分析。由三视图可以看出，主视图外形轮廓为矩形少左上角，俯视图外形轮廓为矩形少左前后两角，左视外形为矩形少左右各一小矩形。假想把各视图中所缺少的部分补齐，则构成一长方体的三视图，因此该形体未切前为长方体，如图 4-35（b）所示。

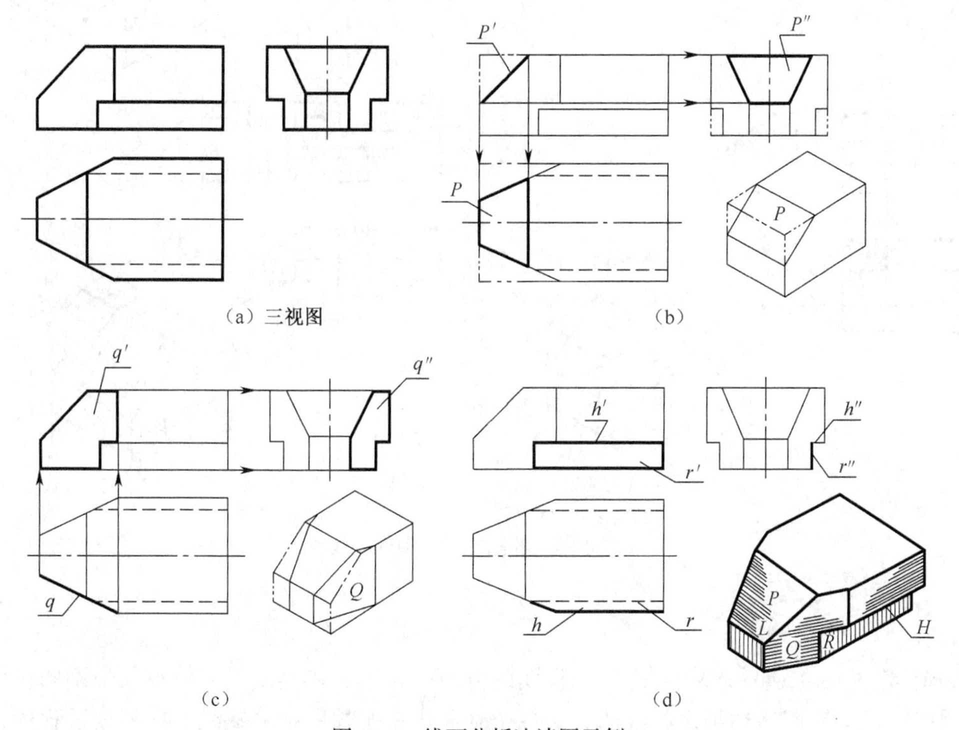

图 4-35 线面分析法读图示例

（2）确定截切位置，想象形体形状。

① 从俯视图线框 p 入手，可找出其另两投影 p'和 p''，可知 P 为一正垂面，即形体被一正

垂面切去左上角，如图 4-35（b）所示。

② 从主视图线框 q'开始，按投影关系找出 q 和 q''，可知 Q 面为铅垂面，将长方体的左前（后）角切去，如图 4-35（c）所示。

③ 与主视图线框 r' 有联系的是俯视图中图线（r）、左视图中图线 r''，所以 R 为正平面；由俯视图上线框（h）可找出其正投影 h 和侧面投影 h，H 为水平面。由正平面 R 与水平面 H 结合将长方体前（后）下部各切去一块长方体。经过几次切割以后，剩余部分即为物体的形状，如图 4-35（d）所示。

看图时，通常是形体分析与线面分析配合使用。当组合体形状复杂时，可先用形体分析法分部分，识别组成部分的各形体，然后对难以弄清的具体细节，应用线面分析法进行分析。

【例 4-12】看懂三视图，想象物体形状，补画三视图中的缺线，如图 4-36（a）所示。

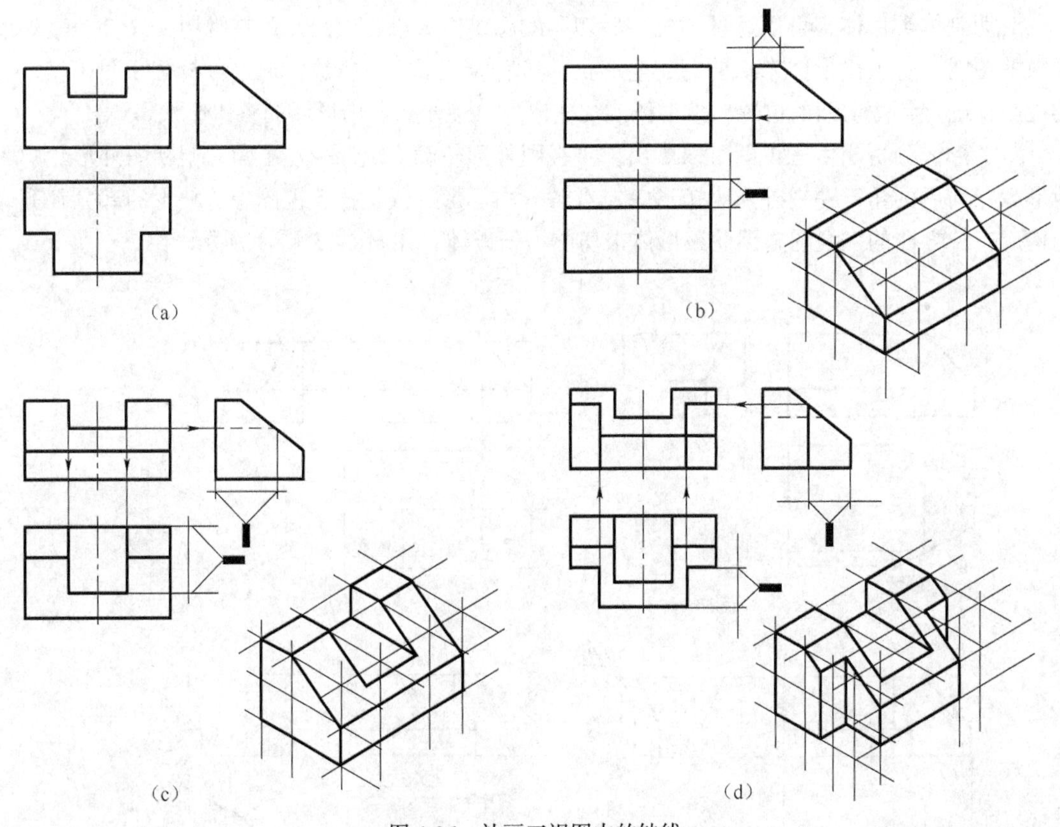

图 4-36　补画三视图中的缺线

分析：

如图 4-36（a）所示，从已知 3 个视图的分析，该组合体是由长方体被几个不同位置的平面切割而成。可采用边切割边补线的方法逐个补画出三个视图中的缺线。在补线过程中，要应用“长对正、高平齐、宽相等”的投影规律，要特别注意俯、左视图宽相等及前后对应的投影关系。

3 个视图中均没有圆或圆弧，可采用正等测徒手绘制轴测草图。

作图步骤如下。

（1）从左视图上的斜线可知，长方体被侧垂面切去一角。在主、俯视图中补画相应的缺线，如图 4-36（b）所示。

（2）从主视图上的凹槽可知，长方形的上部被一个水平面和两个侧平面开了一个槽。补画俯、左视图中相应的缺线，如图 4-36（c）所示。

（3）从俯视图可知，长方体前面被两组正平面和侧平面左、右对称切去一角。补全主、左视图中相应的缺线，如图 4-36（d）所示。

按徒手画出的轴测草图检查三视图，确认是否已补全缺线。

第5章 机件的表示法

【知识目标】

1. 熟悉基本视图的形成、名称、配置关系及投影规律；
2. 熟悉向视图、局部视图和斜视图的画法与标注；
3. 理解剖视的概念，熟悉剖视图、剖切面的种类，掌握画剖视图的方法与标注；
4. 熟悉断面图的种类、画法和标注；
5. 熟悉局部放大图和常用图形的简化表示法。

【能力目标】

1. 能综合运用本章知识，结合机件特点，选择最佳的方案表达机件；
2. 熟练识读用视图、剖视图、断面图和简化表示法绘制的图样。

在实际生产中，由于使用要求的不同，机件的结构形状也是多种多样的。对于结构形状比较复杂的机件，仅用前面所介绍的三视图，难以将它们的内外形状表示清楚，为此，国家标准《技术制图》和《机械制图》规定了各种图样画法。掌握这些画法，就能根据机件的结构特点，完整、清楚地表示机件的内外形状，并达到简化绘图、方便读图的目的。

5.1 视图

视图主要用来表达机件的外部结构形状，一般只画出机件的可见部分，必要时才用虚线表达其不可见部分。国家标准（机械制图《图样画法　视图》GB/T 4458.1—2002）规定，视图包括基本视图、向视图、局部视图和斜视图4种。

5.1.1 基本视图

1. 6个基本视图的形成

机件向基本投影面投射所得到的视图，称为基本视图。

国家标准规定，用正六面体的6个面作为基本投影面。把机件置于正6面体中，从6个方向，将物体向六个基本投影面投射，即得到6个基本视图，如图5-1所示。在得到的6个基本视图中，除了前面学习的主、俯、左3个视图外，还有以下3个视图。

右视图——由机件的右侧向左侧面投射所得的视图；

仰视图——由机件的下方向顶面投射所得的视图；

后视图——由机件的后方向前立面投射所得的视图。

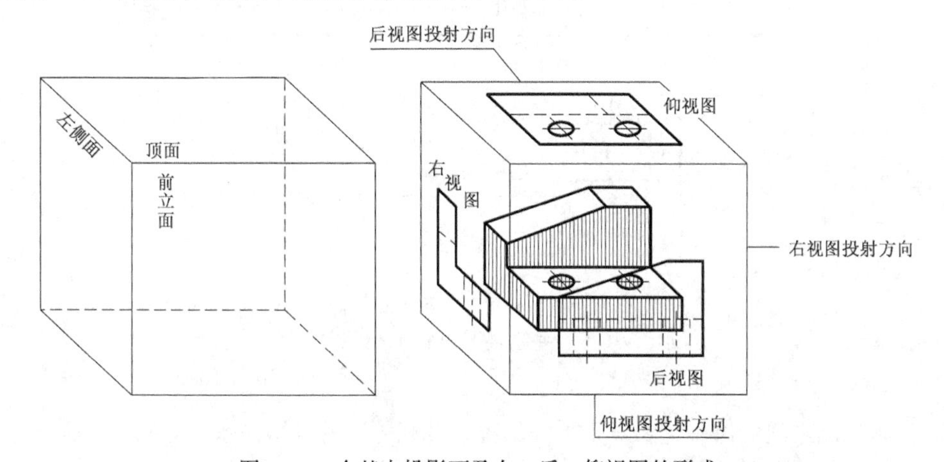

图5-1 6个基本投影面及右、后、仰视图的形成

6个投影面的展开方法如图5-2所示。

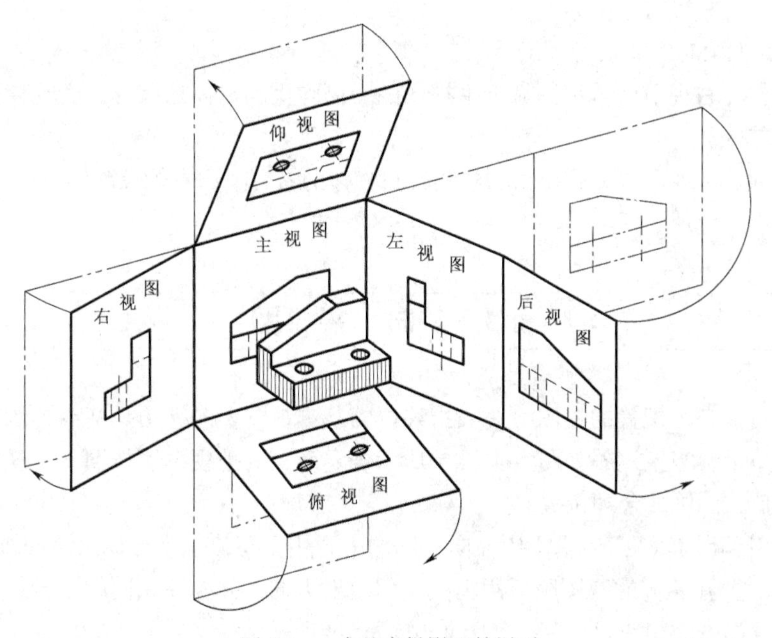

图5-2 6个基本投影面的展开

2. 6个基本视图的配置及投影规律

6个基本视图若画在同一张图纸上，并按图5-3所示的规定位置配置时，一律不标注视图的名称。

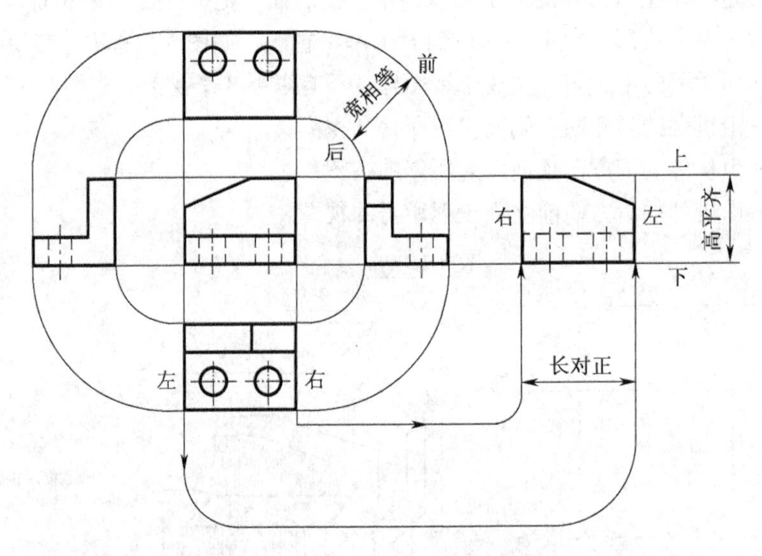

图5-3　6个基本视图的配置及投影规律

6个基本视图之间仍保持“长对正、高平齐、宽相等”的投影关系，如图5-3所示，即：

主、俯、仰、后视图长对正；

主、左、右、后视图高平齐；

俯、左、仰、右视图宽相等。

6个视图的方位对应关系为：

俯、左、仰、右现前后（视图靠近主视图的一侧均反映物体的后方，而远离主视图的外侧均反映物体的前方）；

主、俯、仰、后现左右（后视图的左侧反映物体的右方，而右侧反映物体的左方）；

主、左、右、后现上下。

5.1.2 向　视　图

向视图是可以自由配置的视图，一般指移位的基本视图。向视图是基本视图的一种表示形式，如图5-4所示，当主视图如图5-4（a）所示确定后，其他视图不按图5-3规定位置配置，而将其他视图放在图纸的合理位置。

为了不至引起误解，便于读图，应在向视图的上方用大写拉丁字母标出该向视图的名称（如“*A*”、“*B*”等），并在相应的视图附近用箭头指明投射方向，并标注相同的字母，且字母的方向均应与正常的读图方向相一致（字头朝上），如图5-4所示。

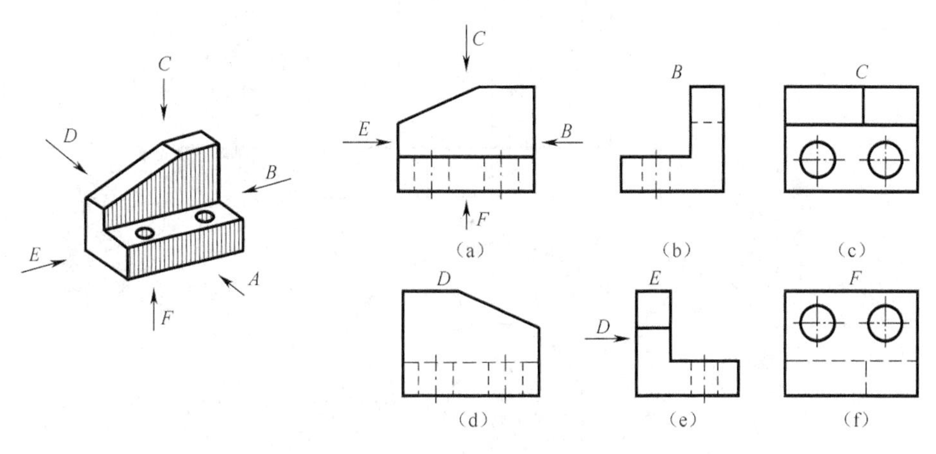

图 5-4 向视图及其标注

表示投射方向箭头所在视图与相应向视图之间始终存在着“主（主视图）、从（俯、左、右、仰）”关系，在图 5-4 中，若把图 5-4（a）作为主视图，则图 5-4（b）为右视图、图 5-4（c）为俯视图、图 5-4（e）为左视图、图 5-4（f）为仰视图；在图 5-4（d）和图 5-4（e）两图中，若将投射方向箭头“*D*”所在的图 5-4（e）看作主视图，则图 5-4（e）和图 5-4（d）（*D*向视图）就可理解为主、左关系。

5.1.3 局部视图

1. 局部视图的形成

如图 5-8 所示，机件的主体部分已通过主、俯视图表达清楚，只有左边凸台未表达，这时我们可单独将此局部结构向基本投影面投射，得到该部分的视图。

这种将机件的某一部分向基本投影面投射所得的视图称为局部视图。局部视图是基本视图的一部分。

2. 局部视图的配置与标注

（1）局部视图最好按基本视图配置的形式配置，如图 5-5（b）所示；必要时，允许按向视图的配置形式画在其他适当的位置，如图 5-5（a）所示。

（2）绘局部视图时，一般在局部视图上标注出视图的名称“*X*”（“*X*”为大写拉丁字母代号），在相应的视图附近用箭头指明投射方向，并注上同样的字母。当局部视图按投影关系配置，中间又没有其他图形隔开时，可省略标注。如图 5-5（b）中表示左边凸台的局部视图。

3. 局部视图的规定画法

（1）由于局部视图所表达的只是机件的局部形状，故需要画出断裂边界，局部视图的断裂边界常以波浪线（或双折线、中断线）表示，如图 5-5 所示。

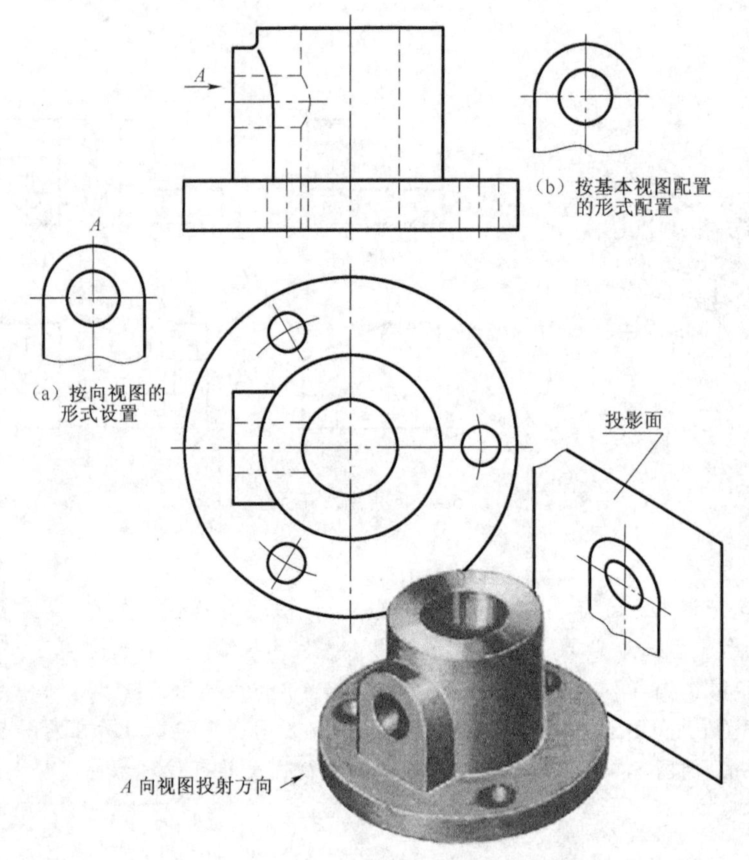

图 5-5　局部视图的形成

（2）当所表示的局部结构形状是完整的，且外形轮廓成封闭状态时，可省略表示断裂边界的波浪线（或双折线、中断线）。

5.1.4 斜　视　图

如图 5-6（a）所示的弯板上具有倾斜结构，当完全采用基本视图时，不论如何放置，其俯视图和左视图均不反映它的真实形状，这样给绘图和看图都带来困难，也不便于标注其倾斜部分结构的尺寸和读图，如图 5-6（b）所示。

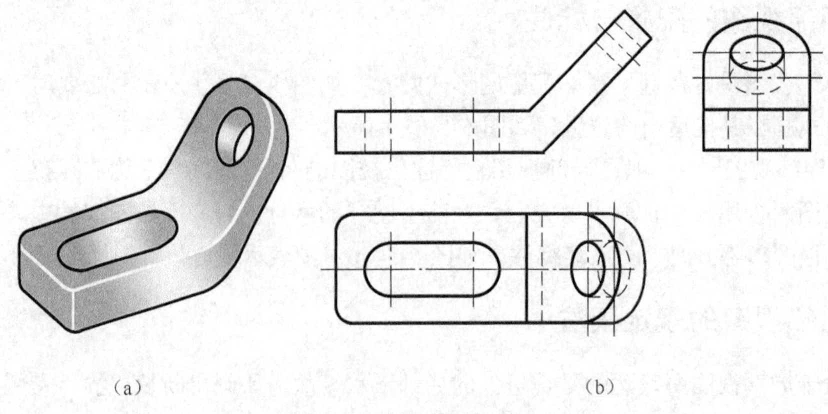

图 5-6　弯板的基本视图

为了使机件上的倾斜结构反映出真实形状，可设置一平行于倾斜结构的辅助投影面（该辅助平面垂直于某一个基本投影面），只将倾斜结构向该投影面投射，如图 5-7 所示。然后将辅助投影面按箭头所指方向翻转到与其垂直的基本投影面重合的位置，便可得到反映这部分结构实形的视图，如图 5-8（a）所示。

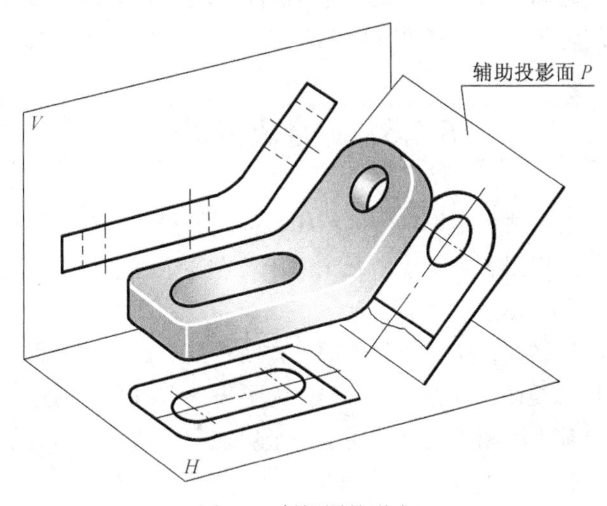

图 5-7　斜视图的形成

这种将机件向非基本投影面（不平行于任何基本投影面的平面）投射所得的视图称为斜视图。

（1）斜视图的画法及配置

斜视图通常只画出机件倾斜部分结构，其余部分不必全部画出来，而用波浪线断开，成为一个局部的斜视图，如图 5-8（a）所示的斜视图 *A*。

斜视图一般按投影关系配置在投射箭头所指的方向上，如图 5-8（a）所示。必要时允许将斜视图配置在图纸的其他位置，在不至引起误解时，允许将图形旋转（既可顺时针旋转，也可逆时针旋转）放正画出，如图 5-8（b）所示。

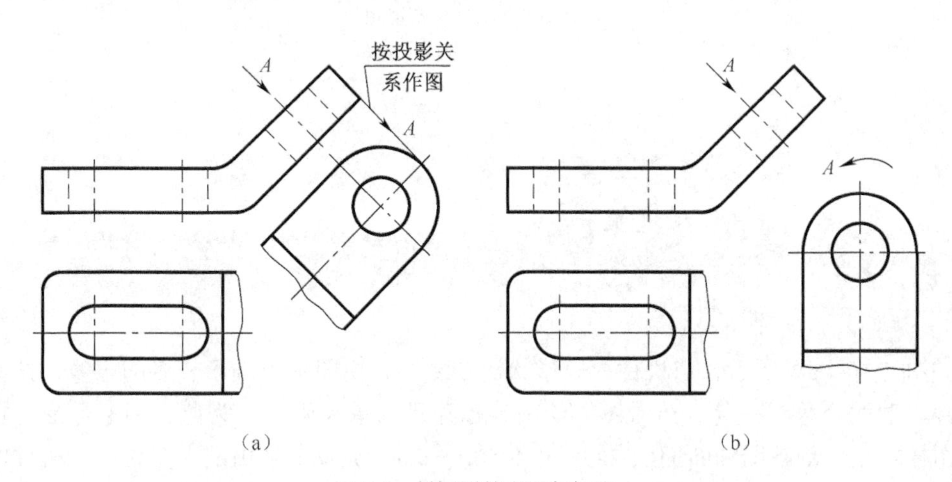

图 5-8　斜视图的配置与标注

（2）斜视图的标注

画斜视图时必须加标注，应在相应视图的投射部位附近，沿垂直于倾斜面的方向画出箭头表明投射方向，并注上大写拉丁字母，在斜视图的上方标注相同的字母（注：字母一律水平书写），如图 5-8（a）所示。经过旋转的斜视图，必须加注旋转符号，旋转符号的箭头方向与斜视图的旋转方向一致，名称字母应靠近旋转符号的箭头端，如图 5-8（b）所示。

当要注出图形的旋转角度时，应将其标注在字母之后，如"⌒*A*30°"、"*A*45°⌒"等。

5.1.5 综合应用举例

视图上述 4 种基本表示法可根据机件的结构特征按需选用。如图 5-9（a）所示的压紧杆，左端耳板是倾斜的，若采用图 5-9（b）所示主、俯、左 3 个基本视图表达，其上倾斜的耳板结构不反映实形，画图困难，表达不清楚。

为了表达耳板的倾斜结构，达到简化绘图、方便看图的目的，采用了 *A* 向斜视图。在俯视图的位置上画出 *B* 向局部视图，耳板不再画出。为了表达右边凸台的形状，选用了 *C* 向局部视图。这样，只用了一个基本视图，灵活选用了一个斜视图和两个局部视图就把压紧杆的各个部分表达清楚了，如图 5-9（c）所示。

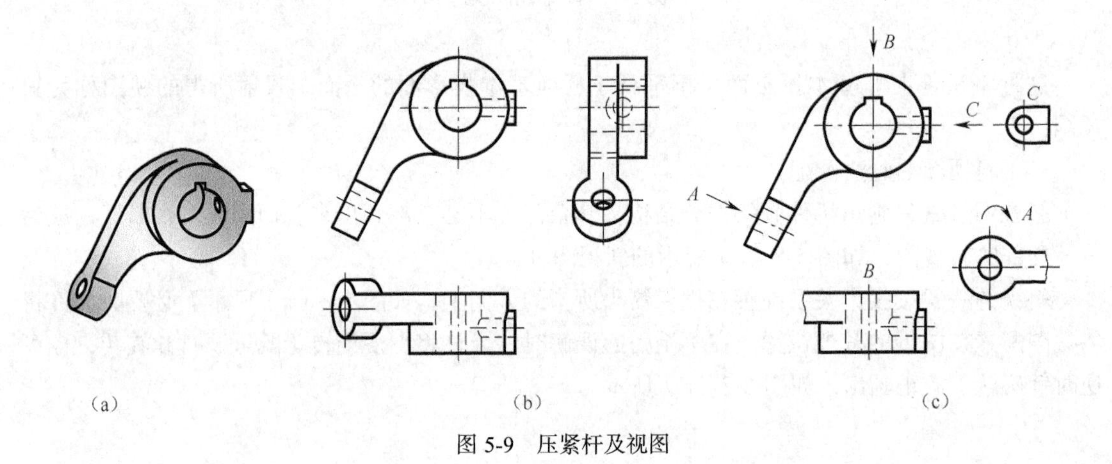

图 5-9　压紧杆及视图

5.2 剖视图

如图 5-10（a）所示，当机件内部形状比较复杂，视图中出现了较多的虚线，这些虚线与外部轮廓线交叠在一起，给看图、绘图、标注尺寸带来困难。为此，国家标准（机械制图《图样画法　剖视图和断面图》GB/T 4458.6—2002）规定采用剖视图来表示机件的内部形状。

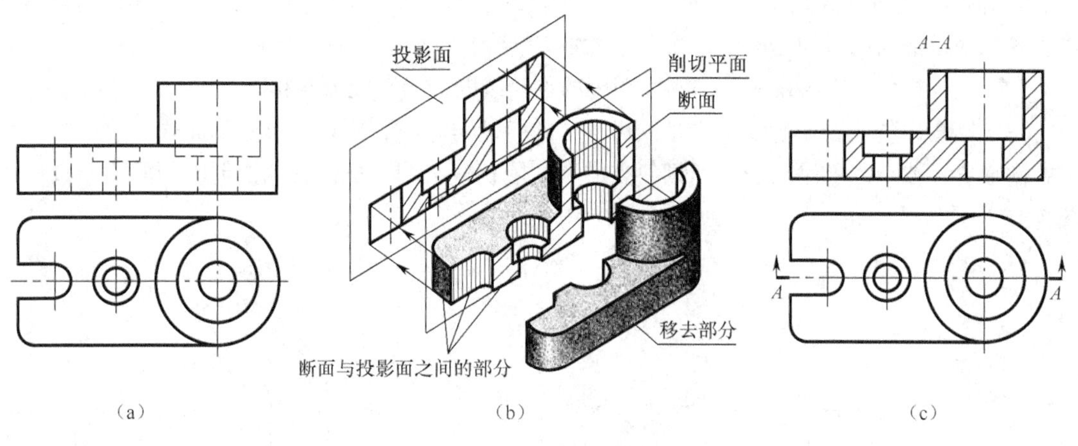

图 5-10　支架的视图及剖视图的形成

5.2.1　剖视图的基本概念

1. 剖视图的形成

如图 5-10（b）所示，假想用剖切面剖开机件，将处在观察者和剖切面之间的部分移去，将其余部分向投影面投射所得的图形，称为剖视图（简称剖视）。如图 5-10（c）所示，原来不可见的孔、槽都变成可见的了，与没有剖开的视图相比较，剖视图表示物体内部结构层次分明，清晰易懂。

2. 剖面符号

在剖视图上，为了区分机件的空心与实体、远与近的结构，通常将机件上与剖切面接触的部分（称为剖面区域）画上剖面符号，以增强剖视图的表示效果。表 5-1 为各种材料的剖面符号。

表 5-1　　材料的剖面符号（GB/T 4457.5—1984）

材料	符号	材料	符号	材料	符号
金属材料（已有规定剖面符号者除外）		型砂、填砂、粉末冶金、砂轮、陶瓷刀片、硬质合金刀片等		木材纵剖面	
非金属材料（已有规定剖面符号者除外）		钢筋混凝土		木材横剖面	
转子电枢变压器电抗器等叠钢片		玻璃及供观察用的其他透明材料		液体	
线圈绕组元件		砖		木质胶合板（不分层数）	
				格网（筛网、过滤网）	

画剖面符号时，应遵守下述规定。

（1）在剖视图或断面图中，当不需要在剖面区域表示材料的类别及画金属材料的剖面符号

（也称剖面线）时，用通用剖面线表示。通用剖面线以间隔相等的细实线绘制，最好采用与图形主要轮廓线或剖面区域的对称线成 45° 角的细实线绘制，如图 5-11 所示。

（2）同一机件所有各剖视图和断面图中的剖面线的方向、间隔应相同。

（3）当图形的主要轮廓线与水平线成 45° 或接近 45° 时，则该图形的剖面线应改画成与水平方向成 30° 或 60° 的平行线，但倾斜方向和间隔仍应与同一机件其他图形的剖面线一致，如图 5-12 所示。

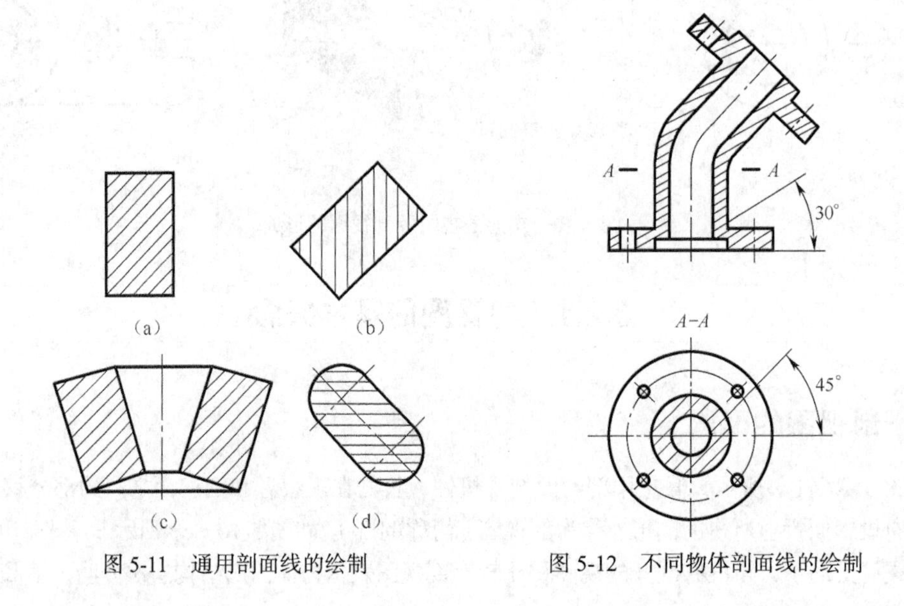

图 5-11　通用剖面线的绘制

图 5-12　不同物体剖面线的绘制

3. 画剖视图应注意的问题

（1）剖切平面应通过机件的对称平面或孔、槽的轴线（在图上应沿对称线、轴线、对称中心线），以便反映内部结构的真形，应避免剖切出不完整要素或不反映真形的剖面区域。

（2）剖切是假想的，事实上并没有把机件切去一部分，因此，当机件的某一个视图画成剖视图以后，其他视图仍应按机件完整时的情形画出，图 5-10（c）中的俯视图仍按完整画出。

（3）剖切平面后方的可见轮廓线应全部画出，不能出现漏线和多线。

（4）在剖视图中，当内部结构已表达清楚时，虚线可省略不画，如图 5-13（a）、（b）所示

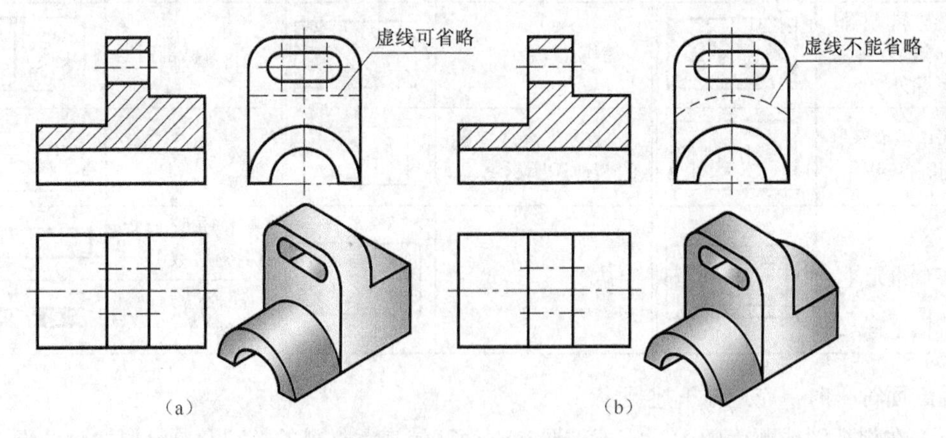

图 5-13　必要的虚线要画出

俯视图中省略了表示孔的虚线；在图 5-13（a）左视图中表示右边平面的虚线可以省略。对没有表达清楚的结构，仍需要画出虚线，如图 5-13（b）中左视图上表示圆柱面的虚线不能省略。

（5）在同一机件上可根据需要多次剖切，将机件的多个视图都画成剖视图，每次剖切都应从完整形体考虑，各次剖切互不影响。如图 5-12 中的主、俯视图都画成了剖视图。

4. 剖视图的标注

剖视图一般按基本视图形式配置，必要时，也可配置在图纸的适当位置。

剖视图一般应标注其名称、剖切位置、投射方向，因此，剖视图的标注是用剖切符号及剖切线、箭头和剖切部位名称的组合，剖切线也可省略不画。

（1）剖切符号。用以表示剖切的位置，在剖切平面的起止和转折处用线宽为 1 ~ 1.5*d*、长 5 ~ 8mm 的粗短线画出。为了不影响图形的清晰，剖切符号应避免与图形轮廓线相交或重合。

（2）箭头。用以表示剖切后的投影方向。在剖切符号粗短画起、止的外侧画出与其相垂直的箭头。

（3）大写字母。用以表示剖视图的名称。在表示剖切平面起、止和转折位置的粗短画外侧写上相同的大写拉丁字母“*X*”，并在相应剖视图的上方正中位置用同样字母标注出剖视图的名称“*X-X*”，字母一律按水平位置书写，字头朝上。

（4）剖视图的省略标注。

① 当单一剖切平面通过机件的对称平面或基本对称平面，且剖视图按投影关系配置，中间又没有其他图形隔开时，可省略标注，如图 5-12 所示省略了主视图的剖视标注。

② 当剖视图按投影关系配置，而中间又没有其他图形隔开时，可省略剖切符号中的箭头，如图 5-12 所示主视图上的剖切符号中省略了箭头。

5.2.2 剖视图的种类

按机件内部结构表达的需要和剖视图的表现形式，剖视图可分为全剖视图、半剖视图和局部剖视图 3 种。

1. 全剖视图

用剖切面完全地剖开物体所画的剖视图，称为全剖视图。图 5-10 ~ 图 5-13 所示的剖视图均为全剖视图。全剖视图适应于内部结构形状较复杂，而外形又较简单或外形虽复杂但已在其他视图上表达清楚了的机件。

2. 半剖视图

当机件具有对称平面时，向对称平面所垂直的投影面上投射所得到的图形，以对称中心线为界，一半画成视图，另一半画成剖视图，这种组合图形称为半剖视图。这样可以在一个图形上同时反映物体的内、外部结构形状。

如图 5-14 所示机件前后、左右对称，为了清楚地表达其内、外部结构，在主视图上，以对称中心线为分界线，一半按视图绘制，表达机件的外部结构，另一半按剖视图绘制，表达机件的内部结构，这样就得到了如图 5-14（c）所示半剖视的主视图。

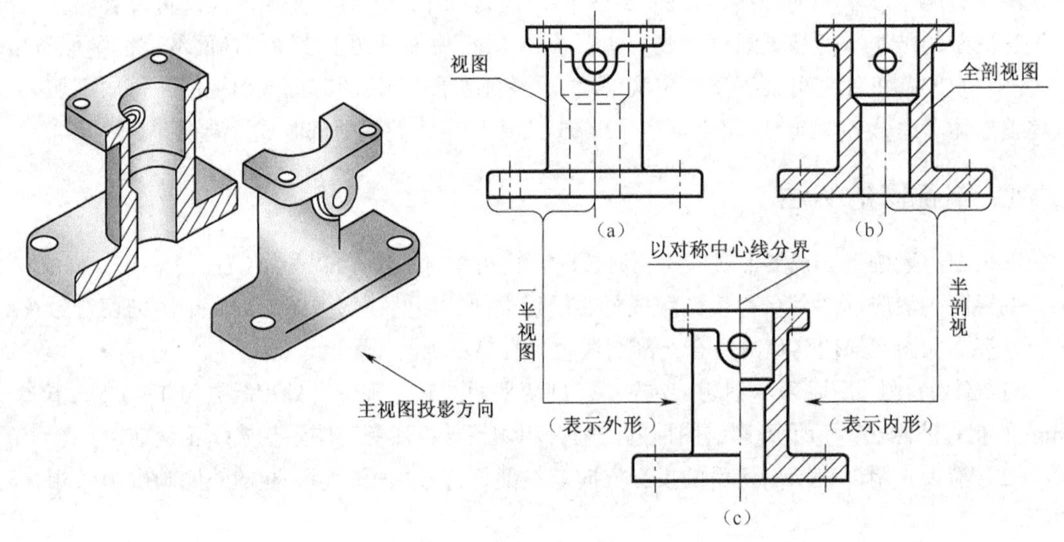

图 5-14　半剖视图的形成（一）

俯视图也可用半剖视图表达，如图 5-15 所示，用半个视图反映出顶部的外形，用半个剖视图表达被顶部遮盖的圆筒及凸台的内部结构形状。

画半剖视图应注意以下几个问题。

（1）半个视图和半个剖视图应以细点画线为界；

（2）在表示机件外部结构形状的半个视图上，一般不需再画虚线；

（3）半剖视图的标注方法与全剖视图相同；

（4）半剖视图中，标注机件的对称结构尺寸时，其尺寸线应略超过对称中心线，并只在尺寸线的一端画箭头，如图 5-16 所示。

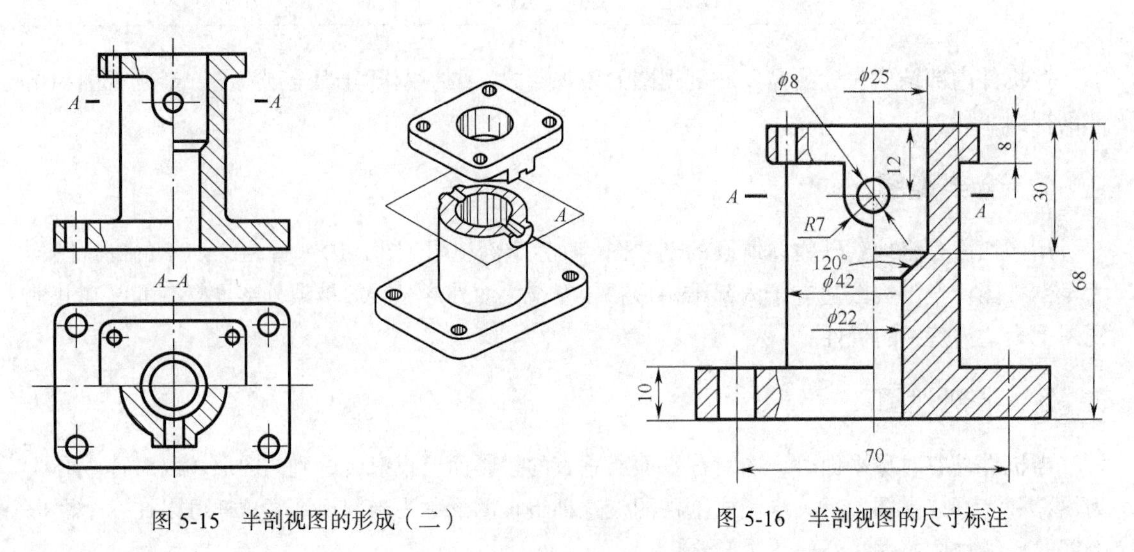

图 5-15　半剖视图的形成（二）　　图 5-16　半剖视图的尺寸标注

3. 局部剖视图

如图 5-17（a）所示的机件，内、外结构形状都需表达，而机件左右、前后、上下都不对称，不具备做半剖视的条件。若将主视图画成全剖视，就会将机件左前端的凸台剖切掉。若将俯视图画成全剖视，则不能表达顶部凸缘的形状。

为表达该机件的内部形状，我们用剖切面局部地剖开机件得到如图 5-17（b）所示的剖视图，称为局部剖视图。

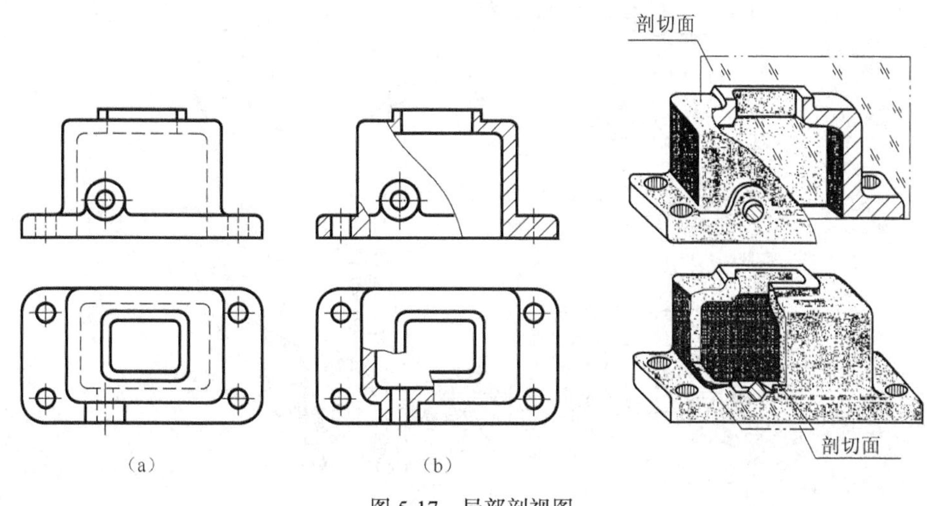

图 5-17　局部剖视图

画局部剖视图时，应注意以下几点。

（1）局部剖视图中，剖视图部分与视图部分之间应以波浪线为界，该波浪线表示机件实体部分的断裂痕迹。因此，波浪线应画在机件的实体部分，不能超出视图中被剖切部分的轮廓线，如图 5-18 所示；波浪线不能与视图中的轮廓线重合或画在其延长线上，如图 5-19 所示。

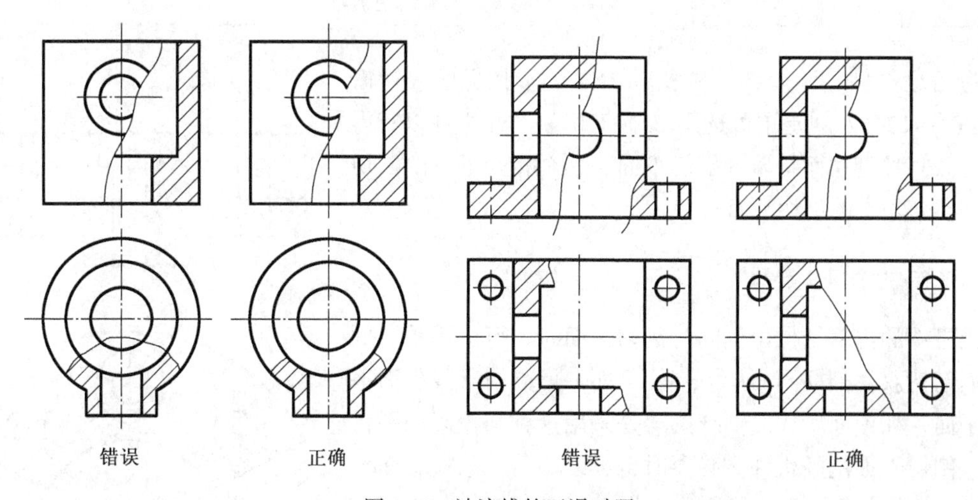

图 5-18　波浪线的正误对照

（2）当被剖的局部结构为回转体时，允许将该结构的中心线作为局部剖视图与视图的分界线，如图 5-20 所示。

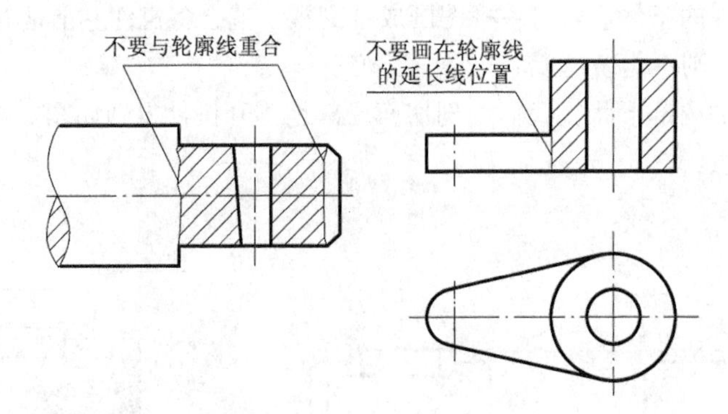

图 5-19　波浪线的错误画法

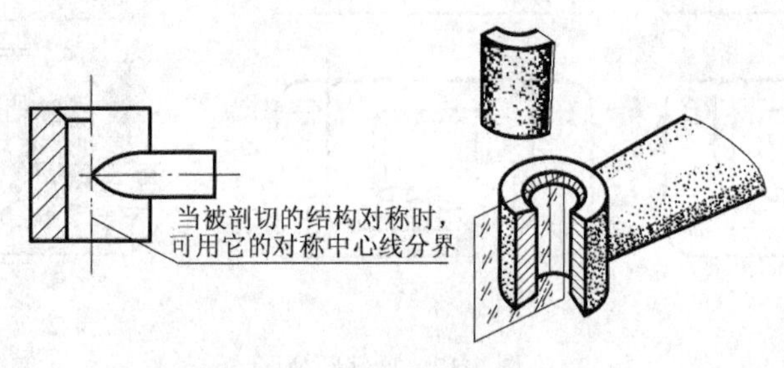

图 5-20　对称中心线为分界线

（3）局部视图是一种比较灵活的表达方法，如运用得当，可使图形简明、清晰。但一个视图中，局部剖视的数量不宜过多，以免使图形过于破碎。

（4）剖切位置明显的局部剖视图，一般省略剖视图的标注，若剖切位置不明确，应进行标注，标注方法同全剖视图。

5.2.3　剖切面的选用

为满足机件各种内部结构及其不同分布状况的表达需要，GB/T 17452 规定了可选用 3 种剖切面剖开机件以获得剖视图。3 种剖切面是单一剖切平面、几个相互平行的剖切平面和几个相交的剖切平面。

1. 单一剖切平面

当机件的内部结构位于同一剖切平面时，可选用单一剖切平面剖切获得剖视图。单一剖切平面一般是与某投影面平行的平面，如前面所述的剖视图均是采用这种与投影面平行的单一剖切平面剖开机件。必要时也可采用单一的投影面垂直面（又称倾斜剖切面）或圆柱面作为剖切面。

如图 5-21 是采用圆柱面作为剖切面获得的剖视图。

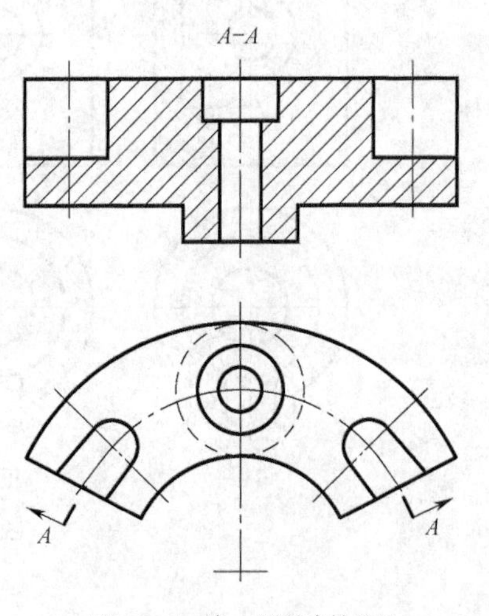

图 5-21　单一圆柱剖切面

如图 5-22 是采用单一倾斜面作为剖切面获得的剖视图。

画这种剖视图时，一般按投影关系配置，并进行标注。必要时，也可配置在其他位置或旋转放正画出，如图 5-22（c）、（d）所示。

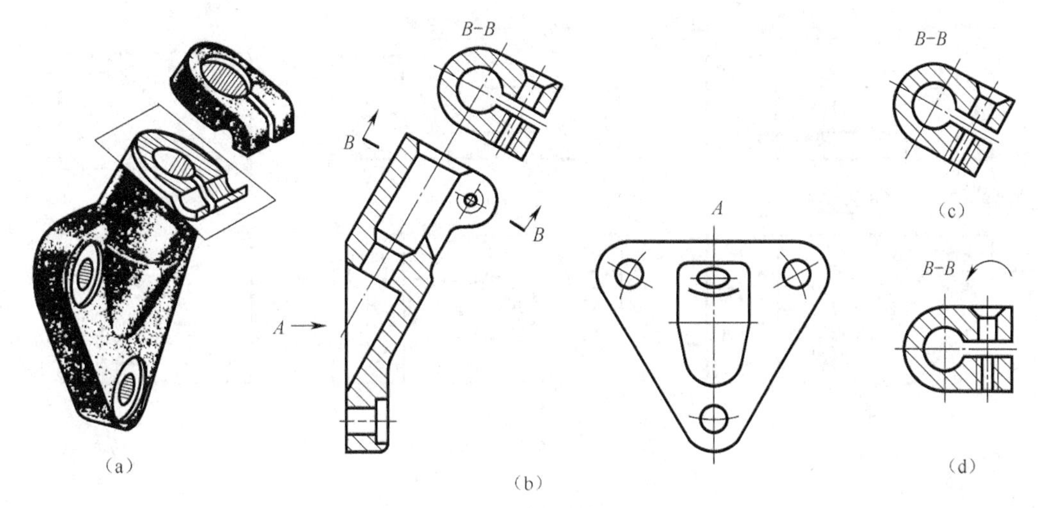

图 5-22 单一剖倾斜的剖切面

2. 几个相互平行的剖切面

当机件上有较多的内部结构，且它们的轴线不在同一平面上，这时可用几个相互平行的剖切平面剖切。

如图 5-23（a）所示的机件有较多的孔，且孔的轴线不在同一平面内，这时用 3 个相互平行且与投影面也平行的剖切平面将其剖切，得到如图 5-23（b）所示的剖视图。

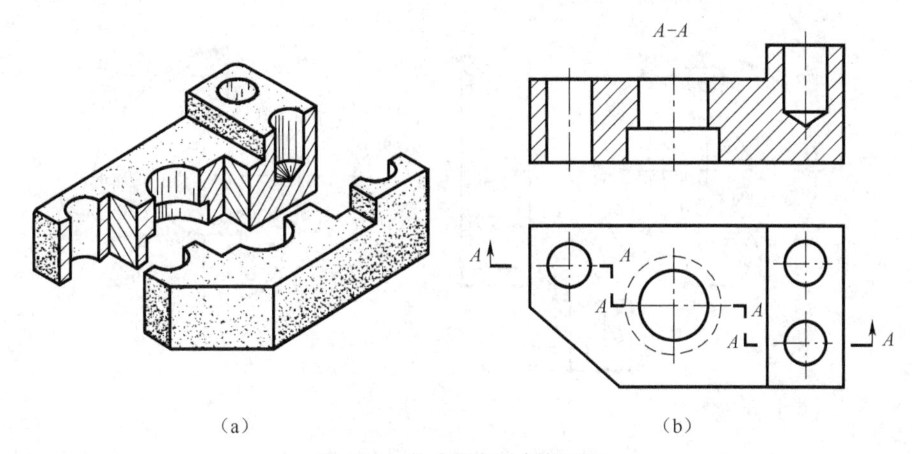

图 5-23 几个平行的剖切平面

画图时应注意以下几点。

（1）应把几个平行的剖切面作为一个面来考虑，所以剖视图上不应画出剖切面转折处的分界线，如图 5-24（a）所示。

（2）剖切位置的转折处不应与图形上的轮廓线重合，如图 5-24（a）所示。

（3）选择剖切位置要能反映内部结构的完整形状，不能出现不完整要素，如图 5-24（b）所示，只有当两个要素在图形上具有公共的对称中心线或轴线时，可以对称中心线或轴线为界各画一半，如图 5-24（c）所示。

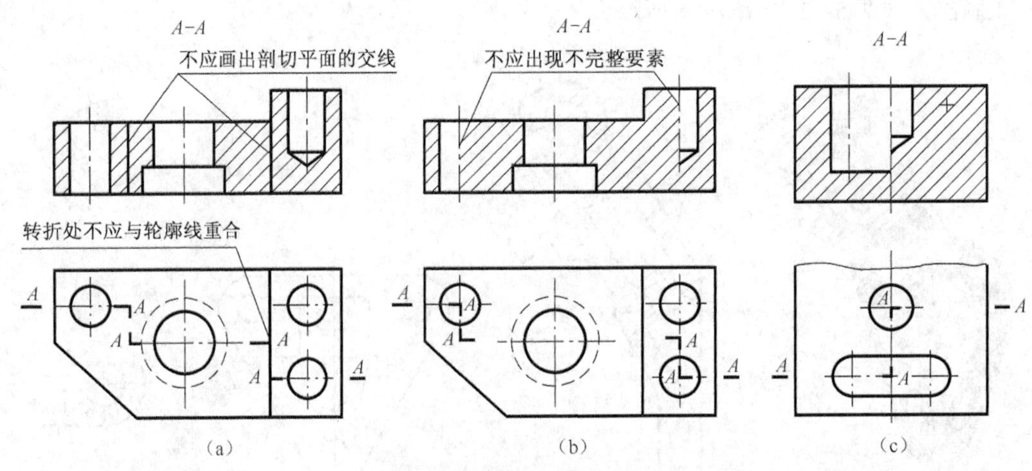

图 5-24　画图注意事项

（4）画这种剖视图时，必须标注剖视图的名称“X- X”，用剖切符号在相应视图上表示起、迄和转折，并注上相同字母，若转折处位置受限，可省略字母。当剖视图按投影关系配置，中间没有其他视图隔开时，可省略箭头。

3. 几个相交的剖切平面（交线垂直于某一投影面）

如图 5-25（a）所示，该机件是用两个相交且交线垂直于正投影面的剖切平面剖切后得到的剖视图。

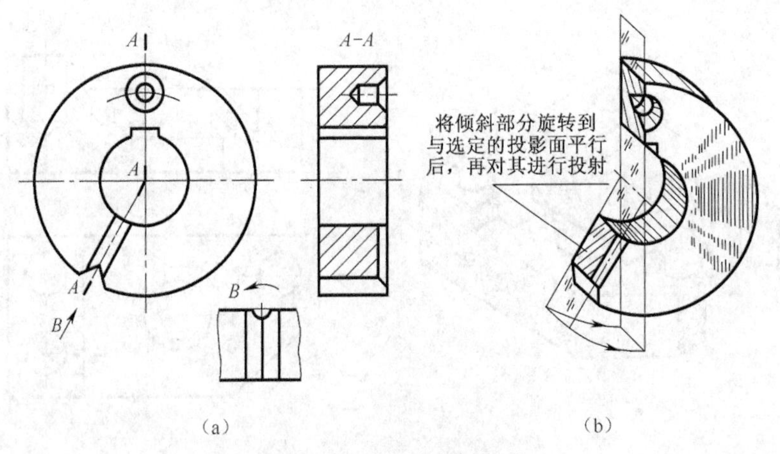

图 5-25　两个相交的剖切面

选择剖切平面图时，一般有一个剖切平面与要表达的基本投影面平行，另外一个或几个与该平面是倾斜的。作图时，平行基本投影面的剖切面剖切部分可以直接投射，而倾斜基本投影面的剖切断面须绕着两者的交线先旋转到与选定的投影面平行后，再进行投射，如图 5-25 所示。

4. 组合的剖切平面

当机件的内部结构复杂，用前述的剖切面仍不能充分表达机件的内部结构时，可采用组合的剖切面剖切机件。

如图 5-26 所示，是用几个平行的剖切平面和相交的剖切平面组合后对机件剖切得到的剖视图。画图时，仍然要按前述各自的规定画法画图，如对倾斜剖切面剖到的部位要先旋转到与选定的投影面平行后再进行投射。采用这种画法时，必须进行标注。当采用展开画法时，图名应标注“*X*-*X* 展开”，如图 5-27 所示。

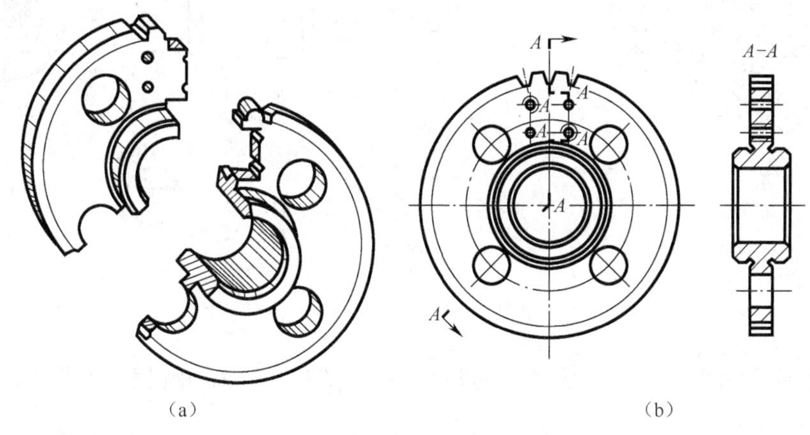

图 5-26　组合的剖切平面示例（一）

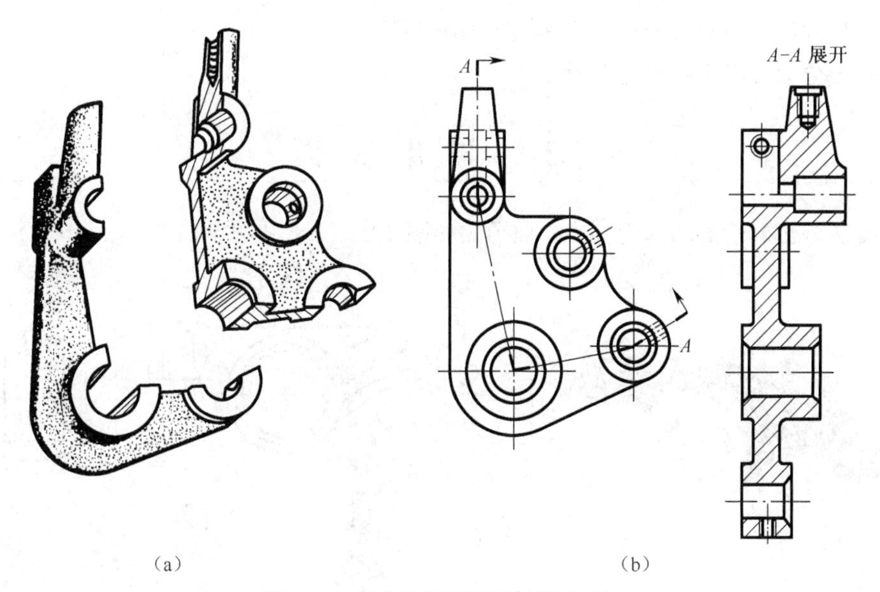

图 5-27　组合的剖切平面示例（二）

5.3 断面图

假想用剖切面将机件的某处切断，仅画出该剖切面与机件接触部分的图形，称为断面图，简称断面，如图 5-28 所示。

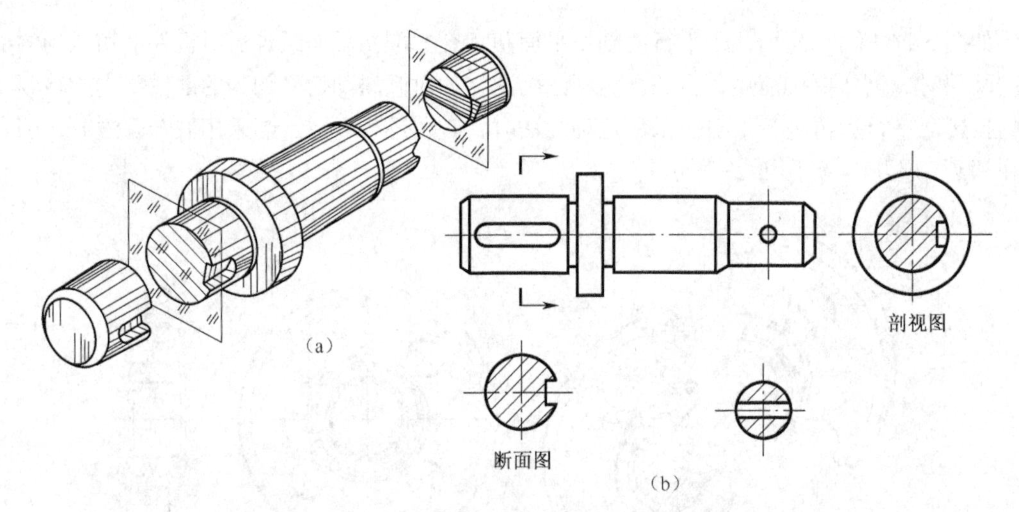

图 5-28　断面图的形成及其与剖视图的比较

断面图主要用来表达机件上某部分的断面形状，如肋、轮辐、键槽、小孔及各种细长杆件和型材的断面形状等。

断面图与剖视图的区别是断面图仅画机件被剖切处的断面形状，而剖视图除了画出断面形状外，还必须画出剖切面后的可见轮廓线，如图 5-28 所示。

断面图可分为移出断面和重合断面两种。

5.3.1 移出断面

画在视图外部的断面图称为移出断面图，如图 5-28（b）和图 5-29 所示。

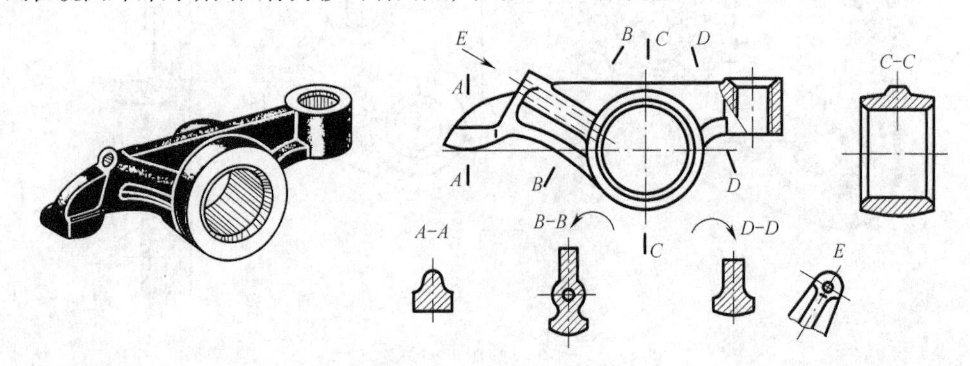

图 5-29　移出断面示例（一）

1. 移出断面图的画法和配置形式

（1）移出断面的轮廓线用粗实线绘制。由两个或多个相交的剖切平面剖切机件所得到的移出断面一般应断开，如图 5-30 所示。

（2）移出断面可配置在剖切线的延长线上或其他适当位置，如图 5-28（b）和图 5-29 所示；在不至引起误解时，允许将图形旋转，但要标注清楚，如图 5-29 所示。

（3）当剖切面通过回转面形成的孔或凹坑的轴线时，这些结构应按剖视图绘制，如图 5-31 所示；当剖切面通过非圆孔，导致出现完全分离的两个断面时，这些结构应按剖视图绘制，如

图 5-32 所示。

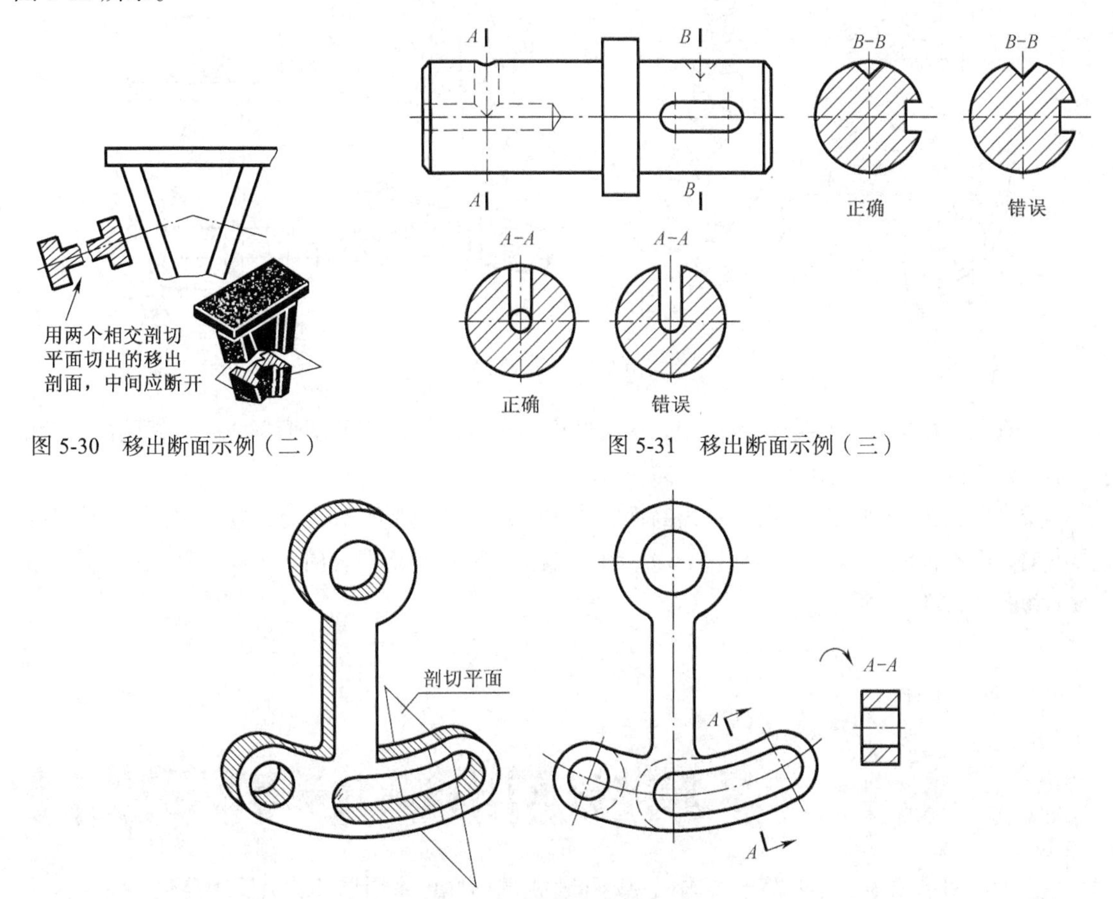

图 5-30　移出断面示例（二）

图 5-31　移出断面示例（三）

图 5-32　移出断面示例（四）

2. 移出断面的标注

移出断面一般用剖切符号表示剖切位置，用箭头表示投影方向，并注上字母（表示名称）；在断面图的上方，用同样的字母标出断面的名称“*X-X*”。

以下情况可部分或全部省略标注。

（1） 配置在剖切符号延长线上的对称移出断面（如图 5-28（b）中右图所示），以及配置在视图中断处的对称移出剖面（如图 5-30 所示），均可不作任何标注。

（2） 配置在剖切符号延长线上的不对称移出断面，可省略字母，如图 5-28（b）中的断面图所示。

（3）按投影关系配置的不对称移出断面或不是配置在剖切符号延长线的对称移出断面，可省略箭头。如图 5-31 中的 *B-B* 断面按投影关系配置，*A-A* 是不按投影关系配置的对称断面，二者都可省略箭头。

5.3.2 重合断面

画在视图内部的断面图称为重合断面，如图 5-32 所示。

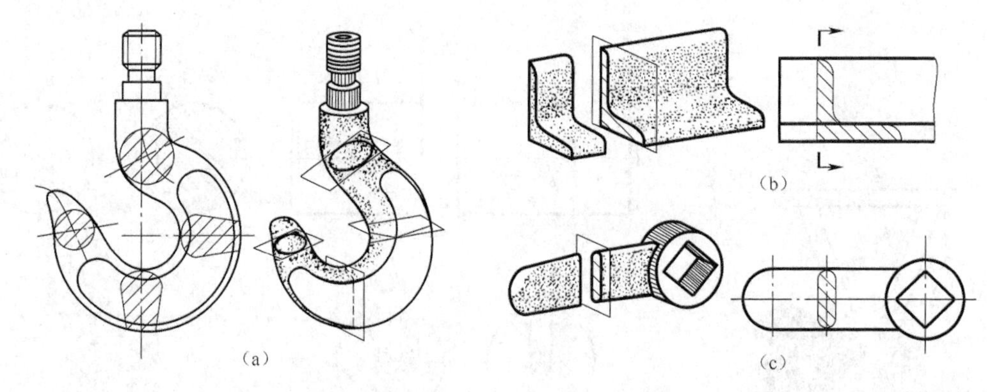

图 5-33　重合断面

重合断面的轮廓线用细实线绘制。当视图中的轮廓线与断面的图形重叠时，视图中的轮廓线仍应连续画出，不可间断，如图 5-32 所示。

重合断面的标注规定不同于移出断面，当重合断面的图形不对称时，须画出剖切符号及投影方向，可不标注字母，如图 5-32（b）所示；当重合断面图形对称时，可不加标注，如图 5-32（a）和图 5-32（c）所示。

5.4 局部放大图和简化表示法

为了使图形清晰及绘图简便，国标规定了机件的图样可采用局部放大图和简化表示法。

5.4.1 局部放大图（GB/T 4458.1—2002）

用大于原图形所采用的比例画出物体上部分结构的图形，称为局部放大图，如图 5-34 所示。

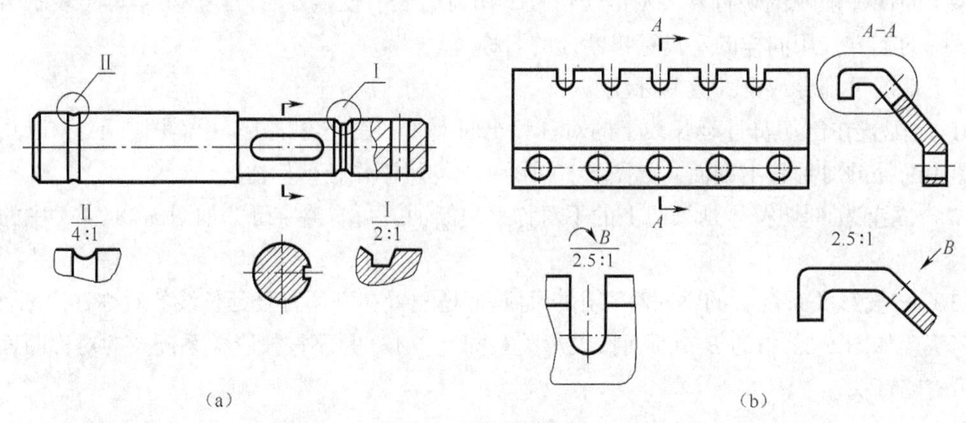

图 5-34　局部放大图

1. 局部放大图的规定画法

（1）局部放大图可以根据需要画成视图、剖视图、断面图，它与被放大部分的表达方式无关，如图 5-33 所示。

（2）局部放大图上所标注的比例，系指该图形中机件要素的线性尺寸与实际机件相应要素的线性尺寸之比，不是与原图形所采用的比例之比。

（3）画局部放大图时，应用细实线圆（或长圆形）圈出被放大的部位，局部放大图应尽量配置在被放大部位的附近，以方便看图。必要时可用几个图形同时表示同一被放大的结构，如图 5-33 所示。

2. 局部放大图的标注

（1）当机件上有几个被放大部位时，必须用罗马数字和指引线（用细实线表示）依次标明被放大部位的顺序，并在局部放大图上方正中位置注出相应的罗马数字，如图 5-33（a）所示。

（2）若同一机件上不同部位的局部放大图形相同或对称，只需画出一个，如图 5-33（b）所示。

5.4.2 简化表示法

1. 肋、轮辐及薄壁等的剖切画法

对于机件上的肋（起支撑和加固作用的薄板）、轮辐及薄壁等结构，若按纵向剖切（剖切面通过这些结构的轴线或对称面），这些结构在剖视图上都不画剖面符号，而用粗实线将它与其邻接部分分开，如图 5-35、图 5-36、图 5-37 所示。按其他方向剖切肋、轮辐及薄壁等结构时，应画上剖面符号。

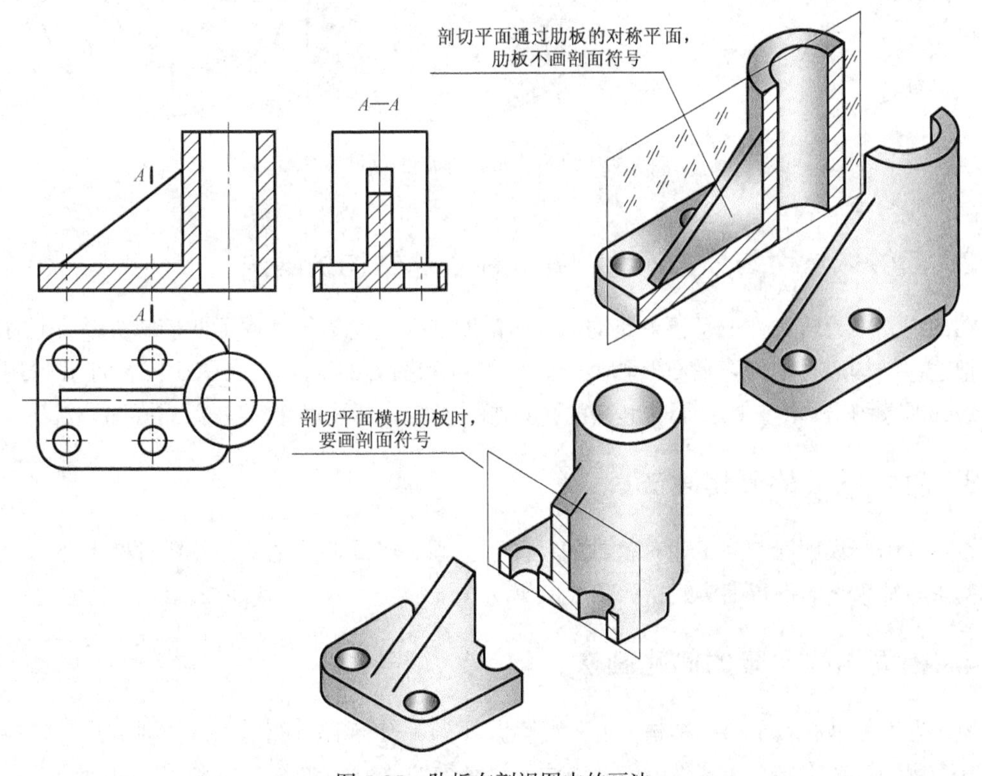

图 5-35　肋板在剖视图中的画法

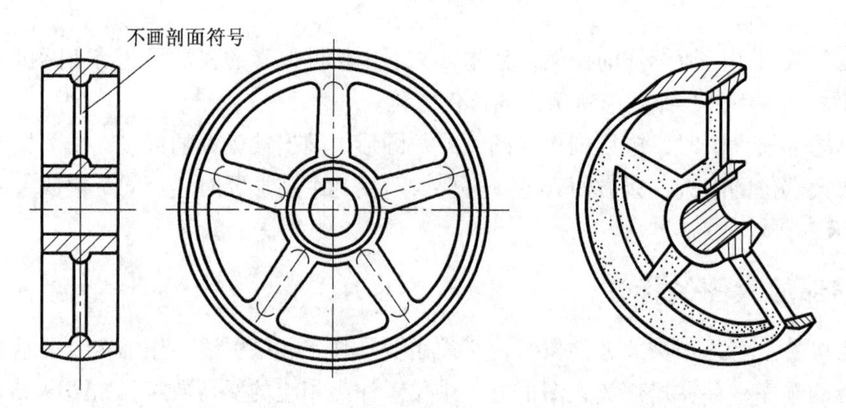

图 5-36　轮辐在剖视图中的画法

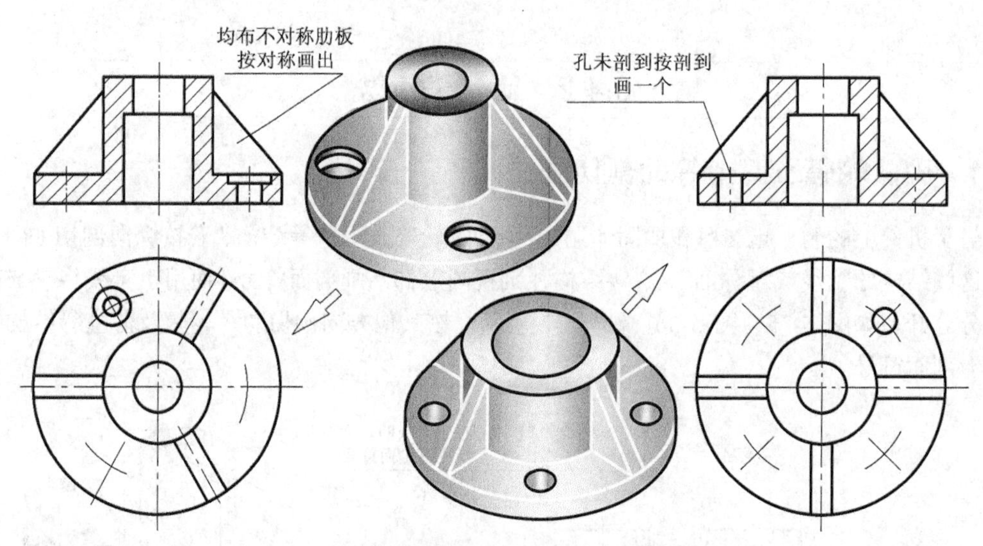

图 5-37　均匀分布的肋板和孔的画法

2. 回转体上均匀分布的肋、孔、轮辐等结构的画法

在剖视图中，若机件上呈辐射状均匀分布的肋、孔、轮辐等结构不处于剖切平面上时，可假想把这些结构旋转到剖切平面上画出，如图 5-35 和图 5-36 所示。在图 5-36 中小孔采用了简化画法，即只画出一个孔的投影，其余的孔只画中心线，标注尺寸时应标出孔的总数。

3. 对称图形的简化画法

在不致引起误解时，对于对称机件的视图可只画一半或四分之一，并在对称中心线的两端画出两条与其垂直的平行细实线，如图 5-38 所示。

4. 相同结构要素的简化画法

（1）当机件具有若干相同结构（齿、槽等），并按一定规律分布时，只需画出几个完整的结构，其余用细实线连接，在零件图中必须注明该结构的总数，如图 5-39 和图 5-40 所示。

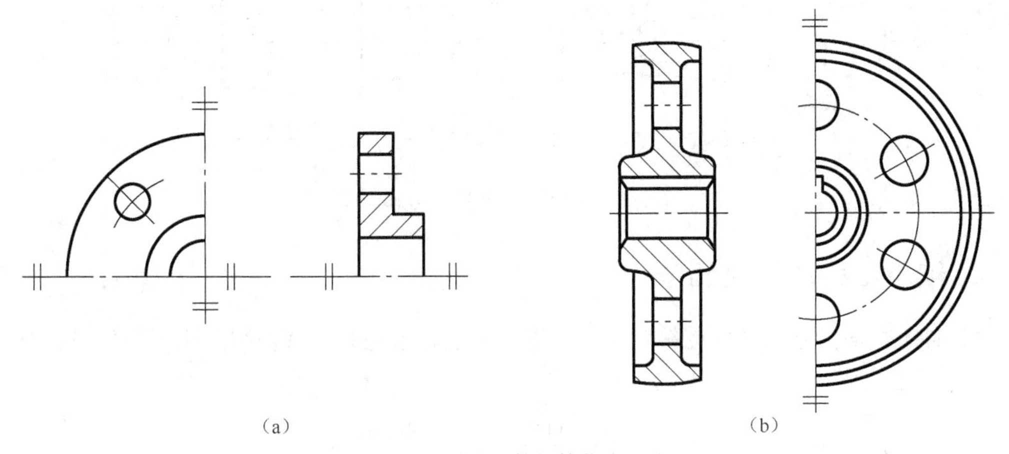

图 5-38　对称机件的简化表示法

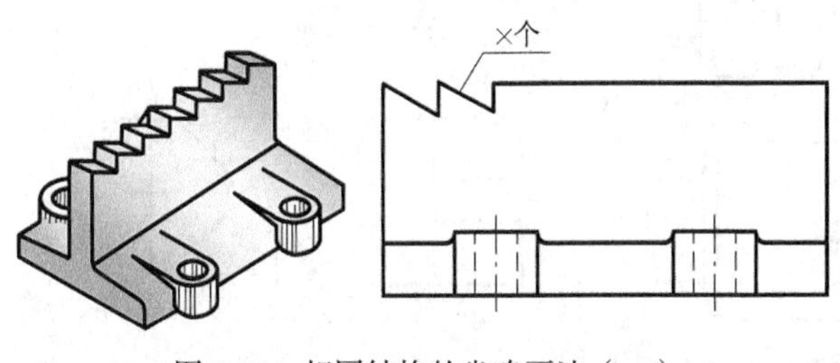

图 5-39　相同结构的省略画法（一）

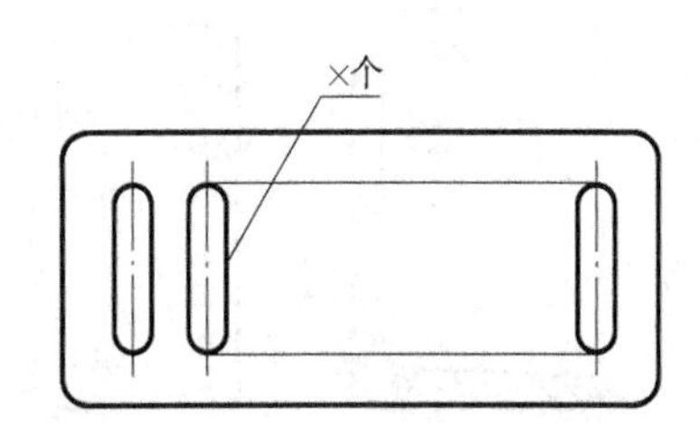

图 5-40　相同结构的省略画法（二）

（2）若干直径相同且成规律分布的孔（圆孔、螺孔、沉孔等），可以仅画出一个或几个，其余只需用点画线表示其中心位置，在零件图中应注明孔的总数，如图 5-41、图 5-42 所示。

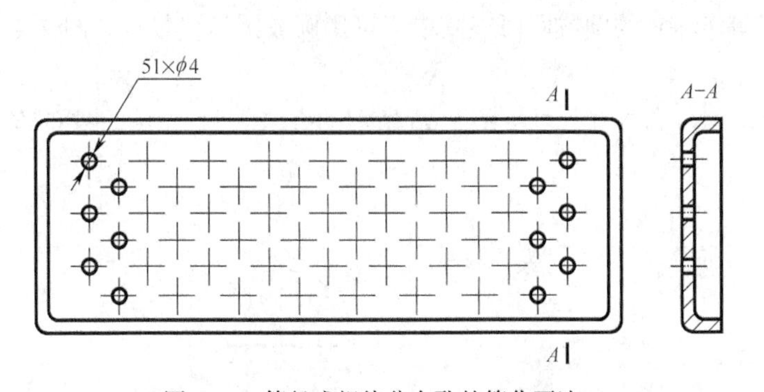

图 5-41　等径成规律分布孔的简化画法

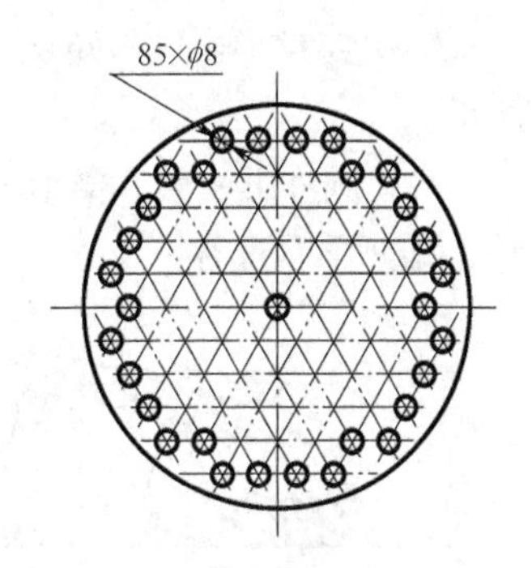

图 5-42　均布孔的简化画法

5. 较长机件的断开画法

对于较长的机件（如轴、连杆、筒、管、型材等），当其沿长度方向的形状一致或按一定规律变化时，可断开后缩短绘制，但要标注机件的实际尺寸，如图 5-43 所示。

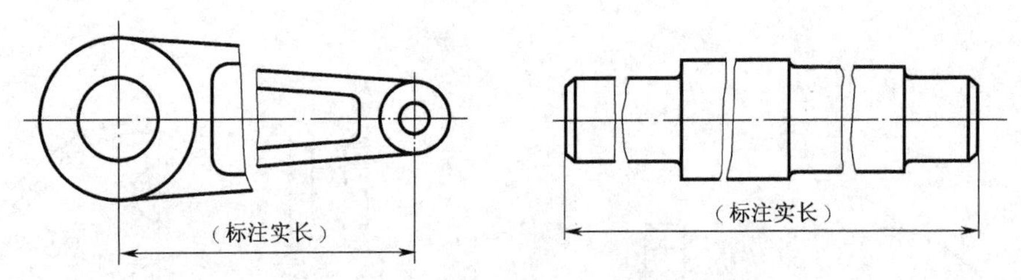

图 5-43　较长机件折断的简化画法

6. 细小结构的简化画法

当机件上较小的结构及斜度等已在一个图形中表达清楚时，其他图形应当简化或省略，如图 5-44 所示。

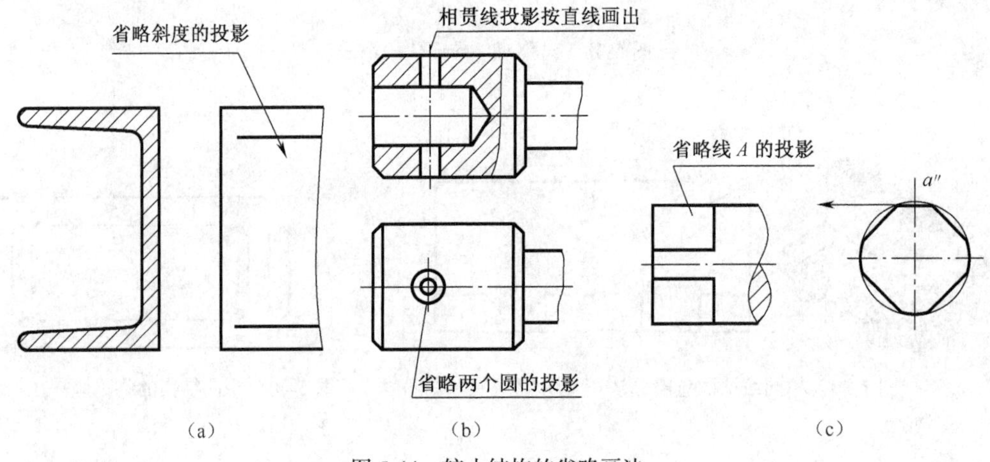

图 5-44　较小结构的省略画法

7. 其他简化表示法

（1）与投影面倾斜角度小于或等于 30° 的圆或圆弧，其投影可用圆或圆弧代替，如图 5-45 所示。

（2）圆柱形法兰和类似零件上均匀分布的孔，可按图 5-46 所示的方法表示（由机件外向该法兰端面方向投射）。

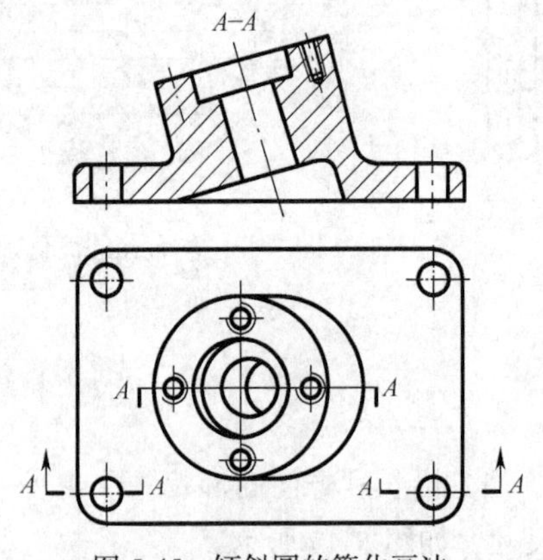

图 5-45　倾斜圆的简化画法

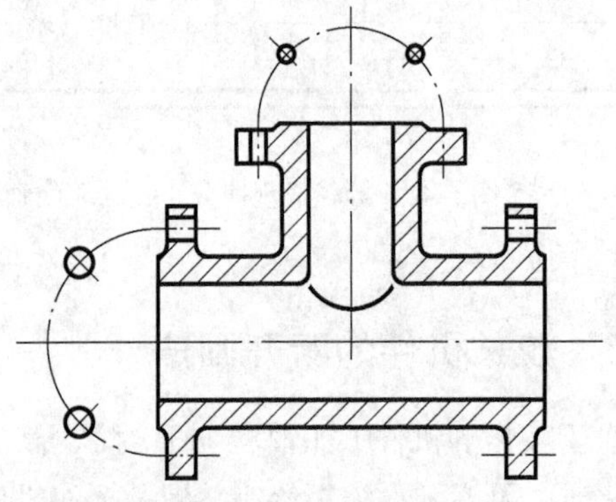

图 5-46　圆柱形法兰均布孔的简化画法

（3）滚花一般采用在轮廓线附近用细实线局部画出的方法表示，如图 5-47 所示，也可省略不画。

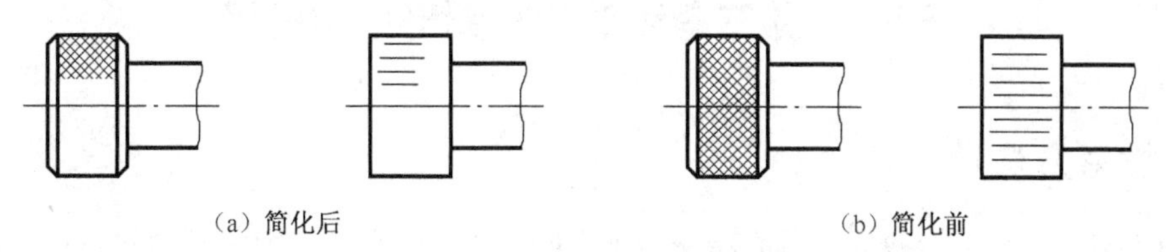
（a）简化后　（b）简化前

图 5-47　机件上滚花的简化画法

（4）当图形不能充分表达平面时，可用平面符号（相交的两条细实线）表示。这种方法常用于较小的平面，如图 5-48 所示。

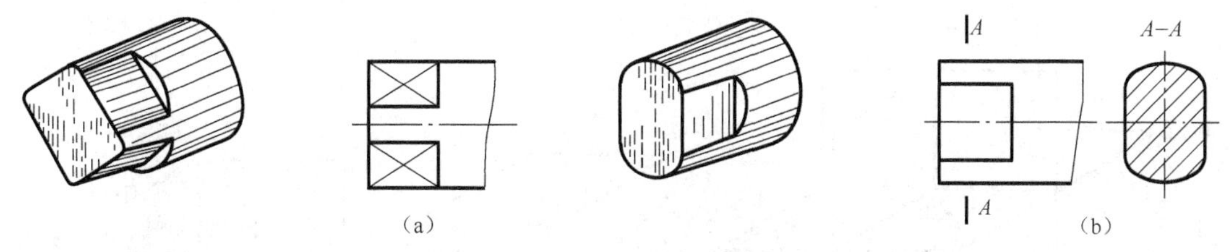

（a）　（b）

图 5-48　平面的简化表示法

（5）对称结构的局部视图，可按图 5-49 所示的方法绘制。

（6）在不至引起误解的情况下，移出断面上可省略剖面符号，如图 5-50 所示。

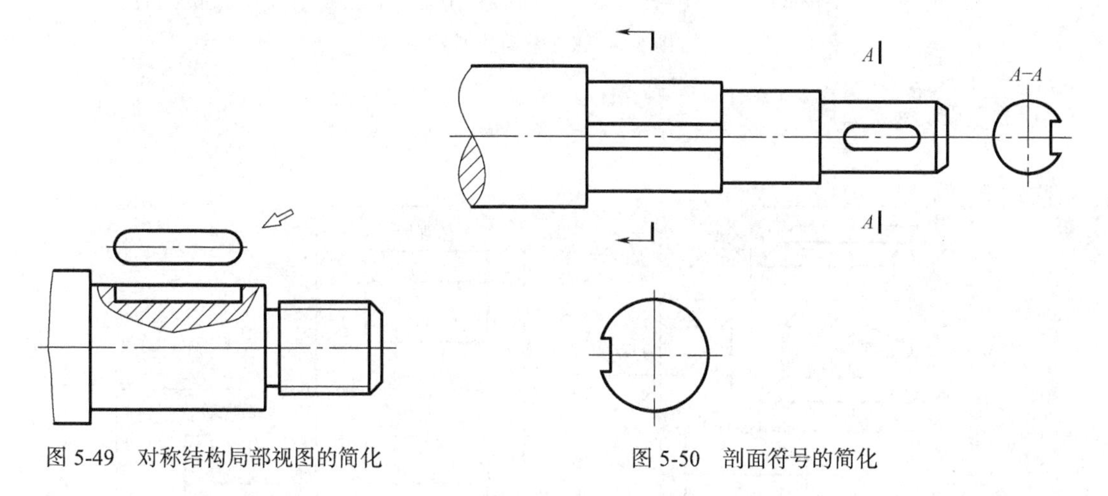

图 5-49　对称结构局部视图的简化　图 5-50　剖面符号的简化

5.5 第三角投影法

国家机械制图标准图样画法中规定“技术图样采用正投影法绘制，并优先采用第一角画法”，“必要时允许采用第三角画法”。随着国际间技术交流的日益频繁，常会遇到一些来自美国、日本、英国和中国台港澳地区采用第三角投影绘制的图样。因此，本节介绍第三角投影的有关知识。

5.5.1 第三角画法的视图形成与配置

1. 投影方法

如图 5-51 所示，3 个投影面垂直相交，把空间分为 8 个分角。第一角画法是将物体置于第一角内，使其处于观察者与投影面之间（即保持人—物—面的位置关系）而得到正投影的方法。第三角画法是将物体置于第三角内，使投影面处于观察者与物体之间（假设投影面是透明的，并保持人—面—物的位置关系）而得到正投影的方法，如图 5-52 所示。

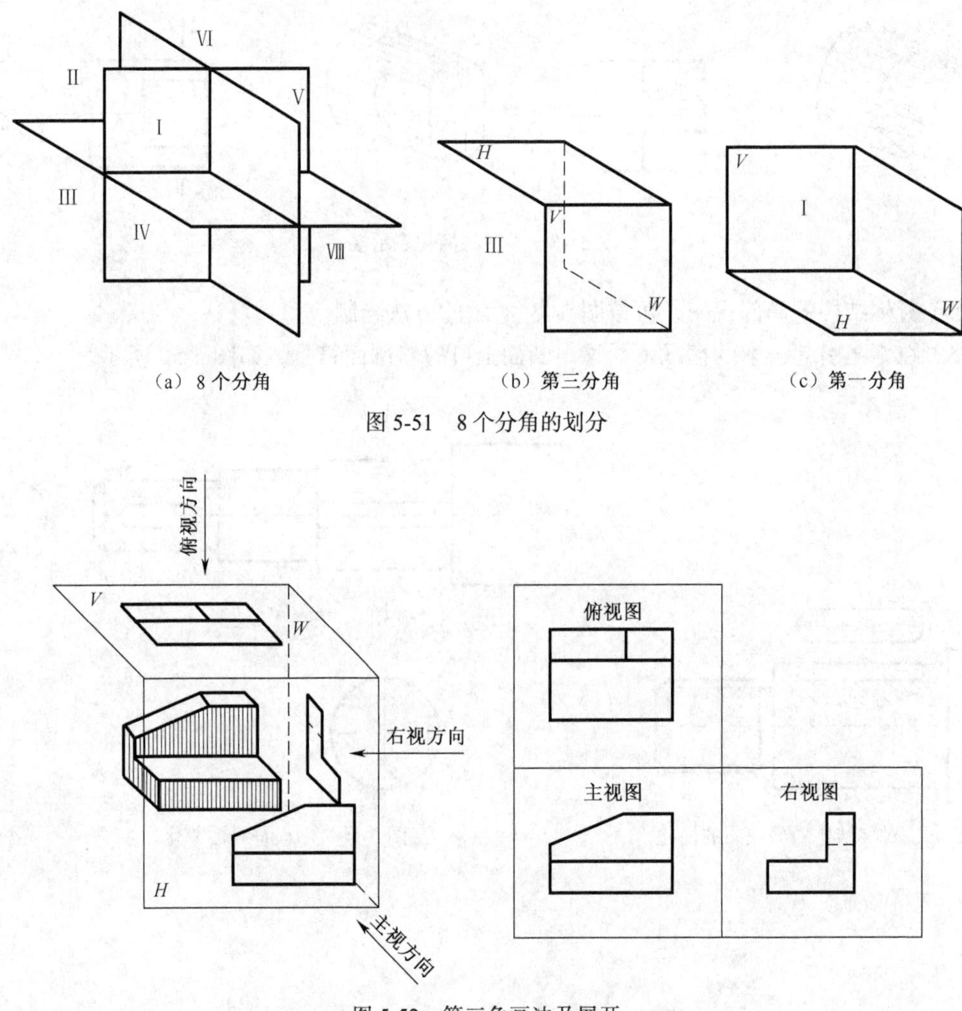

图 5-51 8 个分角的划分

图 5-52 第三角画法及展开

2. 三视图的形成及名称

采用第三角画法时，将物体置于第三分角内，即投影面处于观察者与物体之间，在 V 面形成由前向后投影得到的主视图；在 H 面上形成由上向下投影得到的俯视图；在 W 面上形成由右向左投影得到的右视图，即如下所述。

主视图：从前向后投影，在前面（*V* 面）上得到的视图。

俯视图：从上向下投影，在顶面（*H* 面）上得到的视图。

右视图：从右向左投影，在右面（*W* 面）上得到的视图。

令 *V* 面保持正立位置不动，将 *H* 面、*W* 面分别绕与 *V* 面的交线向上、向右转 90°，使这 3 个面展成同一平面，就得到物体的三视图，如图 5-53 所示。

如图 5-53（b）所示，除了在图 5-52 中已画出的 *V*、*H*、*W*3 个基本投影面所得到的主视图、俯视图、右视图以外，还可再增加与它们相平行的 3 个基本投影面。在这些投影面上分别得到一个视图，由左向右投影所得到的左视图，由下向上投影所得到的仰视图，以及由后向前投影所得到的后视图。然后，仍令 *V* 面保持正立位置不动，将诸投影面按图 5-53（b）所示展开成同一平面。展开后各视图的配置关系如图 5-53（b）所示。在同一张图纸内按图 5-53（b）配置视图时，一律不标注视图名称。

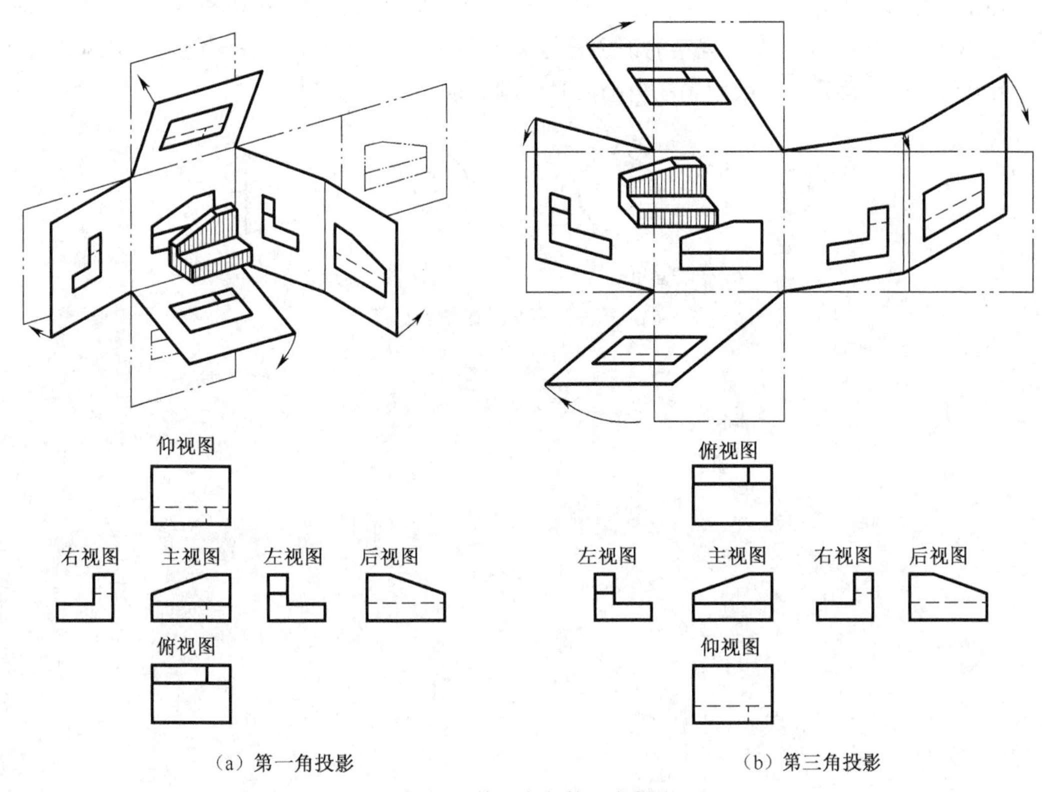

（a）第一角投影　　（b）第三角投影

图 5-53　第一角与第三角投影

3. 视图之间的关系

（1）位置关系

以主视图为基准，俯视图在其正上方，仰视图在其正下方，右视图在其正右方，左视图在其正左方，后视图在左视图的右方。

（2）尺寸关系

每个视图反映物体两个方向的尺寸：主视图反映长和高，右视图反映宽和高，俯视图反映长和宽，后视图反映长和高，左视图反映宽和高，仰视图反映长和宽。视图之间的“三等”度量关系与第一角画法是一致的：主视图、俯视图、仰视图“长对正”；主视图、左视图、右视图、后视图“高平齐”；左视图、右视图、俯视图、仰视图“宽相等”。

（3）方位关系

每个视图反映物体的4个方位：主视图和后视图反映物体的上、下、左、右方位，右视图和左视图反映物体的上、下、前、后方位，俯视图和仰视图反映物体的左、右、前、后方位。

第三角画法的6个基本视图中，以主视图为基准，围绕它的4个视图中，靠近主视图一侧的表示物体的前面，远离主视图一侧的表示物体的后面。

5.5.2 第一、三角投影的识别符号

国际标准（ISO）中规定，可以采用第一角投影，也可以采用第三角投影，但同一张图中，不得同时使用两种投影法。为了区别这两种投影，规定在标题栏中专设格栏内用规定的识别符号表示，GB/T 14692—1993中规定的识别符号，如图5-54所示。由于我国仍采用第一角画法，所以无须画出标志符号。当采用第三角画法时，则必须画出标志符号。

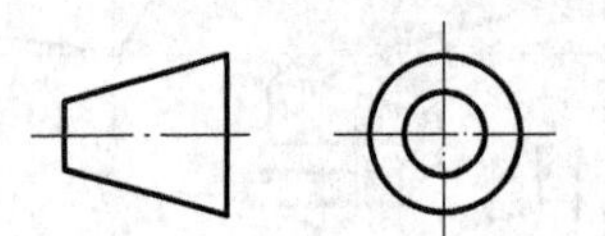

（a）第一角投影用

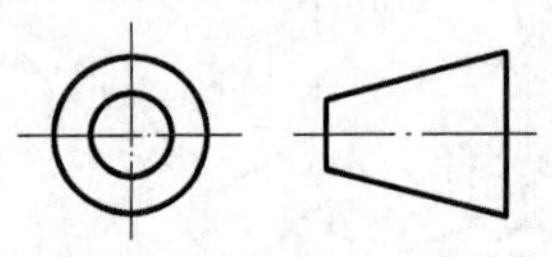

（b）第三角投影用

图5-54 第一、三角投影的识别符号

第6章 零件图

【知识目标】

1. 熟悉特殊零件的标记方法和表示法；
2. 掌握零件上的表面结构、表面几何、极限配合等技术要求的标注和识读方法；
3. 了解尺寸基准的概念，熟悉典型零件图的尺寸标注；
4. 熟悉零件图的视图选择原则和典型零件的表示方法；
5. 掌握识读零件图的基本方法和步骤。

【能力目标】

能熟练绘制和识读中等复杂程度的零件图。

零件是组成机器或部件的基本单位。每一台机器或部件都是由许多零件按一定的装配关系和技术要求装配起来的。要生产出合格的机器或部件，必须首先制造出合格的零件，而零件又是根据零件图来进行制造和检验的。本章主要介绍零件图的主要内容、绘制与识读。

6.1 特殊零件的表示法

在各种机械设备中，经常会遇到一些通用的零、部件，如螺栓、螺母、垫圈、键、销和滚动轴承等，由于这类零、部件使用量大，国家标准对它们的结构和尺寸都做了统一的规定，称为标准件。此外，齿轮、弹簧等常用件，国家标准对它们的部分结构、参数也已标准化。为缩短设计周期，这些特殊零件可按国家标准规定的特殊表示法简化绘制。

6.1.1 螺纹及螺纹紧固件表示法

螺纹作为机件上的结构要素其应用十分广泛。图 6-1 是常用的几种借助螺纹起连接作用的紧固件。

图 6-1　螺纹紧固件

1. 螺纹的基本知识

(1) 螺纹的形成

螺纹是指在圆柱表面或圆锥表面上，沿着螺旋线形成的，具有相同断面的连续的凸起（牙顶）和沟槽（牙底），如图 6-2 所示（注：牙顶——牙的顶端表面，牙底——沟槽底部表面）。在圆柱或圆锥外表面加工出的螺纹称为外螺纹，如图 6-2（a）所示；在圆柱或圆锥内表面上加工出的螺纹称为内螺纹，如图 6-2（b）所示。

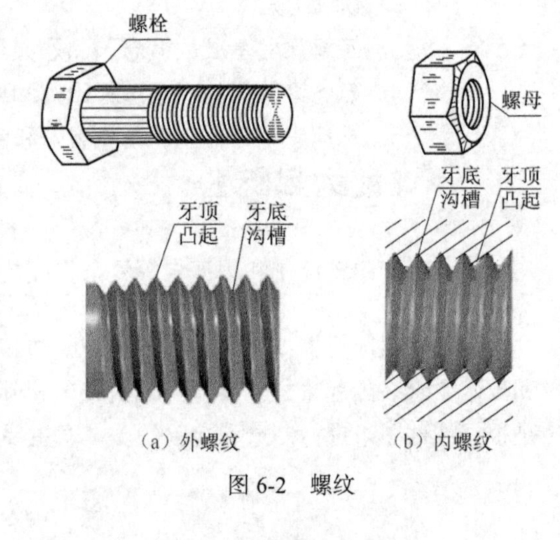

图 6-2　螺纹

生产实际中加工螺纹有多种方法，螺纹是根据螺纹线原理加工而成的，如图 6-3 所示。

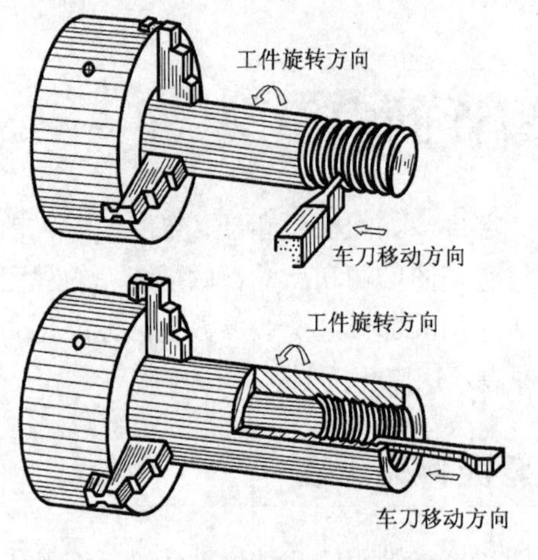

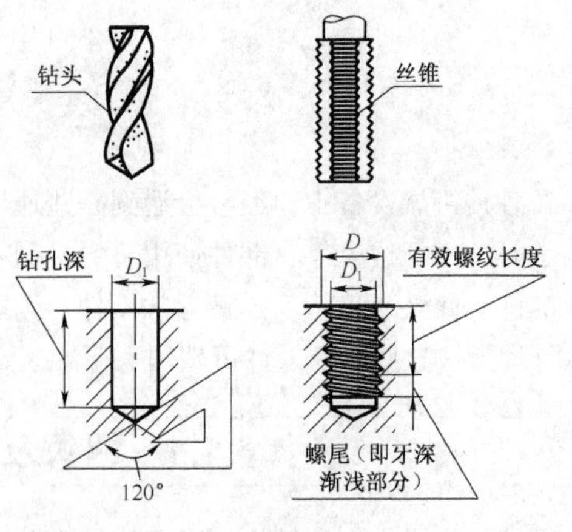

图 6-3　螺纹的加工方法

（2）螺纹的要素

① 螺纹牙型。在通过螺纹轴线的断面上，螺纹的轮廓形状称为螺纹牙型。常见的螺纹牙型见表 6-1。

表 6-1 常见螺纹牙型

名称	普通螺纹	管螺纹	梯形螺纹	锯齿形螺纹	矩形螺纹
特征代号	M	G	Tr	B	（无）
图样	60°	55°	30°	3° 30°	

② 螺纹的直径，见表 6-2。

表 6-2 螺纹的直径

名称	代号	解释	图样
大径	d、D	与外螺纹的牙顶或内螺纹的牙底相重合的假想圆柱直径（即螺纹的最大直径）	牙底 牙顶 凸起（牙） 螺距（p） 小径（d_1） 中径（d_2） 大径（d） （a）
小径	d_1、D_1	与外螺纹的牙底或内螺纹的牙顶相重合的假想圆柱直径（即螺纹的最小直径）	
中径	d_2、D_2	在大径和小径之间假想有一圆柱，其母线通过牙型上沟槽宽度和凸起宽度相等的地方，此假想圆柱称为中径圆柱，其母线称为中径线，其直径称为螺纹的中径	凸起（牙） 牙底 牙顶 螺距（p） 小径（D_1） 中径（D_2） 大径（D） （b）
代号（d、D），（d_1、D_1），（d_2、D_2）中，小写字母代表外螺纹直径，大写字母代表内螺纹直径			

③ 线数。圆柱端面上螺纹的数目，用 n 表示。

沿一条螺旋线形成的螺纹为单线螺纹，如图 6-4（a）所示；沿两条或两条以上，在轴向等距离分布的螺旋线所形成的螺纹，为多线螺纹，如图 6-4（b）所示。

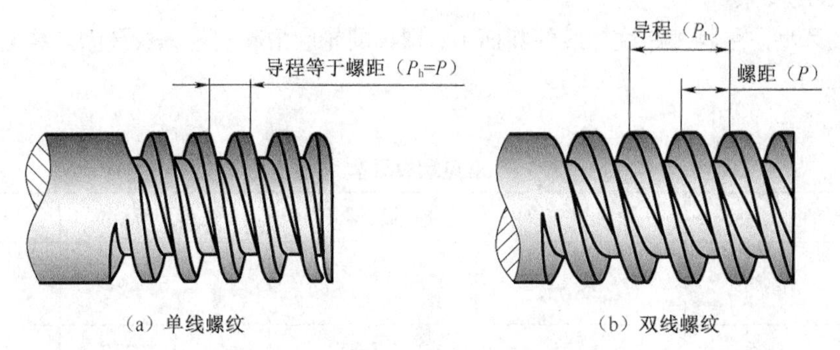

（a）单线螺纹　　（b）双线螺纹

图 6-4　螺纹的线数、螺距和导程

④ 螺距和导程，如图 6-4 所示。

螺距（代号 P）：相邻两牙中径线上对应两点间的轴向距离。

导程（代号 P_h）：同一条螺旋线上的相邻两牙，在中径线上对应两点间的轴向距离。

对于单线螺纹，螺距 = 导程，即 $P=P_h$。

对于多线螺纹，螺距 = 导程/线数，即 $P=P_h/n$。

⑤ 旋向螺纹有左旋和右旋之分，顺时针旋转时旋入的螺纹，称为右旋螺纹，如图 6-5（a）所示；逆时针旋转时旋入的螺纹，称为左旋螺纹，如图 6-5（b）所示。

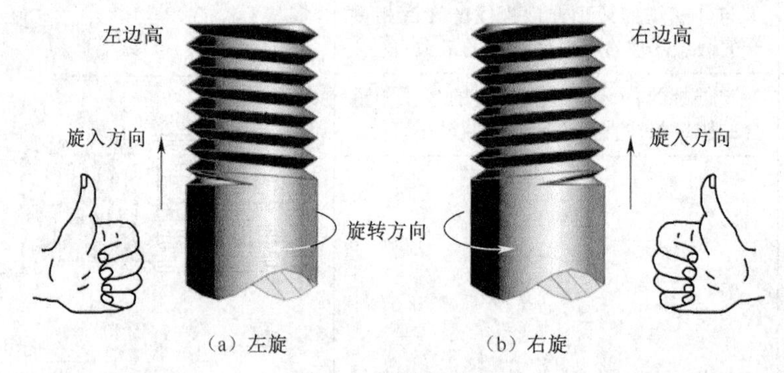

（a）左旋　　（b）右旋

图 6-5　螺纹的旋向

牙型、大径、螺距、线数和旋向是确定螺纹几何尺寸的五要素。只有五要素完全相同的外螺纹和内螺纹才能相互旋合在一起。

（3）螺纹的种类

螺纹可从各种不同的角度对其进行分类，当按螺纹的用途分类时，可将螺纹分为以下 4 类。

①紧固连接用螺纹，简称紧固螺纹，例如应用最广泛的普通螺纹。

②传动用螺纹，简称传动螺纹，如梯形螺纹、锯齿形螺纹和矩形螺纹等。

③管用螺纹，简称管螺纹，如 55° 非密封管螺纹、55° 密封管螺纹等。

④专门用途螺纹，简称专用螺纹，如自攻螺钉用螺纹、气瓶专用螺纹等。

2. 螺纹的画法

螺纹不按其真实形状投影作图，而是采用规定画法，以简化作图，见表 6-3。

表 6-3　　　　螺纹采用规定画法

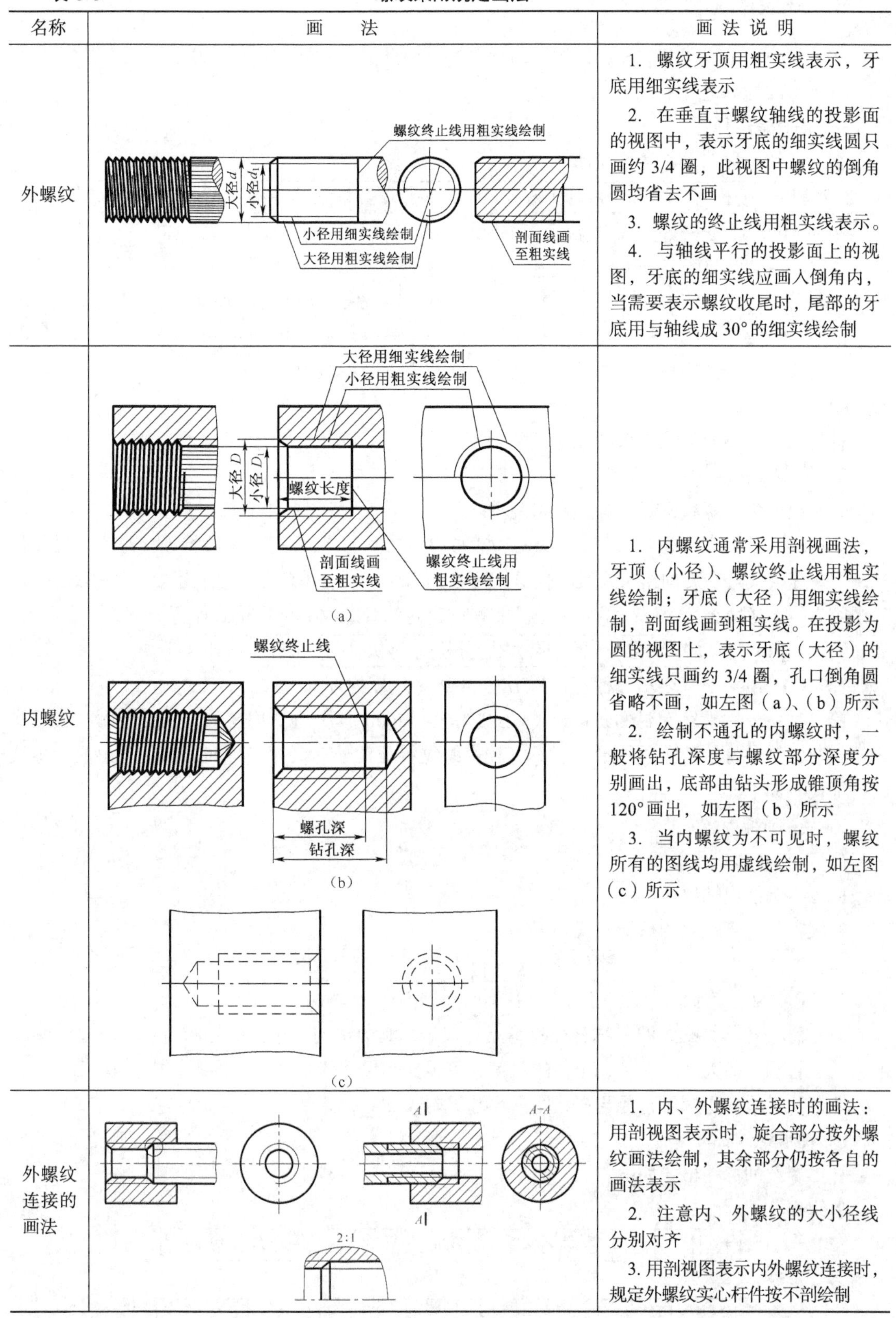

名称	画　法	画 法 说 明
外螺纹		1. 螺纹牙顶用粗实线表示，牙底用细实线表示 2. 在垂直于螺纹轴线的投影面的视图中，表示牙底的细实线圆只画约 3/4 圈，此视图中螺纹的倒角圆均省去不画 3. 螺纹的终止线用粗实线表示。 4. 与轴线平行的投影面上的视图，牙底的细实线应画入倒角内，当需要表示螺纹收尾时，尾部的牙底用与轴线成 30° 的细实线绘制
内螺纹	(a) (b) (c)	1. 内螺纹通常采用剖视画法，牙顶（小径）、螺纹终止线用粗实线绘制；牙底（大径）用细实线绘制，剖面线画到粗实线。在投影为圆的视图上，表示牙底（大径）的细实线只画约 3/4 圈，孔口倒角圆省略不画，如左图（a）、（b）所示 2. 绘制不通孔的内螺纹时，一般将钻孔深度与螺纹部分深度分别画出，底部由钻头形成锥顶角按 120° 画出，如左图（b）所示 3. 当内螺纹为不可见时，螺纹所有的图线均用虚线绘制，如左图（c）所示
外螺纹连接的画法		1. 内、外螺纹连接时的画法：用剖视图表示时，旋合部分按外螺纹画法绘制，其余部分仍按各自的画法表示 2. 注意内、外螺纹的大小径线分别对齐 3. 用剖视图表示内外螺纹连接时，规定外螺纹实心杆件按不剖绘制

3. 螺纹的标注方法

在图样中，由于螺纹的投影采用了简化画法，因此必须对螺纹进行标注。

（1）螺纹的标记规定

① 普通螺纹标注

普通螺纹的标记内容和格式如下。

牙型符号 公称直径 × 螺距 旋向—中径公差带代号 项径公差带代号—旋合长度代号

例如 M10×1LH—5g6g—S 的含义如下所示：

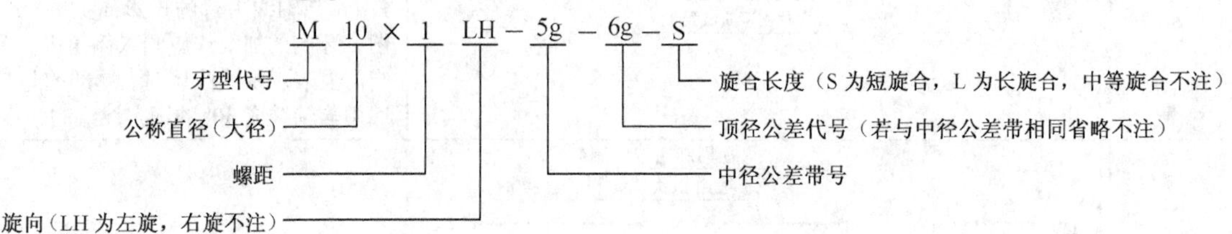

普通螺纹的直径与螺距系列尺寸见附表 1。

② 管螺纹标注

管螺纹分为非螺纹密封和螺纹密封两种。

第一种——非螺纹密封的管螺纹（GB/T 7307—2001）。其标记由螺纹特征代号 G、尺寸代号、公差等级代号和旋向组成。尺寸代号用阿拉伯数字表示，单位是英寸；螺纹公差等级代号，外螺纹有 A、B 两级，内螺纹不加标记。非螺纹密封的管螺纹的标记格式如下。

螺纹特征代号 尺寸代号 公差等级代号—旋向代号

如“G1/2A—LH”表示公称直径为 1/2，A 级、左旋的外管螺纹。

第二种——用螺纹密封的管螺纹（GB/T 7306—2000）。分圆锥内螺纹与圆锥外螺纹或圆柱内螺纹与圆锥外螺纹两种连接形式。其标记由螺纹特征代号、尺寸代号和旋向代号组成。螺纹的特征代号如下。

R_C——圆锥内螺纹；

R——圆锥外螺纹；

R_P——圆柱内螺纹。

螺纹密封的管螺纹的标记格式如下。

螺纹特征代号 尺寸代号 旋向代号

如“R_C 1/2”表示公称尺寸为 1/2，右旋的圆锥内螺纹。

应注意，各种管螺纹的公称直径只是尺寸代号，其数值与管子的孔径相近，而不是管螺纹的大径。管螺纹的大径、中径、小径的数值，可根据其尺寸代号从相应的附表中查取。

非螺纹密封的管螺纹直径与螺距系列尺寸见附表 2。

③ 梯形螺纹标注

梯形螺纹的标注格式如下。

单线螺纹：

牙型代号 公称直径×螺距 旋向—公差带代号—旋合长度代号

多线螺纹：

牙型代号 公称直径×导程（螺距） 旋向—公差带代号—旋合长度代号

例如：Tr32×12(P6)LH-8e-L 的含义如下所示。

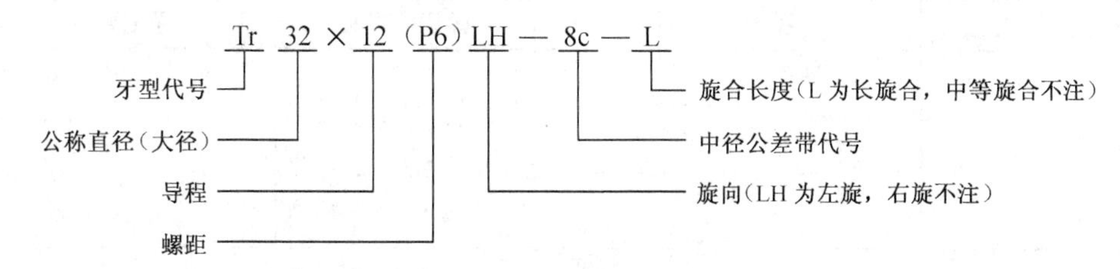

梯形螺纹的直径与螺距系列尺寸见附表 3。

（2）螺纹标记在图上的标注方法

国家标准规定，公称直径以 mm 为单位的螺纹，其标记应直接标注在大径的尺寸线或其延长线上；管螺纹的标记一律标注在引线上，引出线应由大径处或由对称中心线处引出，见表 6-4 中的图例。

表 6-4　　标准螺纹的标记说明和标注图例

螺纹种类			标注示例	标记的含义	标记要点说明
连接螺纹	普通螺纹（M）		M20-5g6g-S M20×20LH-6H	粗牙普通螺纹，公称直径为 20，右旋，中径、顶径公差带分别为 5g、6g，短旋合长度	1. 粗牙螺纹不注螺距，细牙螺纹标注螺距 2. 右旋省略不注，左旋以“LH”表示（各种螺纹皆如此） 3. 中径、顶径公差带相同时，只注一个公差带代号 4. 中等旋合长度不标注。 5. 螺纹应注在大径的尺寸线或其延长线上
	管螺纹	非螺纹密封的管螺纹（G）	G1/2A	非螺纹密封的外管螺纹，尺寸代号为 1/2，公差为 A 级，右旋	1. 非螺纹密封的管螺纹，其内外螺纹都是圆柱管螺纹 2. 外螺纹的公差带等级分为 A、B 两级，内螺纹不标记公差等级
			G1/2-LH	非螺纹密封的内管螺纹，尺寸代号为 1/2，公差为 A 级，左旋	
		用螺纹密封的管螺纹（R、R_C、R_P）	*Rc*1/2-LH	密封圆锥内螺纹，尺寸代号为 1/2，左旋	1. 螺纹密封管螺纹，只注螺纹特征代号、尺寸代号和旋向 2. 管螺纹一律标注在引出线上，引出线应由大径处引出或由对称中心线处引出

续表

螺纹种类		标注示例	标记的含义	标记要点说明
连接螺纹	管螺纹	R1/2	密封圆锥外螺纹，尺寸代号为1/2，右旋	
传动螺纹	梯形螺纹（Tr）	Tr36×12(P6)-7h	梯形螺纹，公称直径为36，双线，导程为12，螺距为6，右旋，中径公差带7h，中等旋合长度	1. 两种螺纹只标注中径公差带代号 2. 旋合长度只有中等旋合长度（N）和长旋合长度（L）两组 3. 中等旋合长度不标
	锯齿形螺纹（B）	B40×7LH-8c	锯齿形螺纹，公称直径为40，单线，螺距7，左旋，中径公差带为8c，中等旋合长度	

对于特殊螺纹，则应在牙型符号前加注“特”字，如图6-6所示。对于非标准螺纹，则应画出牙型，并注出所需的尺寸，如图6-7所示。

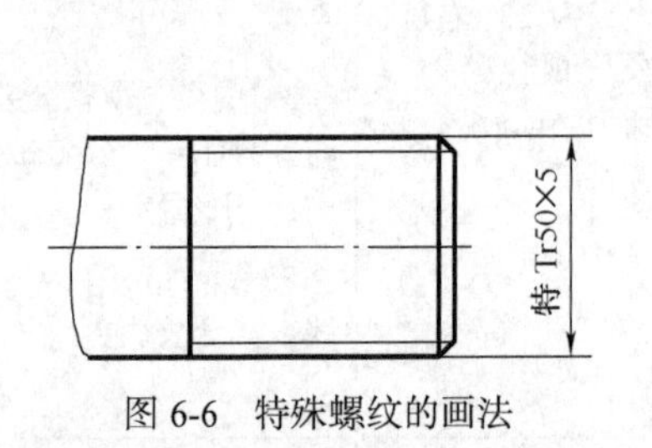

图6-6　特殊螺纹的画法

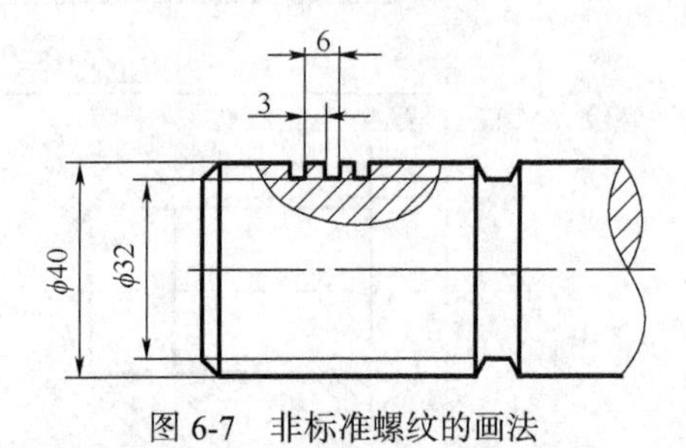

图6-7　非标准螺纹的画法

4. 螺纹紧固件在装配图中的画法

（1）常用螺纹紧固件及其标记

螺纹紧固件是起连接和紧固作用的一些零件，常见的有螺栓、螺母、垫圈、螺钉及双头螺柱等，如图6-1所示。这些零件的结构、尺寸均已标准化。螺纹紧固件通常由专业化工厂成批生产，使用时可按要求根据相关标准选用。对符合标准的螺纹紧固件，不需再详细画出它们的零件图，因此，必须熟悉它们的结构型式及标记。

常用螺纹紧固件的主要尺寸及规定标记示例见表6-5所示。

表6-5　　常用螺纹紧固件的图例和简化标记示例

名称及标准编号	图　例	简化标记及说明
六角头螺栓 GB/T 5782—2000	M10 35	螺栓 GB/T 5782 M10×35 螺纹规格 d=M10，公称长度 l=35，性能等级为8级，表面氧化、A级的六角头螺栓

续表

名称及标准编号	图　例	简化标记及说明
双头螺柱 GB/T 897～900—1988	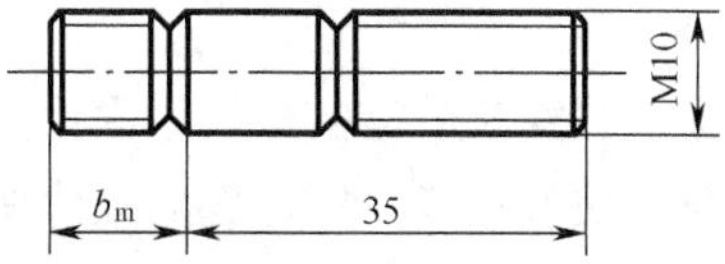 A 型	螺柱 GB/T 897 M10×35 两端均为粗牙普通螺纹、螺纹规格 d=M10，公称长度 l=35，性能等级为 4.8 级、B 型，b_m=1d 的双头螺柱
	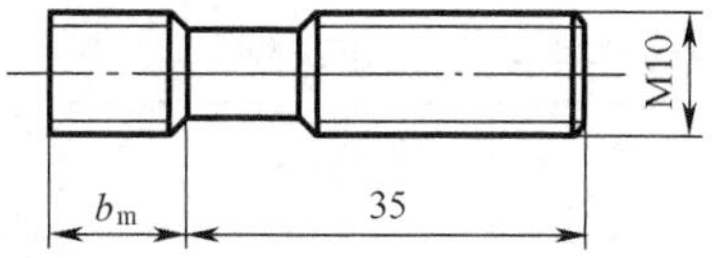 B 型	螺柱 GB/T 897 M10×1×35 旋入机体一端为粗牙普通螺纹、旋入螺母一端为螺距为 1 的细牙普通螺纹，螺纹规格 d=M10，公称长度 l=35，性能等级为 4.8 级、A 型，b_m=1d 的双头螺柱
开槽圆柱头螺钉 GB/T 65—2000	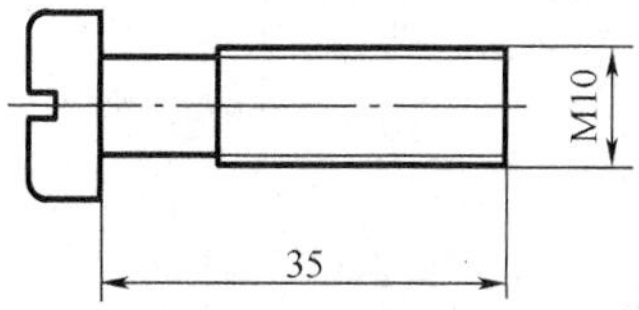	螺钉 GB/T 65 M10×35 螺纹规格 d=M10，公称长度 l=35，性能等级为 4.8 级，不经表面处理的 A 级开槽圆柱头螺钉
开槽沉头螺钉 GB/T 68—2000	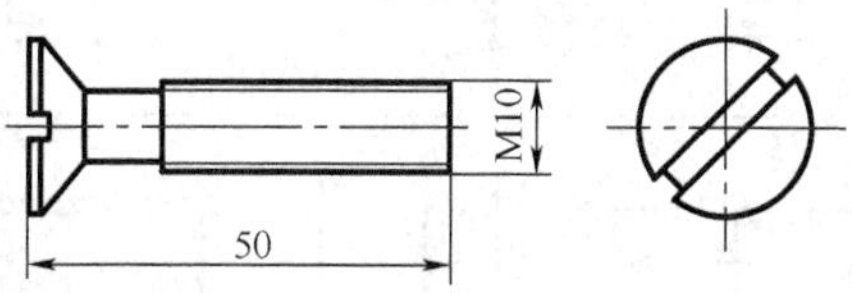	螺钉 GB/T 68 M10×50 螺纹规格 d=M10，公称长度 l=50，性能等级为 4.8 级，不经表面处理的 A 级开槽沉头螺钉
十字槽沉头螺钉 GB/T 819.1—2000	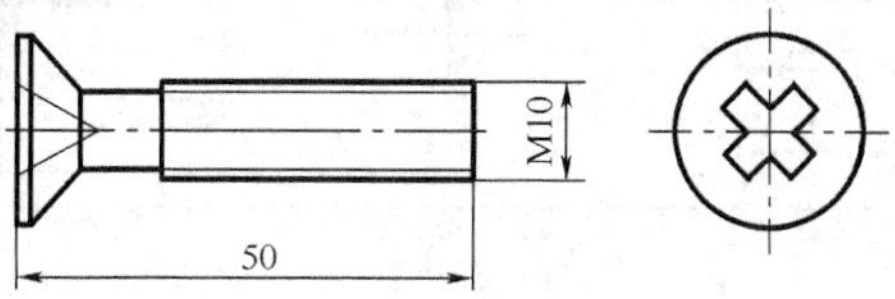	螺钉 GB/T 819.1 M10×50 螺纹规格 d=M10，公称长度 l=50，性能等级为 4.8 级，不经表面处理的 H 型十字槽沉头螺钉
开槽锥端紧定螺钉 GB/T 68—2000	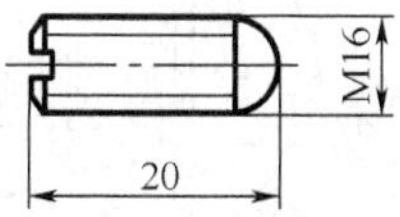	螺钉 GB/T 68 M6×20 螺纹规格 d=M6，公称长度 l=20，性能等级为 14H 级，表面氧化的开槽锥端紧定螺钉
Ⅰ型六角螺母 A 级和 B 级 GB/T 6170—2000	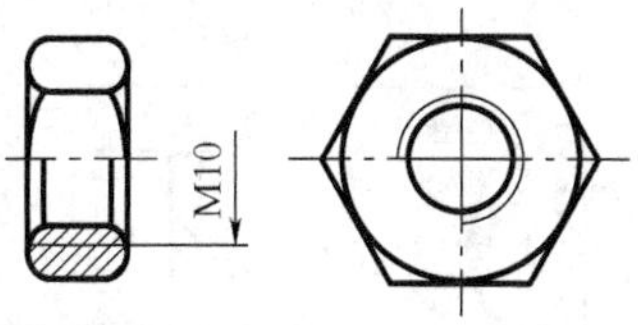	螺母 GB/T 6170 M10 螺纹规格 d=M10，性能等级为 8 级，不经表面处理，A 级的Ⅰ型六角螺母
平垫圈—A 级 GB/T 97.1—1985 平垫圈倒角型—A 级 GB/T 97.2—1985	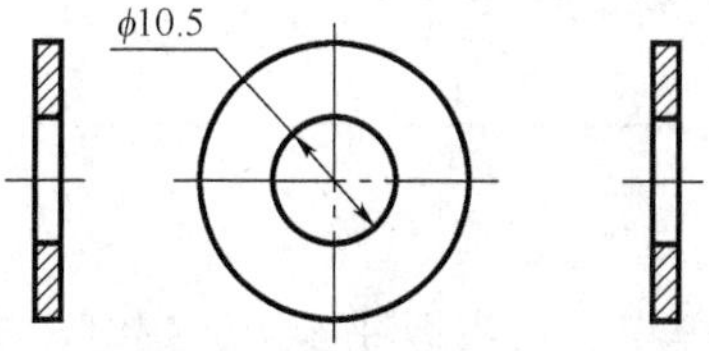	垫圈 GB/T 97.1 10 标准系列，规格 10，性能等级为 140HV 级，不经表面处理的平垫圈
标准型弹簧垫圈 GB/T 93—1987	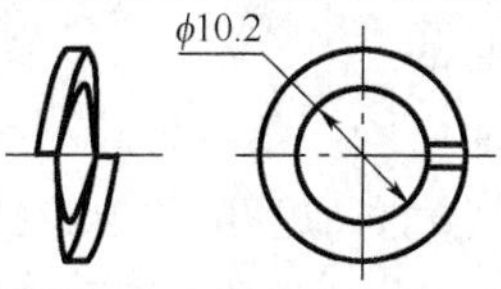	垫圈 GB/T 93 10 规格 10，材料为 65Mn，表面氧化的标准弹簧垫圈

（2）螺纹紧固件的比例画法

螺纹紧固件各部分具体尺寸可从相应的国家标准中查出，但在绘图时为了简便，通常采用比例画法。

比例画法就是在确定螺纹大径后，除了公称长度需按螺纹紧固件实际情况计算并查表确定外，螺纹紧固件的其他各部分尺寸均取与螺纹大径成一定比例的数值所画出的图形，但不得把按比例关系计算的尺寸作为螺纹紧固件的尺寸进行标注，如表 6-6 所示。

表 6-6　　各种螺纹连接件的比例画法

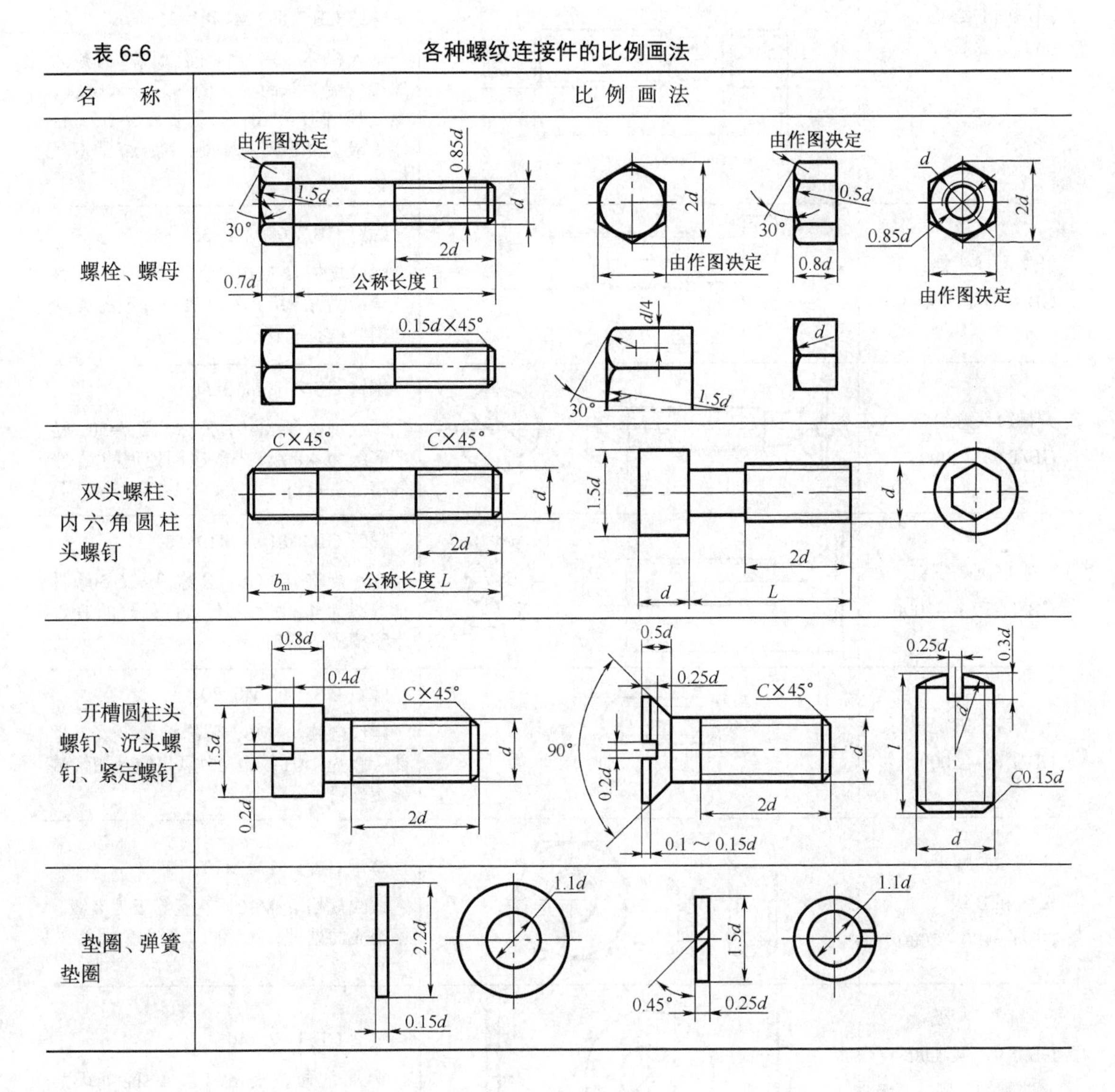

（3）螺纹紧固件的连接画法

螺纹紧固件连接的基本形式有螺栓连接、双头螺柱连接、螺钉连接等几种。采用哪种连接应按需要选择。各类连接画法都应遵守下列规定。

在装配图中，两个零件的接触面或配合面只画一条线，若不直接接触，为表示其间隙应画两条线；在剖视图中，相邻两个零件的剖面线方向应画成相反，或方向一致、间隔不等，同一零件在各视图中的剖面线方向和间隔应保持一致；当剖切平面通过螺纹紧固件轴线时，螺纹紧固件均按不剖绘制。

① 螺栓连接

螺栓连接一般适用于两个不太厚，并允许钻成通孔的零件连接，如图 6-8 所示。

连接前，先在两被连接件上钻出通孔，通孔直径一般取 1.1d（d 为螺栓公称直径），如图 6-9（a）所示；将螺栓从一端插入孔中，如图 6-9（b）所示；另一端再加上垫圈，拧紧螺母，即完成了螺栓连接，如图 6-8（c）所示。

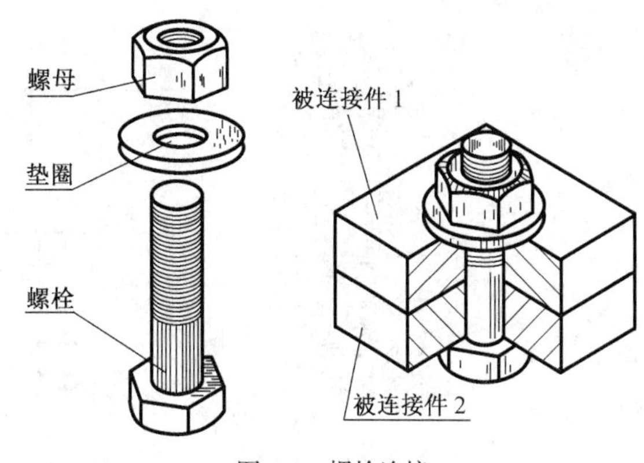

图 6-8 螺栓连接

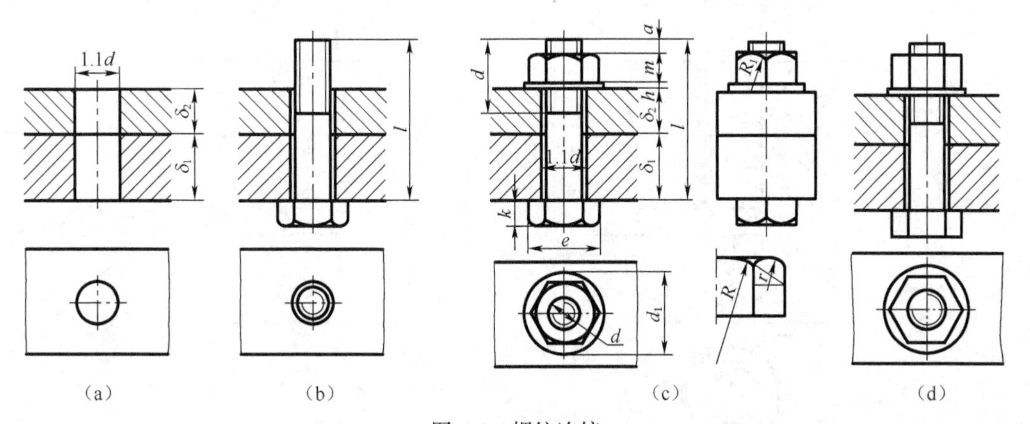

图 6-9 螺纹连接

螺栓连接画图说明如下。

- 为适应连接不同厚度的零件，螺栓有各种长度规格。螺栓公称长度可按下式估算。

$$l=\delta_1+\delta_2+h+m+a$$

式中：δ_1、δ_2 为被连接件的厚度；h 为垫圈厚度；m 为螺母厚度；a 为螺栓伸出螺母的长度，$a=(0.2\sim0.3)d$。

根据上式计算出的螺栓长度，还需从相应的螺栓长度系列中选取与它相近的标准值。

- 被连接件上钻光孔，光孔直径为 1.1d。
- 螺栓的螺杆上，螺纹终止线应低于通孔顶面。垫圈的作用是防止拧紧螺母时损伤被连接件表面。

为作图方便，在装配图中螺栓连接也可用图 6-9（d）所示的简化画法。

② 双头螺柱连接

当两被连接件之一较厚，或不允许钻成通孔而难于采用螺栓连接，或因拆装频繁，而不宜采用螺钉连接时，可采用螺柱连接，如图 6-10（a）所示。

螺柱的两端都制有螺纹，连接前，先在较厚的零件上加工出螺孔，在较薄的零件上加工出通孔（孔径≈1.1d），如图 6-10（b）所示；然后将双头螺柱的一端（旋入端）旋紧在螺孔内，如图 6-10（c）所示；再在双头螺柱的另一端（紧固端）套上带通孔的被连接件，加上垫圈，拧紧螺母，即完成了螺柱连接，如图 6-10（d）所示。

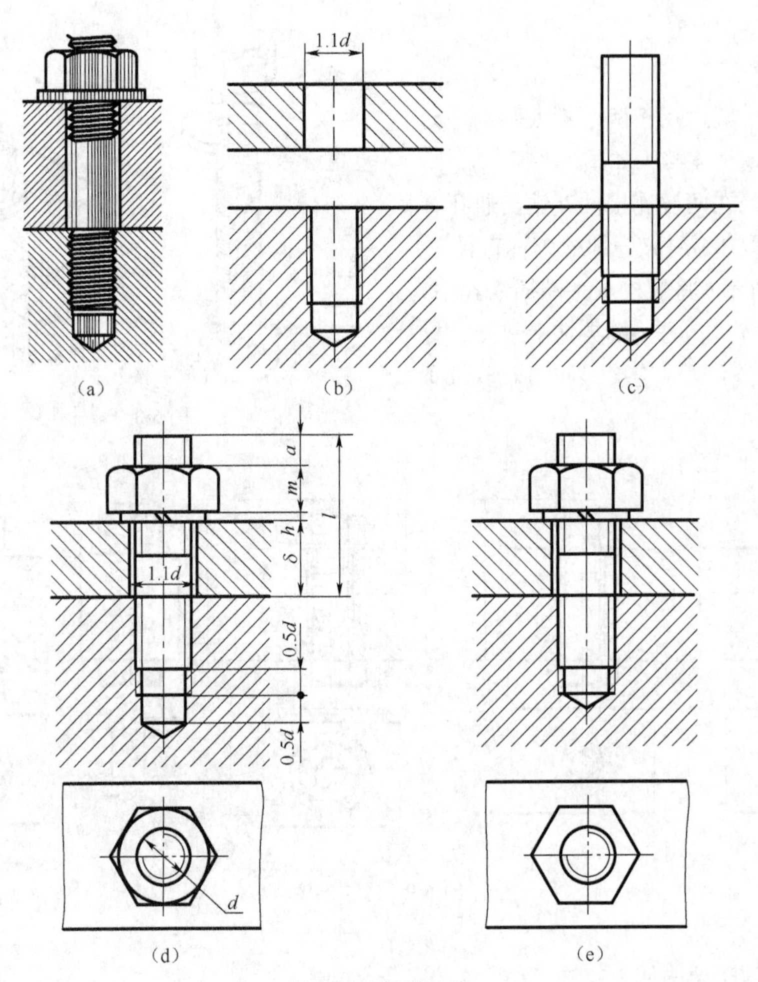

图 6-10　螺柱连接

画图注意事项如下。

- 双头螺柱旋入端长度，如图 6-11 所示。

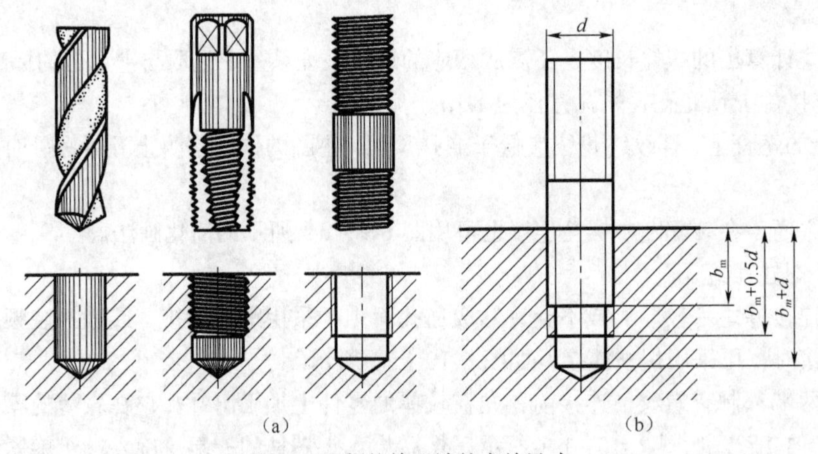

图 6-11　螺柱旋入端的有关尺寸

旋入端长度 b_m 与被旋入零件的材料有关（钢或青铜 $b_m=d$，铸铁 $b_m=1.25d$，铝 $b_m=2d$），其数值可在附表中查出。机体上螺孔的深度应大于螺柱旋入端长度 b_m，一般取为 $b_m+0.5d$；钻孔深度取 b_m+d。

- 螺柱的公称长度 l，可通过计算选定：

$$l=\delta+h+m+a$$

式中：δ为通孔零件厚度；h 为垫圈厚度；m 为螺母厚度；a 为螺柱伸出螺母的长度，取 $a\approx(0.2\sim0.3)d$。

根据上式计算出的螺柱长度，还需根据螺柱的标准长度系列，选用与它相近的标准值。

- 连接图中，螺柱旋入端的螺纹终止线应与两零件的结合面对齐，表示旋入端全部旋入，足够拧紧。
- 弹簧垫圈用于防松，外径比普通垫圈小，以保证紧压在螺母底面范围之内。弹簧垫圈开槽方向应是阻止螺母松动方向，在图中应画成与垫圈端面线成 60° 向左上倾斜的两条线（或一条加粗线），两线间距为 m，其作图比例如表 6-6 所示。
- 在装配图中，螺柱连接可采用图 6-10（e）所示的简化画法，螺孔中的钻孔深度也省去不画。

③ 螺钉连接

螺钉按用途分为连接螺钉和紧定螺钉两类。

连接螺钉一般用于受力不大而又不经常拆卸的连接，尤其是适用于被连接件之一厚度较大，不宜制成通孔的情况，如图 6-12（a）所示。

连接时，较厚的零件加工出螺孔，较薄的零件加工出通孔，如图 6-12（b）所示。

画图时注意螺纹终止线应高于螺孔的端面，表示螺钉有拧紧的余地，以保证连接紧固；螺钉头部的一字槽和十字槽的投影，在俯视图上，应画成与中心线成 45°（一字槽的方向是由左下向右上）。

螺钉连接同样可采用比例画法，图 6-12（c）所示为圆柱头螺钉连接的比例画法，图 6-12（d）为沉头螺钉连接的比例画法。

为简化作图，可将螺钉的螺杆全部画成螺纹；主视图上的钻孔深度也省略不画，仅按螺纹深度画出；螺钉头部的开槽也采用加粗的粗实线（约 2b）简化表示，如图 6-12（d）所示。

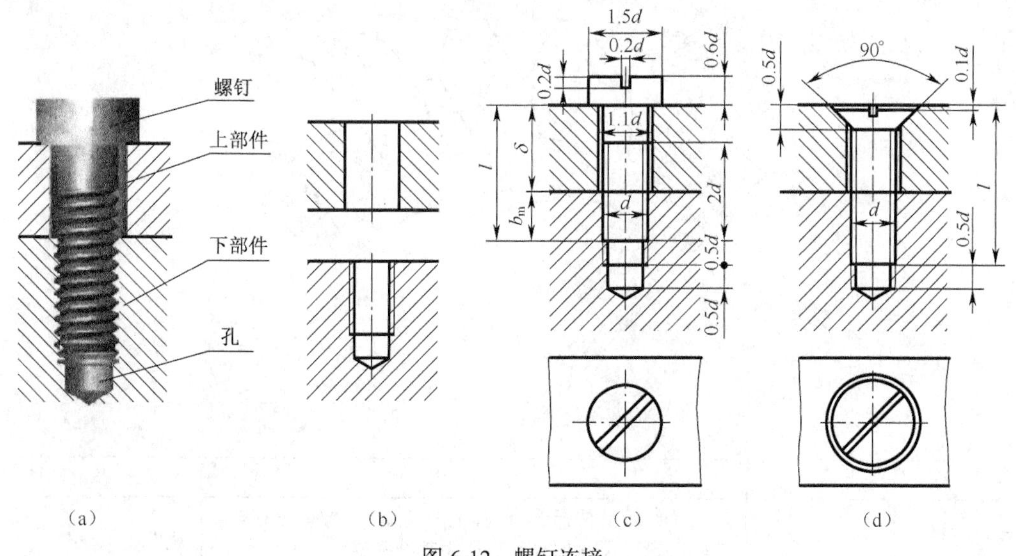

图 6-12　螺钉连接

紧定螺钉用来固定两零件的相对位置，使它们之间不产生相对运动。如图 6-13 所示，欲将轴、轮固定在一起，可先在轮毂的适当位置加工出螺孔，然后将轮、轴装配在一起，以螺孔为导向，在轴上钻出锥坑，最后拧入紧定螺钉，即可限定轮、轴的相对位置，使其不产生轴向相对运动。

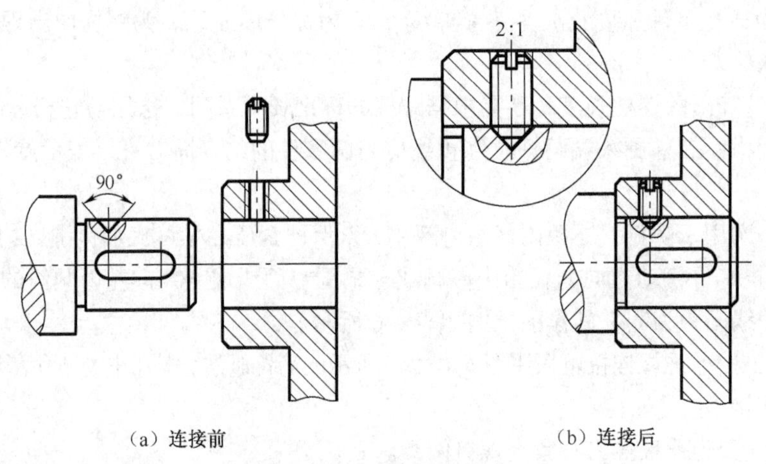

（a）连接前　　（b）连接后

图 6-13　紧定螺钉连接

6.1.2　齿轮表示法

齿轮是机械传动中广泛应用的传动零件，它可以用来传递动力、改变转动方向和速度以及改变运动方式等，但必须成对使用。

1. 标准外啮合直齿圆柱齿轮的几何要素及尺寸关系

表 6-7　　标准外啮合直齿圆柱齿轮的几何要素及尺寸关系

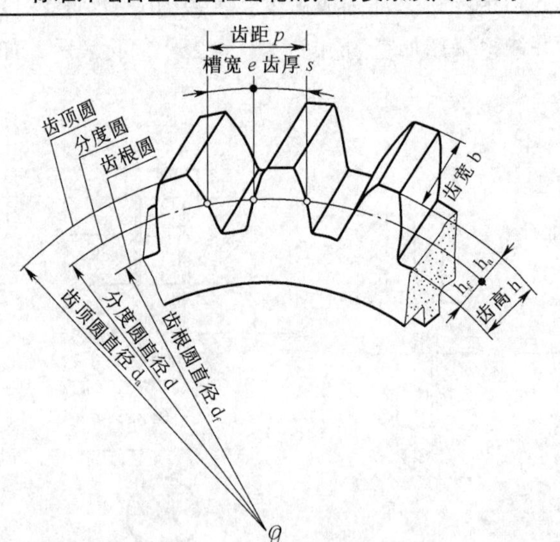

名　称	代　号	说　明	计算公式
分度圆直径	d	一个约定的假想圆，该圆上的齿厚 s 与槽宽 e 相等。齿轮的轮齿尺寸均以此直径为基准确定	$d=mz$

续表

名　称	代　号	说　明	计算公式
齿顶圆直径	d_a	通过齿轮齿顶部的圆的直径	$d_a=d+2m=m(z+2)$
齿根圆直径	d_f	通过齿轮齿根部的圆的直径	$d_f=d-2.5m=m(z-2.5)$
齿顶高	h_a	齿顶圆与分度圆之间的径向距离	$h_a=m$
齿根高	h_f	齿根圆与分度圆之间的径向距离	$h_f=1.25m$
全齿高	h	齿顶圆与齿根圆之间的径向距离	$h=h_a+h_f=2.25m$
齿厚	s	一个齿的两侧齿轮廓之间的分度圆弧长	$S=\pi m/2$
槽宽	e	一个齿槽的两侧齿廓之间的分度圆弧长	$e=\pi m/2$
齿距	p	相邻两齿的同侧齿廓间的分度圆弧长	$p=\pi m$
齿数	z	一个齿轮的轮齿总数	
齿宽	b	齿轮轮齿的轴向距离	
模数	m	设计齿轮的重要参数。模数大，齿距大，齿厚、齿高也随之增大，齿轮的承载能力增大	
中心距	a	两圆柱齿轮之间的最短距离	$a=m\ (z_1+z_2)/2$

2. 圆柱齿轮的画法规定

（1）单个圆柱齿轮的画法

对于单个齿轮，一般用两个视图表达，或用一个视图加一个局部视图表达，如图 6-14 所示。通常将平行于齿轮轴线的视图画成剖视图。

齿轮的规定画法如图 6-14 所示，轮齿部分的齿顶圆和齿顶线用粗实线绘制；分度圆和分度线用细点画线绘制；齿根圆和齿根线用细实线绘制，如图 6-14（b）所示，也可省略不画。在剖视图中，当剖切平面通过齿轮的轴线时，轮齿一律按不剖处理，齿根线用粗实线绘制，如图 6-13（c）所示。

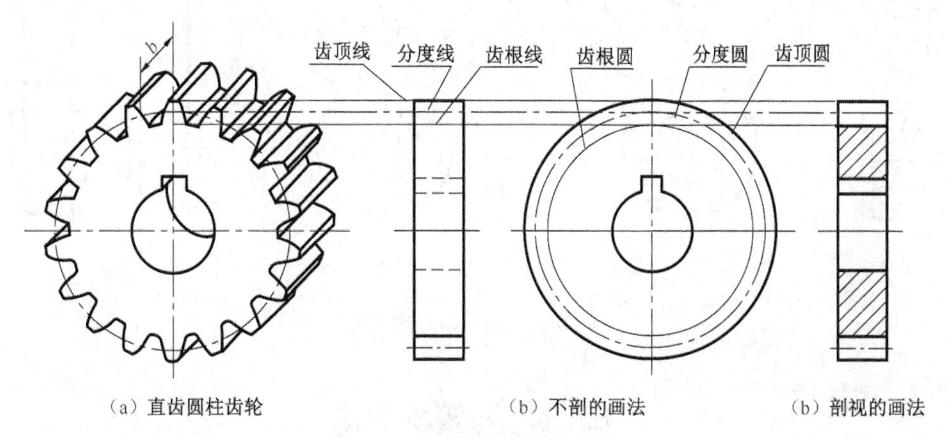

（a）直齿圆柱齿轮　　（b）不剖的画法　　（b）剖视的画法

图 6-14　直齿圆柱齿轮的画法

圆柱齿轮齿形的表示方法为：直齿轮不做任何标记；若为斜齿或人字齿，可用三条与齿线方向一致的细实线表示齿线的形状，如图 6-15 所示。

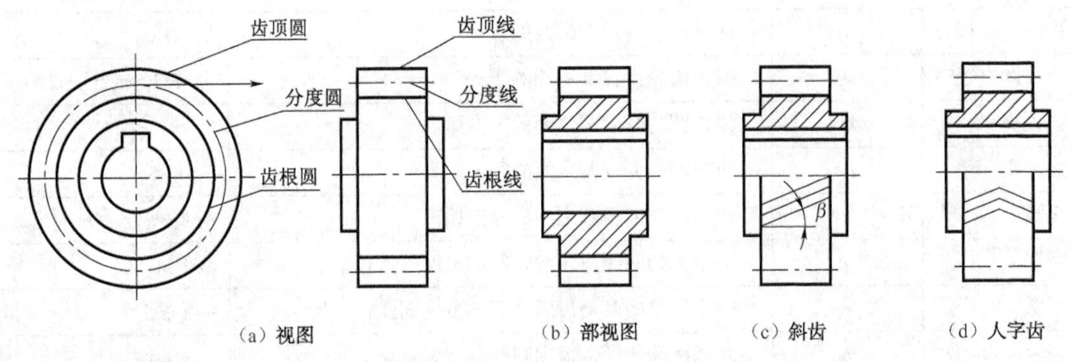

图 6-15　圆柱齿轮齿形的表示

（2）齿轮副的啮合画法

在垂直于齿轮轴线的视图中，它们的分度圆（啮合时称节圆）成相切关系。啮合区内的齿顶圆有两种画法，一种是将两齿顶圆用粗实线完整画出，如图 6-16（a）所示。另一种是将啮合区内的齿顶圆省略不画，如图 6-16（b）所示，节圆用细点画线绘制。

在平行于齿轮轴线的视图中，啮合区的齿顶线不需画出，节线用粗实线绘制，如图 6-15（c）所示。剖视图中，当剖切平面通过两啮合齿轮的轴线时，在啮合区内，主动齿轮的轮齿用粗实线绘制，从动齿轮的轮齿被遮挡的部分用虚线绘制，如图 6-16（a）所示，也可省略不画。

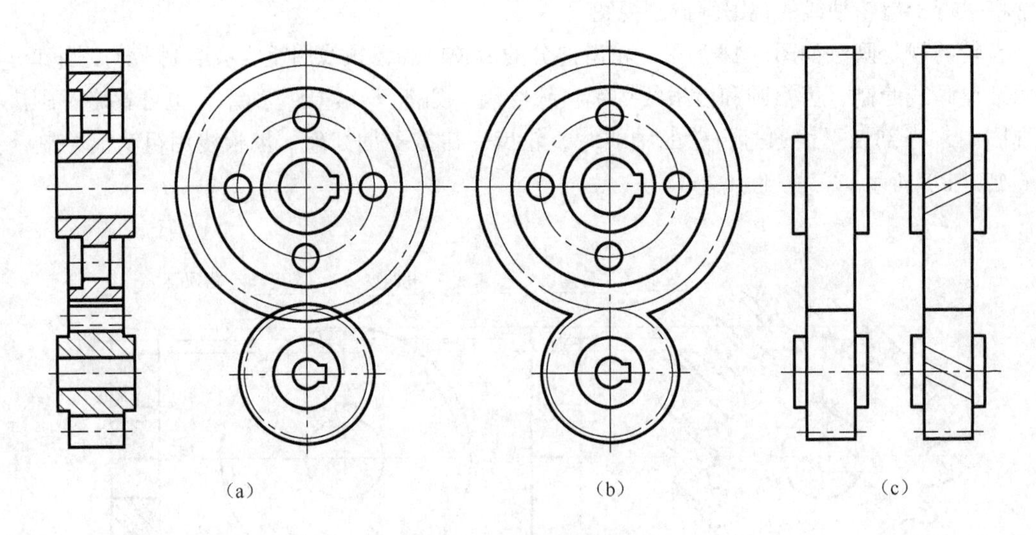

图 6-16　齿轮啮合的画法

6.1.3　弹簧表示法

弹簧主要用于减震、夹紧、储存能量和测力等方面，弹簧的特点是在弹性变形范围内，去掉外力后能立即恢复原状。常见的弹簧如图 6-17 所示。

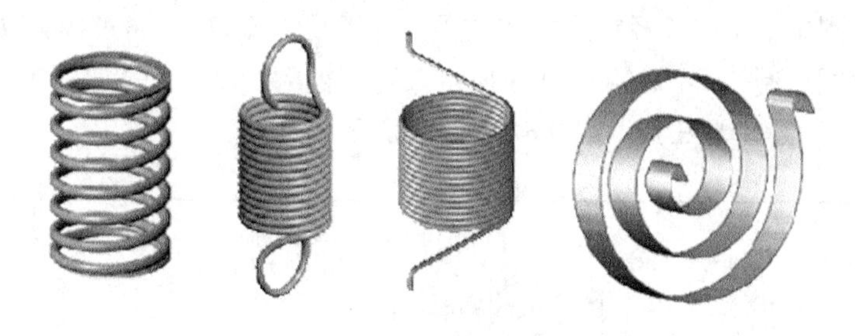

（a）压缩弹簧 （b）拉伸弹簧 （c）扭转弹簧 （d）平面涡卷弹簧

图 6-17 弹簧的分类

1. 圆柱螺旋弹簧的表示法

螺旋弹簧的真实投影较复杂，因此国家标准（GB/T 4459.4—2003）规定了弹簧的画法。如图 6-18 所示，圆柱螺旋弹簧可画成视图、剖视图和示意图。画图时有以下规定。

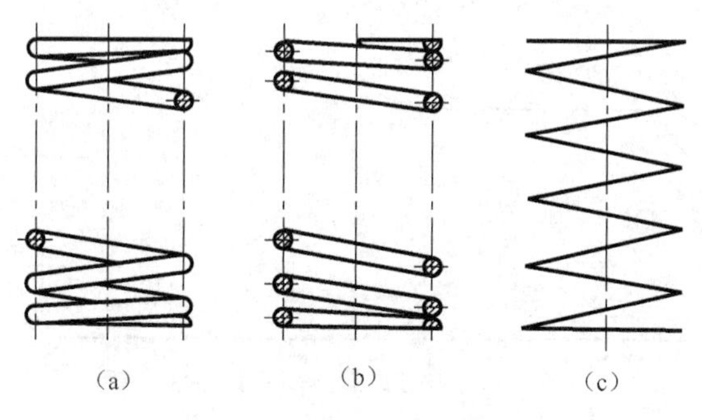

（a） （b） （c）

图 6-18 螺纹弹簧的画法

（1）圆柱螺旋弹簧在平行于轴线的投影面上的图形（轴向投影）其各圈的轮廓应画成直线；

（2）有效圈在 4 圈以上的螺旋弹簧，允许每端只画两圈（支承圈除外），中间各圈可省略不画，只用通过弹簧材料断面中心的两条点画线将两端连起来，且可适当缩短图形长度。

（3）右旋弹簧或旋向不作规定的螺旋弹簧，在图上画成右旋，左旋弹簧允许画成右旋，但左旋弹簧不论画成左旋或右旋一律要在图上标注“LH”。

（4）圆柱压缩弹簧不论支承圈数多少，均按支承圈数为 2.5 圈的形式绘制。必要时，也可按支承圈的实际情况绘制。

如图 6-19 所示为圆柱螺旋压缩弹簧的零件图，在主视图上方用斜线表示外力与弹簧变形之间的关系，代号 F_1、F_2 为工作负荷，F_j 为极限负荷。

2. 在装配图中的画法

根据国家标准，弹簧在装配图中的画法应遵守以下规定。

（1）在装配图中，被弹簧挡住的结构一般不画出，可见部分应从弹簧的外轮廓线或从弹簧钢丝剖面中心画起，如图 6-20（a）所示。

（2）在装配图中，型材直径或厚度在图形上等于或小于 2mm 的螺旋弹簧、蝶形弹簧、片弹簧允许用示意图绘制，如图 6-20（b）所示。弹簧被剖切时，剖面直径或厚度在图形上等于或小于 2mm 时也可用涂黑表示，如图 6-20（c）所示。

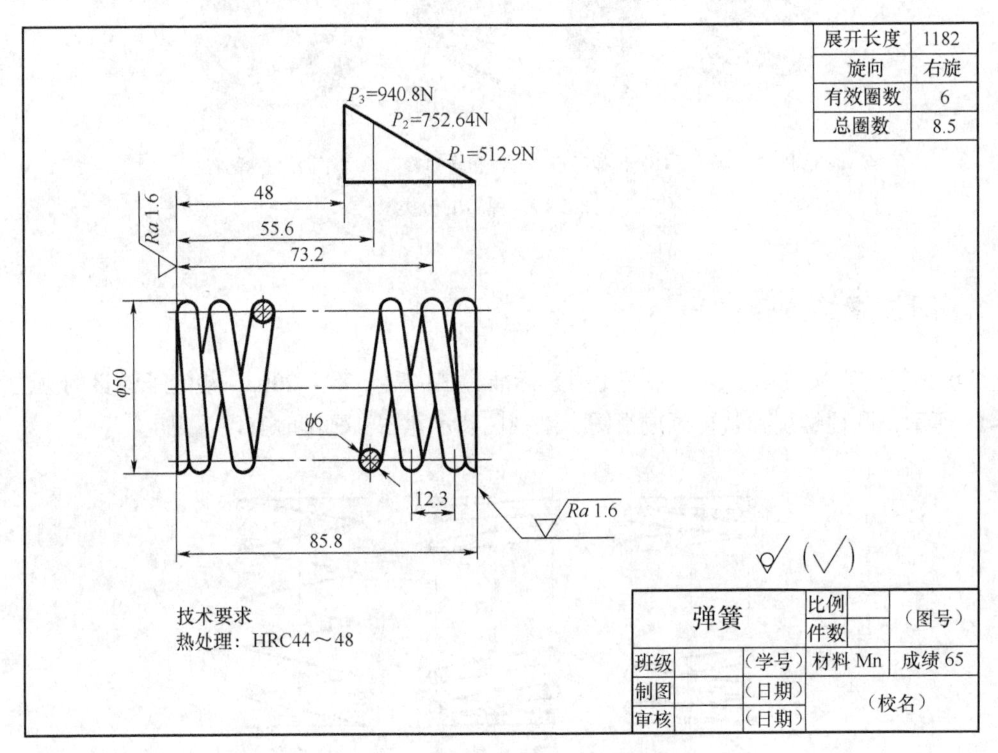

图 6-19 圆柱螺旋压缩弹簧零件图

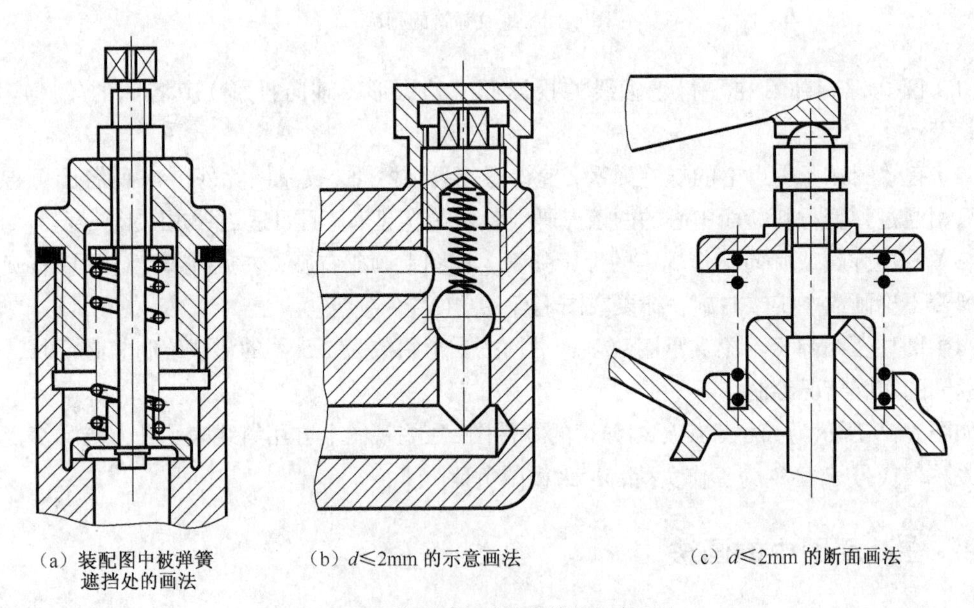

（a）装配图中被弹簧遮挡处的画法　（b）d≤2mm 的示意画法　（c）d≤2mm 的断面画法

图 6-20 装配图中螺旋弹簧的规定画法

6.1.4 键、销连接

1. 键连接

键主要用于轴和轴上零件（如齿轮、带轮）的周向连接，以传递扭矩。如图 6-21 所示，在被连接的轴上和轮毂孔中制出键槽，先将键钳入轴上的键槽内，再对准轮毂孔中的键槽（该键槽是穿通的），将它们装配在一起，便可达到连接目的。

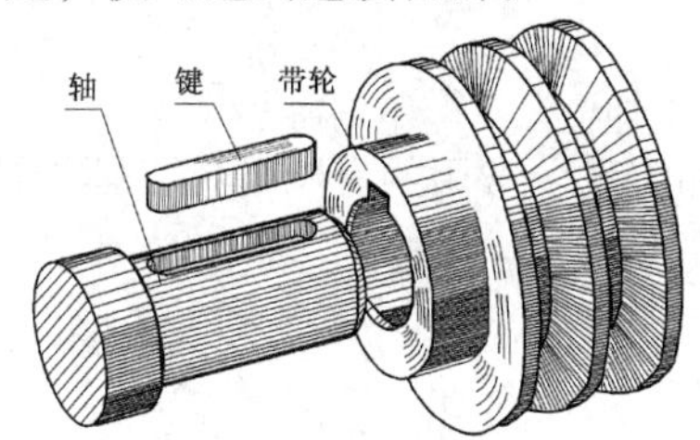

图 6-21 键与键槽

（1）普通平键的标记

例如：键 18 × 100 GB/T 1096 − 2003

表示键宽 b=18mm，键长 L = 100mm，通过查附录表可知是键高 h=11mm 的 A 型普通平键（普通平键分 A、B、C 三种，A 型键可不标注“A”，B、C 型键要标注“B”或“C”，如“键 B18 × 100 GB/T 1096 − 2003”）。

（2）键槽的画法及尺寸标注

因为键是标准件，所以一般不必画出它的零件图。但要画出零件上与键相配合键槽的视图。键槽有轴上的键槽和轮毂上的键槽。键槽的宽度 b 可根据轴的直径 d 查表确定，轴上的槽深 t 和轮毂上的槽深 t_1 可从键的标准中查得，键的长度 L 应小于或等于轮毂的长度。键槽的画法及尺寸标注如图 6-22 所示。

图中：b—键宽；h—键高；t—轴上键槽深度；d-t—轴上键槽深度的表示；t_1—轮毂上键槽深度；d+t—轮毂上键槽深度的表示。

以上代号的数值，均可根据轴的公称直径 d 从相应标准中查出

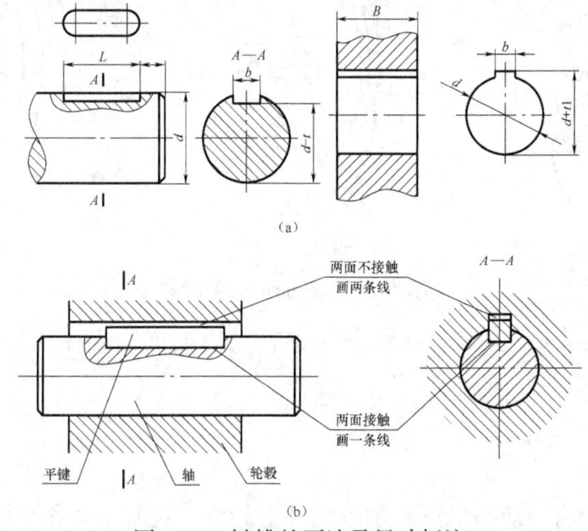

图 6-22 键槽的画法及尺寸标注

（3）键连接画法

键连接画法如图 6-22 所示。主视图中键被剖切面纵向剖切，键按不剖处理，为了表示键在轴上的装配情况，采用了局部剖视。左视图上键被横向剖切，键要画剖面线（剖面线的方向或间隔要与相邻零件区分）。

由于键侧面为工作面，分别与轴的键槽和轮毂键槽两个侧面接触，键的底面与轴的键槽底面接触，故均画一条线。而键的顶面不与轮毂键槽底面接触，有一定间隙，故要画两条线。键的倒角或圆角可省略不画。

2. 销连接

销主要用于零件间的连接和定位。常用的有圆柱销、圆锥销和开口销等。销是标准件，其结构、标记和尺寸可从相应的标准中查得，其连接画法如图 6-23 所示。

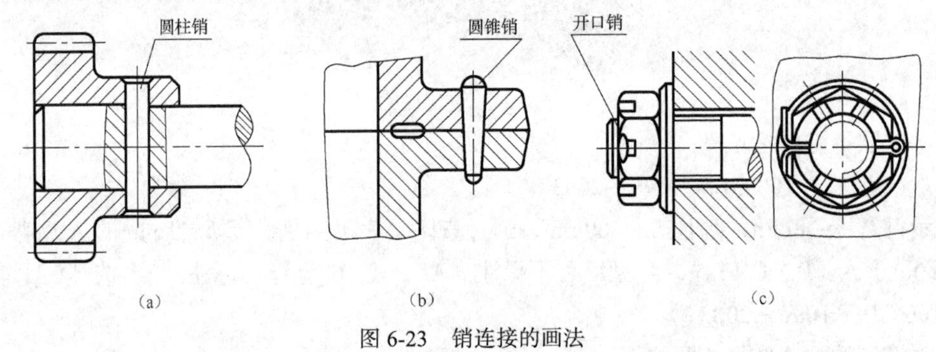

图 6-23　销连接的画法

6.1.5　滚动轴承表示法

在机器中，滚动轴承是用来支撑轴的标准件。它一般由外圈、内圈、滚动体和隔离圈（或叫保持架）等零件组成。滚动轴承的类型很多，常用的主要有深沟球轴承、圆锥滚子轴承和推力轴承，如图 6-24 所示。

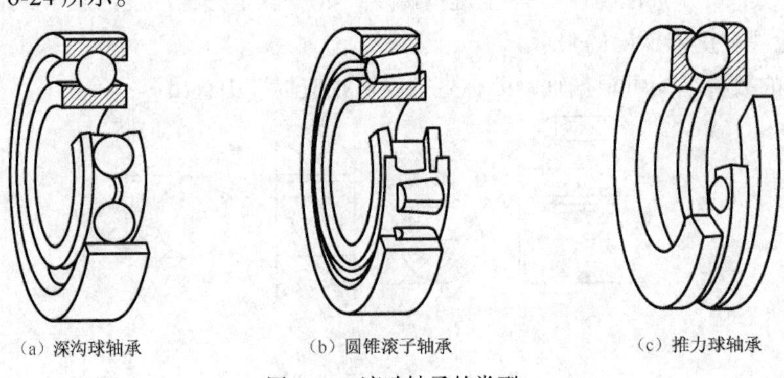

（a）深沟球轴承　（b）圆锥滚子轴承　（c）推力球轴承

图 6-24　滚动轴承的类型

国家标准规定，滚动轴承的表示法包括 3 种画法，即通用画法、特征画法和规定画法，前两种画法又称简化画法。

1. 通用画法

在剖视图中，当不需确切地表示滚动轴承的外形轮廓、载荷特性和结构特征时，可用如图 6-25

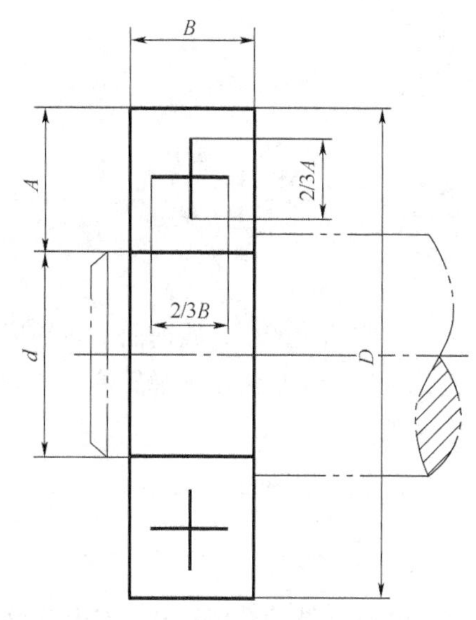

图 6-25 滚动轴承的通用画法

所示的通用画法绘制。其画法是用矩形线框及位于中央正立的十字形符号表示，矩形框和十字符号的线型均为粗实线。画图时需从相应的标准中取得图中所标的 D、d、B 和 A 4 个尺寸。

2. 特征画法和规定画法

如需较形象地表示滚动轴承的结构特征和载荷特性，可采用特征画法。必要时，还可用规定画法绘制。现将特征画法、规定画法及其在装配图中的画法列于表 6-8 中。在特征画法中，其框内长的粗实线符号表示滚动体的滚动轴线（调心轴承要用圆弧），短的粗实线符号表示滚动体的列数和位置（单列画一根短粗实线，双列画两根）。在规定画法中，滚动体不画剖面线，各圈套上可画成方向和间隔一致的的剖面线，也允许省略不画。

表 6-8 常用滚动轴承名称、类型、画法

轴承名称、类型及标准号	类型代号	查表主要数据	规定画法	特征画法	装配示意图
深沟球轴承 GB/T276—1994	6	D、d、B			
圆锥滚子轴承 GB/T297—1994	3	D、d、B、T、C			
推力球轴承 GB/T301—1995	5	D、d、T			

6.2 零件的视图选择及表达方案

在实际生产中，除前面所述的标准件（如螺栓、螺母、键、销等）不需要绘制零件图外，其他常用件（如齿轮、弹簧等）和一般零件都需要画出它们的零件图，并根据零件图的要求制造零件。

6.2.1 零件图概述

表达零件的结构形状、大小及技术要求的图样，称为零件工作图（简称零件图）。它是指导制造零件的重要的技术文件，是检验零件是否合格的依据。

一张完整的零件图，一般应当包括以下内容，如图 6-26 所示。

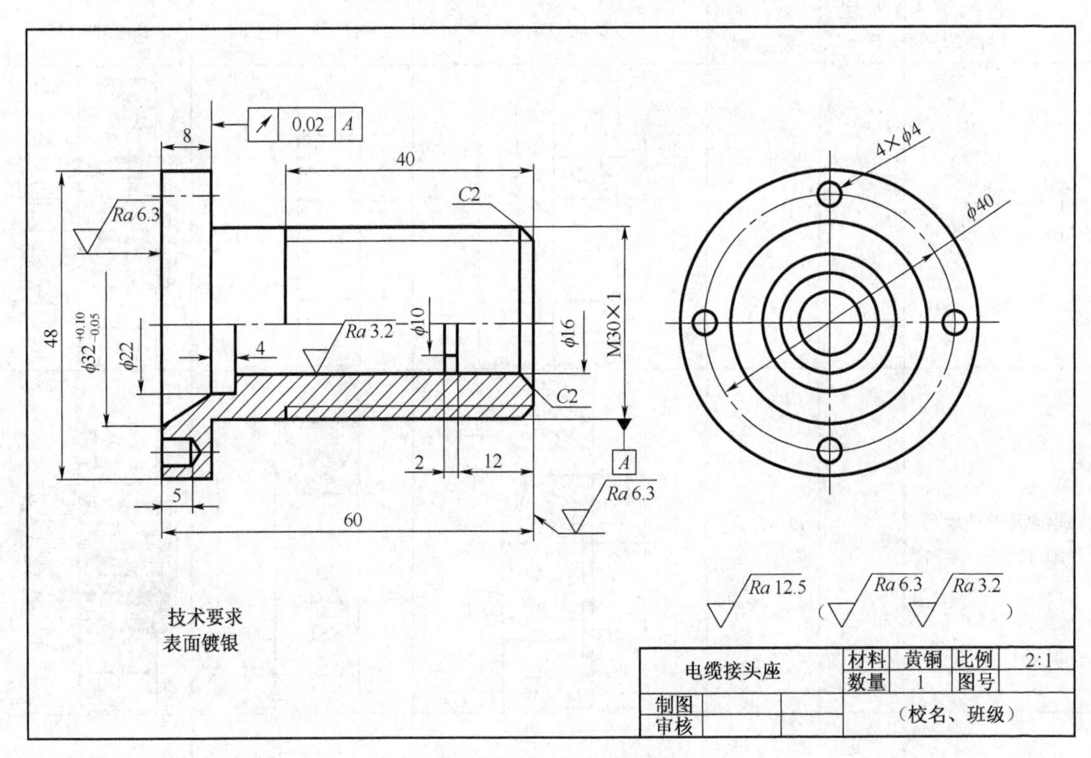

图 6-26　电缆接头座零件图

（1）图形。用适当的表示法，将零件各部分结构和形状完整而清晰地表达出来的一组图形。

（2）尺寸。能够确定零件形状、结构大小和相对位置的全部尺寸。

（3）技术要求。用规定的代号或文字注写零件在制造、检验和使用时应达到的各项技术指标。

（4）标题栏。说明零件名称、材料、图样代号、比例、日期及必要的签名等内容。

6.2.2 零件的视图选择及表达方案

零件的视图是零件图中的重要内容之一，必须使零件上每一部分的结构形状和位置都表达完整、正确、清晰，并符合设计和制造要求，且便于画图和看图。要达到上述要求，在画零件图的视图时，应灵活运用前面学过的视图、剖视、断面以及简化和规定画法等表达方法，选择一组恰当的图形来表达零件的形状和结构。

1. 主视图的选择

主视图是零件的视图中最重要的视图，选择零件图的主视图时，一般应从零件的形体特征和零件的摆放位置两方面来考虑。

（1）选择主视图的投射方向

所选择的投射方向应最能反映零件的形状特征。如图 6-27 所示可分别用 *A*、*B*、*C* 方向作为主视图的投射方向，但比较一下就会得出，选择 *A* 方向比较好，最能反映该零件的主要形状特征。

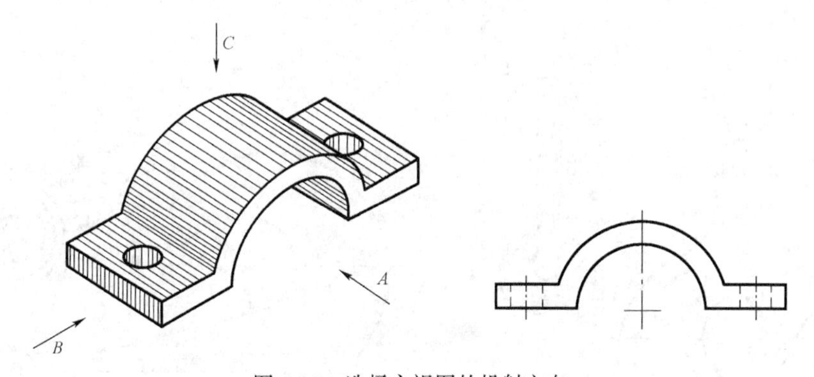

图 6-27　选择主视图的投射方向

（2）选择主视图的位置

当零件主视图的投射方向确定以后，还需确定主视图的位置。所谓主视图的位置，即是零件的摆放位置。一般分别从以下几个原则来考虑。

① 加工位置原则。如图 6-28 所示轴，它的形状基本上是由几段直径不同的圆柱体构成的。该零件的主要加工方法是车削，有些重要表面还要在磨床上进一步加工。为了便于工人对照图样进行加工，故一般按零件在机械加工中所处的位置作为主视图的位置。

② 工作位置原则。主视图的选择，应尽量符合零件在机器或设备上的安装位置，以便于读图时将零件和整台机器或设备联系起来，想象其功用及工作情况，在装配时，也便于直接对照图样进行装配。

如图 6-29 所示，吊车上的吊钩和汽车上的前拖钩虽然结构相似，但由于它们的工作位置和安装位置不同，所以根据它们的工作位置、安装位置和形状特征选定的主视图也就不一样。

2. 其他视图的选择

主视图确定后，选择其他视图要力求“少而精”。即用较少的视图，反映主视图尚未表达清楚的结构形状。具体选择时，应注意以下几点。

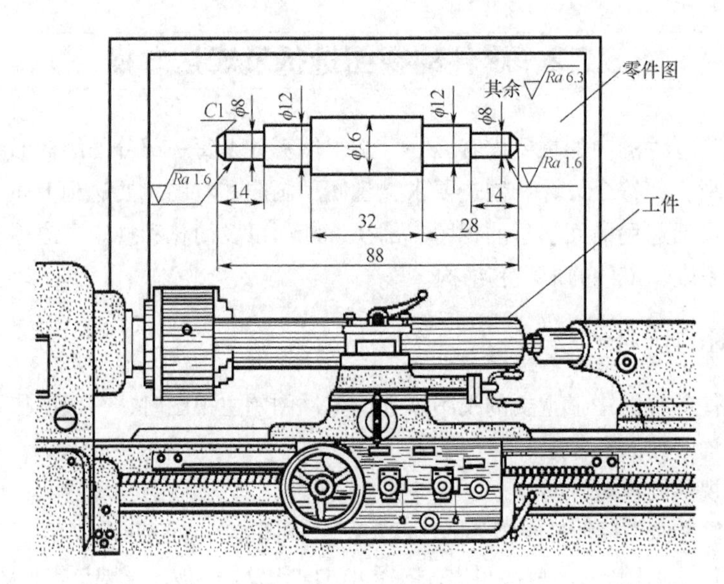

图 6-28　轴

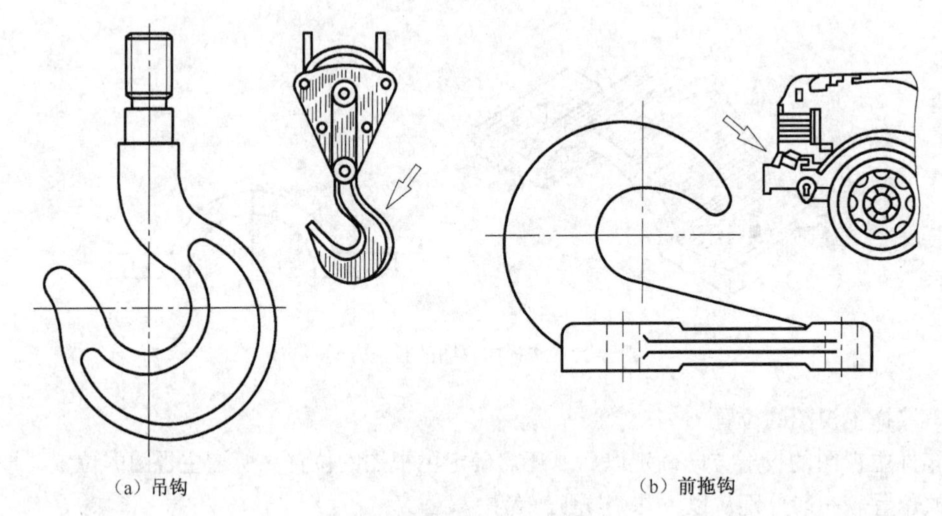

（a）吊钩　（b）前拖钩

图 6-29　吊钩与前拖钩

（1）零件的主要组成部分，应优先考虑用基本视图以及在基本视图上作剖视。

（2）根据零件的复杂程度和内外结构，全面考虑所需视图的数量，使每个视图各有其表达重点。

（3）尽量少用虚线来表达零件的结构形状。只有当不影响视图清晰又能减少视图数量时，才可以用少量细虚线。

3. 零件的表达方案

零件在机器中的作用不同，其结构形状也各不相同。因此，零件图的表达方案也必须随之而变。现将零件大致分为回转类、非回转类和特殊类 3 种情况，分析其表达方案的特点。

（1）回转类零件

回转类零件包括轴、套、轮、盘等。这类零件的主要结构是由回转体构成，根据其作用不同，其上还有一些其他结构，如肋、轮辐、键槽、销孔、螺纹等要素。这类零件的主要加工工序是在车床、磨床上进行的，所以，其主视图通常将其轴线水平放置，以方便加工时看图。根据结构不同，可在主视图的基础上，再配以剖视图、断面图、局部放大图、局部视图等来表达，如图 6-30 所示。

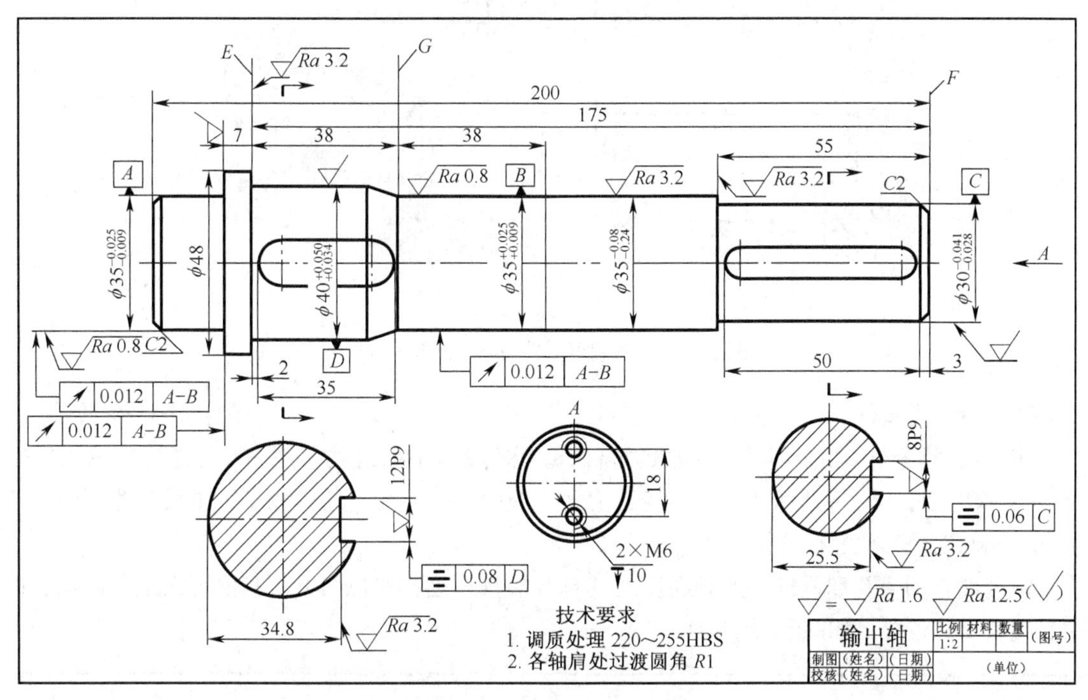

图 6-30 回转类零件的表达方案

（2）非回转类零件

这类零件种类繁多，包括叉架、箱体类零件等。它们的结构形状比较复杂，很不规则。加工位置多变，因此，在选择主视图时，主要考虑形状特征或工作位置，如图 6-31 所示。

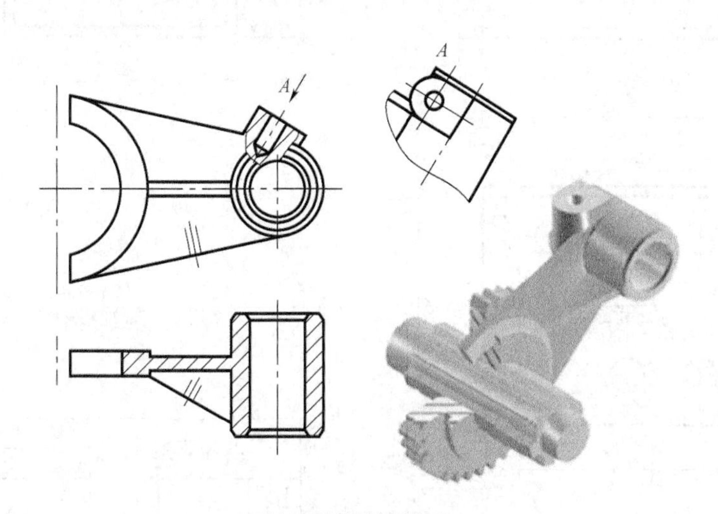

（a）叉架类零件的视图选择

图 6-31 非回转类零件的表达方案

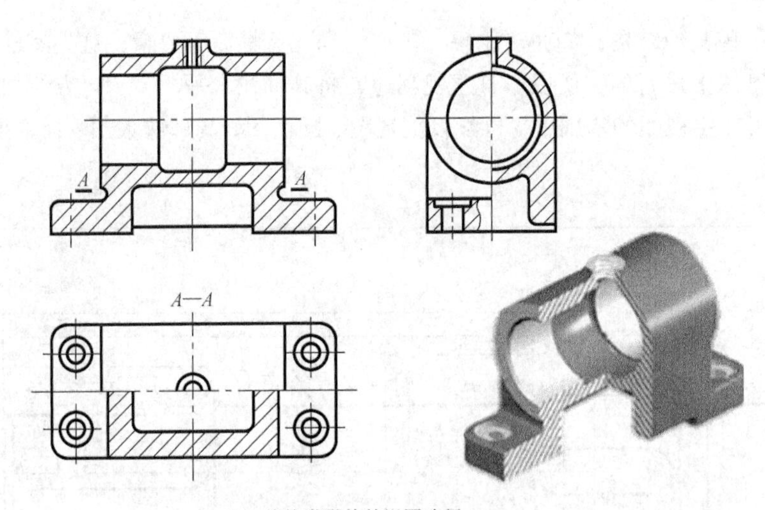

（b）箱体类零件的视图选择

图 6-31　非回转类零件的表达方案（续）

（3）特殊类零件

① 钣金类零件。用金属薄板制成的零件，统称为钣金件。这类零件一般是通过剪裁、冲压、焊接等方法成型。弯折处都有一定半径的圆角，板面上的通孔、通槽较多，主要是为了便于安装电器元件以及其他零件连接。

钣金件上的通孔和通槽一般画在反映其真实形状和位置的视图上，其他视图上仅画出孔的中心线表示其位置，如图 6-32 所示。

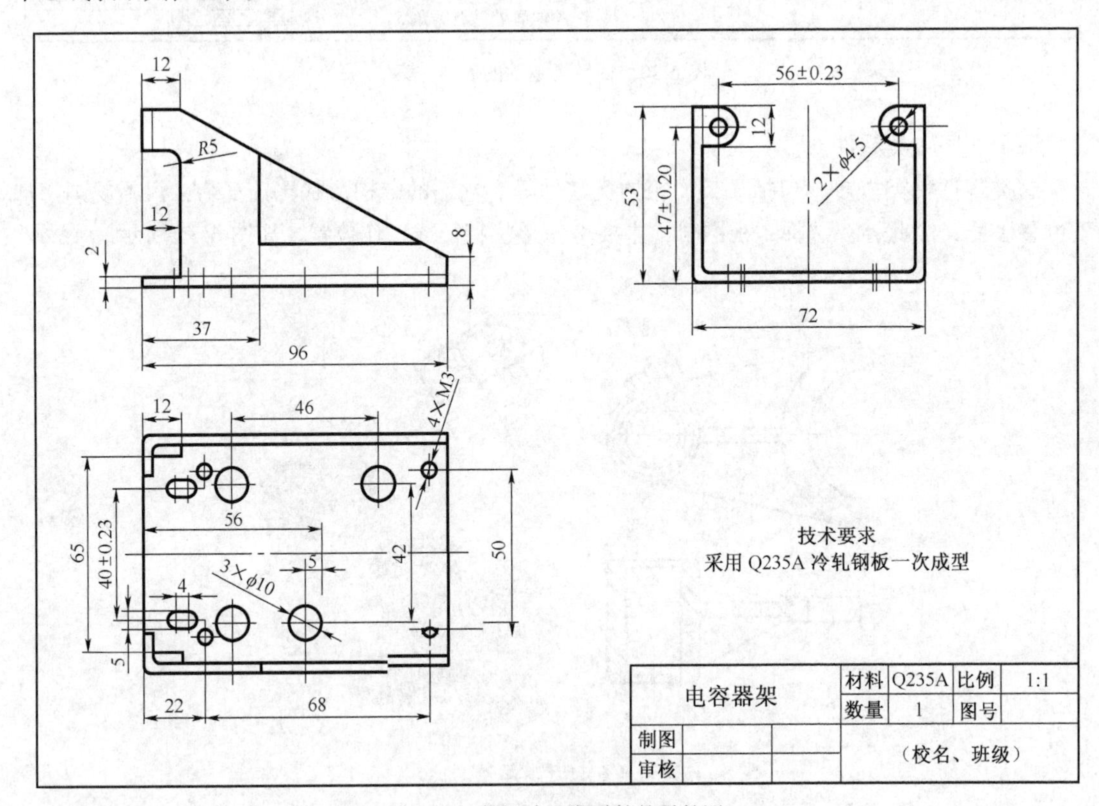

图 6-32　薄板冲压类零件的零件图

钣金件常用展开图表达，可画整体展开也可画局部展开，在展开图的上方，必须标注“展开”字样，在展开图中弯折线用细双点画线表示。若零件形状简单，展开图可与基本视图结合起来，如图 6-33 所示。

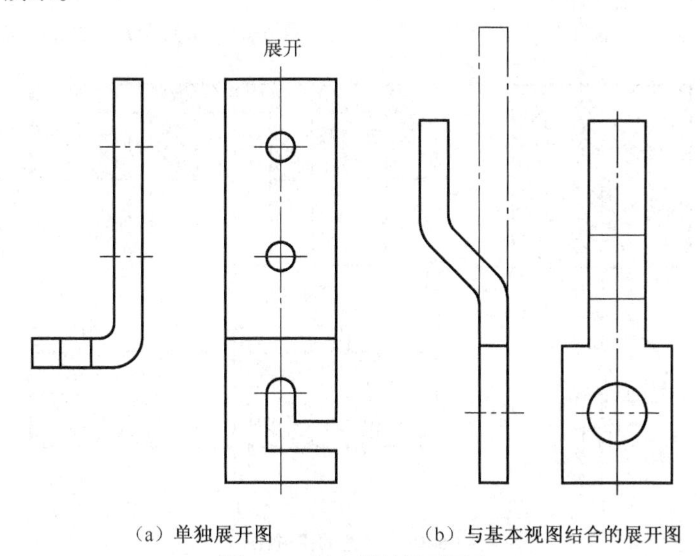

（a）单独展开图　　（b）与基本视图结合的展开图

图 6-33　钣金件的展开画法

② 塑料金属嵌件。为延长塑料零件的使用寿命，提高零件强度或满足一些特殊要求，在经常拆卸或有特殊要求的部位镶嵌金属零件。这类零件的表达特点如图 6-34 所示。图中塑料件的剖面符号用网格表示。

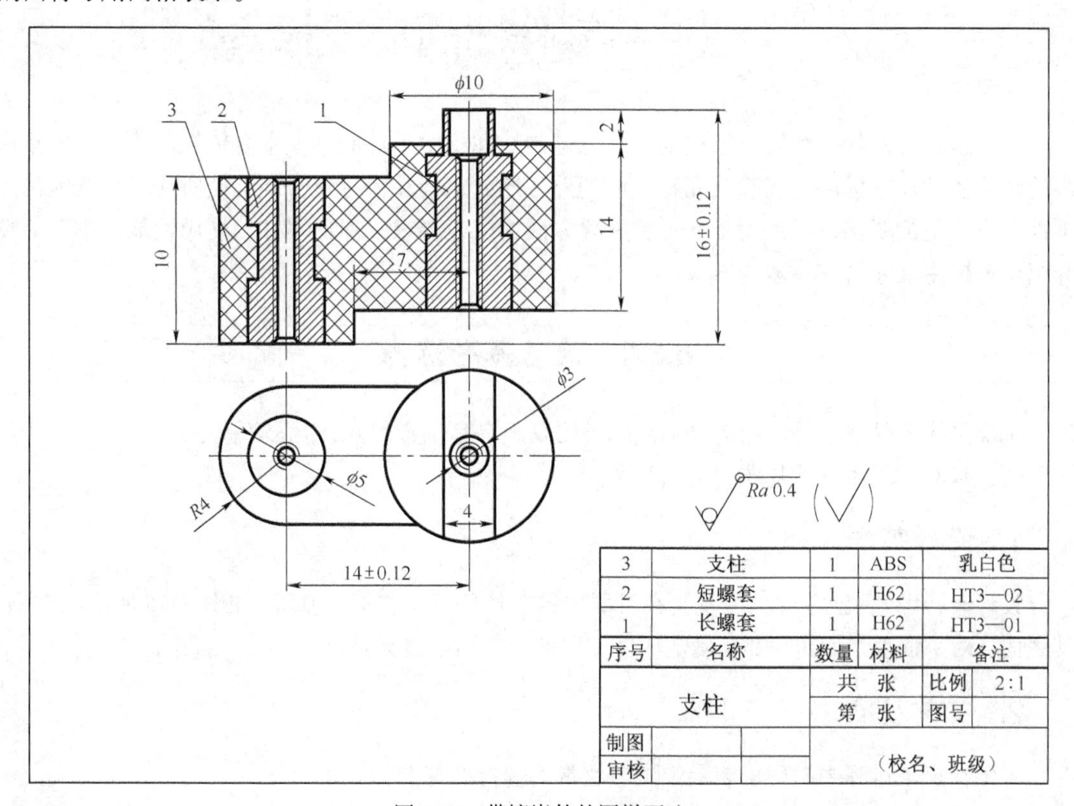

图 6-34　带镶嵌件的图样画法

为使金属嵌件在使用中不从塑料基体内松脱，对不承受扭矩的圆柱形、圆筒形金属嵌件，在外部应设置环形槽，如图 6-35（a）所示；对承受扭矩的圆柱形、圆筒形金属嵌件，除设置环形槽外，还应设置直纹滚花，如图 6-35（b）所示；对片状嵌件，应设置凹槽、孔或弯头，如图 6-35（c）所示；对细杆状嵌件应设置弯头、凸梗或弯曲等形状，如图 6-35（d）所示。

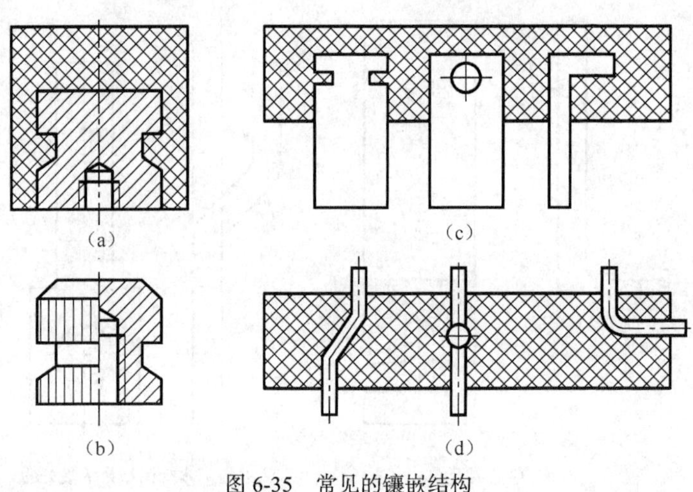

图 6-35 常见的镶嵌结构

6.3 零件图的尺寸标注

尺寸是零件图的一个重要组成部分，也是制造和检验零件的一项主要依据，除了第 4 章所讲的组合体的尺寸标注要正确、完整、清晰外，还要求标注得尽量合理，使所注尺寸既能满足零件在设计上的要求，又能满足在加工检验方面的工艺要求，保证零件的使用性能。本节简单介绍合理标注尺寸的一些基本知识。

6.3.1 尺寸基准选择

基准是指零件在设计、制造和测量时，用以确定其位置的几何元素（点、线、面）。由于用途不同，基准可分为设计基准和工艺基准。

1. 设计基准

设计时，用以保证零件功能及其在机器中的工作位置所选择的基准。如图 6-36 所示的泵座，其底面、对称面及后面 *B*，都是确定零件位置的面，均是设计基准。

2. 工艺基准

零件在加工过程中，用于装夹定位、测量而选择的基准。

为保证设计要求，应尽可能使设计基准和工艺基准重合。如图 6-36 所示，零件底面是安装基面，选它作为高度方向尺寸的设计基准，同时底面又是加工距底面 210 孔的工艺基准面，因此底面作为高度方向的主要基准满足了工艺基准与设计基准重合的要求；为了减少误差，保证重要尺寸的精度，除选择主要基准外，可再选择工艺基准为辅助基准，如图 6-36 中所示，选择高为 210 孔的中心线为高度方向辅助基准，以保证两孔中心距 84 ± 0.09 的加工要求。

6.3.2 合理标注尺寸应注意的一些问题

1. 重要尺寸应直接注出

凡设计中的重要尺寸，它们都将直接影响零件的装配精度和使用性能。因此，必须直接注出，如图 6-36 中的 84 ± 0.09 和图 6-37 中和“*k*”和“*a*”所示。

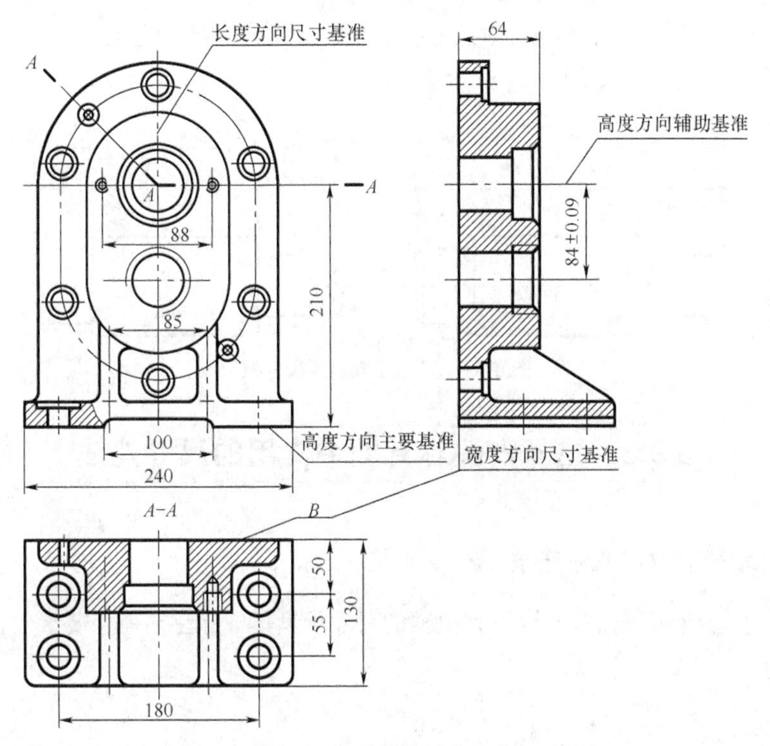

图 6-36 泵座的尺寸基准

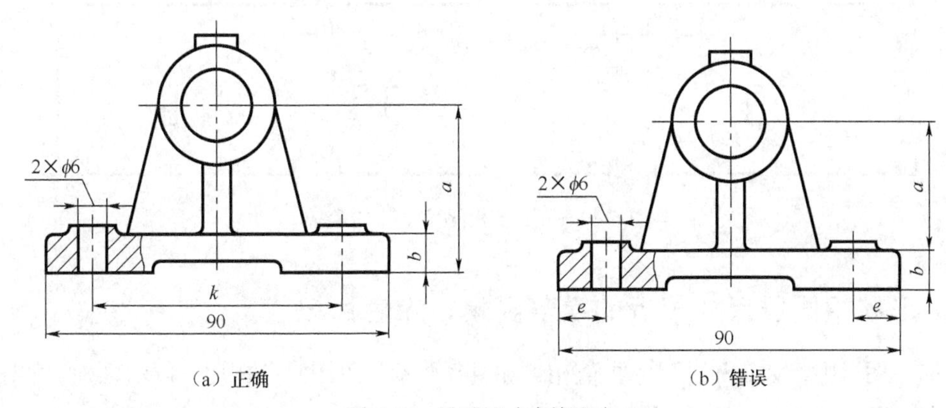

（a）正确 （b）错误

图 6-37 重要尺寸直接注出

2. 标注尺寸应满足工艺要求

在满足零件设计要求的前提下，标注尺寸要尽量符合零件的加工顺序，并便于测量，如图6-38所示。

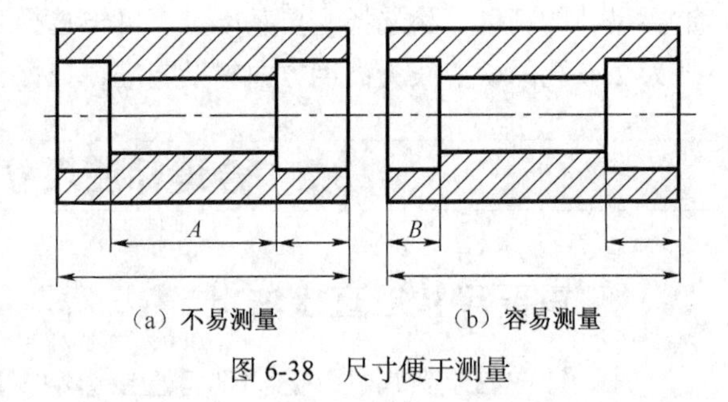

（a）不易测量　　（b）容易测量

图6-38　尺寸便于测量

3. 应避免注成封闭尺寸链

同一方向上的一组尺寸顺序排列时，连成一个封闭回（环）路，其中每一个尺寸均受到其余尺寸的影响，这种尺寸回路，称为尺寸链。尺寸链中的每一个尺寸均称为一个环。

为了保证必须的尺寸精度，通常对尺寸精度要求最低的一环不注尺寸，这样既保证了设计要求，又降低了加工成本，如图6-39所示。

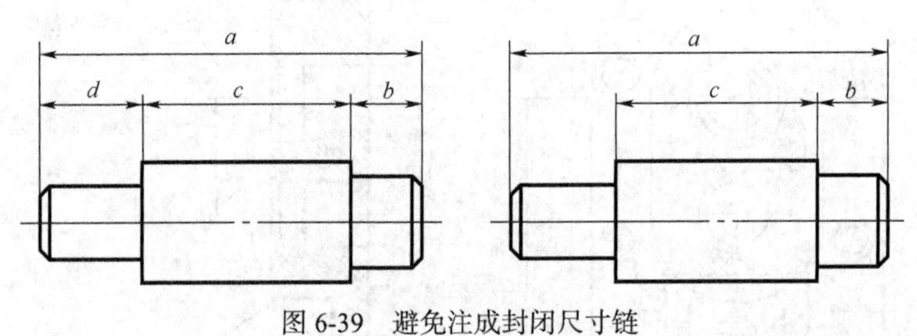

图6-39　避免注成封闭尺寸链

6.3.3 电子产品零件图中常用的尺寸注法

1. 同一结构的尺寸集中标注

同一图形中，若干孔、槽等相同结构要素的尺寸尽量集中标注在一个要素上，并注出数量，如图6-40所示。

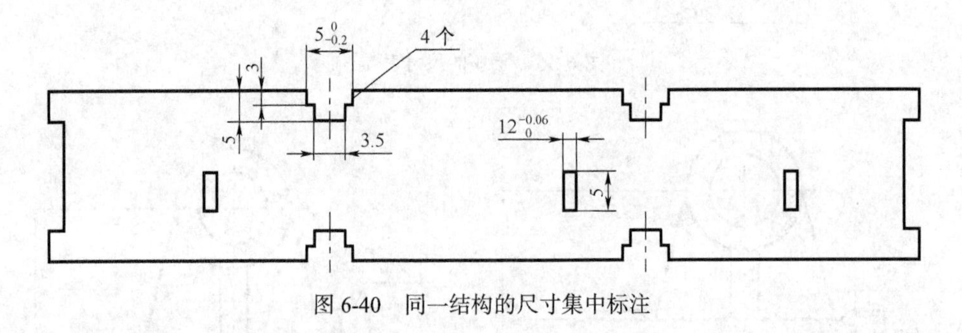

图6-40　同一结构的尺寸集中标注

2. 形状相同、尺寸相近的重复要素，涂色标记

在同一图形中，如有几种尺寸数值相近和重复要素，可用涂色标记，以示区别，如图6-41所示。

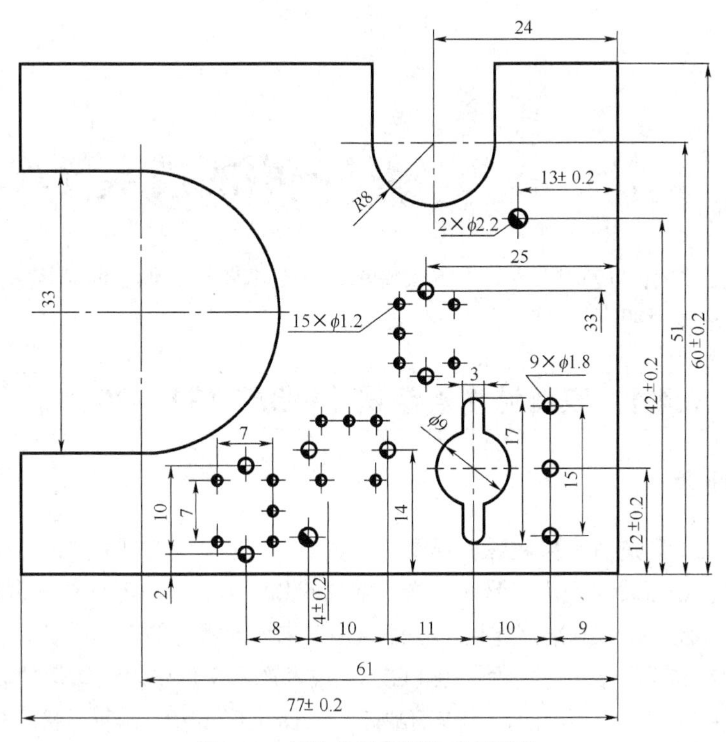

图 6-41 用涂色标记标注重复要素

3. 复杂孔组的尺寸标注

在同一图形中，对具有不同形式的复杂孔组，可详细地绘出一处，并标上尺寸和组数，其余可用中心线示出其位置，为便于区分，可在中心位置处标上字母，如图 6-42 所示。

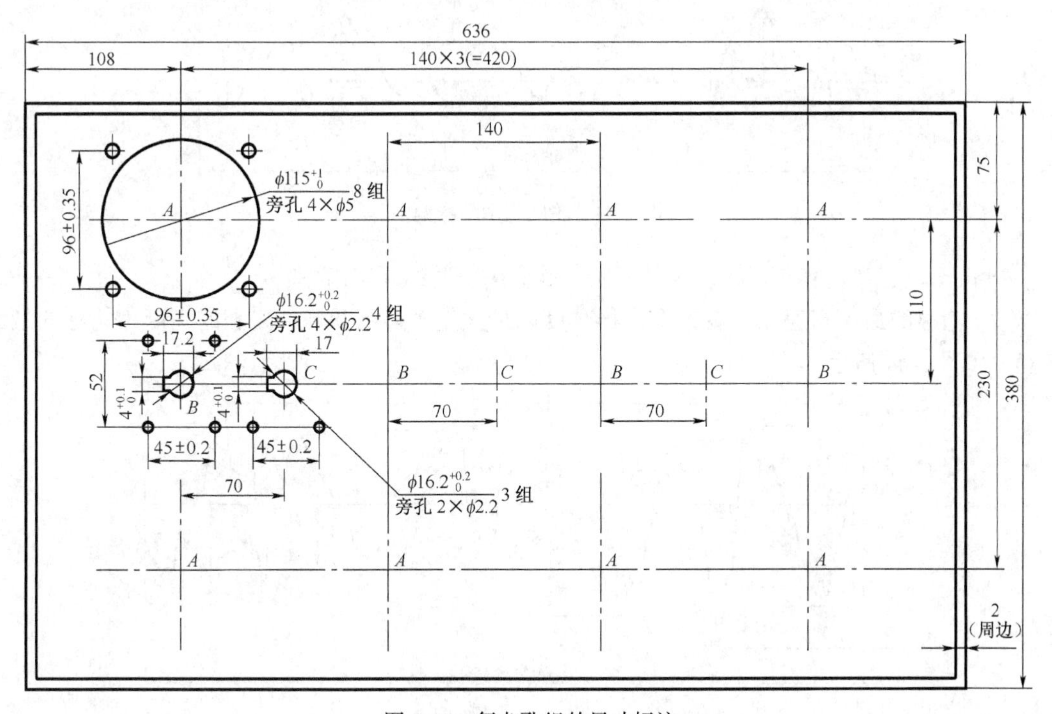

图 6-42 复杂孔组的尺寸标注

6.4 零件图中的技术要求

零件在制造过程中，应达到的一些质量要求称为技术要求。如表面结构、几何公差、极限与配合等各种要求与说明。

6.4.1 表面结构表示法（GB/T 131—2006）

1. 基本概念

零件经过加工、制造后，从微观上观察，其表面会产生具有较少间距的凸峰和凹谷、表面缺陷、表面纹理、表面波纹等几何形状。这些微观的几何形状，对零件的耐磨性、使用寿命都有很大的影响，为此，国家标准规定用“表面结构”来评定零件的表面质量。

GB/T 131—2006《产品几何技术规范（GPS）技术产品文件中表面结构的表示法”中规定，表面结构是表面粗糙度、表面波纹度、表面缺陷、表面纹理和表面几何形状的总称。

表面结构常用的评定参数为 *R* 轮廓参数，即粗糙度轮廓参数。

（1）轮廓算术平均偏差 *Ra*。在一个取样长度内纵坐标绝对值，即峰谷绝对值的平均值为评定轮廓的算术平均偏差，如图 6-43 所示。

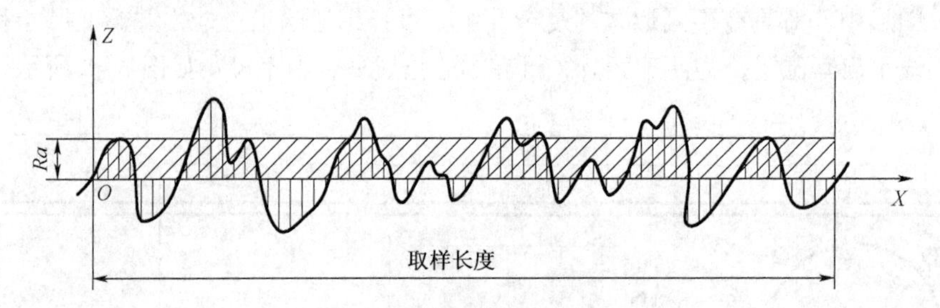

图 6-43　轮廓算术平均偏差

Ra 值比较直观，容易理解，测量简便，是应用普遍的评定指标。

（2）轮廓的最大高度 *Rz*。在一个取样长度内最大轮廓峰高和峰谷之和的高度为轮廓的最大高度，如图 6-44 所示。

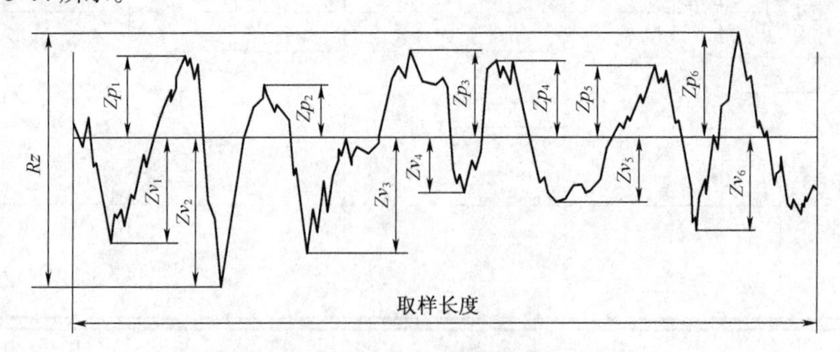

图 6-44　轮廓的最大高度

Rz 值不如 Ra 值能较准确反映轮廓表面特征。但如果和 Ra 联合使用，可以控制防止出现较大的加工痕迹。

2. 表面结构的图形符号

标注表面结构要求时的图形符号见表 6-9 所示。

表 6-9　　标注表面结构要求时的图形符号

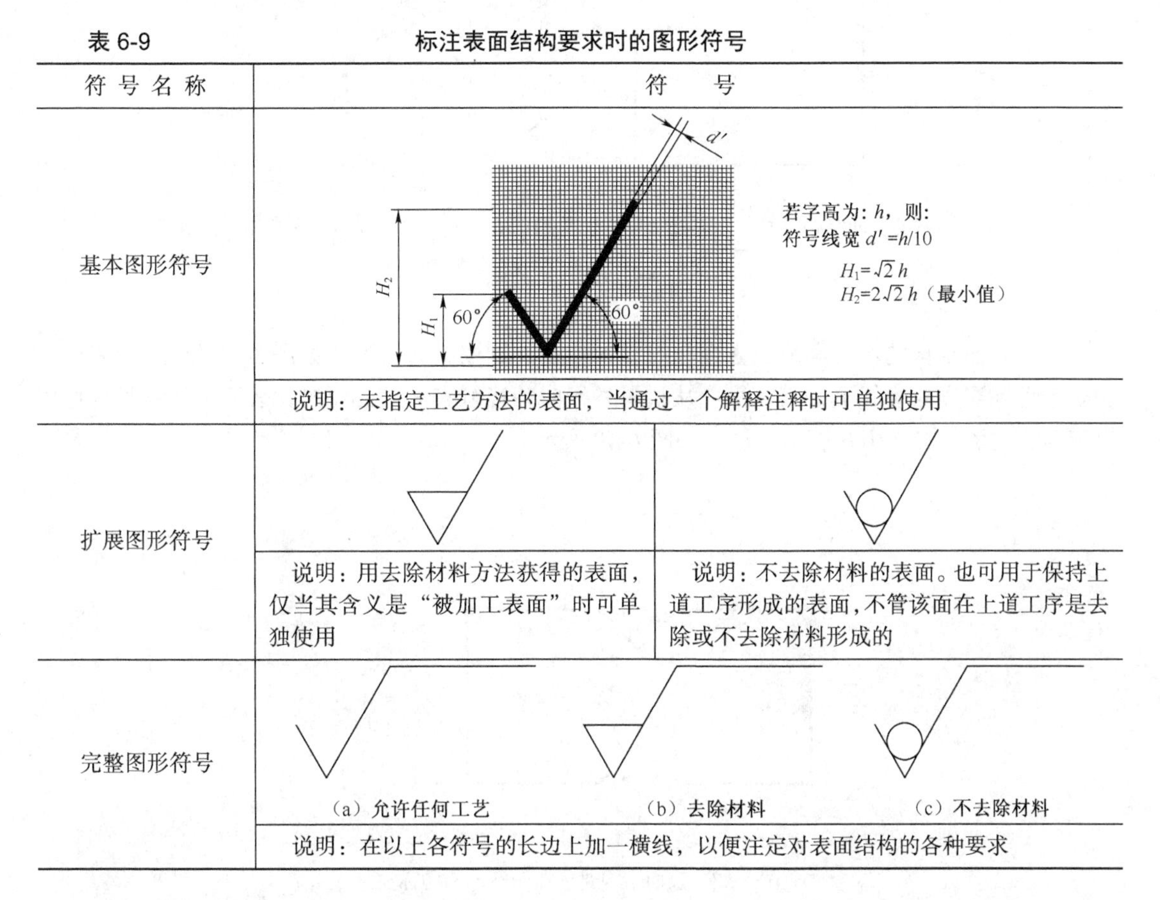

符号名称	符号	
基本图形符号	若字高为：h，则： 符号线宽 $d'=h/10$ $H_1=\sqrt{2}h$ $H_2=2\sqrt{2}h$（最小值）	
	说明：未指定工艺方法的表面，当通过一个解释注释时可单独使用	
扩展图形符号		
	说明：用去除材料方法获得的表面，仅当其含义是"被加工表面"时可单独使用	说明：不去除材料的表面。也可用于保持上道工序形成的表面，不管该面在上道工序是去除或不去除材料形成的
完整图形符号	（a）允许任何工艺　（b）去除材料　（c）不去除材料	
	说明：在以上各符号的长边上加一横线，以便注定对表面结构的各种要求	

为了明确表面结构要求，除了标注表面结构参数外，必要时应标注补充要求，包括传输带、取样长度、表面纹理方向、加工余量等。这些要求在图形符号中的注写位置如图 6-45 所示。

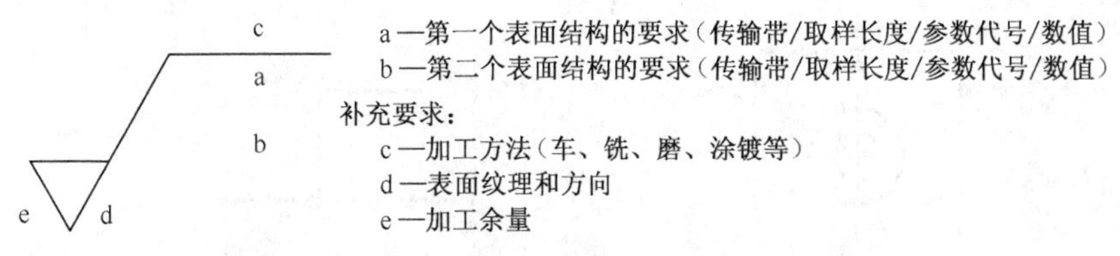

图 6-45　表面结构各种要求在符号中的注写位置

3. 表面结构要求在图样中的注写方法

表面结构要求对每一表面一般只标注一次，并尽可能注在相应的尺寸及其公差的同一视图上。除非另有说明，所标注的表面结构要求是对完工零件表面的要求。

（1）当在图样某个视图上构成封闭轮廓的各个表面有相同的表面结构要求时，应在完整图形符号上加一圆圈，标注在图样中工件的封闭轮廓线上，如图 6-46 所示，如果标注会引起歧义时，各表面要分别标注。

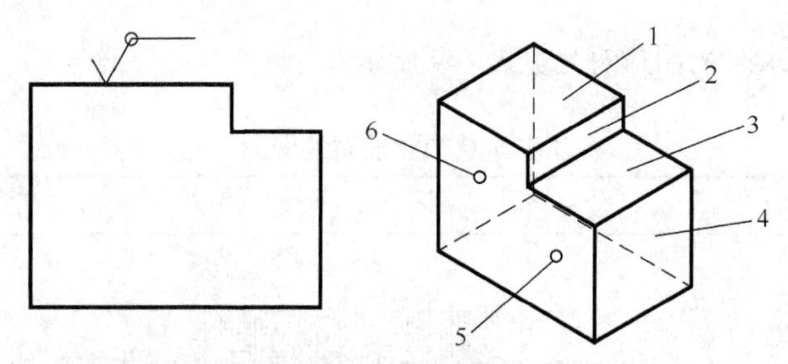

注：图示的表面结构符号是指对图形中封闭轮廓的 6 个面的共同要求（不包括前后面）

图 6-46　对周边各面有相同的表面结构要求的注法

（2）表面结构的注写和读取方向与尺寸的注写和读取方向一致（如图 6-47 所示）。表面结构要求可标注在轮廓线上，其符号应从材料外指向并接触表面。必要时，表面结构符号也可以用带箭头或黑点的指引线引出标注，如图 6-48 所示。

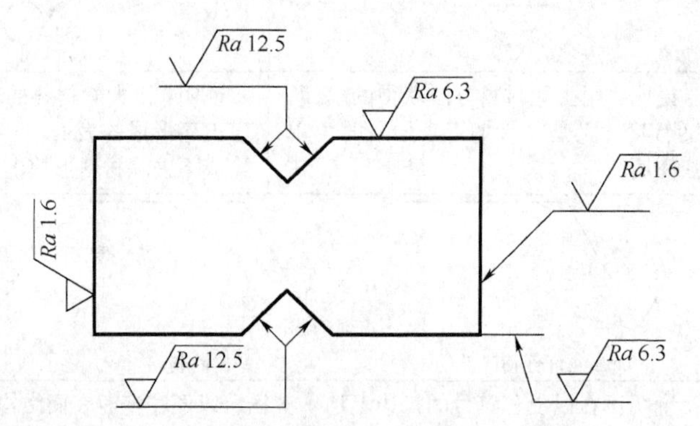

图 6-47　表面结构要求在轮廓线上的标注

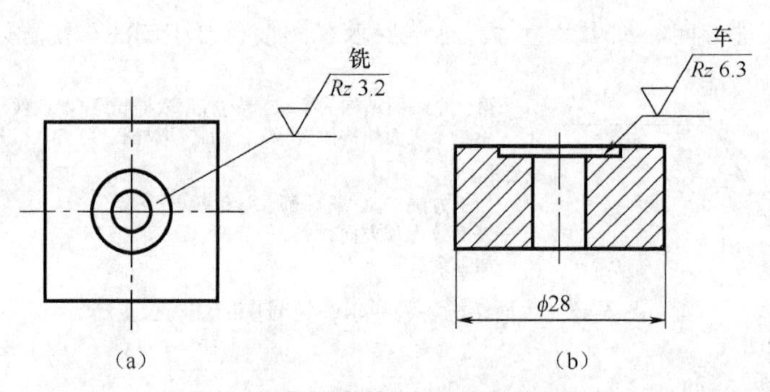

图 6-48　用指引线引出标注表面结构要求

（3）在不致引起误会时，表面结构要求可以标注在给定的尺寸线上或表面轮廓线的延长线上或用带箭头的指引线引出标注，如图 6-49 所示。

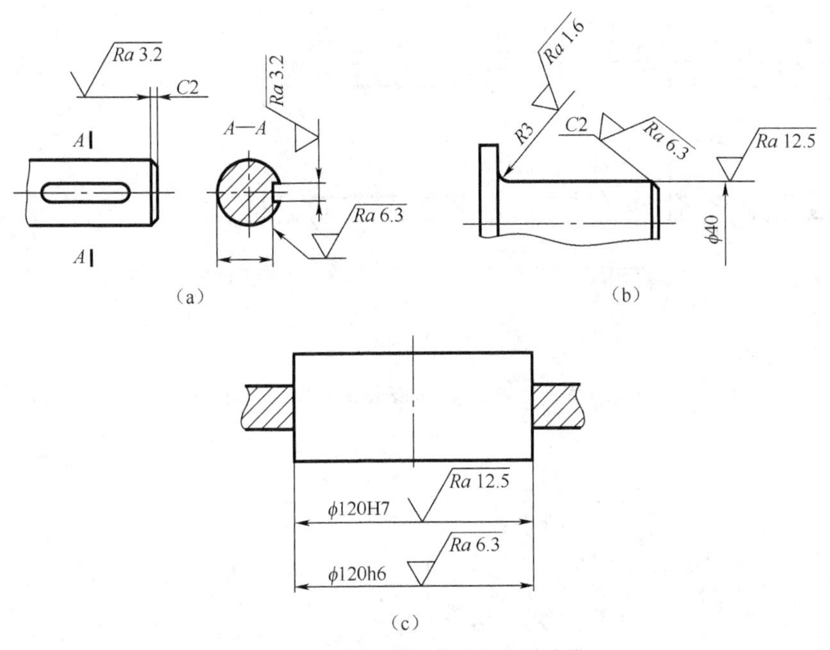

图 6-49　表面结构要求标注在尺寸线上

（4）表面结构要求可标注在形位公差框格的上方，如图 6-50 所示。

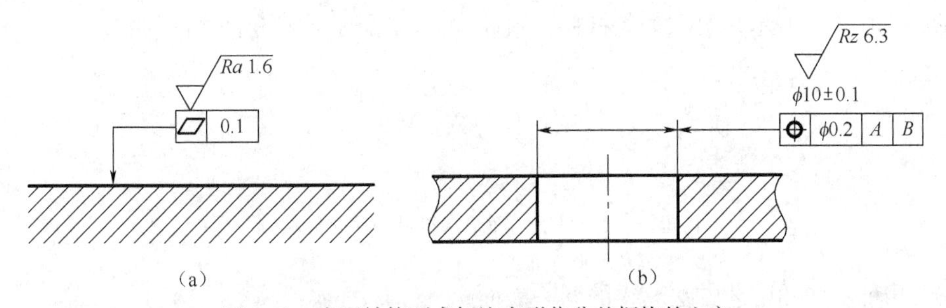

图 6-50　表面结构要求标注在形位公差框格的上方

（5）圆柱和棱柱表面的表面结构要求只标注一次，如果每个表面有不同的表面结构要求，则应分别单独标出，如图 6-51 所示。

（6）如果在工件的多数（包括全部）表面有相同的表面结构要求，则其表面结构要求可统一标注在图样的标题栏附近，不同的表面结构要求应直接标注在图中，如图 6-52 所示。此时（除全部表面有相同要求的情况外），表面结构要求的符号后面应有：在圆括号内给出无任何其他标注的基本符号，如图 6-52（a）所示；在圆括号内给出不同的表面结构要求，如图 6-52（b）所示。

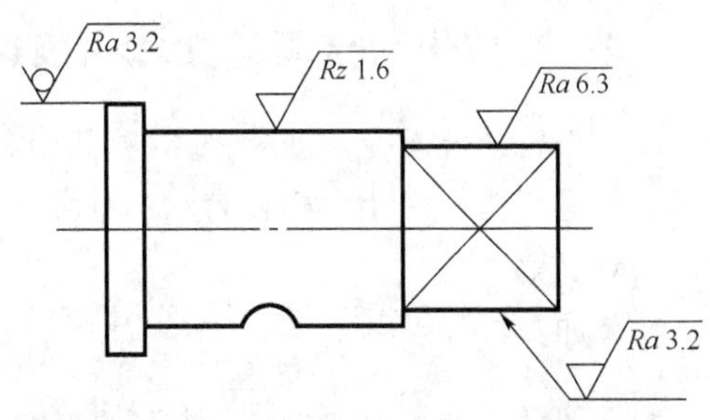

图 6-51　圆柱和棱柱的表面结构要求标法

（7）当多个表面具有相同的表面结构要求或图纸空间有限时，可采用简化画法，用带字母的完整符号，以等式的形式，在图形或标题栏附近，对有相同表面结构要求的表面进行简化标注，如图 6-53 所示。

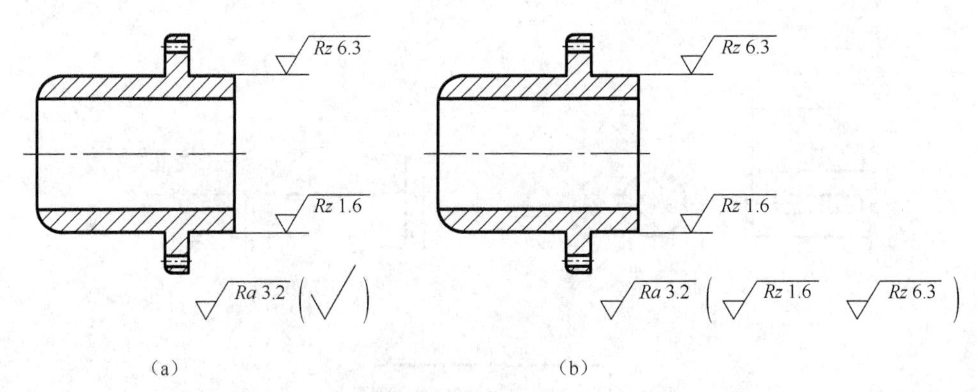

图 6-52　大多数表面有相同表面结构要求的简化注法

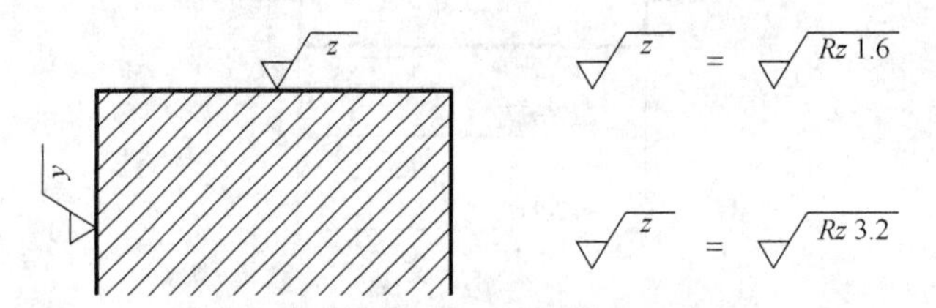

图 6-53　在图纸空间有限时的注法

图 6-54 所示是只用表面结构符号以等式形式的简化标注，图 6-54（a）所示是未指定加工方法，图 6-54（b）所示是要求去除材料，图 6-54（c）所示是不允许去除材料。

√ = Ra 3.2　　　= Ra 3.2　　　= Ra 3.2

（a）　　　（b）　　　（c）

图 6-54　只用表面结构符号的简化注法

（8）由几种不同的工艺方法获得的同一表面，当需要明确每种工艺方法的表面结构要求时，可按图 6-55 所示进行标注。

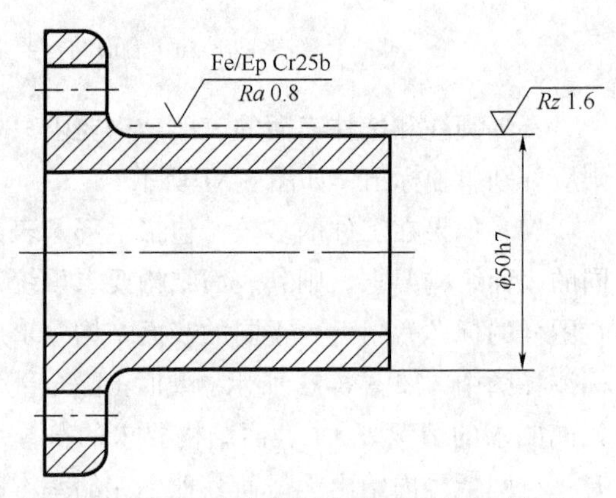

图 6-55　同时给出镀覆前后的表面结构要求的注法

4. 在报告和合同的文本中表达

在报告或合同中，符号“√”用 APA 表示；符号“ ”用 MRR 表示；符号“ ”用 NMR 表示。

例如：

在图样上标注为“R_a 0.8 R_z1 3.2”的表面结构要求，在文本中用“MRR *Ra*0.8；*Rz*13.2”表述；

在图样上标注为“Ee/Ep·Ni15pCr0.3r R_z 0.8”的表面结构要求，在文本中用“NMR Fe/Ep.Ni15pCr 0.3r；R_z 0.8”表述。

6.4.2 极限与配合

1. 互换性的概念

在对零件成批或大量生产中，要求在一批相同规格的零件或部件中，不经选择任取一件，且不经修配或其他加工，就能顺利装配到产品上去，并能够达到预期的性能和使用要求，这种性质称为零件的互换性。互换性原则在机器制造中的应用，大大简化了零部件的制造和装配过程，给机器的装配和维修带来方便，更重要的是为机器的现代化大生产提供了条件。

在生产中，人们通过大量的实践证明，通过控制零件的尺寸，把尺寸控制在一个允许的变化范围内，就能使零件达到互换的目的。

2. 尺寸公差

在生产中，由于机床精度、刀具磨损、测量误差、工人技术水平等因素，所加工的零件尺寸总是存在着一定的误差，为了保证零件的互换性，必须对零件加工后的实际尺寸控制在一定的范围内，这种允许尺寸的变动范围称为尺寸公差，简称公差。有关公差的一些术语介绍如下，如图 6-56 所示。

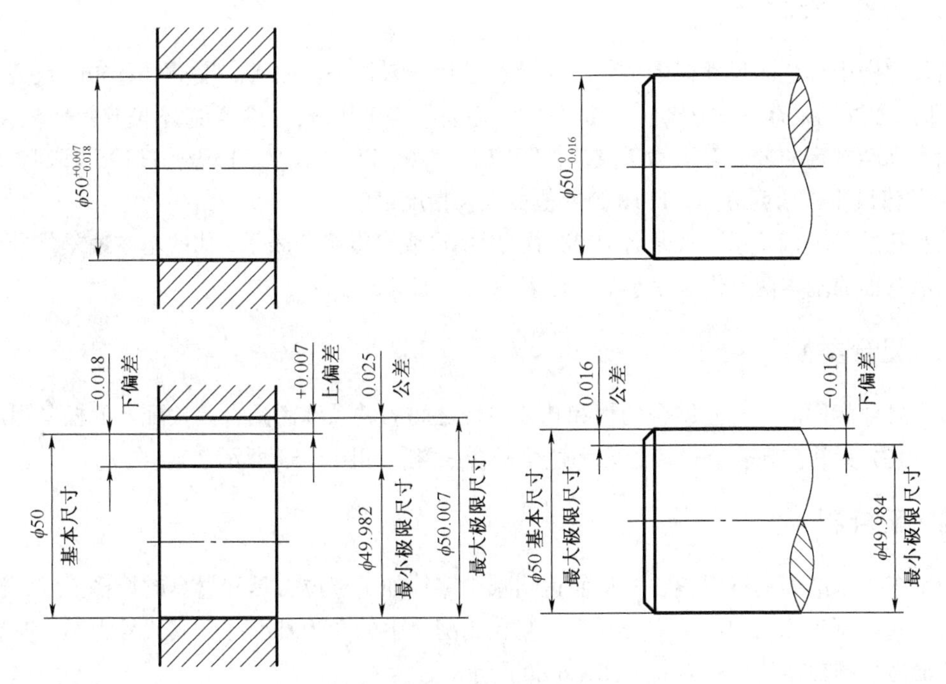

图 6-56 公差的基本术语

（1）基本尺寸。设计时确定的尺寸称为基本尺寸。

（2）最大极限尺寸。零件实际尺寸所允许的最大值。

（3）最小极限尺寸。零件实际尺寸所允许的最小值。

（4）上偏差。最大极限尺寸和基本尺寸的差。孔的上偏差代号为 ES，轴的上偏差代号为 es。

（5）下偏差。最小极限尺寸和基本尺寸的差。孔的下偏差代号为 EI，轴的上偏差代号为 ei。

（6）公差。允许尺寸的变动量，公差等于最大极限尺寸和最小极限尺寸的差。

（7）公差带图。用零线表示基本尺寸，上方为正，下方为负，用矩形的高表示尺寸的变化范围（公差），矩形的上边代表上偏差，矩形的下边代表下偏差，距零线近的偏差为基本偏差，矩形的长度无实际意义，这样的图形叫公差带图，如图 6-57 所示。

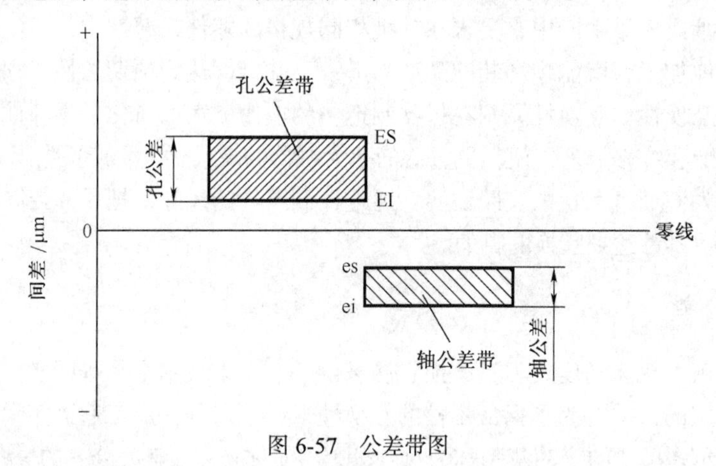

图 6-57　公差带图

3. 公差带代号

机械图样中标注的尺寸极限数值可用公差带代号来代替。如 $\phi50^{-0.025}_{-0.050}$ 可用ϕ50f7 代替。尺寸ϕ50f7 中的“f7”称为公差带代号，其中“7”为公差等级代号，“f”为基本偏差代号。

国家标准规定的公差等级为 20 级，即 IT01、IT0、IT1、IT2、IT3……IT17、IT18。标其中 IT01 公差值最小，精度最高，IT18 公差值最大，精度最低。

轴和孔的基本偏差系列代号各有 28 个，用字母或字母组合表示，孔的基本偏差代号用大写字母表示，轴的基本偏差代号用小写字母表示，如图 6-58 所示。

4. 配合类别

基本尺寸相同的，相互结合的轴和孔公差带之间的关系称为配合。按配合的松紧程度，国家标准将其分为间隙配合、过渡配合和过盈配合 3 类，如图 6-59 所示。

5. 配合制

为了统一基准件的极限偏差，从而达到减少零件加工定位刀具和量具的规格数量，国家标准规定了基孔制和基轴制两种配合制度。基孔制配合中的孔为基准孔，其代号为 H；基轴制配合中的轴为基准轴，其代号为 h，如图 6-60 所示。

6. 极限与配合的标注

（1）在零件图中的标注

在零件图上的标注共有以下 3 种形式。在轴和孔的基本尺寸后面标注公差带代号，如图 6-61（a）所示；在轴和孔的基本尺寸后面只注写上下偏差，如图 6-61（b）所示；需要同时标注公差带代号又注上下偏差，如图 6-61（c）所示。

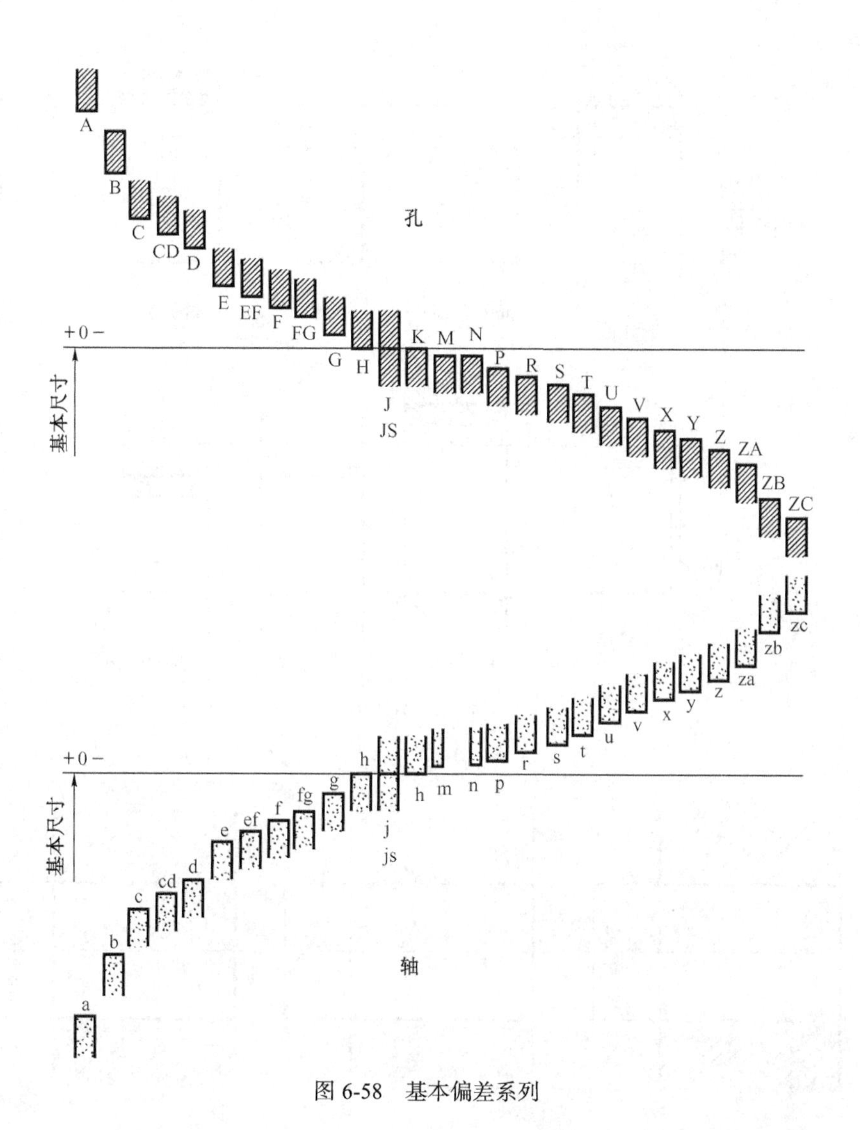

图 6-58　基本偏差系列

孔公差带　轴公差带

（a）间隙配合　　（b）过渡配合　　（c）过盈配合

图 6-59　配合

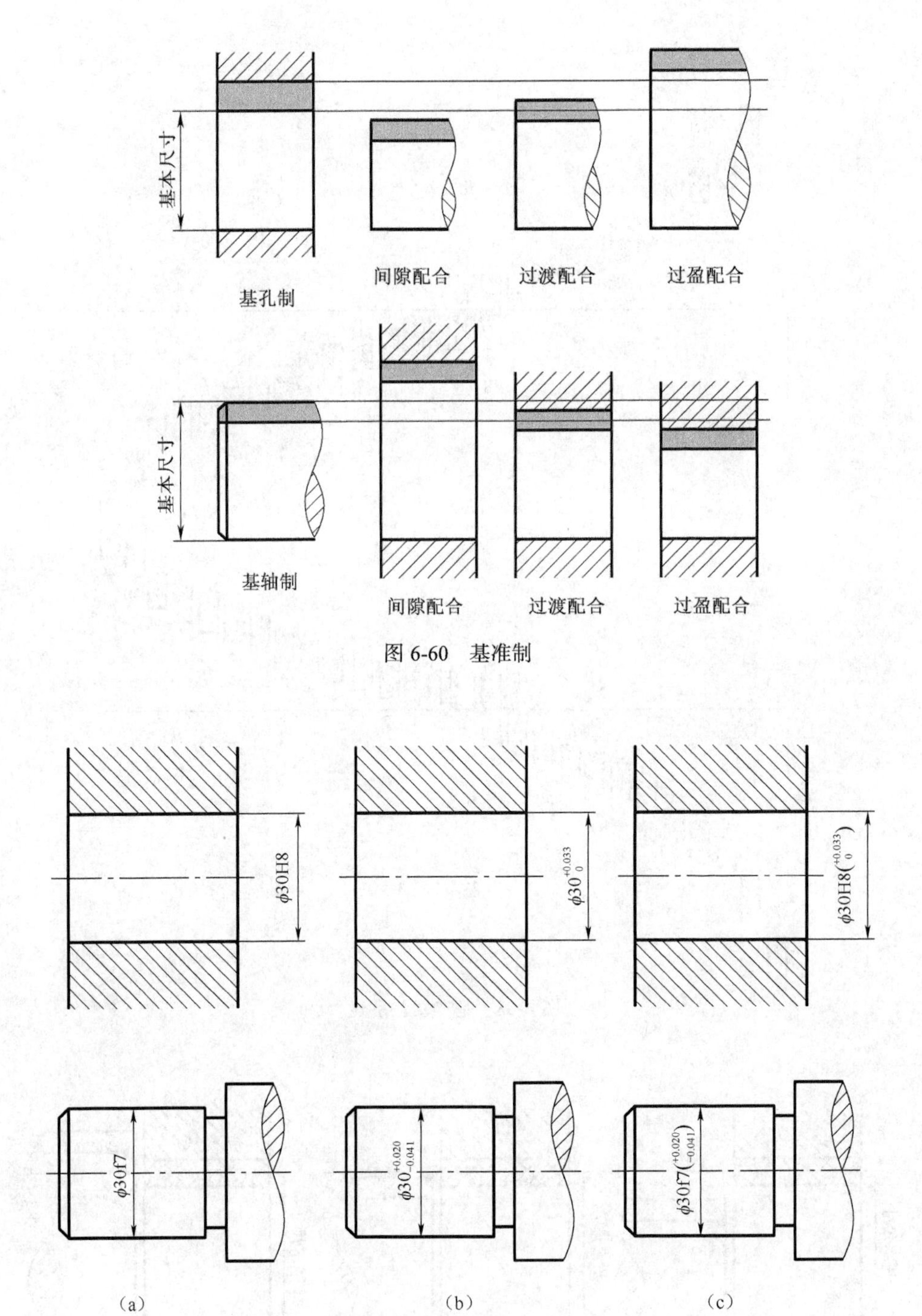

图 6-60　基准制

图 6-61　尺寸公差的标注

（2）在装配图中的标注

在装配图上标注线性尺寸的配合代号时，必须在基本尺寸后面用分数形式注出，分子为孔的公差带代号，分母为轴的公差带代号，如图 6-62（a）所示。

当零件与标准件或外购件配合时，可仅标注该零件的公差代号，如图 6-62（b）所示。

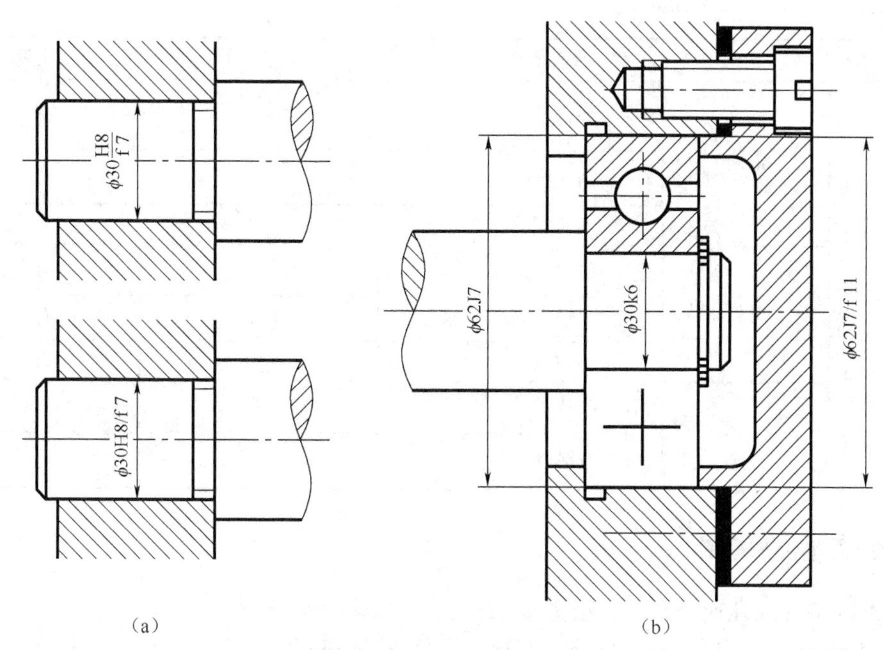

图 6-62 装配图中偏差的标注

（3）配合代号的识读

ϕ50H8/f7 表示：孔、轴基本尺寸为ϕ50，H8 表示孔的公差带代号，f7 表示轴的公差带代号，H8/f7 表示配合代号。凡孔的基本偏差为 H 者，表示基孔制间隙配合。

ϕ20U8/h7 表示：孔、轴基本尺寸为ϕ20，孔的公差带代号为 U8，轴的公差带代号为 h7，配合代号 U8/h7 表示基轴制过盈配合。

6.4.3 几何公差（GB/T 1182—2008）

在零件加工制造过程中，除了要对零件的尺寸误差加以控制外，还要对零件的几何公差（形状、方向、位置、跳动等公差）等加以控制。

1. 几何公差的几何特征、符号

几何公差的几何特征、符号见表 6-10 所示。

表 6-10 几何公差的几何特征、符号

公差		特征项目	符号	有或无基准要求
形状	形状	直线度	—	无
		平面度	▱	无
		圆度	○	无
		圆柱度	⌭	无
形状或位置	轮廓	线轮廓度	⌒	有或无
		面轮廓度	⌓	有或无

续表

公差		特征项目	符号	有或无基准要求
位置	定向	平行度	∥	有
		垂直度	⊥	有
		倾斜度	∠	有
	定位	位置度	⌖	有或无
		同轴（同心）度	◎	有
		对称度	⌯	有
	跳动	圆跳动	↗	有
		全跳动	⌰	有

2. 公差框格的形式

用公差框格标注几何公差时，公差要求注写在划分成两格或多格的矩形框格内，各格自左至右标注的内容如图 6-63 所示。

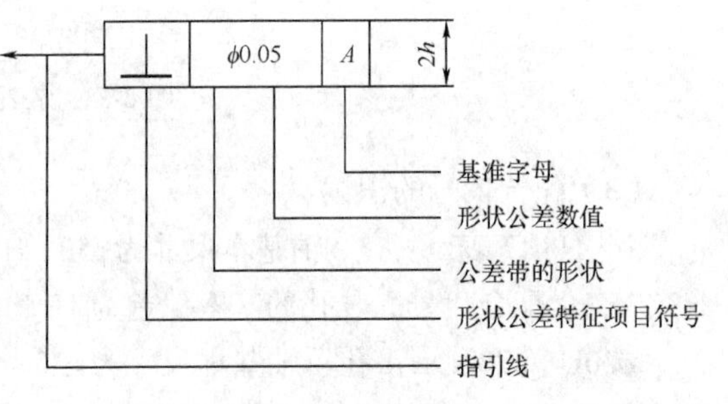

图 6-63 公差框格

3. 被测要素的标注

用指引线连接被测要素和公差框格。指引线引自框格的任意一侧，终端带一箭头。

（1）当公差涉及轮廓线或轮廓面时，箭头指向该要素的轮廓线或其延长线（应与尺寸线明显错开），如图 6-64（a）、图 6-64（b）所示。箭头也可指向引出线的水平线，引出线引自被测面，如图 6-64（c）所示。

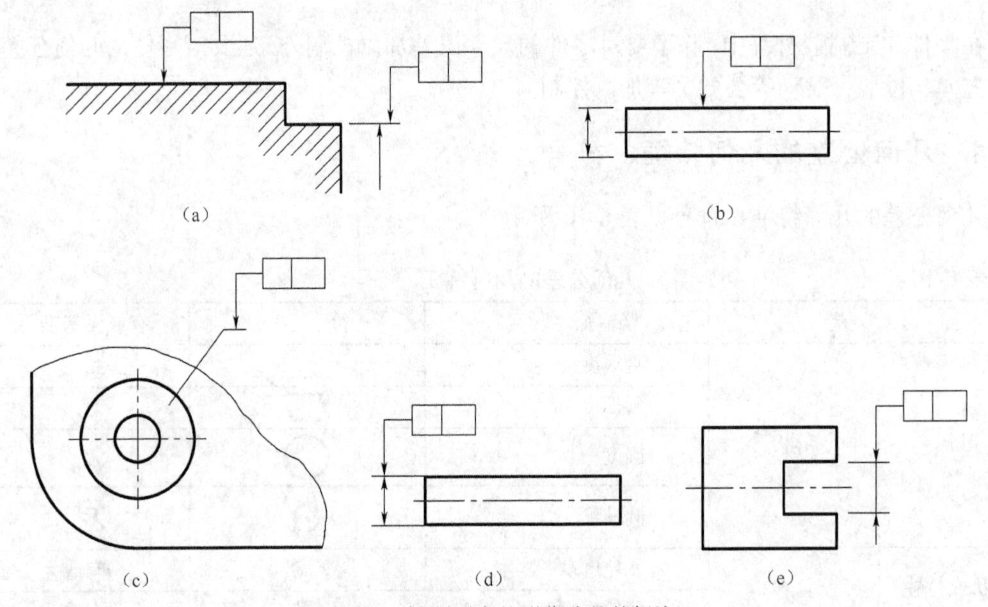

图 6-64 被测要素的形位公差的标注

（2）当公差涉及被测要素的中心线、中心面或中心点时，箭头应位于相应尺寸线的延长线上，如图 6-64（d）、图 6-64（e）所示。

4. 基准符号

与被测要素相关的基准用一个大写字母表示。基准标注在基准方格内，与一个涂黑的或空白的三角形相连以表示基准，如图 6-65 所示；表示基准的字母还应标注在公差框格内。涂黑的和空白的基准三角形含义相同。

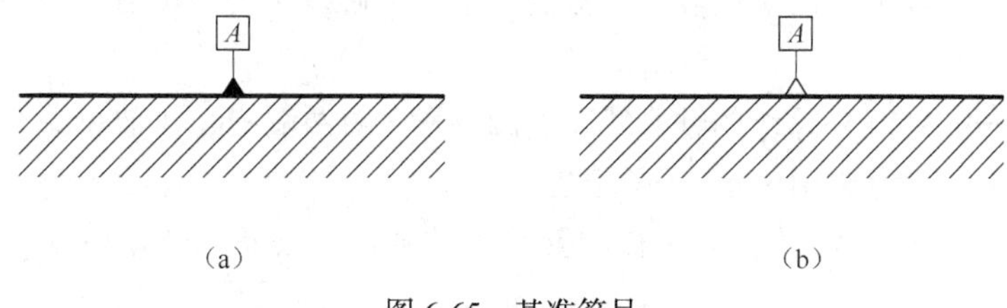

图 6-65　基准符号

当基准要素是轮廓线或轮廓面时，基准三角形放置在轮廓线或其延长线上（与尺寸线明显错开），如图 6-66（a）所示；基准三角形也可放置在该轮廓面引出线的水平线上，如图 6-66（b）所示。

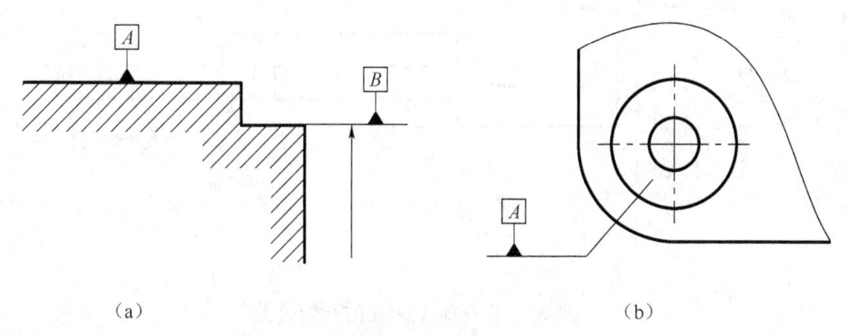

图 6-66　基准要素是轮廓线或轮廓面

当基准是尺寸要素确定的轴线、中心平面或中心点时，基准三角形应放置在该尺寸线的延长线上，如图 6-67（a）、图 6-67（b）、图 6-67（c）所示；如果没有足够的位置标注基准要素尺寸的两个尺寸箭头，则其中一个箭头可用基准三角形代替，如图 6-67（b）、图 6-67（c）所示。

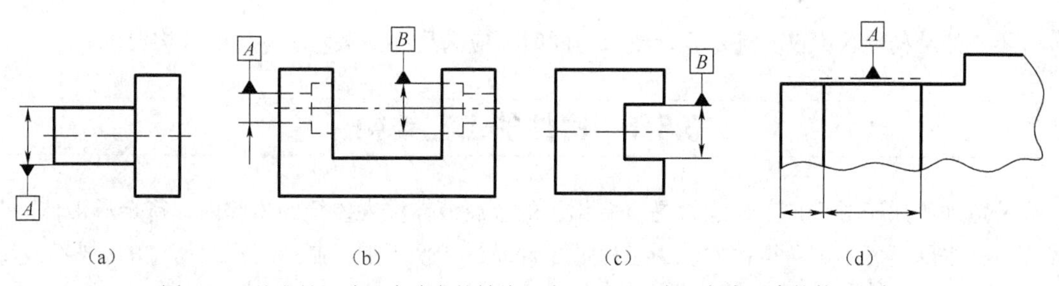

图 6-67　基准是尺寸要素确定的轴线、中心平面、中心点或要素的某一局部

如果只以要素的某一局部作基准，则应用粗点画线表示出该部分并加注尺寸，如图 6-67（d）所示。

5. 识读几何公差代号示例

图 6-68 中公差框格的含义如下。

Ⅰ处的含义——直径为ϕ22 圆锥的大、小两端面（被测要素）对该段轴的轴心线（基准要素）的圆跳动（公差项目）公差为 0.01mm（公差值）。

Ⅱ处的含义——圆锥体任一正截面（被测要素）的圆度（公差项目）公差为 0.04mm（公差值）。

Ⅲ处的含义——M10 外螺纹的轴心线（被测要素）对两端中心孔轴心线（基准要素）的同轴度公差（公差项目）为ϕ0.01mm（公差值）。

Ⅳ处的含义——$\phi18^{+0.003}_{-0.001}$ 圆柱面（被测要素）的圆柱度公差（公差项目）为 0.05mm（公差值）。

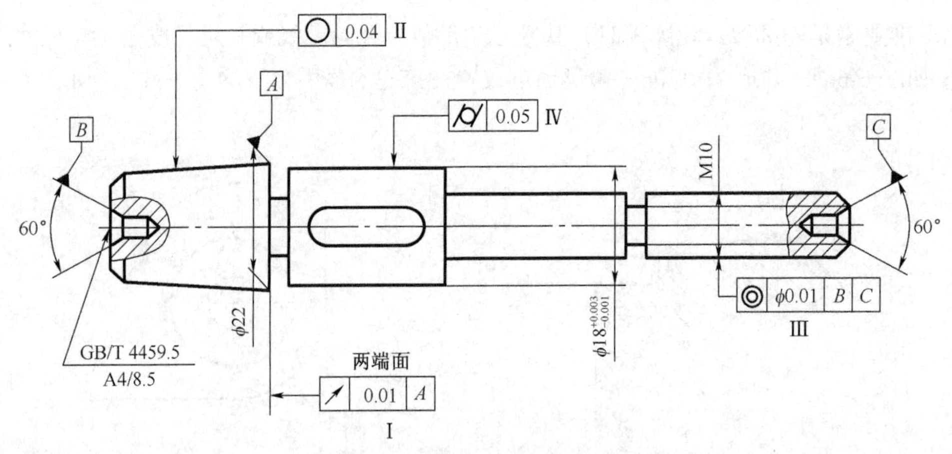

图 6-68　识读轴上标注的几何公差

6.5 零件上常见工艺结构及画法

零件的结构形状不仅要满足设计要求，同时还应满足加工工艺对零件的结构要求。

6.5.1 铸件的工艺结构

铸造加工属于成型加工，通常是将熔化了的金属液体注入砂箱的型腔内，待金属液体冷却凝固后，去除型砂，即获得铸件。为了保证零件质量，便于加工制造，需对铸件的一些工艺结构提出要求。

（1）起模斜度

在造型时，为了将模型从砂型中顺利取出，往往沿起模方向作成一定斜度，该斜度叫做起模斜度。其斜度在 1∶20～1∶10 之间，如图 6-69（a）所示。起模斜度在制作模型时应予以考虑，图上可以不注出。

（2）铸造圆角

在铸造时，为避免铸件在尖角处产生裂纹、缩孔或应力集中，应将铸件两表面相交处做成圆角过渡，如图 6-69（b）所示。零件图上，对非加工表面的圆角应画出，其圆角尺寸可集中在技术要求中注出，如图 6-69（c）所示。

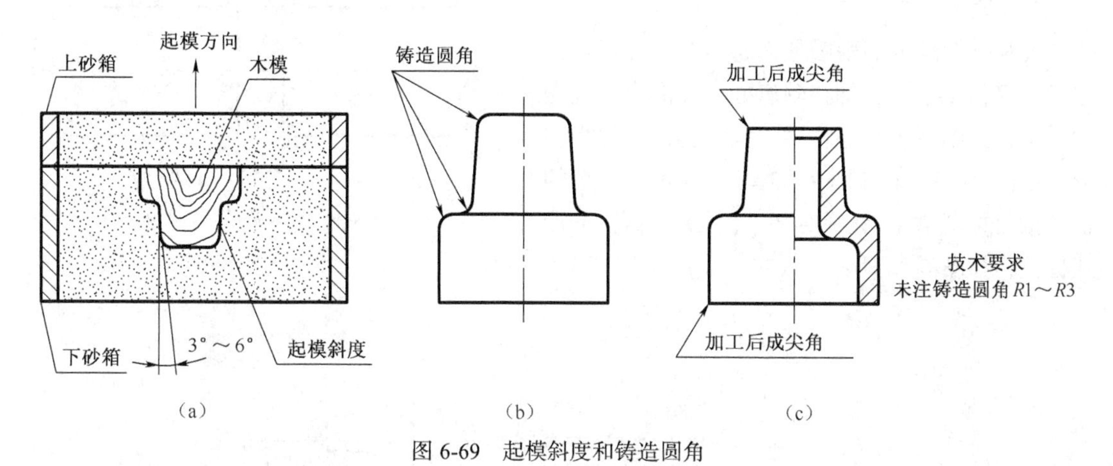

图 6-69　起模斜度和铸造圆角

（3）铸件壁厚

在浇铸零件时，为了避免各部分因冷却速度的不同而产生缩孔或裂缝，铸件壁厚应均匀变化、逐渐过渡，图 6-70（a）所示为错误结构，图 6-70（b）所示为正确结构。

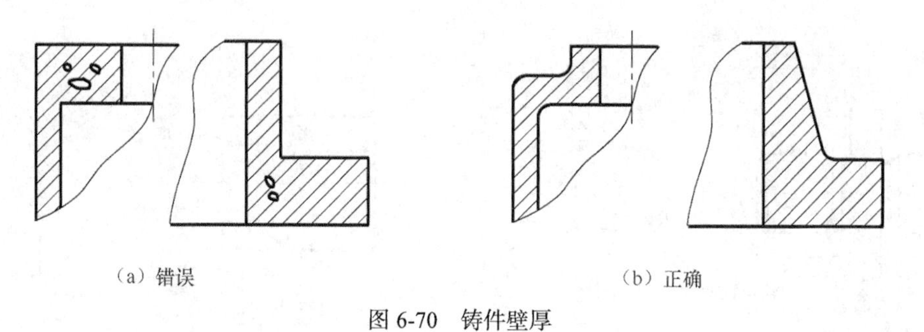

（a）错误　　（b）正确

图 6-70　铸件壁厚

6.5.2　机械加工工艺结构

1. 倒角和倒圆

为了去除零件的毛刺、锐边和便于装配，在轴或孔的端部，一般都加工成倒角，如图 6-71 所示；为了避免因应力集中而产生裂纹，在轴肩处往往加工成圆角，称为倒圆，如图 6-72 所示。倒角和倒圆的尺寸系列，可查阅相关标准。

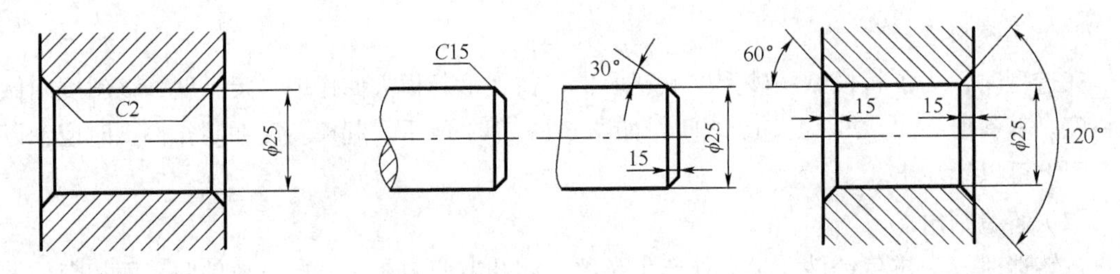

图 6-71　倒角

2. 螺纹退刀槽和砂轮越程槽

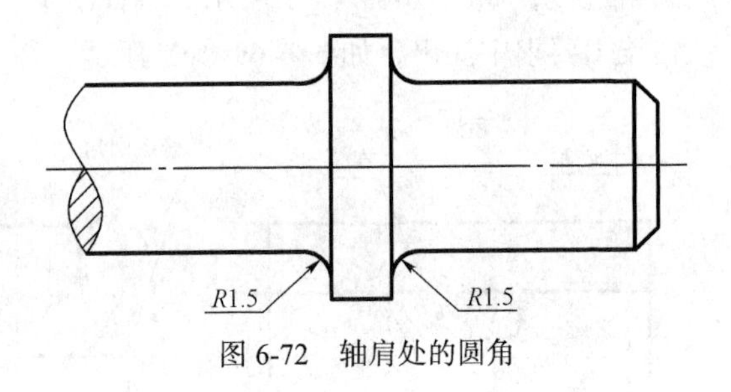

图 6-72　轴肩处的圆角

在切削螺纹或磨削圆柱面时，为了保证设计要求，又便于退刀，常在轴肩处、孔的台阶处先加工出退刀槽或砂轮越程槽，其结构及尺寸标注形式如图 6-73（a）、图 6-73（b）所示。一般的退刀槽可按“槽宽×直径”和“槽宽×槽深”的形式标注，如图 6-74 所示。

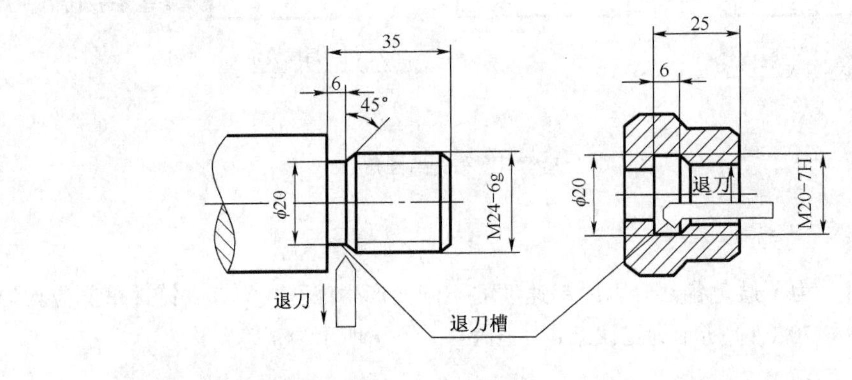

（a）

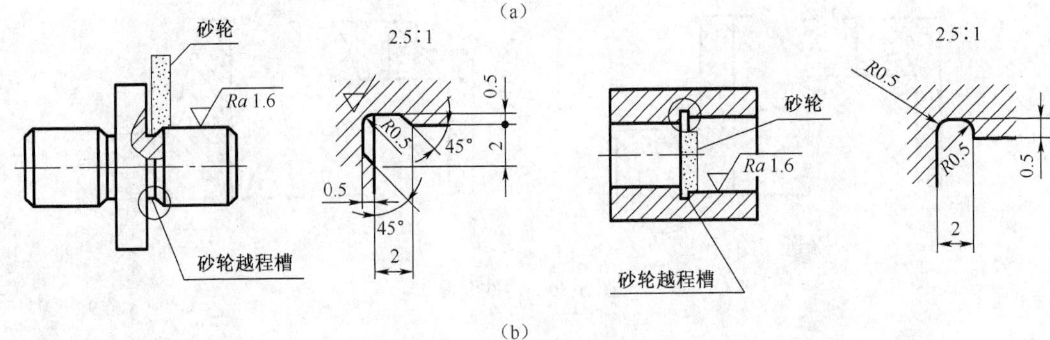

（b）

图 6-73　退刀槽和越程槽

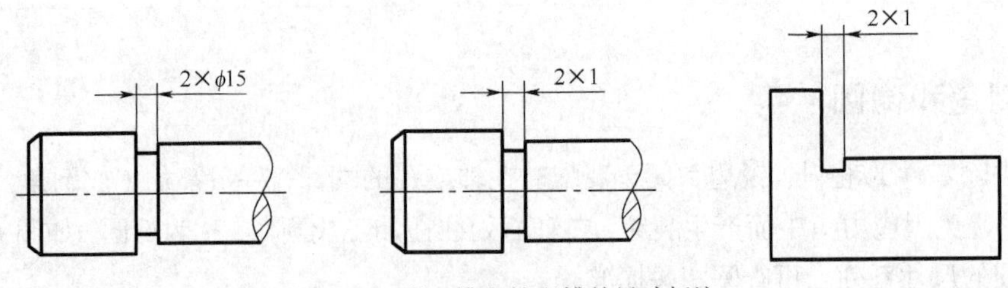

图 6-74　退刀槽和越程槽的尺寸标注

3. 钻孔结构

用钻头钻出的不通孔（俗称盲孔）或阶梯孔，由于钻头顶角的作用，在底部或阶梯孔过渡处产生一个圆锥面，画图时锥角一律画成 120°，但不必标注。钻孔深度是指圆柱部分的深度，不包括锥坑，如图 6-75 所示。

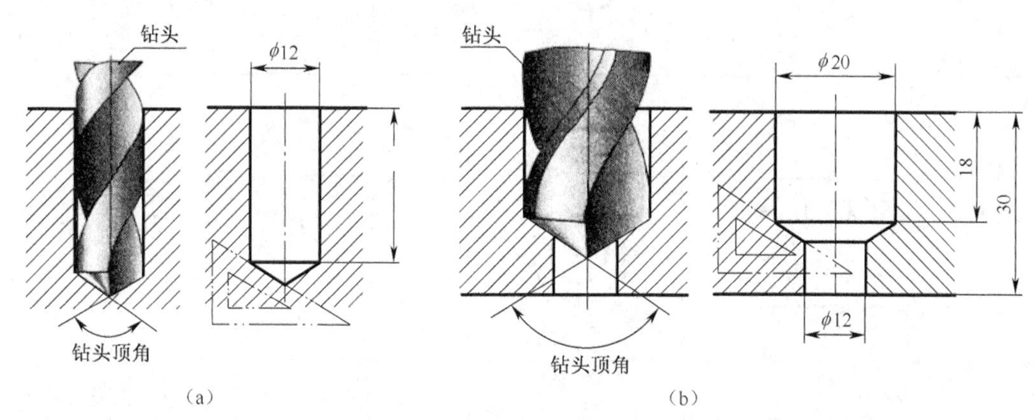

图 6-75 钻孔的结构画法

钻孔时，应尽可能使钻头轴线与被钻孔表面垂直，以保证孔的精度和避免钻头折断。图 6-76 所示是 3 种处理斜面上孔的正确结构。

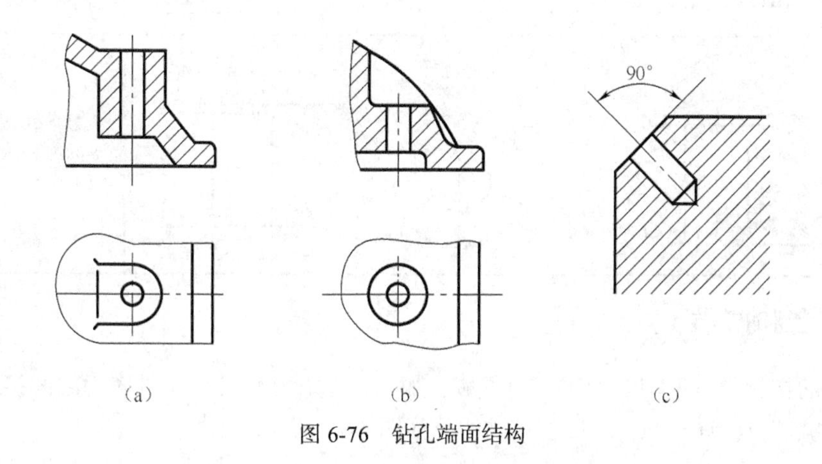

图 6-76 钻孔端面结构

常见孔的工艺结构及尺寸注法见表 6-11。

表 6-11 常见孔的工艺结构及尺寸注法

类型	旁 注 法		普 通 注 法	说 明
螺纹	3×M6↧10	3×M6↧10	3×M6 30	如对钻孔深度无一定要求，可不必标注，一般加工到螺孔稍深即可

续表

类型	旁注法		普通注法	说明
光孔	4×ϕ7↧10	4×ϕ7↧10	4×ϕ7 30	“4”指同样直径的孔数。“↧”为深度符号，本表各行均同
沉孔	4×ϕ7 ⌵ϕ13↧90	6×ϕ7 ⌵ϕ13×90°	90° ϕ13 6×ϕ7	“⌵”为沉孔符号
沉孔	4×ϕ6.4 ⌴ϕ12↧4.5	4×ϕ6.4 ⌴ϕ12↧4.5	ϕ12 4.5 4×ϕ9	“⌴”为沉孔及锪平孔符号
	4×ϕ9 ⌴ϕ20	6×ϕ8 ⌴ϕ20	ϕ20⌴ 4×ϕ9	锪平孔ϕ20 的深度不需标注，大孔底圆加工到不出现毛胚面为止

4. 凸台和凹坑

两零件的接触面一般均要加工，为了减少加工面积，并保证两零件表面之间接触良好，常在铸件的接触部位设计出凸台和凹坑等结构，如图 6-77 所示。

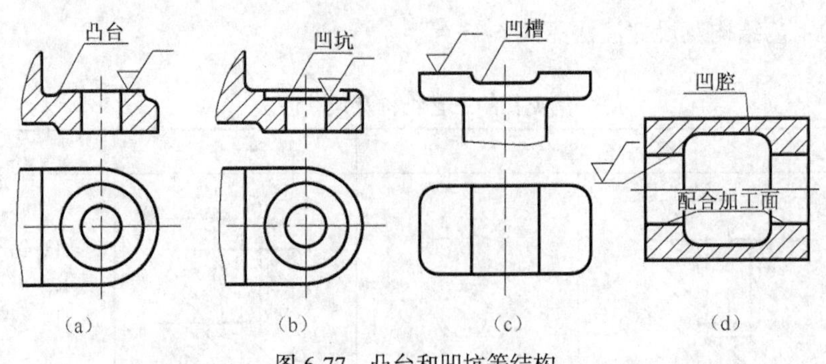

图 6-77　凸台和凹坑等结构

6.6 识读零件图

6.6.1 读零件图的一般步骤

准确、熟练地识读零件图，是技术人员必须具备的基本功之一。识读零件图的目的是通过图样的表达方法想象出零件的形状结构，理解每个尺寸的作用和要求，了解各项技术要求的内容和实现这些要求应该采取的工艺措施等，以便于加工出符合图样要求的合格零件。读零件图的一般步骤如下。

1. 概括了解

首先从标题栏中了解零件的名称、材料、图样比例等基本信息，大致了解零件属于哪一类性质，在机器中的作用，还要根据装配图了解该零件与其他零件的相对位置等。以图 6-78 为例，零件名称是调谐轴，材料为黄铜（ZCuZn38），比例 2∶1。根据名称可粗略了解调谐轴属于轴类零件，一般用于收音机的调谐部件中。

2. 分析视图、想形状

根据视图布局，首先找出主视图，确定各视图间的相互关系，分析零件的表达方案，重点了解各视图所反映的零件结构形状，结合实际零件上的工艺结构知识，综合起来想象出整个零件的形状。

图 6-78 所示的调谐轴，结构简单，用了一个主视图和一个断面放大图就可以全部表达清楚。主视图是以加工位置选定的，以便加工和测量。图中 *A-A* 断面采用 5∶1 的比例放大画出，以便清楚地表示齿槽（直纹滚花）的形状、尺寸和加工要求。调谐轴的齿槽部分有一个宽为 1mm 的通槽，使之具有一定的弹性，便于与调谐旋钮配合和装配。

3. 分析尺寸

分析零件图的尺寸基准，逐一分析各定形尺寸、定位尺寸和总体尺寸，找出零件重要的设计尺寸。

仍以图 6-78 为例，调谐轴各径向尺寸基准均以其轴线为基准，其轴向尺寸以左端面为主要基准，右端面为辅助基准，宽度 1mm 的通槽以中心线（槽的对称面）为基准。左边轴径尺寸 $\phi5_{-0.04}^{-0.01}$，与轴套有间隙配合，所以该尺寸要求较高。尺寸 $16.8_{+0.05}^{+0.10}$ 给出的公差要求是考虑到这部分长度与轴套和挡圈厚度有配合要求。外径 $\phi6.2_{-0.036}^{0}$ 是根据用模具拉花时的定位尺寸。齿槽形状也给出角度 90° 和间距 20° ±30′ 的要求，以保证与调谐旋钮内孔齿槽的配合。

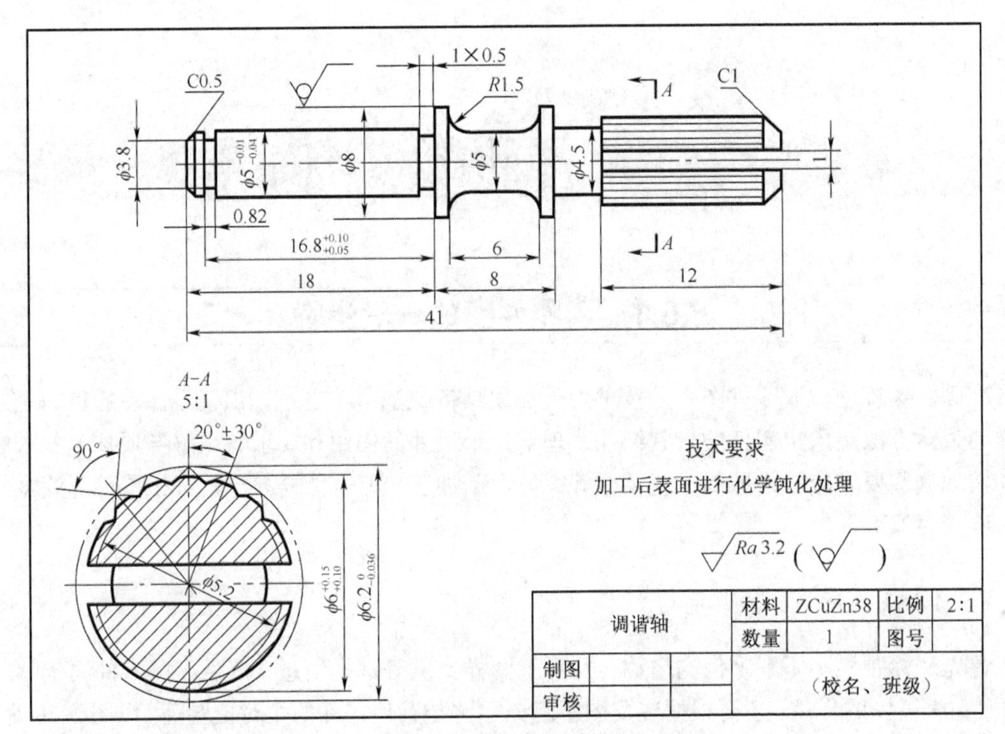

图 6-78 调谐轴的零件图

4. 分析技术要求

主要分析零件的表面结构、尺寸公差、形位公差和其他技术要求，了解零件在制造、检验和使用等过程中的技术指标。

图 6-77 所示调谐轴是用$\phi8$ 黄铜棒车制而成，除$\phi8$ 圆柱表面不加工外，其余各表面都要采用去除材料的加工方法得到，表面结构要求轮廓参数 *Ra* 的上限值为 3.2，零件表面采用化学钝化处理。

6.6.2 读图举例

【例 6-1】识读图 6-79 所示的端盖零件图。

1. 看标题栏。由标题栏可知零件的名称是端盖，起密封作用；材料为灰铸铁；比例为 1∶2 等。

2. 视图分析。端盖零件采用两个基本视图表达。主视图按加工位置选择，轴线水平放置，并采用两相交平面剖的全剖视，以表达端盖上孔及方槽的内部结构。左视图则表达端盖的基本外形和 4 个圆孔、两个方槽的分布情况。通过视图可知该零件为有同一轴线的回转体，其整体轴向尺寸小于径向尺寸。端盖右端有与主体同轴、深为 2 的沉孔$\phi60$；左端阶梯形圆柱内铸有大端直径为$\phi62$、锥度为 1:10 的锥孔；盖上均布 4 个$\phi9$ 的固定圆孔，垂直方向有对称的长宽均为 10 的方槽两个。另有倒角、圆角等工艺结构。

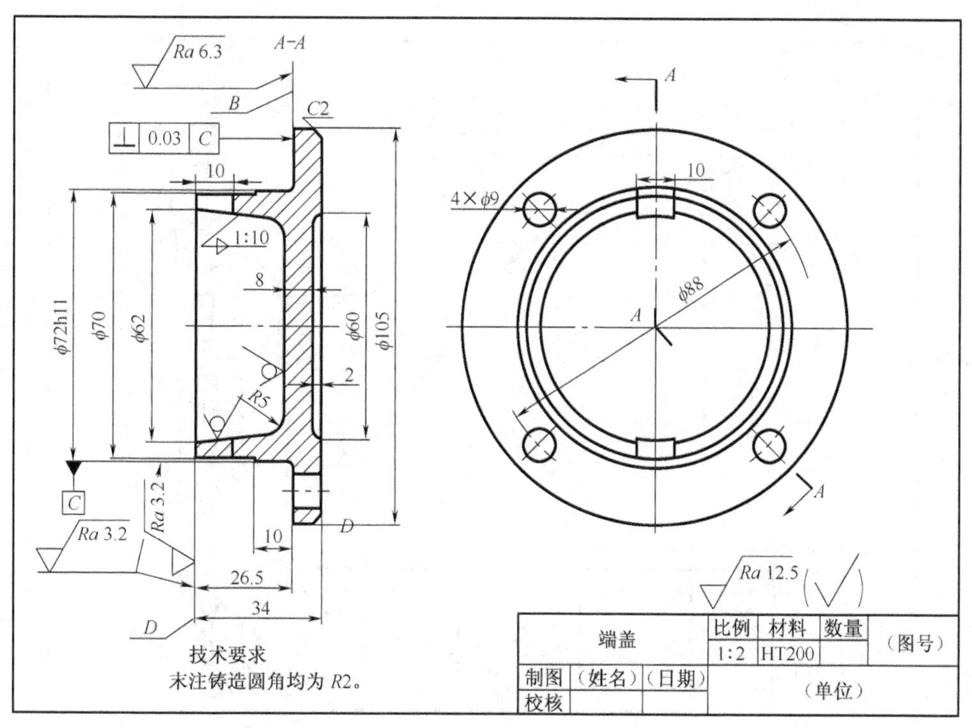

图 6-79 端盖零件图

3. 尺寸分析。该零件的公共回转轴线为径向尺寸的主要基准，由此标出 4×ϕ9 孔的定位尺寸ϕ88。ϕ105 端盖左端面 *B* 为重要配合面，作为长度方向尺寸的主要基准，由此标出阶梯圆柱ϕ72 的定位、定形尺寸 10。为满足工艺要求，把ϕ70 左端面 *D* 定为长度方向尺寸的辅助基准，并标出整体长度 34。两基准的联系尺寸为 26.5。其他尺寸为定形尺寸。

4. 看技术要求。在图 6-79 中，ϕ72h11 是配合尺寸。为满足端盖的配合要求，ϕ70 左端面和 ϕ72h11 圆柱面的表面结构要求为 *Ra* 3.2μm，ϕ105 圆柱左端面结构要求为 *Ra* 6.3μm；锥坑内表面保持原铸造状态。其余表面表面结构要求为 *Ra* 12.5μm。此外，对有配合要求的ϕ105 左端面有形位公差要求，图中形位公差符号是指ϕ105 左端面对ϕ72h11 轴线的垂直度要求公差值为 0.03mm。所有未注铸造圆角均为 *R*2。

【例 6-2】识读图 6-80 所示托架零件图。

1. 看标题栏。由标题栏可知零件的名称为托架，主要起连接支承作用。材料为灰铸铁 HT150，比例为 1:2 等。

2. 视图分析。该零件用两个基本视图、一个局部视图、另一个移出断面共 4 个图形表达。主视图按照工作位置进行投影，以突出托架的形体结构特征。主视图上有两处作了局部剖视，一处表达托板上的凹槽、长腰孔的内部结构及板厚；另一处则表达 ϕ35H8 孔和 2×M8-7H 螺孔的内形及两者贯通的结构情况。俯视图主要表达托架的整体外形结构及长腰孔的位置分布情况。*B* 向局部视图主要表达凸台的端面形状及两个螺孔的分布情况。用移出断面着重表达 U 形肋板的断面结构及大小。

从视图中可看出，托架的结构分为上、中、下三部分。上方为长方形托板，板中间开有深为 2 的凹槽，两边各有一个 *R*6 的长腰形孔，为安装紧固螺栓之用；下方为 ϕ55 圆筒，右下侧有 *R*9 长腰凸台，并钻有两个 2×M 8-7H 的螺孔；中间为 U 形肋板，把上、下部分连接成整体。

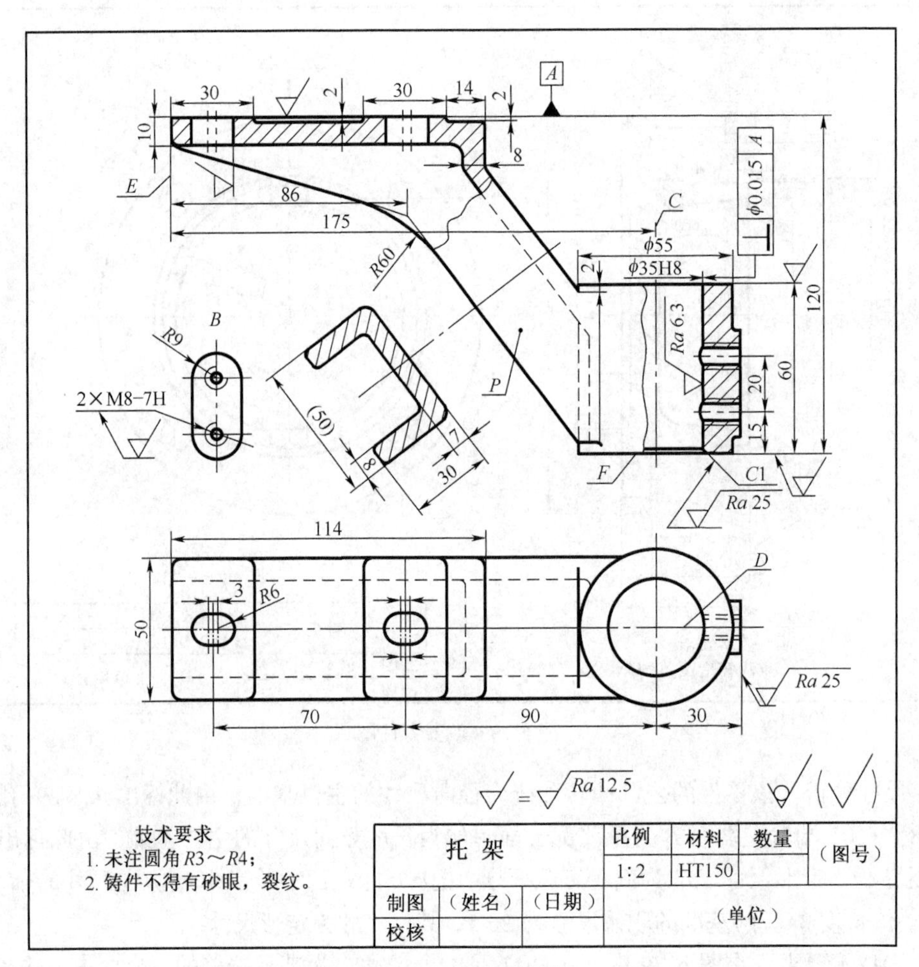

图 6-80 托架零件图

3. 尺寸分析。叉架类零件常以主要轴线、对称平面、安装基面或较大端面作为尺寸的主要基准。该零件从设计及工艺方面考虑，应以圆筒的轴线 *C* 作为长度方向尺寸的主要基准，并分别标出凸台的尺寸 30、右长腰孔尺寸 90 等定位尺寸。把上托板左端面 *E* 定为长度方向尺寸的辅助基准，由此标出到凹槽的尺寸 30、U 形板转折处尺寸 86 等定位尺寸。两基准之间注有联系尺寸 175。

由于托板上平面 *A* 为重要结合面，应作为高度方向尺寸的主要基准，依此标注出 2、35 等定位尺寸。考虑到加工的复杂性，把圆筒下端面 *F* 作为高度方向尺寸的辅助基准，依次标注出 U 形板连接处尺寸 4、下螺孔尺寸 15 等定位尺寸。两基准之间的联系尺寸是 120。

因为托架前后对称，所以其对称中心平面 *D* 即为宽度方向尺寸的主要基准。另外如两螺孔中心距离 20、两长腰孔中心距 70 等也属于定位尺寸。

4. 看技术要求。根据托架的功用可知，ϕ35H8 孔将与轴配合，其表面结构要求为 *Ra*6.3μm。托架上平面为重要结合面，其表面结构要求为 *Ra* 12.5μm。ϕ55 圆筒两端面的表面结构要求值为 *Ra*12.5μm，长腰形孔的表面结构要求为 *Ra* 12.5μm。图中未注明的表面结构要求均为原毛坯表面状态。

形位公差也有一项要求，图中注出 ϕ35H8 孔的轴线对托架上平面 *A* 的垂直度公差为 ϕ0.015mm。

另外，要求整个铸件不得有砂眼、裂纹，所有结构的未注圆角为 *R*3 ~ *R*4。

第7章 装配图

【知识目标】

1. 了解装配图的作用和内容，理解装配图的尺寸标注；
2. 理解装配图的视图选择、基本画法和简化画法；
3. 理解装配图的零件序号和明细栏；
4. 熟悉识读装配图的方法和步骤。

【能力目标】

1. 能绘制简单的装配图，识读中等复杂程度的装配图；
2. 能根据装配图，折画简单零件图。

表示机械或部件及组合部分相互连接、装配关系的机械图样称为装配图。其中，表达一台机械设备的图样称为总装图，简称总图；而表达一个部件的图样，则称为部件装配图，简称部装图。装配图主要用于表达机械或部件的形状结构、传动关系、工作原理以及各组成零件之间的装配关系等。

7.1 装配图的基本知识和基本表达方法

7.1.1 装配图的基本知识

1. 装配图的作用

装配图是机械设计中设计意图的反映，是机械设计、制造的重要的技术依据。在机械或部件的设计制造及装配时，都需要装配图。装配图主要有以下作用。

（1）进行机械或部件设计时，首先要根据设计要求画出装配图，用以表达机械或部件的结构和工作原理；然后根据装配图和有关参考资料，设计零件具体结构，画出各个零件图。

（2）在生产过程中，根据装配图组织生产，将零件装配成部件和机器。

（3）在使用和维修中，装配图是了解机械或部件工作原理、机构性能，从而决定操作、保养、拆装和维修方法的依据。

（4）装配图反映设计者的思想，因此也是进行技术交流的重要文件。

2. 装配图的内容

图 7-1 所示是滑动轴承装配分解图，图 7-2 所示是该部件的装配图。由图 7-2 可知，装配图应包括以下 4 方面内容。

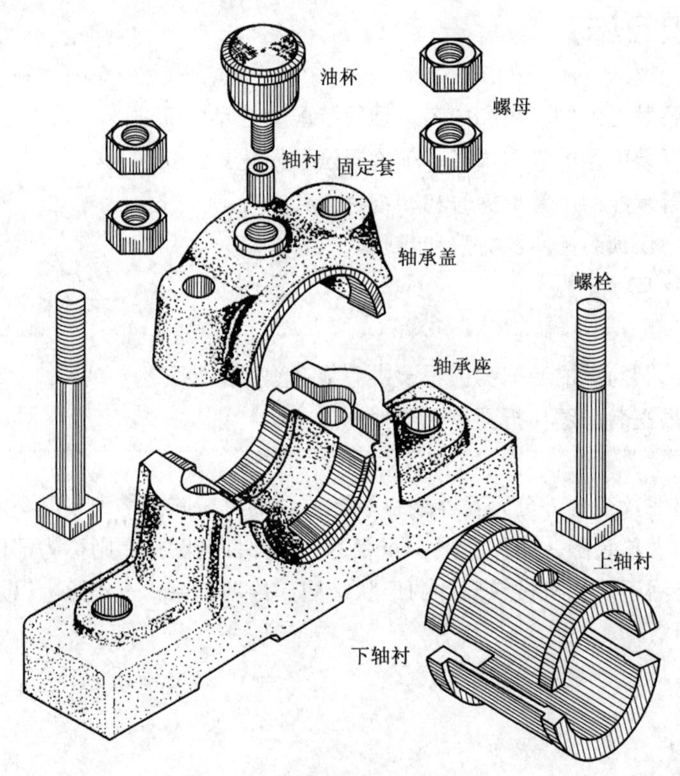

图 7-1 滑动轴承装配分解图

（1）一组视图

用来表达装配图的结构、工作原理及各组成零件间的相互位置、装配关系、连接方式和重要零件的主要结构形状等。

（2）必要尺寸

装配图的功用和表达任务与零件图不同，因此对尺寸标注的要求也就不同，装配图中只需注出表达机械或部件的性能规格、外形、大小、装配和安装所需的必要尺寸。

① 规格性能尺寸。表示机器或部件的性能、规格和特征的尺寸，它是设计、了解和选用机器或部件的重要依据，如图 7-2 中轴瓦的孔径ϕ50H8。

② 装配尺寸。表示机器或部件上有关零件间装配关系的尺寸，主要有下列两种。

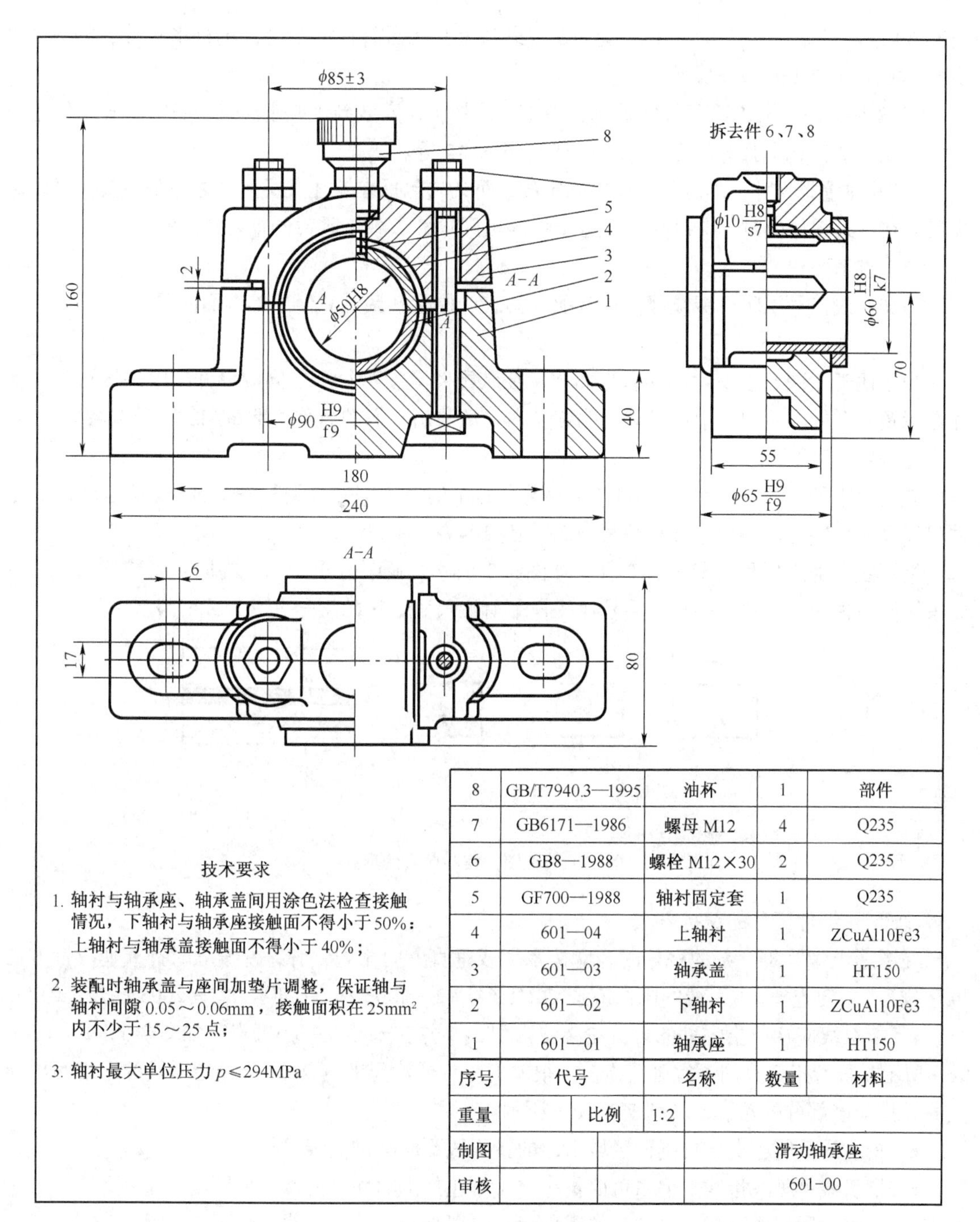

8	GB/T7940.3—1995	油杯	1	部件
7	GB6171—1986	螺母 M12	4	Q235
6	GB8—1988	螺栓 M12×30	2	Q235
5	GF700—1988	轴衬固定套	1	Q235
4	601—04	上轴衬	1	ZCuAl10Fe3
3	601—03	轴承盖	1	HT150
2	601—02	下轴衬	1	ZCuAl10Fe3
1	601—01	轴承座	1	HT150
序号	代号	名称	数量	材料
重量		比例	1:2	
制图			滑动轴承座	
审核			601-00	

图 7-2 滑动轴承装配图

- 配合尺寸——它是表示两个零件之间配合性质的尺寸，如图 7-2 中的 ϕ90H9/f9、ϕ60H8/k7 尺寸等，它由基本尺寸和孔与轴的公差带代号组成，是拆画零件图时确定零件尺寸偏差的依据。
- 相对位置尺寸——它是表示装配机器时需要保证的零件间较重要的距离、间隙等。如图 7-2 中的 ϕ85 ± 0.3 尺寸。

③ 外形尺寸。它是表示机器或部件外形轮廓的尺寸，即总长、总宽、总高。它反映了机器

或部件所占空间的大小，是包装、运输、安装以及厂房设计时需要考虑的外形尺寸，如图 7-2 中的 240、80 和 160 为外形尺寸。

④ 安装尺寸。表示将部件安装到机器上，或将机器安装到地基上，需要确定其安装位置的尺寸，如图 7-2 中轴承座底板上的尺寸 180、6 和 17 等。

⑤ 其他重要尺寸。这是在设计中确定的，而又未包括在上述几类尺寸之中的主要尺寸。这类尺寸在拆画零件图时不能改变，如运动件的极限尺寸，主体零件的重要尺寸等。

（3）技术要求

用文字或符号说明机械或部件在装配、安装、检验、调试和使用等方面的要求。

（4）零件的序号

为了便于看图、组织生产和管理图样，在装配图上须对每个不同的零件或组件编写序号，并在标题栏上方的明细栏中或另附的明细表内，填写出它们的名称、数量和材料等内容。

① 零、部件序号的形式

装配图中的每 一个零件、部件均应编号，其中的一个部件只编写一个序号。完全相同的零件只编写一个序号。一个序号只编写一次，必要时方可重复。

编写零、部件序号有形式有 3 种，如图 7-3（a）、（b）、（c）所示。在同一张装配图中，只能采用同一种形式编写。序号的字号比图样中所注尺寸数字的字号大一号或两号。

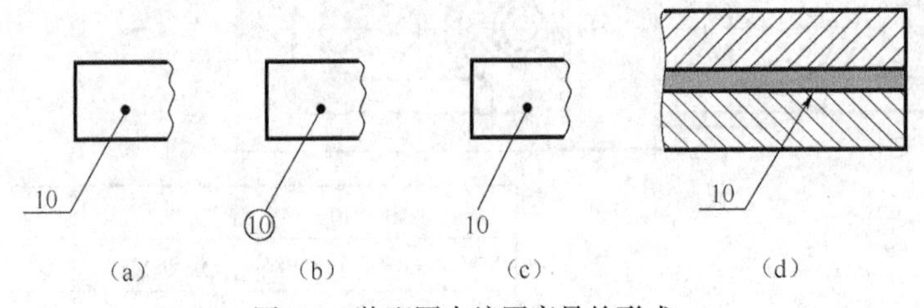

图 7-3 装配图中编写序号的形式

② 零、部件序号的编排方法

在图形上编写零、部的序号时，应按水平或垂直方向排列整齐，并按顺时针或逆时针方向顺序排列，以便查找，指引线的画法应按 GB/T 4457.2－2003 和 GB/T4458.2－2003 的规定绘制。

- 指引线应从所指零件的可见轮廓线内引出，并在末端画一小圆点，如图 7-3（a）、（b）、（c）所示，若所指部分内不宜画圆点时（很薄的零件或涂黑的剖面），可在指引线的末端画出箭头，并指向该部分的轮廓，如图 7-3（d）所示。
- 指引线不能相交，自剖面区域引出的指引线不应与剖面线平行。
- 指引线可画成折线，但只可曲折一次（不包括书写序号的水平横线）。
- 一组紧固件或装配关系清楚的零件组，可以采用公共指引线，如图 7-4 所示。

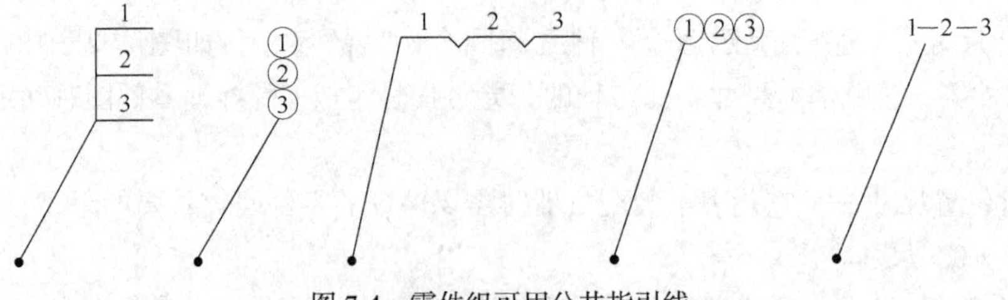

图 7-4 零件组可用公共指引线

（5）标题栏和明细栏

明细栏是机器或部件中所有零、部件的详细目录，栏内主要填写零件序号、代号、名称、材料、数量、质量及备注等内容。

明细栏画在标题栏上方，明细栏中的零件序号应从下往上顺序填写，以便增加零件时，可以继续向上画格。有时，明细栏也可不画在装配图内，按 A4 幅面单独画出，作为装配图的续页，但在明细栏下方应配置与装配图完全一致的标题栏。

7.1.2 装配图的表达方法

前面所介绍的图样画法在装配图中照样可以采用，但由于装配图和零件图表达的侧重点不同，因此，装配图又有一些规定画法。

1. 装配图的规定画法

（1）两个相邻零件的接触表面和配合面，规定只画一条线，但当相邻两零件的基本尺寸不同时，即使间隙很小，也必须画出两条线；非接触面和非配合面，即使间隙很小，也应画两条线，如图 7-5 所示。

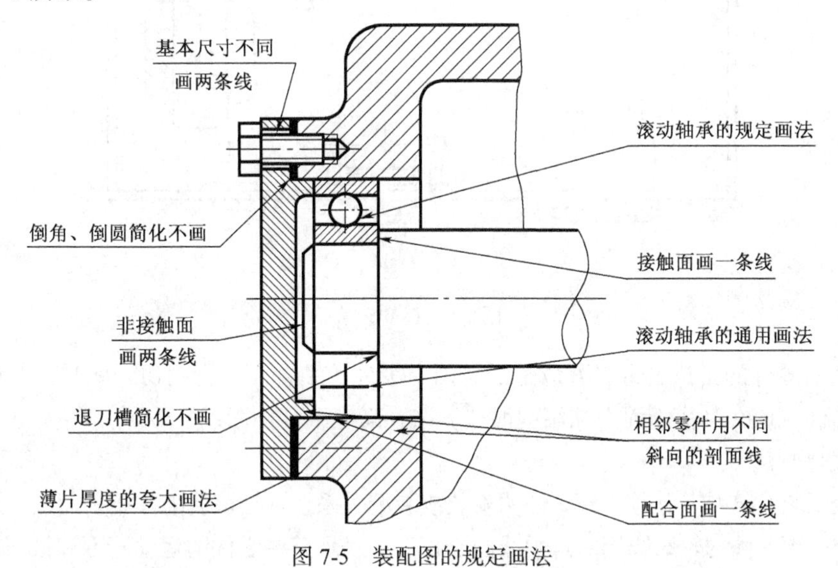

图 7-5　装配图的规定画法

（2）在剖视图中，相邻的两个零件剖面线方向相反或方向一致而间距不等。在各视图中，同一零件的剖面线方向与间隔必须一致。当剖面图的厚度小于或等于 2mm 时，允许用涂黑代替剖面符号，如图 7-5 所示。

（3）在装配图中，对于紧固件（如螺栓、螺母、垫圈、螺柱等）及实心件（如轴、手柄、球、连杆、键等），当剖切平面通过其轴线（或对称线）剖切这些零件时，则这些零件均按不剖绘制，即不画出剖面线，只画出零件的外形，如图 7-5 中的螺栓、轴。如果实心杆件上有些结构，如键槽、销孔等需要表达时，可用局部剖视表示。

2. 装配图的特殊表达方法

（1）拆卸画法

在装配图的某个视图上，当某些零件遮住了大部分装配关系或其他零件时，可假想将某些零件拆去绘制，这种画法称为拆卸画法。如图 7-6 中的俯视图就是拆去外壳后画出的，采用这种画法需要加标注“拆去××等”。

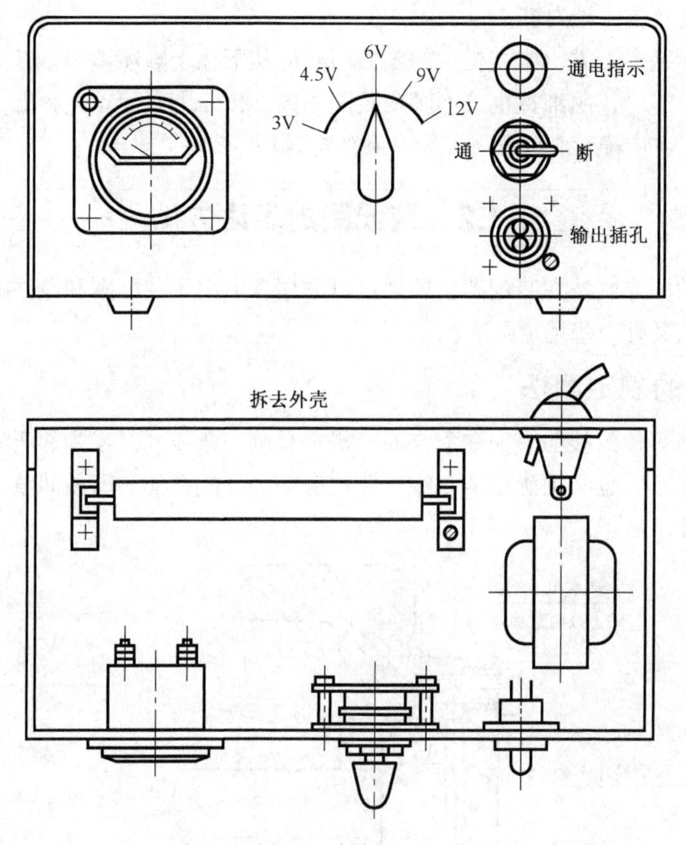

图 7-6　拆卸画法

拆去某些零件的画法也可以看成是沿着两个零件的结合面进行剖切。此时，剖切面若遇螺钉、销子等件，应在其横断面上加画剖面线，结合面上不画剖面线。

（2）假想画法

为了表示装配体与其他零（部）件的安装或装配关系，常把该装配体相邻而又不属于该装配体的有关零（部）件的轮廓线用双点画线画出；为了表示某些零件的运动范围和极限位置时，可先在一个极限位置上画出该零件，再在另外的极限位置上用双点画线画出其轮廓，如图 7-7 所示。

（3）夸大画法

在装配图中，如绘制直径或厚度小于 2mm 的孔或薄片以及较小的斜度、锥度、间隙和细丝弹簧时，允许该部分不按原绘图比例而夸大画出，以便使图形清晰，这种表示方法称为夸大画法，如图 7-5 中的垫片很薄（≤0.05mm），故采用了夸大厚度并涂黑事表示其区域。

3. 装配图的简化画法

（1）对于装配图中的螺栓连接等若干相同的零件组，在不影响理解的前提下，允许仅详细地画出一处，其余则以点画线表示其中心位置；在装配图中，螺母和螺栓的头允许采用简化画法；在装配图中，表示滚动轴承时，允许按比例画法画出对称图形的一半，另一半只画出其轮廓，在轮廓中央画出十字形符号，如图 7-5、图 7-8 所示。

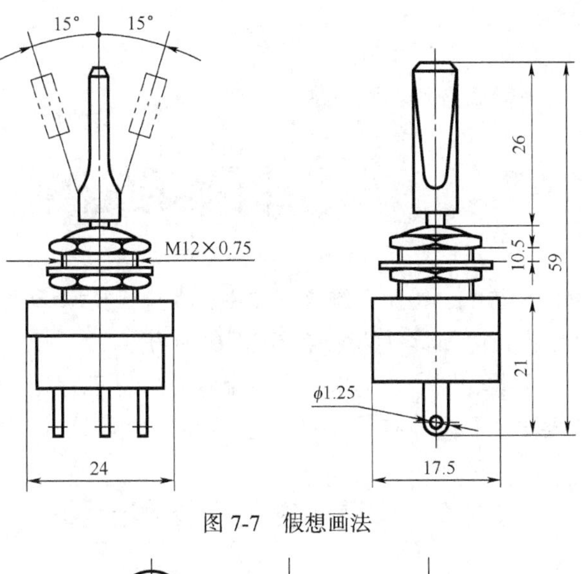

图 7-7　假想画法

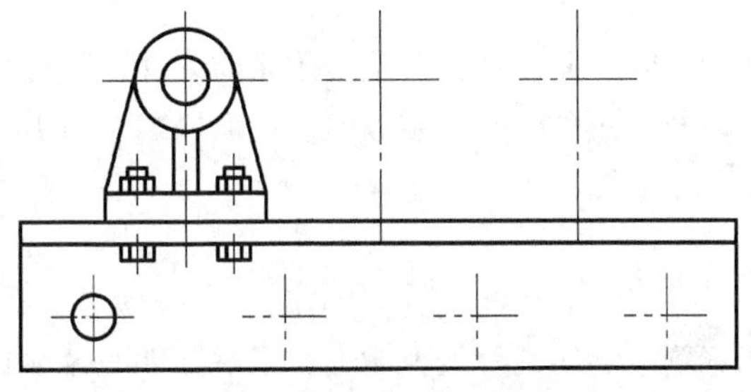

图 7-8　相同零件组的简化画法

（2）在能够清楚表达产品特征或装配关系的前提下，可仅画出外轮廓或简化轮廓，如图 7-9 和图 7-10 所示。

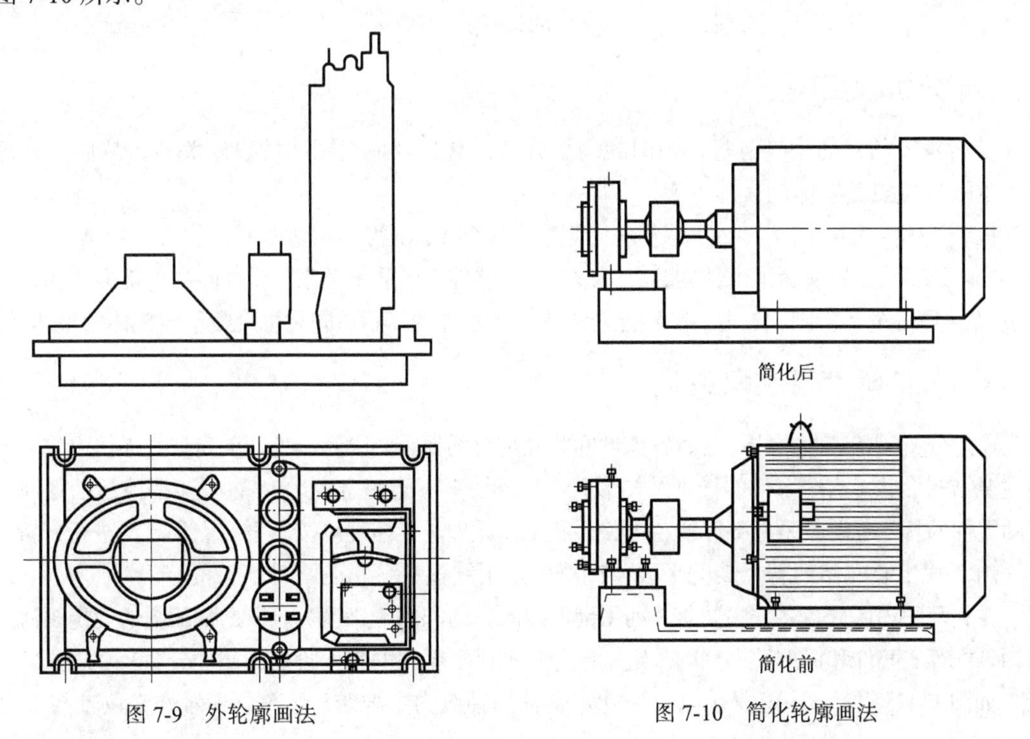

图 7-9　外轮廓画法

图 7-10　简化轮廓画法

7.2 识读装配图

在机械或部件的设计、装配、检验和维修工作中，在进行技术革新、技术交流过程中，都需要看装配图。工程技术人员必须具备熟练看装配图的能力。

读装配图的目的，是从装配图中了解部件中各个零件的装配关系，分析部件的工作原理，并能分析和读懂其中主要零件及其他有关零件的结构形状，在设计时，根据装配图画出零件图。

7.2.1 读装配图的方法和步骤

为能熟练地看懂装配图，除了制图知识和空间想象能力外，还应具有一定的机械设计和加工制造方面的专业知识，以及一定的生产实践经验。下面以图 7-11 所示定位器的装配图为例，介绍识读装配图的一般方法和步骤。

1. 概括了解

通过调查研究和查阅标题栏、明细栏及说明书，了解部件的名称和用途，以及组成该部件的零件种类、数量、材料等内容。

从标题栏、明细表、零件序号等可知，该部件名称是定位器，绘图比例为 1∶1，说明装配体的实物就象装配图形一样大小；该装配体共由 7 种零件组成，4 号件弹簧和 6 号件螺钉是标准件。

了解了上述情况后，对部件就有了初步的认识。

2. 分析视图

分析视图的目的是弄清每一视图的表示方法，它与其他视图间的投影关系，从而弄清每一视图的表达重点及整体的表达方案。

该装配体共采用了两个视图表达。主视图采用了局部剖视，剖切面通过了 2、3、4、5、6、7 号件的轴线，清楚地表达了部件的装配干线，即各零件间的装配关系（零件间的连接方式和相对位置）；左视图为外形视图，与主视图相配合来表达 1 号件的形状，同时也反映了装配体的整体外形。

3. 分析零件及装配关系

通过分析各条装配干线，弄清各零件间相互配合的要求，以及零件间的定位、连接方式、零件的主要结构形状（有些零件的详细结构形状在装配图上不能完全表达），进一步搞清运动零件与非运动零件的相互运动关系、部件的装配关系和工作原理。具体地可按以下要点和方法进行分析。

（1）找出装配体的若干装配干线，围绕装配干线逐一分析各零件。

在装配图中区分各零件主要有“利用剖面线的方向和间隔来区分，根据装配图的规定画法，利用轴、杆等实心件和标准件不剖的规定来区分；利用视图间的三面投影规律区分”3 种方法。

如图 7-11 所示，定位器是以 1 号件定位轴的轴线为主要装配干线。1 号件定位轴与 2 号件支架和 5 号盖有配合关系；7 号件把手通过 6 号件螺钉与 1 号定位轴连接；5 号件盖与 3 号件套筒用螺纹连接在一起；3 号件套筒与 2 号件支架是通过胀铆连接，属于不可拆连接；4 号件弹簧套在 1 号件定位轴上，两端与定位轴轴肩和 5 号件左端面接触。

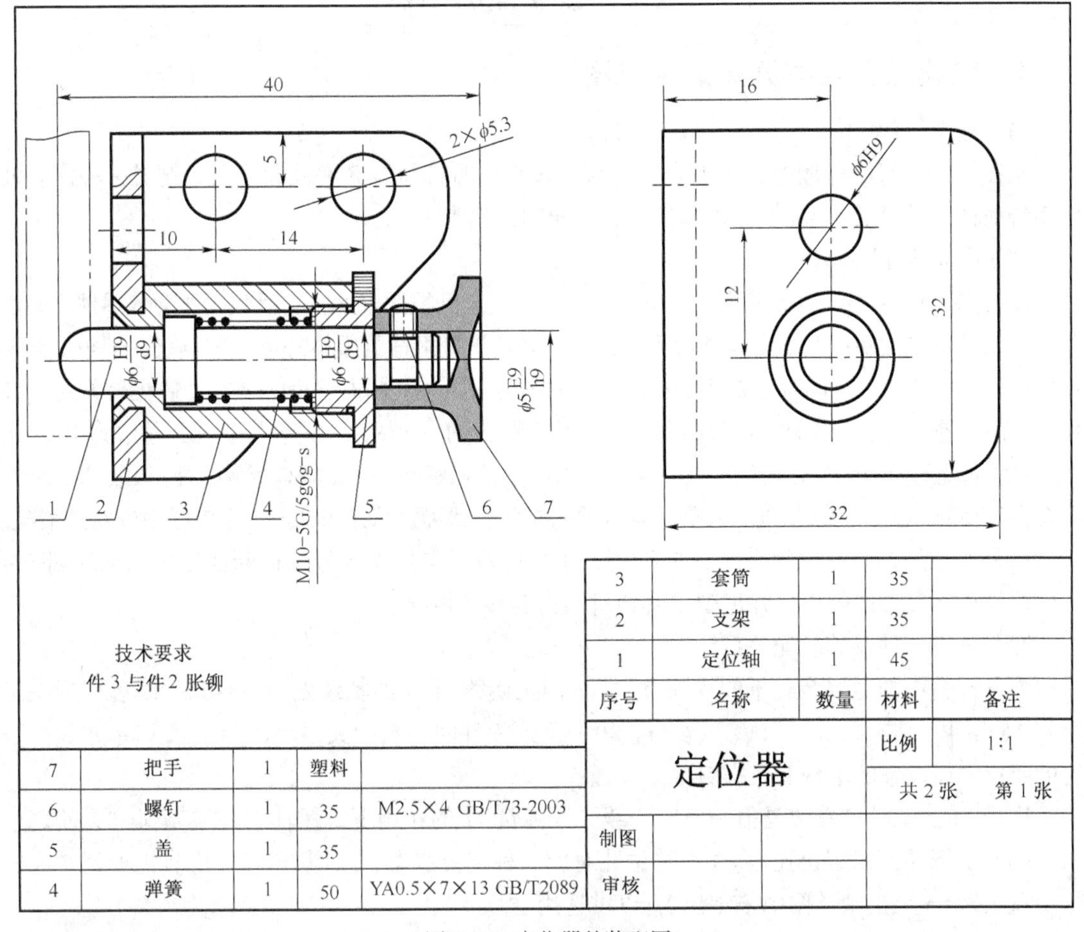

图 7-11　定位器的装配图

（2）弄清连接方式，分析拆装顺序

通过以上分析，就可想象出各零件的形状、连接方式，从而弄清部件的装配关系等。

装配顺序如下。

① 将 2 号件支架与 3 号件套筒胀铆在一起；

② 将 4 号件弹簧套入 1 号定位轴后，连同定位轴一起装入 3 号件套筒，再将 5 号件盖旋入 3 号套筒上；

③ 将 7 号把手装到 1 号上，并用 6 号件螺钉连接固定。

部件的拆卸顺序与装配顺序相反，请自行分析。

4. 归纳总结

通过上述步骤的读图，可逐一弄清各零件的形状、零件间的连接方式和相对位置、零件的动静状态等，从而弄清部件的功用和工作原理。

该部件是对其他零、部件（在加工或运动过程中）起定位作用的。如图 7-11 所示，向右拉动 7 号件把手，则 1 号定位轴缩进套筒内，解除定位；松开 7 号件把手，1 号件定位轴在 4 号件弹簧的作用下，伸出套筒外，靠伸出部分的阻挡功能起定位作用。

7.2.2 读装配图举例

1. 识读 E 面波导开关的装配图

（1）概括了解

从图中的序号、标题栏、明细表中可知，该零件的名称是 E 面波导开关，这是一种测量波导系统时的手动开关，共由 18 种零件组成，绘图比例为 1：1。

（2）分析视图

该装配体共用 4 个图形表达。其中，主视图采用全剖视图表达，它反映了所含各零件之间的装配关系和位置关系；左视图为外形视图，除了表达该装配体的整体外形，重点表达了矩形波形口的形状和尺寸要求，同时还表达了在波导口周围的一组与外部安装用的 4 个 M4 的螺孔的安装位置（由于外壳为正三棱柱，所以，每一面上均有同样的 4 个 M4 的安装用螺孔，总数为 12 个）；*B-B* 为全剖视的俯视图，它表达了外壳 3 号件为中空的三棱柱，并很好地反映了Ⅰ、Ⅱ、Ⅲ3 个波导口在其横断面上的分布情况以及转子 4 号件的断面形状和弧状矩形口与 3 个波导中的对接情况。

另外，采用拆卸画法画去的 *A* 向视图，主要反映了与外壳 3 号件横断面形状一致的端盖 1 号件、端盖 7 号件的外形，并反映了其通过螺钉连接的情况。

（3）分析零件及其装配关系

波导开关中的主要装配干线反映在主视图上围绕转子 4 的轴线处。在这条干线上，反映了序号 15 与 4、3 与 4、1 与 4 及与 6 与 4 等一系列零件间的装配关系。还为了减少转动旋钮 15 时的摩擦力而设置的滚珠 9 及螺钉 8。

序号 11、12 处可看成是另一条主干线，在弹簧 11 的作用下，托轴 12 顶起滚珠 9，使之卡入上端盖 1 下端面的定位孔内。3 个定位孔对应 3 种定位状态。3 种状态可在由有机玻璃制成的指示盘 13 上显示出来（图中未示出），以供选用。

根据剖面线的方向、投影对正关系，可分清各零件的轮廓，想象出其形状。如俯视图中外缘的三处弧形区域内的剖面线，其斜向及间隔与主视图中序号 3 的剖面线的斜向与间隔完全一致，由此可断定这些区域反映了同一个零件（3 号件），进而便可想象出 3 号件是棱边倒圆且中间为圆柱孔的三棱柱。

想象出各零件的形状后，我们可进一步分析各零件间的连接方式和相对位置。旋钮 15 与指示盘 13 通过销 16 连接，旋钮 15 与转子 4 通过螺钉 14 连接，上、下端盖 1、7 号件通过螺钉 5 与外壳 3 号件连接在一起，盖 6 与转子 4 也是通过螺钉 5 连接。

根据配合代号可了解零件间的配合关系。ϕ8H8/f7 是转子 4 与上端盖 1 的配合尺寸，ϕ35H9/f9 是转子 4 与外壳 3 的配合尺寸，它们均为基孔制间隙配合。选用这种较松的间隙配合，是为了保证能灵活地用手转动旋钮 15，以切换被测波导系统。

分析完零件间的连接、配合关系后，其拆装顺序也就很容易弄清了，请读者自行分析。

（4）归纳总结

通过上述分析可知，该开关是通过转动旋钮 15 来改变转子 4 的方位，使之转换并导通待测波导系统的。由 *B-B* 剖视可见，图示情况为已接通了Ⅰ－Ⅱ波导系统，转动旋钮 15 来改变转子 4 的方位，可分别再使Ⅰ－Ⅲ、Ⅱ－Ⅲ接通。

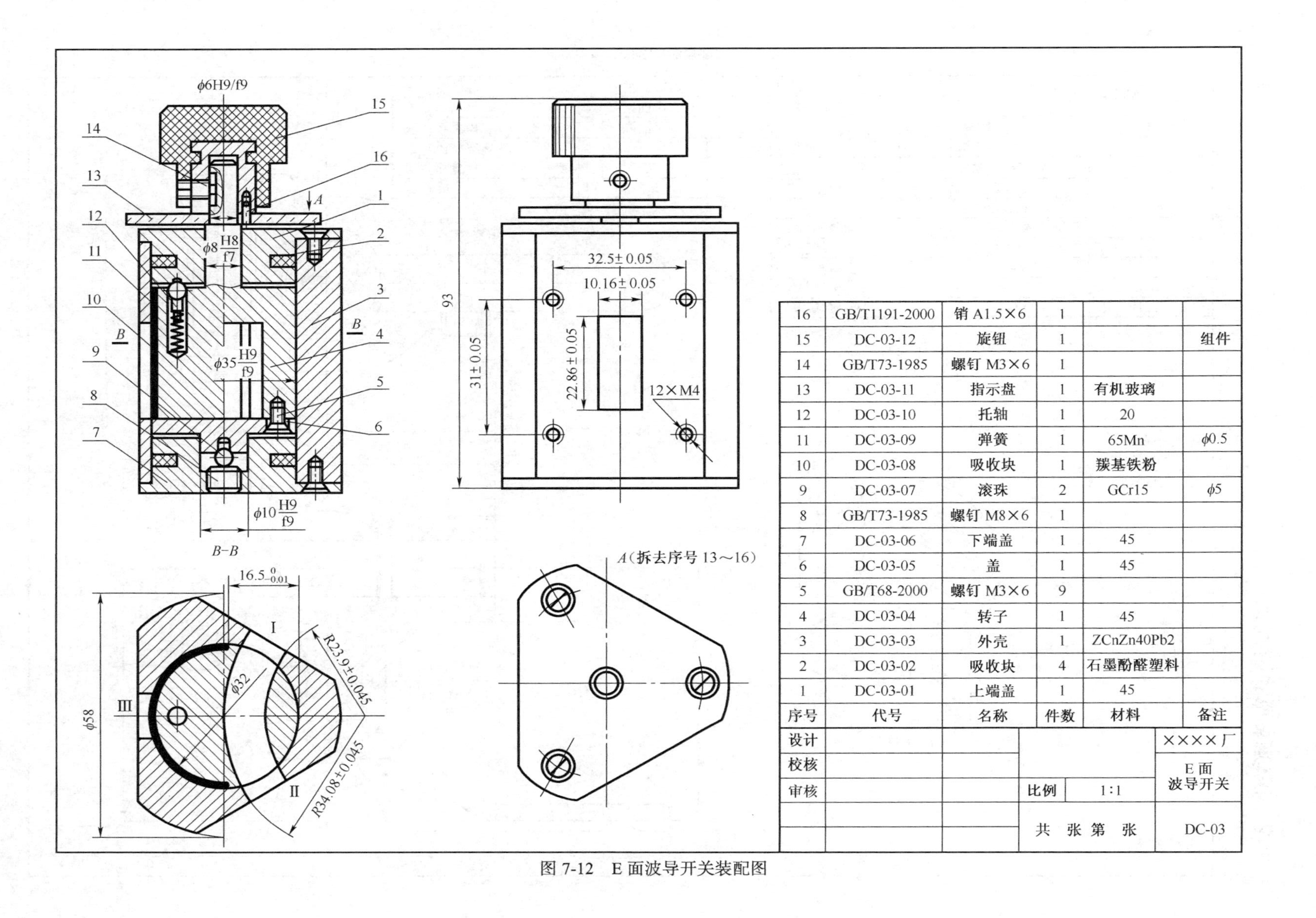

序号	代号	名称	件数	材料	备注
16	GB/T1191-2000	销 A1.5×6	1		
15	DC-03-12	旋钮	1		组件
14	GB/T73-1985	螺钉 M3×6	1		
13	DC-03-11	指示盘	1	有机玻璃	
12	DC-03-10	托轴	1	20	
11	DC-03-09	弹簧	1	65Mn	φ0.5
10	DC-03-08	吸收块	1	羰基铁粉	
9	DC-03-07	滚珠	2	GCr15	φ5
8	GB/T73-1985	螺钉 M8×6	1		
7	DC-03-06	下端盖	1	45	
6	DC-03-05	盖	1	45	
5	GB/T68-2000	螺钉 M3×6	9		
4	DC-03-04	转子	1	45	
3	DC-03-03	外壳	1	ZCnZn40Pb2	
2	DC-03-02	吸收块	4	石墨酚醛塑料	
1	DC-03-01	上端盖	1	45	

设计				××××厂
校核				E 面波导开关
审核		比例	1:1	
		共 张	第 张	DC-03

图 7-12 E 面波导开关装配图

2. 识读球阀的装配图

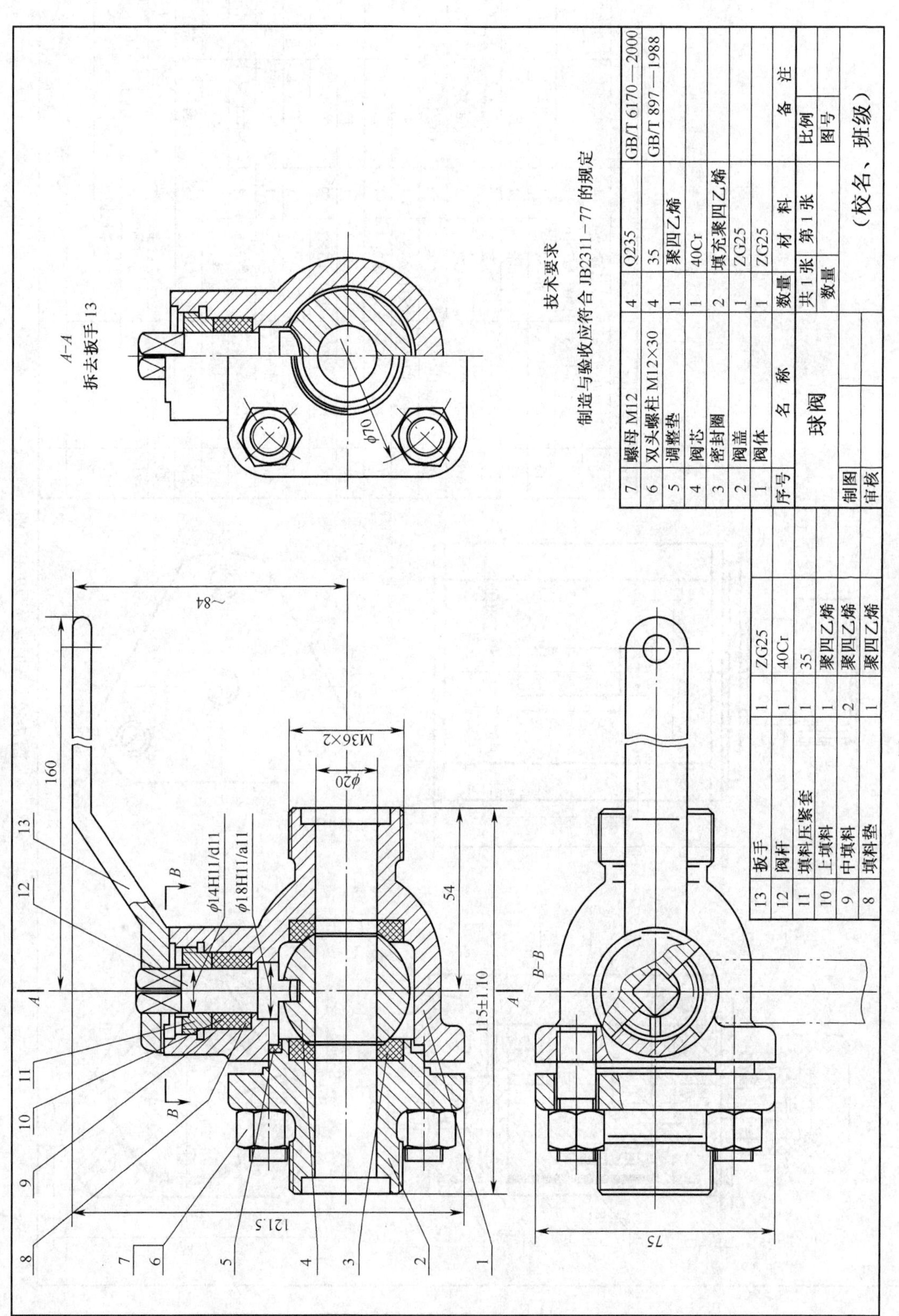

图 7-13 球阀的装配图

（1）概括了解

从标题栏名称中可知该装配图是一张球阀的装配图。对照图上的序号和明细栏，该球阀共由 13 种零件装配而成，其中标准件 2 种，从中可看出各零件的大致位置。由尺寸 160、115、121.5、75 可知这个球阀的外形大小。

（2）分析视图，明确表达方法和表达目的

球阀共用了 3 个视图表达。

主视图通过阀的两条装配干线作了全剖视，这样绝大多数零件的位置及装配关系就基本上表达清楚了。

左视图采用了拆卸画法，用 *A-A* 半剖视表达，左边外形视图部分表示了阀盖与阀体的连接方式（4 个双头螺柱连接）和连接部分的方形外形；右边剖视部分表示出了阀体的断面形状及阀体与球心、阀杆的装配情况。

俯视图采用了局部剖视，表示出了阀盖与阀体的连接方式及阀的开启与关闭时扳手的两个极限位置（图中扳手画粗实线的为关闭状态，画双点画线的为开启状态）。

（3）分析零件的结构形状

现以 2 号件为例分析其结构形状。

根据剖面线方向、投影对正关系，从主视图中将 2 号件的轮廓分离出来，如图 7-14（a）所示。由于在装配图的主视图上，2 号件的一部分可见投影被其他零件所遮，因而需补全其投影，如图 7-14（b）所示。

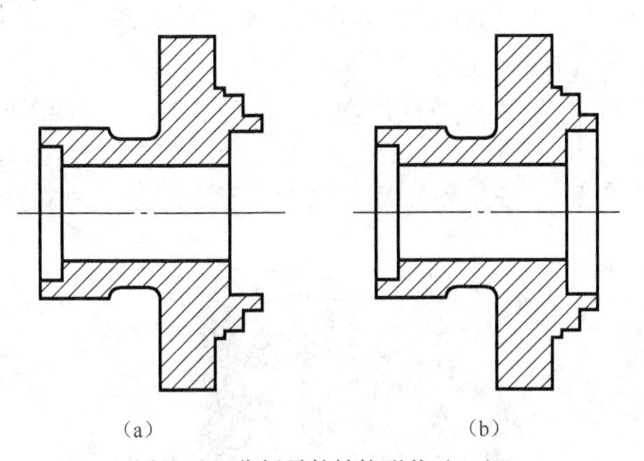

图 7-14　分析零件结构形状（一）

根据对正关系，找到 2 号件在左视图上的投影，从而想象出 2 号件的形状，如图 7-15 所示。

（4）分析尺寸及技术要求

分析图 7-13 球阀装配图中尺寸可知：$\phi20$ 为球阀的规格性能尺寸，它从侧面反映了球阀的流通能力；M36 为球阀的安装尺寸，它反映了与管道之间的安装连接；$\phi18H11/a11$、$\phi14H11/d11$ 分别是阀杆与阀体和填料压紧套之间的配合尺寸；另有确定球阀的总体尺寸及有关零件间的定位尺寸等。

（5）归纳总结

① 球阀的安装及工作原理。通过阀体与阀盖上的螺纹，可将球阀安装连接到管路上。阀芯内孔的轴线与阀体及阀盖接头内孔的轴线一致。此时阀呈开启状态。若转动扳手 13 ，通过扳手左端的方孔带动阀杆旋转，同时阀杆带动阀芯旋转，当扳手旋转至 90° 时（俯视图上双点画

线的位置），球芯内孔轴线与阀体、阀盖内孔轴线呈垂直相交状态，此时管道关闭。

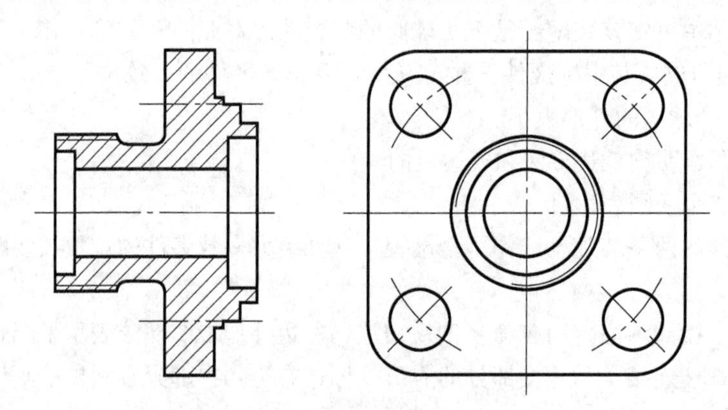

图 7-15　分析零件结构形状（二）

② 球阀的装配结构。阀体 1 是主要零件之一，它与阀盖 2 用螺栓连接形成一个内腔，内部容纳了阀芯、阀杆、填料及填料压紧套等零件。其装配关系是：阀体 1 和阀盖 2 均带有方形的凸缘，它们用 4 个双头螺柱 6 和螺母 7 连接，并用合适的调整垫 5 调节阀芯 4 与密封圈 3 之间的松紧程度。在阀体上部有阀杆 12，阀杆下部有凸块，榫接阀芯 4 上的凹槽。为了密封，在阀体与阀杆之间加进填料垫 8、填料 9 和填料 10，并且旋入填料压紧套 11。

③ 球阀的拆卸顺序。球阀上零件间的连接方式均为可拆连接。拆卸时，可先拆下扳手 13 、填料压紧套 11 及密封件 9、10、阀杆 12，然后拆下 4 个螺母 M12 ，即可将阀盖卸下，取出阀芯，从而将球阀解体。装配时和上述顺序相反。

通过上面的读图分析，不难得出球阀的整体、全面印象。其轴测图如图 7-16 所示。

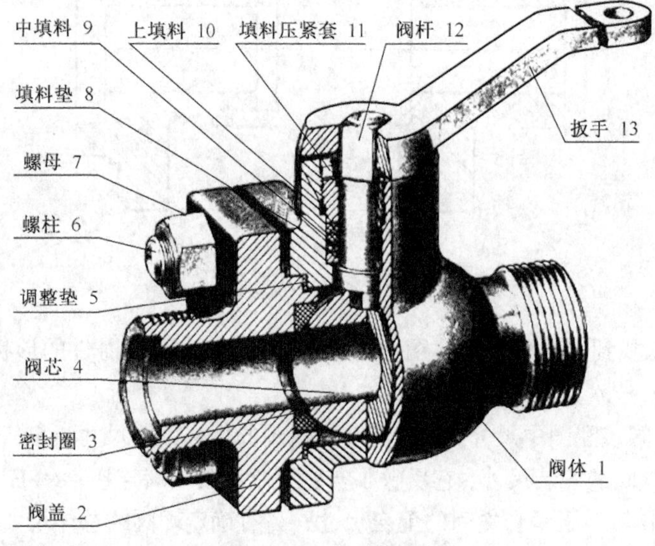

图 7-16　球阀轴测图

第8章 电气工程制图

【知识目标】

1. 熟悉电气制图的一般规则和基本表示法；
2. 理解电气制图中的图形符号、文字符号、项目代号的制定规则和使用方法；
3. 掌握基本电气图的种类、功用和绘制与识读方法。

【能力目标】

能熟练绘制和识读基本电气图。

电气图是用来阐述电气工作原理，描述电气产品的构成和功能，并提供产品装接和使用方法的图形。

根据用途和表达形式不同，电气工程图可分为两大类。第一类是按正投影法方法绘制的图样，用以说明电子产品加工和装配关系等，如零件图、装配图、外形图、线扎图、印制板图等；第二类是以图形符号为主绘制的简图，如总布局图、系统图、电路图、接线图、功能图、逻辑图、流程图等。

8.1 电气制图的基础知识

电气图的种类较多，各种图都从不同的角度说明了产品的工作原理及装配关系。这些图的绘制方法和要求除了有各自的特点外，还有与前述零件图、装配图等有共同之处。

8.1.1 电气制图的一般规则和基本表示方法

1. 图纸幅面与格式

（1）图纸幅面尺寸、格式均按 GB/T14689—1993 的规定（见本书第 1 章）。

（2）图幅分区

在各种幅面的图纸上均可分区，以便确定图上的内容、补充、更改和组成部分等的位置。如图 8-1 所示。

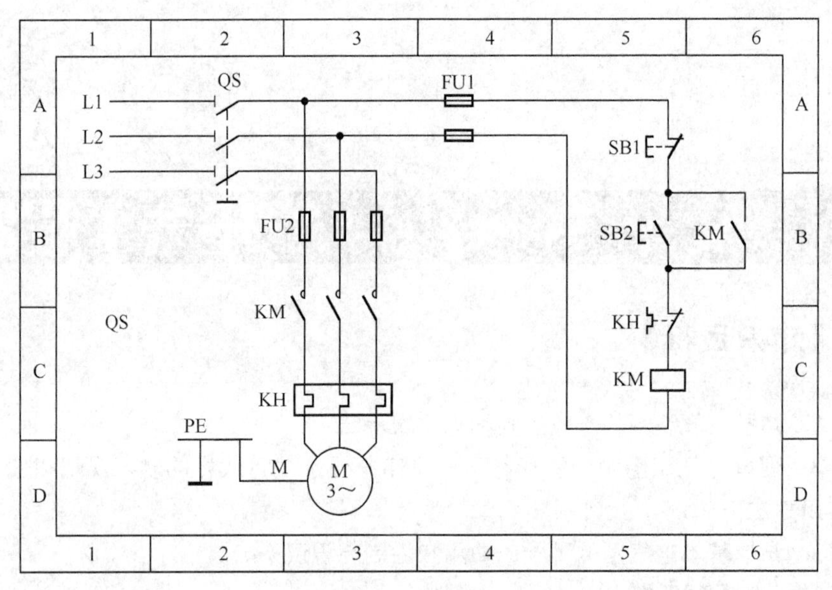

图 8-1　图幅分区

分区数应为偶数，每一分区长度一般在 25～47mm 之间，每个分区内竖边方向用大写拉丁字母，横边用阿拉伯数字分别编号，编号的顺序从标题栏相对的左上角开始。

分区代号由该区域的字母、数字和代号组成，字母在前，数字在后，如 FU1 在 A4 区，FU2 在 B3 区，控制电路在 5 列，电源电路在 A 行等。

2. 图线

图线形式见表 8-1。图线宽度的规定见本书第 1 章。两平行线之间的最小间距应不小于粗线宽度的两倍，同时应不小于 0.7mm。

电气图中，通常只选用两种宽度的图线，粗线的宽度为细线的两倍。如果某些图中需要两种以上宽度的图线，则线的宽度以两倍依次递增。

表 8-1　图线形式

图线名称	图线形式	一般应用
实线	————————	基本线、简图主要内容用线、可见轮廓线、可见导线
虚线	– – – – – – – – – –	辅助线、屏蔽线、机械连接线、不可见轮廓线、不可见导线、计划扩展内容用线
点画线	——·————·——	分界线、结构围框线、功能围框线、分组图框线
双点画线	——··————··——	辅助围框线

3. 箭头

在电气制图中，为了区分不同的含义，箭头符号有开口箭头和实心箭头两种形式。规定信号线和连接线上的箭头必须开口，而指引线上的箭头必须是实心的，如表 8-2 所示。

表 8-2　　　　箭头符号画法及应用

名　称	画　法	用　途	图　例
实心箭头		用于表示可变性、力和运动方向以及指引线方向	表示可变电容器的可变性限定符号和电压 U 的指示方向
开口箭头		用于表示能量和信号流的传播方向	表示电流 I 的方向

4. 指引线的画法

指引线规定用细实线表示，且指向被注释处，并根据不同情况在指引线的末端应按如下方式表示。

（1）指引线末端在轮廓线内，用一黑点来终止，如图 8-2（a）所示；

（2）指引线末端在轮廓线上，用一箭头来终止，如图 8-2（b）所示；

（3）指引线末端在尺寸线上，即不用圆点也不用箭头，如图 8-2（c）所示；

（4）指引线末端在连接线上，用一与连接线和指引线都相交的短线来终止，如图 8-2（d）所示。

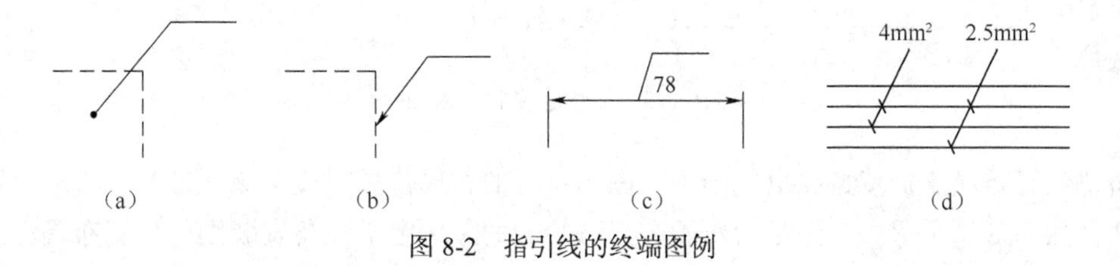

图 8-2　指引线的终端图例

5. 电气简图的布局

（1）连接线布局

在画简图时，连接线应尽量按水平或垂直取向，并避免弯曲与交叉。如图 8-3（a）所示为连接线处于水平布置状态，电气设备和元件按行布置，类似项目纵向对齐；如图 8-3（b）所示为连接线处于垂直状态，电气设备和元件按列布置，类似项目横向对齐。

但为了改善简图的清晰度，也允许采用斜线交叉布局，如图 8-4 所示。

（2）电路或元件的布局

在电气图中，电路或元件的布局方法有功能布局法和位置布局法两种。

所谓功能布局法，就是在电气图中，图形符号的布置，只考虑便于看出它们所表示元件的功能关系，而不考虑其实际布局位置的布局方法，如图 8-5 所示。功能布局法主要用于强调项目的功能关系和工作原理的简图，如框图、概略图、电路图、功能图等。

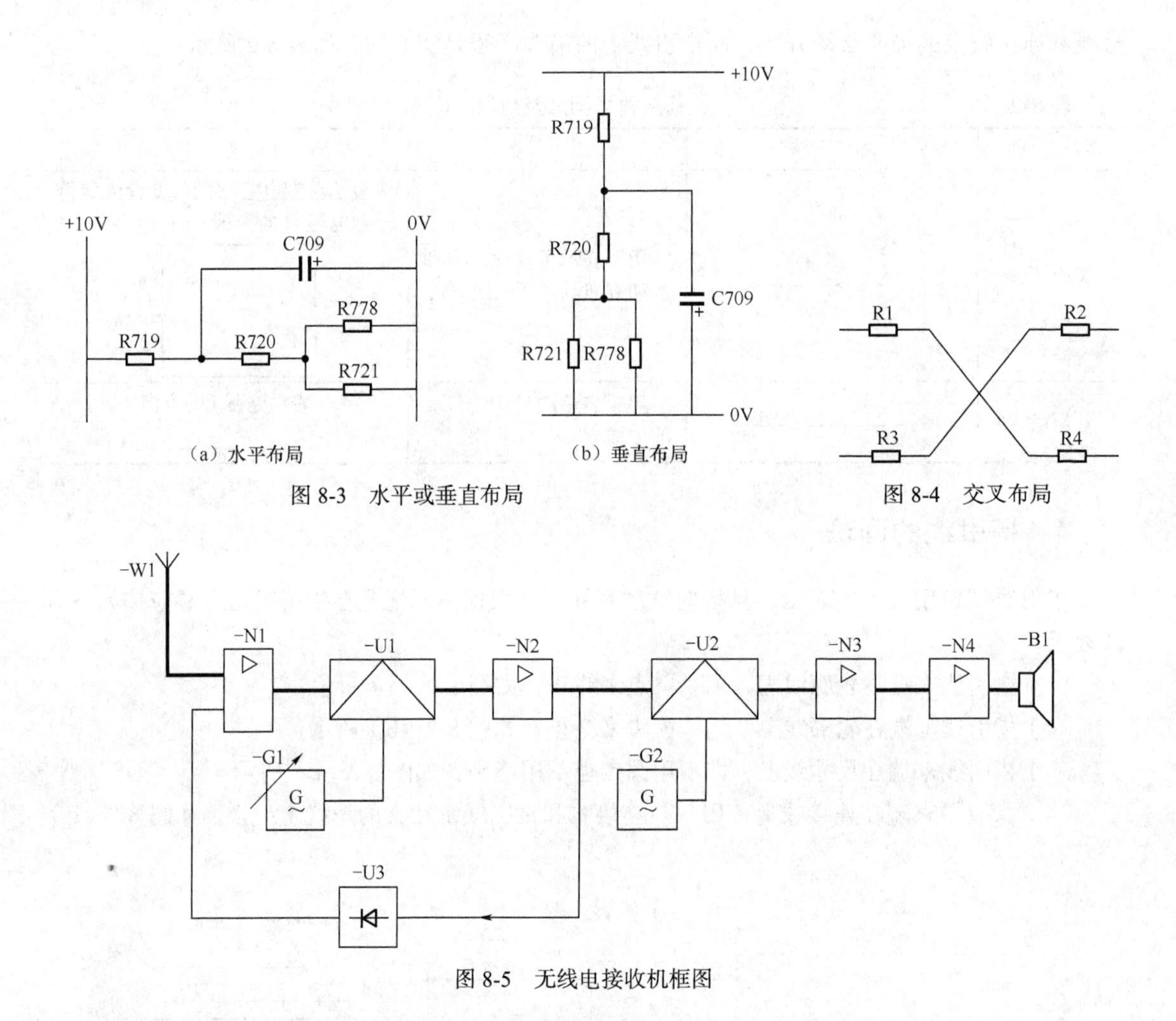

（a）水平布局　（b）垂直布局

图 8-3　水平或垂直布局

图 8-4　交叉布局

图 8-5　无线电接收机框图

所谓位置布局法，就是在电气图中，图形符号的布局位置对应于该元件实际布局位置的布局方法，如图 8-6 所示。该图是用位置布局法绘制的某一电气设备安装图。位置布局法主要用于强调项目实际位置的简图，如接线图、安装图、布置图等。

6. 连接线的基本表示法

在电气工程图中的连接线用实线绘制，计划扩展的内容用虚线。有时为了突出或区分某些电路功能，可采用不同粗细的图线来表示，如在电力拖动电路，电源部分用加粗实线表示，以区别控制、指示等电路。在图 8-5 中，为突出主信号通路，对主信号连接线进行加粗表示。

（1）导线的一般表示法

① 导线的一般符号。如图 8-7（a）所示，导线的一般符号可根据具体情况加粗、延长或缩短，常用于表示一根导线、导线组、电路、电缆和总线等。

② 导线根数的表示法。当用单线表示法表示一组导线时，若需示出导线根数，可加小短斜线表示。若导线少于 4 根，可用短斜线的数量表示导线的根数，如图 8-7（b）所示；若多余 4 根，可在短斜线旁加数字表示，如图 8-7（c）所示。

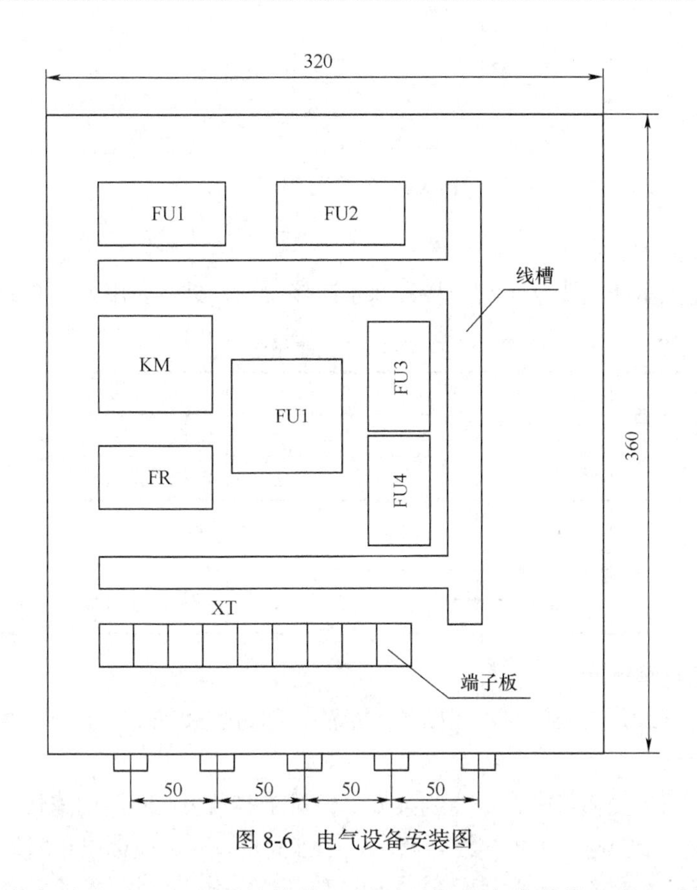

图 8-6　电气设备安装图

③ 导线特征的标注方法。在水平导线的上面可以标出电流种类、配电系统、频率和电压等信息，在下面可以标出电路的导线根数乘以截面积（mm^2）和导线材料等信息，如图 8-7（d）所示。当导线的截面积不同时，可用“+”将其分开。导线材料可用化学元素符号表示。在图 8-7（d）中，导线标记“3×70+1×35”的含义为：电路由截面积为 $70mm^2$ 的 3 根相线和截面积为 $35mm^2$ 的一根中性线（N）组成；导线标记“3N～50Hz　380V”的含义是三相交流电，一根是中线，频率为 50Hz，电压为 380V；导线标记“Al”表示铝材料。

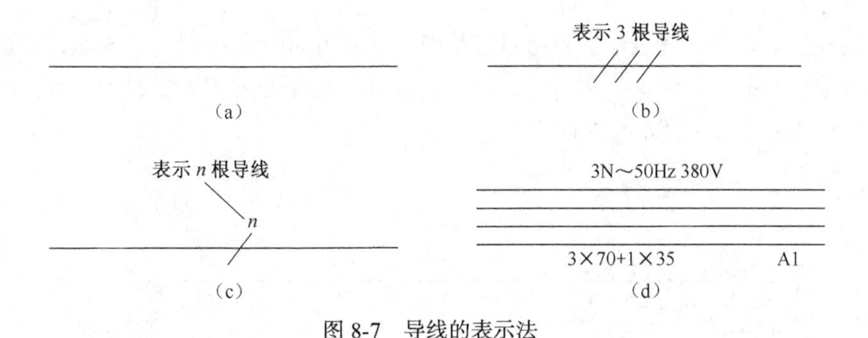

图 8-7　导线的表示法

（2）连接线的标记

为了表示连接线的功能或去向，以便于用图者识别、接线和查线用，可在连接线上加注标记，其识别标记一般注在靠近连接线的上方，也可断开连接线进行标注，如图 8-8 所示。为了便于理解图的内容，必要时还可以在连接线上标出含有信号特性的信息，如波形、传输速度等内容。

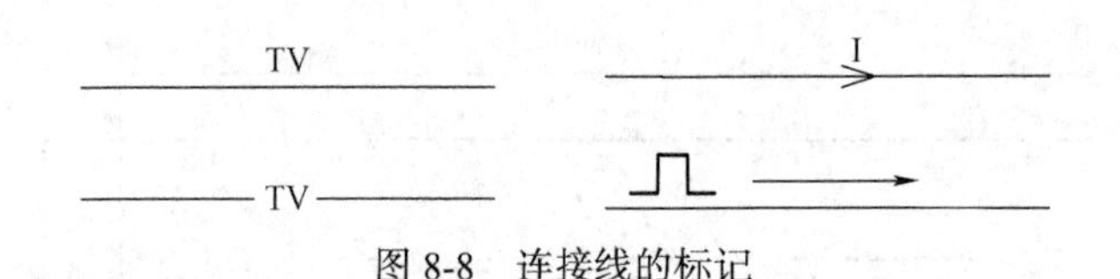

图 8-8　连接线的标记

（3）连接线接点的表示法

连接线接点的表示法主要有 T 型连接和双重连接两种，具体应用见表 8-3 所示。

表 8-3　连接线接点的表示法

表示方法	图例	说明
T 型连接	形式 1	优选
	形式 2	增加连接符号
双重连接	形式 1	优选
	形式 2	增加连接符号，在设计是认为有必要时

（4）连续线的连续表示法

端子之间的连接线是连续的、不间断的表示法，称为连续表示法。连续线即可采用多线表示也可采用单线表示。

在绘图时，为保持图面清晰，避免线条太多，对于多条去向相同的连接线，常采用单线表示，如图 8-9（a）所示。当每一连接线在两端处于不同位置时，应标以相同编号（如 A 线一端在第 1 位置，另一端在第 4 位置），如图 8-9（b）所示。

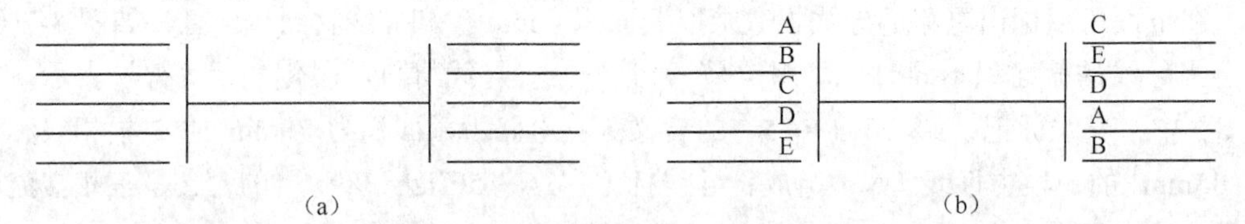

图 8-9　单线表示法

当单根导线汇入用单线表示的一组连接线时，应采用如图 8-10 所示方法表示。这种方法通常要在每根连接线的末端注上标记符号，明显的除外。汇接处要用斜线表示，其方向应使读者易于识别连接线进入或离开汇总线的方向。

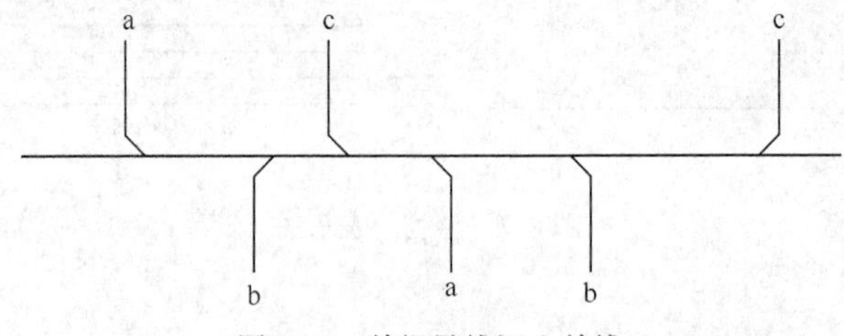

图 8-10　单根导线汇入单线

（5）连接线穿越图面表示法

当连接线穿越图面甚至穿越较为稠密的图面时，允许将连接线中断，并在中断处加相应的标记，如表 8-4 所示。

表 8-4　　连接线中断处的标记

标　记	图　例	说　明
字母	A　A	表示连接线在穿越图面时中断，其含义是：连接线在标记 A 与 A 之间连接
数码	1 2 3 4　4 3 2 1	表示连接线在标记 1 与 1、2 与 2、3 与 3、4 与 4 之间连接
项目代号	-A 1 -B:1 2 -B:2　-B -A:1 1 -A:2 2	项目 – A 的 1 号端子标记“ – B：1”表示项目 – A 的 1 号端子与项目 – B 的 1 号端子相连；项目 – B 的 1 号端子标记“ – A：1”表示项目 – B 的 1 号端子与项目 – A 的 1 号端子相连
位置标记	1 2 3 4 5 6 L 1/C4 A B C D 24　A B C D K 9/D L 24/A4 1 1 2 3 4 5 6	1 号图的“L”连接线在 C4 区中断，其断线的标记为 24/A4，表示它需要连接到 24 号图 A4 区上去；24 号图的“L”连接线在 A4 区中断，其中断线的标记为 1/C4，表示它需要连接到 1 号图 C4 区上去

7. 围框

当需要在图上显示出图的一部分所表示的功能单元、结构单元或项目组（如电器组、继电器装置）时，可以用点画线围框表示，围框线不应与任何元件符号相交。为了图面清晰，围框的形状可以是不规则的，如图 8-11 所示。

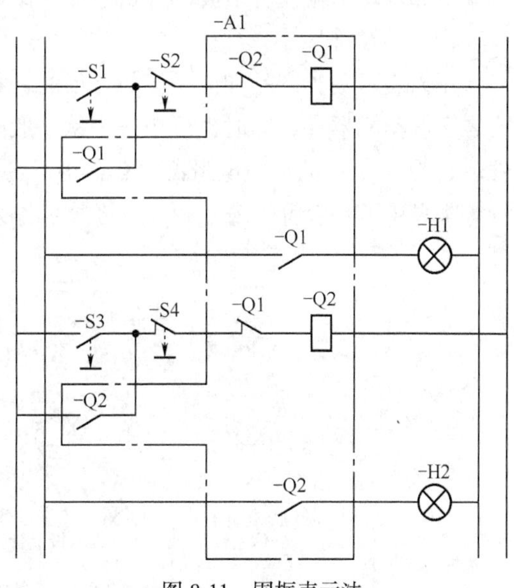

图 8-11　围框表示法

8. 符号或元件在图上的表示法

图幅分区法是符号或元件在图上位置标记方法的一种。根据图幅分区法，图上的每个符号或元件位置可用行的字母和列的数字或代表区域的字母现数字的组合来表示。例如：= A1/2/B2，其中“ = A1”表示一个项目（高层代号），数字“2”

表示项目的图纸号，“B2”表示某符号或元件在图上的位置。即该符号或元件在A1项目中的第2号图纸上B2分区内。

表8-5为符号或元件在图上位置的表示方法。

表8-5　　符号或元件在图上位置的表示方法

符号或元件位置	标记方法	符号或元件位置	标记方法
同一张图纸上的B行	B	图号为4568单张图的B3区	图4568/B3
同一张图纸上的3列	3	图号为4568的第34张图上的B3区	图4568/34/B3
同一张图纸上的B3区	B3	=S1系统单张图上的B3区	=S1/B3
具有相同图号的第34张图的B3区	34/B3	=S1系统多张图第34张的B3区	=S1/34/B3

8.1.2　电气图中的图形符号

图形符号通常是指用于图样或其他文件中以表示一个设备或概念的图形、标记或字符。在电气图中，许多图形是采用有关的元器件图形符号绘制的。因此，图形符号是绘制和识读电气图的基础知识之一。国标GB/T 4728.2～4428.13－2005～2008（后面简称GB/T 4728）《电气简图用图形符号》规定了各类电气产品所对应的图形符号。本节只概括介绍电子产品图中常用的元器件图形符号的有关内容，以便为今后识读和绘制电子产品图打下基础知识。

1. 电气图用图形符号的形成

图形符号一般有4种基本形式：符号要素、一般符号、限定符号和方框符号。在电气图中，一般符号和限定符号较为常用。

（1）符号要素

一种具有确定意义的简单图形，必须同其他图形组合以构成一个设备或概念的完整符号。组合使用符号要素时，其布置可以同符号表示的设备的实际结构不一致。

例如灯丝、栅极、阳极、管壳等符号要素组成电子管的符号。

（2）一般符号

用以表示一类产品和此类产品特征的一种通常很简单的图形符号。一般符号不但从广义上代表了各类元器件，同时也可用来表示一般的、没有其他附加信息（或功能）的各类具体元器件。如图8-12中的一般电阻器、电容器、空心电感线圈和具有一般单向导电作用的半导体二极管等都采用了一般符号表示。一般符号是各类元器件的基本符号。

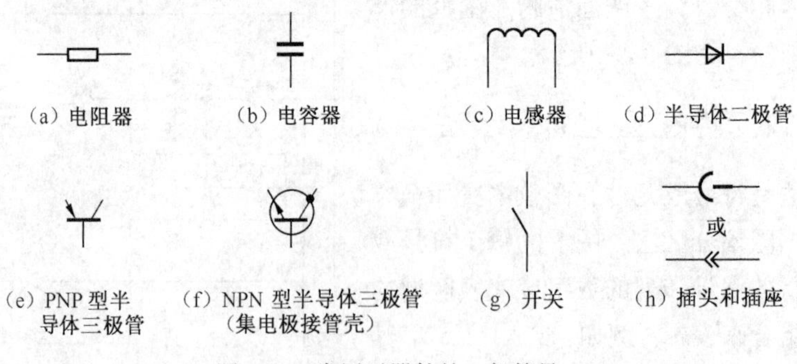

图8-12　常用元器件的一般符号

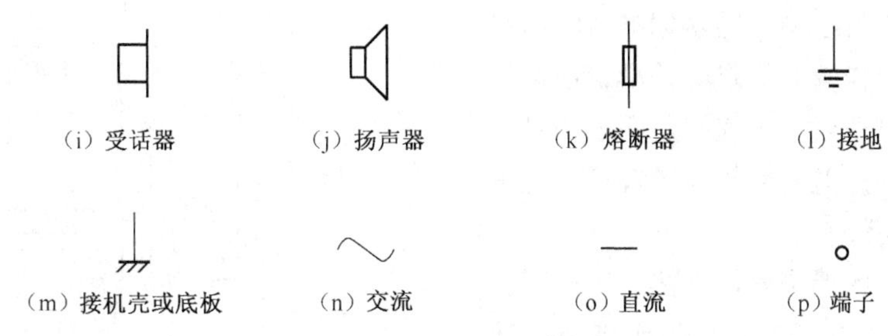

图 8-12　常用元器件的一般符号（续）

（3）限定符号

用以提供附加信息（或功能）的一种加在其他符号上的图形符号，如表 8-6 所示。

表 8-6　常用限定符号

限定符号	表示意义	限定符号	表示意义	限定符号	表示意义
⎓	直流	≈	中频（音频）	↗	可调节性
~	交流、相对低频（工频或亚音频）	+	正极性	↗	非线性可调
≋	相对高频（超声波、载频或射频）	−	负极性	/	可变性、内在性、非线性

限定符号通常不能单独使用。限定符号与一般符号、方框符号进行组合可派生若干具有附加功能的元器件图形符号。图 8-13 列举了几个常用的图形符号，是由限定符号与一般符号组合而成。

一般符号有时也可用作限定符号，如电容器的一般符号加到传声器符号上即构成电容式传声器的符号。

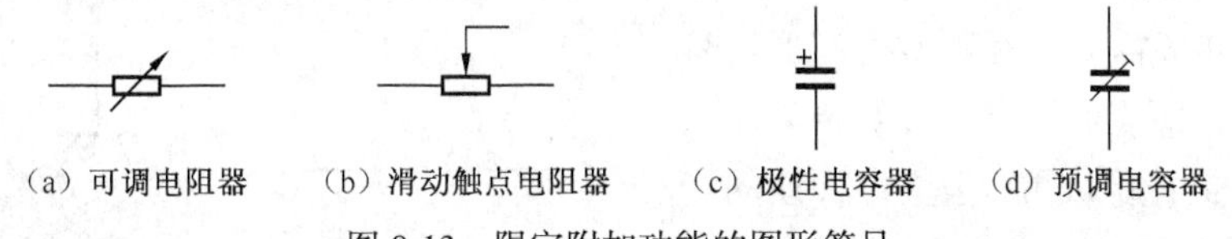

图 8-13　限定附加功能的图形符号

（4）方框符号

用以表示元件、设备等的组合及其功能，既不给出元件、设备的细节也不考虑所有连接的一种简单的图形符号，如图 8-14 所示。方框符号通常用在使用单线表示法的电气图中。

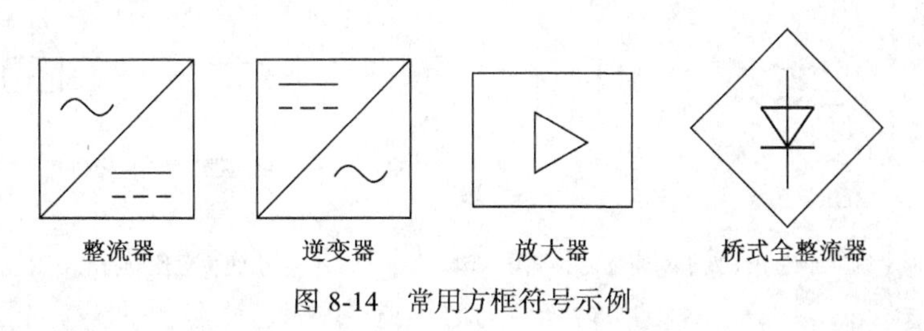

图 8-14　常用方框符号示例

2. 电气图用图形符号的绘制

为了使图形符号比较灵活地运用到各种电气图中去，在实际绘图中，图形符号可按实际情况以适当的尺寸进行绘制（国家标准对图形符号的绘制尺寸并未作统一规定），并尽量使符号各部分之间的比例适当。电气图用图形符号是按网格绘制出来的，但网格并未随符号一起示出，如图 8-15 所示。

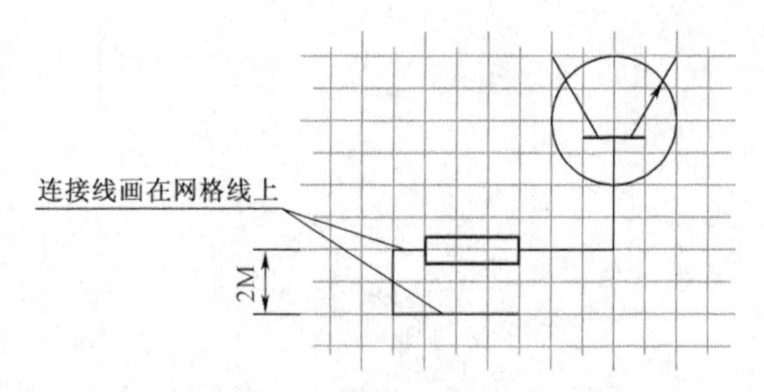

图 8-15　用计算机绘制图形符号

一般情况下，图形符号可直接用于绘图，但在布置符号时应使连线之间的距离为模数（2.5mm）的倍数，通常为 2 倍（5mm），以便于标注端子标志。

在计算机辅助绘图系统中，图形符号可直接从图库中调用，图形符号应画在网格上。为便于在计算机辅助绘图系统中使用 GB/T 4728 标准中的图形符号，特作如下规定。

（1）图形符号应设计成能用于模数 M 为 2.5mm 的网格系统中，矩形的边长和圆的直径应设计成 2M 的倍数，对较小的图形符号可选用 1.5M、1M 或 0.5M。

（2）图形符号的连线应同网格线重合并终止于网格线的交叉点上。两条连接线之间至少应有 2M 的距离，以符合国际通行的最小字高为 0.25mm 的要求。

计算机辅助绘图系统要求每个图形符号都有位于网格交叉点的参考点，如图 8-15 所示。

3. 电气图用图形符号的使用

（1）图形符号应按功能，在未激励状态下按无电压、无外力作用的正常状态绘制示出。

（2）图形符号的大小和图线的宽度一般不影响符号的含义，符号的含义只取决于其形状的内容。为适应不同要求，可将图形符号根据需要任意放大和缩小。

（3）在电气制图中，图形符号一般按水平或垂直布置。但图形符号的方位不是强制的，可根据电气图的布线需要，在不改变图形符号含义的条件下，将整个图形符号旋转（90°、180° 或 270°）或镜像放置，但文字标注的指示方向不得倒置，如图 8-16 所示。

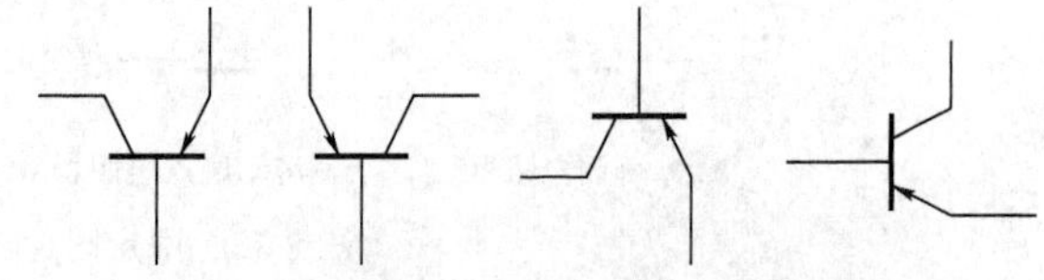

图 8-16　图形符号旋转或成镜像放置举例

（4）图形符号一般都有引线画出。在不改变图形符号含义的原则下，引线可取不同方向。如图 8-17（a）所示。但当改变引出线的位置会影响图形符号含义时，则应按照 GB/T 4728 标准中的规定来画，如图 8-17（b）所示。

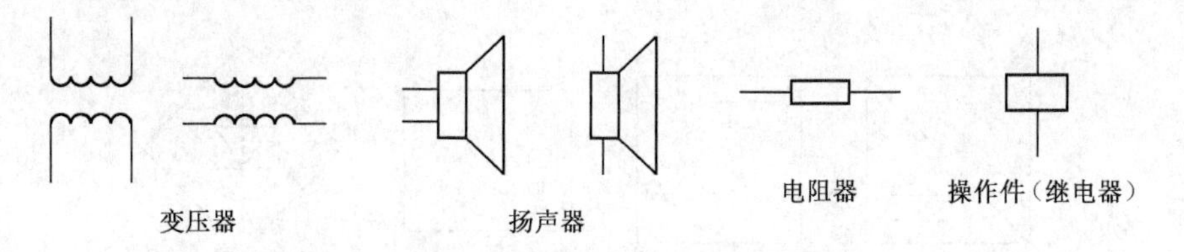

（a）允许引线处于不同位置的符号示例　　（b）引线位置影响符号含义示例

图 8-17　符号的引线位置变化

4. 图形符号的标注

电气图中的图形符号均需进行标注。在图形符号旁标注该元件、部件等项目代号及有关的主要参数，如图 8-18 所示。

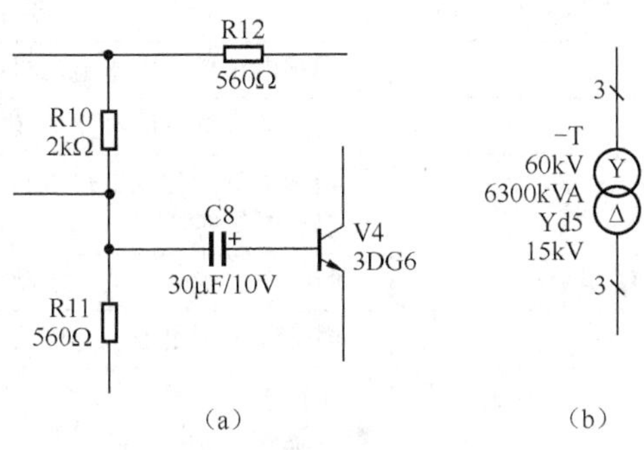

图 8-18　图形符号的标注

8.1.3　电气技术中的文字符号

图形符号只提供了一类设备或元件的共同符号。为了更明确地区分不同设备和元件以及不同功能的设备和元件，还必须在图形符号旁标注文字符号以区别名称、功能、相互关系、安装位置等。

文字符号包括字母、数字、汉字，在文件中可单独或组合使用。

文字符号分为基本文字符号（单字母或双字母）和辅助文字符号，参见 GB/T 71591。

1. 基本文字符号

基本文字符号是指用以表示电气设备、装置、元器件以及线路的基本名称和特性的文字符号。它分为单字母文字符号和双字母文字符号两种。

（1）单字母文字符号

单字母符号是按拉丁字母将各种电气设备、装置和元器件划分为 23 种大类，每个大类用一个专用字母符号表示，如“R”表示电阻，“T”表示变压器。常用单字母文字符号见表 8-7 所示。

表 8-7　常用单字母文字符号

字母代码	项 目 种 类	举　例
A	组件、部件	分立元件放大器、磁放大器、印制电路板等
B	变换器（从非电量到电量或相反）	热电传感器、压力变换器、送话器、拾音器、扬声器、耳机、磁头等
C	电容器	可变电容器、微调电容器、极性电容器等
D	二进制逻辑单元、延迟器件、存储器件	数字集成电路和器件、双稳态元件、单稳态元件、寄存器等
E	杂项、其他元件	光器件、发热器件、空气调节器等
F	保护器件	熔断器、限压保护器件、避雷器等
G	电源、发电机、信号源	电池、电源设备、同步发电机、旋转式变频机、振荡器等
H	信号器件	光指示器、声指示器、指示灯等
K	继电器、接触器	双稳态继电器、交流继电器、接触器等
L	电感器、电抗器	感应线圈、线路陷波器、电抗器（并联和串联）等

续表

字母代码	项 目 种 类	举 例
M	电动机	同步电动机、力矩电动机等
N	模拟元件	运算放大器、混合模拟/数字器件等
P	测量设备、试验设备	指示器件、记录器件、积算测量器件、信号发生器、电压表、时钟等
Q	电力电路的开关、器件	断路器、隔离开关、电动机保护开关等
R	电阻器	电阻器、变阻器、电位器、分流器、热敏电阻器等
S	（控制、记忆、信号）电路的开关、选择器	（控制、按钮、限制、选择）开关、（压力、位置、转数、温度、液体标高）传感器等
T	变压器	电压、电流互感器，电力变压器，磁稳压器等
U	调制器、变换器	鉴频器、解调器、变频器、编码器、整流器等
V	电真空器件、半导体器件	电子管、半导体管、二极管、显像管等
W	传输通道、波导、天线	导线、电缆、波导、偶极天线、拉杆天线等
X	端子、插头、插座	插头和插座、测试插孔、端子板、焊接端子片、连接片等
Y	电气操作的机械器件	电磁制动器、电磁离合器、气阀、电动阀、电磁阀等
Z	滤波器、均衡器、限幅器	晶体滤波器、陶瓷滤波器、网络等

（2）双字母文字符号

双字母符号是由一个表示种类的单字母与另一字母组成，其组合形式应以单字母在前另一字母在后的次序列出，如电阻器是“R”表示，而电位器就是“RP”表示，如表 8-8 所示。

表 8-8 常用双字母文字符号

名 称	双 字 母	名 称	双 字 母	名 称	双 字 母
直流电动机	MD	蓄电池	GB	时间断电器	KT
交流电动机	MA	自耦变压器	TA	电压断电器	KV
同步电动机	MS	整流变压器	TR	接触器	KM
隔离开关	QS	电流互感器	TA	热断电器	KH
刀开关	QK	电压互感器	TV	电位器	RP
断路器	QF	熔断器	FU	端子板	XT
控制开关	SA	照明灯	EL	连接片	XB
微动开关	SS	指示灯	HL	插头	XP
按钮开关	SB	电流表	PA	插座	XS

2. 辅助文字符号

辅助文字符号是用以表示电气设备、装置和元器件以及线路的功能、状态和特征的。如“AC”表示交流；“L”表示低位限制；“RD”表示红色等，如表 8-9 所示。

辅助文字符号一般放在基本文字符号的后面，构成组合文字符号，例如：“MS”（同步电动机）是由“M”（电动机的基本文字符号）和“S”（同步辅助文字符号“SYN”的第一个字母）

组合而成。辅助文字符号也可单独使用，如：“ON”表示闭合，“OFF”表示断开等。

表 8-9　常用辅助文字符号

名　称	符　号	名　称	符　号	名　称	符　号
电压	V	黄	YE	反	R
电流	A	白	WH	红	RD
时间	T	蓝	BL	绿	GN
闭合	ON	直流	DC	压力	P
断开	OFF	交流	AC	自动	A，AUT
同步	SYN	停止	STP	手动	M，MAN
异步	ASY	控制	C	信号	S

3. 文字符号的使用

（1）优先选用单字母文字符号。只有当用单字母文字符号不能满足要求，需要将大类进一步划分时，方可采用双字母文字符号，以便更详细、更具体地描述电气设备、装置和元器件。如“F”表示保护类器件，“FU”表示熔断器等。若需再进一步区分，可续加辅助文字符号或阿拉伯数字序号，如“FU2”表示第二组熔断器。

（2）每项文字符号不超过 3 个字母。基本文字符号不得超过 2 个字母，辅助文字符号一般不超过 3 个字母。

（3）文字符号采用拉丁字母正体、大写。编写的阿拉伯数字应与拉丁字母并列，但不能作下标。

8.1.4　电气技术中的项目代号

在电气图中，图形符号通常只能从广义上表示同一类产品以及它们的共同特征，它不能反映一个产品的具体意义，也不能提供该产品在整个设备中的层次关系及实际位置。

图形符号与项目代号配合在一起，才会使所表示的对象具有本身的意义和确切的层次关系及实际位置。

1. 项目及项目代号

（1）项目

在电气图中，通常把用一个图形符号表示的基本件、部件、组件、功能单元、设备和系统等称为项目。例如，一个图形符号所表示的某一个电阻器、某一块集成电路、某一个继电器、某一部发电机和某一个电源单元等均为一个项目；当用一个图形符号表示一个电力系统时，这个电力系统同样可以被看成是一个项目。可见，项目有大有小，种类繁多，大项目还可分解成若干小项目。

（2）项目代号

为了识别项目的种类，并提供项目的层次关系、实际位置等信息，给每个项目编制一个特定的代码，这个特定的代码被称为项目代号。如图 8-19 中的“= W1 – A1+C”、“= W1 – Q1+B”、“– KM1”、“– M1”和“3”等均属项目代号。

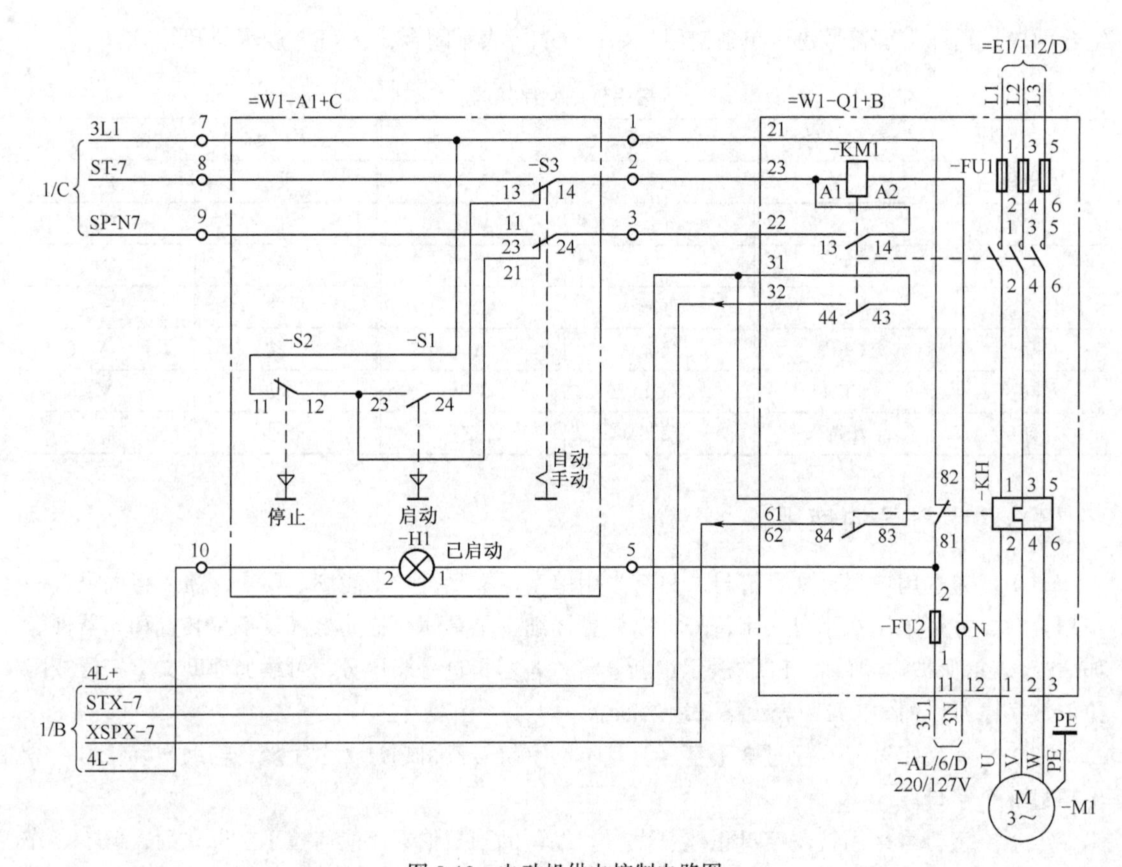

图 8-19　电动机供电控制电路图

在电气图中，项目代号通常标注在图形符号旁边，用于查找、区分各种图形符号所表示的元件、装置和设备等项目，如图 8-19 所示。也可标注在图形符号所表示的实物上或其附近，使图形符号与实物之间建立起明确的一一对应关系，以利于装配和维修。

2. 项目代号的形式及符号

项目代号是由拉丁字母、阿拉伯数字及特定的前缀符号，按照一定的规则组合而成，如图 8-19 中的“＝W1－A1+C”等。一个完整的项目代号应由高层代号、种类代号、位置代号和端子代号 4 部分组成，每一部分称为一个代号段。每种代号段都有一个特征标志，这个标志称为前缀符号。4 个代号段的名称及前缀符号如表 8-10 所示。

表 8-10　代号段的名称及前缀符号

代 号 段	名　称	前 缀 符 号	代 号 段	名　称	前 缀 符 号
第一段	高层代号	=	第三段	位置代号	+
第二段	种类代号	−	第四段	端子代号	:

（1）种类代号。在电气图中，用于识别项目种类的代号，称为种类代号，如图 8-19 中的“－S1”、“－KM1”和“KH”等均是种类代号。种类代号是项目代号的核心部分。种类代号通常由字母代码（如单字母文字符号、双字母文字符号和辅助文字符号等）和数字组成，其表达方式如图 8-20 所示。

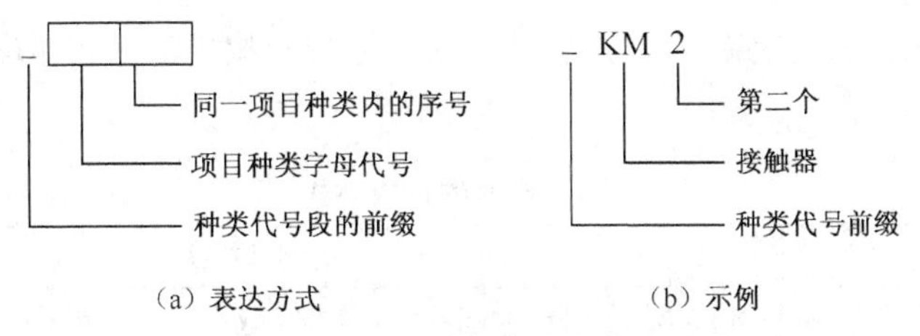

图 8-20　种类代号表示

在实际应用中，种类代号可以单独作为一个项目代号来使用。在不至于引起混淆的情况下，种类代号的前缀符号可省略。种类代号后面的数字是用来区分同类项目中的每一个具体项目的，该数字按项目在图中的位置从左至右、自上而下和顺序编排，如图 8-21 所示。

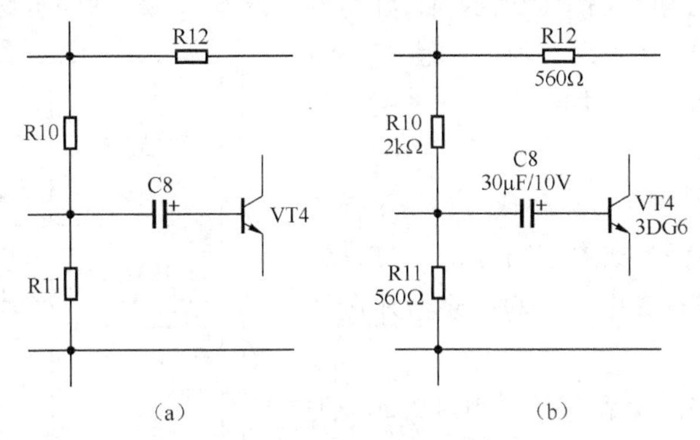

图 8-21　种类代号的标注

（2）高层代号。在一个完整电气系统、成套装置或设备中，当所描述的对象按其结构或功能划分成不同层次时，每一个层次对其所属的下一级层次都是高层项目，可分别给出高层项目代号，简称高层代号。例如：对电力控制系统中的一个控制柜来讲，电力控制系统的项目代号可称为高层代号；而对控制柜中的某一个开关的代号来讲，控制柜的项目代号则可称为高层代号。高层代号主要用于描述电气系统、成套装置或设备的层次划分和功能隶属关系。

高层代号通常与种类代号组合，生成一种用于描述项目之间功能隶属关系的项目代号。如图 8-22 所示，“= 1 – T1”表示 1 单元中的变压器 T1；“= 1 – Q1”表示 1 单元中的断路器 Q1 等。高层代号也可单独作为一个项目代号来使用，如图 8-23 所示，常用于概略图中。

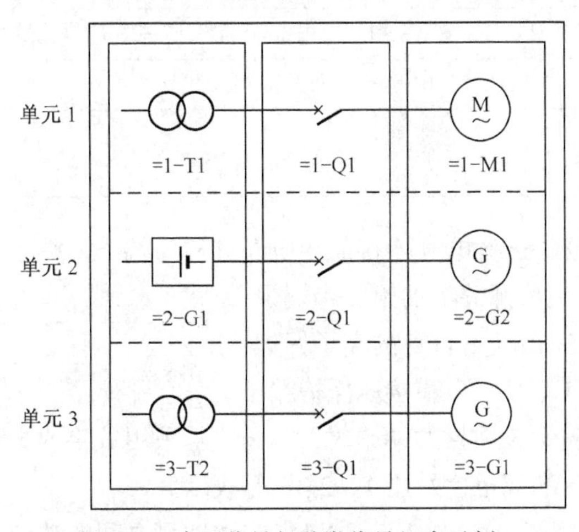

图 8-22　高层代号与种类代号组合示例

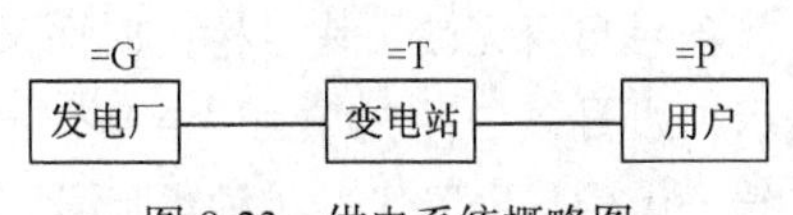

图 8-23　供电系统概略图

高层代号的构成方式主要有拉丁字母、阿拉伯数字以及拉丁字母和阿拉伯数字的组合 3 种，见表 8-11 所示。

表 8-11　　高层代号的构成方式

构 成 方 式	举 例 说 明
由拉丁字母构成	如图 8-23 所示，“＝G”表示 G 单元（或系统）；“＝T”表示 T 单元（或系统）
由阿拉伯数字构成	如图 8-22 所示，“＝1”表示第一单元（或系统）；“＝2”表示第二单元（或系统）
由拉丁字母和阿拉伯数字组合构成	如图 8-19 所示，“＝W1”表示 W 单元（或系统）中的第一个子单元（子系统）；“＝E1”表示 E 单元（或系统）中的第一个子单元（子系统）

（3）位置代号。在电气图中，表示项目在组件、设备、系统或建筑物中的实际位置代号，称为位置代号。如图 8-19 所示，项目代号“＝W1－Q1+B”、“＝W1－A1+C”中的“+B”、“+C”均是位置代号。

位置代号和种类代号组合可生成一种用于描述项目安装位置的项目代号。如图 8-24 中的“－T1+5”表示变压器 T1 的位置在 5 中，“－Q1+6”表示断路器 Q1 的位置在 6 中。

位置代号和种类代号、高层代号组合生成一种用于既能描述项目之间的功能隶属关系，又能反映项目安装位置的项目代号。如图 8-19 中的项目代号“＝W1－Q1+B”表示 W1 单元中的项目 Q1 的位置在 B 处；“＝W1－A1+C”表示 W1 单元中的项目 A1 的位置在 C 处。

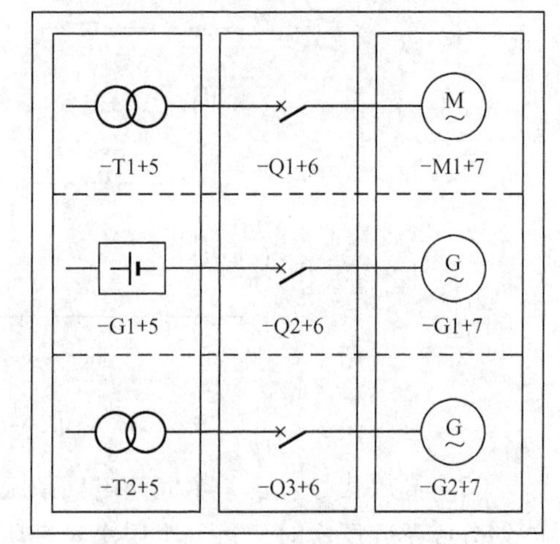

图 8-24　位置代号与种类代号组合

位置代号的构成方式主要有拉丁字母、阿拉伯数字以及拉丁字母和阿拉伯数字的组合 3 种，见表 8-12 所示。

表 8-12　　位置代号的构成方式

构成方式	举 例 说 明
由拉丁字母构成	如图 8-19 所示，“＝W1－Q1+B”、“＝W1－A1+C”中的“+B”、“+C”均是位置代号
由阿拉伯数字构成	如图 8-24 所示，“－T1+5”、“－Q1+6”中的+5、+6 均是位置代号
由拉丁字母和阿拉伯数字组合构成	如：“+M6”和“+A5”等

（4）端子代号。在电气图中，用以同外电路进行电气连接的导电器件称为端子，端子的代号称为端子代号。如图 8-25 所示，“－S1：2”表示开关 1 的第 2 个端子。

1　−S1　2

图 8-25　端子代号标记

当项目自身有端子标记时，端子代号必须采用项目自身的端子标记，如图 8-19 中的三相异步电动机电源接线端子 U、V、W 和接地保护端子 PE。当项目自身无端子代号标记时而又需要表示该项目的端子时，端子代号采用数字或大写字母表示，如图 8-19 中的项目“＝W1－A1+C”的端子代号用 1、2、3 等表示。

端子代号与位置代号、种类代号、高层代号组合，生成一种既能描述项目之间的功能隶属关系和安装位置，又能反映端子情况的项目代号。如图 5-26（a）所示，项目“= W－S1+B”端子“2”的项目代号“= W－S1+B：2”，表示在 W 单元中位置 B 处的开关 1 的 2 号端子。通常端子代号只与种类代号组合，生成一种描述端子功能隶属关系的项目代号。如图 8-27 所示，“－XT：3”表示端子板 XT 的 3 号端子。

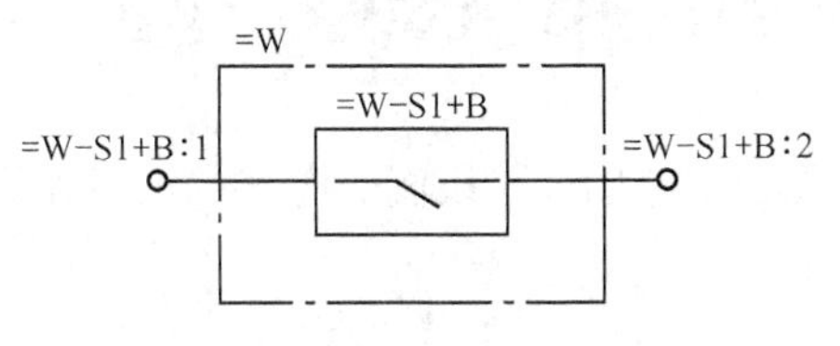

（a）端子代号可以与位置代号、种类代号、高层代号组合示例

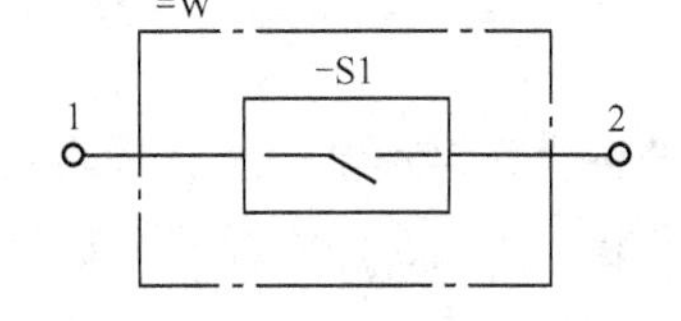

（b）端子代号的简化标注（与图（a）相对应）

图 8-26　端子代号的标注形式

3. 项目代号的使用

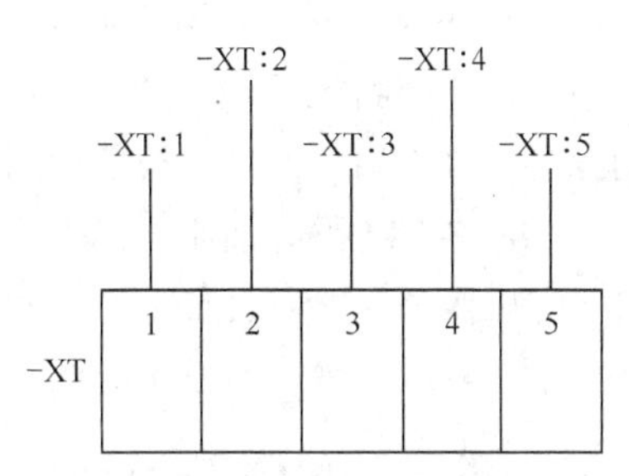

图 8-27　端子代号只与种类代号组合示例

在实际使用中，可根据系统、设备、整机等规模的大小，以及所要表示的项目在系统、设备、整机中的层次关系、具体位置等情况，确定项目代号的内容。

在大型复杂系统或成套设备中，基层具体项目的代号内容要涉及多个代号段，通过层层分解可确定该项目的代号内容。

对于较为简单的设备或部件，在能识别各个项目的前提下，可简化项目代号的内容，同时前缀符号也可省略。除种类代号外，其他内容均可根据情况进行省略。

表 8-13 是根据实际需要而列出的项目代号的使用方法。

表 8-13　项目代号的使用方法

类　别	组 成 形 式	示　例	主 要 作 用	备　注
方法 1	仅用某一段代号	视情况选用	表达不同信息	用于较简单情况
方法 2	第 1 段加第 3 段	=1−T1	提供层次和功能关系	主要用于初步设计
方法 3	第 2 段加第 3 段	+5−G1	反映项目安装位置	同位置图结合使用
方法 4	第 1 段加第 3 段再加第 2 段	=P1−A11+S1M4	提供全面信息	用于内容复杂项目

在一般的电子产品（如家电产品等）所使用的电路图、逻辑图、接线图等图中，经常在图形符号旁标注种类代号，即采用项目种类字母代码后加注数字的形式表示图中的具体项目，如图 8-21（a）所示。

4. 项目代号的标注

项目代号应靠近图形符号标注。当图形符号的连接线是水平布置时，项目代号一般标注在图形符号上方；当图形符号的连接线垂直布置时，项目代号应标注在图形符号左边。

必要时，可在项目代号旁加注该项目的主要性能参数、型号等，如电阻值、电容量、电感量、耐压值和半导体管型号等，如图 8-21（b）所示。

8.2 基本电气图

电气图的种类很多，常用的有概略图、框图、电路图、接线图、电气位置图等基本电气图和建筑电气安装平面图、印制板图等专业电气图。

8.2.1 概略图、框图

概略图与框图是采用符号或带注释的框来概略表示系统、分系统、成套装置或设备等的基本组成的主要特征及功能关系的电气用途。它是一种简图，是从整体和体系的角度着眼，简略的描述，既不给出元件、设备的细节，也不考虑所有连接的一种简单的图形符号。

如图8-28所示，是供电系统概略图，图中用发电、供电系统主要设备的图形符号（如发电机、变压器等）概略地描述了一个大型电气系统的基本组成、相互关系及主要特征，如发电站、变电所、输电线等，而系统的详细环节和详细设备均不考虑，如熔断器、开关、端子等。

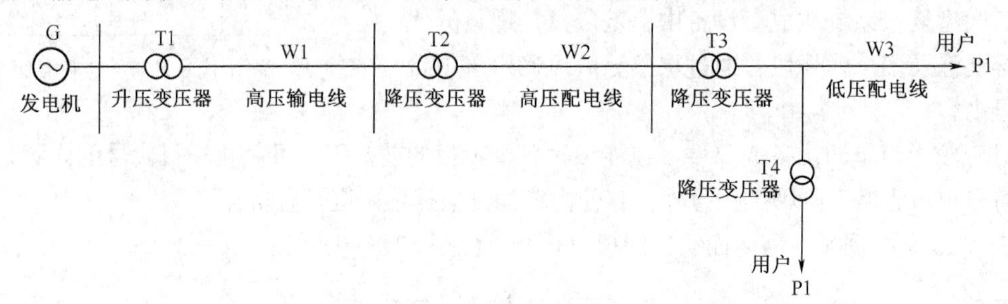

图8-28　供电系统概略图

如图8-29所示，图中运用带注释的框概略地描述了数字式电压表的基本组成和相互关系，而数字式电压表的许多详细环节和详细设备（如A/D转换器、译码器等）均不涉及。

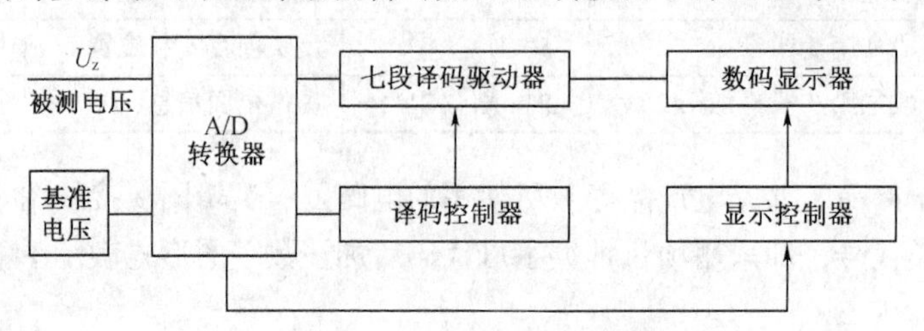

图8-29　数字式电压表电路框图

概略图和框图原则上没有区别，都属于概略性简图。通常概略图用于系统或成套装置，框图用于分系统或设备。

1. 概略图和框图的主要用途

概略图和框图是一种常见的电气图，其主要用途如下。

（1）概略地表示系统、分系统、成套装置或设备的基本组成、相互关系用主要特征；

（2）为设计人员进一步编制详细的技术文件提供依据；

（3）与电路图、接线图、位置图等电气文件配合使用，为操作和维修提供参考。

2. 概略图和框图的绘制原则

（1）符号的使用

概略图或框图应采用图形符号、方框符号或带有注释的框绘制。其中带注释的框应用最广。框有实线框和点画线框两种形式，其中细点画线框一般用于包含容量大的项目。

当采用带注释的框绘图时，框内的注释可以采用符号（如图 8-30（a）所示、文字或同时采用文字与符号，如表 8-14 所示。

表 8-14　　框内注释方式

注释方式	图　例	特　点
用图形符号注释	（图形符号框：二极管；M 3～；开关）	优点：图形符号所代表的含义可以不受语言、文字的约束，只要正确选用各种标准化的图形符号，就可以得到一至的理解； 缺点：对于缺乏专业训练的人员难以理解
用文字注释	自动控制；V 电压测量；ON	优点：简便、明了，非常有助于维修人员对故障的快速诊断的检修，同时也能让非专业人员略知一二
用图形符号志文字注释	启动/停止；ON/OFF；整流	具备了前两种注释的优点，常用于产品说明书中

在概略图和框图中，为形象、直观地反映项目的层次划分和体系结构，常常会用到一种大框套小框的结构形式，这种结构形式称为框的嵌套，如图 8-30 中的项目“－K1（变频器）”所示。嵌套的“线框”用细实线绘制，“围框”用细点画线绘制。

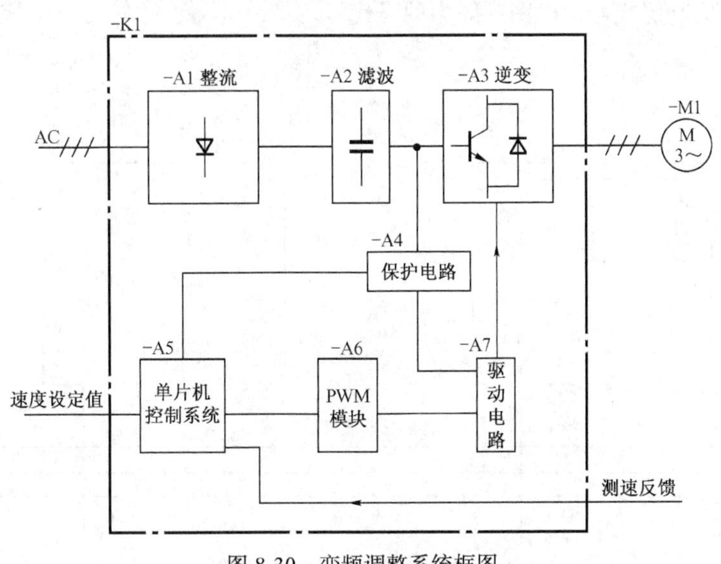

图 8-30　变频调整系统框图

（2）电路或元件的布局方式

概略图和框图是按功能布局法绘制的，如图 8-28、图 8-29 所示。图中的矩形方框长宽比常用 1∶1、2∶1、3∶2、5∶3 等，用细实线绘制。

表示项目的图形符号、方框符号或带注释的框按工作顺序（或功能关系、信号流向）从左到右、自上而下布置，每个功能组的元件集中布置在一起。

方框布排时，将输入端放在左侧，输出端放在右侧，辅助电路放在主电路下方，如图 8-5 所示。

对流向相反的信号应在连接线上加画开口箭头，如图 8-30 所示。

（3）连接线的画法

如图 8-30 所示，对细点画线框，连接线应接到框内图形符号上；对方框符号或细实线框，连接线应连接到框的轮廓线上。

（4）项目代号的表示方法

在概略图中，项目通常只标注高层代号，如图 8-31 所示。在框图中，项目一般只标注种类代号，如图 8-30 所示。当不需要标注项目代号时，也可不标注，如图 8-28、图 8-29 所示。

（5）重复电路的表示法

在同一张电气图中，当包含有重复电路时，可只绘出一个，其他与之相同的重复电路可用简化方式表示，如图 8-31 所示。在该图中，用一个围框表示重复电路，并在框内标出与之重复电路的项目代号，如在项目“＝WL2”的方框内标注“电路同＝WL1”表示项目“＝WL2”的电路与项目“＝WL1”的电路除项目代号外，其他完全相同。

（6）注释和说明

在概略图和框图中，可根据需要加注各种形式的注释和说明，如图 8-30 中的连线上，分别标注了“AC（交流电）”、“速度设定值”等。

概略图和框图虽然都属于概略性简图，但在实际使用中，两者有不同之处。例如：概略图采用图形符号或框形符号（方框符号或带注释的框）绘制。框图则采用框形符号绘制；概略图标注的项目代号为高层代号，框图一般为种类代号。

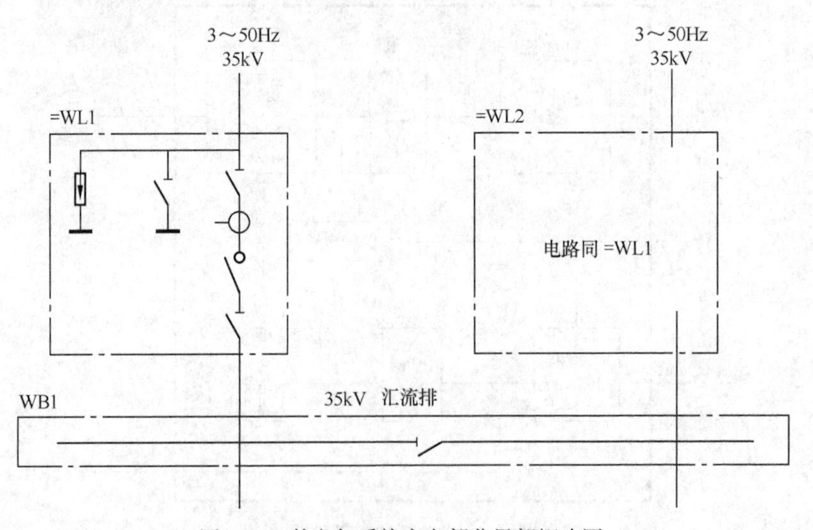

图 8-31 某电气系统变电部分局部概略图

8.2.2 电 路 图

电路图又称电路原理图，它是用图形符号代表实物，用实线表示电性能的连接，并按工作顺序排列，详细表示电路、设备或成套装置的全部基本组成和连接关系，而不考虑其实际位置的一种简图。目的是便于详细理解作用原理，分析和计算电路特性。如图 8-32 所示。

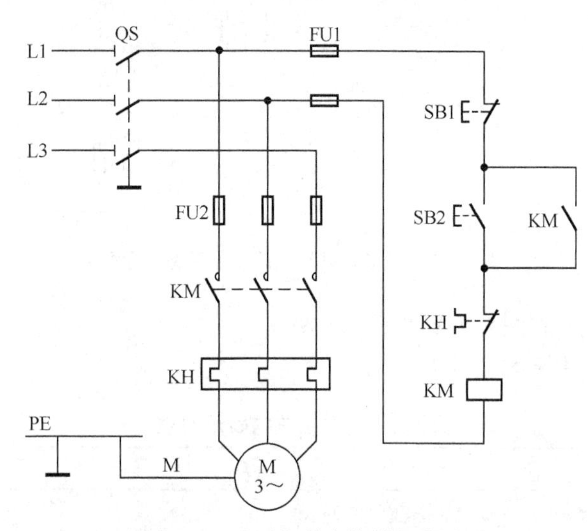

图 8-32 电动机单向控制电路图

电路图是电气技术领域中使用最广的一种图，主要用途有以下 3 方面。

（1）详细表示出电路、设备或成套装置的基本组成、工作原理及连接关系；

（2）与框图、接线图等电气文件配合，为电气产品的装配、编制工艺、调试检测和分析故障提供信息；

（3）为编制接线图、印制板图及其他功能图等电气技术文件提供依据。

1. 电路图的绘制原则

电路图的种类很多，如电力电路图、控制电路图、电信电路图和建筑电路图等。它们虽然在表现形式上各具特色，但在绘制方法上都有共同的原则和要求，除了必须遵守电气制图的一般规则和基本表示方法外，还要遵守以下规则。

（1）电路图中元器件的表示方法

元件、器件和设备应采用国标 GB/T 4728《电气简图用图形符号》规定的各类符号来表示，并可根据该标准提供的规则组合成新符号来表示，必要时可采用简化外形表示。

在符号旁边应标注项目代号，通常只标注种类代号（需要时还可标注主要参数或将参数列表示出）；在不至引起混淆的情况下，可省略前缀符号。如图 8-33 中的元器件都用图形符号表示，同时在符号旁标注了项目代号和主要参数。

在电路图中，水平连线上的触点，在加电或受力后，动作一般向上；垂直连线上的触点，在加电或受力后，动作一般向右，如图 8-32 所示。

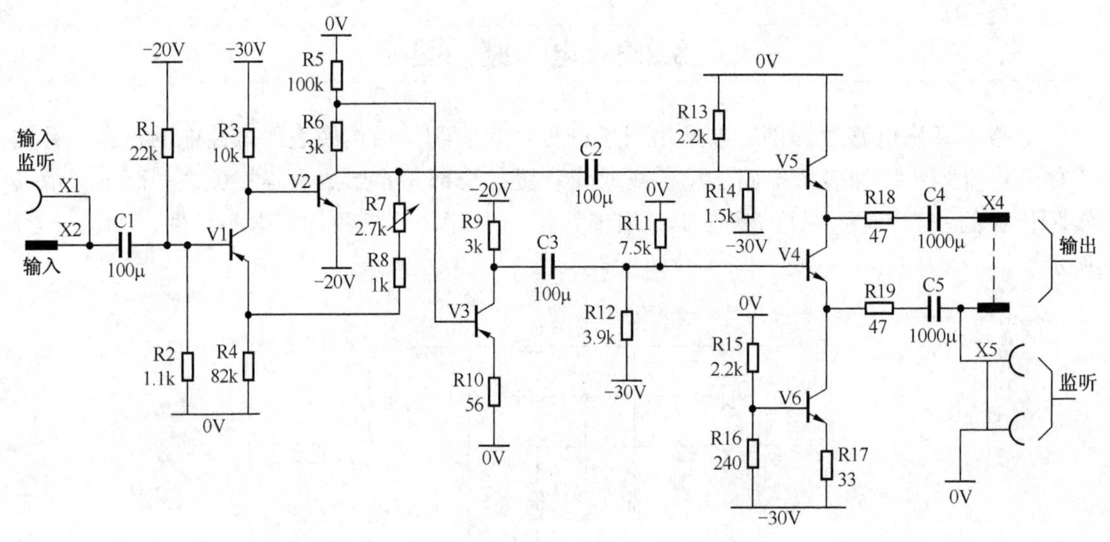

图 8-33　电路图中元器件的表示方法示例

（2）电路元件或设备在图上位置的表示方法

图上元器件位置的表示方法见表 8-15。

表 8-15　　图上元器件位置的表示方法

类　别	方　法
图幅分区法	按本章 8.1.1 小节中对图幅分区的规定
电路编号法	用数字编号表示电路或分支电路的位置，数字顺序为从左至右或从上至下，如图 8-34 所示，此外，有时为了更方便地查找电气部件，可在电路图中标明电路区段的内容。电路的区段内容一般采用能表达所对应电路主要功能的文字表示，常放在电路图的上方或下方，如图 8-35 所示
表格法	在图的边缘部分绘制一个以项目代号分类的表格，表格中的项目代号与相应的图形符号在垂直或水平方向对齐。图形符号旁仍需标注项目代号，如图 8-36 所示

（3）电路图的布局方式

在电路图中，连接线一般为直线，且水平或垂直布置，并尽可能地减少交叉与弯折。如图 8-32 所示，在该电路图中，供电电源电路水平布置，主电路和控制电路垂直布置。当连接线处

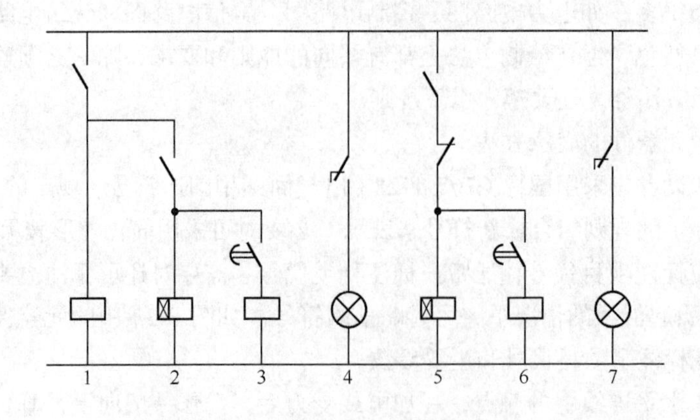

图 8-34　电路编号法示例

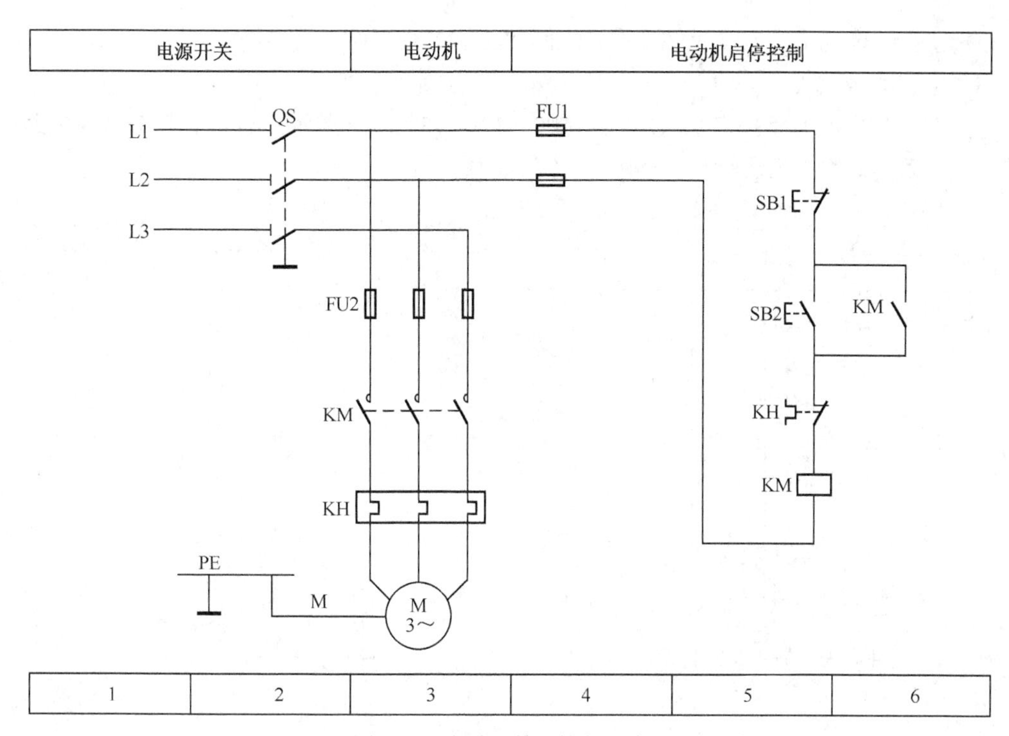

图 8-35　电动机单向控制电路图

电容器	C8
电阻器	R9～R11　R12　R13　R14～16　R17　R18
半导体管	VT16　VT5　VT18　VT6

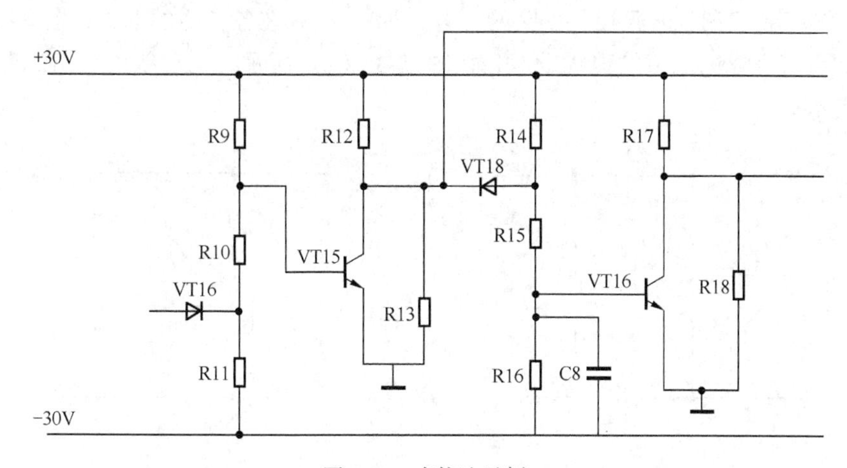

图 8-36　表格法示例

于水平布置状态时，元器件按行布置，类似项目纵向对齐，如隔离开关 QS、熔断器 FU1。当连接线处于垂直布置状态时，电气元件按列布置，类似项目横向对齐，如接触器 KM 的主动合触头、熔断器 FU2、按钮 SB2 和接触器 KM 的辅助动合触头等。

电路图和概略图、框图一样，图中的元器件也是按功能布局法布置的。表示项目的图形符号按照工作顺序自左至右（或自上而下）布置，不考虑项目的实际位置。如图 8-32 所示，在该电路中，电源电路集中绘制在图的上方，主电路在图的左侧，控制电路在图的右侧。整个电路图的布局明显地体现了各电气元件或设备之间的功能关系，而与元器件的实际位置无关。

（4）电路的表示法

电路图中的电路通常按多线表示法绘制，如图 8-37（a）所示。对含有基本对称电路的电路图，也可采用单线表示法绘制，如图 8-37（b）所示。

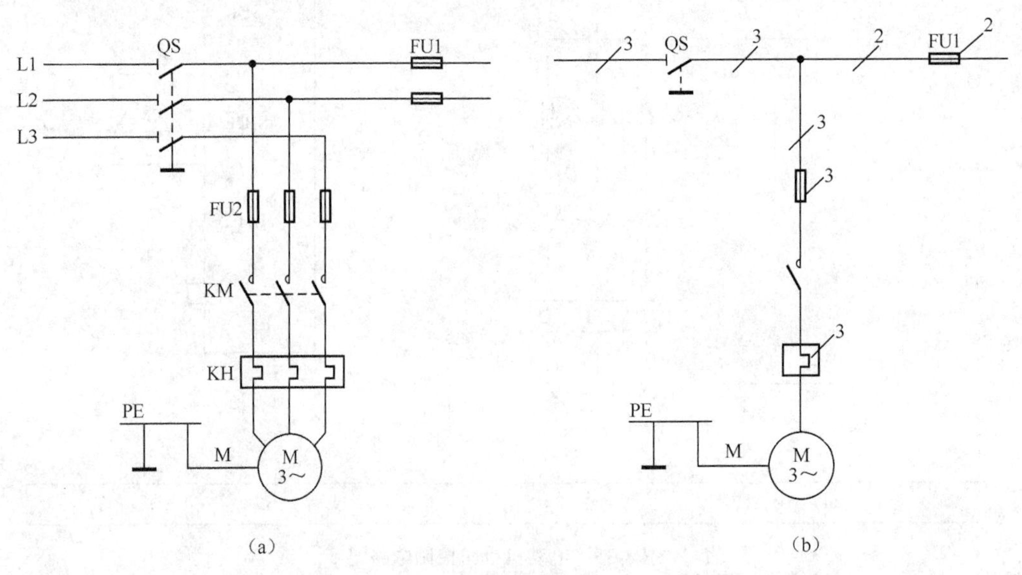

图 8-37　电路的表示法

电路图中的电源有多种表示方法，如图 8-32 所示，电源线被集中布置到图的上方一侧，近相序从上向下排列，并用文字符号 L1、L2、L3 表示；电源线也可布置到支路的两侧，如图 8-38（a）所示，“正”电源在各支路的上方，“负”电源在各支路的下方；电源线还可用极性符号、文字符号或电压值的连线表示，如图 8-38（b）所示，电源线用“+12V”和“－”的连接线表示。

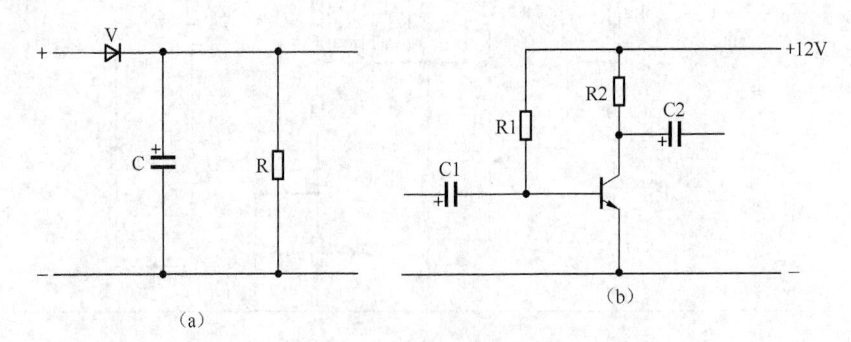

图 8-38　电源电路的表示法示例

2. 电路图的简化画法

为使图面简洁清晰，有些电路在绘制电路图时可以简化绘制。

（1）相同支路的简化画法

许多相同的支路并联时，不必画出所有支路，只需画出一个支路，并在其上标上公共连接符号、并联的支路数和各支路的全部项目代号，如图 8-39 所示。

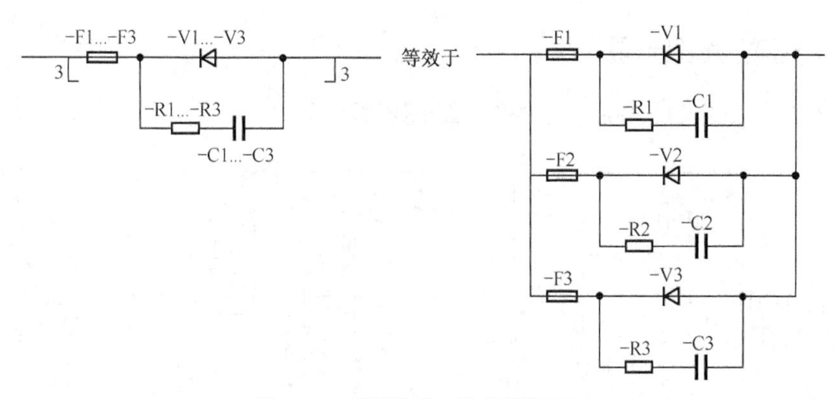

图 8-39　相同并联支路的简化画法

（2）重复电路的简化画法

当相同的电路在电路图上多次出现时，不必将每个电路详细地画出，仅需详细地画出其中的一个电路，其余的电路用一个点划线围框来代替，并在框内给出简化电路详细元件项目代号的对应关系表，如图 8-40 所示。

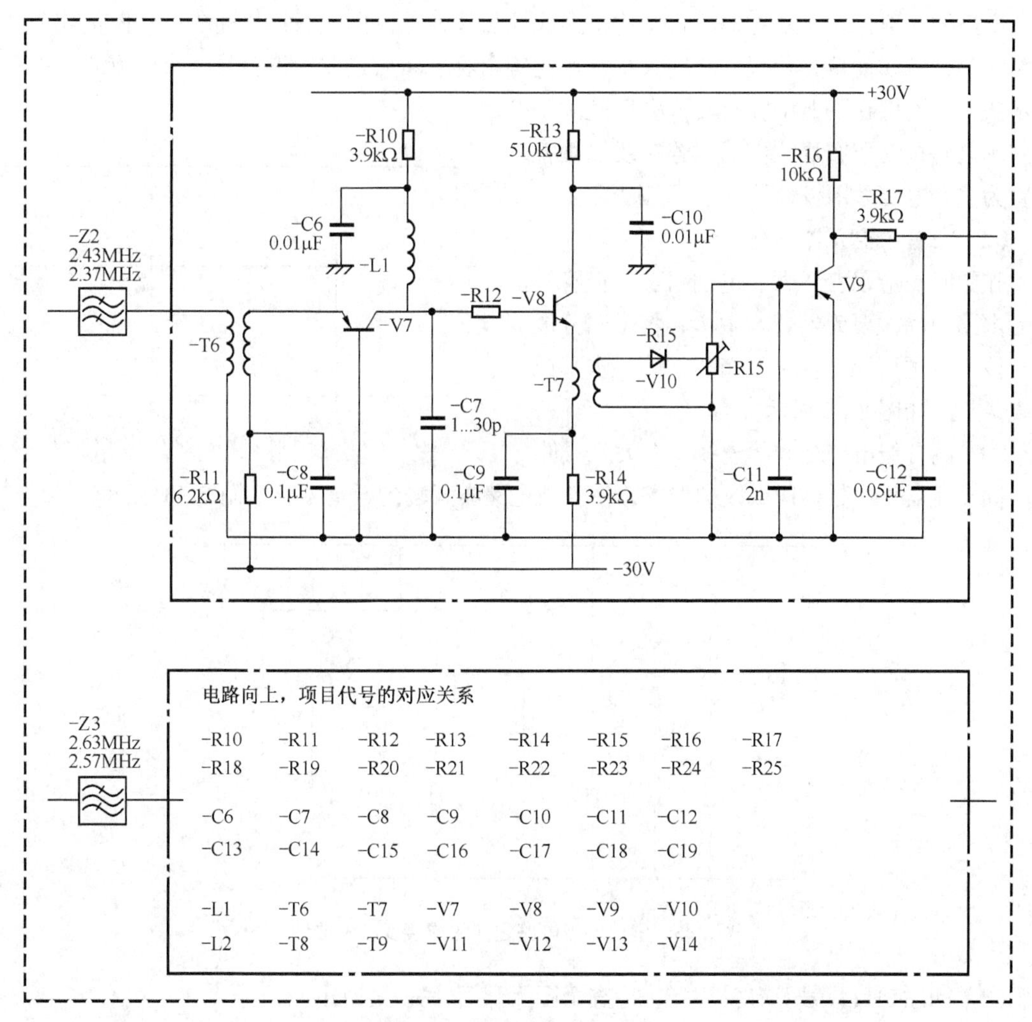

图 8-40　重复电路的简化画法

3. 电路图的画图步骤

绘制如图 8-41 所示的低频放大电路图，绘图步骤如下。

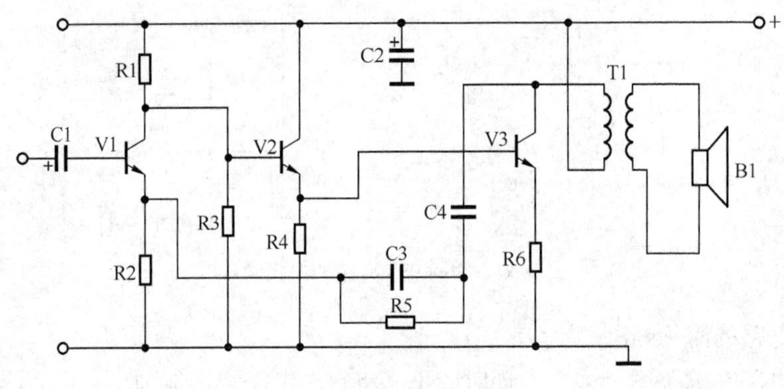

图 8-41　低频放大电路图

（1）综合分析

电路图一般由若干功能单元、结构单元或项目按信号流向逐级连接而成。作图前应先考虑电路布局，各功能单元位置、空间大小及比例等内容，然后选取图形符号、布局方式、电源的表示法、元器件在图上位置的表示法等表达方式。

本电路按功能布局法布局，连接线以垂直布置为主，电源采用极性符号“+”表示。

（2）布置主要元器件

作图时，应以变压器、电动机、三极管等单元电路中的主要元器件为中心，将全图分成若干段，各主要元器件尽量布置在同一水平或垂直线上，如图 8-42 所示。

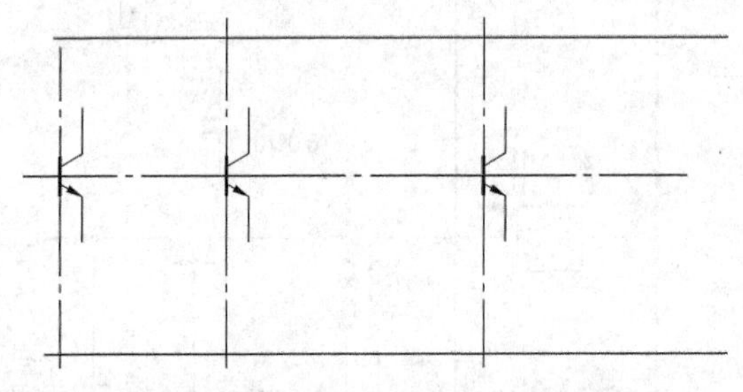
图 8-42　将全图分段，布置主要元器件

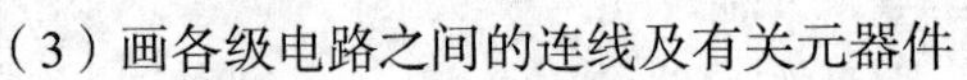
（3）画各级电路之间的连线及有关元器件

同类元器件尽量横向或纵向对齐，使各级电路布置均匀、清晰，如图 8-43 所示。

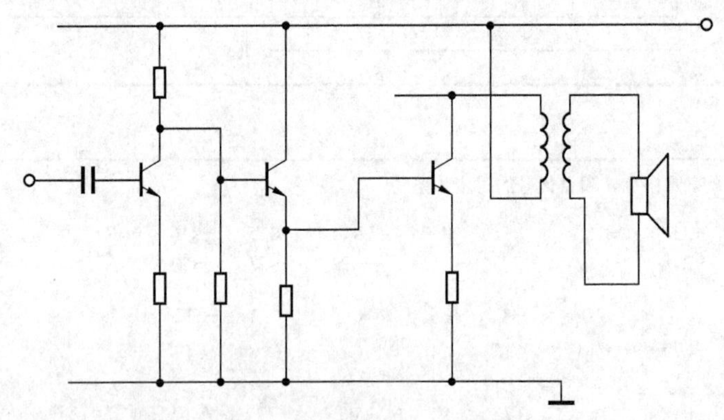
图 8-43　画出各级电路之间的连接及有关器件

（4）标注项目代号及有关注释，检查全图无误后，完成全图

画全连线及其他元器件后，标注项目代号及有关注释，检查全图的连线是否有误、布局是

否合理，最后完成全图，如图 8-41 所示。

在设计或绘制电路图时，一般先在网格上画出草图，经过调整、检查无误后，再正式绘制。

4. 识读电路图

（1）识读电路图的方法和步骤

识读电路图的方法和步骤与识读机械图样有相同之处，但也有其自身特点。

① 看标题栏。了解电路图的名称及其他相关内容，对电路图有个大致印象。

② 看元件表。了解所用元件的名称、型号和数量等内容。分清电路中的主要功能元器件，以便对电路的性质、功能原理及所用元器件有个初步了解。

③ 看电路图。分析电路的组成形式，全面了解各组成部分的作用及连接关系，从而熟悉整个电路的工作原理和性能要求。

（2）分析图 8-44 所示电路图

该图是一幅常见的省略标题栏和元件表的收音机电路图。该图按从无线接收信号、经过调谐、检波、放大至音量输出（喇叭 B1）的工作顺序，从左至右排列各个元件符号，详细地表示了收音机的基本组成和元器件间的连接关系，清楚地表达了收音机的工作原理。在表达形式上有如下特点。

① 端子功能图的应用。在该电路图中，起主要放大作用的功能单元 A1 的电路用端子功能图代替。功能单元 A1 的内部功能用 7 个放大器的方框符号表示，并给出了全部外接端子，标出了该单元的详细电路图符号。端子功能图的内容实际上是由放大器组成的框图，为了更清晰地表示与其他元件的连接关系，又将它分成两部分。不难想象，如果将两部分合并在一起，会打乱图面布局，造成图线交叉。

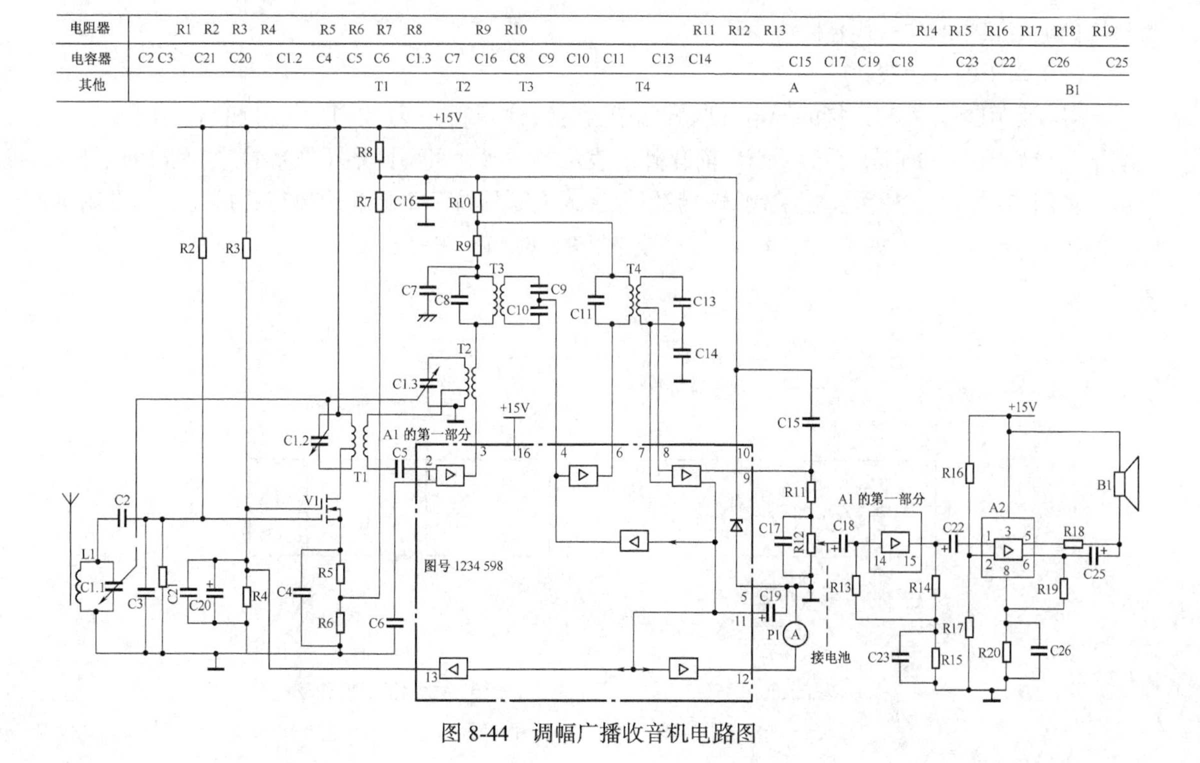

电阻器	R1 R2 R3 R4 R5 R6 R7 R8 R9 R10 R11 R12 R13 R14 R15 R16 R17 R18 R19
电容器	C2 C3 C21 C20 C1.2 C4 C5 C6 C1.3 C7 C16 C8 C9 C10 C11 C13 C14 C15 C17 C19 C18 C23 C22 C26 C25
其他	T1 T2 T3 T4 A B1

图 8-44　调幅广播收音机电路图

② 表格法的应用。在该电路图中，由于电阻、电容等元器件符号很多，故采用了表格法，这样可帮助看图者能迅速地找到元器件在图上的位置。

③ 电源表示法。该电路图采用了公共电源线的布局方式，用电压值表示电源。

④ 项目代号的标注。该图为阐述调幅广播收音机工作原理的一般电路图，图中只标注了种类代号。

8.2.3 接线图与接线表

接线图是一种反映电气装置或设备的相对位置和接线实际状态的一种简图。将简图的全部内容改用简表的形式表示，就成了接线表。接线图和接线表是表达相同内容的两种不同形式，两者的功能完全相同，可以单独使用，也可以组合在一起使用。

接线图（表）常与电路图配合，用于电气设备的安装、线路检查、维修和故障处理等场合。

1. 接线图中项目、端子和连接线的表示方法

接线图和接线表应表示出项目的相对位置、项目代号、端子号、导线号、导线类型、导线截面积、屏蔽和导线绞合等内容。

（1）项目的表示法

绘制接线图时与接线无关的电气件一律不画。图中的各项目，如元件、组件、装置等应按相对位置用简化外形（正方形、矩形、圆形）表示。对电阻、电容、半导体管等接线较简单的常用元器件，也可用图形符号表示，符号旁边应标注项目代号，如图 8-45 所示。项目代号要与对应的电路图中的项目代号标注一致。

（2）端子的表示法

各项目用来与外部连接的导电件叫做端子，在接线中端子一般用图形符号和端子代号表示，端子代号如图 8-45（a）所示。当用简化外形表示端子时，可不画端子图形符号，仅用代号表示，如图 8-45（b）所示。端子代号一般用数字或大写的拉丁字母表示（特殊情况下也可用小写的拉丁字母表示），如 1、2、3、4、5…或 A、B、C、D、E…

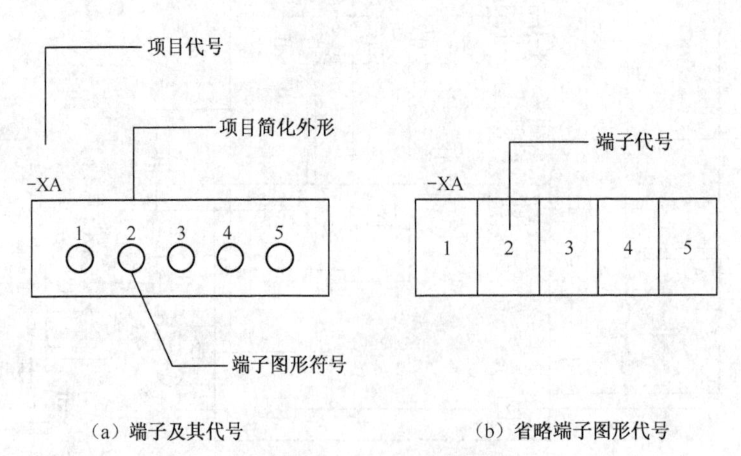

（a）端子及其代号　　（b）省略端子图形代号

图 8-45　项目、端子的表示

如果项目实物上的端子有标记时，端子代号必须与项目上端子的标记一致；如果项目实物上的端子没有标记时，应自行设定并在图上画出端子代号。

（3）连接线的表示法

接线图上，连接线主要有连续线和中断线两种表示方法。连续线表示两端子之间的导线的线条是连续的，如图 8-46 所示；中断线表示两端子之间导线是中断的，在中断处必须标明导线的去向和符号的对应关系，如图 8-47 中，11 的端子 1 与 12 的端子 1 相连接，在它们的中断处分别注明“12：1”和“11：1”彼此呼应。

每条导线都要进行编号标记，同一项目不同端子之间的短接线可以不编号，如图 8-46 中的项目 13（电阻）和项目 11 之间直接用元件引线连接，因相距很近，没有编号。此外，特殊标记符号“⌵⌃”、“○”分别表示“绞合”、“屏蔽”。

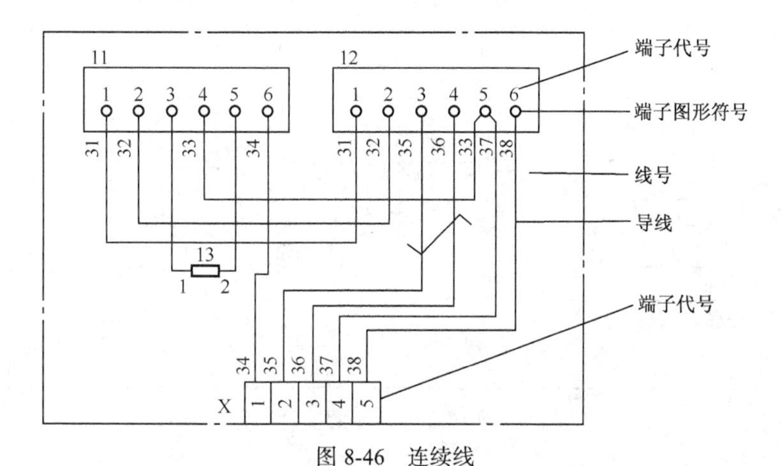

图 8-46　连续线

图 8-47　中断线

2. 几种接线图和接线表的绘制规则

（1）单元接线图或单元接线表

单元接线图或单元接线表反映单元内部的连接关系，通常不表现单元之间的外部连接，如有必要也可给出与之有关的互连图的图号，以便查找与核对接线。

对单元接线图或单元接线表有以下一些要求。

① 依各项目之间的相对位置布置项目的图形符号。

② 选择最能清晰地表示各项目端子与布线的视图，对多面布线的单元，可用多个视图表示。

③ 项目层叠放置时，应采用将项目翻转或位移的方法布图，以便清晰地表示出整个电路的连接关系，还应加注说明以便施工识图。

④ 当项目具有多层端子时，可延长被遮盖的端子以标明各层的接线关系。

⑤ 接线表上的栏目一般包括线缆号、线号、导线型号、规格、长度、连接点号、所属项目的代号、端子号和其他附注说明。

单元接线图和单元接线表的对照示例见图 8-48 和表 8-16。

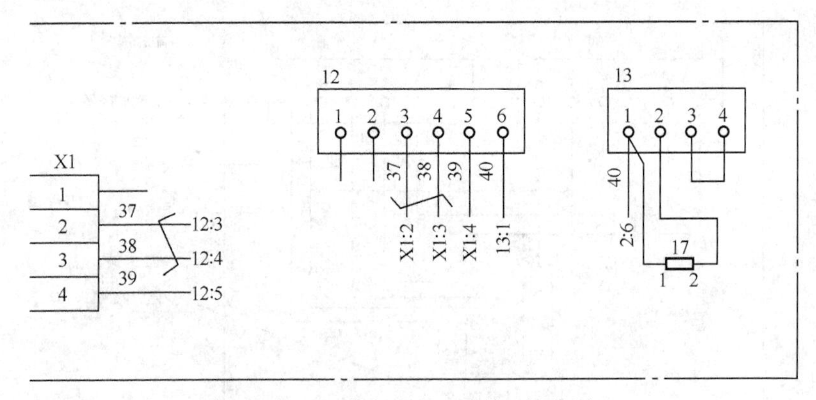

图 8-48　用中断线表示的单元接线图

表 8-16　表示图 8-48 内容的单元接线表

线缆号	线号	线缆型号及规格	连接点Ⅰ		连接点Ⅱ		长度（mm）	附注
			项目代号	端子号	项目代号	端子号		
	37	AVR0.5mm² 黄	12	3	X1	2	300	绞合
	38	AVR0.5mm² 红	12	4	X1	3	300	绞合
	39	AVR0.5mm² 蓝	12	5	X1	4	300	
	40	AVR0.5mm² 绿	12	6	13	1	300	
	—	AVR0.5mm² 棕	13	1	17	1	100	
	—	AVR0.5mm² 黑	13	2	17	2	100	
		AVR0.5mm² 灰	13	3	13	4	50	连线

（2）互连接线图或互连接线表

互连接线图或互连接线表反映单元的外接端子板之间的连接接线关系，通常不包括单元内部的连接，必要时可给出与之相关的电路图或单元接线图的图号，以便了解单元内部电路的连接情况。对互连接线图有以下要求。

① 各个视图应画在同一个平面上，以便清晰地表明各单元间的连接接线关系。

② 各个单元项目的外形轮廓围框用点画线表示。

互连接线图示例见图 8-49，互连接线表示例见表 8-17，二者表示相同的内容。

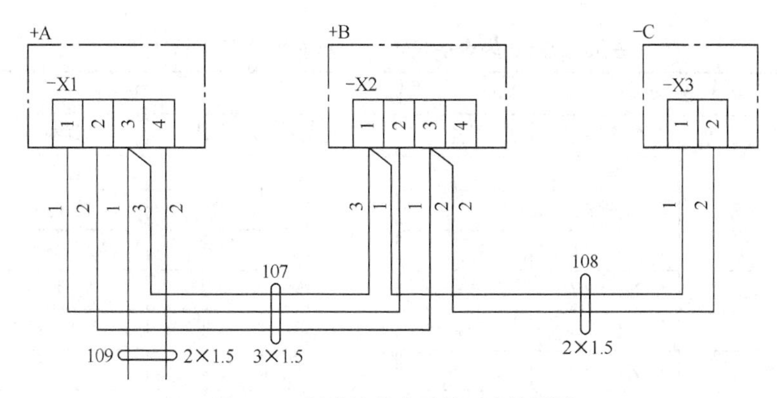

图 8-49　用连续线表示的互连接线图

表 8-17　　表示图 8-49 内容的互连接线表

线缆号	线号	线缆型号及规格	连接点Ⅰ			连接点Ⅱ			附注
			项目代号	端子号	参考	项目代号	端子号	参考	
107	1		+A-X1	1		+B-X2	2		
	2		+A-X1	2		+B-X2	3	108.2	
	3		+A-X1	3	109.1	+B-X2	1	108.1	
108	1		+B-X2	1	107.3	+C-X3	1		
	2		+B-X2	3	107.2	+C-X3	2		
109	1		+A-X1	3	107.3	+D			
	2		+A-X1	4		+D			

（3）端子接线图或端子接线表

端子接线图和端子接线表表示单元和设备的端子及其与外部导线的连接关系，通常不反映单元或设备的内部连接，需了解内部连接关系时，可提供相关的图号。

对端子接线图和端子接线表的要求有以下几方面。

① 各端子（板）应按相对位置布置，端子接线图的视图应与接线面的视图一致。

② 接线表内的电缆应按单元（如屏、柜、台等）集中填写，以便安排电缆连线和查找各芯线的连接线，其内容一般包括线缆号、线号、端子代号等。

端子接线图示例见图 8-50，端子接线表示例见表 8-18，二者表示的内容是一致的。

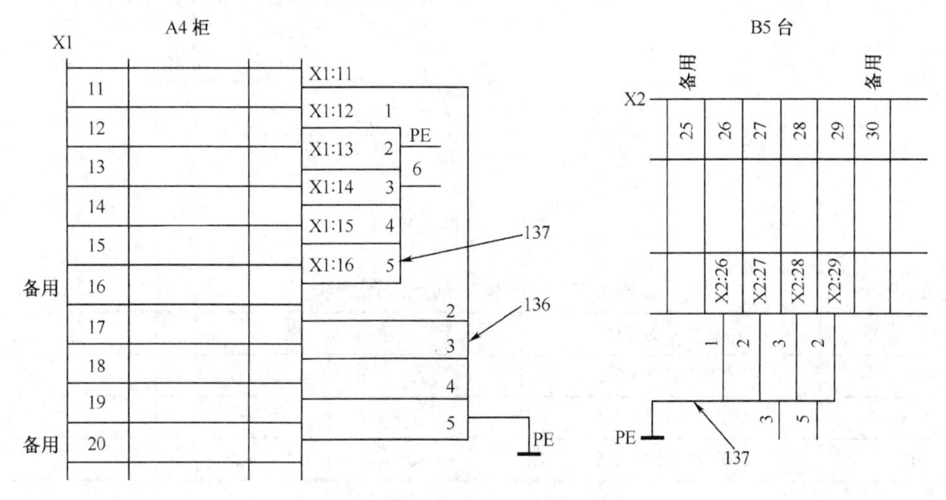

图 8-50　带有本端标记的端子接线图

表 8-18　　表示图 8-50 内容的带有本端标记的端子接线表

A4 柜				B5 台			
线缆号	线　号	本端标记	附注	线缆号	线号	本端标记	附注
136		A4		137		B5	
	PE	接地线			PE	接地线	
	1	X1：11			1	X2：26	
	2	X1：17			2	X2：27	
	3	X1：18			3	X2：28	
	4	X1：19			4	X2：29	
	5	X1：20	备用		5	—	备用
137		A4			6	—	备用
	PE	（—）					
	1	X1：12					
	2	X1：13					
	3	X1：14					
	4	X1：15					
	5	X1：16	备用				
	6	—	备用				

（4）电缆配置图或电缆配置表

电缆配置图和电缆配置表是用于表示基建施工铺设配置电缆的相连关系的图及表，也可表示电缆的路径情况。

对它们的要求如下。

① 应标明各单元（屏、柜、台等）间的电缆相连的配置关系。

② 各单元外形轮廓围框用实线表示。

③ 电缆配置表一般包括线缆号、线缆类型、连接点的位置代号及其他应说明的内容。

电线配置图示例见图 8-51，电缆配置表见表 8-19，二者表示的内容是一致的。

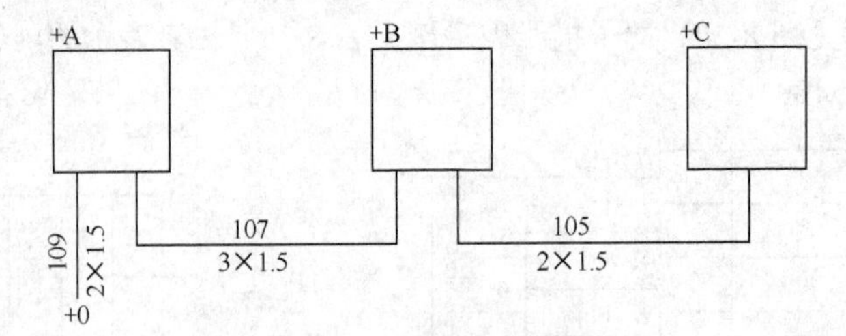

图 8-51　电缆配置图

表 8-19　　表示图 8-51 内容的电缆配置表

线　缆　号	电缆型号及规格	连　接　点		备　　注
107	H07VV-U3×1.5	+A	+B	
108	H07VV-U2×1.5	+B	+C	
109	H07VV-U2×1.5	+A	+D	

前面介绍了几种接线图和接线表的画法和格式，在实际工作中究竟使用哪一种接线图和接线表，要视具体情况来确定。

对于单元接线图或单元接线表与互连接线图或互连接线表来说，它们之间的差别仅在于前者是表示单元内部的连接关系，而后者是表示单元之间的连接关系。但是单元有大有小，一个较大的单元往往又包括许多小的单元，所以一个大的单元内部的连线往往是其中许多小单元的外部的连线。因此单从定义是不能确切区分这两种接线图或接线表的。同样，端子接线图或端子接线表与电缆配置图或电缆配置表有时也能表达单元接线图或单元接线表和互连接线图或互连接线表的同样内容。

所以在实际使用时，原则上这 4 种接线图和接线表任何一种都可以使用。但是由于施工方法的不同，元器件、部件的来源不同，甚至于习惯的不同，使用接线图和接线表也不同。

例如一个控制器，由几个部分组成，其接线关系可以有以下 4 种情况。

（1）如果控制器是一个整体、一个单元，其内部各部分的连接关系就可用单元接线图或单元接线表表示。

（2）如果将控制器内部的各个部分看作是一个个独立的结构单元，各个独立的结构单元的连接关系就可用互连接线图和互连接线表表示。

（3）如果控制器内部的各个部分都是用端子向外连接的，这时就可用端子接线图或端子接线表来表示其连接关系。

（4）如果控制器内部的各个部分之间的连接是通过电缆来完成的，则可用电缆配置图或电缆配置表来表示其连接关系。

总之，实际工作中，应该根据具体情况和需要，灵活使用接线图和接线表。

8.2.4 印制板图

用以提供印制导线、印制元件的绝缘基板称为印制电路板，简称印制板，如图 8-52 所示。印制板是由覆有铜箔的层压环氧塑料基板制成的，其应用非常广泛，如收音机、电视机、计算机等都在使用印制电路板。

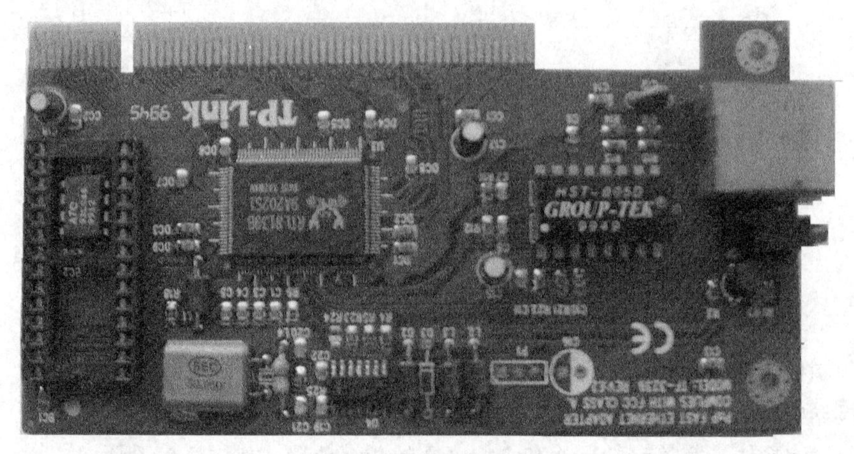

图 8-52 印制电路板示例

用以指导印制板加工制作和焊接的图样，称为印制板电路图，简称印制板图。印制板图是采用正投影法和符号法绘制的，按照用途不同，印制板图分为印制板零件图和印制板装配图两大类。

1. 印制板零件图

印制板零件图是用来加工、制作印制板的图样，根据表达的内容不同，印制板零件图可分别由结构要素图、导电图形图、标记符号图 3 种形式的图样来表示。

印制板的加工一般是先根据结构要素图加工出印制板的外形结构，然后根据导电图形图通过照像、制版、印刷和酸洗等工艺过程加工出导电图形，最后在印制板上印制标记符号。

（1）印制板结构要素图

印制板结构要素图实际上是机械加工图，是用来表示印制板外形和板面上安装孔、槽等要素的尺寸及有关技术要求的图样。印制板结构要素图一般包含下列内容。

① 印制板外形的视图。

② 印制板外形尺寸、印制插头尺寸、有配合要求的孔、孔距尺寸及公差要求，若印制板中的孔数量较多，可按直径分类涂色标记，然后统一列表表示或加以文字说明。

③ 有关的技术要求和说明。

图 8-53 为一印制板结构要素图，读者可结合上述内容加以分析。

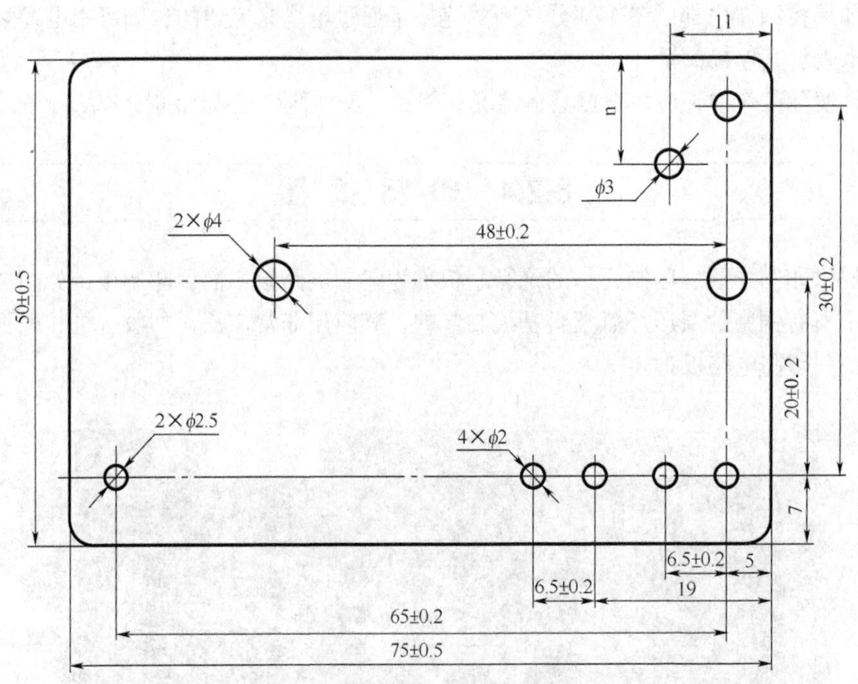

图 8-53　印制板结构要素图

（2）印制板导电图形图

印制板导电图形图是在坐标网格上绘制的，现在一般采用计算机绘制。印制板导电图形主要用来表示印制导线、连接盘的形状和它们之间的相互位置，如图 8-54 所示。

① 在确定导电图形时，应从以下几方面考虑。

• 依据电路图的工作顺序及连线情况，在坐标网格上布置印制板中所有的元器件和紧固件，从而确定各元器件引线孔和连接盘的位置。引线孔的中心应在坐标网格线的交点上。

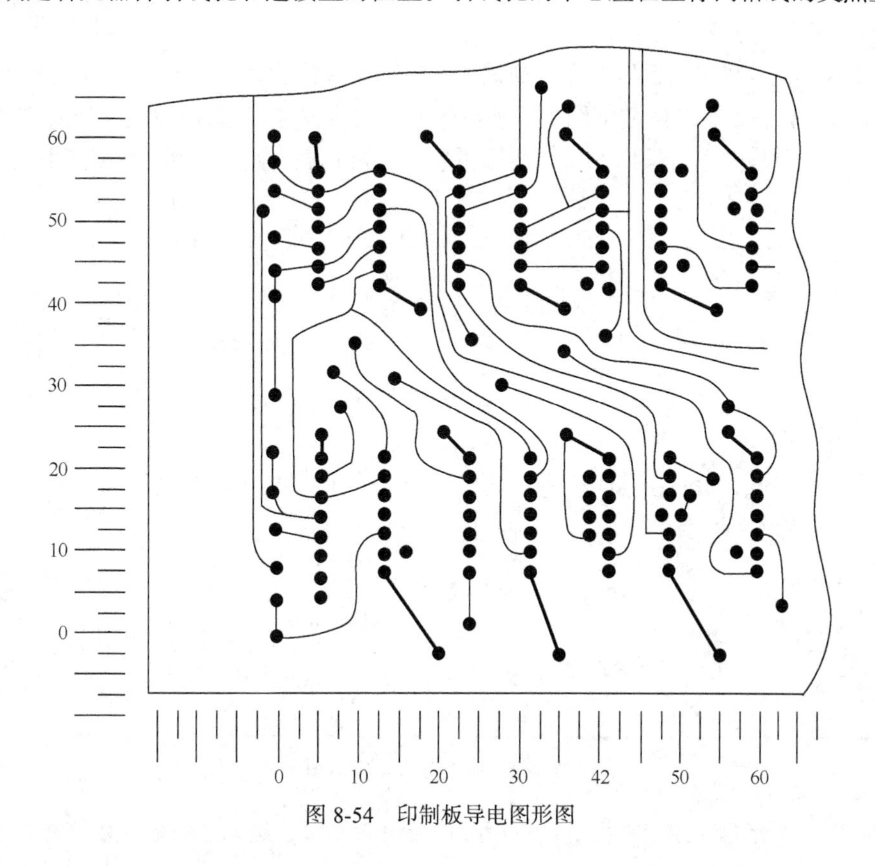

图 8-54 印制板导电图形图

• 在印制板上布置元器件时，应尽量布置在非焊接的一面。同时，应考虑各元器件之间的电磁干扰、热辐射和寄生耦合等现象。对于磁场较强、发热量较大的元器件（如变压器、大功率电阻、大功率半导体管等）应采取屏蔽和散热措施。

• 元器件的布置应有利于整机的装配、检验和维修等。

• 在元器件位置确定后，根据电路图中的连线要求，将有电气连接的元器件所对应的连接盘用印制导线连接起来。

• 对于元器件的布置应进一步作全面考虑，对布置不当之处应进行调整。对布设的连接盘、印制导线进行核对、整理、修改。导电图形弯折处应尽量呈圆弧状，以避免打火现象。

② 在绘制导电图形时，应遵守以下规定。

• 导电图形一般采用双线轮廓绘制，当印制导线宽度小于 1mm 或宽度基本一致时，可采用单线绘制。此时，应注明导线宽度、最小间距和连接盘的尺寸数值。

对双面印制板布线时，应注意两面导线尽量避免平行（尤其对于高频电路布线），以减少寄生耦合电容的影响。

• 在一般情况下，导电图形尽量采用宽短的印制导线。对于严格控制寄生电容影响的高阻抗信号线，要使用窄形印制导线。

• 为防止相邻印制导线间产生电压击穿或飞弧，以及避免在焊接时产生连焊现象，必须保证印制导线间的最小允许间距。在布线面积允许的情况下，尽量采用较大的导线间距。

- 简化画法。有规律重复出现的导电图形可以不全部绘出，但应指出其分布规律。
- 多层印制板的每一导线层都应绘制一个视图，视图上应标出层次序号。

（3）印制板标记符号图

印制板标记符号图是按元器件在印制板上的实际装接位置，采用元器件的图形符号、简化外形和它们在电路图、系统图或框图中的项目代号及装接位置标记等绘制的图样，如图 8-55 所示。印制板标记符号图也可采用元器件装接位置标记及其在电路图、系统图或框图中的项目代号表示。

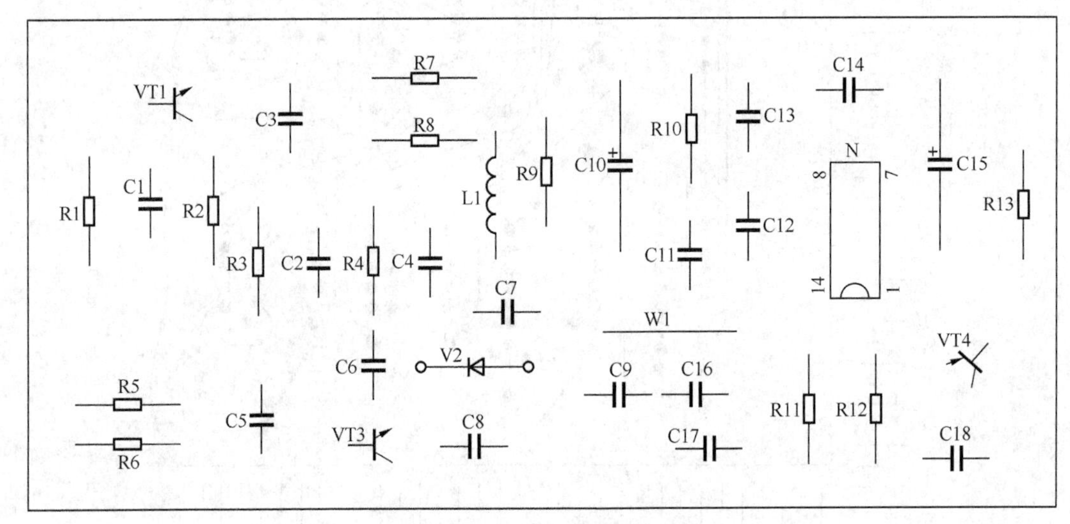

图 8-55　印制板标记符号图

标记符号图为元器件在印制板上进行插接以及设备测试、维修、检验提供了极大的方便。

绘制印制板标记符号图应遵守以下原则。

① 图中采用的图形符号、项目代号应符合 GB/T 4728 和 GB/T 5094 的有关规定。

② 非焊接固定的元器件和用图形符号不能表明其安装关系的元器件，可采用实物简化外形轮廓绘制，如图 8-56 所示。

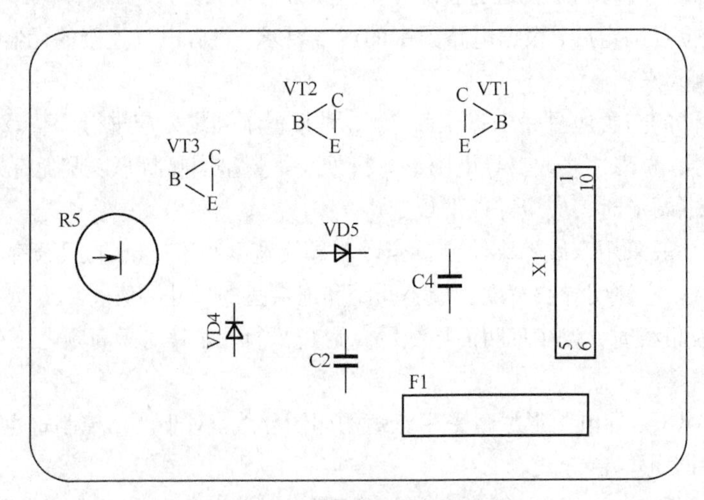

图 8-56　焊接面标记符号图示例

③ 标记符号一般布置在印制板的元件面,并应避开连接盘和孔,以保证标记符号完整清晰。有时为了维修方便，可在印制板焊接面布置有极性和位置要求的元器件图形符号或标记，如图 8-56 所示。

在实际生产中，要求把印制板零件图的结构要素图、导电图形图、标记符号图分别绘制在各张图纸上，便于生产加工。但应标注同一代号。简单的印制板零件图可将印制板结构要素图和导电图形图绘在一张图纸上。

在产品说明书上一般是将上述 3 种图合在一起绘制，便于阅读。

2. 印制板组装件装配图

印制板组装件装配图（简称印制板装配图）是表示各种元器件和结构件等与印制板连接关系的图样。印制板装配图的内容和绘制方法与机械装配图基本一致，这里只介绍其特殊的表达方法。

（1）绘制印制板装配图的一般要求

① 绘制印制板装配图时，应选用恰当的表示方法，完整、清晰地表达元器件、结构件等与印制板的连接关系，并力求制图简便，易于看图。

② 图样中应有必要的外形尺寸，安装尺寸以及与其他产品的连接位置和尺寸。

③ 各种有极性的元器件，应在图样中标出极性。

④ 有必要的技术要求和说明。

⑤ 视图选择原则。

- 当印制板只有一面装有元器件和结构件时，应以该面为主视图。一般此情况只画一个视图即可表达清楚。
- 当印制板两面均装有元器件或结构件时，一般可采用两个视图。以元器件或结构件较多的一面为主视图，另一面为后视图。当反面元器件或结构件很少时，可采用一个视图，此时可将反面元器件或结构件用虚线画出。当反面元器件采用图形符号表示时，可只将引线用虚线表示，而图形符号仍用实线画出，如图 8-57 所示。

（2）元器件和结构件的画法

① 在能清楚表示装配关系的前提下,印制板装配图中的元器件或结构件一般采用简化外形或图形符号表示。一般对于常用的电阻器、电容器、电感器、半导体管等电子元器件采用图形符号。对于变压器、可变电容器、电位器、磁棒、多级多位开关、散热片、支架等元器件或结构件可采用简化外形表示。

② 当元器件在装配图中有方向要求时，应标出定位特征标志，以防在装接时搞错方向，如图 8-58 所示。

③ 当需要完整、详细表示装配关系时，印制板装配图中的元器件和结构件可按机械制图中绘制装配图的表示方法和规定绘制。

④ 在印制板装配图中，元器件和结构件采用项目代号、序号和装配位置号的形式进行标注。

（3）简化画法

在印制板装配图中，重复出现的单元图形，可以只画出其中一个单元，其余简化绘制。简化图形一般可只画出引线孔、省略元器件的图形符号或简化外形。此时，必须用细实线画出各单元的区域范围，并标注单元顺序号。

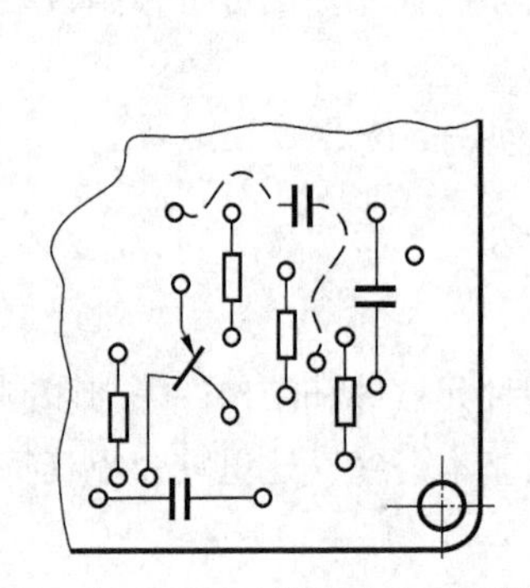

图 8-57　反面元器件表示法示例

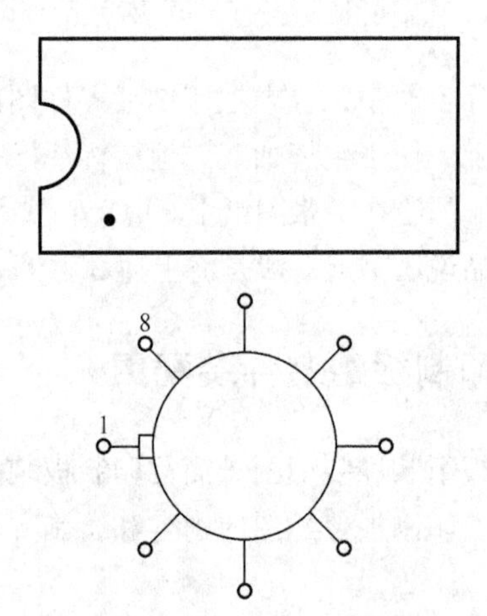

图 8-58　元器件标出定位特征标志图

如图 8-59 所示为一稳压电源印制板装配图，请结合上述内容分析。

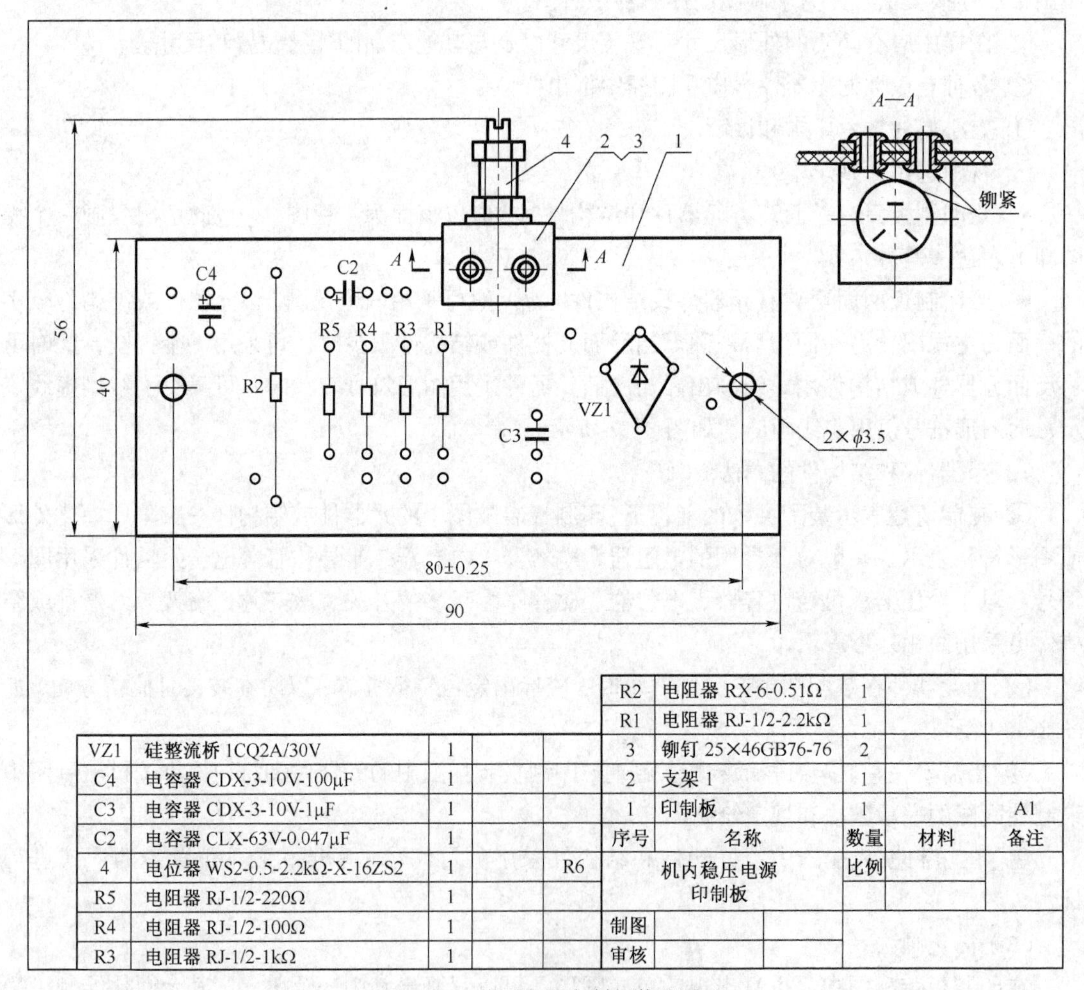

序号	名称	数量	材料	备注
R2	电阻器 RX-6-0.51Ω	1		
R1	电阻器 RJ-1/2-2.2kΩ	1		
3	铆钉 25×46GB76-76	2		
2	支架 1	1		
1	印制板	1		A1
VZ1	硅整流桥 1CQ2A/30V	1		
C4	电容器 CDX-3-10V-100μF	1		
C3	电容器 CDX-3-10V-1μF	1		
C2	电容器 CLX-63V-0.047μF	1		
4	电位器 WS2-0.5-2.2kΩ-X-16ZS2	1		R6
R5	电阻器 RJ-1/2-220Ω	1		
R4	电阻器 RJ-1/2-100Ω	1		
R3	电阻器 RJ-1/2-1kΩ	1		

机内稳压电源印制板	比例	
制图		
审核		

图 8-59　稳压电源印制板装配图

8.2.5 线 扎 图

1. 线扎图的概念

线扎图是用来表示多根导线或电缆按布线及接线要求绑扎或黏合在一起的图样。它是根据设备中各接线点的实际位置及接线中的走线要求绘制的。线扎图属于装配图，也称线扎装配图。

线扎图常与接线图、电路图配合使用。在实际装配工作中，可按照线扎图预先绑好线扎，然后按接线图将线扎中各导线接于对应的接点上，以便顺利地完成装配和维修工作。

2. 线扎图的表示方法

线扎图的表达方式有结构方式和图例方式两种。

（1）结构方式

按结构方式绘制线扎图时，线扎图的主干和分支应按其外形轮廓采用双粗实线绘制，始端和末端的单根导线用粗实线绘制。电缆线按实物简化外形绘制，绑扎处用双细实线表示，如图8-60所示。

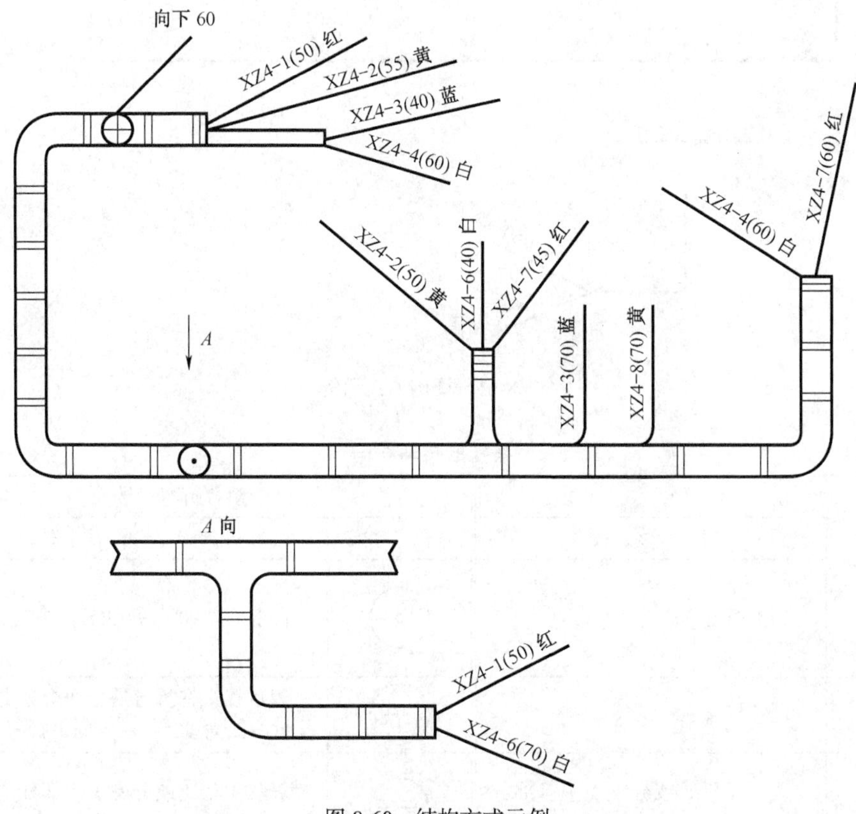

图 8-60　结构方式示例

（2）图例方式

按图例方式绘制线扎图时，所有主干、分支和单线均采用单根粗实线绘制，单根导线与线扎的汇合外可用表示进入或抽出方向的 45° 斜线连接，如图 8-61 所示。

3. 线扎图的绘制方法

（1）线扎图的规定画法

线扎图是按正投影法绘制的。绘图时，选择主干和分支最多的平面来表示线扎轮廓。对于不在此平面的主干和分支，可用向视图和规定的折弯符号补充表示，如图 8-60 中的 *A* 向视图。折弯符号及其意义如表 8-20 所示。

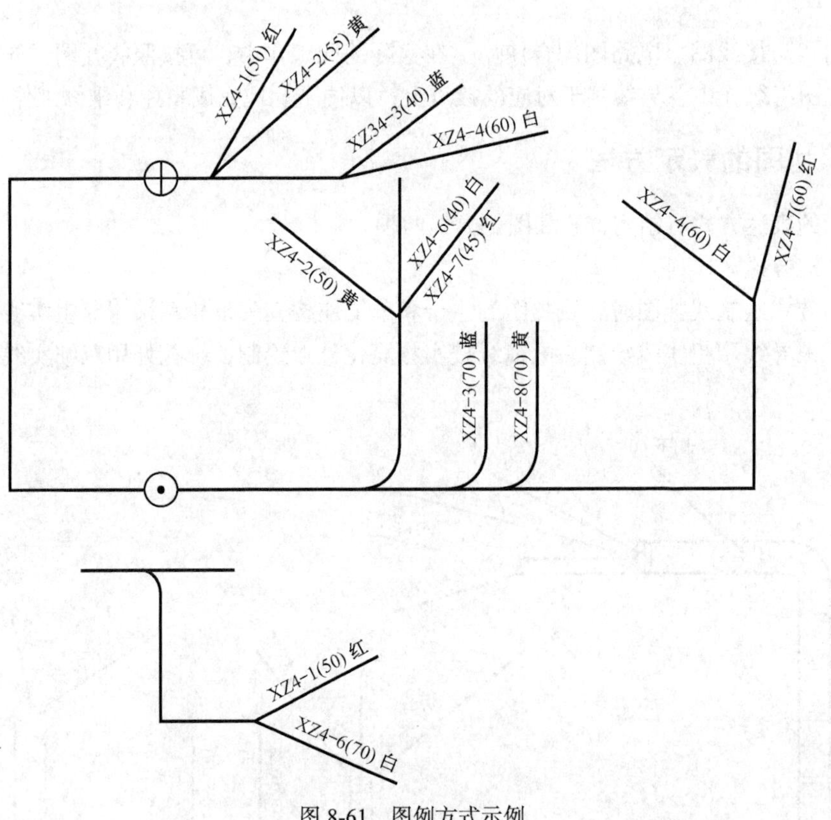

图 8-61　图例方式示例

表 8-20　　线扎的折弯符号

基本折弯符号		组合折弯符号	
符　号	表 示 意 义	符　号	表 示 意 义
⊙	向上折弯 90°		向上折弯 90° 后，再按箭头方向折弯 90°
⊕	向下折弯 90°		表示线束在折弯处呈两个分支折弯，一支向上折弯 90°，一支向下折弯 90°
⊖	表示主干（或分支）中有部分分支		表示主干（或分支）中部分分支向下折弯 90°
→	表示再次折弯的方向		向下折弯 90° 后，再按箭头方向折弯 90°

若线扎的主干或分支向上或向下折弯 90° 后需再次折弯 90°，且再次折弯中间无分支，则可在组合符号旁标注再次折弯间的长度，如图 8-62 所示。对于非 90° 折弯，可用剖面符号及向视图一起配合表示，如图 8-63 所示，间面符号涂黑表示。

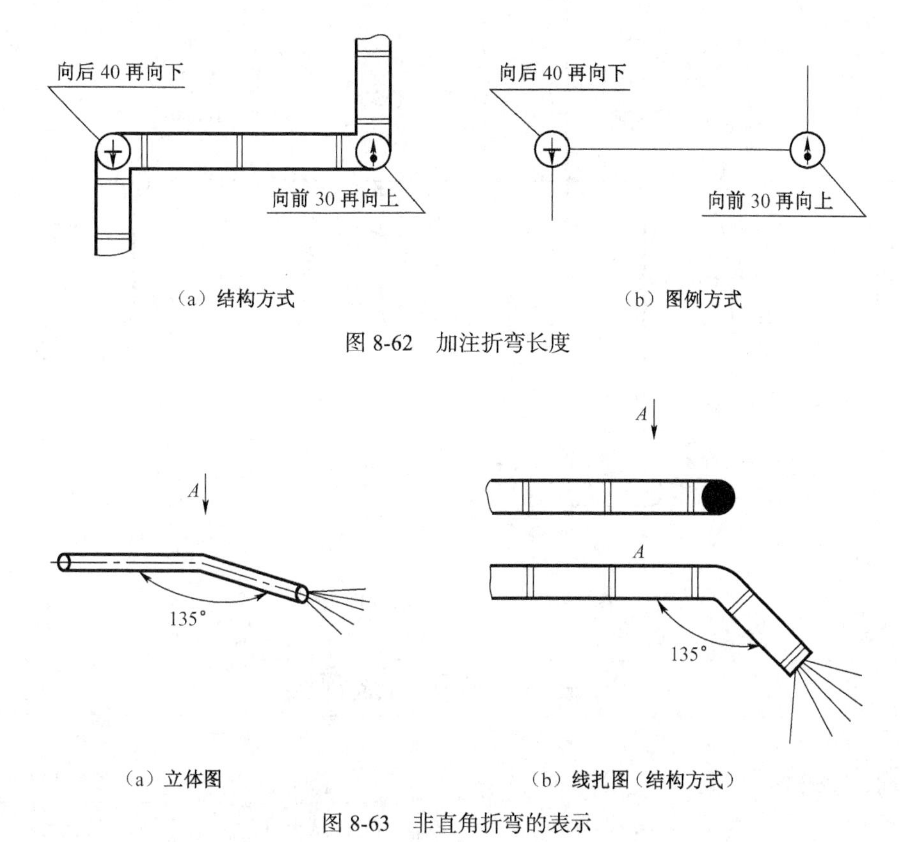

（a）结构方式　（b）图例方式

图 8-62　加注折弯长度

（a）立体图　（b）线扎图（结构方式）

图 8-63　非直角折弯的表示

（2）线扎图的尺寸标注

线扎的主干、分支线均应标注尺寸，导线两端的抽头长度、线号、两端代号和颜色等可用文字说明或数字表示，如图 8-61 所示。

线扎中所有包含的导线编号、规格、预定长度等，按顺序可在明细表中说明，表的格式见表 8-21 所示。

表 8-21　线扎图导线表的格式

导 线 编 号	导线规格（牌号、线径、颜色）	导线长度	备　注	更　改

4. 图例

图 8-64 为用图例方式绘制的线扎图。在图中省略了标题栏和明细表。读者可运用已掌握的投影知识，结合绘制线扎图的折弯符号及尺寸标注自行分析。

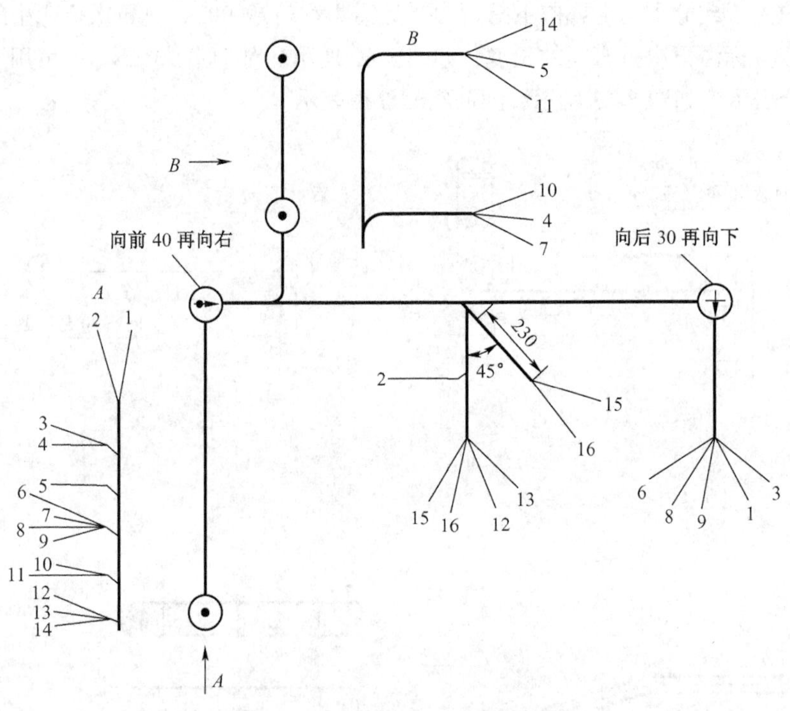

图 8-64　图例方式的线扎图示例

8.2.6　逻辑图与流程图

1. 逻辑图

在电气图中，用二进制逻辑单元图形符号绘制的简图，称为二进制逻辑功能图，主要用于表达二进制逻辑电路的功能、逻辑关系及其工件原理，如图 8-65 所示。

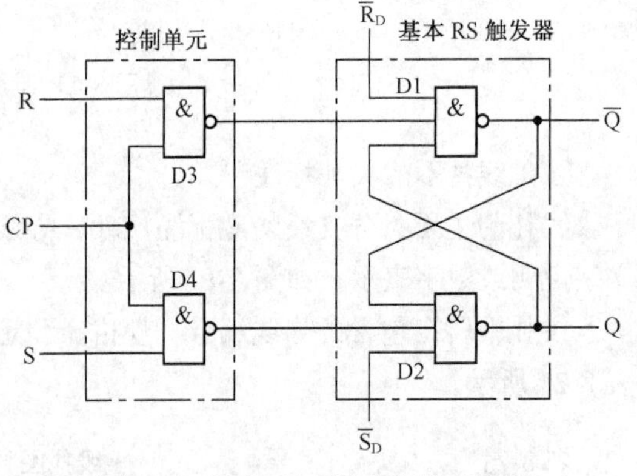

图 8-65　同步 RS 触发器逻辑功能图

（1）二进制逻辑单元图形符号构成

二进制逻辑单元符号是由方框符号、限定符号、输入线、输出线等组成，如图 8-66 所示，图中“*”表示与输入输出有关的限定符号的放置位置。例：二进制逻辑单元“与非”图形符号的构成如图 8-67 所示。

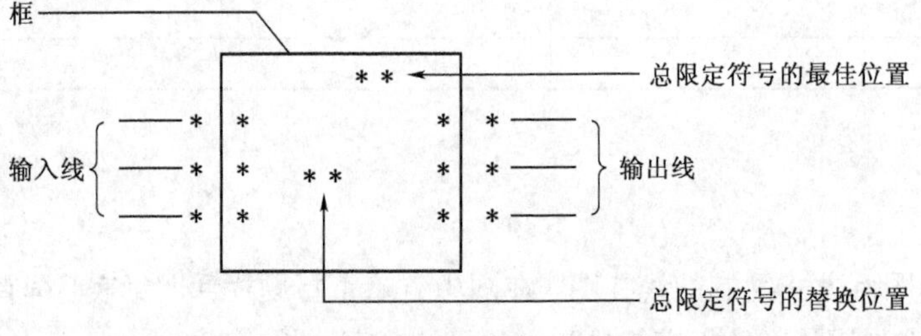

图 8-66　逻辑元件符号的构成

二进制逻辑元件图形符号框的长宽比值是任意的，主要依据所表示元件的内部空间和外部输入、输出线数多少而定。元件框之间可以组合绘制，主要有邻接法（图 8-68（a））和镶嵌法（图 8-68（b））。

图 8-67　二进制逻辑单元“与非”图形符号的构成

（2）二进制逻辑元件图形符号

GB 4728.12 中规定的常用二进制逻辑单元状态方面的关系，最基本的逻辑关系是“与”、“或”、“非”三种，如图 8-69 所示。

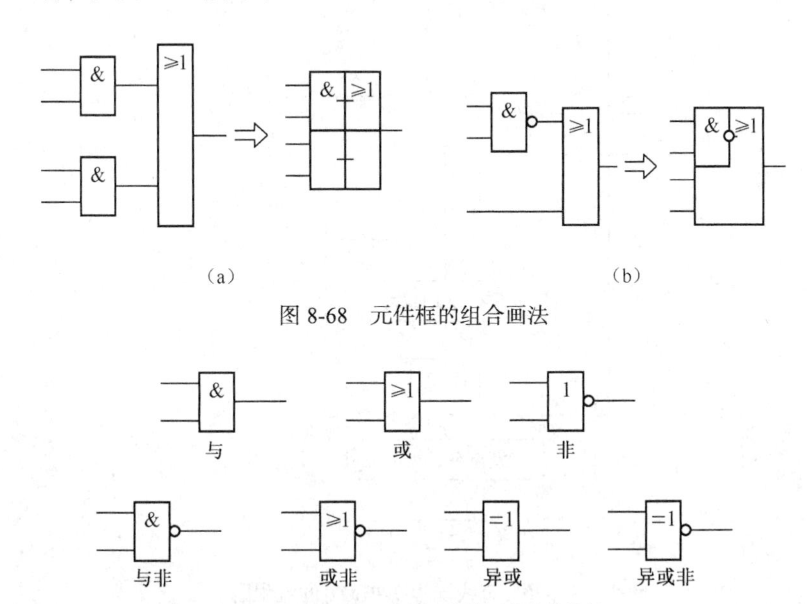

图 8-68　元件框的组合画法

图 8-69　常用二进制逻辑单元图形符号

（3）二进制逻辑功能图的绘制原则

二进制逻辑功能图与概略图、框图一样，都是按功能布局法布置图形符号，即表示项目的图形符号按逻辑功能或信息流向从左到右、自上而下布置。布局要均衡、疏密得当，有助于读图理解。连接线用实线绘制，折弯处应垂直。

在二进制逻辑功能图上，各单元之间的连线以及单元输入、输出线，通常应标注出信息号名，以有助于对图的理解和便于对逻辑系统的维护。如图 8-65 所示，3 个输入端分别标记了 R、CP、S，两个输出端分别标记了 Q、$\overline{Q}$。当一个信号输送给多个逻辑单元时，可以用“T”型连接的方式连接到各单元，如时钟控制信号 CP 输送给项目 D3 和 D4。

2. 流程图

在编制各种信息处理和计算机程序时，对某个问题和定义、分析或解法用图表示，图中用各种符号表示各个处理步骤，用流线把这些符号连接起来，以表示各个步骤执行次序的简图，称为流程图。如图 8-70 所示为直线子程序 PLOT 的流程图。

（1）流程图的图形符号

表 8-22 是从 GB 1526－1989 中摘录的流程图常用的图形符号。

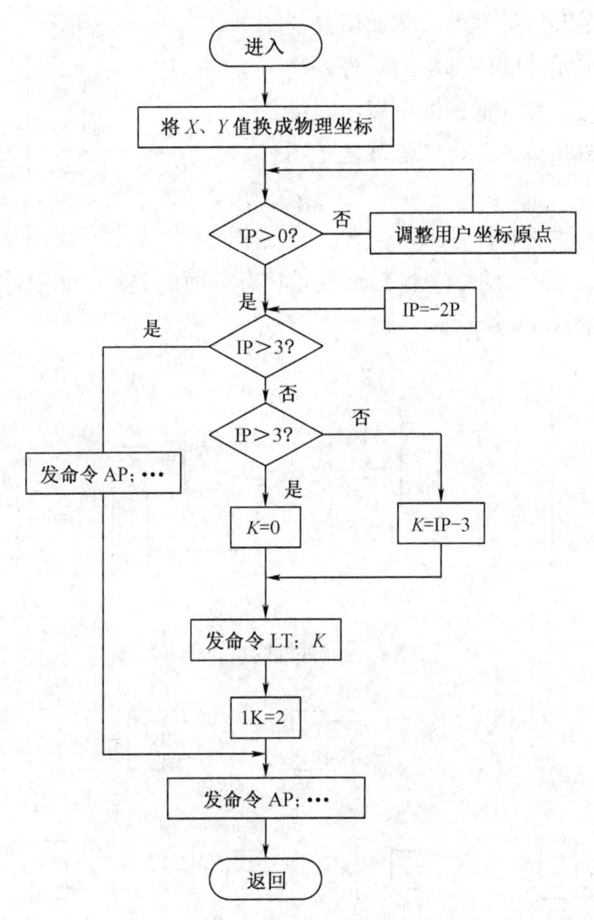

图 8-70　直线子程序 PLOT 的流程图

表 8-22　流程图中常用的图形符号

符　号	意　义	符　号	意　义
	开始及结束环节		调用子程序环节
	执行操作环节		判断转移环节
	输入和输出 环节		手动修改环节
	一个流程环节多，需分页写时，使用换页连接符号		程序流程方向线

（2）流程图中图形符号的使用规则

流程的一般方向是从左至右、自上而下。当流程不按此规定时，要用箭头指示流程方向。流线可以交叉，但不表示它们逻辑上的关系；两根或更多的流线可以汇集成一条流线；图形符号的大小、比例要适当。

不论流程方向如何，图形符号内的文字说明均按左到右、自上而下的方向书写。对流程图符号赋予名字时，名字要写在符号的左上角，如图 8-71（a）所示；其说明文字要写在符号的右上角，如图 8-71（b）所示。

在出口和与之相对应的入口处应记入相应的文字、数字或名称等识别符号，表示把它们衔接起来，如图 8-72 所示。

当一个符号有多个出口时，一种方法是直接从该符号引出通向其他符号的若干条流线，如图 8-73（a）所示；另一种方法是从该符号引出一条流线，再从这条流线上分成若干数目的流线，如图 8-73（b）所示；从一个符号引出，每个出口应加以识别标记，以反映它所表示的逻辑通路，如图 8-73（c）所示。

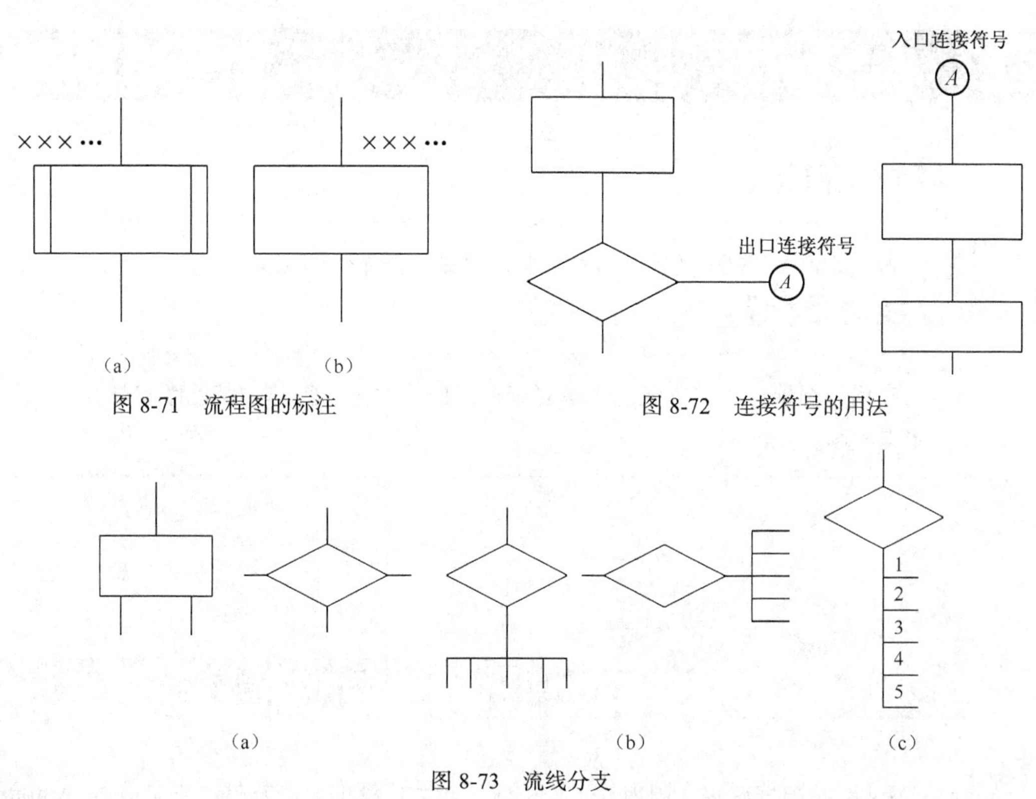

图 8-71　流程图的标注

图 8-72　连接符号的用法

图 8-73　流线分支

第9章 计算机绘图

【知识目标】

认识 AutoCAD2008 的操作界面，基本命令，基本绘图工具。

【能力目标】

能应用绘图软件，熟练绘制中等复杂程度的零件图、简单的装配图和基本电气图。

9.1 AutoCAD2008 简介

AutoCAD2008 绘图软件是在国内外工程中应用较为广泛的绘图软件，它是美国 Autodesk 公司开发的一个交互式绘图软件。该软件自 1982 年问世以来，经过 20 多年的应用、发展和不断完善，版本几经更新，功能不断增强，已成为目前全世界最流行的绘图软件之一。

9.1.1 AutoCAD2008 的工作界面

在安装了 AutoCAD2008 系统的计算机中，其 Windows 桌面上会有一个快捷启动图标" "，左键双击该图标即可启动软件，进入 AutoCAD2008 的用户界面，如图 9-1 所示。

图 9-1 所示为 AutoCAD 2008 的一种工作空间，叫 AutoCAD 2008 经典空间，它沿用以前版本的界面风格，方便老用户。同时为新用户提供了"二维草图与注释"空间，可以方便地绘制二维图形；"三维建模"空间，可以更加方便地绘制三维图形。用户可根据需要自行选择。

该工作界面主要由菜单栏、标准工具条、绘图窗口、绘图工具条、修改工具条、十字光标、命令窗口、模型/布局选项卡与状态栏、绘图区等元素组成。

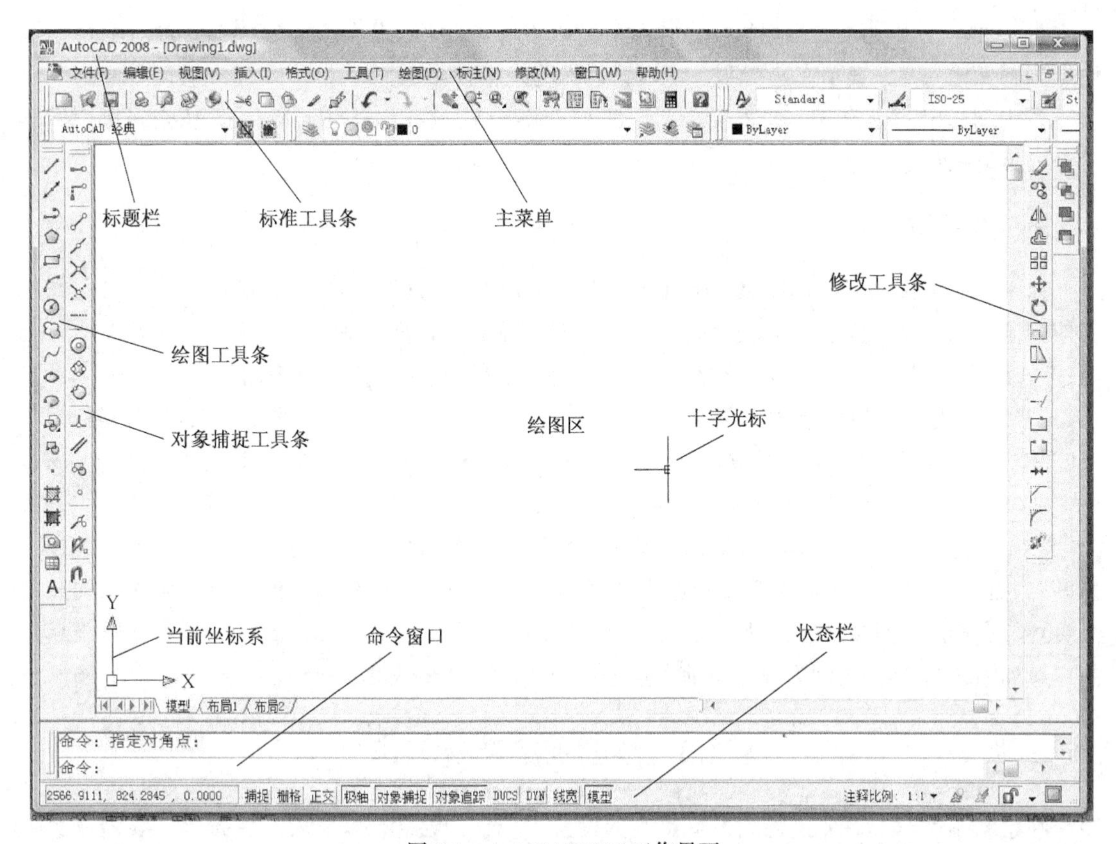

图 9-1 AutoCAD2008 工作界面

9.1.2 基本操作

1. AutoCAD 的命令执行

AutoCAD 2008 常用的输入设备有鼠标和键盘，一般在绘图的时候是结合两种设备进行，利用键盘输入命令和参数，利用鼠标执行工具栏中的命令、选择对象和捕捉关键点等。

（1）用键盘输入命令。在“命令:”状态下键入命令名（如画直线时，输入 line 或 L。命令字符不分大小写，且可使用缩写命令），然后按回车键或空格键执行。

（2）使用鼠标输入命令。用鼠标左键从工具栏中单击图标或下拉菜单中的选项来执行命令和在绘图区域里选择对象并绘图。

当鼠标在绘图区时，光标呈十字形，按下左键，相当于输入该点的坐标；当鼠标在绘图区外时，光标呈空心箭头，此时可以用鼠标左键选择（单击）各种命令或移动滑块；当鼠标在不同区域时，单击鼠标右键可以打开不同的快捷菜单，通过选择菜单项完成相应操作。

命令执行时，会在命令窗口出现提示，用户根据提示可进行相应的操作。AutoCAD 2008 中的许多命令（无论采用哪种方式执行）都包含多个命令选项（也称子命令），输入其中的大写英文字母或数值就可得到相应的选项，如果直接回车则表示选择的是默认选项。比如，使用 CIRCLE 命令画圆后，命令窗口提示：

指定圆的圆心或[三点（3P）/ 两点（2P）/ 相切、相切、半径（T）]:

直接回车，表示通过圆心和半径画圆；输入 3P，表示通过三点画圆；输入 2P，表示通过两点画圆；输入 T，表示在选择两条切线后，再输入半径画圆。

要中途退出命令输入，可直接按下键盘上的 Esc 键。执行完一条命令后，按空格键或回车键，可重复执行上一命令。

2. 坐标输入法

（1）绝对坐标。以坐标原点（0，0）为基点定位所有的点。用户可直接输入（*X*，*Y*）的坐标值确定点的位置。其中 *X* 值表示此点在 *X* 方向与原点的距离，系统默认从左向右为 *X* 的正方向；*Y* 值表示此点在 *Y* 方向与原点的距离，系统默认从下向上为 *Y* 的正方向。

（2）相对坐标。以某点相对于参考点（前一个输入点）的相对位置来定义该点的位置。例：已知相对参考点的坐标为（X，Y），当前点的坐标为（X+△X，Y+△Y），其输入格式为“@△X，△Y”。其中，“@”字符表示当前为相对坐标输入。

（3）极坐标。输入极坐标就是输入距离和角度。在绝对坐标输入方式下，格式为：“长度<角度”，如“25<50”表示该点到坐标原点的距离为 25，该点至坐标原点连线与 *X* 轴正向的夹角为 50°。在相对坐标输入方式下，格式为：“@长度<角度”，如“@25<45”表示长度为该点到前一点的距离为 25，角度为该点至前一点连线与 *X* 轴正向的夹角为 45°。

9.1.3 绘图前的准备工作

在绘制图形时，总要进行大量重复性的设置工作，如绘图环境、常用的图层、线型以及图形中各图层的颜色设置等。如果每次绘制图样，都要进行这些反复设置，就会造成时间上的浪费。为了解决这个问题，可以创建适合自己的图形样板，即“.dwt”文件。每次绘制图样时，只需调用图形样板即可，这样就可避免重复性的设置工作。

1. 设置绘图环境

首先需要设置绘图环境和系统参数，具体操作如下。

（1）启动 AutoCAD 2008 后，在菜单中选择“文件”→“新建”命令，在弹出的“选择样板”对话框中选用“acadiso. dwt”模板，单击“打开”按钮即可，如图 9-2 所示。

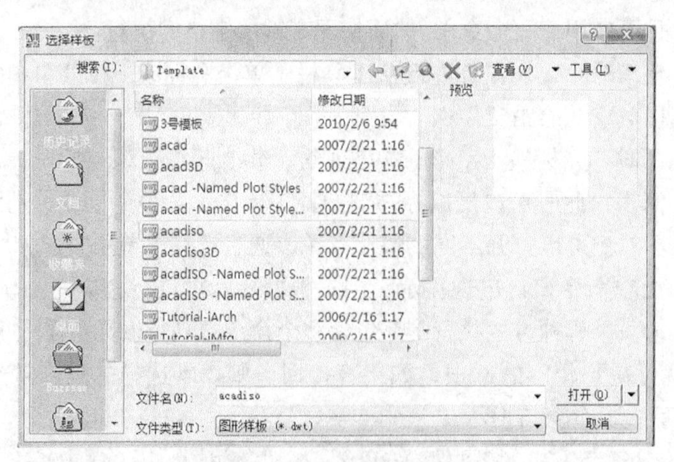

图 9-2 “选择样板”对话框

（2）设置绘图单位。选择菜单“格式”→“单位”命令，打开“图形单位”对话框，如图 9-3 所示。

在“长度”选项组中的“类型”列表框中选择“小数”命令；在“角度”选项组中的“类型”列表框中选择“十进制度数”命令；在“插入比例”下拉列表中，选择“毫米”。

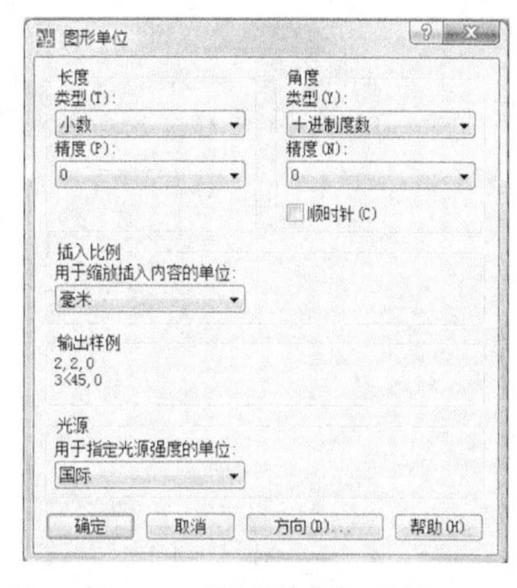

图 9-3 “图形单位”对话框

（3）设置绘图界限。选择菜单中“格式”→“图形界限”命令。执行该命令后，系统在命令窗口给出如下提示。

指定左下角点或[开（ON）/关（OFF）] <0.0000,0.0000>:

回车后，系统给出下列提示。

指定右上角点<420.0000,297.0000>:（输入图纸幅面尺寸。）

系统默认为 A3 图幅。用户可根据绘图实际需要，输入其他图幅的另一点尺寸坐标，如 A4 为：297，210。

设置了绘图界限后，当状态栏上的“栅格”显示被打开时，栅格将显示在整个图形界限里面。在进行视图缩放时，使用 ZOOM 命令中的 all 选项将按图形界限显示整幅图形。当图形界限被打开（即选择 ON 选项）时，将无法在图形界限以外绘制图形。

2. 设置图层、线型和颜色

为了有效地控制和组织图形，一般将不同的图形对象根据需要分别绘制在不同的图层上。图层相当于一层层没有厚度的透明图纸，各层之间完全对齐，如图 9-4（a）所示。将不同属性的对象画在不同的图层上，这些图层叠放在一起就构成了一幅完整的图形，如图 9-4（b）所示。

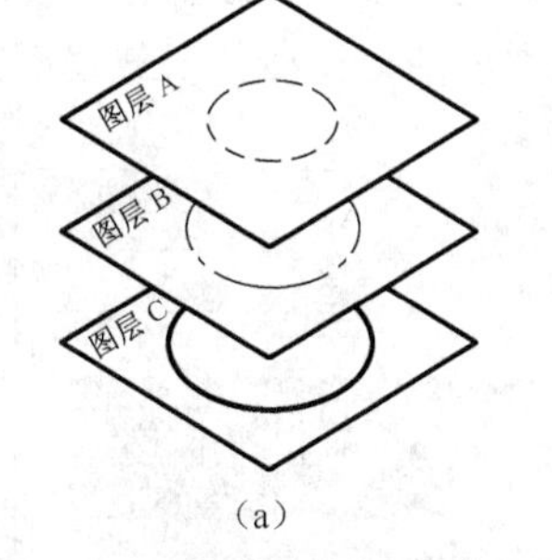

（a）

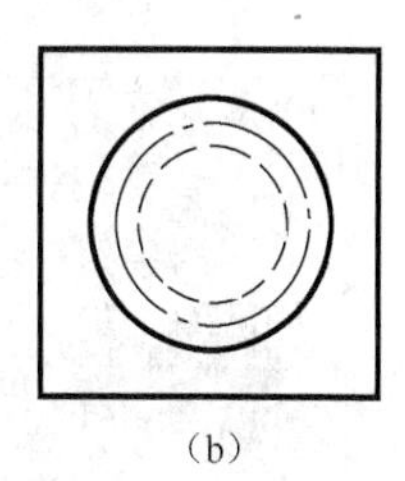

（b）

图 9-4 图层示意图

（1）新建图层

选择菜单中“格式”→“图层”命令，或单击图层工具栏中的按钮，弹出“图层特性管理器”对话框，其中显示当前的图层数目和状态，如图 9-5 所示。

根据需要，在“图层特性管理器”中，单击（新建图层）按钮，就可以新建图层。同理，对于不使用的图层，用户可单击（删除）按钮，删除不需要的图层。

在新建图层中显示图层名称（用户可重新命名）、图层打开/关闭（使该图层上的图形可见或不可见）、图层冻结/解冻（被冻结的图层上的图形不仅不可见，同时也不参加运算，有利于提高运行速度，冻结后的图层必须解冻后才可见）、 图层加锁/解锁（图层加锁后，该图层上的图形可见但不可编辑，要编辑该图层上的对象必须解锁）、图层打印/不打印（控制是否打印该图层中的图形）、颜色、线型、线宽等内容。

在绘图过程中，要切换图层时，不需要打开“图层特性管理器”对话框，只需在对象特性工具栏中点击图层状态框 粗实线 右边的黑三角按钮，在弹出的图层状态下拉菜单中直接单击要使用的图层即可。

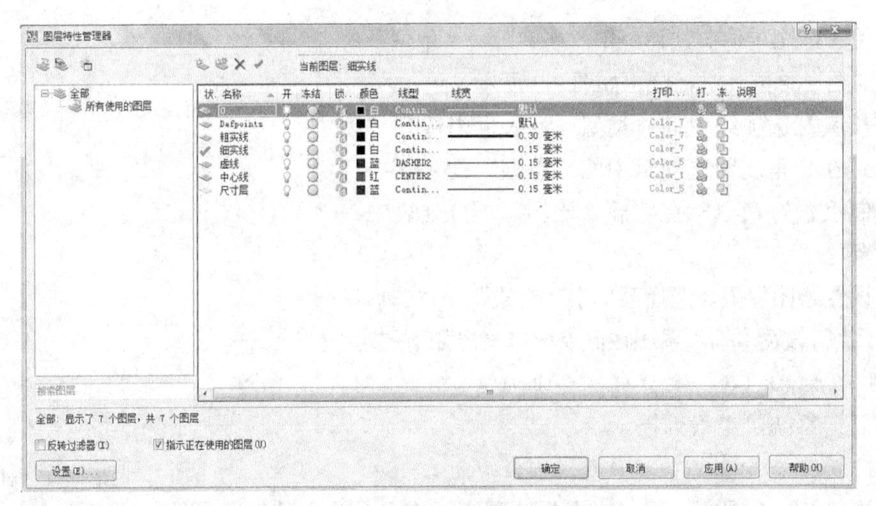

图 9-5　“图层特性管理器”对话框

（2）设置颜色

单击该图层上的颜色设置区，弹出如图 9-6 所示的“选择颜色”对话框，在其中可选择不同的颜色，然后单击“确定”按钮完成操作。

（3）设置线型

单击该图层上的线型设置区，弹出如图 9-7 所示的“选择线型”对话框，在其中选择需要的线型，然后单击“确定”按钮完成操作。若该框内没有要用的线型，可单击该对话框上的“加载（L）...”项，从弹出的“加载或重载线型”对话框中选择，如图 9-8 所示。

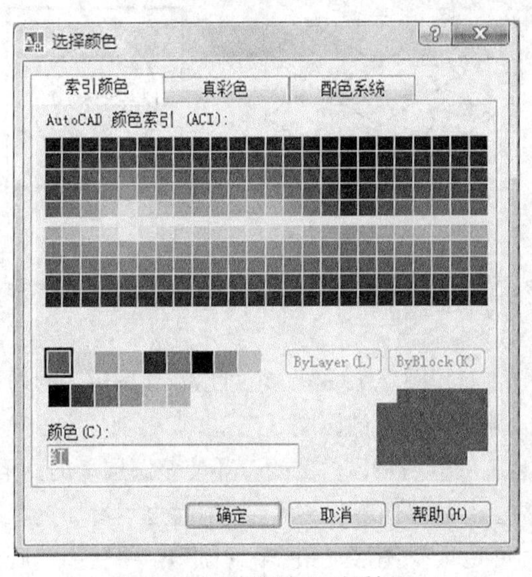

图 9-6　“选择颜色”对话框

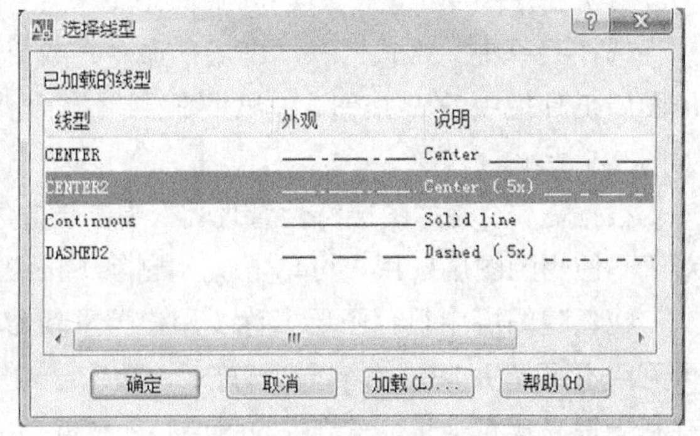

图 9-7　“选择线型”对话框

（4）设置线宽

单击线宽设置区，弹出如图 9-9 所示的“线宽”对话框，选择合适的线宽，单击“确定”按钮完成操作。

我们可将以上操作保存为扩展名“.dwt”的样板文件，以后新建其他文件时，可直接调用，从而不需再重复以上操作。

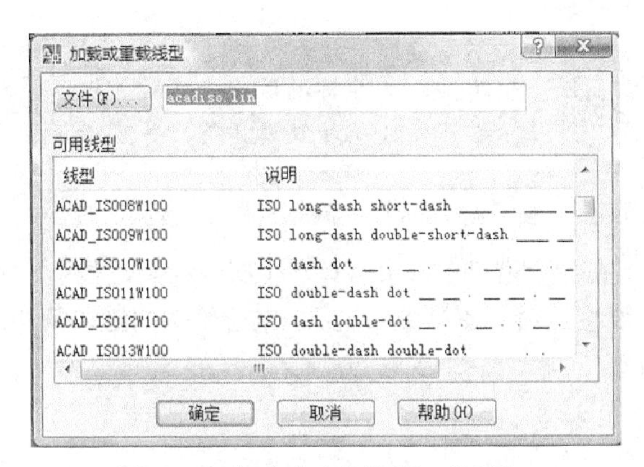

图 9-8 “加载或重载线型”对话框

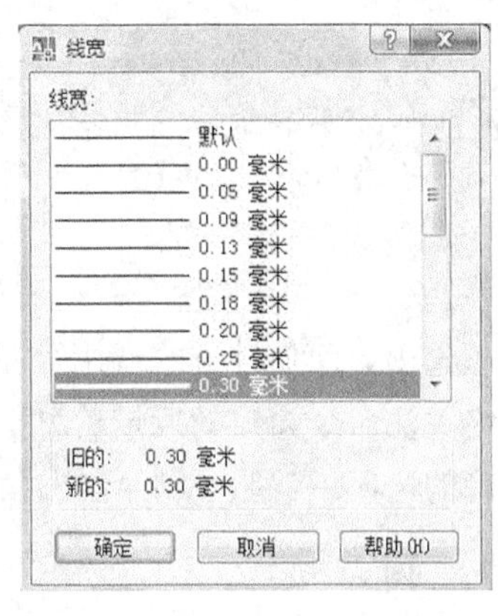

图 9-9 “线宽”设置对话框

9.2 AutoCAD 的基本绘图命令

9.2.1 基本绘图命令

调用 AutoCAD 中的绘图命令，可通过以下三种方式。

（1）通过键盘在命令行输入命令；

（2）用鼠标通过“绘图（D）”下拉菜单调用绘图命令，如图 9-10（a）所示；

（3）用鼠标单击工具条上的命令按钮调用绘图命令，如图 9-10（b）所示。

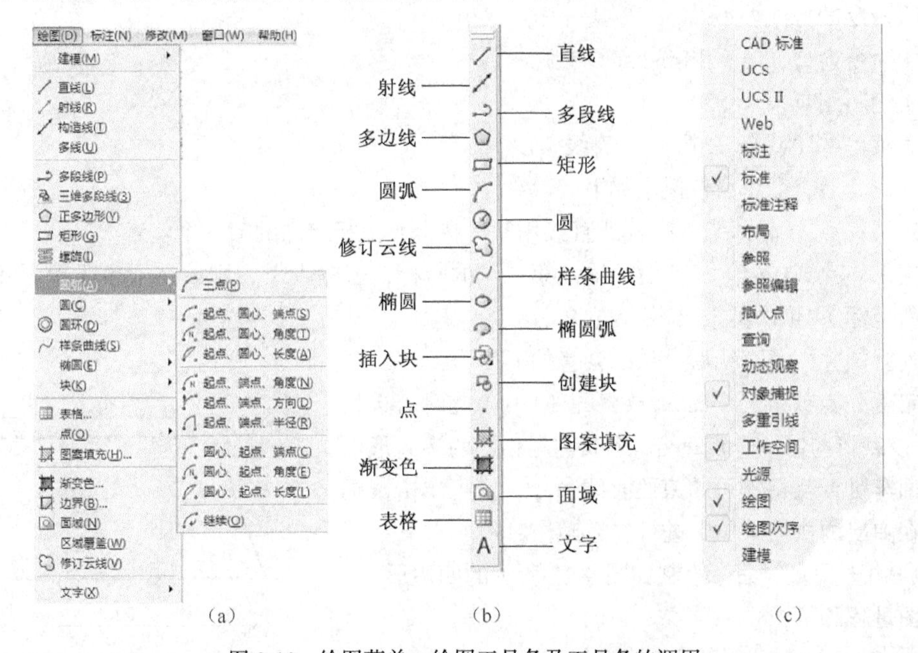

图 9-10 绘图菜单、绘图工具条及工具条的调用

工具条的调用方法是将光标放在任一个工具条的非标题区单击鼠标右键，系统会打开如图 9-10（c）所示的标签。利用标签可装载或卸载工具条，并可在屏幕上任意放置。

不论用上面何种方式调用绘图命令后，在命令窗口中都会有提示（实际绘图过程中，用户要始终关注命令窗口的反馈信息），用户只要按照命令窗口中的提示，结合绘图的已知条件，选择正确的选项，就能顺利绘制出预定的图形。

1. 画点

输入命令的方式如下。

（1）命令窗口：Point（Point 缩写 po）

（2）绘图工具条：

（3）菜单："绘图（D）" → "点（O）" → "单点（S）"

输入命令后，命令窗口提示：

当前点模式：PDMODE=0　PDSIZE=0

指定点:（输入点的坐标回车或用鼠标直接在屏幕上指定点的位置单击鼠标左键确认。可连续绘制多个点，按下键盘上的"Esc"键，结束命令。）

绘制点前，可通过菜单"格式"→"点样式"对点在屏幕上的显示形式进行设置。

2. 画直线

输入命令的方式如下。

（1）命令窗口：Line（Line 缩写 L）

（2）绘图工具条：

（3）菜单："绘图（D）" → "直线（L）"

输入命令后，命令窗口提示如下。

指定第一点：（输入点的坐标或直接用鼠标在屏幕上指定点的第一个位置）；

指定下一点或[放弃（U）]：（输入第二点的坐标，若输入 U，则放弃刚才选择，可重新输入点的新坐标）；依次类推。

在连续画完两条直线后，系统会有如下提示：

指定下一点或[闭合（C）/放弃（U）]：（此时若选择"C"，则该点将与第一个点重合，组成首尾相接的多边形）。

按回车键或空格键可结束画直线命令，也可单击鼠标右键，在弹出的快捷菜单中进行选择操作。

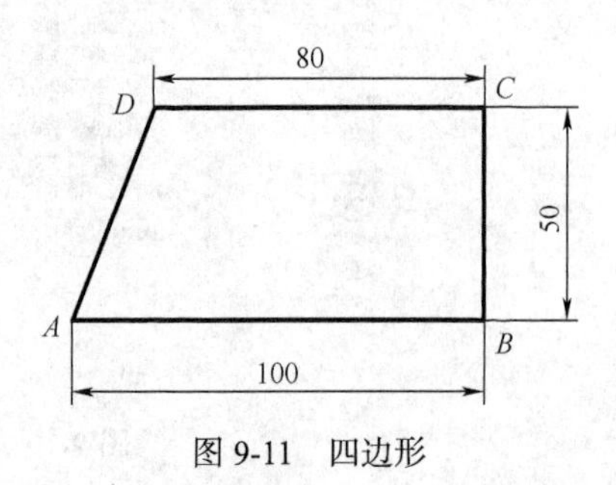

图 9-11　四边形

【例 9-1】 用直线命令绘制如图 9-11 所示的四边形。

绘图过程如下：

L↙（输入画直线命令后，回车）

line 指定第一点：(用鼠标在屏幕上指定 A 点，单击左键确认)；

指定下一点或[放弃(U)]：@100,0↙(在命令窗口输入 *B* 点对 *A* 点的相对坐标@100，0；)

指定下一点或[放弃(U)]：@0,50↙(输入 *C* 点对 *B* 点的相对坐标@0，50；)

指定下一点或[闭合(C)/放弃(U)]：@-80,0↙(输入 *D* 点对 *C* 点的相对坐标@-80，0；)

指定下一点或[闭合(C)/放弃(U)]：C↙(输入 *C*，与第一点闭合，完成作图)。

在用坐标确定点的位置时，可以通过一种更简便的方法来提高操作速度。当第一点位置确定后，只需移动光标给出新点的方向，然后输入距离值就可迅速确定新点位置。

如在上例中，当 *A* 点确定后，只要将光标移到 *A* 点正右方(或在状态栏中打开正交)输入 100 后回车就可确定 *B* 点；再将光标移动到 *B* 点的正上方(或在状态栏中打开正交)输入 50 后回车就可以确定 *C* 点；同理，将光标移到 *C* 点的正左方输入 80 就可确定 *D* 点。画斜线时，也同样操作，只是移动光标确定了直线的方向，然后输入直线长度就行了。

3. 绘制多边形

输入命令的方式如下。

(1)命令窗口：Polygon

(2)绘图工具条：⬠

(3)菜单："绘图(D)" → "正多边形(Y)"

下面以绘制正六边形为例，其操作过程如下。

调用多边形绘图命令⬠后，命令窗口提示。

输入边的数目 <3>: 6　　(输入正多边形的边数)；

指定正多边形的中心点或[边(E)]：↙(回车为指定多边形的中心，输入 E 为使用"边长"绘图)；

输入选项 [内接于圆(I)/外切于圆(C)]<I>：↙(输入一个选项或直接回车使用默认选项 I)；

指定圆的半径：30↙(输入正六边形内接圆的半径)；

至此，一个内接于半径为 30mm 圆的正六边形绘制完成。

4. 画矩形

输入命令方式如下。

(1)命令窗口：Rectang

(2)绘图工具条：▭

(3)菜单："绘图(D)" → "矩形(G)"

输入命令后，命令窗口提示如下。

指定第一个角点或[倒角(C)/标高(E)/圆角(F)/厚度(T)/宽度(W)]：(输入矩形的第一个角点的坐标)；

指定另一个角点或[面积(A)/尺寸(D)/旋转(R)]：(输入矩形第二个对角的坐标，一般用矩形的边长为相对坐标。回车结束命令)。

5. 画圆

输入命令方式如下。

（1）命令窗口：Circle（Circle 缩写 C）

（2）绘图工具条：

（3）菜单："绘图（D）"→"圆（C）"

输入命令后，命令窗口提示如下。

_circle 指定圆的圆心或[三点（3P）/两点（2P）/相切、相切、半径（T）]：（输入圆心坐标或选择画圆的方式，缺省方式为根据"圆心"和"半径"画圆）；

指定圆心位置后系统提示：

指定圆的半径或[直径（D）]：（输入圆的半径或选择 D 用直径画圆。）

画圆的方式有 6 种，用户可根据作图的已知条件，通过下拉菜单或在命令窗口中根据提示输入相应的选项确定画圆的方式。

【例 9-2】 绘制正三边形的内切圆。

圆与正三边形的三个边均相切，我们可用画圆中的"相切、相切、相切"方式画出，作图步骤如下。

（1）用画多边形命令绘制正三边形（尺寸自定）；

（2）单击菜单"绘图（D）"→"圆（C）"→"相切、相切、相切（A）"

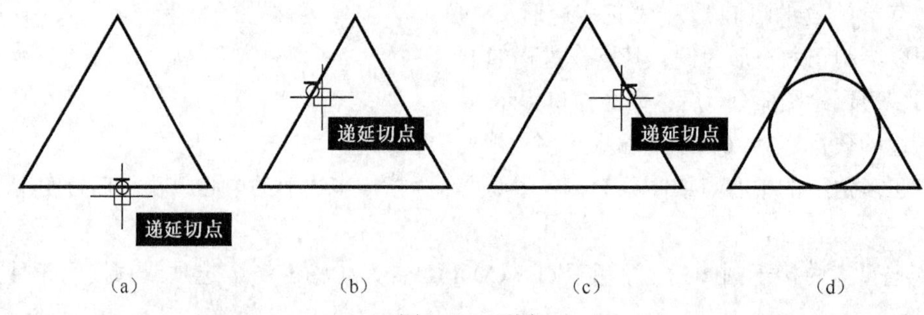

图 9-12　画圆

输入命令后，命令窗口提示如下。

circle 指定圆的圆心或[三点（3P）/两点（2P）/相切、相切、半径（T））：_3p 指定圆上的第一个点：_tan 到（将光标放在三边形的第一条边上，当光标出现切点符号时，单击鼠标左键确认，如图 9-12（a）所示）；

指定圆上的第二个点：_tan 到（将光标放在三边形的第二条边上，当光标出现切点符号时，单击鼠标左键确认，如图 9-12（b）所示）；

指定圆上的第三个点：_tan 到（将光标放在三边形的第三条边上，当光标出现切点符号时，单击鼠标左键确认，如图 9-12（c）所示，系统将自动绘制出符合要求的圆，如图 9-12（d）所示）。

6. 画圆弧

输入命令的方式如下。

（1）命令窗口：Arc

（2）绘图工具条：

（3）菜单："绘图（D）" → "圆弧（A）"

输入命令后，命令窗口提示如下。

_arc 指定圆弧的起点或[圆心（C）]:（在命令窗口输入圆弧的起点坐标或用光标在屏幕上指定；）

指定圆弧的第二个点或[圆心（C）/端点（E）]:（输入圆弧的中间点坐标在或用光标在屏幕上指定；）

指定圆弧的端点:（在命令窗口输入圆弧的终点坐标或用光标在屏幕上指定，结束命令。）

AutoCAD 提供了 11 种画圆弧的方式，用户可根据已知条件选用相应的方式绘制圆弧。

画圆弧时注意以下几点。

- 系统默认绘制圆弧的方向为逆时针方向。用户在指定圆心时，若输入的角度为正值，则按逆时针方向绘制圆弧；反之，则按顺时针方向绘制圆弧。
- 绘制圆弧时，如果输入的弦长为正值，则将从起点逆时针绘制劣弧（即小于 180° 的圆弧）；如果输入的弦长为负值，则将从起点顺时针绘制优弧（即大于 180° 的圆弧）。
- 绘制圆弧时，如果输入的半径为正值，则将从起点逆时针绘制劣弧；如果输入的半径为负值，则将从起点顺时针绘制优弧。
- 菜单选项中的"继续"表示以最近一次绘制的线段（直线或曲线）的端点作为将要绘制的圆弧的起点，绘制与该线段相切的圆弧。

7. 画椭圆和椭圆弧

输入命令的方式如下。

（1）命令窗口：Ellipse（Ellipse 缩写 El）

（2）绘图工具条：

（3）菜单："绘图（D）" → "椭圆（E）"

输入命令后，命令窗口提示：

指定椭圆的轴端点或[圆弧（A）/中心点（C）]:（输入一轴的端点；）

指定轴的另一个端点:（指定轴的另一端点；）

指定另一条半轴长度或[旋转（R）]:（指定另一条轴的长度，结束命令。）

画椭圆弧可以通过画椭圆下拉菜单或命令窗口输入画椭圆命令根据提示选择 A 项画椭圆弧。也可在绘图工具条上单击按钮。

8. 图案填充

在绘制剖视图或断面图时，应根据不同的材料在剖切断面内画上剖面符号，这就是图案填充。

（1）命令窗口：Bhatch

（2）绘图工具条：

（3）菜单："绘图（D）" → "图案填充（H）…"

输入命令后，弹出"边界图案填充"对话框，如图 9-13 所示。

首先单击该对话框中的“图案（P）”项的...按钮，打开如图 9-14 所示的“填充图案选项板”对话框，从中选取你所需要的填充图案。

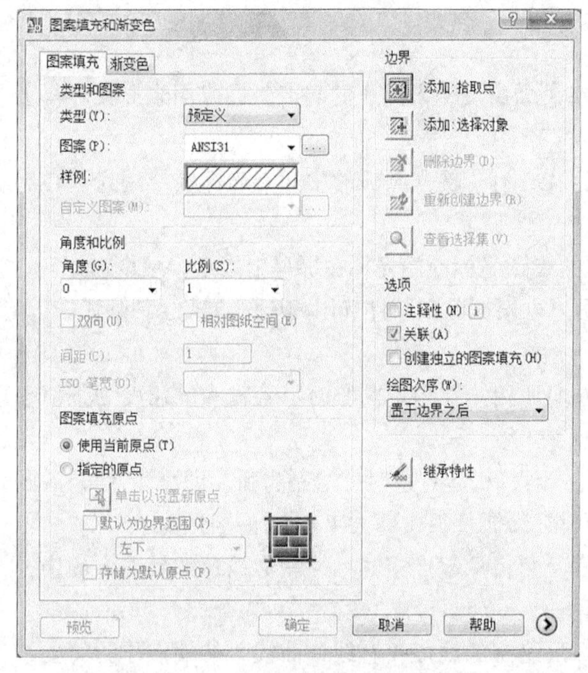

图 9-13 “图案填充”对话框

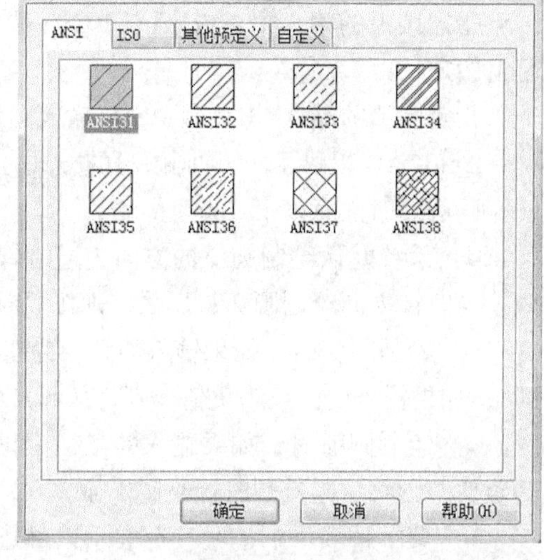

图 9-14 “填充图案选项板”对话框

选择好填充图案后，系统关闭“填充图案选项板”对话框，返回到“图案填充”对话框。这时用户单击该对话框中的“添加：拾取点”左边的按钮，“图案填充”对话框消失，系统返回屏幕，用户可在需要填充的图案内任一点单击鼠标左键选择，可多次点击，按鼠标右键确认拾取完毕。这时出现一个快捷菜单，在该菜单上单击确认(E)后，重新打开“图案填充”对话框，再单击“确定”按钮即可完成填充图案操作。

在单击“确定”按钮前，用户可单击“预览”按钮，系统关闭“图案填充”对话框返回屏幕，用户可直观地预览填充效果。若符合要求，单击右键确认，完成填充。若不符合要求，单击左键或按键盘上的 Esc 键，系统重新打开“图案填充”对话框，用户可重新操作。

在“图案填充”对话框中，“添加：选择对象”按钮，是用选择填充区域的边界线来实现填充。

9.2.2 观测图形

在绘图过程中，由于屏幕的大小，限制了视觉对图形细小结构的绘制和观测。为了便于实现绘制和观测图形，AutoCAD 提供了多种方法来观察绘图窗口中绘制的图形。这里只介绍常用的观察图形的方法，图形显示控制的命令。

绘图时常用标准工具条上的“显示控制”按钮来调用命令，如图 9-15 所示。

1. 实时缩放

单击工具栏上的按钮后，绘图区出现了一个放大镜，按住鼠标左键向上或向下移动光标可放大或缩小图形，松开鼠标停止缩放。

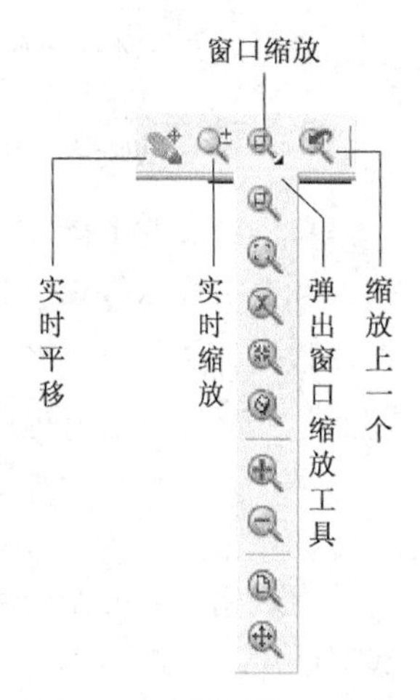

图 9-15 “标准”工具栏上的显示控制按钮

2. 窗口缩放

单击工具栏上后，光标变成十字形，命令行中提示用户选择一个矩形窗口进行图形放大。

3. 实时平移

单击工具栏上的后，光标变成手形，按住鼠标左键移动手形光标就可以平移图形了。按 Esc 或 Enter 键结束该操作命令。

缩放”与“平移”命令均为透明命令。所谓“透明命令”即在其他命令的执行过程中可以使用，这有利于边绘制边观察图形。

技巧提示：对于具有滚轮的鼠标，按住滚轮并移动鼠标可以平移图形，滚动滚轮可以缩小或放大视图。

9.3 辅助绘图工具的使用

在绘制图形时，可通过系统提供的某些功能，使用光标对绘制对象进行准确定位，从而帮助方便、快捷、准确地绘制出各种图形。熟练掌握这些功能的使用是提高绘图精度和效率的关键。这些工具主要集中在状态栏上，如图 9-16 所示。

捕捉	栅格	正交	极轴	对象捕捉	对象追踪	DUCS	DYN	线宽	模型

图 9-16 状态栏按钮

9.3.1 使用辅助定位

1. 捕捉与栅格工具

启用栅格功能可在屏幕上显示像坐标纸一样的网点，便于用户掌握尺寸的大小，可以提高绘图精度。启用捕捉功能可以使光标在屏幕上按规定的步长移动，提高光标的定位精度。栅格可以在屏幕上显示，但不能被打印出来。

启用和关闭“栅格”、“捕捉”功能，可通过单击状态栏上的“栅格”、“捕捉”按钮来切换。

右键单击状态栏上的“栅格”、“捕捉”按钮，在弹出的菜单中选择设置项，可打开图 9-17 所示的“草图设置”对话框，进行栅格、捕捉的间距设置。

2. 正交功能

单击状态栏上的“正交”按钮或按 F8 键可以打开或关闭正交模式。

当打开正交模式后，只能绘制出平行于 X 轴或 Y 轴的直线。

3. 动态输入

单击状态栏上的 DYN 按钮，可打开或关闭动态输入功能。此时，在光标位置处显示标注输入和命令提示等信息（相当于命令窗口的作用）。用户可以根据提示在屏幕上动态地输入某些参数数据，从而极大地方便了绘图。

9.3.2 通过捕捉图形几何点精确定位

在利用 AutoCAD 绘图时，用户经常要在已有的对象上指定一些特殊点，例如圆心、切点、线段的中点、端点等，以便把待输入点精确地定位在这些特殊点上。利用对象捕捉功能，可轻松、快速地将这些点找到。

1. 设置对象捕捉功能

对象捕捉分为临时对象捕捉和自动对象捕捉。

（1）临时目标捕捉方式。启动临时目标捕捉常用的有两种途径，一是通过选择“对象捕捉”工具栏中的按钮进行目标捕捉，如图 9-17 所示；二是在按下 Shift 键或 Ctrl 键的同时右键单击鼠标弹出如图 9-18 所示的快捷菜单，在菜单中选择相应的捕捉模式。

工具栏和菜单都是一种临时使用的捕捉模式。每捕捉一个点，就要点取一次所需的按钮，当选择某一按钮捕捉一点后，这一对象捕捉模式将自动关闭。

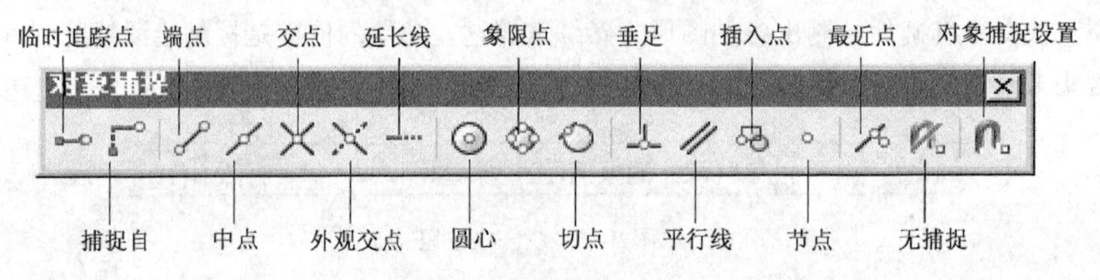

图 9-17　对象捕捉工具

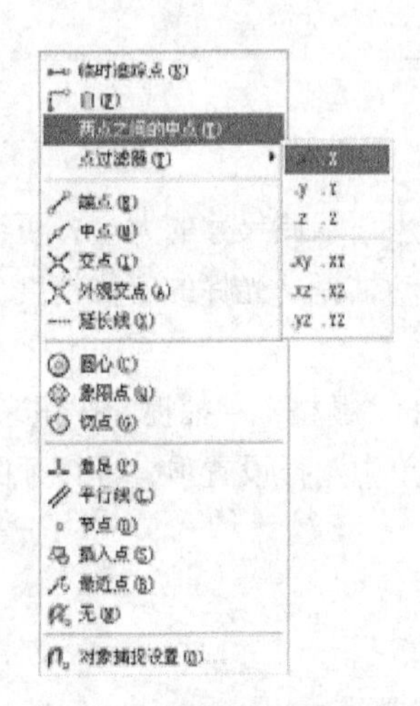

图 9-18　对象捕捉菜单

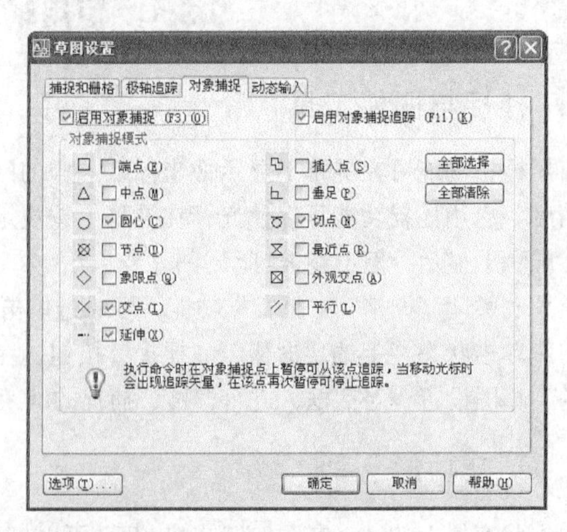

图 9-19　对象捕捉设置

（2）自动捕捉功能。是一种长效使用的捕捉模式，其打开和关闭可通过单击状态栏中的“对象捕捉”选项或按 F3 键来切换。在“对象捕捉”模式处于打开状态时，当光标移动到某些特殊点附近时，光标能强制性准确定位在已有目标的特定点或特殊位置上。这样就可以迅速、准确地捕捉到某些特殊点。

将光标放在状态栏“对象捕捉”选项上右键单击，在弹出的菜单中选择“设置”可打开如图 9-19 所示的对话框，用户可以进行各种捕捉功能的设置。

用户在运行自动捕捉模式时，也可以启用临时捕捉模式，临时捕捉模式将覆盖自动捕捉模式。

各种对象捕捉命令只有在绘图命令发出之后，命令行提示输入点时才能应用。

【例 9-3】在如图 9-20（a）所示的图形上，作一条直线与圆相切，并与直线 *A* 垂直。

步骤如下。

图 9-20　绘图辅助工具应用

输入直线命令：L

指定第一点：（单击切点捕捉按钮）

指定第一点：_tan 到（将光标放在圆上方，当出现“切点”提示时，单击鼠标确认，如图 9-20（b）所示）

指定下一点或[放弃（U）]：（单击垂直捕捉按钮“⊥”）

指定下一点或[放弃（U）]：_tan 到：（将光标放在直线 *A* 上，当出现“垂足”提示时，如图 9-20（c）所示，单击鼠标确认，完成该线的绘制，如图 9-20（d）所示。）

2. 对象追踪的设置

对象追踪是指按指定角度或与其他对象指定关系绘制图形。当启用“对象追踪”功能时，屏幕上将显示一条临时辅助线，用户利用该辅助线就可以在指定的角度和位置上准确地绘制出图形对象。常用的有“对象捕捉追踪”和“极轴追踪”。

“对象捕捉追踪”是指以捕捉到的特殊位置点为基点，按指定的方向对齐要指定点的路径，如三视图的对正关系等，如图 9-21（a）所示。

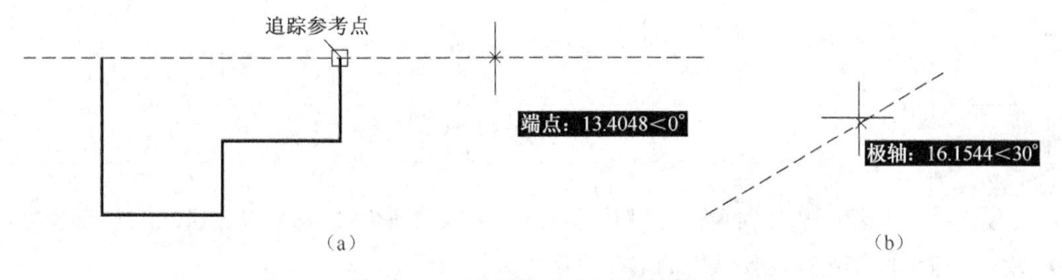

图 9-21　对象捕捉追踪和极轴追踪

在状态栏上单击“对象捕捉”、“对象追踪”可打开或关闭其功能。

“极轴追踪”是指按指定的极轴角或极轴角的整数倍数对齐要指定点的路径，如画成一定角度的斜线时，可通过极轴追踪功能实现，如图 9-21（b）所示。

在状态栏上单击“极轴”或按“F10”键可打开或关闭其功能。

在图 9-19 所示“极轴追踪”设置框中，可对极轴追踪的“角增量”等参数进行设置。

9.4 AutoCAD 的编辑命令

编辑图形是指对选定的已有图形对象所做的修改操作，如删除、移动、复制、修剪、延伸、偏移、阵列、镜像等。利用编辑命令可以方便、快捷地构建复杂图形。

调用编辑命令的方式通常有两种，一是通过单击“修改”下拉菜单中相应的菜单项调用，如图 9-22（a）所示；二是通过单击“修改”工具栏中的相应图标调用，如图 9-22（b）所示。。

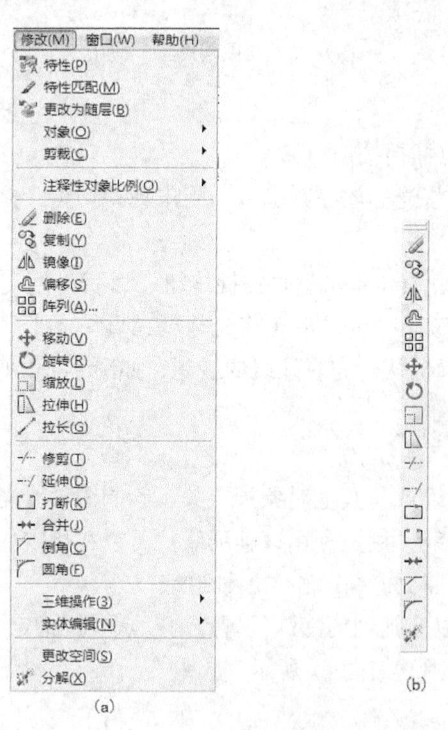

图 9-22　修改菜单和修改工具条

9.4.1　图形对象的选择

要编辑图形，就要选择对象。在默认状态下，编辑图形时，既可以先启动编辑命令再选择编辑对象，也可以先选择需要编辑的对象再调用编辑命令。

选择方式有多种，常用的有逐个选择法、窗口选择法和交叉选择法。

1. 直接拾取法

用鼠标左键直接点取要编辑的对象。

在用户执行编辑命令后，光标变成一个小矩形块，这个小矩形块称为拾取框。将拾取框移到要编辑的目标上，单击鼠标即可选中目标。

2. 窗口选择法

将光标放到待选对象的左边并单击鼠标，指定一个角点，再向右移动光标，从左至右动态地拖出一个临时实线窗口，当该窗口完全围住待选对象时再单击鼠标，指定第二个角点。这样，凡位于这两个角点所定义的实线矩形窗口内的对象全部被选中，而那些有一部分位于该窗口内或完全在该窗口外的对象不会被选中。

3. 交叉选择法

将光标放到待选对象的右边并单击鼠标，指定一个角点，再向左移动光标，从右至左动态地拖出一个临时虚线窗口，再次单击鼠标，指定第二个角点。这样，凡是位于这两个角点所定义的虚线矩形窗口内或与该窗口相交的对象全部被选中。

9.4.2 基本编辑命令

1. 删除图形对象

要删除已经绘制的图形对象，可输入 erase（缩写 e）或单击按钮，或选择菜单“修改”→“删除”，当光标变成□时，单击要删除的对象，按右键或空格键或回车键确认；也可先选择要删除的对象，然后按 delete 键即可删除对象。

2. 撤销与恢复操作

在使用 AutoCAD 的过程中，不可避免地会出现操作失误的问题。可以用系统提供的撤销功能来修正这些错误。

在命令行中执行 undo 命令、选择“编辑”中的“撤销”命令、使用快捷键 Ctrl + Z 或者使用标准工具栏中命令图标就可以撤销前一次或多次的操作。撤销一个或多个操作之后，如果又希望恢复某个操作，可以在命令行中执行 redo 命令、选择菜单“编辑”中的“重做”命令或者使用标准工具栏中命令图标。

3. 复制对象

复制对象是将指定对象复制到指定位置上，可以单个复制或多个复制。

命令输入方式如下。

（1）命令行：COPY（缩写 CO 或 CP）；

（2）菜单：“修改”→“复制”；

（3）工具栏：“修改工具栏”→。

（4）在没有命令运行的情况下，选择要复制的对象，然后在绘图区单击鼠标右键，在弹出的快捷菜单中选择“复制”菜单项。

【例 9-4】用复制命令将图 9-23（a）编辑成图 9-23（b）所示结果。

操作步骤如下。

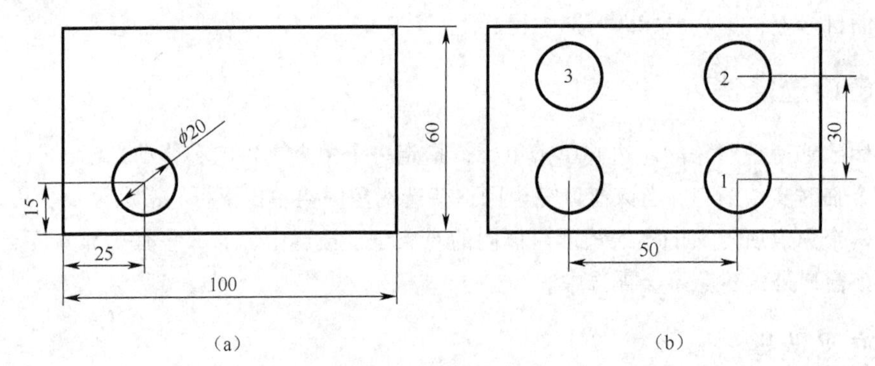

图 9-23　垫片平面图

命令：COPY↙（CO 或 CP）

选择对象：（选择小圆为复制源对象，回车或单击鼠标右键确认；）

指定基点或 [位移（D）/模式（O）]<位移>：O↙（选择 O 模式；）

输入复制模式选项[单个（S）/多个（M）]<多个>：M↙（选择多个复制模式；）

指定基点或[位移（D）/模式（O）]<位移>：（选择圆心为基点。可通过对象捕捉功能；）

指定第二个点或<使用第一个点作为位移>：@50,0↙（输入 1 圆与基点的相对坐标；）

指定第二个点或[退出（E）/放弃（U）] <退出>：@50,30↙（输入 2 圆与基点的相对坐标；）

指定第二个点或[退出（E）/放弃（U）]<退出>：@0,30↙（输入 3 圆与基点的相对坐标；）

指定第二个点或[退出（E）/放弃（U）]<退出>：↙（回车结束命令，完成操作。）

4. 镜像

镜像命令就是为了画对称图形而设置的命令。是指把选择的对象围绕一条镜像线（对称线）作对称复制。镜像操作完成后，可以保留原对象也可以将原对象删除。

命令输入方式如下。

（1）命令行：MIRROR（缩写 Mi）；

（2）菜单：“修改”→“镜像”；

（3）工具栏：“修改工具栏”→⊿⊾。

输入命令后，窗口提示：

选择对象：（选择要镜像的对象，可用拾取、窗口、交叉等任何方式进行选择；）

选择对象：（可继续选择，按回车键、空格键或鼠标右键结束选择；）

指定镜像线的第一点：（输入轴线上（即对称线）上的第一个端点；）

指定镜像线的第二点：（输入轴线上（即对称线）上的第二个端点；）

要删除源对象吗？[是（Y）/否（N））<N>：（系统默认为 N，若选择 Y 选项，则删除源对象。）

作为特殊的镜像对象——文字，在镜像后可能会出现不可识别的现象，这是由系统变量决定的，当系统变量 MIRRTEXT = 1 时，文本作完全镜像，不可识别，如图 9-24（b）所示；当系统变量 MIRRTEXT = 0 时，文本为可识别镜像，如图 9-24（a）所示。

这一现象可通过改变变量 MIRRTEXT 的值进行修正。在命令窗口中输入 MIRRTEXT 命令后回车，可对其变量值进行选择，改变镜像效果。

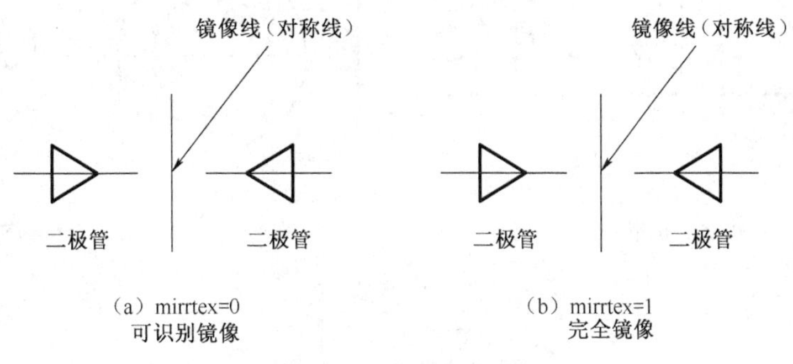

图 9-24　镜像的两种状态

5. 偏移

用于创建与选定的源对象平行的新对象，如平行直线、同心圆和平行曲线等。

命令输入方式如下。

（1）命令行：OFFSET（缩写 O）；

（2）菜单栏："修改" → "偏移"；

（3）工具栏："修改工具栏" →[图标]。

输入命令后，系统提示如下。

指定偏移距离或[通过（T）/删除（E）/图层（L）]<通过>:（输入偏移距离，如平行线间的距离等；）

选择要偏移的对象，或[退出（E）/放弃（U）]<退出>:（拾取要偏移的对象，注意只能拾取选择，不能用窗口、交叉等方式；）

指定要偏移的那一侧上的点，或[退出（E）/多个（M）/放弃（U）] <退出>:（在需要偏移的一侧任一点处左击；）

选择要偏移的对象，或[退出（E）/放弃（U）]<退出>:（可继续选择偏移对象，直接回车，结束命令。）

6. 阵列复制对象

将选择的阵列对象复制成有规则的排列。例如，通过阵列（矩形阵列）命令可将图 9-25（a）绘制成图 9-25（b）所示结果；通过阵列（环形阵列）命令可将图 9-26（a）绘制成图 9-26（b）所示结果。

命令输入方式如下。

（1）命令行：ARRAY

（2）菜单："修改" → "阵列"。

（3）工具栏："修改工具" →[图标]。

启动命令后，系统打开图 9-27 所示的"阵列"对话框。用户可根据实际进行相应的选择，通过“预览”选项观察效果，然后根据图 9-28 所示系统所给的提示完成操作。

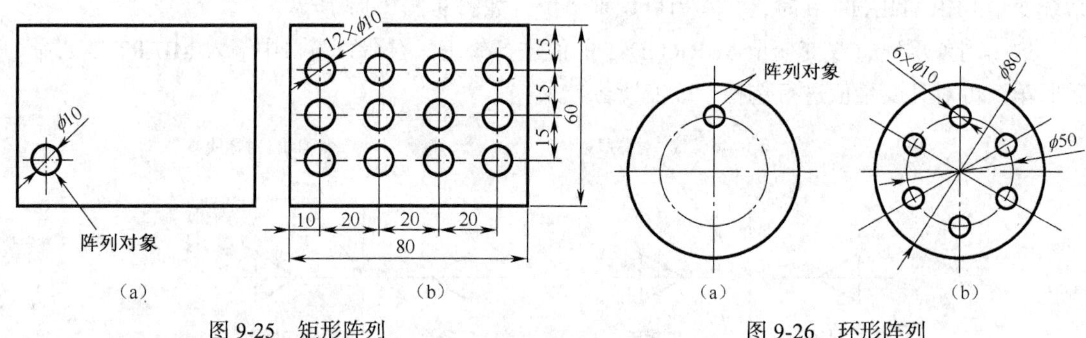

图 9-25 矩形阵列

图 9-26 环形阵列

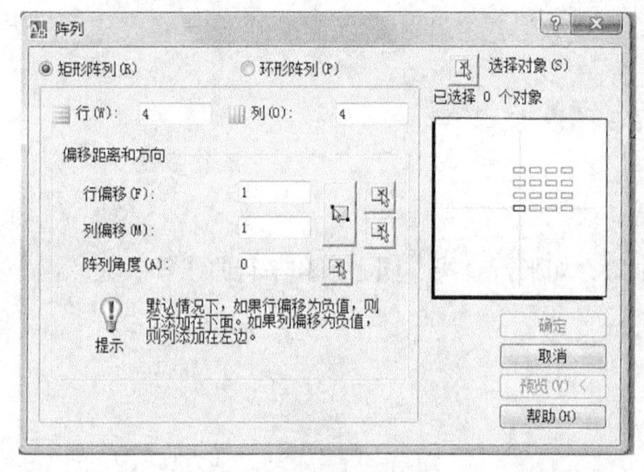

图 9-27 阵列设置对话框

图 9-28 阵列选择对话框

7. 修剪与延伸对象

修剪是以图形中某一对象为剪切边界，将图形多余部分剪去；延伸是以图形中某一对象为边界，将被编辑的对象延伸至边界，如图 9-29 所示。修剪和延伸的边界可以是直线、圆弧、多段线等。

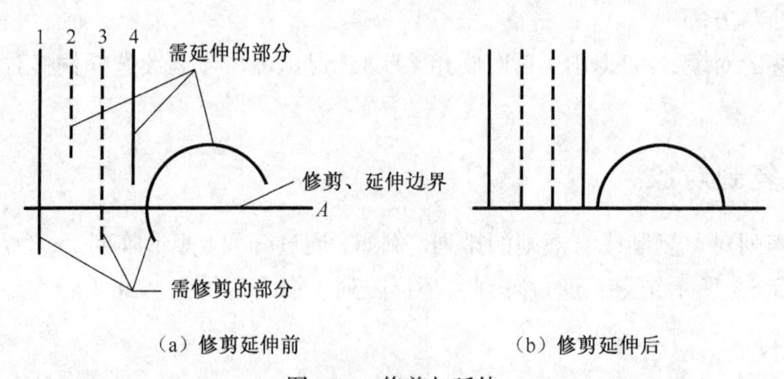

（a）修剪延伸前 （b）修剪延伸后

图 9-29 修剪与延伸

输入命令的方式如下。

（1）命令行：TRIM（缩写 TR）或 EXTEND；

（2）菜单：“修改” → “修剪” 或 “延伸”；

（3）工具栏：“修改工具栏”→-/-或--/

输入命令后，系统有如下提示。

选择对象或 <全部选择>：（选择用作修剪边界的对象，如图 9-29（a）中的 *A* 线；）

选择对象：（可连续选择多个对象用作修剪边界，回车结束选择；）

选择要修剪的对象，或按住 Shift 键选择要延伸的对象，或[栏选（F）/窗交（C）/投影（P）/边（E）/删除（R）/放弃（U）]：（如图 9-29（a）中的 1、3 线需要修剪，分别选择后可将其修剪；3、4 线需要延伸，按住 Shift 键分别选择后，就可将其延伸，结果如图 9-29（b）所示。

“延伸”命令（EXTEND 或--/）与“修剪”命令的操作格式基本相同，二者可以互相转换，在选择需要延伸的对象时，如果直接选择对象，则选中的对象将被延伸；如果按住 Shift 键不放，再选择对象，则被选中的对象被修剪。

8. 倒角、圆角

倒角与圆角命令是对两条不平行的直线（相交或不相交）或多义线进行倒角或圆角，如图 9-30（a）所示图形，通过倒角、圆角可编辑成图 9-30（b）所示图形。

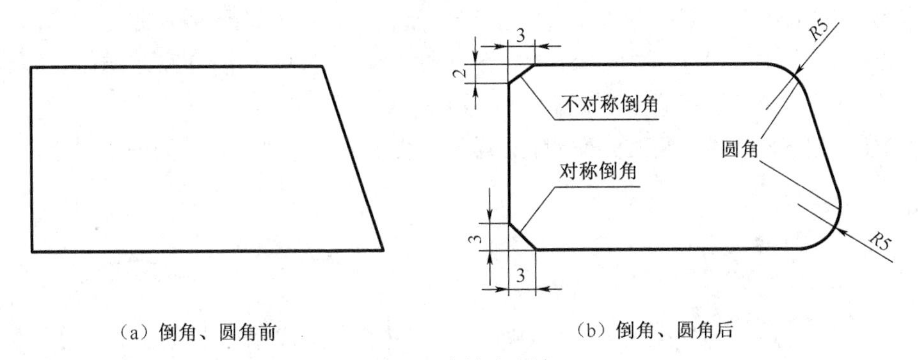

图 9-30 倒角与圆角

启动倒角命令的方式如下。

（1）命令行：CHAMFER；

（2）菜单栏：“修改”→“倒角”；

（3）工具栏：“修改”→⌈。

启动圆角命令的方式如下。

（1）命令行：FILLET；

（2）菜单栏：“修改”→“圆角”

（3）工具栏：“修改”→⌈。

9. 打断、合并、分解

（1）打断。用于将一个对象切断为两个对象或删除一部分，对象之间可以具有间隙，也可以没有间隙，如图 9-31 所示。适应对象有直线、圆及圆弧、椭圆及椭圆弧、构造线、样条曲线等，但不包括块、标注、面域等。

例：将图 9-31（a）和图 9-31（e）分别编辑成图 9-31（b）、图 9-31（c）、图 9-31（d）和图 9-31（f）、图 9-31（g）所示的结果，步骤如下。

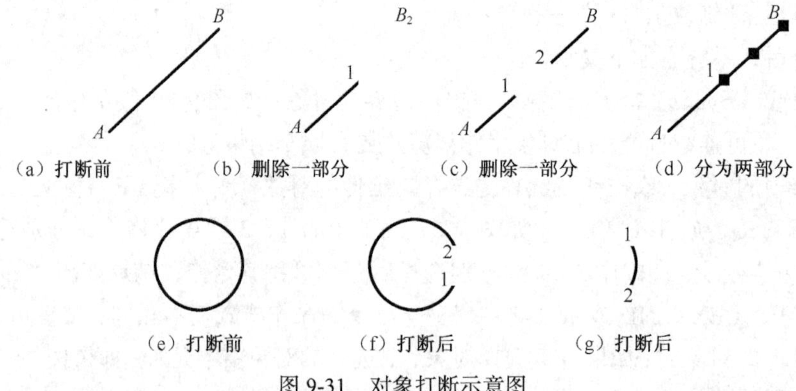

图 9-31　对象打断示意图

启动“打断”命令（BREAK 或[ ]）后，系统提示如下。

选择对象：（将光标放在要打断对象的某位置（如图 9-31 中的 1 点），单击鼠标确认，此时，完成了选择对象和选择第一打断点两项操作；系统默认选择对象时光标所在点为第一打断点；本例按默认操作。）

指定第二个打断点或[第一点（F）]：（将光标放在第二点（如图 9-31 所示 2 点），单击鼠标确认，得到如图 9-31（b）、图 9-31（c）、图 9-31（f）和图 9-31（g）所示结果，完成操作；若选择“F”选项可重新选择第一点，系统将再次提示选择第二点。）

（2）合并。用于将直线、圆弧、椭圆弧和样条曲线等独立的线段合并为一个对象，如图 9-32 所示。

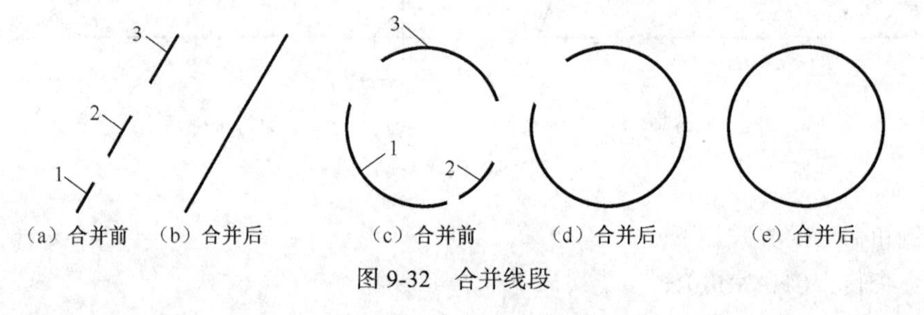

图 9-32　合并线段

例：将图 9-32（a）和图 9-32（c）分别编辑成图 9-32（b）、图 9-32（d）和图 9-32（e）所示结果，步骤如下。

启动“合并”命令（JOIN 或 ）后，系统提示如下。

选择源对象：（选择图 9-32（a）、（c）中的 1 线；）

选择要合并到源的直线：（选择图 9-32（a）、图 9-32（c）中的 2 线；）

找到 1 个

选择要合并到源的直线：（选择图 9-32（a）、图 9-32（c）中的 3 线；）

找到 1 个，总计 2 个

选择要合并到源的直线：（单击鼠标右键或按回车键确认）

已将 2 条直线合并到源：（“合并”命令结束，完成操作。结果如图 9-32（b）、图 9-32（e）所示，已将 3 个对象合并为一个对象。）

（3）分解。用于将矩形、多边形、块、尺寸分解为单个实体，将多义线分解为失去宽度的单个实体。例如，用多边形命令绘制的五边形是一个单独的实体，分解后将成为由 5 条直线（5

个实体）组成的对象。

启动命令的方式如下。

① 菜单："修改" → "分解"；

② 命令行：EXPLOD；

③ 工具栏："修改" → "![]"。

执行上述命令后，选择需要分解的对象后按下回车键，即可分解图形并结束命令。

10. 移动对象

用于将选中的实体从当前位置移动到另一新位置。

启动命令的方式如下。

① 命令行：MOVE；

② 菜单："修改" → "移动"；

③ 工具栏："修改" →✥；

④ 快捷菜单：选择实体后单击鼠标右键，在弹出的快捷菜单中选择"移动"。

移动命令的使用与复制命令的操作方式相似，只是复制不会改变原对象的存在，而对象移动后原位置将不再存在该对象。

11. 旋转对象

用于将选定的实体绕指定基点旋转一个角度。例将图 9-33（a）所示图形，通过旋转命令可改变成如图 9-33（b）所示图形。

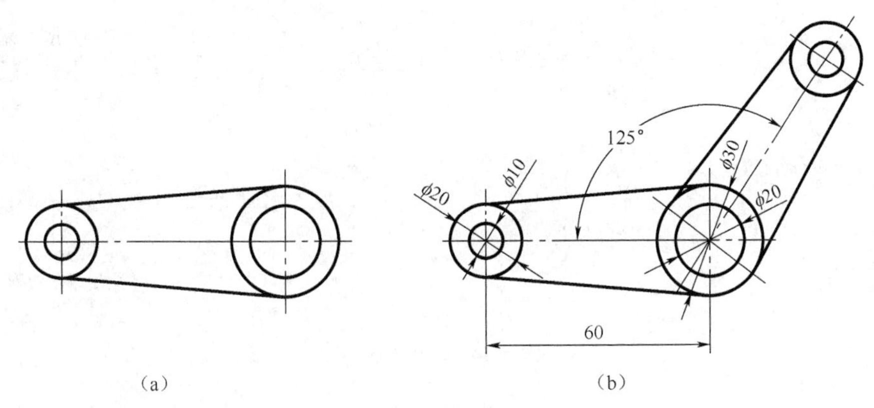

图 9-33　旋转操作

启动命令的方式如下。

（1）命令行：ROTATE；

（2）菜单："修改" → "旋转"；

（3）工具栏："修改" →

（4）快捷菜单：选择实体后单击鼠标右键，在弹出的快捷菜单中选择"旋转"。

例：将图 9-33（a）编辑成图 9-33（b）所示结果，步骤如下。

命令：ROTATE

选择对象：（选择要旋转的整个图形；）

指定基点：（选择ϕ30 圆心；）

指定旋转角度，或[复制（C）/参照（R）] <0>：C↙（选择选项“C”，旋转后保留原对象；）

指定旋转角度，或[复制（C）/参照（R）]<0>：-125↙（输入要旋转的角度，回车确认完成操作。）

12. 缩放对象

用于将选定的对象放大或缩小。

输入命令的方式如下。

（1）命令行：SCALE（缩写 SC）。

（2）菜单栏：“修改”→“缩放”。

（3）工具栏：“修改”→▢。

（3）快捷菜单：选择实体后单击鼠标右键，在弹出的快捷菜单中选择“缩放”。

启动命令后，根据系统提示“选择对象”→“指定基点”→“指定比例因子”依次进行操作，即可完成对所选对象的放大或缩小。“比例因子”是指图形的缩放比例系数，大于 1 时图形放大，小于 1 时图形缩小。

13. 夹点编辑

AutoCAD 系统中，每一个图形对象都存在一些特殊的可编辑点，称夹持点（简称夹点）。在待命状态下单击图形，就会在图形上出现图 9-34 所示的夹持点，可利用这些点对图形进行拉伸、缩放、旋转、移动、镜像、复制等操作。

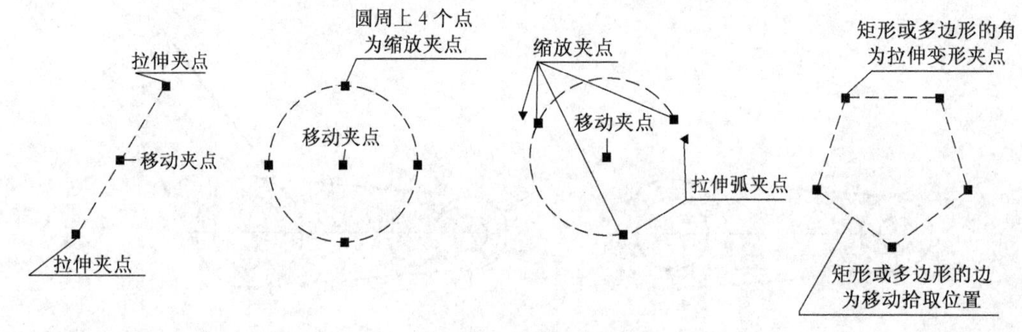

图 9-34 对象的夹点

当在图形上拾取一个夹点时，该夹点改变颜色，此夹点为基准点。可直接移动鼠标进行拉伸、移动等操作；也可根据命令行的提示“指定拉伸点或[基点（B）/复制（C）/放弃（U）/退出（X）]:”进行操作；此时若单击鼠标右键会弹出图 9-35 所示的快捷菜单，从菜单中选择相应的选项进行操作。

14. 特性选项板的使用

通过命令（DDMODIFY）或菜单（“修改”→“特性”）或工具栏（“标准”→▢）以及右键单击快捷菜单中的“特性”选项可打开“特性”选项板，如图 9-36 所示。利用它可以方便地设置或修改各种对象（如图形、尺寸标注等）的各种属性。

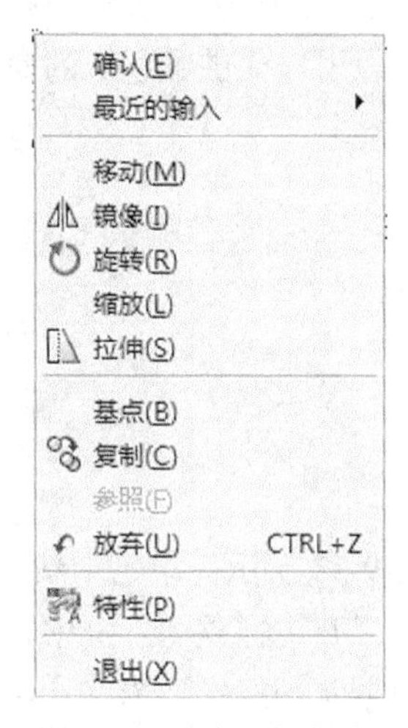

图 9-35 夹点快捷菜单

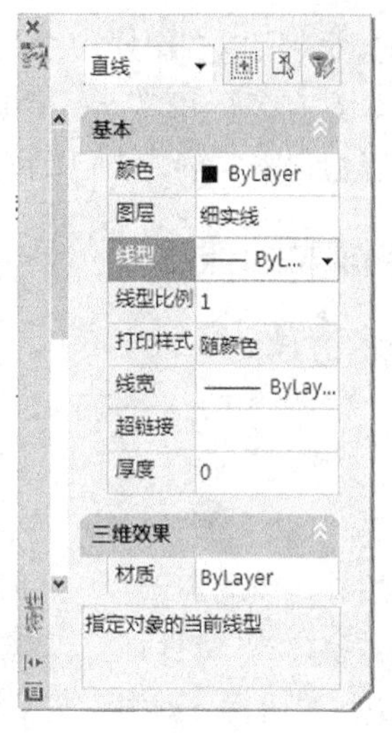

图 9-36 "特性"选项板

15. 特性匹配的应用

特性匹配与文字编辑软件 Word 中格式刷相似，利用特性匹配功能可以将目标对象的属性与源对象的属性进行匹配，使其两者属性相同。图 9-37（a）所示为两个不同属性的对象，以左边圆为源对象，对右边矩形进行匹配，结果如图 9-37（b）所示，操作过程如下。

命令：MATCHPROP 或菜单"修改"→"特性匹配"。

选择源对象：（选择图 9-37（a）中圆为源对象；）

选择目标对象或[设置（S）]：（选择图 9-37（a）中矩形为目标对象，单击鼠标右键确认，得到如图 9-37（b）所示结果。）

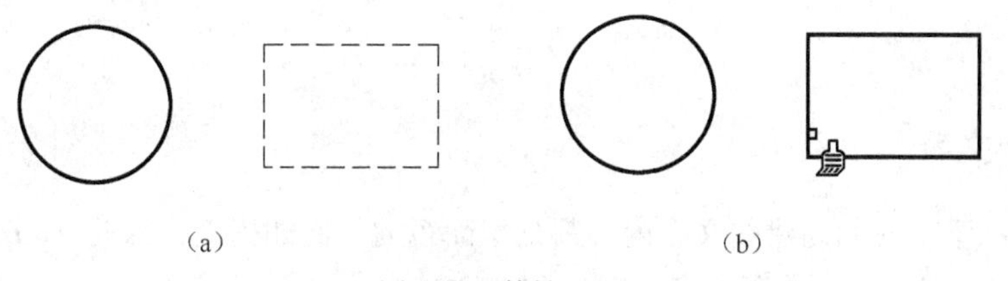

（a）　　（b）

图 9-37 特性匹配

9.5 书写文字与标注尺寸

9.5.1 书 写 文 字

在工程图样中，必要的文字说明可以表达许多非图形信息，例如标题栏、规格说明、图形注释、技术要求等，所以在图样中书写文字也是绘图必不可少的内容。AutoCAD 提供了很强的文字处理功能，具有多行和单行书写文字和编辑功能，并为用户提供了默认的 standard 样式，而且用户还可以根据需要创建自己的文字样式进行文字标注。

1. 文字样式的建立

输入命令的方式如下。

（1）命令：DDSTYLE 或 STYLE。

（2）菜单："格式" → "文字样式"。

（3）工具栏："文字面板" → "文字样式" 。

启动命令后，系统将打开"文字样式"对话框，如图 9-38 所示。单击"新建（N）..."按钮弹出"新建文字样式"对话框，如图 9-39 所示。用户可以在"样式名"框中，输入新的样式名，单击"确定"按钮后，返回"文字样式"对话框，并根据制图标准要求和实际需要进行"字体"、"字高"等相关设置，建立自己的文字样式。

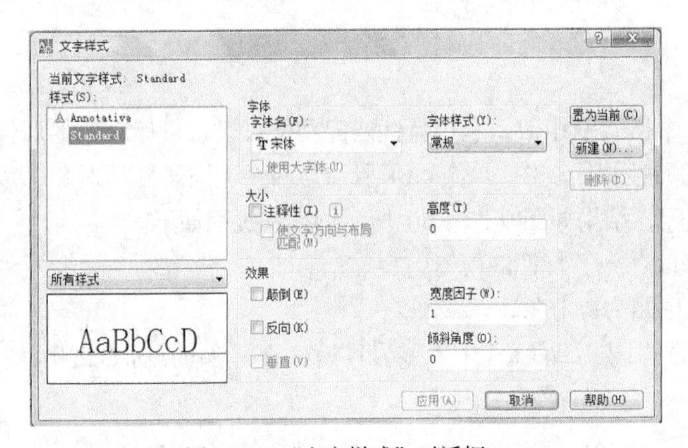

图 9-38 "文字样式"对话框

图 9-39 "新建文字样式"对话框

2. 单行文字

在许多情况下，我们创建的文字内容都是很简短的，比如标签，因此 AutoCAD 2008 把此类文字归为单行文字。下面介绍单行文字的创建方法。

（1）单行文字输入

命令输入方式如下。

① 命令：DTEXT。

② 菜单："绘图" → "文字" → "单行文字"。

③ 工具栏："文字面板" → "单行文字" 。

输入命令后，系统提示如下。

指定文字的起点或 [对正（J）/样式（S）]:（在屏幕上指定文字起点；）

指定高度 <10.0000>:（输入文字高度后回车；）

指定文字的旋转角度 <0>:（输入文字旋转角度后回车；）

在用户依次输入文字的高度、文字行的旋转角度后就可以在屏幕上输入文字内容了。输入文字的过程中，一次回车是换行，接连的两次回车则结束命令。

（2）特殊字符输入

在单行文字输入过程中，有些字符不能直接从键盘上输入，为了工程图标注的需要，AutoCAD 提供了控制码来标注这些特殊字符。常见的控制码有如下几种。

%%C：用于生成“ϕ”直径符号。

%%D：用于生成“°”角度符号。

%%P：用于生成“±”上下偏差符号。

%%%：用于生成“%”百分比符号。

%%O：用于打开或关闭文字的上画线。

%%U：用于打开或关闭文字的下画线。

例如，在单行文字输入过程中，通过输入%%C30，可生成ϕ30。

3. 多行文字

多行文字就是在指定的矩形范围内书写段落文字，输入的文字为一个对象，可以统一地进行编辑修改。利用多行文字编辑器可以创建多行文字中的缩进与制表位，使正确对齐表格和编号列表的文字变得更加容易。

（1）多行文字输入

输入命令方式如下。

①命令：MTEXT。

②菜单：“绘图”→“文字”→“多行文字”。

③工具栏：“文字面板”→“多行文字” A。

输入命令后，系统提示如下。

指定第一角点：（指定多行文字框的第一个角点；）

指定对角点或[高度（H）/对正（J）/行距（L）/旋转（R）/样式（S）/宽度（W）/栏（C）]：（指定对角点或选项。）

完成上述操作后，系统打开“多行文字编辑器”，用户可进行多行文字输入，输入完毕按“确定”按钮结束。各主要选项的含义如图 9-40 所示。

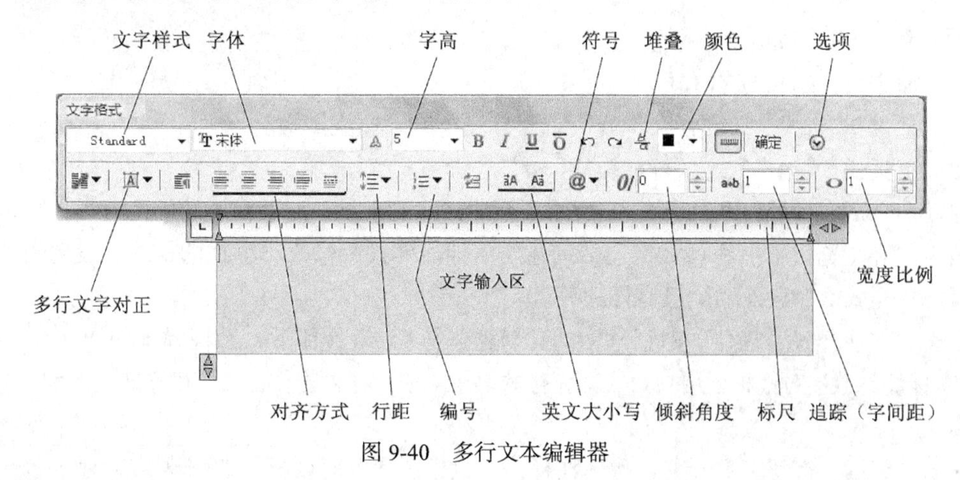

图 9-40 多行文本编辑器

（2）特殊字符输入

① 在多行文字输入过程中，用户可通过打开“多行编辑器”上的符号 @▾ 按钮，在弹出的

“符号子菜单”中选择需要的符号。在“符号子菜单”中，若选择“其他”选项，系统会弹出更多的符号列表，供用户选用。

② 输入堆叠格式的文字时，可通过“堆叠”按钮来实现。具体操作方法如下。

当在“文字输入区”选择了可以堆叠的文字后，再选择该按钮，它可以将位于符号“/”左面的文字放在分子上，而将符号右面的文字放在分母上；含有一个符号“^”的文本，堆叠后其左面的文本设置为上标，右面的文本为下标；含有符号“#”文本，堆叠后为被“/”分开的分数，如图 9-41 所示。

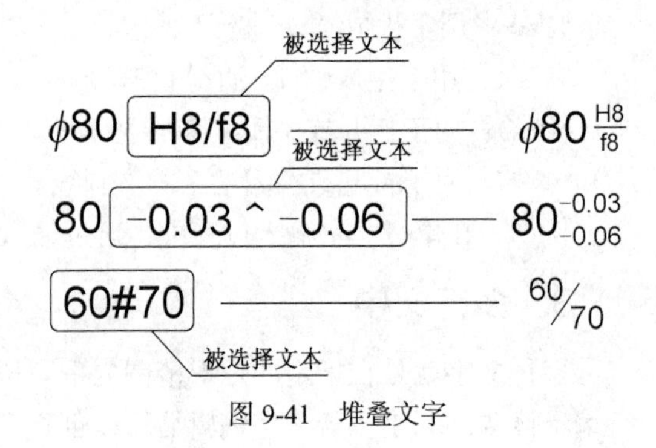

图 9-41　堆叠文字

4. 文本编辑

如果标注的文本不符合绘图要求，往往需要在原有的基础上进行修改，修改的项目一般包含修改文字特性和修改文字内容，最常用的方法有如下两种。

（1）修改文字内容时，只要直接双击文字，就可对文字内容进行修改。

（2）修改文字特性有两种方法，一是通过修改样式，修改文字的高度、反向、颠倒、旋转等效果；二是选中文字后，单击鼠标右键，在弹出的菜单中选择“特性”项，在打开的“特性”面板的“内容”文本框中对文字进行修改。

9.5.2 尺寸标注

AutoCAD 提供了一套完整的尺寸标注命令，通过这些命令用户可以方便地标注图形上的各种尺寸。当用户进行尺寸标注时，AutoCAD 会自动测量实体的大小，并在尺寸线上标出正确的尺寸数字。

1. 新建或修改尺寸标注样式

输入命令的方式如下。

（1）命令行：DIMSTYLE。

（2）菜单：“格式”→“标注样式”或“标注”→“标注样式”。

（3）工具栏：“标注”→“标注样式”。

启动命令后，系统打开如图 9-42 所示“标注样式管理器”对话框，利用此对话框可以方便直观地定制和浏览尺寸标注样式，包括创建新的标注样式、修改已存在的样式、设置当前尺寸标注样式、样式重命名及删除已有样式等。

单击“标注样式管理器”对话框中的“新建（N）...”按钮后，系统弹出如图 9-43 所示的“创建新标注样式”对话框。用户可在“新样式名（N）:”文本框中输入新建样式的名称，如“机械制图”。

单击“继续”按钮，打开“新建标注样式：机械制图”对话框，如图 9-44 所示。该对话框包括了“线”、“符号和箭头”、“文字”、“调整”、“主单位”、“换算单位”、“公差”7 个选项卡供用户定制设置。各选项卡说明如下。

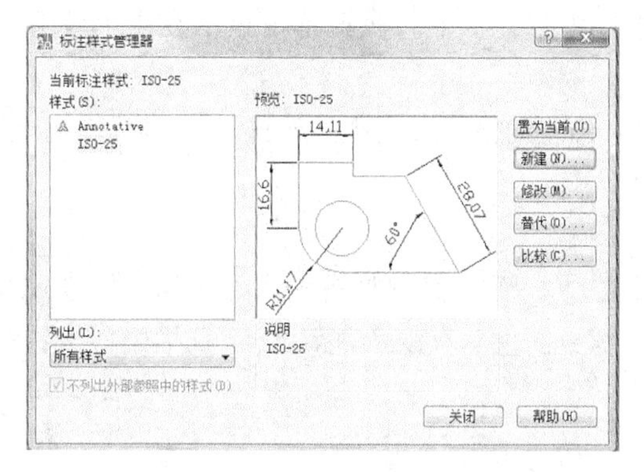

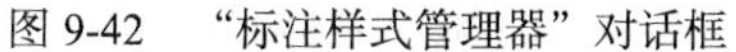

图 9-42 “标注样式管理器”对话框

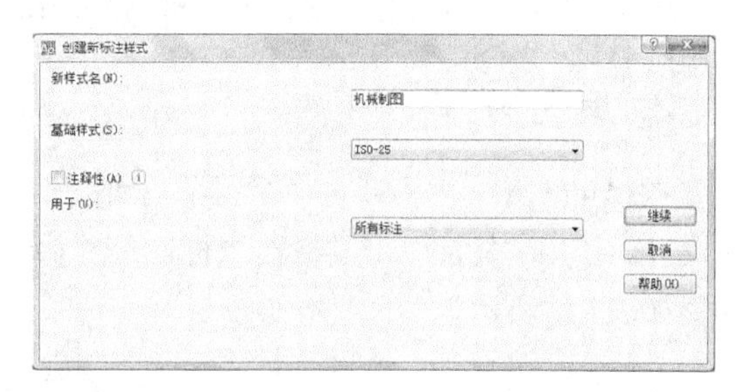

图 9-43 “创建新标注样式”对话框

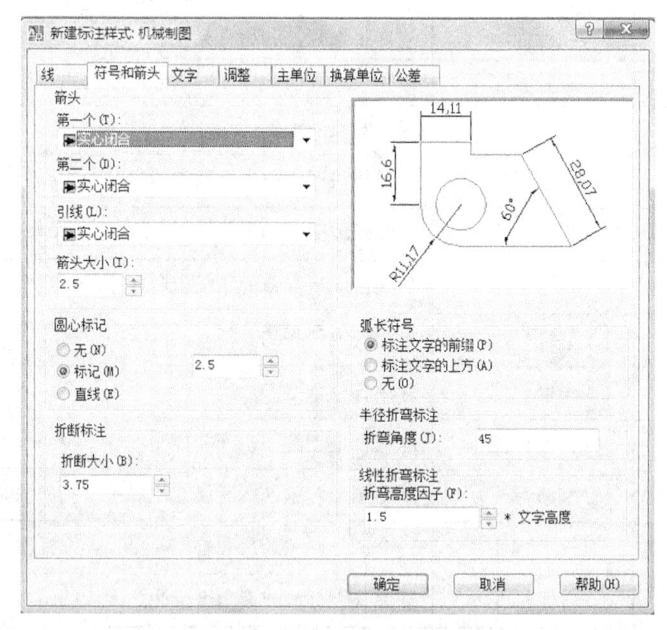

图 9-44 “新建标注样式”对话框

（1）“线”选项卡。用于设置尺寸线和尺寸界线的格式和特性。

（2）“符号和箭头”选项卡。用于设置尺寸线终端的形式和大小、是否对圆心作中心标记、弧长符号的显示及显示位置和大圆弧半径标注时的折弯设置。

（3）“文字”选项卡。设置标注文字的外观、位置和对齐方式。

（4）“调整”选项卡。该选项卡根据两条尺寸界线之间的空间，设置将尺寸文本、尺寸箭头放在两尺寸界线里边还是外边。如果空间允许 AutoCAD 总是把尺寸文本和尺寸箭头放在尺寸界线里边，空间不够的话，则根据本选项卡的各项设置放置。

（5）“主单位”选项卡。主要用于设置所标尺寸单位的格式和精度等。

“测量单位比例”选项组中的“比例因子”框，用来设置线性尺寸测量值的缩放系数，该系数与线性尺寸测量值（即图形上的线段长度）乘积即为尺寸标注值。如将比例因子设置为 100，AutoCAD 就将 2mm 的线段标注为 200mm。采用不同的比例绘图时，可输入相应的“比例因子”来标注物体的真实大小。

（6）“换算单位”选项卡。主要用于设置换算单位的格式和精度。通常是公制—英制之间的转换。若选择了“显示换算单位”项，在尺寸标注的文字中，换算单位显示在主单位旁边的[ ]中。

（7）“公差”选项卡。主要用于机械图样中尺寸公差的格式及大小的设置。

2. 尺寸标注

在 AutoCAD 中，通过命令行、“标注”工具栏、“标注”菜单栏等输入命令均可实现尺寸标注。而使用“标注”工具栏输入标注尺寸命令，则更简便、直观。“标注”工具栏中各按钮的功能如表 9-1 所示。

表 9-1　　尺寸标注工具

图　标	名　称	功　能
	线性标注	包括水平标注和垂直标注
	对齐标注	标注尺寸线与被标注的图形对象的边界保持平行
	弧长标注	标注圆弧的弧长
	坐标标注	标注相对于当前坐标原点的坐标
	半径标注	标注圆或圆弧的半径
	折弯标注	特殊情况下圆弧的半径折弯标注
	直径标注	标注圆或圆弧的直径
	角度标注	标注各种角度
	快速标注	能成批地创建一系列的标注
	基线标注	一个图形对象的所有尺寸均以一个统一的基准线为标注的起点
	继续标注	一个图形对象的尺寸首尾相接，连续标注
	等距标注	调整线性标注或者角度标注之间的间距
	折断标注	在标注或延伸线与其他对象交叉处折断或恢复标注和延伸线
	公差标注	标注零件加工精度的形位公差
	圆心标记	绘制在圆心位置的特殊标记
	检验标注	添加或删除与选定标注关联的检验信息
	折弯标注	在线性或对其标注上添加或删除折弯线
	编辑标注	编辑标注文字和延伸线
	编辑标注文字	移动和旋转标注文字，重新定位尺寸线
	标注更新	用当前标注样式更新标注对象
	标注样式	利用标注样式管理器对话框设置各标注变量

（1）线性尺寸标注

用于标注两点之间水平、垂直方向的距离或旋转的线性尺寸，如图 9-45 中的 60、20、18、35 均用线性尺寸标注命令进行标注。

命令输入方式如下。

① 命令行：DIMLINEAR（缩写 DIMLIN）。

② 菜单："标注"→"线性"。

③ 工具栏："标注"→"线性标注"。

命令输入后，系统提示如下。

指定第一条尺寸界线原点或 <选择对象>:（捕捉第一条尺寸界线起点，如图 9-45 中的 *C* 点；）

指定第二条尺寸界线原点:（捕捉第二条尺寸界线起点，如图 9-45 中的 A 点；）

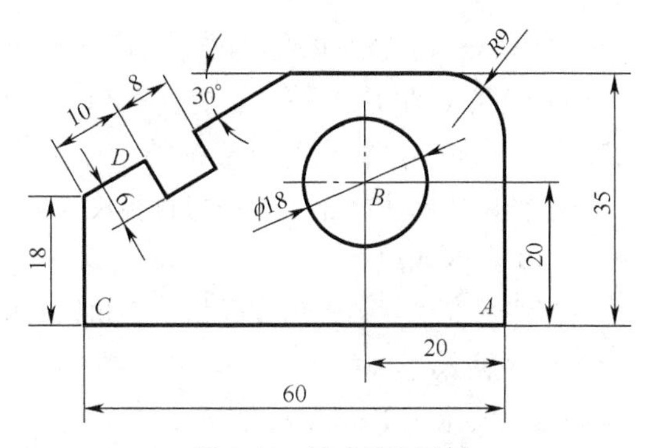

图 9-45　尺寸标注示例

指定尺寸线位置或[多行文字（M）/文字（T）/角度（A）/水平（H）/垂直（V）/旋转（R）]:（此时移动光标，确定尺寸线位置，系统自动测量并注出尺寸，如图 9-45 中的 60 所示；此时若不用系统测量值，用户可输入 M 或 T 选项，用多行文字编辑器或单行文字重新编辑该值。例如：输入 T 后，根据系统提示，用户在命令窗口中输入%%C60，就可将系统测量值 60 改为ϕ60。）

其余选项的功能如下。

- 角度（A）：该选项用于确定尺寸数字与尺寸线的夹角，一般不用。
- 水平（H）/垂直（V）：标注水平或垂直尺寸。不论标注什么方向的线段，尺寸线均水平/垂直放置。
- 旋转（R）：输入尺寸线旋转的角度值，旋转标注尺寸。

（2）对齐尺寸标注

用于标注两点之间的距离。一般用于倾斜尺寸的标注，所标尺寸的尺寸线与两点连线平行，如图 9-45 中的 10、8、6 三个倾斜尺寸均用"对齐标注"方式标注。

命令输入方式如下。

① 命令行：DIMALIGNED。

② 菜单："标注"→"对齐"。

③ 工具栏："标注"→"对齐标注"。

对齐标注的操作与线性标注操作相同。

（3）直径尺寸标注

标注圆或圆弧的直径，系统自动生成直径符号"ϕ"。

命令输入方式如下。

① 命令行：DIMDIAMETER。

② 菜单："标注"→"直径"。

③ 工具栏："标注"→。

输入命令后，系统提示如下。

选择圆弧或圆:（选择要标注直径的圆或圆弧，单击鼠标确定。）

指定尺寸线位置或[多行文字（M）/文字（T）/角度（A）]:（选择合适位置放置尺寸线，单击鼠标，完成操作。）

（4）半径尺寸标注

标注圆或圆弧的半径，系统自动生成半径符号"*R*"。

命令输入方式如下。

① 命令行：DIMRADIUS。

② 菜单："标注" → "半径"。

③ 工具栏："标注" →⊙。

半径尺寸标注的操作方法与直径尺寸标注相同，不再赘述。

（5）角度标注。

标注两直线间的夹角或圆弧中心角以及圆上某段圆弧的中心角。

命令输入方式如下。

① 命令行：DIMANGULAR。

② 菜单："标注" → "角度"。

③ 工具栏："标注" →△。

启用命令后，系统提示如下。

选择圆弧、圆、直线或 <指定顶点>:（拾取角的第一条边线；）

选择第二条直线:（拾取角的第二条边线；）

指定标注弧线位置或[多行文字（M）/文字（T）/角度（A）/象限点（Q）]:（移动鼠标确定尺寸线位置，系统自动注出角度数值。）

在第一个提示中，如果拾取对象为圆弧，则可标出圆弧的中心角，如图 9-46（a）所示；如果拾取对象为圆，则拾取点作为圆弧的第一个端点，再拾取第二个端点，可标出圆上两点间的圆弧的中心角，如图 9-46（b）所示；如果直接回车，则可指定 3 点标注角度，第一点为顶点，另两点为两个边上的点，如图 9-46（c）所示。

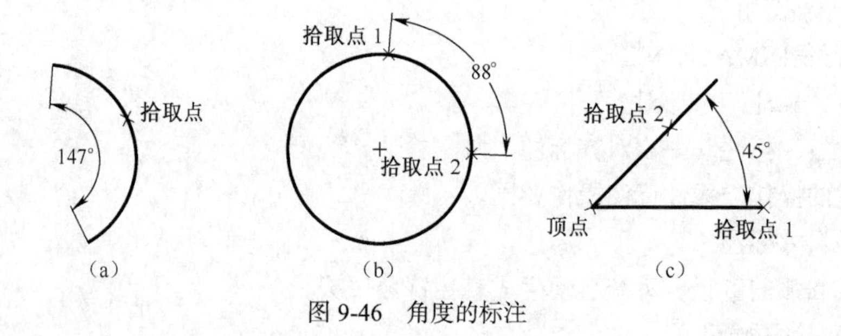

图 9-46　角度的标注

（6）弧长标注

标注或测量圆弧的长度。可以对整段弧进行测量和标注，也可以对圆周或圆弧上的某部分进行测量和标注。

命令输入方式如下。

① 命令行：DIMARC。

② 菜单："标注" → "弧长"。

③ 工具栏："标注" →⌒。

输入命令后，系统提示如下。

选择弧线段或多段线弧线段:（选择要标注的对象；）

指定弧长标注位置或[多行文字（M）/文字（T）/角度（A）/部分（P）/引线（L））:（移动

鼠标确定尺寸线的位置，单击鼠标确定，可标注整段弧的长度，如图 9-47（a）所示。）

- 多行文字（M）/文字（T）/角度（A）：各项含义与线性尺寸相同。
- 部分（P）：标注圆弧中的部分弧长，如图 9-47（b）所示。
- 引线（L）：添加径向引线对象，如图 9-47（c）所示。仅当圆弧或弧段大于 90° 时才会显示此选项。

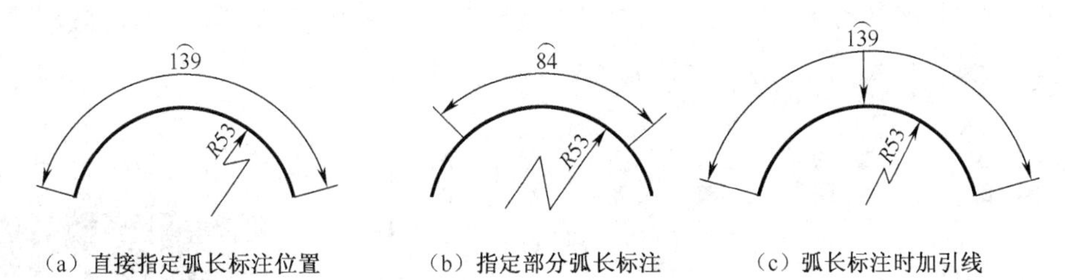

（a）直接指定弧长标注位置　（b）指定部分弧长标注　（c）弧长标注时加引线

图 9-47　弧长标注及折弯标注

（7）引线标注

利用引线标注，用户可以标注一些注释和说明，如图 9-48 所示。引线可以是直线或样条曲线，可以带箭头或不带箭头。引线和注释的文字说明是相互关联的。

命令行：QLEADER。

命令启动后，系统提示如下。

指定第一个引线点或 [设置（S）] <设置>:（用户根据提示可直接进行引线标注或选择“[设置（S）]”对引线标注进行设置，如图 9-49 所示。）

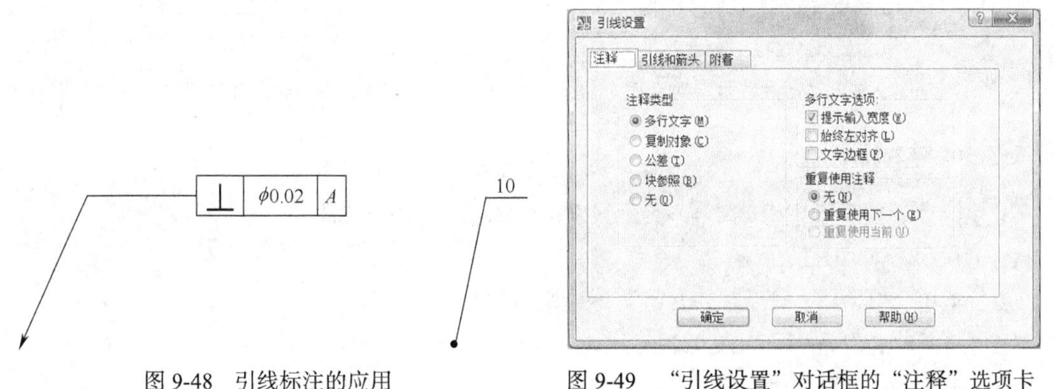

图 9-48　引线标注的应用　　图 9-49　“引线设置”对话框的“注释”选项卡

在机械图样中标注几何公差的方法，一是在引线标注中通过选择“注释”选项卡的“公差”单选按钮（如图 9-49 所示），系统将显示如图 9-50 所示的“形位公差”对话框，利用该对话框可创建公差特征控制框，输入完成后按“确定”按钮，则特征控制框将附着到引线上，从而完成形位公差的标注；二是利用 AutoCAD 提供的形位公差标注功能，完成其标注，操作过程如下。

启动“形位公差”标注命令的方式如下。

① 命令行：TOLERANCE；

② 菜单：“标注”→“公差”；

③ 工具栏：“标注”→▣。

启动命令后系统将显示如图 9-50 所示的“形位公差”对话框，可通过此对话框对形位公差标注进行设置。对话框中各项说明如下。

- 符号：单击符号下面的黑方块，系统打开如图 9-51 所示的“特征符号”对话框，可以从中选取形位公差代号。
- 公差 1、公差 2：产生第一、第二个公差值及符号。白色文本框用于输入公差值，其左侧的黑块用于控制是否在公差值前加入一个直径符号，右侧黑框用于插入“包容条件”符号，单击后系统打开如图 9-52 所示的“附加符号”对话框，可从中选取适当的“包容条件”符号。

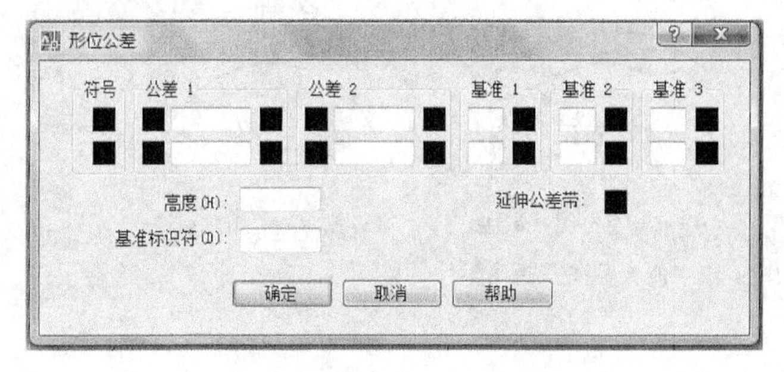

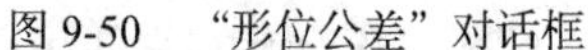

图 9-50 “形位公差”对话框

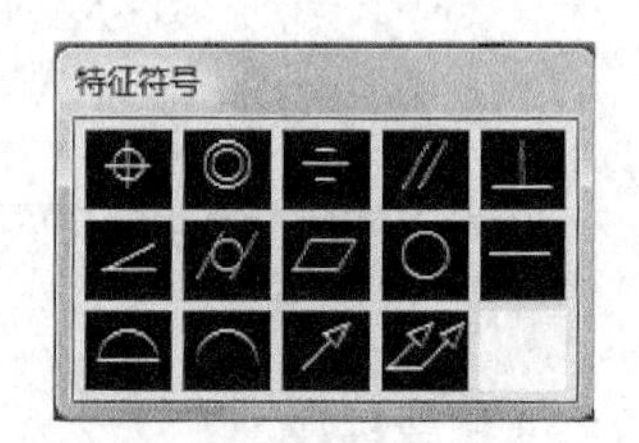

图 9-51 “特征符号”对话框

在“形位公差”对话框中有两行，可实现复合形位公差标注。如果两行中输入的公差代号相同，则得到如图 9-53 所示的形式。

图 9-52 “附加符号”对话框

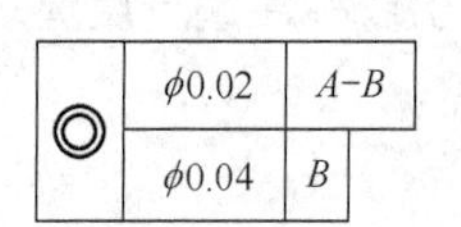

图 9-53 形位公差标注示例

3. 尺寸编辑

尺寸标注后如果不理想或不合适，可用多种方法对其进行编辑。

（1）利用 DIMEDIT；

（2）菜单：“标注” → “对齐文字” → “默认”

（3）工具栏：“标注” → ）。

输入命令后，系统提示如下。

标注编辑类型[默认（H）/新建（N）/旋转（R）/倾斜（O）]<默认>:

选择不同的选项，可进行不同的编辑。例如，选择“新建（N）”可对系统测量值进行编辑（修改）如图 9-54 所示；选择“倾斜（O）”选项，可旋转尺寸界线，如图 9-55 所示。

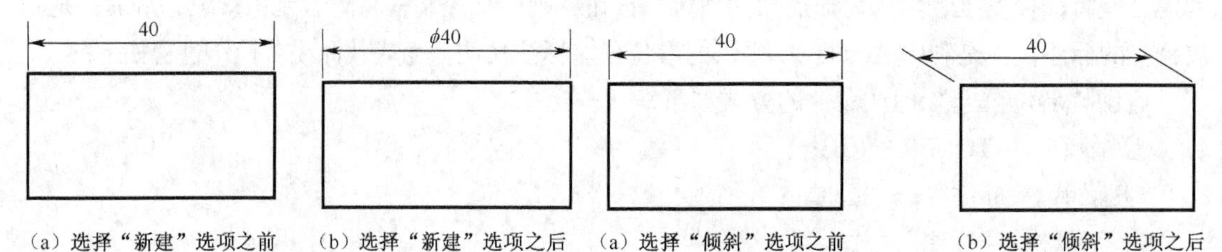

（a）选择“新建”选项之前 （b）选择“新建”选项之后 （a）选择“倾斜”选项之前 （b）选择“倾斜”选项之后

图 9-54 编辑标注“新建”选项 图 9-55 编辑标注“倾斜”选项

9.6 块操作

在绘制零件图和装配图时，常会遇到大量重复出现的结构符号，如机械制图中的表面结构符号、电子元件等。这些结构或符号在绘制过程中常需要大量重复性工作。对这类问题，AutoCAD 提供了非常理想的解决方案，即将一些经常需要重复使用的对象组合在一起，形成一个块对象，并按指定的名称保存起来，以后可随时将其插入到图形中而不需重新绘制，大大提高了绘图速度和绘图质量。

块分为内部块（用 BLOCK 命令创建）、外部块（用 WBLOCK 命令创建）。内部块只能在当前文件使用；外部块被存储为一个文件，可以用于其他文件的图块插入操作。所以，对于常用的图块，如一些常用标准件、常用件，最好使用 WBLOCK 命令，这样就可以建立一个小型的图块库，在画装配图等图样的时候，就十分方便。很多在 AutoCAD 基础上二次开发的软件就主要是带有类似这样的一些图样库，成为专业软件。

两种块的创建方法相同，在此我们只介绍内部块的创建及调用。

9.6.1 创建图块

命令输入方式如下。

（1）命令行：BLOCK；

（2）菜单："绘图" → "块" → "创建"；

（3）工具栏："绘图" →。

输入命令后，系统打开如图 9-56 所示的"块定义"对话框，利用该对话框可定义图块并为图块命名。以定义"表面结构符号"块为例，其操作过程如下。

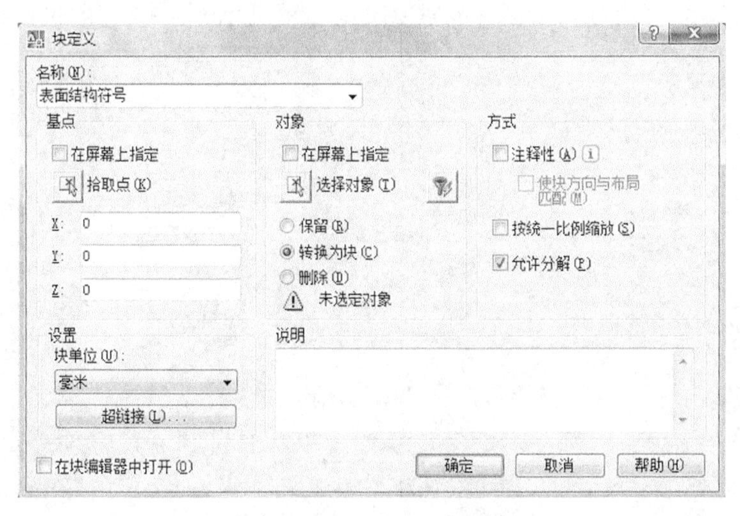

图 9-56 "块定义"对话框

（1）在弹出的“块定义”对话框的“名称（N）:”选项栏中，将块命名为“表面结构符号”。

（2）单击“基点”选项组中的“拾取点(K)”按钮，系统返回到屏幕，拾取符号的下角为基点，如图 9-57（a）所示。

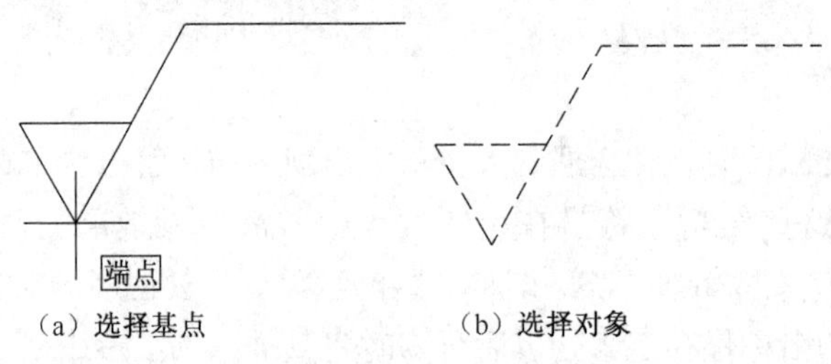

（a）选择基点　（b）选择对象

图 9-57　创建块的操作步骤

（3）单击“对象”选项组中的“选择对象(T)”按钮，系统返回到屏幕，选择整个图形，如图 9-57（b）所示。

（4）在“块定义”对话框中，单击“确定”按钮，完成块定义操作。此块自动保存到当前图形文件中，并可随时为当前文件所调用。

9.6.2 调用图块

定义的外部块或内部块可随时插入到当前图形中的任意位置，在插入的同时还可以改变图块的大小、旋转一定的角度或把图块分解（炸开）以便继续编辑等。

命令输入方式如下。

（1） 命令行：INSERT；

（2） 菜单：“插入”→“块”；

（3） 工具栏：“绘图”→。

输入命令后，系统打开如图 9-58 所示的“插入”对话框，根据对话框的提示，在框中的“名称(N): 浏览(B)...”项中，通过下拉黑三角符号，选择要插入的内部块，通过“浏览”可选择要插入的外部块，并可进行缩放、旋转等操作。

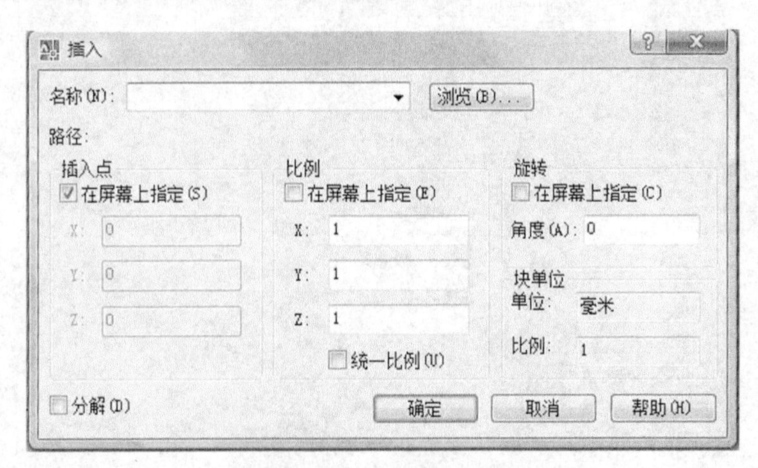

图 9-58　块“插入”对话框

9.6.3 AutoCAD 设计中心的应用

AutoCAD 设计中心是一个非常有用的工具。它类似于 Windows 资源管理器的界面，可以管理图块、外部参照、光栅图像以及来自其他源文件或应用程序的内容，将位于本地计算机或网络上的图形资源直接拖曳到当前的文件图形中，为本图形所用，使资源可得到再利用和共享，提高了图形管理和图形设计效率。

启动设计中心的方式如下。

（1）命令：ADCENTER（缩写：ADC）；

（2）工具栏："标准工具栏"→"▦"；

（3）菜单："工具"→"选项板"→"设计中心"；

（4）快捷键：Ctrl+2。

选择上述任意一种方式启动命令后，系统将打开如图 9-59 所示的"设计中心"对话框。第一次打开设计中心时，它默认打开的选项卡为"文件夹"。左边显示了资源管理的树状结构，右边窗口显示了所浏览资源的细目或内容。

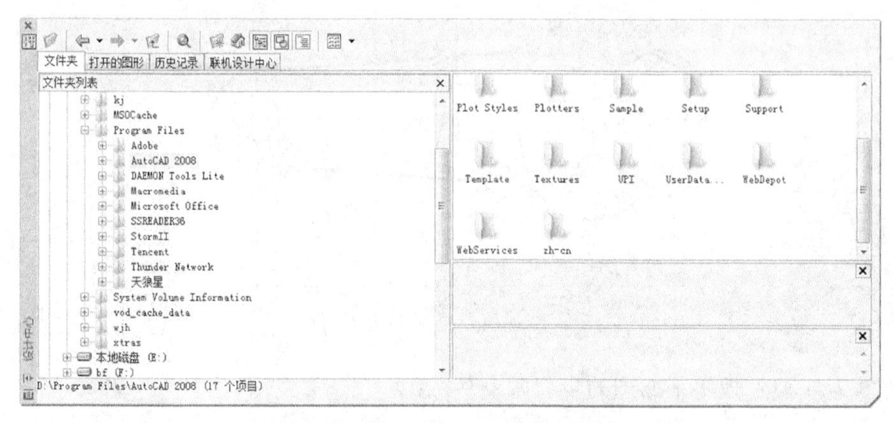

图 9-59　设计中心对话框

在左边树状目录中，依次打开 AutoCAD2008→Sample→DesignCenter 目录，在此目录下有可用的图形块，如图 9-60 所示。用户可选择右边显示的内容，将其拖曳到当前绘图窗口，则被选定的内容就以块的形式插入到当前图形文件中。

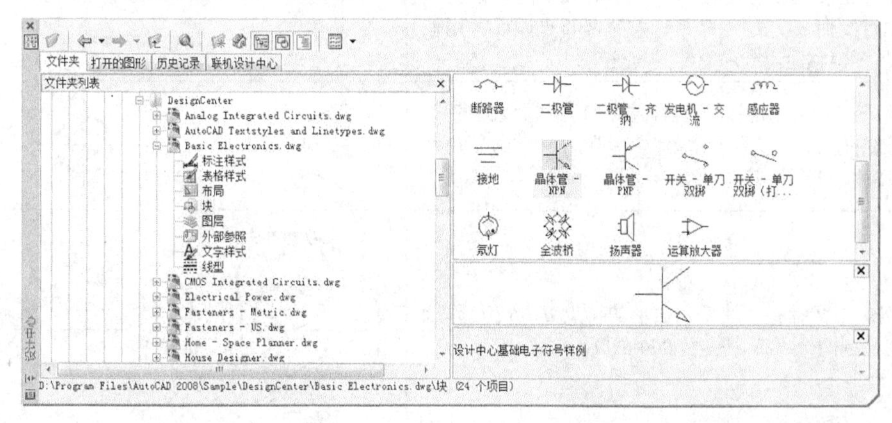

图 9-60　设计中心的可用图块

使用 AutoCAD 设计中心可以完成如下工作。

（1）浏览和查看各种图形图像文件，并可显示预览图像及文字说明。

（2）查看图形文件中命名对象的定义，将其插入、附着、复制和粘贴到当前图形中。

（3）将图形文件（.dwg）直接拖曳到绘图区域中，即可打开图形；而将光栅文件拖曳到绘图区域中，可查看和附着光栅图像。

9.7 实例操作

1. 绘制如图 9-61 所示扳手的平面图。

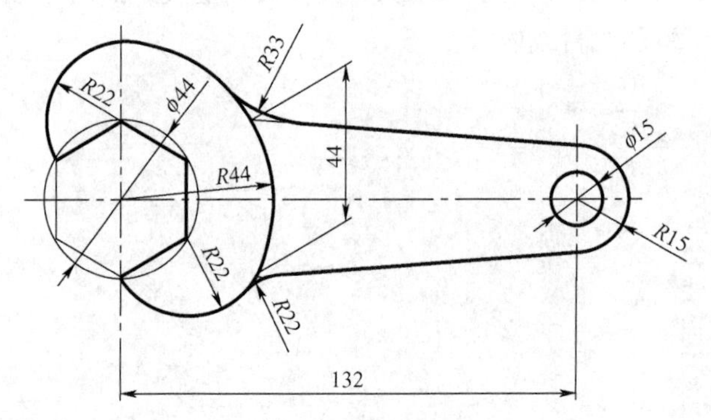

图 9-61　扳手平面图

绘制图 9-61 所示扳手平面图的步骤如表 9-2 所示。

表 9-2　扳手平面图的绘图步骤

方法与步骤	图　例
1. 启动 AutoCAD，新建文件，设置绘图环境、建立必要的图层（本例设置粗实线、中心线和细实线 3 个图层）。调用所建“机械制图”模板；将“中心线”图层设为当前层。用直线命令绘制水平、左边竖直点画线；用偏移命令（偏移距离 60）绘制右边竖向中心线	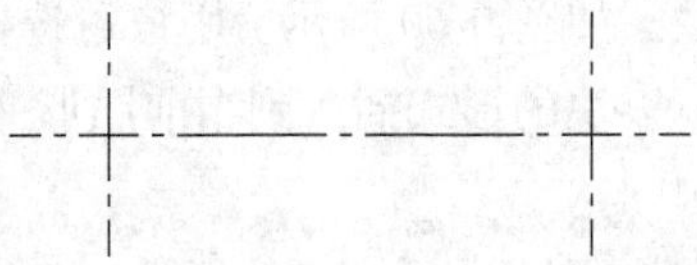
2. 将“粗实线”图层设为当前层。打开“对象捕捉”捕捉中心线交点，用多边形命令和圆命令绘制正六边形和ϕ15 和 $R$15 的圆	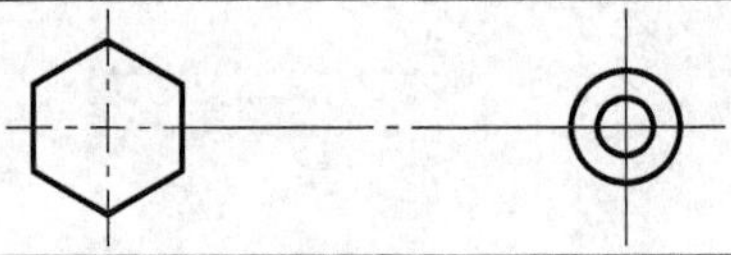
3. 打开“对象捕捉”捕捉六边形的端点 A、B、C 作圆心，分别绘制两个 $R$22 和一个 $R$44 的圆	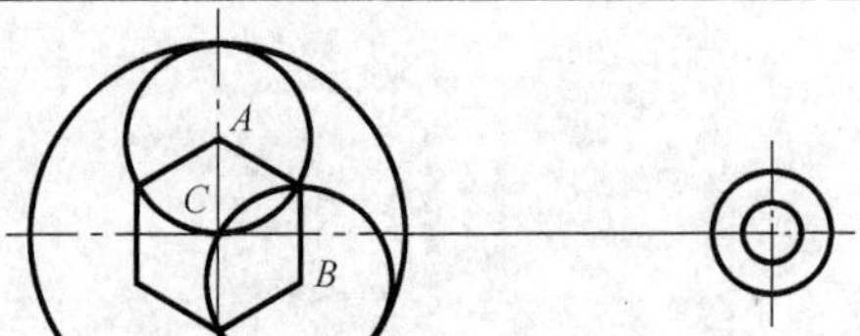

续表

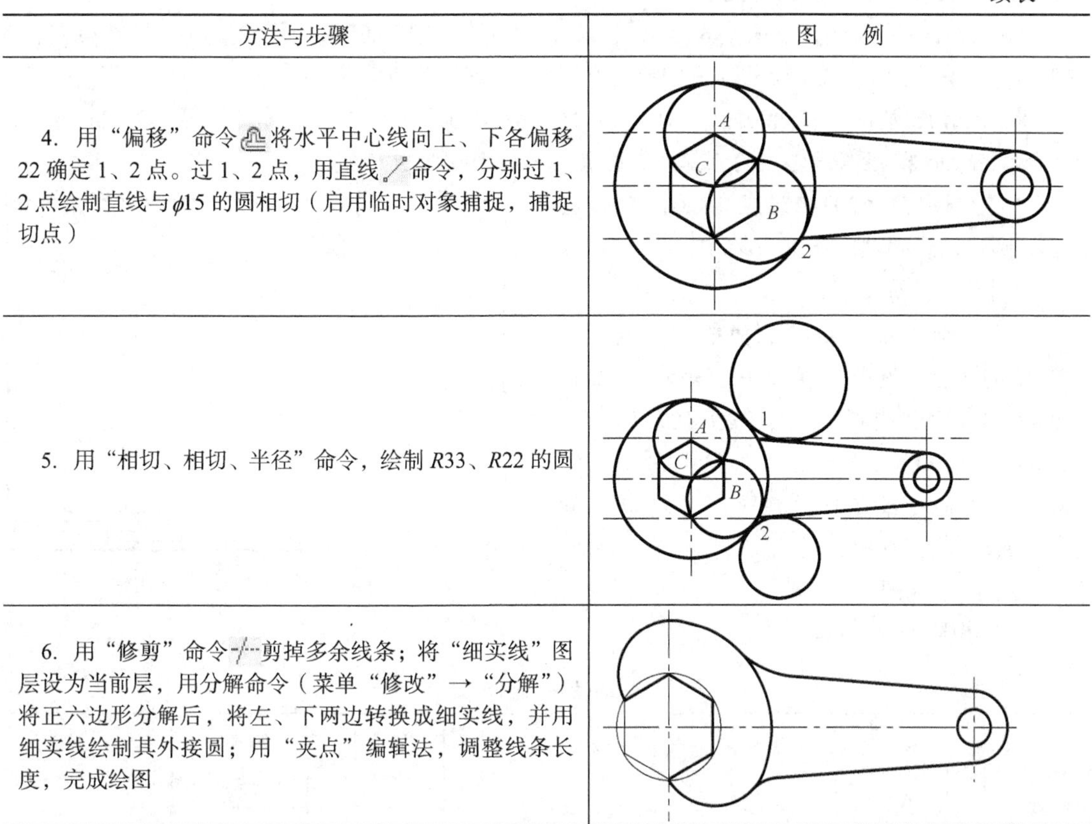

方法与步骤	图　例
4. 用“偏移”命令将水平中心线向上、下各偏移22确定1、2点。过1、2点，用直线命令，分别过1、2点绘制直线与ϕ15的圆相切（启用临时对象捕捉，捕捉切点）	
5. 用“相切、相切、半径”命令，绘制$R$33、$R$22的圆	
6. 用“修剪”命令剪掉多余线条；将“细实线”图层设为当前层，用分解命令（菜单“修改”→“分解”）将正六边形分解后，将左、下两边转换成细实线，并用细实线绘制其外接圆；用“夹点”编辑法，调整线条长度，完成绘图	

2. 绘制如图9-62所示传动轴的零件图

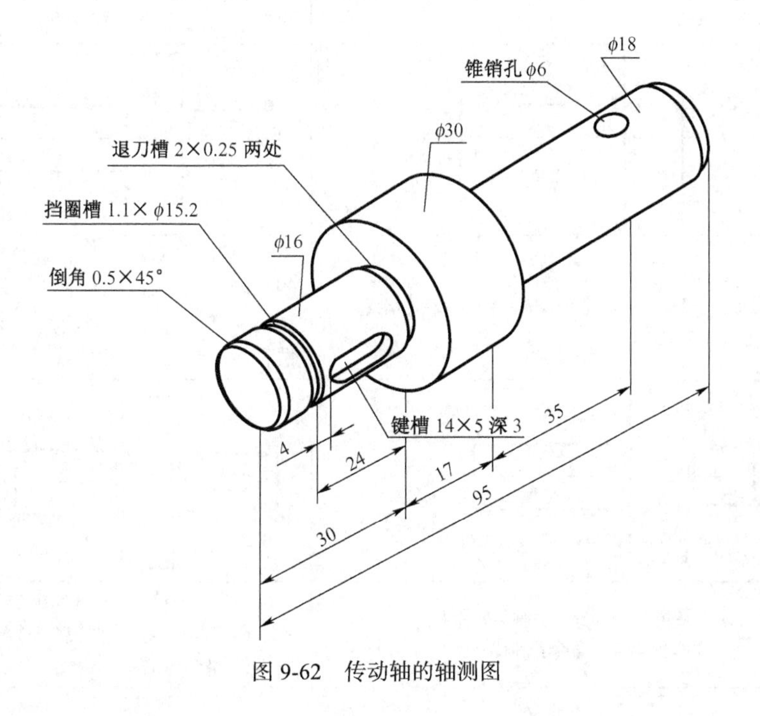

图9-62　传动轴的轴测图

要求标注尺寸和如下技术要求：

① ϕ18 上偏差为 0，下偏差为-0.011；尺寸 24 上偏差为 0.084，下偏差为 0；尺寸ϕ16 上偏差为 0，下偏差为-0.011；尺寸 5 上偏差为 0.025，下偏差为 0。

② 6 和ϕ18 圆柱外表面表面结构要求为 *Ra*0.8；ϕ30 圆柱两端面表面结构要求为 *Ra*1.6；键槽两侧面表面结构要求为 *Ra*3.2；其余表面表面结构要求为 *Ra*6.3。

③ 轴调质 HB220～256；ϕ18 圆柱轴线相对ϕ16 圆柱轴线同轴度要求为ϕ0.01。

具体绘图步骤如下。

（1）启动 AutoCAD，设置绘图环境、建立必要的图层（见第一章），用“矩形”命令绘制图样边框线（第一角坐标 10，10，第二角坐标@400，277），用“直线”命令和“偏移”命令绘制标题栏（尺寸见第一单元），如图 9-63 所示。

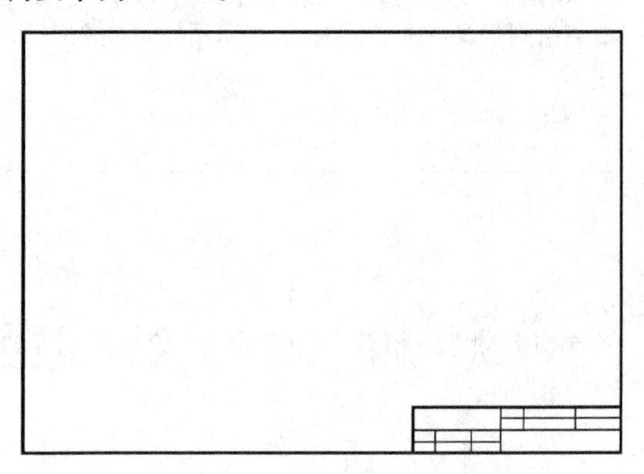

图 9-63　绘制边框线和标题栏

（2）绘制视图

绘图步骤见表 9-3。

表 9-3　传动轴的绘图步骤

图例		
方法与步骤	1. 用“直线”命令分别绘制轴的中心线和轴左端面投影线	2. 根据各段轴的直径和长度尺寸，用“偏移”命令绘制轴轮廓的辅助线
图例		
方法与步骤	3. 用“修剪”命令编辑出轴的基本轮廓	4. 修改图线。用鼠标选择前图中轴轮廓上的点画线，然后单击“图层”工具栏右侧的下拉箭头▼，在打开的图层列表中选择粗实线层，将点画线改为粗实线
图例		
	5. 用“倒角”命令绘制轴端倒角；用“偏移”、“修剪”命令绘制轴中间的 3 个槽	6. 用“偏移”命令定位键槽和锥孔的位置，用“圆”、“直线”和修剪命令完成键槽和锥孔的绘制

续表

图例	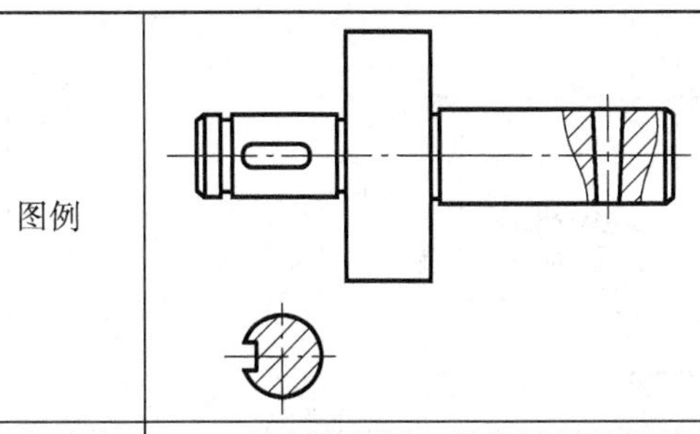
方法与步骤	7. 绘制断面图、轴局部剖视断裂边界线（用“样条曲线”命令绘制），用“填充”命令绘制剖面符号，完成轴视图的绘制

（3）标注尺寸

选小轴轴线为径向基准，$\phi30$ 圆柱左端面为轴向基准。先标锥孔、键槽、挡圈槽定位尺寸 35、4、24，再根据轴测图逐一标出定形尺寸及公差值。倒角 0.5×45º 在技术要求中标注。

提示

在标注轴的直径尺寸时，用“线性”命令。因该命令不能生成直径符号“ϕ”，因此，在选择完尺寸界线后，根据系统提示再选择[文字（T）]选项进行修改。例如，标注$\phi30$ 时，选择[文字（T）]选项后，在系统提示“输入标注文字 <30>”时，输入%%c30 回车，就标注出$\phi30$ 了。

（4）标注技术要求

$\phi18$ 圆柱外表面表面结构要求直接标在轮廓线上，键槽两侧表面结构要求标注在尺寸线上，$\phi30$ 圆柱两侧面、$\phi16$ 圆柱表面表面结构要求标在轮廓线的延长线上，其余表面表面结构要求标在标题栏附近。

$\phi18$ 圆柱轴线相对$\phi16$ 圆柱轴线同轴度公差框格标注在$\phi18^{0}_{-0.011}$尺寸线延长线上，A 基准三角形与$\phi16^{0}_{-0.011}$尺寸线对齐。

提示

标注技术要求时，可将表面结构要求符号、几何公差基准等创建成块，可提高作图效率。

在技术要求中填写热处理、调质 HB220 ~ 256。

（5）填写标题栏、书写技术要求

用“多行文字输入”A命令，填写标题栏和书写技术要求，完成零件图的绘制，如图 9-64 所示。

3. 用 AutoCAD 绘制电气图的方法步骤

绘制电路图最好启用“栅格”功能，以合理布置图面和线路。

（1）首先将要绘制该电路的所有元件符号绘制好，如有现成的图库（如 AutoCAD 设计中心的图块）可直接调用。

（2）绘制电路时，保证线路疏密均匀（可利用“偏移”命令），并留有足够的空间填写各元件的代号。

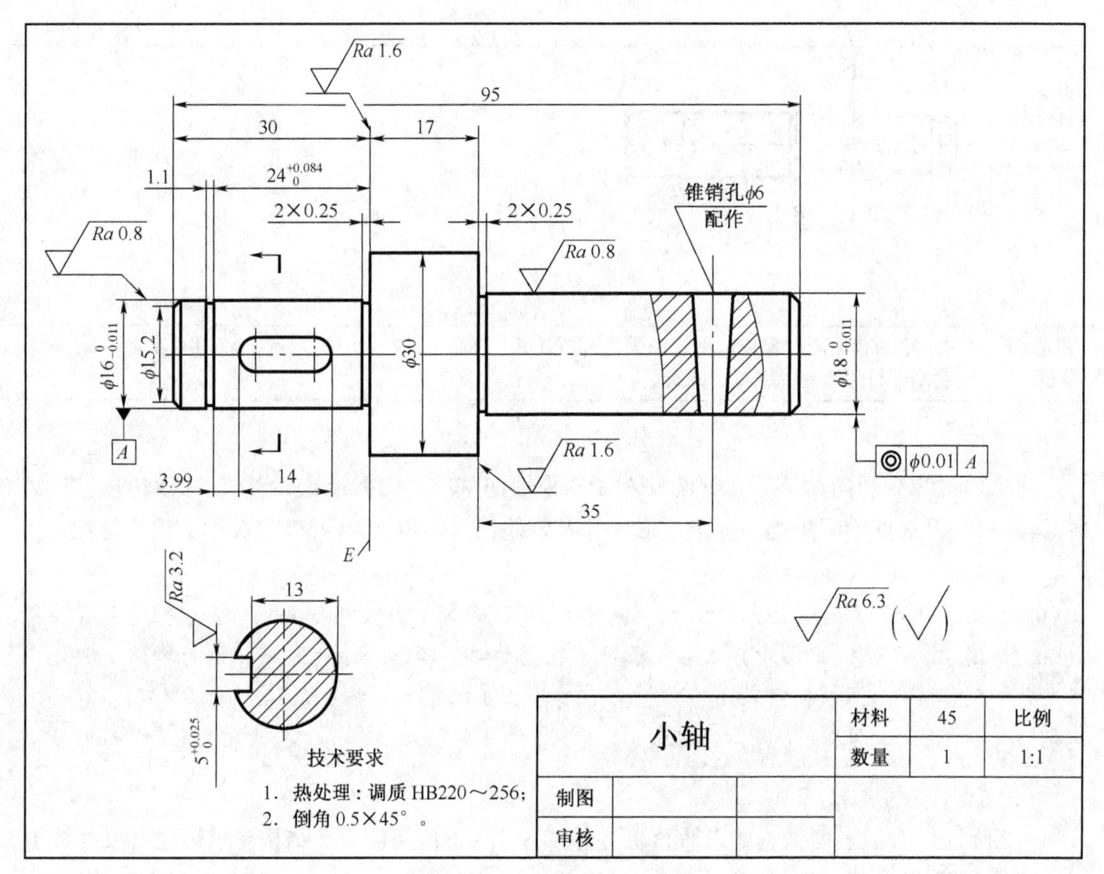

图 9-64　绘制传动轴零件图

（3）将所有元件符号放置（通过复制、旋转、移动、缩放、镜像等命令）到指定位置，剪去多余线段。

（4）填写所有元件的代号等标记内容，完成全图绘制。

第10章 Altium Designer 电路图绘制

【知识目标】

了解和掌握 Altium Designer 的基本术语和操作指令

【能力目标】

熟练应用 Altium Designer 软件绘制电路图。

10.1 认识 Altium Designer 的工作界面

10.1.1 Altium Designer 工作界面

1. 软件的启动及语言更改

Altium Designer 6.9 的安装同其他软件类似，在安装向导环境中采用系统默认设置可自动完成安装。安装完成后系统自动建立“开始→所有程序→Altium Designer 6→Altium Designer 6”启动快捷方式。单击该快捷方式即可启动 Altium Designer 6.9。为以后操作方便，自己可在桌面上建立它的快捷方式。可通过下面的方法完成。

使鼠标指针指向上述快捷方式，然后击鼠标右键，在弹出式菜单中点击“发送到→桌面快捷方式”。如图 10-1 所示，这样就在桌面上建立了 Altium Designer 6.9 的快捷方式，以后直接双击桌面上的该快捷方式，也能启动 Altium Designer 6.9。

启动后进入如图 10-2 所示的欢迎界面，该界面会持续一段时间，这期间 Altium Designer 要完成系统的检查、参数的设置及库的加载等初始化工作，初始化工作完成后进入 Altium Designer 6.9 的工作主界面。

图 10-1　建立 Altium Designer 6.9 桌面快捷方式

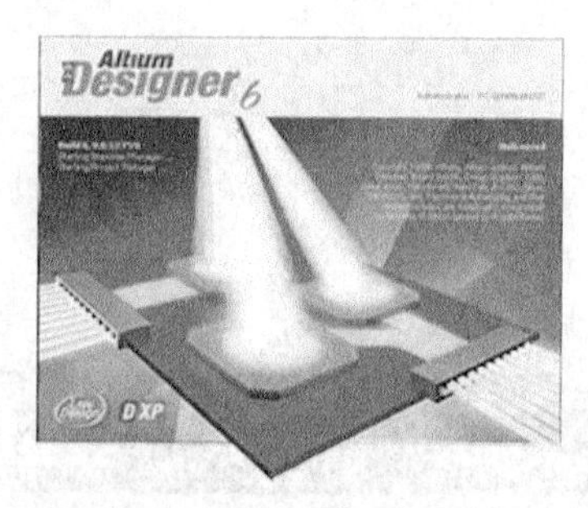

图 10-2　Altium Designer 6.9 启动界面

如果是首次使用 Altium Designer 6.9，将看到如图 10-3 所示的界面，被圈定的文字说明软件没有有效的许可，使用前需要添加使用许可。将购买的许可文件复制到软件的安装目录下，就可以正常使用了。图 10-4 是安装使用许可后界面。

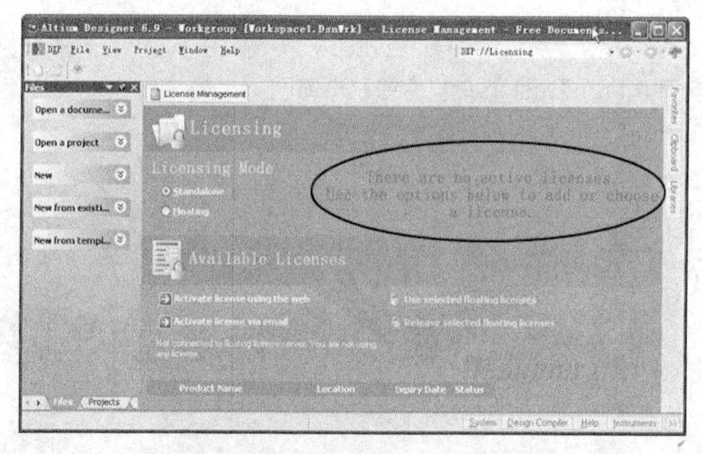

图 10-3　Altium Designer 6.9 初始主界面

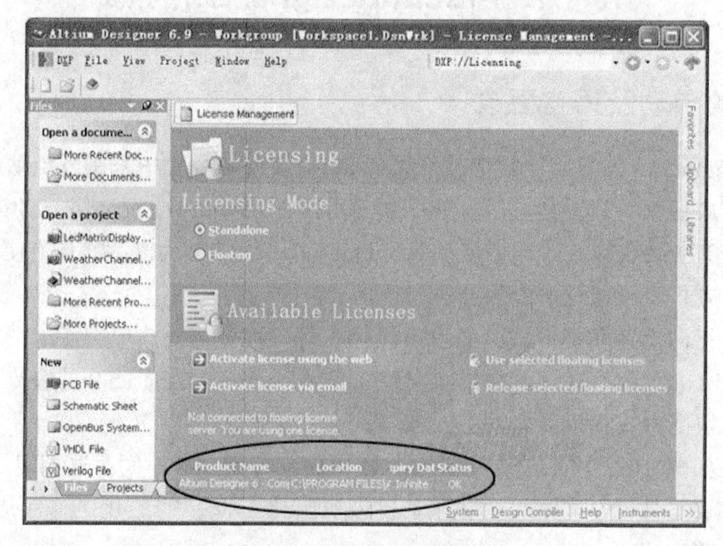

图 10-4　安装许可后主界面

Altium Designer 6.9 支持多语言菜单，安装完成后系统默认菜单语言为英语，现在我们将菜单切换到中文形式。在 Altium Designer 6.9 的主界面上，单击 DXP→Preferences…菜单选项，系统显示 Preferences 对话窗口，如图 10-5 所示，将 System→General 标签中的 Localization 组中的 Use localized resources 复选框选中，确定后重启 Altium Designer 6.9，菜单就成了中文了（Windows XP 必须是中文版）。

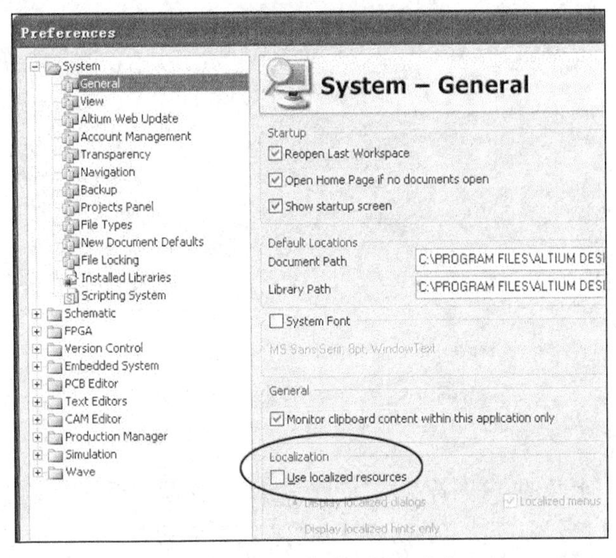

图 10-5　改变菜单的语言形式

2. 工作界面

Altium Designer 软件主窗口主要由菜单栏、工具栏、工作区面板、工作区、状态栏、命令行、标签栏等组成，如图 10-6 所示。

（1）菜单栏

Altium Designer 软件的菜单栏是用户使用软件的入口。进入 Altium Designer 软件，首先看到的菜单有 File、View、Project、Window、Help 共 5 个下拉式菜单。

（2）状态栏

用于显示当前的工作状态。状态栏和命令行的打开和关闭可利用 View 菜单进行设置，方法为执行菜单命令 View→Status Bar 和 View→Command Status，便可在主窗口底部显示或隐藏状态栏和命令行。

（3）标签栏

标签栏位于主窗口的右下角，单击标签，屏幕中会出现响应标签的弹出式菜单。

（4）工作区面板

用户可以通过工作区面板方便地实现打开文件、浏览各个设计文件和编辑对象等各种功能。工作区面板可分为两类，一类是在任何编辑环境中都有的面板，如 Files（文件管理面板）、Projects（项目管理面板）、Help（帮助）；另一类是在特定的编辑环境中才会出现的面板，如 Navigate（导航面板）。这些工作区面板可以通过锁定、隐藏或移动显示方式适应桌面工作环境。

① 锁定显示方式

工作区面板右上角的图标表示该工作面板处于锁定显示方式，将一直显示在窗口的左边，并可以通过面板标签切换到不同的面板。

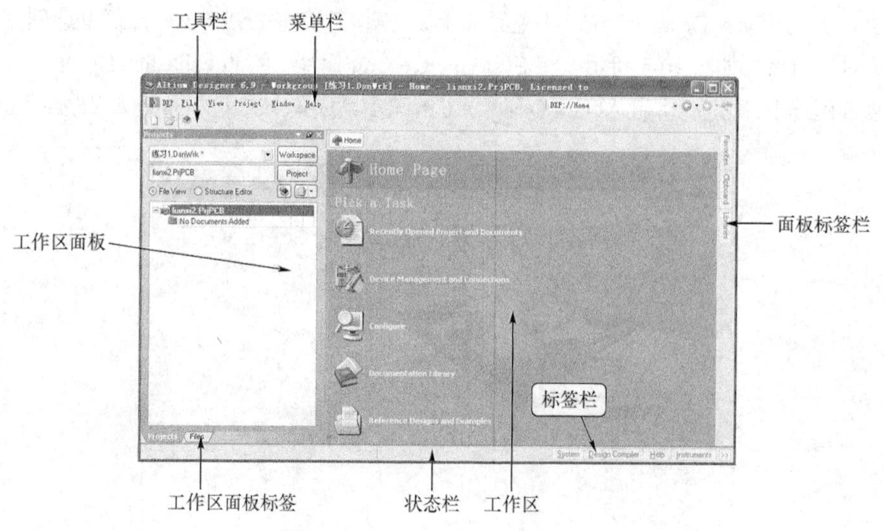

图 10-6　Altium Designer 主窗口

② 自动隐藏方式

单击工作区面板右上角的图标，图标变为，工作区面板从锁定显示方式切换到自动隐藏方式。如果鼠标指针移到窗口左侧的面板标签上，其对应的面板将自动显示；如果鼠标指针在该状态下离开工作区面板，面板将自动隐藏在窗口左侧，并在窗口左侧显示相应的面板标签。

③ 移动显示方式

用鼠标左键按住工作区面板上边框不放，拖动光标在窗口中移动，当移动到窗口的适当位置后松开鼠标左键即可。如图 10-7 所示，Project 面板处于移动显示方式。

④ 将面板由移动显示方式变成自动隐藏或锁定显示方式

将鼠标光标放在面板的上边框，拖动光标至窗口左侧或右侧，松开鼠标面板变成自动隐藏或锁定显示方式。即可使移动显示方式变成自动隐藏或锁定显示方式。

⑤ 如果要关闭某个面板选项，单击面板中的关闭按钮。

（5）工作区

在进行设计工作时，工作区将显示设计图纸、PCB 图形、仿真图形等项目。

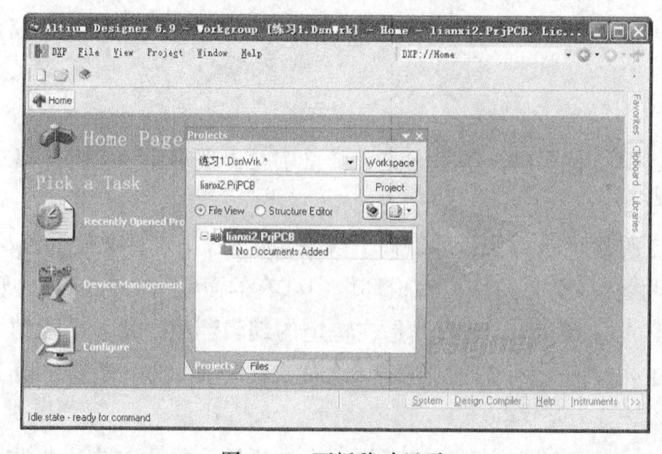

图 10-7　面板移动显示

10.1.2　文件的管理

使用 Altium Designer 6.9 创建的文件组织形式有两类，一类是工程中的文件，另一类是自由文件，如图 10-8 所示。对于自由文件，每个文件是孤立存在的，文件和文件之间在 Altium Designer 没有逻辑上的关联。Altium Designer 的部分操作在这类文件上无法实现。例如原理图和 PCB 协同设计在这类文件中就无法实现。工程中的文件采用“工作区—工程—文件”的组织形式，在同工程中的文件在逻辑上是相关的。一般情况下我们使用 Altium Designer 6.9 时，首先建立一个工作区，然后在该工作区中建立不同的工程，再在各工程中建立不同的文件。

1. 工作区的建立

在 Altium Designer 6.9 的主界面的左下方单击 Project 标签，系统显示名称为 Project 的面板，如图 10-9 所示，图中的“工作台”即工作区，首次进入 Altium Designer 6.9 后，系统建立一个默认名称为 Workspace1 的工作区。单击“文件→保存设计工作区为”可将默认工作区更名并保存到盘中，如图 10-10、图 10-11 所示。用户如果建立新的工作区，可单击“文件→新建→设计工作区”来完成。

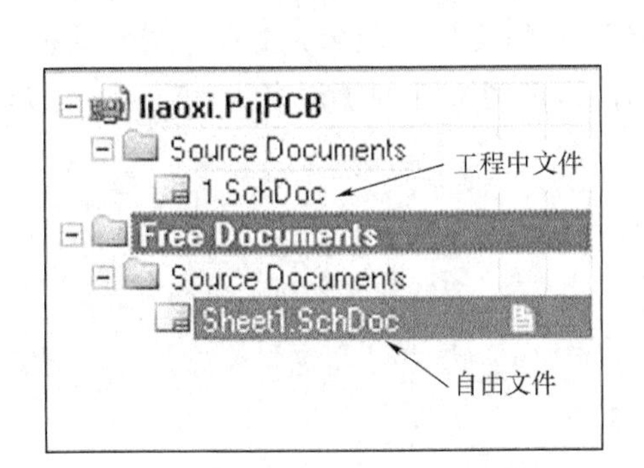

图 10-8　文件的组织形式

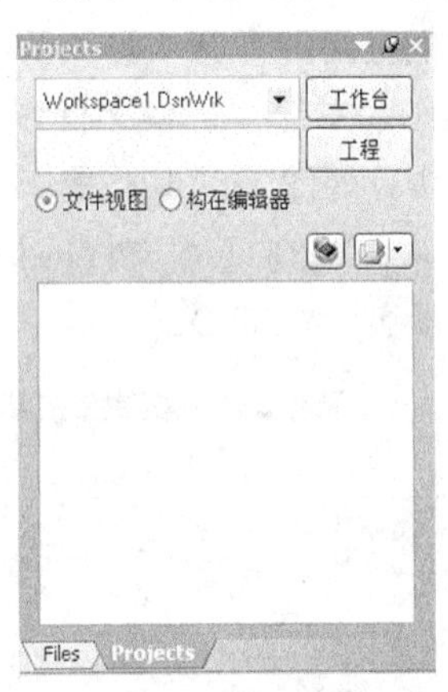

图 10-9　文件组织结构

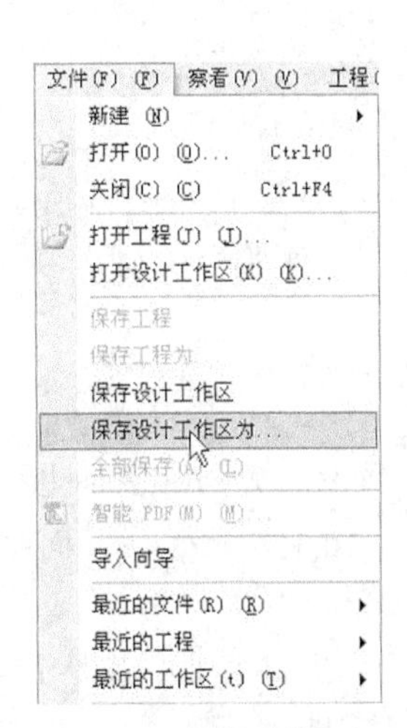

图 10-10　工作区的保存

改变存储位置

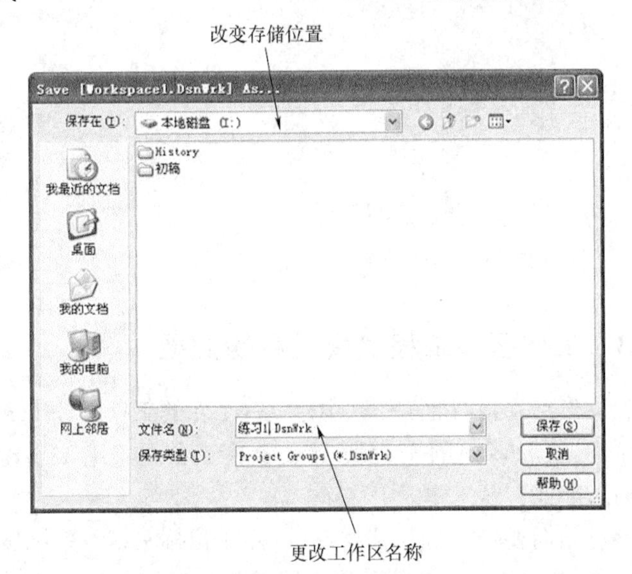

更改工作区名称

图 10-11　工作区存储位置及名称的更改

2. 工程的创建

在图 10-7 中可以看到“工程”按钮，鼠标移动到该按钮上，单击鼠标右键，系统会显示关于工程操作的弹出式菜单，选择“添加新的工程”，如图 10-12 所示，大家看到系统可以建立 PCB 工程、FPGA 工程等许多工程项目，这里选择 PCB 工程，对于其他的工程本书不涉及，有兴趣的读者可参考有关资料。同保存工作区类似，可通过“文件→保存工程为”来对工程文件选择存储位置及更改名称。图 10-13 是建立一个 PCB 工程后的显示视图。从图可以看出在“练习 1”工作区中，出现了一个“liaoxi”的工程文件。在以后的学习中，用户就可以建立诸如原理图文件、PCB 文件等放到该工程下。需要说明的是在一个工作区中可以打开多个工程，而一个工程也可以隶属于多个工作区，它们之间并非是一一对应关系。这仅仅是 Altium Designer 软件内部对文件逻辑组织方式。工作区文件、工程文件以及以后讲的原理图文件、PCB 文件等等均以独立的文件存放在磁盘中，如图 10-14 所示。不同类型的文件有不同的文件扩展名，工作区文件的扩展名为*.DsnWrk，PCB 工程文件的扩展名为*.PrjPCB，原理图文件的扩展名为*.SchDoc，PCB 文件的扩展名为*.PcbDoc。

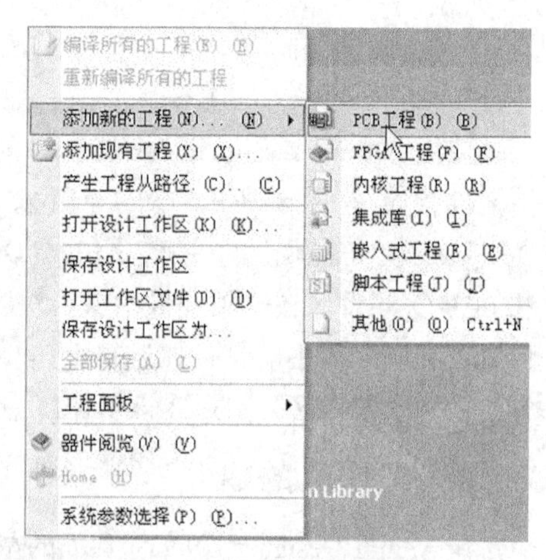

图 10-12 工程及工作区操作菜单

图 10-13 工作区工程视图图

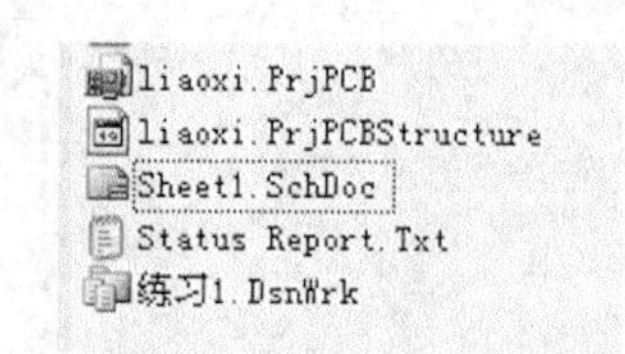

图 10-14 工作文件的磁盘存放

3. 工作区和工程隶属关系的变更

现在继续在当前的工作区中建立一个新的工程文件 lianxi2.PrjPCB，从 Project 面板可知，原来的工程和新建的工程同时显示在当前的工作区中。如图 10-15 所示。下面把工程“liaoxi.PrjPCB”从工作区中移除。

鼠标指向要移除的工程名字上，单击鼠标右键，系统显示工程弹出式菜单，如图 10-16 所示，选择 Close Project，便可将工程从当前工作区移除了（实际是将工程关闭了）。

图 10-15　工作区工程面板图

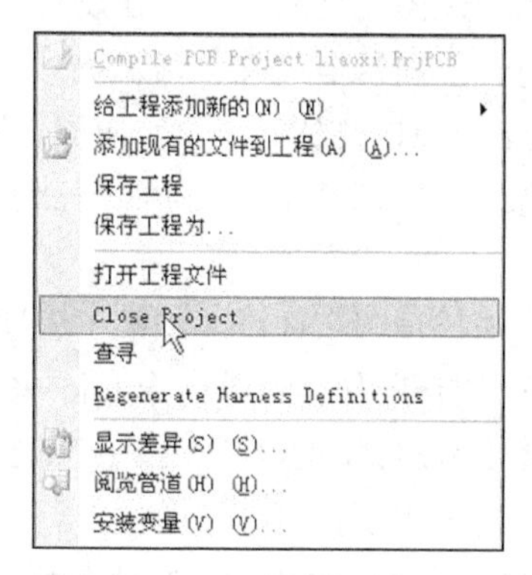

图 10-16　工程弹出式菜单

下面再新建一个"练习 2"工作区，右键单击工作台或工程按钮，在显示的弹出式菜单中选择"添加现有工程"，如图 10-12 所示，然后将保存在磁盘上的两个工程文件全部选中并打开，读者会发现原来在"练习 1"工作区中建立的两个工程文件，出现在"练习 2"工作区，也就是说两个工程文件也隶属于"练习 2"工作区。从中可以理解工作区与工程的逻辑关系。

对与软件某个功能实现一般有几种操作方式，例如新建一个工程就有以下 4 种方式。

从 Home 页中建立

① 单击"文件"→"新建"→"工程/PCB 工程"

② 单击"工程/添加新的工程"，选择"从模板新建"→"PCB Project"

③ 右键单击"工程"按钮，选择"添加新的工程"

为便于初学者学习，本书只介绍了一种，其他操作方式在对软件使用熟练后，逐步学习。

4. 文件的管理

前面创建的是空工程项目，现在要往这个项目中添加文件，可以添加的文件类型很多，有原理图文件（.SchDoc）、原理图元件库（.SchLib）、PCB 图文件（.PcbDoc）、PCB 元件库（.PcbLib）等。但这些文件的创建和保存方法都相似，所以下面主要以创建和保存原理图文件为例进行说明。

（1）执行菜单命令 File→New→Schematic，系统就会直接在当前项目中添加一个原理图文件，并且使用缺省的文件名。

（2）执行菜单命令 File→save，保存新建文件，在弹出的对话框中，选择合适的路径和文件名，单击"保存"按钮即可。保存新建文件后，Projects 面板中可以看到刚建立的原理图文件已经加入到工程项目中。

一般情况下，新建的原理图文件隶属于一个工程项目，以便后续的其他工作。Altium Designer 软件也允许建立不属于任何一个工程项目的文件，这种文件被称为自由文件。

建立自由原理图文件的方法：在没有打开任何项目或将所有已打开的项目全部关闭时，执行菜单命令 File→New→schematic，即可建立一个自由原理图文件（Free Schematic Sheets），保存后它不属于任何项目，如图10-17 所示。

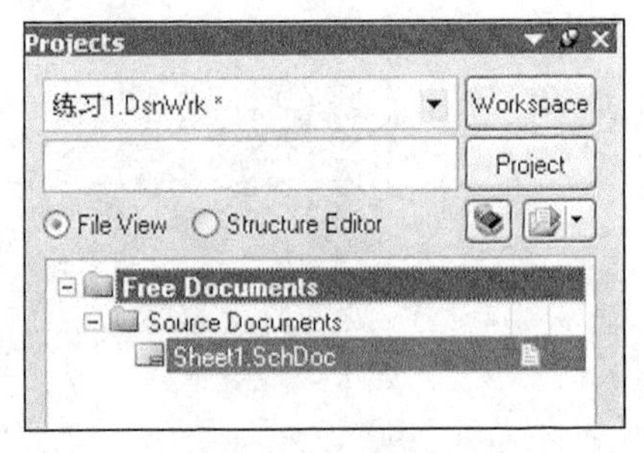

图 10-17　自由原理图文件

若要把自由原理图文件添加到某工程项目中，首先将工程项目文件打开，执行菜单命令 File→Open Project，系统弹出选择工程对话框，如图 10-18 所示。在对话框中选中要打开的工程项目文件，单击“打开”按钮。该工程项目显示在 Projects 面板中，如图10-19 所示。在 Projects 面板中，拖动自由文件到所打开的工程项目中，即可将自由原理图文件添加到工程项目中。如图 10-20 所示。

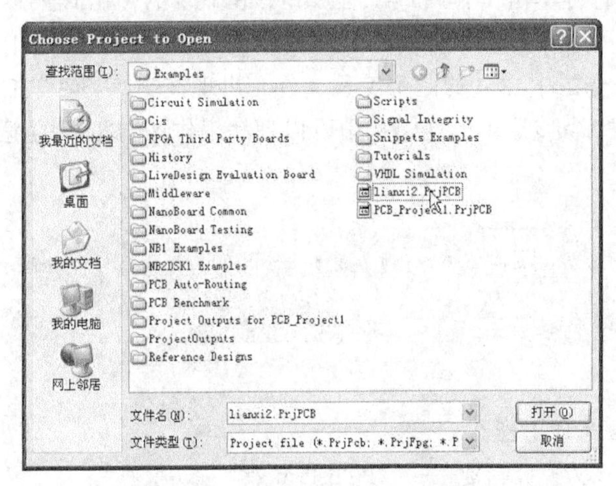

图 10-18　工程项目选择对话框

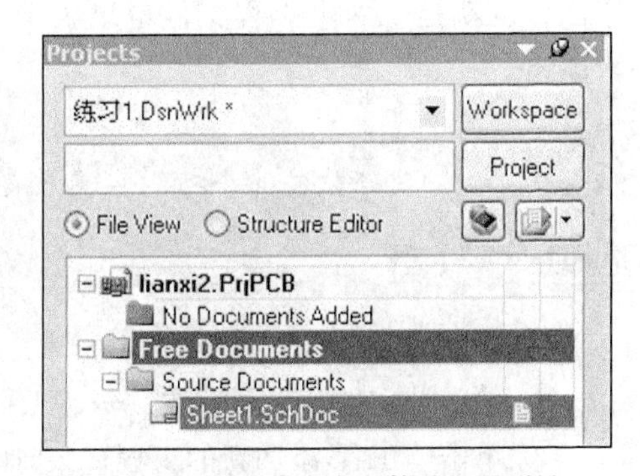

图 10-19　打开的自由文件及工程项目

若将原理图文件从项目中移除，解除隶属关系，只需使鼠标指向该文件时，单击右键，在弹出的操作菜单中选择 Remove From Project…即可，如图 10-21 所示。

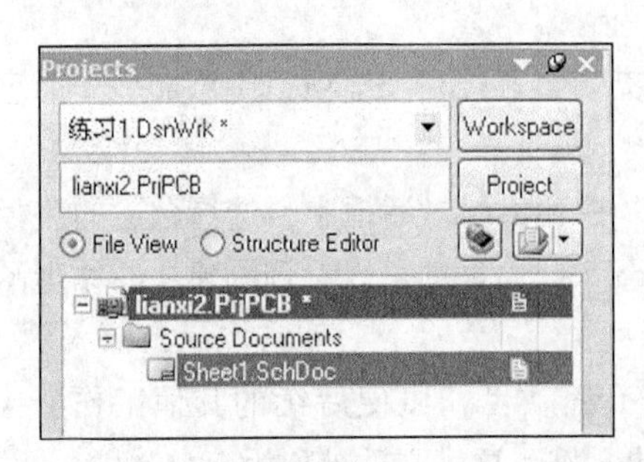

图 10-20　自由文件添加到工程项目

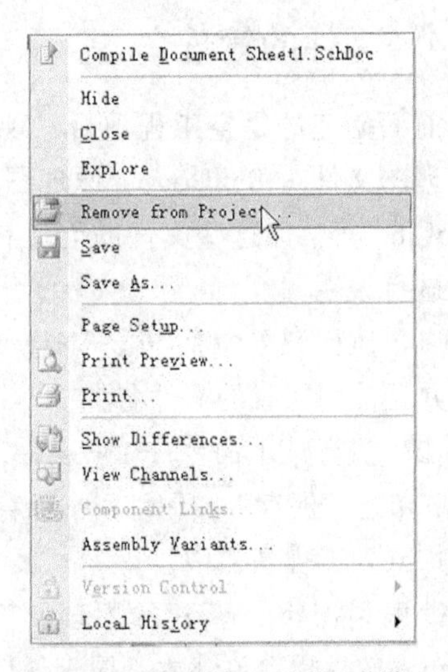

图 10-21　文件从工程项目移除

10.2 原理图绘制

10.2.1 元件的查找与放置

Altium Designer 除了电阻和电容等常用电子元器件在常用工具面板上列出外，大批的电子元器件以原件库的形式给出。Altium Designer 按照电子元器件的生产厂商对这些元器件分类，我们可通过加载原件库的方法来使用元器件。单击右侧面板上的“库”标签，系统弹出“库”窗口，如图 10-22 所示。该窗口显示了当前的活动库、库中的元器件、元器件的符号和模型名称及封装类型。双击库中的元器件名称，则该元器件粘附于鼠标指针，同上节元器件的放置操作方法一样，将元器件置于绘图区。若当前活动库中没有所需的元器件，可加载其他元器件库，并切换为当前活动库。单击如图 10-22 所示窗口左上角 Libraries 按钮，系统弹出“可用库”窗口，如图 10-23 所示。该窗口显示了当前已安装的元器件库，单击“安装”按钮，从 Altium Designer 软件安装目录中 Library 子目录下选择所需的元器件库安装。单击“移除”按钮，可将暂时不用的元器件库卸载。

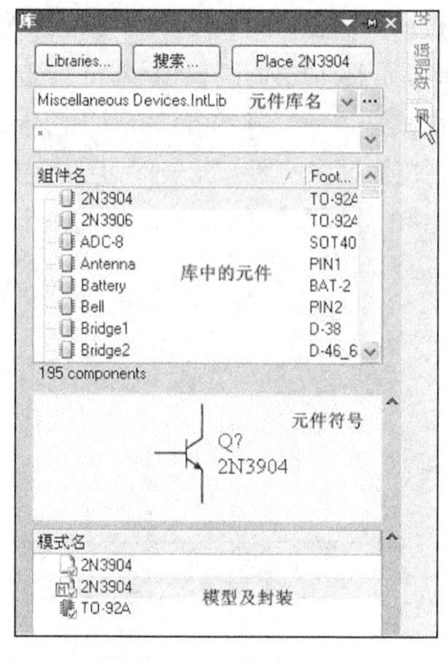

图 10-22 库管理窗口

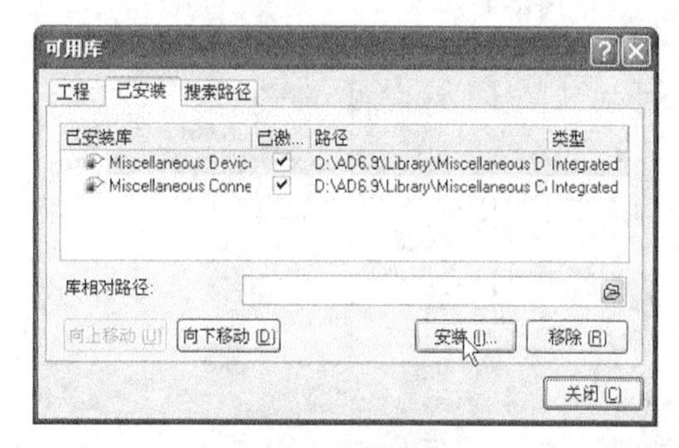

图 10-23 可用库窗口

Altium Designer 软件预置了几十个公司上万个元器件，熟悉某具体元器件存放于什么库中并非易事，查找元器件的另一方法是将鼠标指针停在原理图编辑工作区，然后单击鼠标右键，在弹出式菜单中单击“发现器件”，如图 10-24 所示。系统显示“搜索库”窗口，如图 10-25 所示。在“搜索库”窗口的上方空白编辑区输入元器件的关键词，如 74hc373，在“范围”栏选择“库文件路径”，在“路径”栏中的路径编辑框中设置元件库的位置，然后单击“搜索”按钮系统将遍历所有的元件库查找所指定的元器件，元器件找到后将显示在库管理窗口。若无法找到所指定的元器件，则需要手工绘制，在下一章将介绍元器件的制作方法。

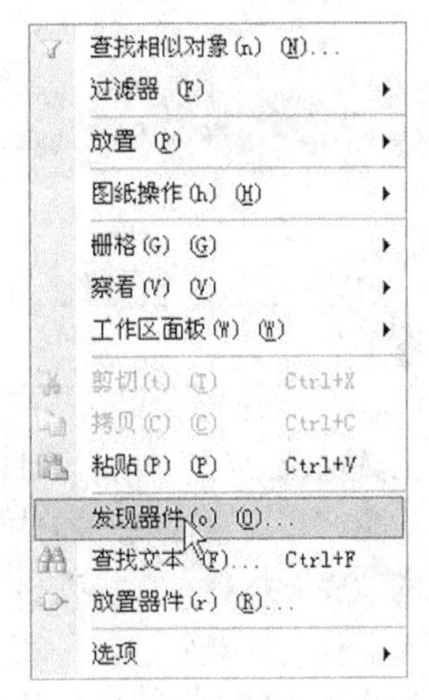

图 10-24　弹出式菜单

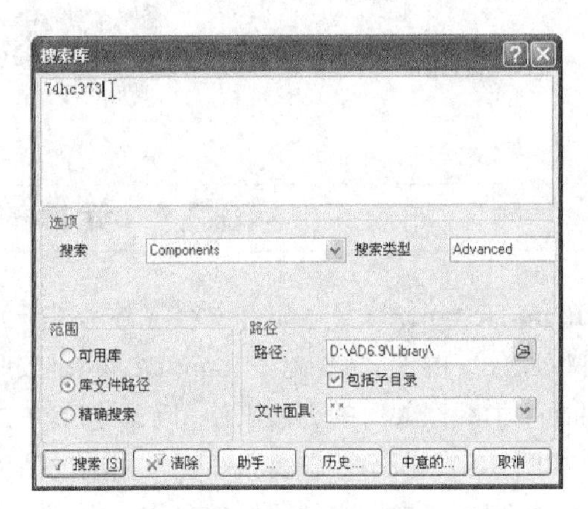

图 10-25　“搜索库”窗口

10.2.2　元器件的常用操作

1. 元器件的选取与撤销选择

元器件的选取是原理图绘制最常用的操作，熟练掌握选取方法在以后的工作中可起到事半功倍的效果。基本的元器件选取办法是按 Shift 键，用鼠标单击元器件顺序选择，元器件被选中后，周围显示有蓝色或绿色的矩形框。如图 10-26 所示。另一成批选取元器件的方法是按住鼠标左键在图纸上拖动画出一个虚线型的矩形框，然后松开鼠标，则矩形框内的所有元器件均被选中。

更丰富的选取操作可通过菜单完成，在“编辑”菜单中有关选取的选项有 6 个，如图 10-27 所示。各选项说明如下。

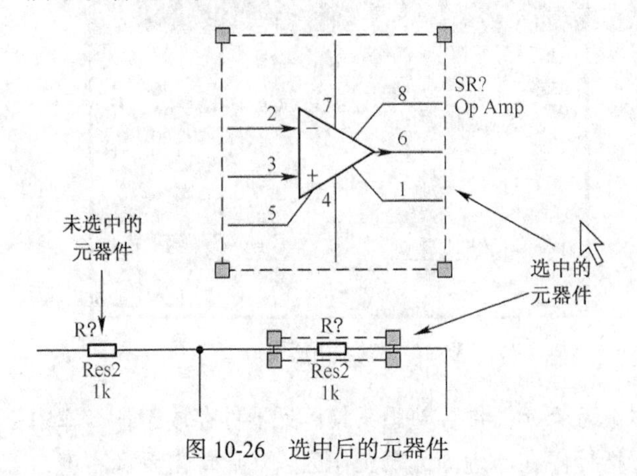

图 10-26　选中后的元器件

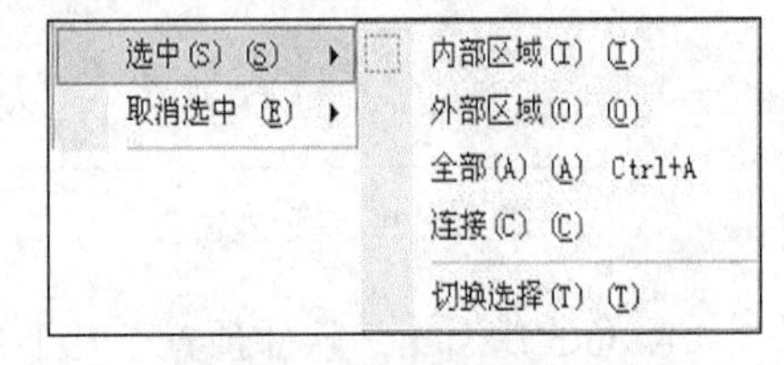

图 10-27　选择菜单

（1）内部区域。用于选取所画矩形区域内的元器件。

（2）外部区域。用于选取所画矩形区域外的元器件。

（3）全部。用于选取图纸内所有的元器件。

（4）连接。用于选取指定的连接导线。

（5）切换选择。反相选择，即原来被选中，则被撤选；原来未选中，则选中。

元器件撤消选则的方法是在已选中的元器件上单击鼠标左键，则该元器件被撤选，如果在编辑工作区空白处单击鼠标左键，则所有选中的元器件都被撤选。

2. 元器件的移动

要移动单个元器件的位置，首先选中被移动的元器件，移动鼠标指针到所选中的元器件时，鼠标指针变为十字箭头光标，如图10-28所示，按下鼠标左键，则所选元器件粘附于鼠标指针，如图10-29所示，拖动鼠标将元器件移动到合适位置，松开鼠标，完成元器件的移动。对多个元器件的移动操作，与其类似，首先要将被移动的元器件全部选中，然后将鼠标指针移动到所选中元器件中的任意一个之上时，鼠标指针即变为十字箭头光标，后续操作同单个元器件的移动。要注意的是，如果在移动元器件之前，元器件间已经建立了连线，则移动后已建立的连线被破坏，需重新连接。

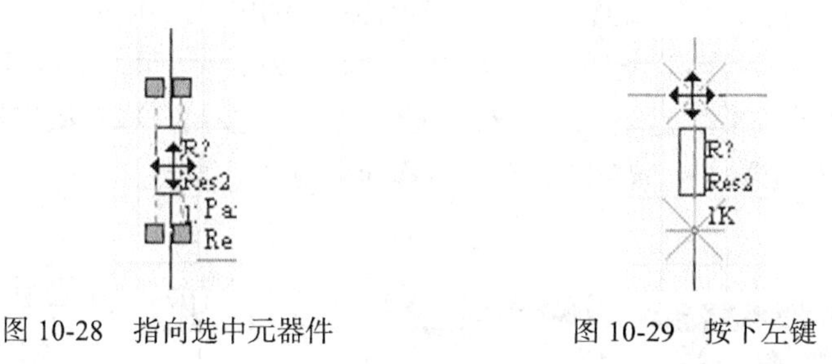

图10-28　指向选中元器件　　　　图10-29　按下左键

按下键盘的“Ctrl”键时，移动元器件则元器件间的连线不被破坏。

3. 元器件的旋转

在绘制原理图时，从库中取出元器件时，它具有默认的放置方向，但这个默认的放置方向经常不满足绘图要求，需要调整。Altium Designer软件提供了非常方便的旋转操作，方法是首先将元器件处于移动状态，即鼠标指向选中的元器件并按下左键，如图10-29所示。这时按键盘以下键可完成不同旋转操作。

（1）Space键。逆时针旋转元器件，每按一次，逆时针旋转90°。

（2）Shift+Space组合键。顺时针旋转元器件，每按一次，顺时针旋转90°。

（3）X键。水平翻转元器件。

（4）Y键。垂直翻转元器件。

4. 元器件的复制和粘贴

Altium Designer软件提供了强大的复制粘贴操作，包括复制、剪切、粘贴和智能粘贴功能。其功能和操作方法如下。

（1）复制。将选中的元器件以副本放入剪贴板。操作步骤为首先选中要复制的元器件（一个或多个），然后执行菜单“编辑→拷贝”，或按Ctrl+C组合键。

（2）剪切。将选中的元器件移入剪贴板，原元器件将被删除。操作步骤为首先选中要复制的元器件（一个或多个），然后执行菜单“编辑”→“剪切”，或按 Ctrl+X 组合键。

（3）粘贴。将剪贴板中的内容以副本复制到原理图中。操作步骤为首先保证已经执行了复制或剪切操作，剪切板内有内容，然后执行菜单“编辑”→“粘贴”，或按 Ctrl+V 组合键。

（4）智能粘贴。Altium Designer 软件允许选择一组对象，将其粘贴为不同类型的对象。并且系统可以执行复杂的数据转换。这里简单介绍元器件的阵列式粘贴。阵列式粘贴一次可将一个元器件按指定间距重复粘贴到图纸上。操作步骤也是首先保证已经执行了复制或剪切操作，剪切板内有内容，然后执行菜单“编辑”→“灵巧粘贴”，系统弹出“智能粘贴”窗口，如图 10-30 所示。在“选择对象粘贴”栏中显示了当前剪贴板中对象的类型及数量；“选择粘贴作用”栏用于在执行粘贴操作时粘贴的对象类型，这里选择 themselves，即自身；在“粘贴阵列”栏将“使能粘贴阵列”复选框选中，设置纵列和行的两个参数，计算（数量）用于粘贴到图纸上的元器件的个数，间距用于指明元器件的摆放间隔。例如，需要绘制如图 10-31 所示的一个电阻阵列，其操作方法为首先从图纸上选中一个与电阻阵列相同的的电阻执行复制操作，然后执行灵巧粘贴操作，在“粘贴阵列”栏的纵列参数设置数量为 5，间距为 20（密耳），行参数设置数量为 4，间距为 50；单击“智能粘贴”窗口中的“确定”按钮，这时鼠标指针上将粘附一个方框，在图纸的适当位置单击鼠标左键，则电阻阵列出现在图纸上。

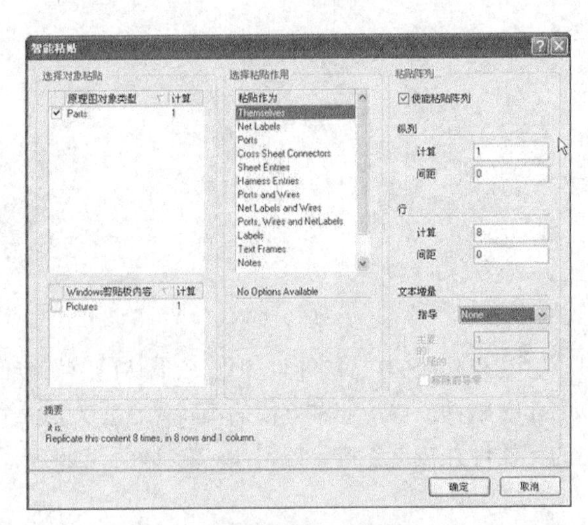

图 10-30　智能粘贴窗口

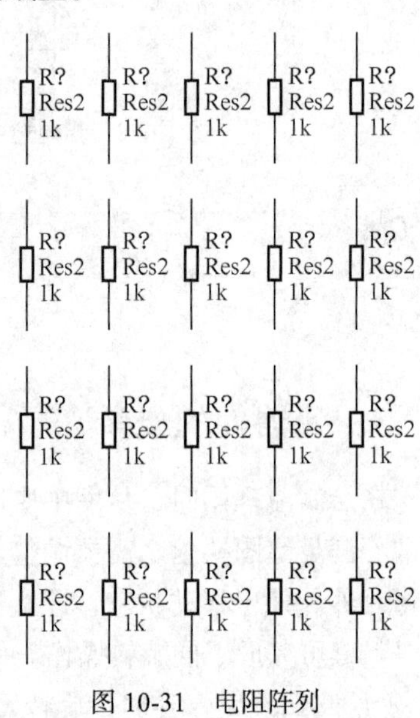

图 10-31　电阻阵列

Altium Designer 软件中距离的默认单位是密耳，即千分之一英寸。1 密耳≈0.025 4 毫米。

5. 元器件属性编辑

原理图中的每个对象都具有自身的特定属性，在进行原理图绘制过程中经常需要修改元器件的属性。例如，对原理图中的电阻，不同的电阻阻值大小差别很大，而从实用工具栏或是库中的电阻一般是一个定值，这就需要根据设计要求更改其阻值。如果在绘制原理图过程中，要放置的元器件还粘附于鼠标指针，没有放置到图纸上时，按下 Tab 键将打开元器件属性编辑对话窗口。如果元器件已经放置在图纸上，可用鼠标双击该元器件即可打开元器件属性编辑对话窗口，如图 10-32 所示。这是电阻的属性编辑对话窗口。从图中可以看到元器件的相关参数很多，但一般情况下不需要修改，用其默认属性。对于电阻常需要修改的有两处。一是元器件流水号，在对话窗口的左上角“指定者”编辑框中的“R?”，需将“？”修改为具体数字，且在整个原理图中同类元件中该数字不能重复，否则在以后的电气规则检查时报错。二是右上参数列表中“Value”条目中的“值”修改为所需要的大小。例如，当前的值为 1K，可将其修改为 4.7K 等其他阻值。修改完毕后单击“确定”按钮关闭属性编辑对话窗口。

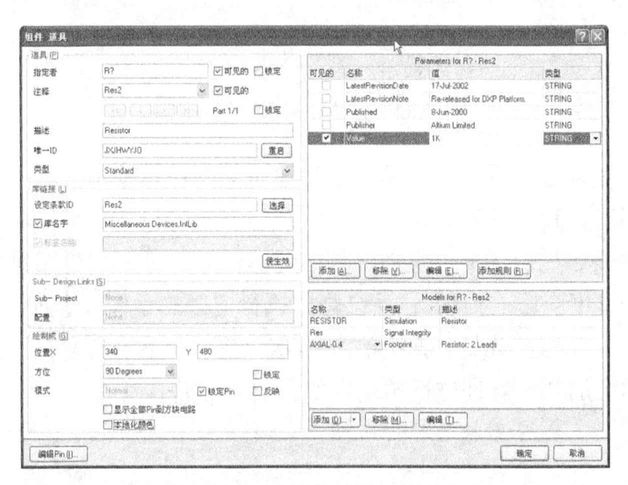

图 10-32　元器件编辑对话窗口

6. 元器件流水号自动更改

元器件流水号可以通过修改元器件属性的方式来改变，但对于一个包含大量元器件的原理图来说，采用这种方式太麻烦，并且容易出错。Altium Designer 软件为用户提供了元器件流水号自动编排功能。元器件放置到图纸上后，执行“工具”→“注释”菜单选项，系统弹出“注释”对话窗口，如图 10-33 所示。

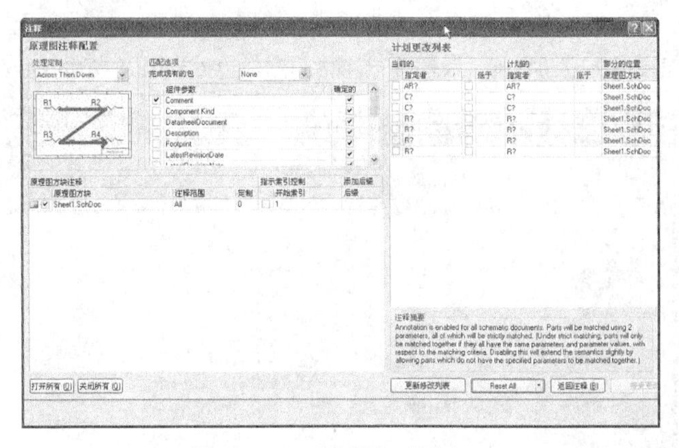

图 10-33　“注释”对话窗口

（1）处理定制（处理顺序）。用于设定元器件流水号编号的顺序，有 4 种编号顺序可供选择，分别是 Across Then Down、Up Then Across、Down Then Across、Across Then Up，其编号顺序在下方的方框图中有明显图示。如图 10-34 所示。

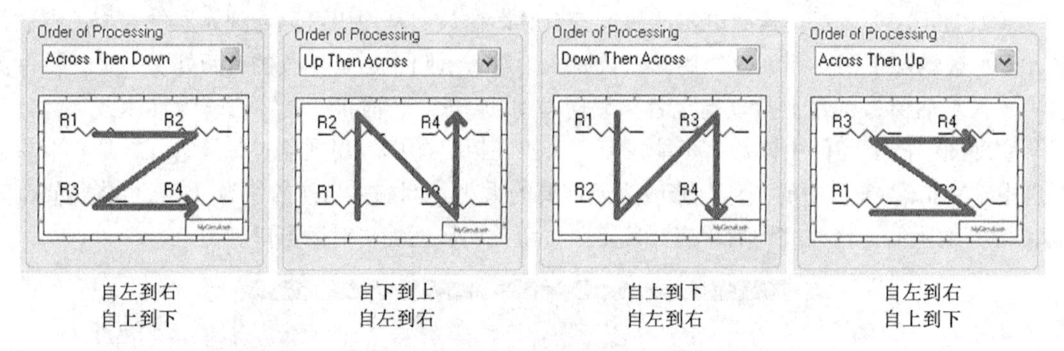

自左到右 自上到下　　自下到上 自左到右　　自上到下 自左到右　　自左到右 自上到下

图 10-34　元器件流水号编号顺序

（2）匹配选项。用来选择重新编号的范围是单张图纸还是整个工程中的图纸以及对哪个参数进行匹配，是注释还是其他参数。

（3）计划更改列表。显示了需要重新编号的元器件。每个元器件名称后带着？，表示该元器件需要编号。单击“更新修改列表”，系统弹出执行更改提示窗口，如图 10-35 所示。该提示窗口显示了进行编号的元器件数量，直接单击“OK”按钮，系统自动按照用户所选定的流水号编制顺序，将原理图中的各元器件进行预编号如图 10-36 所示。

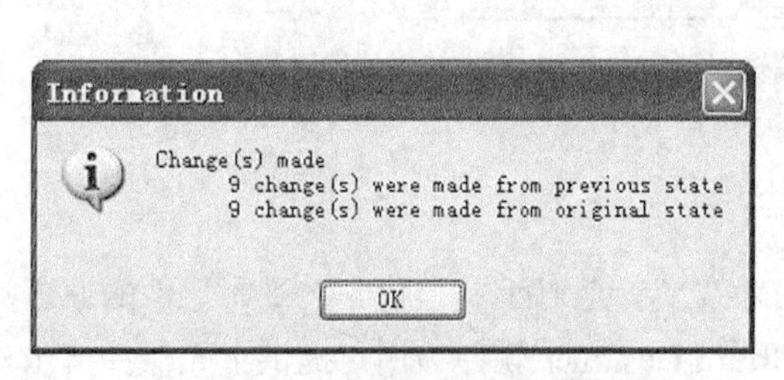

图 10-35　执行更改提示窗口

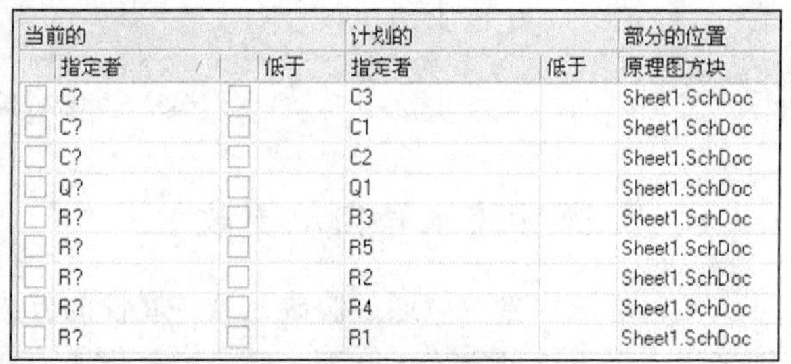

当前的		计划的		部分的位置
指定者	低于	指定者	低于	原理图方块
C?		C3		Sheet1.SchDoc
C?		C1		Sheet1.SchDoc
C?		C2		Sheet1.SchDoc
Q?		Q1		Sheet1.SchDoc
R?		R3		Sheet1.SchDoc
R?		R5		Sheet1.SchDoc
R?		R2		Sheet1.SchDoc
R?		R4		Sheet1.SchDoc
R?		R1		Sheet1.SchDoc

图 10-36　元器件的预编号

（4）元器件编号。元器件的预编号后，单击“接受更改”按钮，系统弹出“改变清单”窗口，如图 10-37 所示。再分别单击“使更改生效”、“执行更改”，系统检查、执行无误后在状况栏给出通过标识，如图 10-38 所示。最后单击窗口最右边 CLOSE 按钮完成元器件的自动编号。

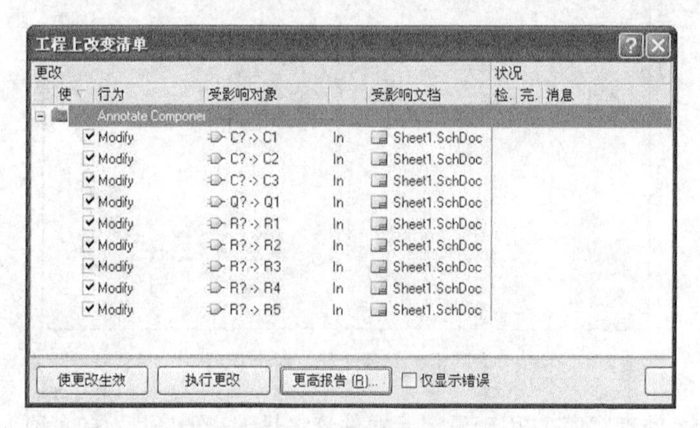

图 10-37　“改变清单”窗口

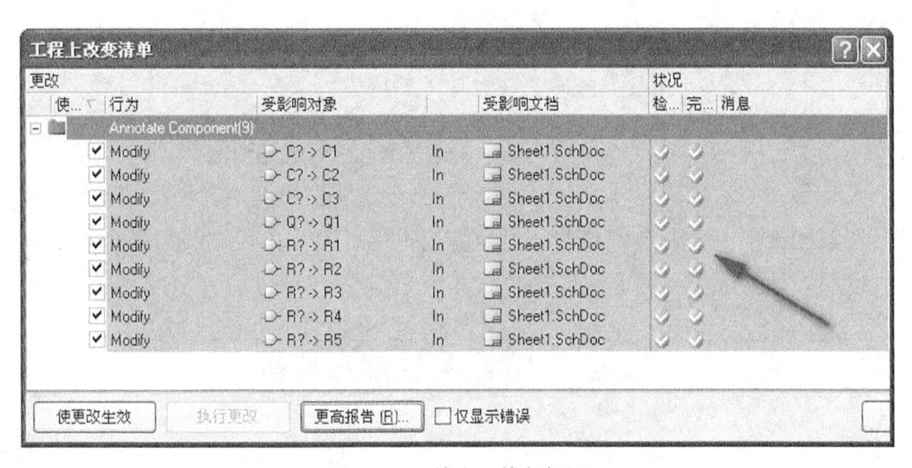

图 10-38 检查、执行标识

7. 元器件的删除

图形中元器件多余或错误时，可将其删除，删除元器件的操作很简单，首先将欲被删除的元器件全部选中，其选中方法参见元器件的选取。然后按键盘上的 Delete 键，则所选元器件全部从图纸消失。

10.2.3 调整元件的布局

一般情况下要求原理图中的元器件摆放整齐、规则。下面我们来学习元器件布局的调整。前面我们已经学会了元器件方位的改变，关于布局调整 Altium Designer 软件还提供了各种"对齐"操作。如图 10-39 所示，下面我们以底对齐和水平分布为例介绍对齐功能的用法。在图纸上任意放置 5 个电阻元件，如图 10-40 所示，然后分别执行菜单选项"编辑"→"对齐"→"底对齐"和"编辑"→"对齐"→"水平分布"执行后结果如图 10-41 所示。其他的对齐功能与之类似。

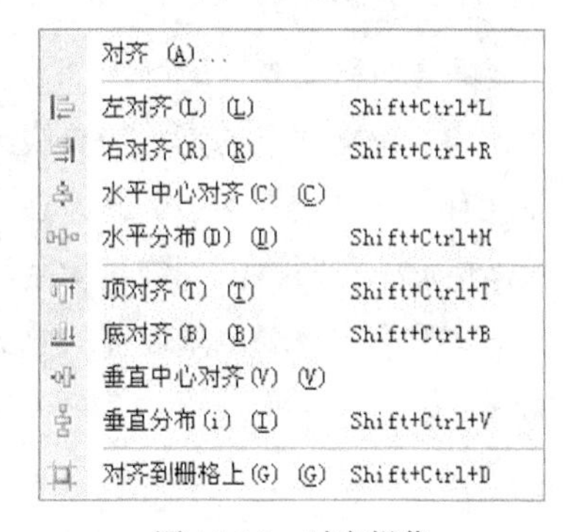

图 10-39 对齐操作

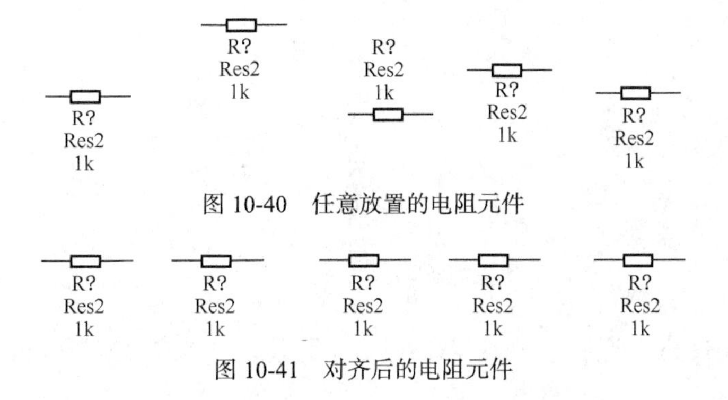

图 10-40 任意放置的电阻元件

图 10-41 对齐后的电阻元件

10.3 建立连接

元件放置到图纸上，并调整好位置、设定好属性后，就可以用导线将各个相互独立的元件连接起来，按照设计要求建立起电气连接关系。

10.3.1 导线的绘制和编辑

原理图布线的主要工具集成在 wiring 工具栏。执行菜单命令 View→Tbolbars→wiring 可以打开和关闭连线工具栏。该工具栏中各按钮的名称如图 10-42 所示。

1. 绘制导线

在原理图中绘制导线的具体操作如下。

（1）单击 Wring 工具栏图标或执行菜单命令 Place→Wire，光标变为十字形状。

（2）将光标移到元件引脚端点，单击鼠标左键，确定导线起点。沿着需要绘制导线的方向移动光标，到另一元器件引脚端点位置，再次单击鼠标左键，完成两点间的连线。此时光标仍处于绘制导线状态，可继续绘制，若单击鼠标右键，则退出绘制导线状态。

（3）在绘制导线过程中，如果要改变导线的绘制方向，可在转向处单击鼠标左键，然后向需要的方向移动光标即可。

（4）特别注意的是，当导线与元件连接时，导线一定要与元件的引脚相连，否则导线与元件没有电气连接关系。因此，在绘图的时候默认情况下系统自动寻找电气节点。在连线中，当光标接近引脚时，出现红色米字型标志，如图 10-43 所示。就是当前系统捕获的电气节点，这个米字型标志代表电气连接的意义，此时单击鼠标左键，这条导线就与元件的引脚之间建立了电气连接。

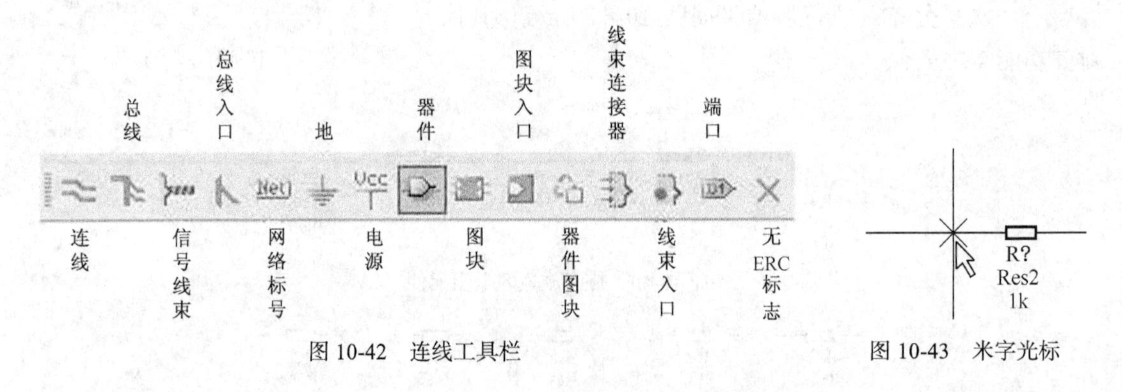

图 10-42　连线工具栏

图 10-43　米字光标

（5）在导线拐弯处，光标处于面线状态时，在键盘上按 Shift+空格（Space）键可以改变导线的转折方式，有直角、任意角度、自动走线等方式。虽然可以将导线绘制成斜线，但在实际的原理图中将导线绘制成水平和垂直状态。这主要是为了清晰美观，直线和斜线在电气意义上是没有区别的。

2. 编辑导线

如果对绘制导线的粗细、颜色等不满意，可以对其编辑，具体操作如下。

（1）执行菜单命令 Edjt→change 并在要编辑的导线上单击鼠标左键，打开设置导线属性对话框，如图 10-44 所示。

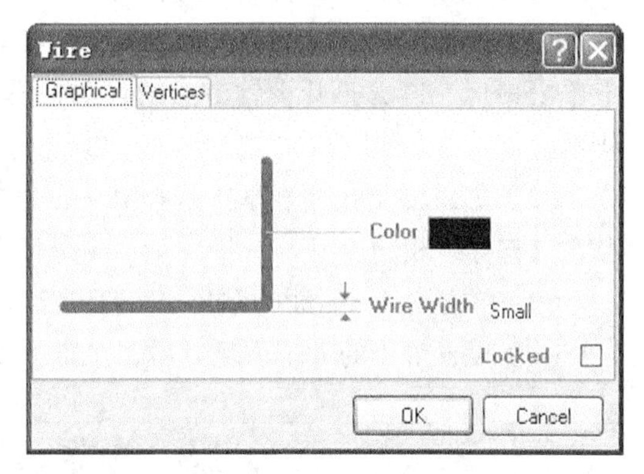

图 10-44　导线属性对话框

（2）在 Wire Width 下拉列表框中选择其中一种线宽。系统提供的选项有 4 个，分别是 Smallest（最小）、Small（小）、Medium（中等）、Large（大）。

（3）单击 Color 后而的颜色框，打开选择颜色（Choose Color）对话框，选择合适的颜色后单击 OK 按钮。

（4）设置导线的线宽、颜色后，单击“OK”按钮即可使设置生效。此时光标仍处于编辑状态，可继续设置其他需要编辑的导线，如果要结束编辑状态，单击鼠标右键即可。

10.3.2　放置、编辑节点

节点用来表示两条相交的导线是否在电气上相通。没有节点，表示在电气上不相通，有节点，则表示在电气上是相通的。放置节点就是使相互交叉的导线具有电气相通的关系。

当两条导线呈“T”相交时，系统将会自动放置节点，但对于呈“十”字相交的导线，不会自动放置节点，必须采用手动放置，如图 10-45 所示。

1. 放置节点

（1）执行菜单命令 Place→Manual Junction，光标变为中心带有红点的十字形状，如图 10-46 所示。

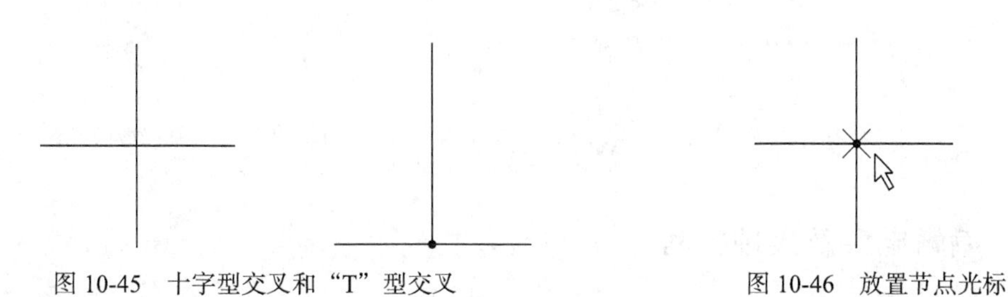

图 10-45　十字型交叉和“T”型交叉　　　　图 10-46　放置节点光标

（2）将光标移到需要放置节点的位置单击鼠标左键即可完成节点的放置。

（3）此时系统仍处于放置节点状态，可继续放置，如果要退出此状态，单击鼠标右键退出节点放置。

2. 编辑节点

在放置节点时，节点的大小、颜色等属性都是系统默认的，如果不满意，可以对其进行编辑。

（1）执行菜单命令 Edit→Change 并在要编辑的节点上单击鼠标左键，打开设置节点属性对话框，如图 10-47 所示。

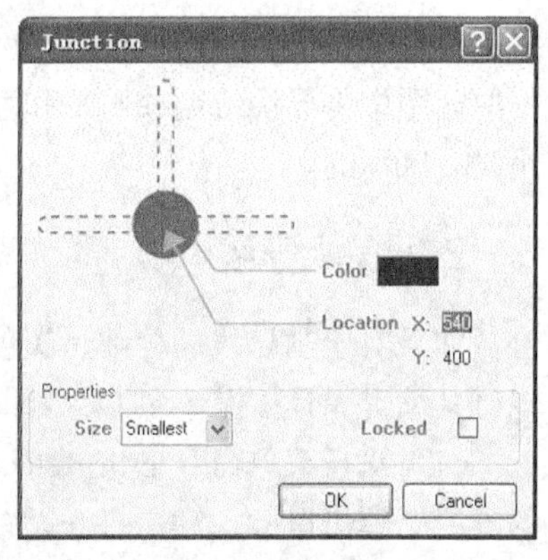

图 10-47　节点属性对话框

（2）在 Size 下拉列表框中选择其中一种模式，其选项及含义与导线相同。

（3）单击 Color 后面的颜色框，打开选择颜色对话框，选中合适的颜色后单击“OK”按钮。

（4）设置节点的大小、颜色后，单击“OK”按钮即可使设置生效。

10.3.3　放置、编辑电源及接地符号

1. 放置电源及接地符号

（1）单击电源及接地符号工具栏 Power Sources 中的按钮，如图 10-48 所示。

（2）执行完上述命令后，光标变为十字形状，电源或接地符号会“粘”在十字形光标上，如图 10-49 所示。移动光标到合适位置，单击鼠标左键。如果要退出此状态，单击鼠标右键。

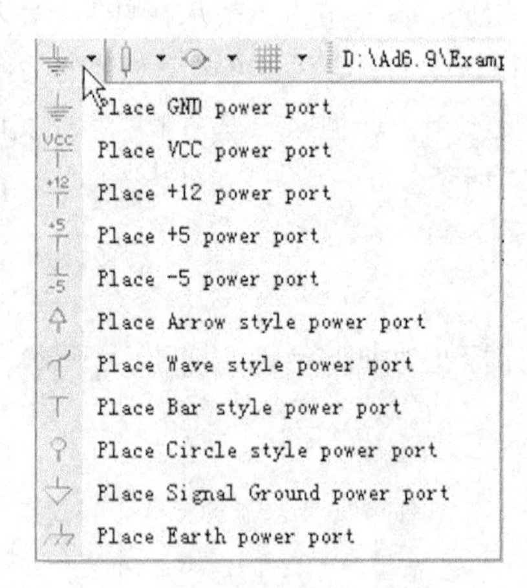

图 10-48　电源及接地工具

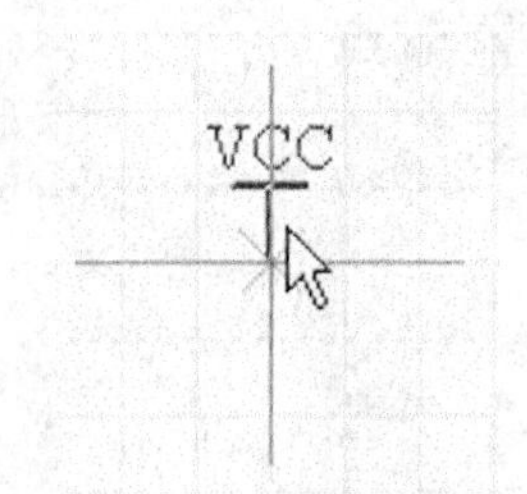

图 10-49　放置电源时光标

2. 编辑电源及接地符号

执行完放置电源及接地符号命令后，在放置之前按 Tab 键。或双击放置的电源或接地符号。打开的设置电源或接地符号属性对话框如图 10-50 所示。

各参数含义如下。

（1）Net 编辑框。设置该符号所具有的电气连接点名称。通常电源符号设为 VCC，接地符号设为 GND。注意：此处字母的大小写具有不同的含义。

（2）Style。设置符号外形。将鼠标移到 Style 右边，将出现下拉列表按钮，单击此按钮，在下拉列表框中选择合适外形。如图 10-51 所示在下拉列表框中有 7 个选项：Circle（圆形）、Arrow（箭头形）、Bar（条形）、Wave（波浪形）、PowerGround（电源地）、Signal Ground（信号地）、Earth（入地）。前 4 种是电源符号，后 3 种是接地符号，在使用时根据实际情况选择。

（3）Orientation。设置符号放置方向。可在其下拉列表框中选择合适的方向。

（4）Color。设置符号颜色。

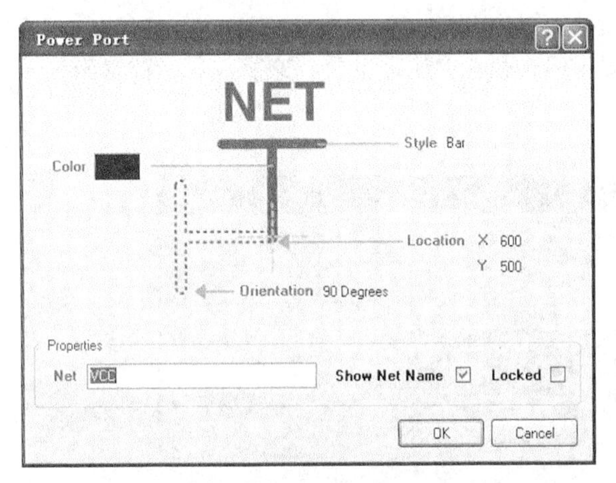

图 10-50　电源及接地对话框

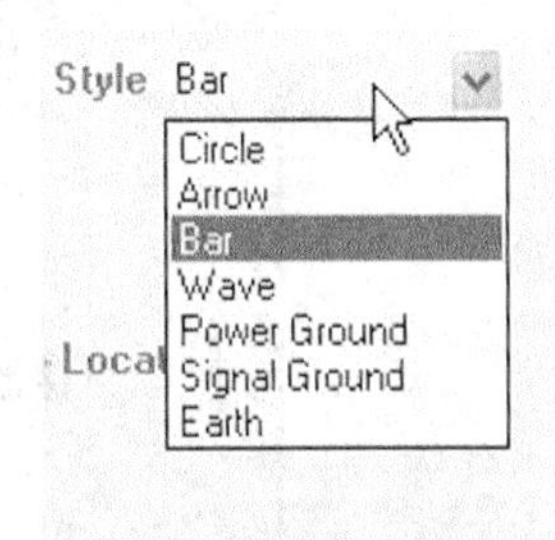

图 10-51　电源及接地类型

10.3.4　放置、编辑电路 I/O 端口

1. 放置电路 I/O 端口

（1）单击连线工具栏 Wiring 中的图标，或执行菜单命令 Place→Port，光标变为十字形状，并带着个悬浮的 I/O 端口，如图 10-52 所示。

（2）将光标移至所需位置，单击鼠标左键，确定端口的起点，这时光标将移动到 I/O 端口的另一端，拖动光标可以改变端口的长度，调整到合适的大小后，再次单击鼠标左键，即可放置一个 I/O 端口。

（3）此时，光标仍处于放置状态，可以继续放置，也可以单击鼠标右键退出放置状态。

图 10-52　放置端口光标

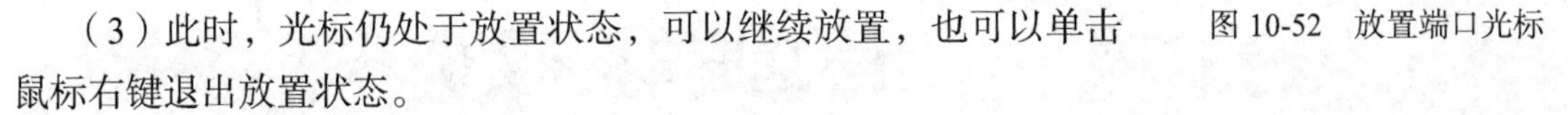

2. 编辑电路 I/O 端口

双击已放置的 I/O 端口或放置之前按 Tab 键，弹出端口属性对话框，如图 10-53 所示。其参数含义如下。

（1）Name。设置 I/O 端口名称。具有相同端口名称的电路在电气关系上是相通的。

（2）I/O Type。设置 I/O 端口的电气特性，即设置 I/O 端口的输入/输出类型。在其下拉列表中端口的电气类型有 4 种：Unspecified（未指明）、Output（输出）、Input（输入）、Bidirectional（双向）。

（3）Style。设置 I/O 端口外形。端口外形实际上就是 I/O 端口的箭头方向。有 8 个选项，它们分别是：None（Horizontal）（默认水平方向）、Left（箭头向左）、Right（箭头向右）、Left&Right（箭头左右均有）、None（Vertical）（默认垂直方向）、Top（箭头向上）、Bottom（箭头向下）、Top&Bottom（箭头上下均有）。

（4）Alignment。设置端口名称在端口中的位置。当 I/O 端口外形为水平方向时，其选项有 Left（左对齐）、Right（右对齐），Center（居中对齐）；当 I/O 端口外形为垂直方向时，其选项有 Top（顶对齐）、Bottrom（底对齐），Center（居中对齐）

其他属性的设置包括 I/O 端口的宽度、填充颜色、边框颜色、文字颜色、位置坐标等，可根据需要进行设定。

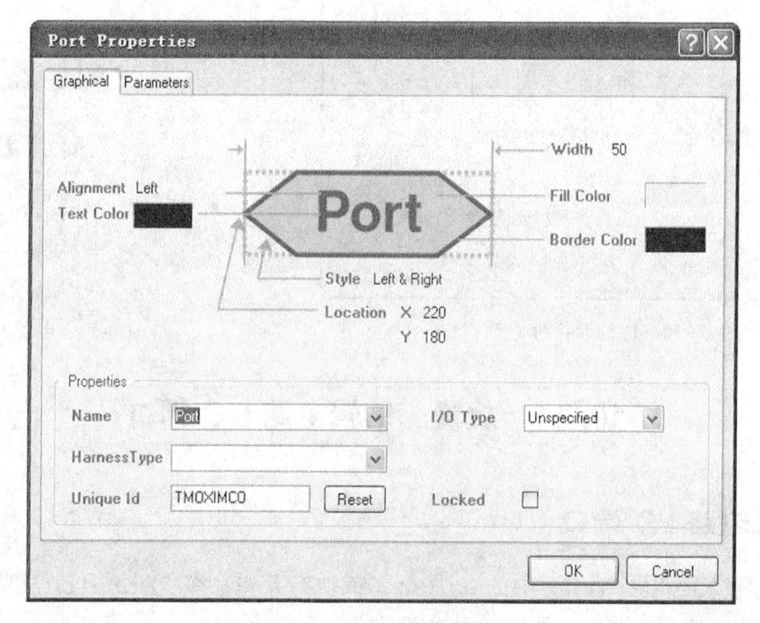

图 10-53　端口属性对话框

10.4 绘制原理图实例

前面已经具体讨论了原理图设计工具的使用方法、元件库的使用、元器件的属性的编辑等原理图绘制相关知识，下面以一个实用电路为例，完整地介绍电路原理图的绘制过程。

图 10-54 所示的电路为模数转换电路的部分电路，其绘制方法及步骤如下。

（1）新建原理图文件，进入原理图编辑界面。

（2）加载绘制本原理图所需的元器件库，表 10-1 给出了原理图中所使用的元器件所在的元件库，根据前面介绍的库的加载方法将这些元件库加载。

（3）放置元器件。根据电路图的组成情况，将所需的元器件从库中选取，放置于编辑区。

（4）调整元器件的位置。上一步已将元器件放置到编辑区，但放置的位置可能不够理想，对需要调整的元器件作适当调整。调整后如图 10-55 所示。

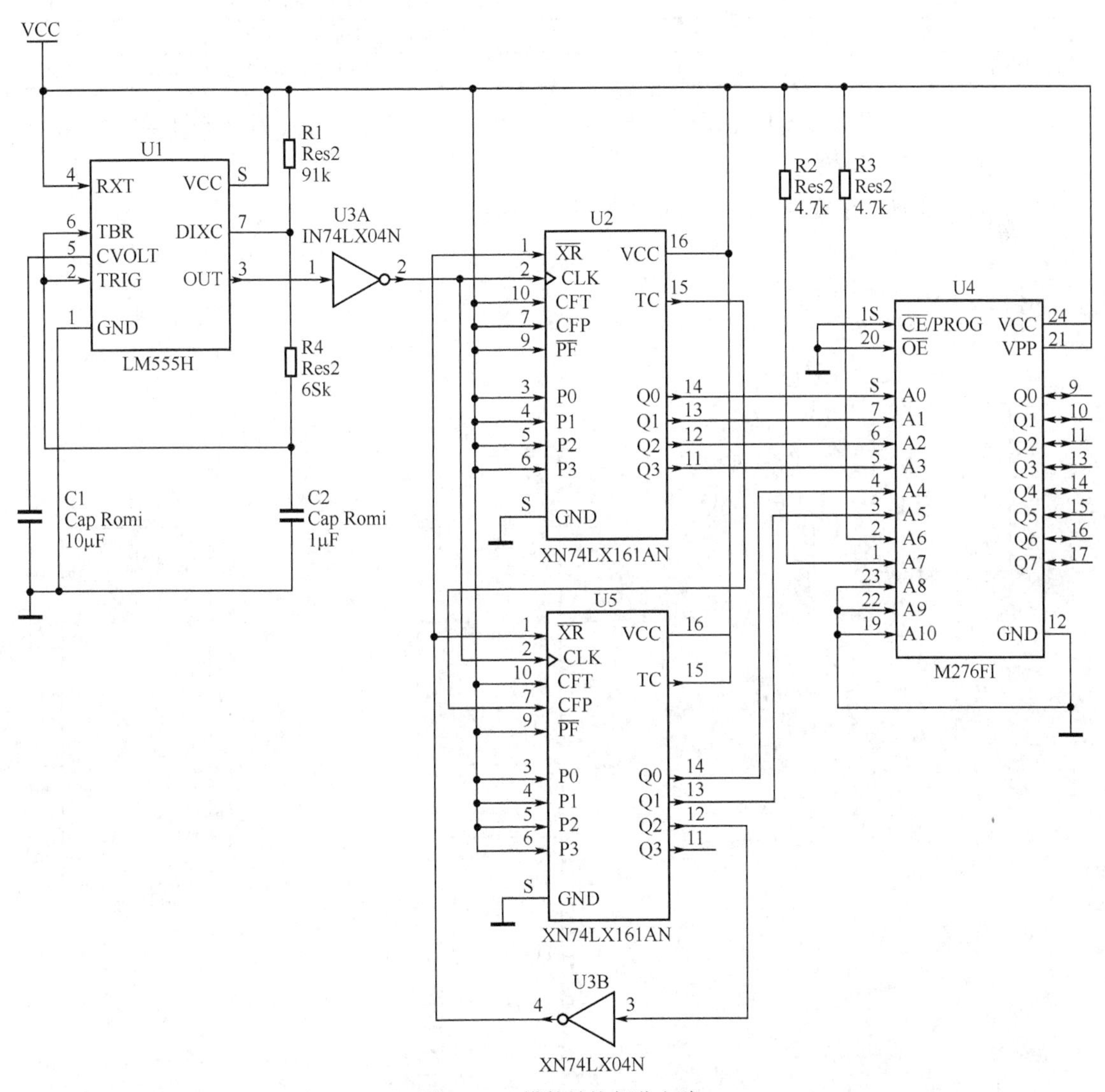

图 10-54　模数转换部分电路

（5）更改元器件的标号。元器件放置后，系统自动对元器件命名，但没有分配流水号，根据前面介绍的元器件自动流水号的更改方法修改元器件的流水号。

（6）设置元器件的属性。所放置的元器件的部分属性与要求不一致，打开元器件属性编辑器，修改元器件的属性，如电阻的阻值，电容的容值等。

表 10-1　　元器件清单

元器件样本	元器件属性	所属元件库
RES2	9.1K	Miscellaneous Devices.IntLib
RES2	6.8K	Miscellaneous Devices.IntLib
RES2	4.7K	Miscellaneous Devices.IntLib
CAP	1nF	Miscellaneous Devices.IntLib
CAP	10nF	Miscellaneous Devices.IntLib
SN74LS04N		ON Semi Logic Buffer Line Driver.IntLib
SN74LS161AN		ON Semi Logic Counter.IntLib
LM555H		NSC Analog Timer Circuit.IntLib
M2716F1		ST Memory EPROM 16-512Kbit.IntLib

（7）连线。根据电路图将元器件引脚间进行连线。如有元器件位置不当影响连线美观，对元器件位置可再适当调整。

（8）保存文件。最终绘制的电路原理图如图 10-54 所示。

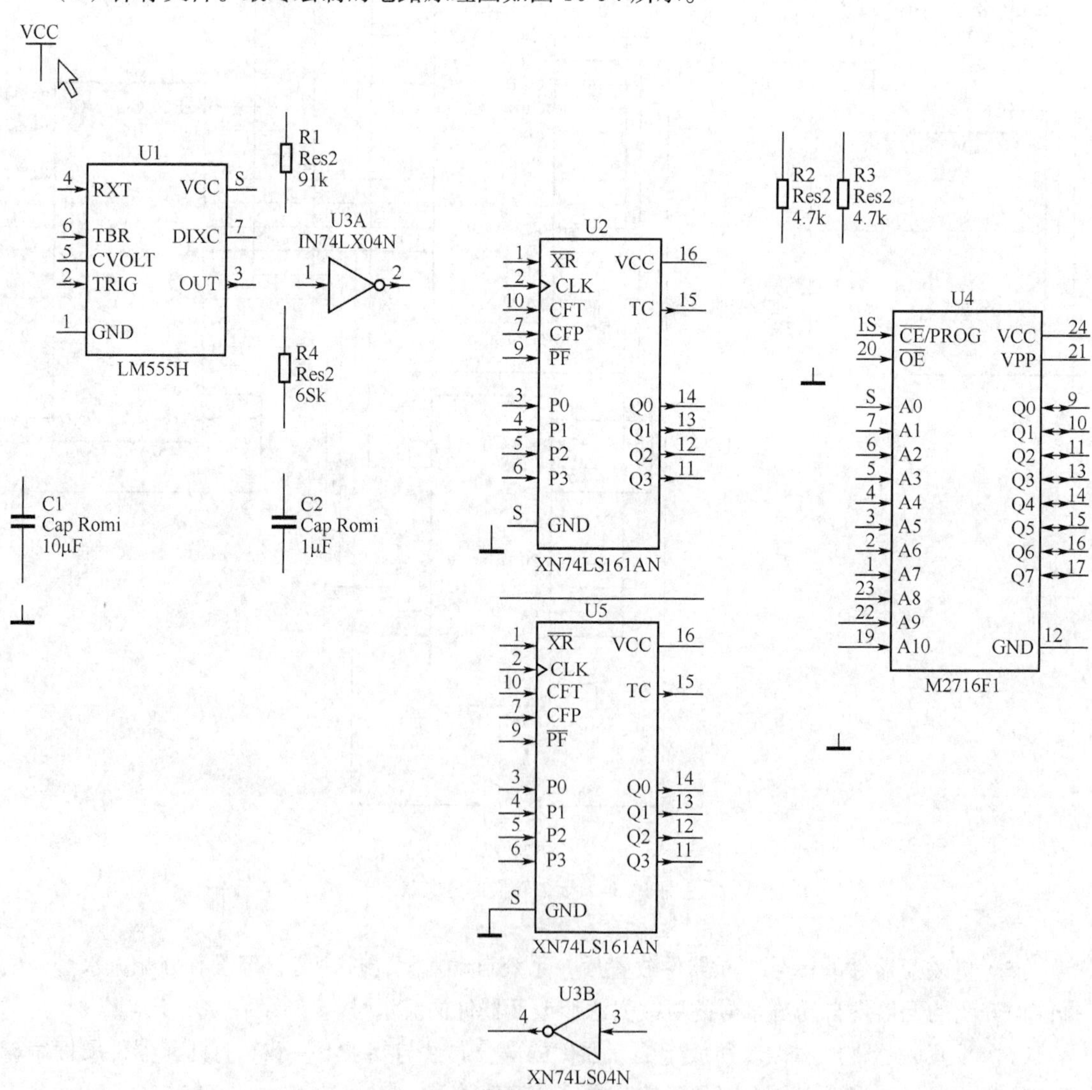

图 10-55　元器件位置调整后的布局

10.5 学会使用总线绘图

在绘制原理图的过程中，某些元器件可能出现十几个甚至几十个引脚与周围元器件相连，例如微控制器与外围器件的连线一般有十几条，数据线、地址线、控制线等。采用一般的连线方式，线非常多，显得杂乱且不容易阅读。这种情况下可采用总线方式绘图，以简化连线的表现方式。总线就是由一组性质相同的连线组成的线束，在 Altium Designer 软件中用较粗的线条来表示。需要特别指出的是总线和连线最大的不同在于总线本身不具备任何实质上的电气意义，仅表示逻辑连接。

采用总线绘图一般包括 3 个元素，它们是总线、总线出入端口和网络标号，如图 10-56 所示。习惯上，连线通过总线出入端口与总线相连接。与总线一样，总线出入端口也不具备电气意义。在总线中，真正具有实际电气意义的是网络标号。

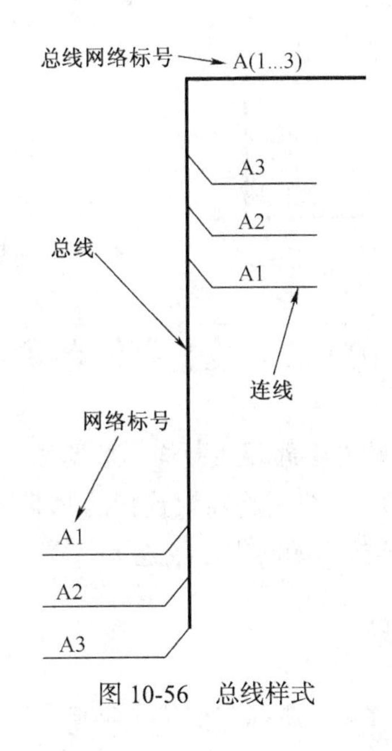

图 10-56　总线样式

10.5.1 放置总线及总线进出端口

1. 放置总线

执行菜单“放置”→“总线”启动画总线操作，或用鼠标单击工具条上的 图标，光标变成十字形状，按 Tab 键打开总线属性对话框，如图 10-57 所示，修改总线的线宽及颜色并在适当的位置将总线画在图纸上，绘制总线的方法与绘制连线的方法类似。

2. 放置总线出入端口

总线出入端口是连线与总线相连的过渡连接，本身没有任何电气连接意义，只是看上去更具有专业水准而已。

执行菜单“放置”→“总线端口”，或单击工具栏上的图标，启动画总线进出口操作，这时光标变成十字形状，并且上面有一段 45°或 135°的线，该线可通过按键盘 Space 键改变位置角度。如图 10-58 所示，画总线出入端口具体步骤如下。

（1）将光标移动到所要放置总线进出端口的位置，光标上出现一个金色叉，表示移到了一个适合放置端口的位置，单击鼠标左键则可完成一个总线进出端口的放置。

（2）画完全部的总线进出端口后，单击鼠标右键，则可结束画总线进出端口状态。

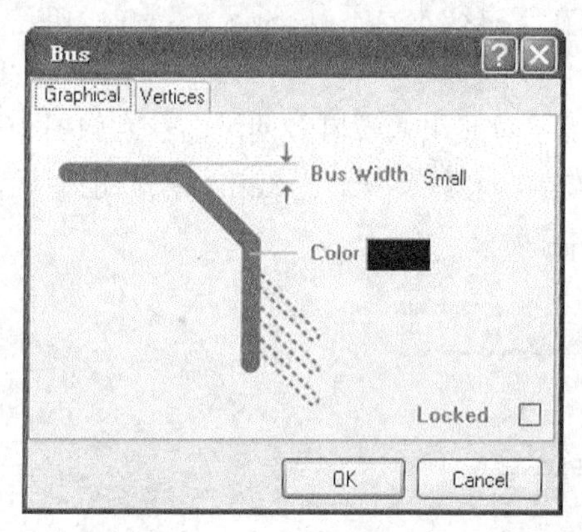

图 10-57　总线属性对话窗口

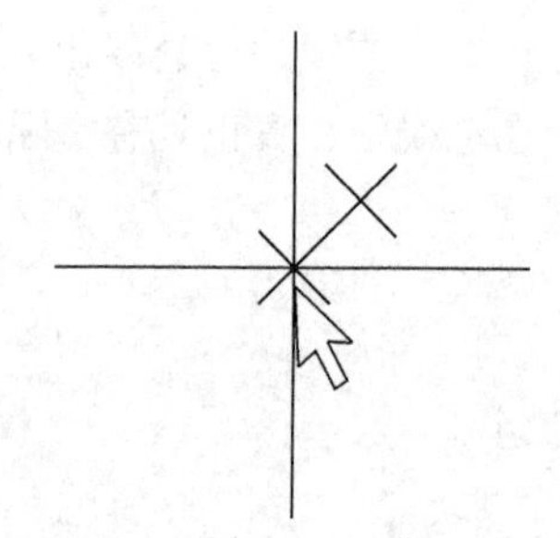

图 10-58　画总线出入口指针状态

10.5.2　放置网络名称

网络名称在 Altium Designer 软件中同导线一样，是具备电气意义的连接，在绘制原理图的过程中如果导线繁多，可以省略连线，只需将需要连接的元器件的引脚设置为相同的网络名称，Altium Designer 软件认为他们已连接，如同用导线连接一样。

1. 放置网络名称的步骤

（1）单击绘图工具栏中的图标，游标将变成十字形，如图 10-59 所示，并出现一个虚线方框悬浮在游标上。此方框的大小、长度和内容是由上一次使用的网络名称决定的。

（2）将游标移动到放置网络名称的位置（导线或总线），游标上出现红色的 X，单击鼠标就可以放置一个网络名称了，但是一般情况下，为了避免以后修改网络名称的麻烦，在放置网络名称前，按 Tab 键，设置网络名称属性。

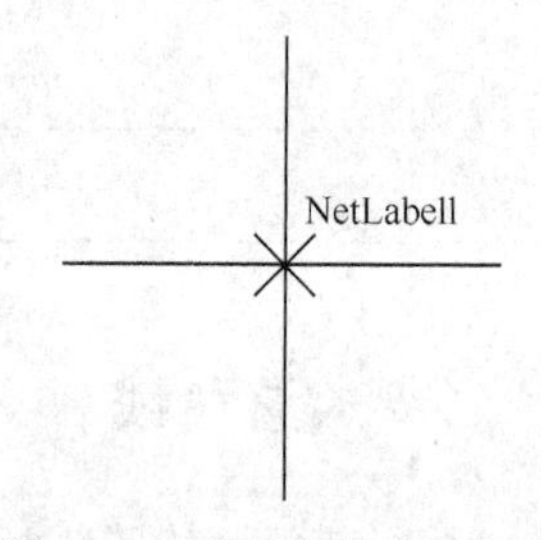

图 10-59　网络名称指针状态

（3）移动鼠标到其他位置继续放置网络名称（放置完第一个网路名称后，不按鼠标右键）。在放置网络名称的过程中如果网络名称的末尾为数字，那么这些数字会自动增加。

（4）右键单击鼠标或按 Esc 键退出放置网络名称状态。

2. 网络名称属性对话框

启动放置网络名称命令后，按 Tab 键打开 Net Label（网络名称属性）对话框。或者在放置网络名称完成后，双击网络名称打开网络名称属性对话框，如图 10-60 所示。

网络名称属性对话框主要可以设置以下选项。

（1）Net（网络名称）。定义网络名称。

（2）Color（颜色设置）。单击 Color 选项，将弹出 Choose Color（选择颜色）对话框，可以选择用户喜欢的颜色。

（3）Location（坐标设置）。Location 选项中设置 *X*、*Y* 表明网络名称的水平和垂直坐标。

（4）Orientation（方向设置）。单击 Orientation 栏中的 0 degrees 下拉菜单可以选择网络名称的方向。也可以用空格键实现方向的调整，每按一次空格键，改变 90°。

（5）字体设置。单击 Font 中的 Change 按钮，将弹出字体对话框，如图 10-61 所示。可以改变字体设置。

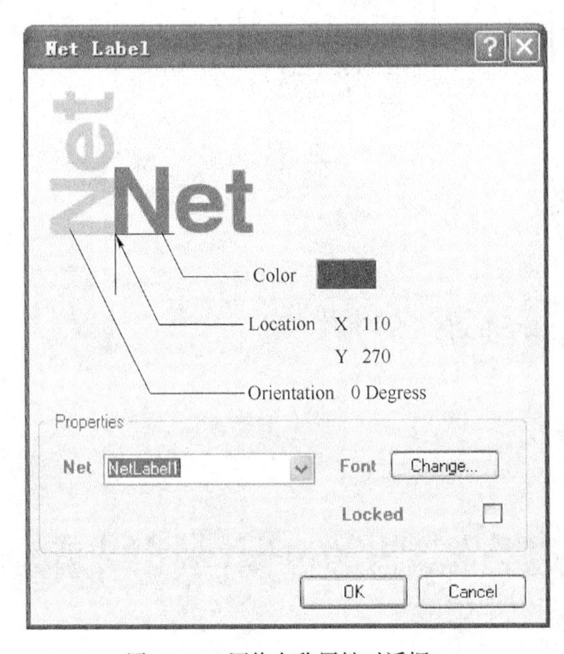

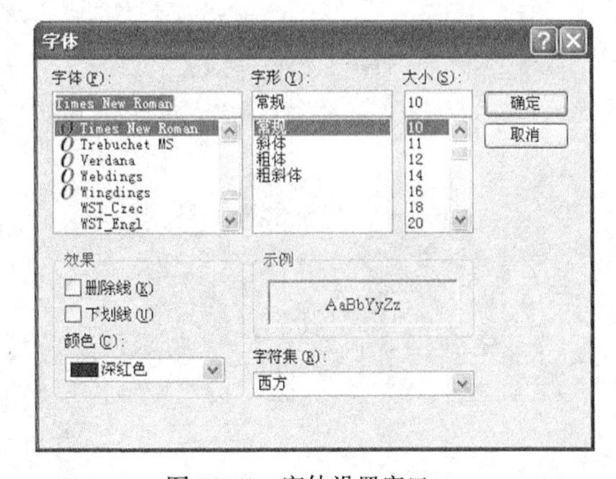

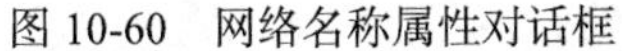

图 10-60 网络名称属性对话框　　　　图 10-61 字体设置窗口

10.5.3 总线绘图举例

如图 10-62 所示，该图为 P89C52 单片机与 M28F101 存储器的地址线连接图，由于连线较多，为使绘图清晰美观，采用总线方式绘制。其步骤如下。

（1）单击工具栏总线图标，在两元器件间绘制出一条总线。

（2）单击工具栏总线出入端口图标，在刚绘制的总线上绘制一个出入端口，在绘制总线出入端口时，按空格键可改变出入端口的方向。

（3）单击工具栏网络名称图标，在总线出入端口上放置网络名称。

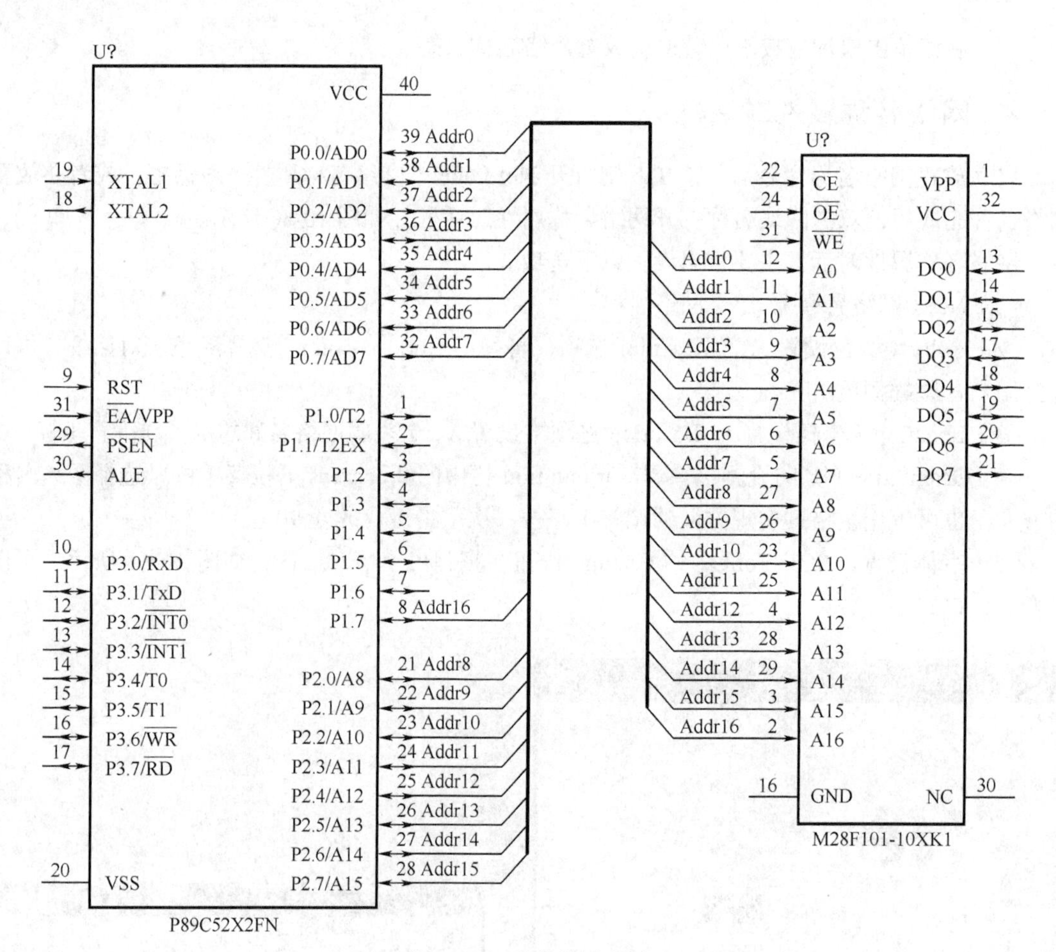

图 10-62　总线绘图实例

10.6 如何进行原理图的查错和纠错

10.6.1　ERC 的设置与应用

在 Altiun Designer 软件中原理图不仅仅只是绘图，原理图还包含关于电路的连接信息。用户可以使用连接检查器来验证自己的设计。原理图绘制完成后，用户通过编译该项目进行错误检查，Altiun Designer 软件将根据在 Error Reporting 和 Connection Matrix 标签中的设置来检查错误，如果有错误发生则会显示在 Messages 面板。

1. 设置错误报告

单击 Project→Options for Project 菜单选项，系统弹出规则设置对话框，如图 10-63 所示。

对话框中的 Error Reporting 标签用于设置设计草图检查。报告模式（Report Mode）表明违反规则的严格程度。如果你要修改 Report Mode，单击你要修改的违反规则条目的 Report Mode，并从下拉列表中选择严格程度。

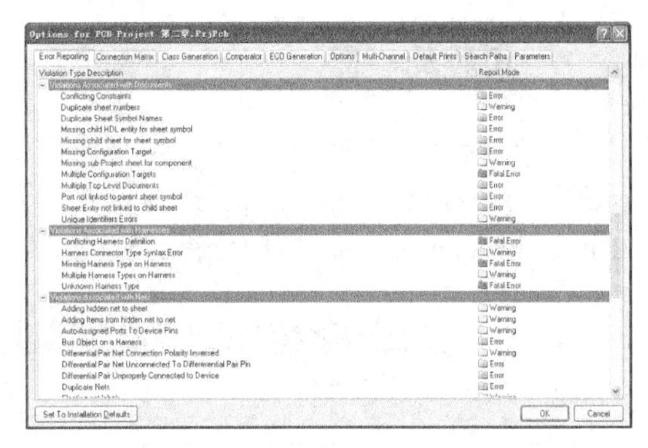

图 10-63 规则设置对话框窗口

2. 设置连接矩阵

连接矩阵标签（Connection Matrix 标签）显示的是错误类型的严格性，这将在设计中运行错误报告检查电气连接产生，如引脚间的连接、元件和图纸输入。共有 4 种电气连接的检查报告类型，其中，红色代表严重错误，橙色代表错误，黄色代表警告，绿色代表不报告。如果要改变某一报告信息，可以在矩阵图中单击相应的方块，每单击一次将改变一种报告类型。如设置当无源器件的管脚没连接时，产生错误信息，如图 10-64 所示。点击 Set To Installtaion Defaults 可恢复到系统默认值。这个矩阵给出了一个在原理图中不同类型的连接点以及是否被允许的图表描述。

例如，在矩阵图的右边找到 Output Pin，从这一行找到 Open Collector Pin 列。在它的相交处是一个橙色的方块，而这个表示在原理图中从一个 Output Pin 连接到一个 Open Collector Pin 的颜色将在项目被编辑时启动一个错误条件。

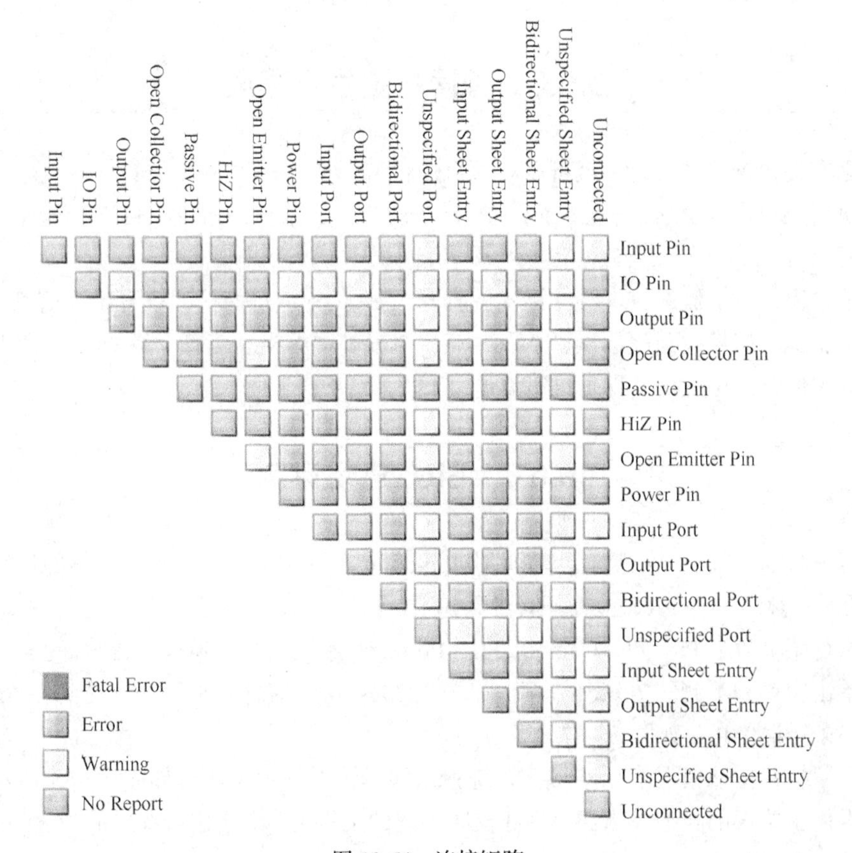

图 10-64 连接矩阵

3. 设置比较器

单击 Comparator 标签，出现比较器设置对话框，如图 10-65 所示。可以设置比较器的作用范围。例如希望改变元件封装后系统在编译时给予一定的信息，则找到元件封装变化栏（DifferentFootprint），单击其右侧 Mode 栏，在出现的下拉列表中选择 FindDifferences。

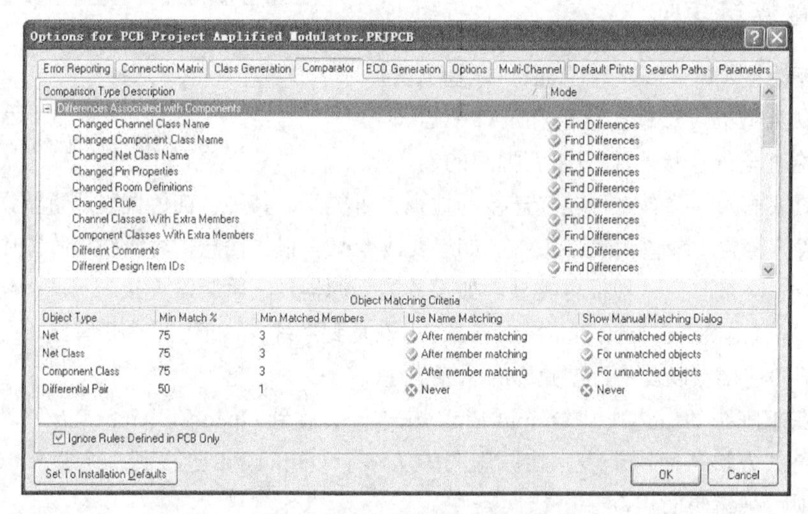

图 10-65　比较器设置对话框

10.6.2　错误的定位及修改

设置完有关检查的选项后，就可以对项目进行编译了。

（1）执行菜单命令 Project→Compile PCB Project...，系统开始对项目进行编译。并生成信息报告。

（2）单击窗口右下侧的 Message 标签，打开 Messages 信息面板，查看错误信息。

（3）根据提示信息找到该错误，加以改正。单击其中的提示信息，系统将自动跳转到原理图中的错误位置处，即可进行修改。

10.6.3　ERC 应用举例

为学习 ERC 的功能，故意将上节电路 Modulator 子图中的 Q1 基极与 R10 的连线删除，如图 10-66 所示，然后进行 ERC 检查。其步骤如下。

（1）执行菜单命令 Project→Compile PCB Project，系统开始对项目进行编译。

（2）单击窗口右下侧的 Message 标签，打开 Messages 信息面板，我们看到在 Messages 信息面板有一条错误信息，如图 10-67 所示。

（3）用鼠标双击该错误信息条目，系统弹出编译错误提示窗口，如图 10-68 所示，该提示窗口详细提供了错误的类型及来源，并且在原理图的工作区，出错位置在中心位置以高亮显示。如图 10-69 所示，用户便可将其修正。

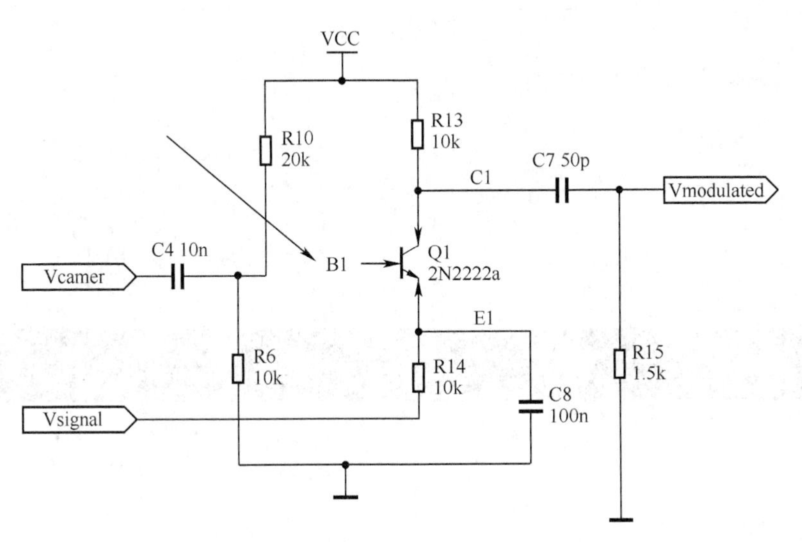

图 10-66　删除连线的 Modulator 子图

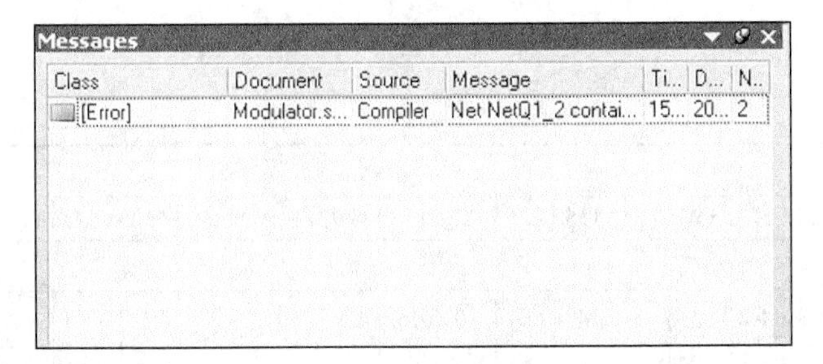

图 10-67　Messages 信息面板

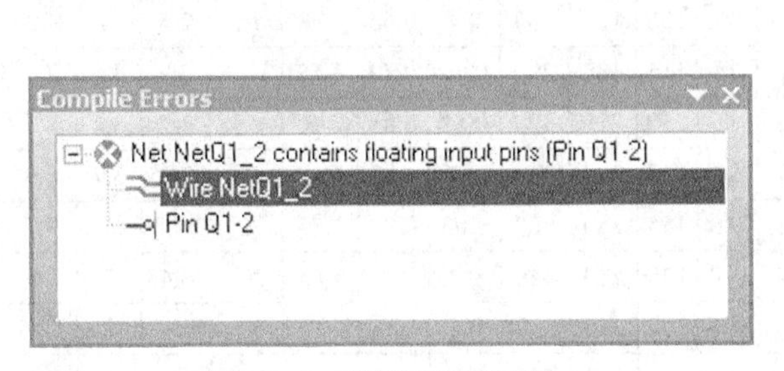

图 10-68　编译错误提示窗口

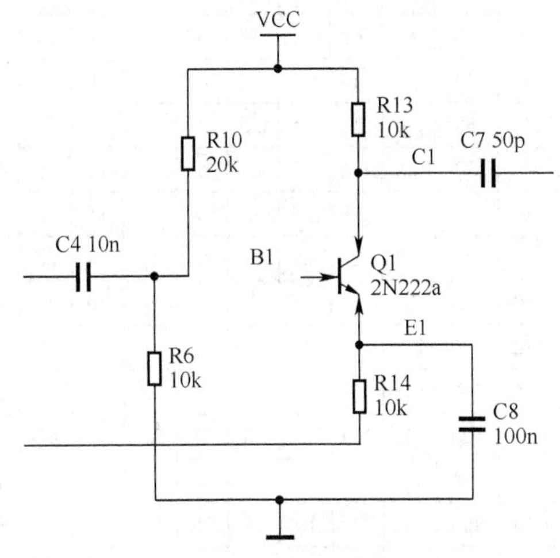

图 10-69　出错位置高亮显示

1 极限与配合

1.1 标准公差数值 （摘自 GB/T 1800.3—1998）

附表 1

基本尺寸（mm/）		标准公差等级																			
		IT01	IT0	IT1	IT2	IT3	IT4	IT5	IT6	IT7	IT8	IT9	IT10	IT11	IT12	IT13	IT14	IT15	IT16	IT17	IT18
大于	至	μm													mm						
—	3	0.3	0.5	0.8	1.2	2	3	4	6	10	14	25	40	60	0.1	0.14	0.25	0.4	0.6	1	1.4
3	6	0.4	0.6	1	1.5	2.5	4	5	8	12	18	30	48	75	0.12	0.18	0.3	0.48	0.75	1.2	1.8
6	10	0.4	0.6	1	1.5	2.5	4	6	9	15	22	36	58	90	0.15	0.22	0.36	0.58	0.9	1.5	2.2
10	18	0.5	0.8	1.2	2	3	5	8	11	18	27	43	70	110	0.18	0.27	0.43	0.7	1.1	1.8	2.7
18	30	0.6	1	1.5	2.5	4	6	9	13	21	33	52	84	130	0.21	0.33	0.52	0.84	1.3	2.1	3.3
30	50	0.6	1	1.5	2.5	4	7	11	16	25	39	62	100	160	0.25	0.39	0.62	1	1.6	2.5	3.9
50	80	0.8	1.2	2	3	5	8	13	19	30	46	74	120	190	0.3	0.46	0.74	1.2	1.9	3	4.6
80	120	1	1.5	2.5	4	6	10	15	22	35	54	87	140	220	0.35	0.54	0.87	1.4	2.2	3.5	5.4
120	180	1.2	2	3.5	5	8	12	18	25	40	63	100	160	250	0.4	0.63	1	1.6	2.5	4	6.3
180	250	2	3	4.5	7	10	14	20	29	46	72	115	185	290	0.46	0.72	1.15	1.85	2.9	4.6	7.2
250	315	2.5	4	6	8	12	16	23	32	52	81	130	210	320	0.52	0.81	1.3	2.1	3.2	5.2	8.1
315	400	3	5	7	9	13	18	25	36	57	89	140	230	360	0.57	0.89	1.4	2.3	3.6	5.7	8.9
400	500	4	6	8	10	15	20	27	40	63	97	155	250	400	0.63	0.97	1.55	2.5	4	6.3	9.7
500	630	4.5	6	9	11	16	22	32	44	70	110	175	280	440	0.7	1.1	1.75	2.8	4.4	7	11
630	800	5	7	10	13	18	25	36	50	80	125	200	320	500	0.8	1.25	2	3.2	5	8	12.5
800	1000	5.5	8	11	15	21	28	40	56	90	140	230	360	560	0.9	1.4	2.3	3.6	5.6	9	14
1000	1250	6.5	9	13	18	24	33	47	66	105	165	260	420	660	1.05	1.65	2.6	4.2	6.6	10.5	16.5
1250	1600	8	11	15	21	29	39	55	78	125	195	310	500	780	1.25	1.95	3.1	5	7.8	12.5	19.5
1600	2000	9	13	18	25	35	46	65	92	150	230	370	600	920	1.5	2.3	3.7	6	9.2	15	23

注：基本尺寸小于 1mm 时，无 IT14 ~ IT18。

1.2 基本偏差数值 （摘自 GB/T 1800.3—1998）

附表 2 **轴的基本偏差数值**

基本尺寸（mm）		基本偏差数值																																	
		上偏差 es												下偏差 ei																					
大于	至	所有标准公差等级												IT5和IT6	IT7	IT8	IT4至IT7	≤IT5 >IT6	所有标准公差等级																
		a	b	c	cd	d	e	ef	f	fg	g	h	js	j			k		m	n	p	r	s	t	u	v	x	y	z	za	zb	zc
—	3	−270	−140	−60	−34	−20	−14	−10	−6	−4	−2	0	偏差由公式计算（见注2）	−2	−4	−6	0	0	+2	+4	+6	+10	+14		+18		+20		+26	+32	+40	+60
3	6	−270	−140	−70	−46	−30	−20	−14	−10	−6	−4	0		−2	−4		+1	0	+4	+8	+12	+15	+19		+23		+28		+35	+42	+50	+80
6	10	−280	−150	−80	−56	−40	−25	−18	−13	−8	−5	0		−2	−5		+1	0	+6	+10	+15	+19	+23		+28		+34		+42	+52	+67	+97
10	14	−290	−150	−95		−50	−32		−16		−6	0		−3	−6		+1	0	+7	+12	+18	+23	+28		+33		+40		+50	+64	+90	+130
14	18																									+39	+45		+60	+77	+108	+150
18	24	−300	−160	−110		−65	−40		−20		−7	0		−4	−8		+2	0	+8	+15	+22	+28	+35		+41	+47	+54	+63	+73	+98	+136	+188
24	30																							+41	+48	+55	+64	+75	+88	+118	+160	+218
30	40	−310	−170	−120		−80	−50		−25		−9	0		−5	−10		+2	0	+9	+17	+26	+34	+43	+48	+60	+68	+80	+94	+112	+148	+200	+274
40	50	−320	−180	−130																				+54	+70	+81	+97	+144	+136	+180	+242	+325
50	65	−340	−190	−140		−100	−60		−30		−10	0		−7	−12		+2	0	+11	+20	+32	+41	+53	+66	+87	+102	+122	+144	+172	+226	+300	+405
65	80	−360	−200	−150																		+43	+59	+75	+102	+120	+146	+174	+210	+274	+360	+480
80	100	−380	−220	−170		−120	−72		−36		−12	0		−9	−15		+3	0	+13	+23	+37	+51	+71	+91	+124	+146	+178	+214	+258	+335	+445	+585
100	120	−410	−240	−180																		+54	+79	+104	+144	+172	+210	+254	+310	+400	+525	+690
120	140	−460	−260	−200		−145	−85		−43		−14	0		−11	−18		+3	0	+15	+27	+43	+63	+92	+122	+170	+202	+248	+300	+365	+470	+620	+800
140	160	−520	−280	−210																		+65	+100	+134	+190	+228	+280	+340	+415	+535	+700	+900
160	180	−580	−310	−230																		+68	+108	+146	+210	+252	+310	+380	+465	+600	+780	+1000
180	200	−660	−340	−240		−170	−100		−50		−15	0		−13	−21		+4	0	+17	+31	+50	+77	+122	+166	+236	+284	+350	+425	+520	+670	+880	+1150
200	225	−740	−380	−260																		+80	+130	+180	+258	+310	+385	+470	+575	+740	+960	+1250
225	250	−820	−420	−280																		+84	+140	+196	+284	+340	+425	+520	+640	+820	+1050	+1350
250	280	−920	−480	−300		−190	−110		−56		−17	0		−16	−26		+4	0	+20	+34	+56	+94	+158	+218	+315	+385	+475	+580	+710	+920	+1200	+1550
280	315	−1050	−540	−330																		+98	+170	+240	+350	+425	+525	+650	+790	+1000	+1300	+1700
315	355	−1200	−600	−360		−210	−125		−62		−18	0		−18	−28		+4	0	+21	+37	+62	+108	+190	+268	+390	+475	+590	+730	+900	+1150	+1500	+1900
355	400	−1350	−680	−400																		+114	+208	+294	+435	+530	+660	+820	+1000	+1300	+1650	+2100

注：1. 基本尺寸小于或等于 1mm 时，基本偏差 a 和 b 均不采用。

2. js 的偏差= $\pm\frac{ITn}{2}$，其中 ITn 是 IT 值数；公差带 js7 至 js11，若 ITn 值数是奇数，则取偏差= $\pm\frac{ITn-1}{2}$。

附表 3

孔的基本偏差数值

基本尺寸(mm)		基本偏差数值																					
		下偏差EI												上偏差ES									
		所有标准公差等级												IT6	IT7	IT8	≤IT8	>IT8	≤IT8	>IT8	≤IT8	>IT8	≤IT7
大于	至	A	B	C	CD	D	E	EF	F	FG	G	H	JS	J			K		M		N		P至ZC
—	3	+270	+140	+60	+34	+20	+14	+10	+6	+4	+2	0	偏差由公式计算（见注2）	+2	+4	+6	0	0	-2	-2	-4	-4	在大于IT7的相应数值上增加一个Δ值
3	6	+270	+140	+70	+46	+30	+20	+14	+10	+6	+4	0		+5	+6	+10	-1+Δ		-4+Δ	-4	-8+Δ	0	
6	10	+280	+150	+80	+56	+40	+25	+18	+13	+8	+5	0		+5	+8	+12	-1+Δ		-6+Δ	-6	-10+Δ	0	
10	14	+290	+150	+95		+50	+32		+16		+6	0		+6	+10	+15	-1+Δ		-7+Δ	-7	-12+Δ	0	
14	18																						
18	24	+300	+160	+110		+65	+40		+20		+7	0		+8	+12	+20	-2+Δ		-8+Δ	-8	-15+Δ	0	
24	30																						
30	40	+310	+170	+120		+80	+50		+25		+9	0		+10	+14	+24	-2+Δ		-9+Δ	-9	-17+Δ	0	
40	50	+320	+180	+130																			
50	65	+340	+190	+140		+100	+60		+30		+10	0		+13	+18	+28	-2+Δ		-11+Δ	-11	-20+Δ	0	
65	80	+360	+200	+150																			
80	100	+380	+220	+170		+120	+72		+36		+12	0		+16	+22	+34	-3+Δ		-13+Δ	-13	-23+Δ	0	
100	120	+410	+240	+180																			
120	140	+460	+260	+200		+145	+85		+43		+14	0		+18	+26	+41	-3+Δ		-15+Δ	-15	-27+Δ	0	
140	160	+520	+280	+210																			
160	180	+580	+310	+230																			
180	200	+660	+340	+240		+170	+100		+50		+15	0		+22	+30	+47	-4+Δ		-17+Δ	-17	-31+Δ	0	
200	225	+740	+380	+260																			
225	250	+820	+420	+280																			
250	280	+920	+480	+300		+190	+110		+56		+17	0		+25	+36	+55	-4+Δ		-20+Δ	-20	-34+Δ	0	
280	315	+105	+540	+330																			
315	355	+120	+600	+360		+210	+125		+62		+18	0		+29	+39	+60	-4+Δ		-21+Δ	-21	-37+Δ	0	
355	400	+135	+680	+400																			

基本尺寸(mm)		上偏差ES											Δ值					
		标准公差等级大于IT7											标准公差等级					
大于	至	P	R	S	T	U	V	X	Y	Z	ZA	ZB	ZC	IT3	IT4	IT5	IT6	IT7	IT8
—	3	-6	-10	-14		-18		-20		-26	-32	-40	-60	0	0	0	0	0	0
3	6	-12	-15	-19		-23		-28		-35	-42	-50	-80	1	1.5	1	3	4	6
6	10	-15	-19	-23		-28		-34		-42	-52	-67	-97	1	1.5	2	3	6	7
10	14	-18	-23	-28		-33		-40		-50	-64	-90	-130	1	2	3	3	7	9
14	18						-39	-45		-60	-77	-108	-150						
18	24	-22	-28	-35		-41	-47	-54	-63	-73	-98	-136	-188	1.5	2	3	4	8	12
24	30				-41	-48	-55	-64	-75	-88	-118	-160	-218						
30	40	-26	-34	-43	-48	-60	-68	-80	-94	-112	-148	-200	-274	1.5	3	4	5	9	14
40	50				-54	-70	-81	-97	-114	-136	-180	-242	-325						
50	65	-32	-41	-53	-66	-87	-102	-122	-144	-172	-226	-300	-405	2	3	5	6	11	16
65	80		-43	-59	-75	-102	-120	-146	-174	-210	-274	-360	-480						
80	100	-37	-51	-71	-91	-124	-146	-178	-214	-258	-335	-445	-585	2	4	5	7	13	19
100	120		-54	-79	-104	-144	-172	-210	-254	-310	-400	-525	-690						
120	140	-43	-63	-92	-122	-170	-202	-248	-300	-365	-470	-620	-800	3	4	6	7	15	23
140	160		-65	-100	-134	-190	-228	-280	-340	-415	-535	-700	-900						
160	180		-68	-108	-146	-210	-252	-310	-380	-465	-600	-780	-1000						
180	200	-50	-77	-122	-166	-236	-284	-350	-425	-520	-670	-880	-1150	3	4	6	9	17	26
200	225		-80	-130	-180	-258	-310	-385	-470	-575	-740	-960	-1250						
225	250		-84	-140	-196	-284	-340	-425	-520	-640	-820	-1050	-1350						
250	280	-56	-94	-158	-218	-315	-385	-475	-580	-710	-920	-1200	-1550	4	4	7	9	20	29
280	315		-98	-170	-240	-350	-425	-525	-650	-790	-1000	-1300	-1700						
315	355	-62	-108	-190	-268	-390	-475	-590	-730	-900	-1150	-1500	-1900	4	5	7	11	21	32
355	400		-114	-208	-294	-435	-530	-660	-820	-1000	-1300	-1650	-2100						

注：1. 基本尺寸小于或等于 1mm 时，基本偏差 A 和 B 及大于 IT8 的 N 均不采用。

2. JS 的偏差=$\pm\frac{\mathrm{IT}n}{2}$，其中 IT$n$ 是 IT 值数；公差带 JS7 至 JS11，若 ITn 值数是奇数，则取偏差=$\pm\frac{\mathrm{IT}n-1}{2}$。

3. 对小于或等于 IT8 的 K，M、N 和小于或等于 IT7 的 P 至 ZC，所需Δ值从表内右侧选取。例如：18～30mm 段的 K7：Δ=8(μm)，所以 ES=-2+8=+6(μm)，18～30mm 段的 S6：Δ=4(μm)，所以 ES=-35+4=31(μm)。

4. 特殊情况：250～315mm 段的 M6，ES=-9μm（代替-11μm）。

1.3 优先配合中轴的极限偏差 （摘自 GB/T 1800.4—1999）

附表 4 μm

基本尺寸（mm）		公差带																
		c	d	f		g		h					k		n	p	s	u
大于	至	11	9	7	8	6	7	6	7	8	9	11	6	7	6	6	6	6
—	3	-60 -120	-20 - 45	-6 -16	-6 -20	-2 -8	-2 -12	0 -6	0 -10	0 -14	0 -25	0 -60	+6 0	+10 0	+10 +4	+12 +6	+20 +14	+24 +18
3	6	-70 -145	-30 -60	-10 -22	-10 -28	-4 -12	-4 -16	0 -8	0 -12	0 -18	0 -30	0 -75	+9 +1	+13 +1	+16 +8	+20 +12	+27 +19	+31 +23
6	10	-80 -170	-40 -76	-13 -28	-13 -35	-5 -14	-5 -20	0 -9	0 -15	0 -22	0 -36	0 -90	+10 +1	+16 +1	+19 +10	+24 +15	+32 +23	+37 +28
10	14	-95 -205	-50 -93	-16 -34	-16 -43	-6 -17	-6 -24	0 -11	0 -18	0 -27	0 -43	0 -110	+12 +1	+19 +1	+23 +12	+29 +18	+39 +28	+44 +33
14	18																	
18	24	-110 -240	-65 -117	-20 -41	-20 -53	-7 -20	-7 -28	0 -13	0 -21	0 -33	0 -52	0 -130	+15 +2	+23 +2	+28 +15	+35 +22	+48 +35	+54 +41
24	30																	+61 +48
30	40	-120 -280	-80 -142	-25 -50	-25 -64	-9 -25	-9 -34	0 -16	0 -25	0 -39	0 -62	0 -160	+18 +2	+27 +2	+33 +17	+42 +26	+59 +43	+76 +60
40	50	-130 -290																+86 +70
50	65	-140 -330	-100 -174	-30 -60	-30 -76	-10 -29	-10 -40	0 -19	0 -30	0 -46	0 -74	0 -190	+21 +2	+32 +2	+39 +20	+51 +32	+72 +53	+106 +87
65	80	-150 -340															+78 +59	+121 +102
80	100	-170 -390	-120 -207	-36 -71	-36 -90	-12 -34	-12 -47	0 -22	0 -35	0 -54	0 -87	0 -220	+25 +3	+38 +3	+45 +23	+59 +37	+93 +71	+146 +124
100	120	-180 -400															+101 +79	+166 +144
120	140	-200 -450	-145 -245	-43 -83	-43 -106	-14 -39	-14 -54	0 -25	0 -40	0 -63	0 -100	0 -250	+28 +3	+43 +3	+52 +27	+68 +43	+117 +92	+195 +170
140	160	-210 -460															+125 +100	+215 +190
160	180	-230 -480															+133 +108	+235 +210
180	200	-240 -530	-170 -285	-50 -96	-50 -122	-15 -44	-15 -61	0 -29	0 -46	0 -72	0 -115	0 -290	+33 +4	+50 +4	+60 +31	+79 +50	+151 +122	+265 +236
200	225	-260 -550															+159 +130	+287 +258
225	250	-280 -570															+169 +140	+313 +284
250	280	-300 -620	-190 -320	-56 -108	-56 -137	-17 -49	-17 -69	0 -32	0 -52	0 -81	0 -130	0 -320	+36 +4	+56 +4	+66 +34	+88 +56	+190 +158	+347 +315
280	315	-330 -650															+202 +170	+382 +350
315	355	-360 -720	-210 -350	-62 -119	-62 -151	-18 -54	-18 -75	0 -36	0 -57	0 -89	0 -140	0 -360	+40 +4	+61 +4	+73 +37	+98 +62	+226 +190	+426 +390
355	400	-400 -760															+244 +208	+471 +435
400	450	-440 -840	-230 -385	-68 -131	-68 -165	-20 -60	-20 -83	0 -40	0 -63	0 -97	0 -155	0 -400	+45 +5	+68 +5	+80 +40	+108 +68	+272 +232	+530 +490
450	500	-480 -880															+292 +252	+580 +540

1.4　优先配合中孔的极限偏差　（摘自 GB/T 1800.4—1999）

附表 5

μm

基本尺寸（mm）		公差带												
		C	D	F	G	H				K	N	P	S	U
大于	至	11	9	8	7	7	8	9	11	7	7	7	7	7
—	3	+120 +60	+45 +20	+20 +6	+12 +2	+10 0	+14 0	+25 0	+60 0	0 −10	−4 −14	−6 −16	−14 −24	−18 −28
3	6	+145 +70	+60 +30	+28 +10	+16 +4	+12 0	+18 0	+30 0	+75 0	+3 −9	−4 −16	−8 −20	−15 −27	−19 −31
6	10	+170 +80	+76 +40	+35 +13	+20 +5	+15 0	+22 0	+36 0	+90 0	+5 −10	−4 −19	−9 −24	−17 −32	−22 −37
10	14	+205 +95	+93 +50	+43 +16	+24 +6	+18 0	+27 0	+43 0	+110 0	+6 −12	−5 −23	−11 −29	−21 −39	−26 −44
14	18													
18	24	+240	+117 +65	+53 +20	+28 +7	+21 0	+33 0	+52 0	+130 0	+6 −15	−7 −28	−14 −35	−27 −48	−33 −54
24	30	+110												−40 −61
30	40	+280 +120	+142 +80	+64 +25	+34 +9	+25 0	+39 0	+62 0	+160 0	+7 −18	−8 −33	−17 −42	−34 −59	−51 −76
40	50	+280 +120												−61 −86
50	65	+330 +140	+174 +100	+76 +30	+40 +10	+30 0	+46 0	+74 0	+190 0	+9 −21	−9 −39	−21 −51	−42 −72	−76 −106
65	80	+340 +150											−48 −78	−91 −121
80	100	+390 +170	+207 +120	+90 +36	+47 +12	+35 0	+54 0	+87 0	+220 0	+10 −25	−10 −45	−24 −59	−58 −98	−111 −146
100	120	+400 +180											−66 −101	−131 −166
120	140	+450 +200	+245 +145	+106 +43	+54 +14	+40 0	+63 0	+100 0	+250 0	+12 −28	−12 −52	−28 −68	−77 −117	−155 −195
140	160	+460 +210											−85 −125	−175 −215
160	180	+480 +230											−93 −133	−195 −235
180	200	+530 +240	+285 +170	+122 +50	+61 +15	+46 0	+72 0	+115 0	+290 0	+13 −33	−14 −60	−33 −79	−105 −151	−219 −265
200	225	+550 +260											−113 −159	−241 −287
225	250	+570 +280											−123 −169	−267 −313
250	280	+620 +300	+320 +190	+137 +56	+69 +17	+52 0	+81 0	+130 0	+320 0	+16 −36	−14 −66	−36 −88	−138 −190	−295 −347
280	315	+650 +330											−150 −202	−330 −382
315	355	+720 +360	+350 +210	+151 +62	+75 +18	+57 0	+89 0	+140 0	+360 0	+17 −40	−16 −73	−41 −98	−169 −226	−369 −426
355	400	+760 +400											−187 −244	−414 −471
400	450	+840 +440	+385 +230	+165 +68	+83 +20	+63 0	+97 0	+155 0	+400 0	+18 −45	−17 −80	−45 −108	−209 −272	−467 −530
450	500	+880 +480											−229 −292	−517 −580

2　螺纹

2.1　普通螺纹（摘自 GB/T193—2003）

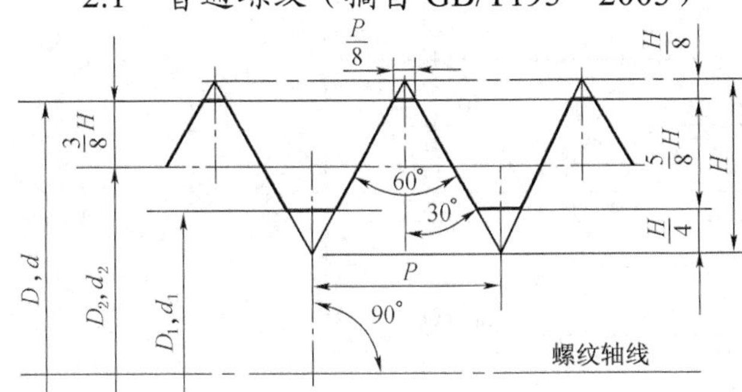

D—内螺纹大径　　d—外螺纹大径

D_1—内螺纹小径　　d_1—外螺纹小径

D_2—内螺纹中径　　d_2—外螺纹中径

P—螺距

H—原始三角形高度，$H=\dfrac{\sqrt{3}}{2}P$

标记示例：

粗牙普通螺纹，大径为 16mm，螺距为 2mm，右旋，内螺纹公差带中径和顶径均为 6H，该螺纹标记为：M16-6H。

细牙普通螺纹，大径为 16mm，螺距为 1.5mm，左旋，外螺纹公差带中径为 5g、大径为 6g，该螺纹标记为：M16×1.5LH-5g6g。

附表 6　　mm

公称直径 D、d		螺距 P		粗牙小径 D_1、d_1	公称直径 D、d		螺距 P		粗牙小径 D_1、d_1
第一系列	第二系列	粗牙	细牙		第一系列	第二系列	粗牙	细牙	
3		0.5	0.35	2.459	20		2.5	2；1.5；1；（0.75）；（0.5）	17.294
	3.5	（0.6）		2.850		22	2.5	2；1.5；1；（0.75）；（0.5）	19.294
4		0.7	0.5	3.242	24		3	2；1.5；1；（0.75）	20.752
5		0.8		4.134		27	3	2；1.5；1；（0.75）	23.752
6		1	0.75；（0.5）	4.917	30		3.5	（3）；2；1.5；1；（0.75）	26.211
8		1.25	1；0.75；（0.5）	6.647		33	3.5	（3）；2；1.5；（1）；（0.75）	29.211
10		1.5	1.25；1；0.75；（0.5）	8.376	36		4	3；2；1.5；（1）	31.670
12		1.75	1.5；1.25；1；（0.75）；（0.5）	10.106		39	4		34.670
	14	2	1.5；（1.25）；1；（0.75）；（0.5）	11.835	42		4.5	（4）；3；2；1.5；（1）	37.129
16		2	1.5；1；（0.75）；（0.5）	13.835		45	4.5		40.129
	18	2.5	2；1.5；1；（0.75）；（0.5）	15.294	48		5		42.587

注：1. 优先选用第一系列，括号内的数尽量不用；

2. 第三系列未列入；

3. M14×1.25 仅用于火花塞。

2.2 非螺纹密封的管螺纹

（摘自 GB/T 7307—2001）

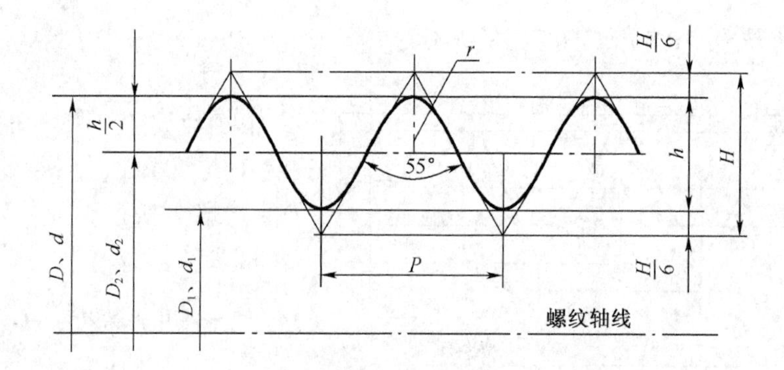

$$H=0.960491P$$
$$h=0.640327P$$
$$r=0.137329P$$

标记示例：

尺寸代号为 3/4、右旋、非螺纹密封的管螺纹，标记为：G3/4。

附表 7　　mm

尺寸代号	每 25.4mm 内的牙数 n	螺距 P	基本尺寸		
			大径 D、d	中径 D_2、d_2	小径 D_1、d_1
1/8	28	0.907	9.728	9.147	8.566
1/4	19	1.337	13.157	12.301	11.445
3/8		1.337	16.662	15.806	14.950
1/2	14	1.814	20.955	19.793	18.631
5/8		1.814	22.911	21.749	20.587
3/4		1.814	26.441	25.279	24.117
7/8		1.814	30.201	29.039	27.877
1	11	2.309	33.249	31.770	30.291
$1\frac{1}{8}$		2.309	37.897	36.418	34.939
$1\frac{1}{4}$	11	2.309	41.910	40.431	38.952
$1\frac{1}{2}$		2.309	47.303	46.324	44.845
$1\frac{3}{4}$		2.309	53.746	52.267	50.788
2		2.309	59.614	58.135	56.656
$2\frac{1}{4}$		2.309	65.710	64.231	62.752
$2\frac{1}{2}$		2.309	75.148	73.705	72.226
$2\frac{3}{4}$		2.309	81.534	80.055	78.576
3		2.309	87.884	86.405	84.926
$3\frac{1}{2}$		2.309	100.330	98.851	97.372

3 常用螺纹紧固件

3.1 螺栓

六角头螺栓—A 和 B 级（GB/T 5782—2000）六角头螺栓—全螺纹—A 和 B 级（GB/T5783—2000）

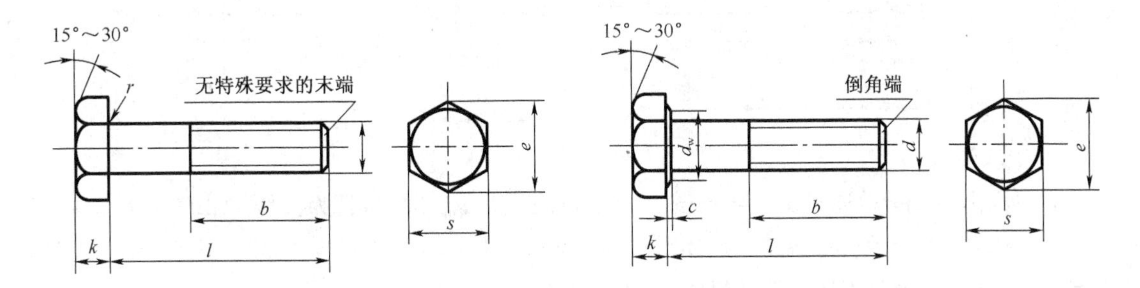

标记示例：

螺纹规格 d = M12，公称长度 l = 80mm，A 级的六角头螺栓，标记为：螺栓 GB/T5782 M12 × 80。

附表 8　　mm

螺纹规格 d			M3	M4	M5	M6	M8	M10	M12	M16	M20	M24	M30
b 参考	l≤125		12	14	16	18	22	26	30	38	46	54	66
	125<l≤200		18	20	22	24	28	32	36	44	52	60	72
	l≤200		31	33	35	37	41	45	49	57	65	73	85
c			0.4	0.4	0.5	0.5	0.6	0.6	0.6	0.8	0.8	0.8	0.8
d_w	产品等级	A	4.57	5.88	6.88	8.88	11.63	14.63	16.63	22.49	28.19	33.61	—
		B	4.45	5.74	6.74	8.74	11.47	14.47	16.47	22	27.7	33.25	42.75
e	产品等级	A	6.01	7.66	8.79	11.05	14.38	17.77	20.03	26.75	33.53	39.98	—
		B	5.88	7.50	8.63	10.89	14.20	17.59	19.85	26.17	32.95	39.55	50.85
k 公称			2	2.8	3.5	4	5.3	6.4	7.5	10	12.5	15	18.7
r			0.1	0.2	0.2	0.25	0.4	0.4	0.6	0.6	0.8	0.8	1
s 公称			5.5	7	8	10	13	16	18	24	30	36	46
l（商品规格范围）			20 ~ 30	25 ~ 40	25 ~ 50	30 ~ 60	40 ~ 80	45 ~ 100	50 ~ 120	65 ~ 160	80 ~ 200	90 ~ 240	110 ~ 300
l 系列			12，16，20，25，30，35，40，45，50，55，60，65，70，80，90，100，120，130，140，150，160，180，200，220，240，260，280，300，320，340，360										

注：1. A 级用于 d≤24 和 l≤10 或 d≤150 的螺栓；B 级用于 d>24 和 l>10 或 d>150 的螺栓。

2. 螺纹规格 d 范围 GB/T 5780 为 M5 ~ M64；GB/T 5782 为 M1.6 ~ M64。

3. 公称长度 l 范围 GB/T 5780 为 25 ~ 500；GB/T 5782 为 12 ~ 500。

3.2 双头螺柱

$b_m=1d$（GB/T897—1988），$b_m=1.25d$（GB/T898—1988），$b_m=1.5d$（GB/T899—1988），$b_m=2d$（GB/T900—1988）

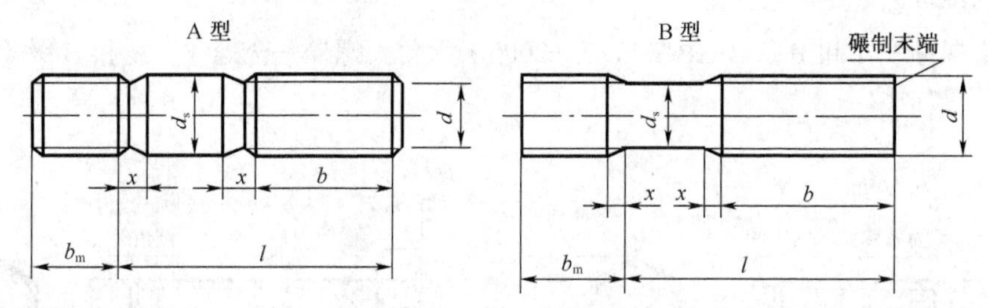

标记示例：

1. 两端均为粗牙普通螺纹，d=10mm，l=50mm，B 型，$b_m=1d$，标记为：螺柱 GB/T897M10×50。

2. 旋入端为粗牙普通螺纹，旋螺母端为细牙普通螺纹（P=1），d=10mm，l=50mm，A 型，$b_m=1d$，标记为：螺柱 GB/T897 AM10－M10×1×50。

附表 9　　mm

螺纹规格	b_m				l/b
	GB 897—88 $b_m=1d$	GB 898—88 $b_m=1.25d$	GB 897—88 $b_m=1.5d$	GB 897—88 $b_m=2d$	
M5	5	6	8	10	16～22/10，23～50/16
M6	6	8	10	12	18～22/10，23～30/14，32～75/18
M8	8	10	12	16	18～22/12，23～30/16，32～90/22
M10	10	12	15	20	25～28/14，30～38/16，40～120/26，130/32
M12	12	15	18	24	25～30/16，32～40/20，45～120/30，130～180/36
（M14）	14		21	28	30～35/18，38～50/25，55～120/34，130～180/40
M16	16	20	24	32	30～38/20，40～60/30，65～120/38，130～200/44
（M18）	18		27	36	35～410/22，45～60/35，65～120/42，130～200/48
M20	20	25	30	40	35～40/25，45～65/35，70～120/46，130～200/52
（M22）	22		33	44	40～55/30，50～70/40，75～120/50，130～200/56
M24	24	30	36	48	45～50/30，55～75/45，80～120/54，130～200/60
（M27）	27		40	54	50～60/35，65～85/50，90～120/60，130～200/66
M30	30	38	45	60	60～65/40，70～90/50，95～120/66，130～200/72
（M33）	33		49	66	65～70/45，75～95/60，100～120/72，130～200/78
M36	36	45	54	72	65～75/45，80～120/60，130～200/84，210～300/97
（M39）	39		58	78	70～80/50，85～120/65，130～200/90，210～300/103
M42	42	52	64	84	70～80/50，85～120/70，130～200/96，210～300/109
M48	48	60	72	96	75～90/60，95～120/80，130～200/108，210～300/121
l（系列）	16，（18），20，（22），25，（28），30，（32），35，（38），40，45，50，（55），60，（65），70，（75），80，（85），90，（95），100，110，120，130，140，150，160，170，180，190，200，210，220，230，240，250，260，270，280，290，300				

注：1. 尽可能不采用括号内的规格；

2. P——粗牙螺纹的螺距。

3.3 螺钉

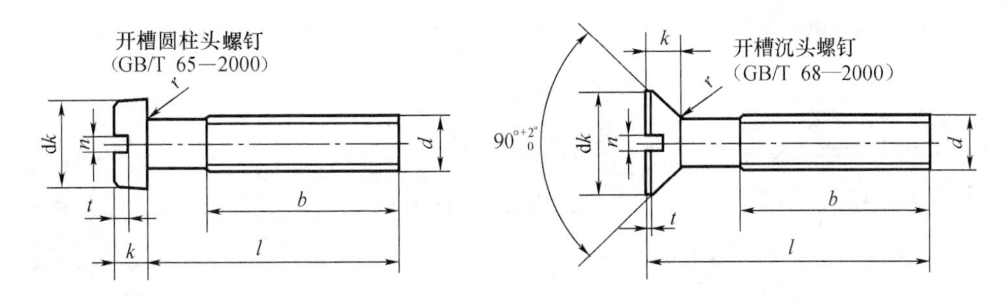

标记示例：

螺纹规格 d=M5，公称长度 l=20mm 的开槽圆柱头螺钉，标记为：螺钉　GB/T 65 M5 × 20。

附表 10　　mm

螺纹规格 d			M1.6	M2	M2.5	M3	M4	M5	M6	M8	M10
P		GB/T 65—2000	0.35	0.4	0.45	0.5	0.7	0.8	1	1.25	1.5
		GB/T 68—2000									
b min		GB/T 65—2000	25				38				
		GB/T 68—2000									
d_k max		GB/T 65—2000	3	3.8	4.5	5.5	7	8.5	10	13	16
		GB/T 68—2000	3.6	4.4	5.5	6.3	9.4	10.4	12.6	17.3	20
k max		GB/T 65—2000	1.1	1.4	1.8	2	2.6	3.3	3.9	5	6
		GB/T 68—2000	1	1.2	1.5	1.65	2.7	2.7	3.3	4.65	5
n 公称		GB/T 65—2000	0.4	0.5	0.6	0.8	1.2	1.2	1.6	2	2.5
		GB/T 68—2000									
r	min	GB/T 65—2000	0.1	0.1	0.1	0.1	0.2	0.2	0.25	0.4	0.4
	max	GB/T 68—2000	0.4	0.5	0.6	0.8	1	1.3	1.5	2	2.5
t min		GB/T 65—2000	0.45	0.6	0.7	0.85	1.1	1.3	1.6	2	2.4
		GB/T 68—2000	0.32	0.4	0.5	0.6	1	1.1	1.2	1.8	2
l 公称	商品规格范围	GB/T 65—2000	2 ~ 16	3 ~ 20	3 ~ 25	4 ~ 30	5 ~ 40	6 ~ 50	8 ~ 60	10 ~ 80	12 ~ 80
		GB/T 68—2000	2.5 ~ 16	3 ~ 20	4 ~ 25	5 ~ 30	6 ~ 40	8 ~ 50			
	全螺纹范围	GB/T 65—2000	l≤30				l≤40				
		GB/T 68—2000	l≤30				l≤45				
	系列值	2，2.5，3，4，5，6，8，10，12，（14），16，20，25，30，35，40，45，50，（55），60，（65），70，（75），80									

3.4 紧定螺钉

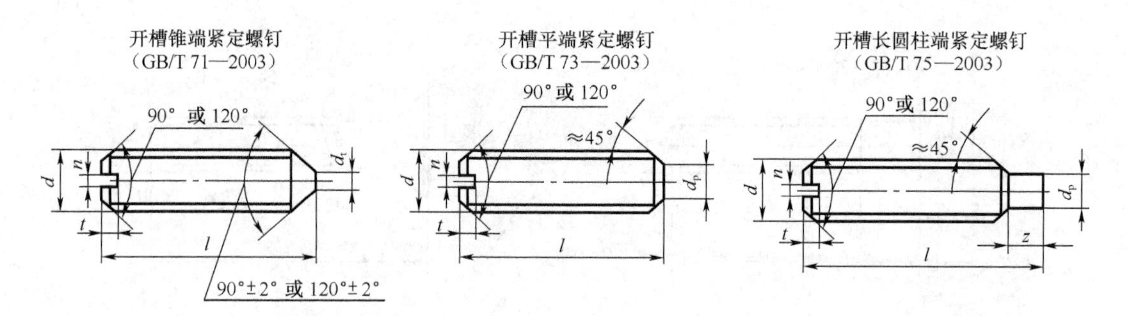

标记示例：

螺纹规格 d=M5，公称长度 l=12mm 的开槽锥端紧定螺钉，标记为：螺钉 GB/T 71 M5×12。

附表 11

mm

螺纹规格 d			M1.2	M1.6	M2	M2.5	M3	M4	M5	M6	M8	M10	M12
P	GB/T 71，GB/T 73		0.25	0.35	0.4	0.5	0.5	0.7	0.8	1	1.25	1.5	1.75
	GB/T 75		—										
d_t	GB/T 71		0.12	0.16	0.2	0.25	0.3	0.4	0.5	1.5	2	2.5	3
d_p max	GB/T 71，GB/T 73		0.6	0.8	1	1.5	2	2.5	3.5	4	5.5	7	8.5
	GB/T 75		—										
n 公称	GB/T 71，GB/T 73		0.2	0.25	0.25	0.4	0.4	0.6	0.8	1	1.2	1.6	2
	GB/T 75		—										
t min	GB/T 71，GB/T 73		0.4	0.56	0.64	0.72	0.8	1.12	1.28	1.6	2	2.4	2.8
	GB/T 75		—										
z min	GB/T 75		—	0.8	1	1.2	1.5	2	2.5	3	4	5	6
倒角和锥顶角	GB/T 71	120°	l=2	l≤2.5		l≤3		l≤4	l≤5	l≤6	l≤8	l≤10	l≤12
		90°	l≥2.5	l≥3		l≥4		l≥5	l≥6	l≥8	l≥10	l≥12	l≥14
	GB/T 73	120°	—	l≤2	l≤2.5	l≤3		l≤4	l≤5	l≤6		l≤8	l≤10
		90°	l≥2	l≥2.5	l≥3	l≥4		l≥5	l≥6	l≥8		l≥10	l≥12
	GB/T 75	120°	—	l≤2.5	l≤3	l≤4	l≤5	l≤6	l≤8	l≤10	l≤14	l≤16	l≤20
		90°	—	l≥3	l≥4	l≥5	l≥6	l≥8	l≥10	l≥12	l≥16	l≥20	l≥25
l 公称	商品规格范围	GB/T 71	2~6	2~8	3~10	3~12	4~16	6~20	8~25	8~30	10~40	12~50	14~60
		GB/T 73			2~10	2.5~12	13~16	4~20	5~25	6~30	8~40	10~50	12~60
		GB/T 75	—	2.5~8	3~10	4~12	5~16	6~20	8~25	8~30	10~40	12~50	14~60
	系列值		2，2.5，3，4，5，6，8，10，12，（14），16，20，25，30，35，40，45，50，（55），60										

3.5 螺母

1. 1 型六角螺母—C 级（GB/T 41—2000）
2. 1 型六角螺母—A 和 B 级（GB/T 6170—2000）
3. 六角薄螺母—A 和 B 级—倒角（GB/T 6172.1—2000）
4. 2 型六角螺母—A 和 B 级（GB/T 6175—2000）

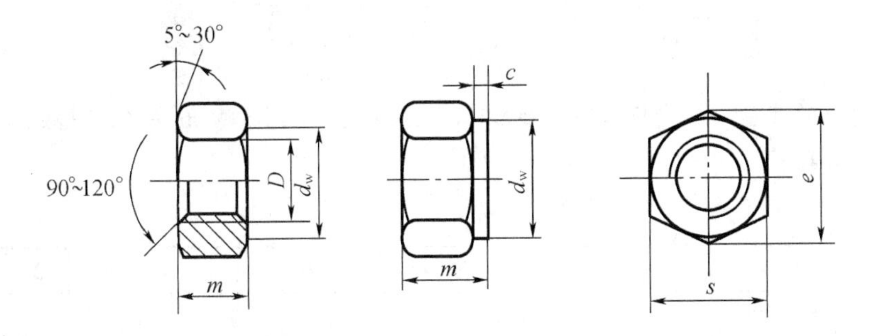

标记示例：

螺纹规格 D=12mm 的 1 型，C 级六角螺母，标记为：螺母 GB/T 41 M12。

附表 12 mm

<table>
<tr><th colspan="2">螺纹规格 D</th><th>M1.6</th><th>M2</th><th>M2.5</th><th>M3</th><th>M4</th><th>M5</th><th>M6</th><th>M8</th><th>M10</th><th>M12</th><th>M16</th><th>M20</th><th>M24</th><th>M30</th><th>M36</th></tr>
<tr><td rowspan="2">c max</td><td>GB/T 6170</td><td>0.2</td><td>0.2</td><td>0.3</td><td>0.4</td><td>0.4</td><td rowspan="2">0.5</td><td rowspan="2">0.5</td><td rowspan="2">0.6</td><td rowspan="2">0.6</td><td rowspan="2">0.6</td><td rowspan="2">0.8</td><td rowspan="2">0.8</td><td rowspan="2">0.8</td><td rowspan="2">0.8</td><td rowspan="2">0.8</td></tr>
<tr><td>GB/T 6175</td><td>—</td><td>—</td><td>—</td><td>—</td><td>—</td></tr>
<tr><td rowspan="4">d_w min</td><td>GB/T 41</td><td>—</td><td>—</td><td>—</td><td>—</td><td>—</td><td>6.7</td><td>8.7</td><td>11.5</td><td>14.5</td><td>16.5</td><td>22</td><td>27.7</td><td>33.3</td><td>42.8</td><td>51.1</td></tr>
<tr><td>GB/T 6170</td><td rowspan="2">2.4</td><td rowspan="2">3.1</td><td rowspan="2">4.1</td><td rowspan="2">4.6</td><td rowspan="2">5.9</td><td rowspan="3">6.9</td><td rowspan="3">8.9</td><td rowspan="3">11.6</td><td rowspan="3">14.6</td><td rowspan="3">16.6</td><td rowspan="3">22.5</td><td rowspan="3">27.7</td><td rowspan="3">33.2</td><td rowspan="3">42.7</td><td rowspan="3">51.1</td></tr>
<tr><td>GB/T 6172.1</td></tr>
<tr><td>GB/T 6175</td><td>—</td><td>—</td><td>—</td><td>—</td><td>—</td></tr>
<tr><td rowspan="4">e min</td><td>GB/T 41</td><td>—</td><td>—</td><td>—</td><td>—</td><td>—</td><td>8.63</td><td>10.98</td><td>14.20</td><td>17.59</td><td>19.85</td><td>26.17</td><td rowspan="4">32.95</td><td rowspan="4">39.55</td><td rowspan="4">50.85</td><td rowspan="4">60.79</td></tr>
<tr><td>GB/T 6170</td><td rowspan="2">3.41</td><td rowspan="2">4.32</td><td rowspan="2">5.45</td><td rowspan="2">6.01</td><td rowspan="2">7.66</td><td rowspan="3">8.79</td><td rowspan="3">11.05</td><td rowspan="3">14.38</td><td rowspan="3">17.77</td><td rowspan="3">20.03</td><td rowspan="3">26.75</td></tr>
<tr><td>GB/T 6172.1</td></tr>
<tr><td>GB/T 6175</td><td>—</td><td>—</td><td>—</td><td>—</td><td>—</td></tr>
<tr><td rowspan="4">m max</td><td>GB/T 41</td><td>—</td><td>—</td><td>—</td><td>—</td><td>—</td><td>5.6</td><td>6.4</td><td>7.9</td><td>9.5</td><td>12.2</td><td>15.9</td><td>19</td><td>22.3</td><td>26.4</td><td>31.9</td></tr>
<tr><td>GB/T 6170</td><td>1.3</td><td>1.6</td><td>2</td><td>2.4</td><td>3.2</td><td>4.7</td><td>5.2</td><td>6.8</td><td>8.4</td><td>10.8</td><td>14.8</td><td>18</td><td>21.5</td><td>25.6</td><td>31</td></tr>
<tr><td>GB/T 6172.1</td><td>1</td><td>1.2</td><td>1.6</td><td>1.8</td><td>2.2</td><td>2.7</td><td>3.1</td><td>4</td><td>5</td><td>6</td><td>8</td><td>10</td><td>12</td><td>15</td><td>18</td></tr>
<tr><td>GB/T 6175</td><td>—</td><td>—</td><td>—</td><td>—</td><td>—</td><td>5.1</td><td>5.7</td><td>7.5</td><td>9.3</td><td>12</td><td>16.4</td><td>20.3</td><td>23.9</td><td>28.6</td><td>34.7</td></tr>
<tr><td rowspan="4">s max</td><td>GB/T 41</td><td>—</td><td>—</td><td>—</td><td>—</td><td>—</td><td rowspan="4">8</td><td rowspan="4">10</td><td rowspan="4">13</td><td rowspan="4">16</td><td rowspan="4">18</td><td rowspan="4">24</td><td rowspan="4">30</td><td rowspan="4">36</td><td rowspan="4">46</td><td rowspan="4">55</td></tr>
<tr><td>GB/T 6170</td><td rowspan="2">3.2</td><td rowspan="2">4</td><td rowspan="2">5</td><td rowspan="2">5.5</td><td rowspan="2">7</td></tr>
<tr><td>GB/T 6172.1</td></tr>
<tr><td>GB/T 6175</td><td>—</td><td>—</td><td>—</td><td>—</td><td>—</td></tr>
</table>

3.6 垫圈

3.6.1 小垫圈—A 级（GB/T 848—2002）、平垫圈—A 级（GB/T 97.1—2002）、平垫圈-倒角型—A 级（GB/T 97.2—2002）、平垫圈—C 级（GB/T95—2002）

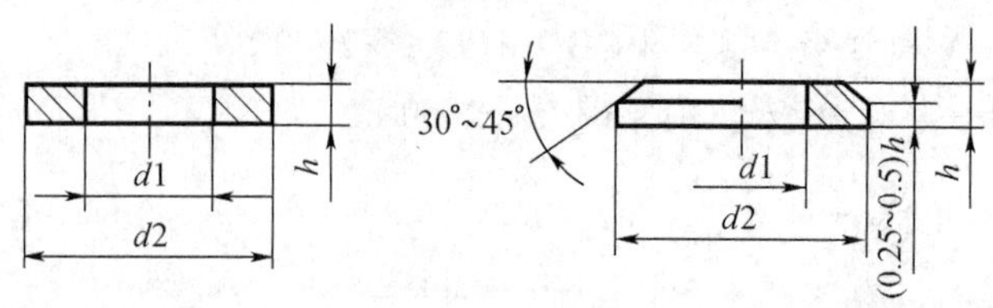

标记示例：标准系列，公称尺寸 d=8mm，性能等级为 140HV 的 A 级平垫圈，标记为：垫圈 GB/T 97.1—140HV。

附表 13

mm

<table>
<tr><td colspan="2">公称尺寸（螺纹规格 d）</td><td>4</td><td>5</td><td>6</td><td>8</td><td>10</td><td>12</td><td>14</td><td>16</td><td>20</td><td>24</td><td>30</td><td>36</td></tr>
<tr><td rowspan="4">d_1公称（min）</td><td>GB/T 848—1985</td><td rowspan="2">4.3</td><td rowspan="4">5.3</td><td rowspan="4">6.4</td><td rowspan="4">8.4</td><td rowspan="4">10.5</td><td rowspan="4">13</td><td rowspan="4">15</td><td rowspan="4">17</td><td rowspan="4">21</td><td rowspan="4">25</td><td rowspan="4">31</td><td rowspan="4">37</td></tr>
<tr><td>GB/T 97.1—1985</td></tr>
<tr><td>GB/T 97.2—1985</td><td rowspan="2">—</td></tr>
<tr><td>GB/T 95—1985</td></tr>
<tr><td rowspan="4">d_2公称（max）</td><td>GB/T 848—1985</td><td>8</td><td>9</td><td>11</td><td>15</td><td>18</td><td>20</td><td>24</td><td>28</td><td>34</td><td>39</td><td>50</td><td>60</td></tr>
<tr><td>GB/T 97.1—1985</td><td>9</td><td rowspan="3">10</td><td rowspan="3">12</td><td rowspan="3">16</td><td rowspan="3">20</td><td rowspan="3">24</td><td rowspan="3">28</td><td rowspan="3">30</td><td rowspan="3">37</td><td rowspan="3">44</td><td rowspan="3">56</td><td rowspan="3">66</td></tr>
<tr><td>GB/T 97.2—1985</td><td rowspan="2">—</td></tr>
<tr><td>GB/T 95—1985</td></tr>
<tr><td rowspan="4">h公称（max）</td><td>GB/T 848—1985</td><td>0.5</td><td rowspan="4">1</td><td colspan="3">1.6</td><td>2</td><td colspan="2">2.5</td><td>3</td><td colspan="2" rowspan="4">4</td><td rowspan="4">5</td></tr>
<tr><td>GB/T 97.1—1985</td><td>0.8</td><td colspan="3" rowspan="3">1.6</td><td rowspan="3">2</td><td colspan="2" rowspan="3">2.5</td><td rowspan="3">3</td></tr>
<tr><td>GB/T 97.2—1985</td><td rowspan="2">—</td></tr>
<tr><td>GB/T 95—1985</td></tr>
</table>

3.6.2 标准弹簧垫圈（GB/T93—1987）

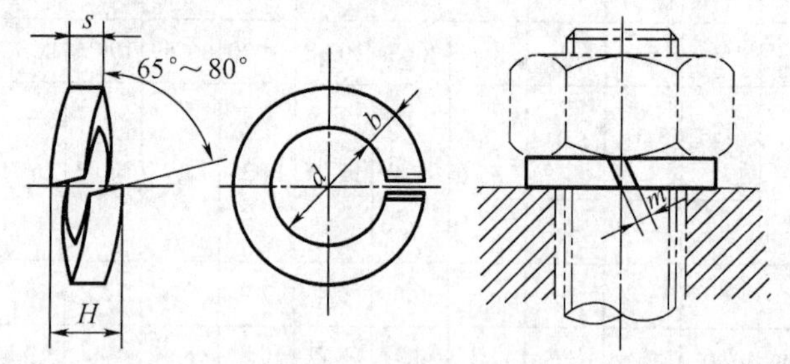

标记示例：标准系列，公称尺寸 d=16mm 的弹簧垫圈，标记为：垫圈　GB/T 9316。

附表 14

mm

公称尺寸（螺纹规格 d）	2	2.5	3	4	5	6	8	10	12	16	20	24	30	36	42	48
d min	2.1	2.6	3.1	4.1	5.1	6.1	8.1	10.2	12.2	16.2	20.2	24.5	30.5	36.5	42.5	48.5
s（b）公称	0.5	0.65	0.8	1.1	1.3	1.6	2.1	2.6	3.1	4.1	5	6	7.5	9	10.5	12
H max	1	1.3	1.6	2.2	2.6	3.2	4.2	5.2	6.2	8.2	10	12	15	18	21	24
m≤	0.25	0.33	0.4	0.55	0.65	0.8	1.05	1.3	1.55	2.05	2.5	3	3.75	4.5	5.25	6

4 键

4.1 普通平键和键槽的断面尺寸（摘自 GB/T 1095—2003）

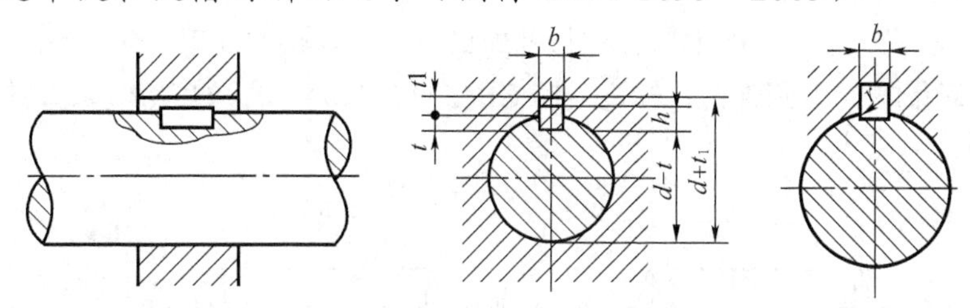

4.2 普通平键的型式尺寸（摘自 GB/T 1096—2003）

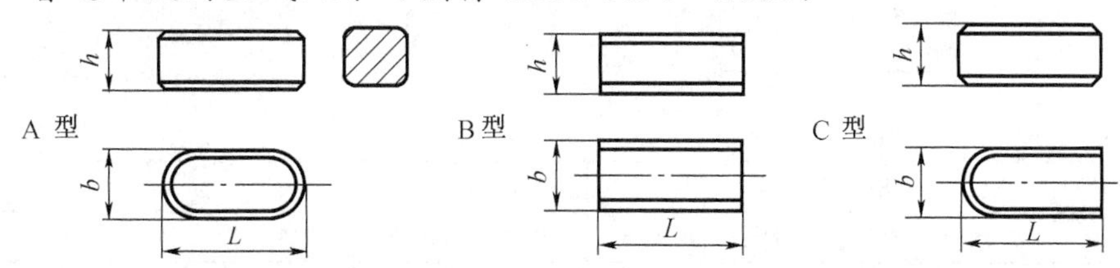

标记示例：圆头普通平键（A 型），b=18mm，h=11mm，L=100mm，标记为：键　GB/T 1096　18×100；

方头普通平键（B 型），b=18mm，h=11mm，L=100mm，标记为：键 GB/T 1096　B18×100。

附表 15　　mm

轴	键		键槽										
			槽宽 b					深度				半径 r	
				极限偏差				轴 t		毂 t_1			
公称直径 d	公称尺寸 $b\times h$	长度 L	公称尺寸 b	较松键连接		一般键连接							
				轴 H9	毂 D10	轴 N9	毂 JS9	公称尺寸	极限偏差	公称尺寸	极限偏差	最小	最大
自 6～8	2×2	6～20	2	+0.025 0	+0.060 0.020	−0.004 −0.029	±0.0125	1.2	+0.10 0	1	+0.10 0	0.08	0.16
>8～10	3×3	6～36	3					1.8		1.4			
>10～12	4×4	8～45	4	+0.030 0	+0.078 +0.030	0 −0.030	±0.015	2.5		1.8			
>12～17	5×5	10～56	5					3.0		2.3		0.16	0.25
>17～22	6×6	14～70	6					3.5		2.8			
>22～30	8×7	18～90	8	+0.036 0	+0.098 +0.040	0 −0.036	±0.018	4.0	+0.20 0	3.3	+0.20 0		
>30～38	10×8	22～110	10					5.0		3.3		0.25	0.40
38～44	12×8	28～140	12	+0.043 0	+0.120 +0.050	0 −0.043	±0.0215	5.0		3.3			
>44～50	14×9	36～160	14					5.5		3.8			
>50～58	16×10	45～180	16					6.0		4.3			
>58～65	18×11	50～200	18					7.0		4.4			
>65～75	20×12	56～220	20	+0.052 0	+0.149 +0.065	0 −0.052	±0.026	7.5		4.9		0.40	0.60
>75～85	22×14	63～250	22					9.0		5.4			
>85～95	25×14	70～280	25					9.0		5.4			
>95～110	28×16	80～320	28					10.0		6.4			
L 系列	6，8，10，12，14，16，20，22，25，28，32，36，40，45，50，56，63，70，80，90，100，110，125，140，160，180，200，220，250，280												

注：1. 键槽宽的极限偏差中“较紧连接”轴和毂的公差带代号均为“P9”，表中未列出；

2. 在工作图中，轴槽深用 t 或（$d-t$）标注，轮毂槽深用（$d+t_1$）标注；

3.（$d-t$）和（$d+t_1$）两组组合尺寸的极限偏差按相应的 t 和 t_1 的极限偏差选取，但（$d-t$）极限偏差值应取为负号（−）。

5 销

5.1 圆锥销（GB/T 117—2000）

标记示例：公称直径 d=10mm，公称长度 l=60mm、材料为 35 钢、热处理硬度为 28HRC ~ 38HRC，表面氧化的 A 型圆锥销，标记为销 GB/T 117　10×60；如为 B 型，则标记为销 GB/T 117　B10×60。

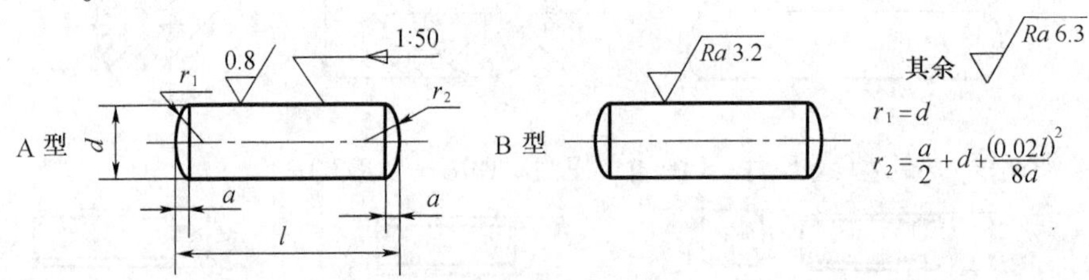

附表 16　　mm

d（公称）	0.6	0.8	1	1.2	1.5	2	2.5	3	4	5
a≈	0.08	0.1	0.12	0.16	0.2	0.25	0.3	0.4	0.5	0.63
l（商品规格范围公称长度）	4 ~ 8	5 ~ 12	6 ~ 16	6 ~ 20	8 ~ 24	10 ~ 35	10 ~ 35	12 ~ 45	14 ~ 55	18 ~ 60
d（公称）	6	8	10	12	16	20	25	30	40	50
a≈	0.8	1	1.2	1.6	2	2.5	3	4	5	6.3
l（商品规格范围公称长度）	22 ~ 90	22 ~ 120	26 ~ 160	32 ~ 180	40 ~ 200	45 ~ 200	50 ~ 200	55 ~ 200	60 ~ 200	65 ~ 200
l 系列	2，3，4，5，6，8，10，12，14，16，18，20，22，24，26，28，30，32，35，40，45，50，55，60，65，70，75，80，85，90，95，100，120，140，160，180，200									

5.2 圆柱销

不淬硬钢和奥氏体不锈钢（GB/T 119.1—2000）

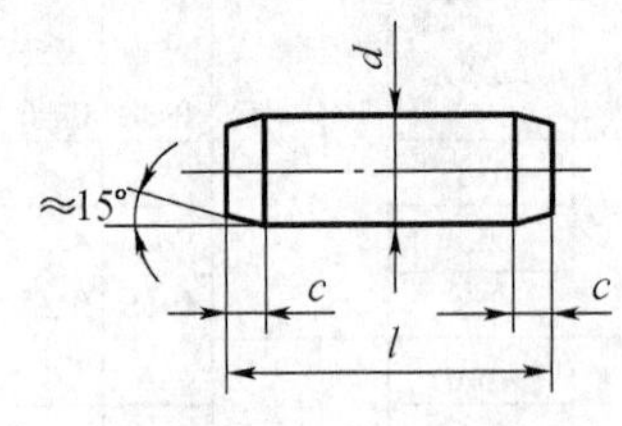

标记示例：公称直径 d=10mm，公差为 m6，公称长度 l=60mm，材料为钢，不经淬硬，不经表面处理的圆柱销，标记为：销 GB/T 119.1　10m6×60。

附表 17　　mm

d（公称）	0.6	0.8	1	1.2	1.5	2	2.5	3	4	5
c≈	0.12	0.16	0.20	0.25	0.30	0.35	0.40	0.50	0.63	0.80
l（商品规格范围公称长度）	2 ~ 6	2 ~ 8	4 ~ 10	4 ~ 12	4 ~ 16	6 ~ 20	6 ~ 24	8 ~ 30	8 ~ 40	10 ~ 50
d（公称）	6	8	10	12	16	20	25	30	40	50
c≈	1.2	1.6	2	2.5	3	3.5	4	5	6.3	8
l（商品规格范围公称长度）	12 ~ 60	14 ~ 80	18 ~ 95	22 ~ 140	26 ~ 180	35 ~ 200	50 ~ 200	60 ~ 200	80 ~ 200	95 ~ 200
l 系列	2，3，4，5，6，8，10，12，14，16，18，20，22，24，26，28，30，32，35，40，45，50，55，60，65，70，75，80，85，90，95，100，120，140，160，180，200									

5.3 开口销（GB/T 91—2000）

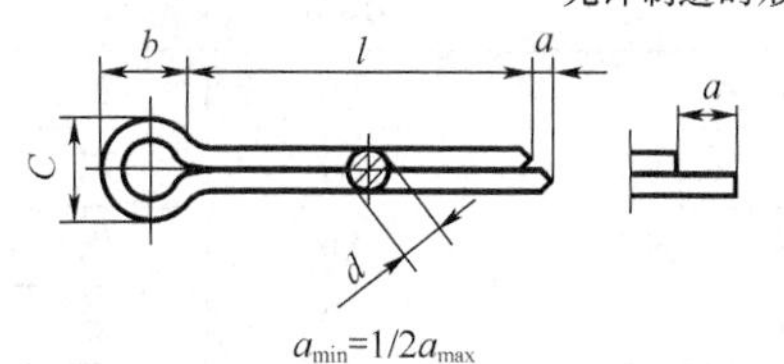

标记示例：公称规格为5mm、长度 l=50mm、材料为Q215或Q235，不经表面处理的开口销，其标记为：销 GB/T 91　5×50。

附表 18　　mm

公称规格		1	1.2	1.6	2	2.5	3.2	4	5	6.3	8	10	13
d	max	0.9	1	1.4	1.8	2.3	2.9	3.7	4.6	5.9	7.5	9.5	12.4
c	max	1.8	2	2.8	3.6	4.6	5.8	7.4	9.2	11.8	15	19	24.8
	min	1.6	1.7	2.4	3.2	4	5.1	6.5	8	10.3	13.1	16.6	21.7
b≈		3	3	3.2	4	5	6.4	8	10	12.6	16	20	26
a	max	1.6	2.5				3.2	4				6.3	
l范围		6~20	8~25	8~32	10~40	12~50	14~63	18~80	22~100	32~125	40~160	45~200	71~250
L公称长度（系列）		4，5，6，8，10，12，14，16，18，20，22，25，28，32，36，40，45，50，56，63，71，80，90，100，112，125，140，160，180，200，224，250，280											

注：公称规格为销孔的公称直径，标准规定公称规格为0.6~20mm，根据供需双方协议，可采用公称规格为3、6、12mm的开口销。

6　滚动轴承

6.1 深沟球轴承　(GB/T 276—1994)

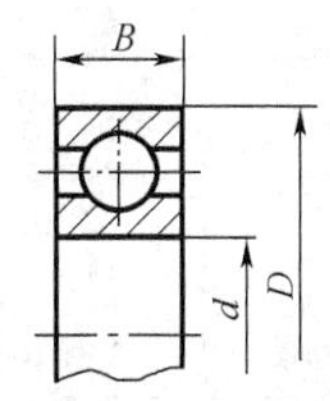

标记示例：类型代号6　内径 d 为 ϕ60mm、尺寸系列代号为（0）2的深沟球轴承，其标记为：滚动轴承 6212 GB/T　276。

附表 19

轴承代号	尺寸/mm			轴承代号	尺寸/mm		
	d	D	B		d	D	B
尺寸系列代号（1）0				尺寸系列代号（0）3			
6000	10	26	8	6307	35	80	21
6001	12	28	8	6308	40	90	23
6002	15	32	9	6309	45	100	25
6003	17	35	10	6310	50	110	27
尺寸系列代号（0）2				尺寸系列代号（0）4			
6202	15	35	11	6408	40	110	27
6203	17	40	12	6409	45	120	29
6204	20	47	14	6410	50	130	31
6205	25	52	15	6411	55	140	33
6206	30	62	16	6412	60	150	35

续表

轴承代号	尺寸/mm			轴承代号	尺寸/mm		
	d	*D*	*B*		*d*	*D*	*B*
6207	35	72	17	6413	65	160	37
6208	40	80	18	6414	70	180	42
6209	45	85	19	6415	75	190	45
6210	50	90	20	6416	80	200	48
6211	55	100	21	6417	85	210	52
6212	60	110	22	6418	90	225	54
6213	65	120	23	6419	95	240	55

注：1. 表中括号“( )”，表示该数字在轴承代号中省略。

2. 原轴承型号为“0”。

6.2 圆锥滚子轴承 (GB/T 297—1994)

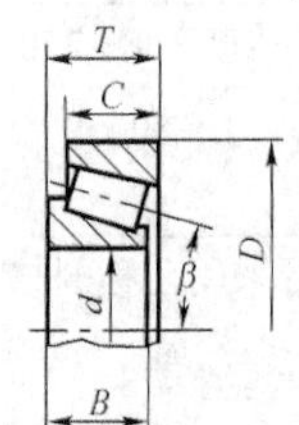

标记示例：类型代号 3，内径 *d* 为 ϕ35mm、尺寸系列代号为 03 的圆锥滚子轴承，其标记为：滚动轴承 30307 GB/T 297。

附表 20

轴承代号	尺寸/mm					轴承代号	尺寸/mm				
	d	*D*	*T*	*B*	*C*		*d*	*D*	*T*	*B*	*C*
尺寸系列代号 02						尺寸系列代号 23					
30207	35	72	18.25	17	15	32309	45	100	38.25	36	30
30208	40	80	19.75	18	16	32310	50	110	42.25	40	33
30209	45	85	20.75	19	16	32311	55	120	45.5	43	35
30210	50	90	21.75	20	17	32312	60	130	48.5	46	37
30211	55	100	22.75	21	18	32313	65	140	51	48	39
30212	60	110	23.75	22	19	32314	70	150	54	51	42
尺寸系列代号 03						尺寸系列代号 30					
30307	35	80	22.75	21	18	33005	25	47	17	17	14
30308	40	90	25.25	23	20	33006	30	55	20	20	16
30309	45	100	27.25	25	22	33007	35	62	21	21	17
30310	50	110	29.25	27	23	尺寸系列代号 31					
30311	55	120	31.5	29	25	33108	40	75	26	26	20.5
30312	60	130	33.5	31	26	33109	45	80	26	26	20.5
30313	65	140	36	33	28	33110	50	85	26	26	20
30314	70	150	38	35	30	33111	55	95	30	30	23

注：原轴承型号为“7”。

6.3 推力球轴承（GB/T 301—1995）

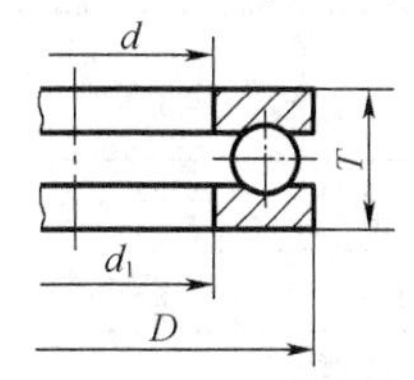

标记示例：类型代号 5，轴圈内径 d 为 ϕ40mm、尺寸系列代号为 13 的推力球轴承，其标记为：滚动轴承 51308 GB/T 301。

附表 21

轴承代号	尺寸/mm				轴承代号	尺寸/mm			
	d	d_1	D	T		d	d_1	D	T
尺寸系列代号 11					尺寸系列代号 12				
51112	60	62	85	17	51214	70	72	105	27
51113	65	67	90	18	51215	75	77	110	27
51114	70	72	95	18	51216	80	82	115	28
尺寸系列代号 12					尺寸系列代号 13				
51204	20	22	40	14	51304	20	22	47	18
51205	25	27	47	15	51305	25	27	52	18
51206	30	32	52	16	51306	30	32	60	21
51207	35	37	62	18	51307	35	37	68	24
51208	40	42	68	19	51308	40	42	78	26
51209	45	47	73	20	尺寸系列代号 14				
51210	50	52	78	22	51405	25	27	60	24
51211	55	57	90	25	51406	30	32	70	28
51212	60	62	95	26	51407	35	37	80	32

注：原类型代号为“8”。

7 常用电气制图用图形符号（摘自 BG/T 4728.2~4728.13－2005~2008）

附表 22

标准中序号	图形符号	说　明	标准中序号	图形符号	说　明
S01401		直流	S00082		可调节性，非线性
S01403		交流	S00083		可变性，一般符号
S00069	~50 Hz	交流（示出频率）	S00084		可变性，非线性
S00073		交流(示出频率范围,低频)	S00085		预调
S00074		交流(示出频率范围,中频)	S00088	5	步进调节
S00075		交流(示出频率范围,高频)	S00091		自动控制
S00077	+	正极性	S00093		:直线运动(单向)
S00078	–	负极性	S00099		传送（单向）
S00079	N	中性	S00100		传送，双向，同时
S0081		可调节性，一般符号	S00101		传送，双向，非同时

续表

标准中序号	图形符号	说　明	标准中序号	图形符号	说　明
S00102		发送	S00031		阴接触件（连接器的）
S00103		接收	S00032		阳接触件（连接器的）
S00167		手动操作件，一般符号	S00033		插头和插座
S00169		操作件（拉拔操作）	S00555		电阻器，一般符号
S00170		操作件（旋转操作）	S00557		可调电阻器
S00171		操作件（按动操作）	S00558	θ	压敏电阻器
S00200		接地，一般符号	S00559		带滑动触头的电阻器
S00202		保护接地	S00560		带滑动触头和断开位置的电阻器
S00213		变换器，一般符号	S00561		带滑动触点的电位器
S00214		转换，一般符号	S00562		带滑动触点和预调的电位器
S00001		连线 ，一般符号	S00563		带固定抽头的电阻器
S00002		导线组，示出导线数	S00654		带分流和分压端子电阻器
S00004	= 110V 2×120mm² Al	直流电路	S00567		电容器，一般符号
S00005	3N~50Hz 400V 3×120mm²1×60mm²	三相电路	S00571		极性电容器
S00007		屏蔽导体	S00573		可调电容器
S00008		绞合连接	S00575		预调电容器
S00009		电缆中的导线	S00581	θ	热敏极性电容器
S00016		连接点，连接	S00582	U	压敏极性电容器
S00017		端子	S00583		线圈，绕组，一般符号
S00018		端子板	S00585		带磁芯的电感器
S00019		T 型连接，形式 1	S00590		可变电感器
S00020		T 型连接，形式 2	S00057		三极闸流晶体管，未规定类型
S00021		导线的双 T 连接，形式 1	S00619		整流结
S00022		导线的双 T 连接，形式 2	S00641		半导体二极管，一般符号
S00023		支路	S00642		发光二极管（LED），一般符号

续表

标准中序号	图形符号	说　明	标准中序号	图形符号	说　明
S00643		热敏二极管	S00820		直线电动机，一般符号
S00644		变容二极管	S00821		步进电动机，一般符号
S00645		隧道二极管	S00823		直流串励电动机
S00646		单向击穿二极管	S00824		直流并励电动机
S00647		双向击穿二极管	S00825		短分路复励直流发电机
S00648		反向二极管（单隧道二极管）	S00830		三相串励电动机
S00659		双向三级闸流晶体管	S00836		三相鼠笼式感应电动机
S00663		PNP 晶体管	S00841		双绕组变压器,一般符号
S00664		集电极接管壳的 NPN 晶体管	S00842		
S00666		具有P型双基极的单结晶体管	S00844		三绕组变压器,一般符号
S00667		具有 N 型双基极的单结晶体管	S00845		
S00671		N 型沟道结型场效应晶体管	S00846		自耦变压器，一般符号
S00672		P 型沟道结型场效应晶体管	S00847		
S00684		光敏电阻（LDR）；光敏电阻器	S00848		电抗器，一般符号
S00685		光电二极管	S00849		
S00689		磁（电）阻器	S00850		电流互感器，一般符号
S00691		光电耦合器	S00851		
S00744		直热式阴极三极管	S00853		绕组间有屏蔽的双绕组变压器
S00749		具有电磁偏移的阴极射线管（如电视显像管）	S00893		直流/直流变换器
S00819		电机，一般符号	S00894		整流器

续表

标准中序号	图形符号	说 明	标准中序号	图形符号	说 明
S00895		桥式全波整流器	S00918	φ	相位表
S00896		逆变器	S00965		灯，一般符号
S00897		整流器/逆变器	S00972		报警器
S00898		原电池	S00858		星形－三角形连接的三相变压器
S00227		动合（常开）触点，一般符号；开关，一般符号	S00859		
S00229		动断（常闭）触点	S00878		电压互感器
S00243		延时闭合的动合触点	S00879		
S00244		延时断开的动合触点	S00973		蜂鸣器
S00245		延时断开的动断触点	S01417		音响信号装置，一般符号
S00246		延时闭合的动断触点	S00992		示波器
S00253		手动操作开关，一般符号	S01053		传声器，一般符号
S00254		自动复位的手动按钮开关	S01056		受话器，一般符号
S00287		断路器	S01059		扬声器，一般符号
S00288		隔离开关，隔离器	S01102		天线，一般符号
S00350		驱动器件，一般符号；继电器线圈，一般符号	S01125		无线电台，一般符号
S00362		熔断器，一般符号	S01225	G	信号发生器，一般符号
S00366		独立报警熔断器	S01228	G	脉冲发生器
S00368		熔断器开关	S01233	f / nf	倍频器
S00373		避雷器	S01234	f / $\frac{f}{n}$	分频器
S00913	V	电压表	S01236	2^5 / 2^7	二进制码变换器

续表

标准中序号	图形符号	说明	标准中序号	图形符号	说明
S01239		放大器	S01336		信号分支，一般符号
S01246		滤波器，一般符号	S01579	1 2 13 & 12	有非输出的与门（与非门）
S01247		高通滤波器	S01580	3 4 5 ≥1 6	有非输出的或门（或非门）
S01248		低通滤波器	S01595	1 2 & ▷ 3	与非缓冲器
S01249		带通滤波器	S01601	2 ▷ 1 14	线接收器
S01250		带阻滤波器	S01610	X/Y	编码器，一般符号
S01253		压缩器	S01626	MUX	多路选择器
S01254		扩展器	S01636	Σ	加法器，一般符号
S01263		电子斩波器	S01637	P−Q	减法器，一般符号
S01278		调制器，一般符号；解调器，一般符号；鉴别器，一般符号	S01639	Π	乘法器，一般符号
S01285	m n	集线器	S01642	Σ CO	半加器
S01318		光纤，一般符号，光缆，一般符号	S01643	Σ CI CO	一位全加器
S01327		光接收机	S01659	S R	R-S 触发器
S01328		相干光发射机	S01782	▷ ∞ 2 − 3 + 1	运算放大器
S01334		分配器，一般符号	S01804	X1 2 3 4 1 1 1 1 7 6	模拟开关